FLORE FRANÇOISE,

OU

DESCRIPTION SUCCINTE

DE

TOUTES LES PLANTES

Qui croissent naturellement EN FRANCE,

Disposée selon une nouvelle méthode d'Analyse, & à laquelle on a joint la citation de leurs vertus les moins équivoques en Médecine, & de leur utilité dans les Arts.

Par le C. LAMARCK.

SECONDE ÉDITION.

Tome Second.

A PARIS,

Chez H. AGASSE, rue des Poitevins, N°. 18.

L'an 3e. de la République.

Naturam invisere tecum
Dulce mihi . . . .
Et præferre facem & gressus firmare labantes.
Anti-Lucr. Lib. III.

AVERTISSEMENT.

POUR faire usage de cette analyse, il est indispensable de bien connoître les parties de la fructification, & sur-tout d'avoir présente à l'esprit l'idée que j'attache aux termes de *corolle*, *calice*, *bâle*, &c.

J'ai exposé dans le Discours préliminaire la marche qu'il faut suivre pour arriver au nom d'une Plante que l'on se proposeroit de connoître; j'ajoute seulement ici que j'ai employé dans cet Ouvrage, deux sortes de numéros; savoir, les chiffres arabes, à l'aide desquels on arrive au genre de la Plante, & les caractères romains qui conduisent du genre à l'espèce.

Chaque accolade offre un choix à faire sur deux caractères seulement; il sera bon de lire toujours les deux titres renfermés dans l'accolade, quand même le premier paroîtroit devoir être adopté. Les contrastes que forment par-tout ces titres, feront sortir davantage le caractère de la plante, & détermineront plus sûrement le choix de l'Observateur.

Les Commençans feront bien de s'essayer d'abord sur des Plantes dont les parties, & sur-tout celles de la fleur, soient assez grandes pour être observées facilement, afin de s'exercer par degrés aux cas qui exigeront des obſervations plus délicates.

J'ai adopté, autant qu'il m'a été poſſible, les noms ſpécifiques de M. Linné; cependant j'ai été forcé d'en changer quelques-uns qui m'ont paru trop défectueux, & que je n'aurois pu d'ailleurs exprimer en françois, parce qu'ils ne préſentent à l'eſprit aucune ſignification.

Le deſir de rendre cet Ouvrage portatif, m'a contraint d'abréger mes deſcriptions; je me ſuis attaché particulièrement à donner une idée exacte du port de chaque Plante, & j'ai ſouvent négligé beaucoup de petits détails, tels que des citations de glandes, de nectaires, de poils particuliers, &c. ſur leſquels les Auteurs modernes s'étendent fort au long, tandis que ſouvent ils laiſſent à deviner ſi la Plante dont on lit la deſcription eſt une herbe ou un grand arbre.

J'ai exprimé, à l'exemple de M. Linné, la durée des Plantes par les trois marques ſuivantes, qui répondent à trois différens eſpaces de temps.

⊙ Une année.
♂ Deux ans.
♃ Plus de deux ans.

Il faut éviter en général de ſoumettre à

l'analyse les Plantes qui se trouvent dans les jardins où leurs traits naturels sont trop souvent altérés par la culture, cet Ouvrage ayant été particulièrement composé à l'usage des Amateurs de la Botanique qui se trouvent isolés dans les provinces.

Quelque soignée que soit cette analyse, je suis persuadé qu'il y a encore bien des changemens à y faire pour lui donner le degré de perfection dont elle me paroît susceptible : le temps & de nouveaux efforts, me découvriront sans doute des coupes plus avantageuses & des caractères plus tranchans. N'ayant pu d'ailleurs tout observer par moi-même, & obligé quelquefois de me décider entre plusieurs Auteurs célèbres partagés sur des points intéressans, il est impossible qu'il ne me soit échappé quelques erreurs dans l'indication des caractères. Si le Public agrée le plan sur lequel j'ai travaillé, je n'oublierai rien par la suite pour en perfectionner l'exécution. J'invite tous ceux qui s'intéressent aux progrès de la Botanique, à seconder mon zèle & à me communiquer leurs observations ; je les recevrai avec reconnoissance, & me ferai toujours un devoir d'en profiter.

Je ne puis m'empêcher de témoigner ici tout ce que je dois à M. l'abbé Haüy, Professeur d'Humanités en l'Univerſité de Paris, pour les ſervices qu'il a bien voulu me rendre dans cet Ouvrage. J'avoue que la partie du ſtyle eſt entièrement de lui, & qu'il m'a ſuggéré des idées très-heureuſes relativement à l'ordre naturel exposé dans le Diſcours préliminaire. C'eſt un hommage que je rends volontiers à ſes talens diſtingués & à l'honnêteté de ſon caractère, qui leur donne un nouveau prix aux yeux de tous ceux qui le connoiſſent.

MÉTHODE

TABLEAU des principales Divisions de cette Analyse, par le moyen duquel on peut abréger le travail qu'exige la recherche des Plantes, lorsqu'on est en état d'entendre les titres de ces divisions, & que l'on connoît les définitions qui y sont attachées.

- *ANALYSE.*
  - Fleurs distinctes..
    - Fleurs conjointes..
      - Fleurettes de même sorte.
        - Fleurs flosculeuses. . . . 5.
        - Fleurs semi-flosculeuses. 71.
      - Fleurettes de deux sortes.
        - Fleurs radiées. . . . . 104.
    - Fleurs disjointes. .
      - Fleurs unisexuelles.
        - Fleurs monoïques. . . . 139.
        - Fleurs dioïques.. . . . 191.
      - Fleurs bisexuelles..
        - Fleurs pétalées. . . .
          - Ovaire dans la Corolle..
            - Fleurs complètes. .
              - dix étamines ou moins. . .
                - Corolle monopétale.
                  - Corolle régulière. . . . . 267.
                    - Borraginées. . . . . 303.
                    - &c.
                  - Corolle irrégulière. . . . 370.
                    - Fleurs en masque. . 375.
                    - Fleurs labiées. . . . 404.
                - Corolle polypétale . . . . 483.
                  - Fl. cruciformes. . . . . . 488.
                  - Fl. papillonacées. . . . . 576.
                  - &c.
              - onze étamines ou plus. . . .
                - Pétales inférées sur le calice. . . . . . 727.
                  - Tithymales . . . . 729.
                  - Rosiers. . . . . 750.
                - Pétales non-inférés sur le calice. . . . 752.
                  - Columnifères. . . . . . . 753.
                  - Cistes . . . . 772.
                  - Renoncules. . . . . 789.
                  - &c.
            - Fleurs incomplètes. . . . . 793.
              - Arroches . . . . 844.
              - &c.
              - Liliacées. . . . . 847.
              - &c.
              - Anémones. . . . . 908.
          - Ovaire sous la corolle. . . . .
            - Corolle monopétale. . . . . 917.
              - Campanules . . . . 927.
              - Rubiacées . . . . 948.
            - Corolle polypétale. . . . . 977.
              - Ombellifères. . . . . . . 981.
              - Orquides. . . . . 1101.
              - &c.
        - Fleurs non pétalées.
          - Fleurs nues. . . . . 1147.
          - Fleurs glumacées. . . . . . 1157.
  - Fleurs indistinctes..
    - Fougères. . . . . 1241.
    - Mousses. . . . . 1258.
    - Algues. . . . . 1268.
    - Champignons . . . . . 1280.

Tome I.er

Supplément, n.° 1196.

MÉTHODE ANALYTIQUE.

PLANTES ADULTES, ou dont les Fleurs sont dans un état de développement parfait.

1. ANALYSE.

Fleurs distinctes.	*Fleurs indistinctes.*
Fleurs dont les étamines & pistils peuvent aisément se distinguer. 2.	Fleurs nulles, ou dont les étamines & pistils ne peuvent se distinguer. 1240.

2. *Fleurs distinctes.*
- Feurs conjointes; fleurs rassemblées dans un calice commun, & dont les étamines sont réunies par leurs anthères. . 3
- Fleurs disjointes; fleurs non rassemblées dans un calice commun, ou dont les anthères sont disjointes. 137

3. *Feurs conjointes.*
- Fleurettes ayant, outre leur calice commun, des calices particuliers. 4
- Fleurettes n'ayant qu'un calice commun, mais point de calices particuliers. 7

4. *Fleurettes ayant, outre le calice commun, des calices particuliers.*
- Fleurettes dont la corolle est monopétale & tubulée. . . 5
- Fleurettes dont la corolle est composée de cinq pétales. . 6

5. *FLEURETTES dont la corolle est monopétale & tubulée.*

Boulette. *Echinops.*

Les fleurs de boulette sont disposées en tête sphérique & terminale ; leur calice propre est pentagone, & leur calice commun est replié contre la tige. Le réceptacle est chargé de poils ; & les semences sont nues.

ANALYSE.

Feuilles velues supérieurement. I.	Feuilles glabres supérieurement. II.

I. *Feuilles velues supérieurement.*

Boulette multiflore. *Echinops multiflorus.*

Echinopus major. Tournef. 463.
Echinops sphærocephalus. Linn. Sp. 1314.

Sa tige est épaisse, cannelée, velue, rameuse & haute de deux à trois pieds ; ses feuilles sont alternes, grandes, ailées ou pinnatifides, à pinnules élargies & anguleuses, un peu épineuses en leurs bords, vertes en-dessus, cotonneuses & blanchâtres en-dessous. Ses fleurs forment de grosses têtes globuleuses, blanchâtres & terminales. Cette plante croît dans les lieux incultes & stériles. ♃. Elle est apéritive.

II. *Feuilles supérieurement glabres.*

Boulette pauciflore. *Echinops pauciflorus.*

Echinopus minor. Tournef. 463.
Echinops ritro. Linn. Sp. 1314.

Sa tige est droite, cannelée, presque simple, & à peine haute d'un pied ; ses feuilles sont pinnatifides, à découpures étroites, & beaucoup moins amples que celles de la précédente ; elles sont vertes & glabres en-dessus, & fort blanches en-dessous. Ses fleurs ne forment ordinairement qu'une seule tête terminale, assez petite & de couleur bleue. On trouve cette plante sur les collines stériles des provinces méridionales. ♃.

6. *FLEURETTES dont la corolle est composée de cinq pétales linéaires.*

Jasion. *Jasione.*

Les jasions ont beaucoup de rapport avec les raiponces & les campanules; l'ovaire est placé sous la corolle, les pétales sont cohérens à leur base; le fruit est une capsule arrondie, biloculaire, couronnée par le calice propre; & les tiges sont un peu laiteuses.

ANALYSE.

Feuilles planes & très-lisses.	Feuilles ondulées & hérissées de poils.
I.	II.

I. *Feuilles planes & très-lisses.*

Jasion lisse. *Jasione lævis.*

Jasione perennis. Hort. Reg.

La tige de cette plante est droite, lisse, branchue à sa base, très-garnie de feuilles dans sa moitié inférieure : elle s'élève un peu au-delà d'un pied; ses feuilles sont nombreuses, éparses, linéaires, longues de deux pouces & demi, larges de deux lignes, obtuses, très-entières, point ondulées, & chargées à leur base de quelques poils écartés & peu sensibles. Les fleurs sont disposées en têtes terminales, de couleur bleue, assez grandes & portées chacune sur un péduncule nu & long de six à huit pouces. Cette espèce peu connue diffère de la suivante par sa durée, par sa grandeur; par son aspect lisse, & par ses feuilles longues qui ne sont point ondulées ni dentées. Elle croît au Mont-d'or en Auvergne, où elle a été observée par M. le Monnier. ♃

II. *Feuilles ondulées & hérissées de poils.*

Jasion ondulé. *Jasione undulata.*

Rapunculus scabiosæ capitulo cæruleo. Tournef. 113.

Jasione montana. Linn. Sp. 1317.

Sa racine est blanchâtre, fibreuse, & produit souvent plusieurs tiges grêles, un peu branchues, hautes d'un pied, striées & hérissées, sur-tout inférieurement, de poils blancs très-

6. nombreux qui les rendent rudes au toucher. Ses feuilles sont étroites, linéaires, à peine longues d'un pouce, hérissées, très-ondulées, & quelquefois dentées. Les têtes des fleurs sont assez petites, terminales, d'une belle couleur bleue, & portées sur des péduncules nus & fort longs. Cette plante croît sur les côteaux secs & sur les bords des bois. ⊙

---

7. *Fleurettes n'ayant qu'un calice commun, mais point de calices particuliers.*

- Corólles de même sorte. Elles sont toutes en cornet, ou toutes en languette. 8
- Corolles de deux sortes : celles du centre en cornet, & celles de la circonférence en languette formant une couronne. 103

---

8. *Corolles de même sorte.* . . .

- Corolles toutes en cornet & point terminées par une languette. . . 9
- Corolles formant un très-petit cornet à leur base, & toutes terminées par une seule languette. 71

---

9. *Corolles toutes en cornet, & point terminées par une languette.*

Fleurs flosculeuses. Tournef.

Ces fleurs sont composées de l'assemblage de plusieurs fleurons tubulés, disposés sur un même réceptacle, & renfermés dans un calice commun. Ces fleurons sont nommés *hermaphrodites*, lorsque de l'intérieur de leur tube naissent cinq petites étamines qui se réunissent par leurs anthères en forme de gaîne ou de cylindre, au travers duquel passe le pistil dont l'extrémité est souvent divisée en deux. Ces fleurons sont appelés *femelles*, lorsqu'ils ne contiennent que le pistil & point d'étamines; & on dit qu'ils sont faux ou stériles lorsqu'ils ne contiennent ni étamines ni pistil. Le cornet qu'ils forment est découpé en ses bords en quatre ou cinq lanières.

A N A L Y S E.

Des épines sur les calices ou sur les feuilles.	Aucune épine sur les calices ni sur les feuilles.
10.	25.

10.	*Des épines sur les calices ou sur les feuilles.*	Tous les fleurons hermaphrodites. . . . . 11 Fleurons extérieurs femelles ou stériles. 24
11.	*Tous les fleurons hermaphrodites.*	Réceptacle cellulaire ou garni d'alvéoles quadrangulaires & membraneuses. . . . . 12 Réceptacle chargé de poils ou de paillettes. 13

12. *Réceptacle cellulaire ou garni d'alvéoles quadrangulaires & membraneuses.*

Pédane. *Onopordum.*

Les pédanes diffèrent essentiellement des chardons par leur réceptacle nu, mais alvéolaire; leurs semences sont quadrangulaires & chargées d'une aigrette très-caduque. Les têtes des fleurs sont grosses, courtes, & les calices très-épineux.

ANALYSE.

Péduncules ailés jusqu'à la base des calices.	Péduncules un peu nus sous les calices.
I.	II.

I. *Péduncules ailés jusqu'à la base des calices.*

Pédane Acantin. *Onopordum Acanthium.* Linn. Sp. 1158.

Carduus tomentosus acanti folio, vulgaris. Tournef. 441.

β. Idem *flore albo.* Tournef. 441.

γ. Idem *folio viridi.*

Sa tige est épaisse, branchue, blanchâtre & haute de trois pieds, quelquefois beaucoup davantage. Ses feuilles sont fort grandes, ovales, oblongues, sinuées, anguleuses, très-épineuses & blanchâtres; elles sont décurrentes & forment sur la tige des ailes courantes, sinuées, dentées & très-hérissées d'épines : les fleurs sont purpurines ou blanches dans la variété β. On en trouve une autre dont les feuilles sont presque tout-à-fait vertes γ. Cette plante croît sur les bords des chemins. ♂ Sa racine en décoction est spécifique dans les gonorrhées commençantes.

12. II. *Péduncules un peu nus sous les calices.*

Pédane alongé. *Onopordum elongatum.*

Onopordon Illiricum. Linn. Sp. 1148.

Carduus tomentosus, acanthi folio angustiori. Tournef. 441.

Cette plante s'élève un peu plus que la précédente; elle est plus blanche & plus cotonneuse dans toutes ses parties; ses feuilles sont fort grandes, sinuées, dentées, décurrentes, épineuses, mais plus étroites en proportion que celles de la précédente. Les têtes de fleurs sont fort grosses, & les écailles inférieures des calices sont réfléchies en crochet : les fleurs sont purpurines ou blanches dans une variété. On la trouve dans les provinces méridionales ♄.

13.	*Réceptacle chargé de poils ou de paillettes.*	Calices ayant au moins deux bractées adhérentes à sa base. . . . 14
		Calice nu, ou n'ayant tout au plus qu'une bractée adhérente à sa base. 19

14.	*Calice ayant au moins deux bractées adhérentes à sa base.*	Écailles intérieures du calice, lancéolées, colorées, & formant une couronne autour de la fleur. . . 15
		Écailles intérieures du calice ne formant point une couronne autour de la fleur. 16

---

15. *Écailles internes du calice, lancéolées, colorées, & formant une couronne autour de la fleur.*

Carline. *Carlina.*

La couronne calicinale des carlines fait paroître leurs fleurs radiées; les calices sont courts & ventrus; les semences sont couronnées d'aigrettes, & les feuilles sont épineuses comme celles des chardons.

A N A L Y S E.

Fleurs blanches ou pâles.	Fleurs jaunes ou rougeâtres.
I.	V I.

15. I. *Fleurs blanches ou pâles.*

Bractées beaucoup plus longues que la fleur.	Bractées à peine aussi longues que la fleur.
I I.	V.

II. *Bractées beaucoup plus longues que la fleur.*

Tige de six pouces, au moins.	Tige de deux pouces, ou moins.
I I I.	I V.

III. *Tige de six pouces, au moins.*

Carline caulescente. *Carlina caulescens.*

Carlina caulescens, magno flore albicante. Tournef. 500.

Cette plante, dont MM. Haller & Scopoli font une variété de la suivante, me paroît cependant devoir en être distinguée. Sa tige est rougeâtre, légèrement cotonneuse, simple, uniflore, & haute de six à dix pouces ; ses feuilles sont fort longues, sur-tout les inférieures, étroites, pinnatifides, verdâtres, & découpées jusqu'à la côte. La couronne calicinale est fort blanche, & les paillettes qui la forment, sont purpurines à leur base extérieure. Elle croît dans les lieux stériles des montagnes en Dauphiné. ♃

IV. *Tige de deux pouces, ou moins.*

Carline assise. *Carlina acaulis.* Linn. Sp. 1160.

Carlina acaulos, magno flore albo. Tournef. 500.

Cette espèce diffère de la précédente par sa tige qui est presque nulle, par ses feuilles blanchâtres & cotonneuses des deux côtés, beaucoup plus larges, & point découpées jusqu'à la côte, & même par sa fleur qui est un peu plus grande. Cette fleur qui est grosse & fort large, garnie d'une couronne calicinale blanche, & un peu purpurine en-dessous, naît du milieu des feuilles qui lui servent de bractées, qui sont étendues autour d'elle sur la terre, & sur lesquelles elle paroît comme assise. Cette plante croît dans les lieux secs & montueux des provinces méridionales. ♃

15. V. *Bractées à peine aussi longues que la fleur.*

Carline vulgaire. *Carlina vulgaris.* Linn. Sp. 1161.

Carlina sylvestris vulgaris, Clusii. Tournef. 500.

Sa tige est droite, simple, ou un peu branchue à son sommet, rougeâtre inférieurement, cotonneuse vers son extrémité, sur-tout dans le voisinage des fleurs qui sont ordinairement au nombre de trois ou quatre, disposées en manière de corymbe. Elle est garnie de feuilles un peu étroites, verdâtres en-dessus, blanchâtres en-dessous, dont les inférieures sont semi-pinnatifides, sinuées, épineuses, & les supérieures, lancéolées & cilicées; la couronne calicinale est d'un blanc-sale. Cette plante croît sur les collines & dans les lieux arides; dans les terreins pierreux, elle s'élève peu, & ne porte alors qu'une seule fleur terminale. ☉

VI. *Fleurs jaunes ou rougeâtres.*

Fleurs jaunes. VII.	Fleurs rougeâtres. X.

VII. *Fleurs jaunes.*

Fleurs en corymbe, & toutes terminales. VIII.	Fleurs en grappes ou un peu latérales. IX.

VIII. *Fleurs en corymbe & toutes terminales.*

Carline corymbière. *Carlina corymbosa.* Linn. Sp. 1160.

Carlina patula, atractylis folio & facie. Tournef. 500.

Sa tige est haute d'un pied, cylindrique, rougeâtre, un peu cotonneuse, & ordinairement simple; elle porte à son sommet trois ou quatre fleurs jaunes, serrées, presque sessiles, & imitant un corymbe. Ses feuilles sont étroites, sinuées, dentées, épineuses, blanchâtres & cotonneuses. On trouve cette plante dans les lieux arides en Provence. ☉

---

15. IX. *Fleurs en grappes, ou un peu latérales.*

Carline latériflore. *Carlina racemosa.* Linn. Sp. 1161.

Carlina sylvestris minor, hispanica. Tournef. 500.

Sa tige est grêle, haute de sept à huit pouces, & un peu cotonneuse. Ses feuilles sont étroites, dentées, épineuses & blanchâtres; quelques-unes de ses fleurs naissent dans les aisselles & latéralement; les autres sont terminales & en petit nombre. Leur couronne calicinale est de couleur jaune, ainsi que dans la précédente. Cette plante croît dans les lieux arides en Provence. ☉

X. *Fleurs rougeâtres.*

Carline laineuse. *Carlina lanata.* Linn. Sp. 1160.

Carlina flore purpuro-rubente, patulo. Tournef. 500.

Sa tige est simple, assez haute & garnie de feuilles lancéolées & tres-épineuses, elle est remplie d'un suc rouge, & porte à son extrémité une seule fleur assez grande, qui est quelquefois environnée par trois ou quatre autres plus petites, dont les péduncules naissent à sa base entre les bractées. On trouve cette plante dans les lieux secs & pierreux des provinces méridionales. ☉

16.	*Écailles intérieures du calice, ne formant point une couronne autour de la fleur.*	Bractées très-épineuses. . . . 17
		Bractées peu épineuses. . . . 18

---

17. *Bractées très-épineuses.*

Carthame. *Carthamus.*

Les carthames différent des chardons & des cirses par les bractées qui environnent leurs calices; des carlines par le défaut de couronne calicinale; des quenouilles, par les épines de leurs bractées; & des chausses-trapes, par leur défaut de fleurons stériles.

A N A L Y S E.

Fleurs purpurines.	Fleurs jaunes ou blanchâtres.
I.	VI.

17. I. *Fleurs purpurines.*

Feuilles ſimples & lancéolées. II.	Feuilles profondément pinnatifides. V.

II. *Feuilles ſimples & lancéolées.*

Feuilles décurrentes. III.	Feuilles non décurrentes. IV.

III. *Feuilles décurrentes.*

Carthame caneſcent. *Carthamus caneſcens.*

Cnicus polycephalos caneſcens, aculeis flaveſcentibus munitus. Tournef. 450.

Cnicus arcana. Linn. Spec. 1158.

Sa tige eſt droite, branchue, cotonneuſe, fiſtuleuſe, & s'élève juſqu'à un pied & demi; ſes feuilles ſont étroites, lancéolées, blanchâtres & très garnies d'épines jaunâtres, dont les plus fortes terminent les dents écartées qui ſe remarquent ſur leurs bords. Ses fleurs ſont ramaſſées, petites, oblongues, & les écailles calicinales ſont découpées & épineuſes. Cette plante croît dans les provinces méridionales. ♃

IV. *Feuilles non décurrentes.*

Carthame grillé. *Carthamus cancellatus.*

Cnicus exiguus, capite cancellato, ſemine tomentoſo. Tournef. 451.

Atractilis cancellata. Linn. Sp. 1162.

Sa tige eſt haute d'un pied, branchue, cylindrique & cotonneuſe; ſes feuilles ſont lancéolées, étroites, légèrement élargies vers leur ſommet, amplexicaules, garnies de cils épineux, chargées par intervalles, les ſupérieures ſur-tout, d'un coton blanc en manière de toile d'araignée, & d'un vert-blanchâtre. Les fleurs ſont terminales & remarquables par des bractées, étroites, pinnatifides, épineuſes, redreſſées, & formant autour du caliçe une eſpèce de grillage dans lequel les mouches reſtent quelquefois priſonnières. On trouve cette plante dans les environs de Montpellier. ☉

17. V. *Feuilles profondément pinnatifides.*

Carthame féroce. *Carthamus ferox.*

Cnicus lanceolatus, validissimis aculeis munitus. Tournef. 450.

β. Carduus capite rotundo tomentoso. Tournef. 441.

Sa tige est épaisse, ronde, cannelée, rougeâtre inférieurement, chargée par-tout d'un coton qui imite la toile d'araignée, & garnie de rameaux longs & redressés. Ses feuilles sont fort grandes; les inférieures sont étalées sur la terre autour de la plante, & sont longues d'un pied & demi, & larges de sept à huit pouces. Elles sont toutes profondément découpées en lanières étroites qui imitent des dents de peigne, & qui sont terminées chacune par une forte épine, qui n'est que la continuation de la nervure. La surface inférieure de ces feuilles est cotonneuse & blanchâtre, & la supérieure est verte, mais hérissée de spinules très-sensibles, même dans la variété β, malgré l'observation contraire de M. Scopoli. Les têtes de fleurs sont fort grosses, arrondies & très-cotonneuses; les écailles calicinales sont lisses & très-glabres, mais sont terminées par une petite lame purpurine très-cotonneuse, élargie à son extrémité, où s'insère une épine jaunâtre. Cette plante croît dans les lieux montueux & stériles des provinces méridionales; & sa variété est commune sur le bord des chemins, dans les environs de Péronne, & à la garenne de Saint-Remi proche Clermont en Beauvoisis. ♂

VI. *Fleurs jaunes ou blanchâtres.*

Fleurs solitaires.	Fleurs ramassées.
VII.	VIII.

VII. *Fleurs solitaires.*

Carthame laineux. *Carthamus lanatus.* Linn. Sp. 1163.

Cnicus atractylis, lutea dictus. Tournef. 451.

Sa tige est haute de deux pieds, dure, branchue supérieurement & lanugineuse, sur-tout entre les bractées. Ses feuilles sont amplexicaules, nerveuses, presqu'ailées, & les pinnules aiguës, distantes, dentées & épineuses; les fleurs

17. ſont jaunes, & terminent les rameaux qui ſont diſpoſés preſque en corymbe. Les ſemences ſont couronnées de paillettes, & le réceptacle eſt conique. Les fleurons extérieurs ſont ſtériles ſelon M. de Haller; ce qui étant confirmé, devroit rapprocher cette plante des chauſſes-trapes, malgré les paillettes des ſemences. On la trouve dans les lieux incultes & ſur le bord des chemins ☉. Elle eſt un peu amère, & paſſe pour fébrifuge & ſudorifique.

VIII. *Fleurs ramaſſées.*

Carthame colleté. *Carthamus involucratus.*

Carlina polycephalos alba. Bauh. pin. 480.
Cnicus ſpinoſiſſimus. Linn. Sp. 1157.

Sa tige eſt ſimple, cannelée, & haute d'un à deux pieds; ſes feuilles ſont amplexicaules, un peu décurrentes, alongées, ſinuées, pinnatifides & tres-épineuſes; ſes fleurs ſont blanchâtres, terminales, ramaſſées, & entourées de bractées fort longues, molles, jaunâtres, pubeſcentes & épineuſes. Les calices ſont oblongs, & leurs écailles ſont glabres, droites & terminées par une épine. On trouve cette plante dans les montagnes aux environs de Colmar. ♃

---

18. *Bractées peu épineuſes.*

Quenouille. *Cnicus.*

Les quenouilles diffèrent des carthames par leur bractées peu ou point épineuſes; des chardons & des cirſes, par la préſence de ces bractées; & des carlines, par le défaut de couronne calicinale. Leurs feuilles ſont ſouvent garnies de ſpinules plus ou moins conſidérables; & leurs ſemences ſont couronnées d'une aigrette.

A N A L Y S E.

Feuilles grabres des deux côtés.	Feuilles cotonneuſes, & fort blanches en deſſous.
I.	VI.

18. I. *Feuilles glabres des deux côtés.*

Fleurs bleues ou purpurines. II.	Fleurs d'un blanc-jaunâtre. V.

II. *Fleurs bleues ou purpurines.*

Feuilles inférieures presque aussi longues que la tige. III.	Feuilles inférieures beaucoup plus courtes que la tige. IV.

III. *Feuilles inférieures presque aussi longues que la tige.*

Quenouille à feuilles longues. *Cnicus longifolius.*

Cnicus cæruleus humilior montis lupi. Tournef. 451.
Carthamus carduncellus. Linn. Sp. 1164.

Sa tige est simple, lisse, striée, uniflore, haute de six à huit pouces, & quelquefois un peu couchée; elle est chargée, par intervalles, ainsi que les feuilles, d'un coton blanc qui imite la toile d'araignée. Les feuilles sont lisses, ailées, pinnatifides, & les pinnules étroites, un peu dentées, ciliées & terminées par une petite épine. La fleur est grosse, terminale, & de couleur bleue. Les écailles calicinales ont un petit appendice élargi, scarieux & cilié à leur sommet. Cette plante croît dans les lieux montagneux & arides des provinces méridionales. ⊙

IV. *Feuilles inférieures beaucoup plus courtes que la tige.*

Quenouille doucette. *Cnicus mitissimus.*

Cnicus cæruleus, humilis & mitior. Tournef. 451.
Carthamus mitissimus. Linn. Sp. 1164.

Cette plante ressemble tellement à la précédente, qu'on pourroit presque la regarder comme n'en étant qu'une variété. Cependant ses feuilles sont beaucoup plus courtes; les inférieures seulement sont profondément pinnatifides, avec des pinnules linéaires; mais les supérieures sont très-simples, lancéolées & dentées. Toute la plante est aussi moins épineuse; car à peine trouve-t-on quelques spinules un peu

18. marquées à l'extrémité des dentelures des feuilles. Les écailles calicinales font larges, très-glabres, noirâtres à leur fommet, où elles font ciliées & terminées par une petite épine. On trouve cette plante dans les environs de Paris & d'Etampes, fur le bord des vignes. ⊙

V. *Fleurs d'un blanc-jaunâtre.*

Quenouille des prés. *Cnicus pratenfis.*

Cnicus pratenfis acanthi folio, flore flavefcente. Tournef. 450.
Cnicus oleraceus. Linn. Sp. 1156.

Sa tige eft haute de trois pieds, cannelée, blanchâtre, & un peu rameufe; fes feuilles font glabres, vertes des deux côtés, garnies de cils épineux, plus ou moins pinnatifides, & reffemblant un peu à celles d'acanthe; fes fleurs font terminales, ramaffées, & placées entre des braƈtées jaunâtres, entières, concaves & ciliées. Cette plante croît dans les prés marécageux & les lieux humides. ♃

VI *Feuilles cotonneufes & fort blanches en-deffous.*

Quenouille artichaut. *Cnicus cynara.*

Centaurium majus, foliis cynaræ. Tournef. 449.
Cnicus Centoroides. Linn. Sp. 1157.

Sa tige eft épaiffe, droite, cannelée, fimple, & haute de deux ou trois pieds; elle porte à fon fommet une ou deux têtes de fleurs affez groffes, ovales, embriquées d'écailles calicinales pointues, noirâtres, mais bordées de blanc. Ses feuilles font fort amples, pinnatifides, vertes en-deffus, blanches en-deffous, & imitant beaucoup celles de l'artichaut, avec lequel cette plante a d'ailleurs des rapports très-marqués. On la trouve dans les Pyrenées. ♃

19. *Calice nu, ou n'ayant tout au plus qu'une braƈtée adhérente à fa bafe.*
- Calice très-grand, dont les écailles larges & charnues font arrondies ou ovales. 20
- Calice médiocre dont les écailles font lancéolées & peu charnues. 21

20. *Calice très-grand, dont les écailles larges & charnues sont arrondies ou ovales.*

Artichaut commun. *Cynara communis.*

Cynara sylvestris, latifolia. Tournef. 442.
β. *Cynara hortensis, foliis non aculeatis.* Tournef. 442.
Cynara scolimus. Linn. Sp. 1159.

Sa tige s'élève à la hauteur de deux ou trois pieds; épaisse, cannelée, cotonneuse, & garnie de quelques rameaux; ses feuilles sont alternes, fort grandes, molles, un peu épineuses, très-découpées, presque ailées, & garnies sur-tout à leur surface inférieure d'un duvet blanchâtre. Sa fleur est purpurine, terminale, & forme une tête écailleuse fort grosse. Les écailles du calice sont très-charnues, & rougeâtres à leur base. Cette plante croît dans les provinces méridionales. ♃ On en cultive quelques variétés dans les jardins pour l'usage de la cuisine. Ses racines sont diurétiques & apéritives.

21.	*Calice médiocre, dont les écailles sont lancéolées & peu charnues.*	Calices très-épineux.	22
		Calices peu ou point épineux.	23

---

22. *Calices très-épineux.*

Chardon. *Carduus.*

La distinction des chardons d'avec les cirses, faite par M. de Haller d'après l'aigrette des semences, simple ou plumeuse, ne conserve pas plus de rapports que celle qu'a établie M. de Tournefort d'après la considération des calices épineux ou sans épines; c'est pourquoi il vaut mieux s'en tenir à cette dernière qui a l'avantage d'être plus facile & plus commode à observer. Ainsi, les chardons diffèrent des carthames, des quenouilles & des carlines par leur calice non environné de bractées; des cirses, par leurs calices très-épineux; des pédanes, par leur réceptacle chargé de poils; & des chausses-trapes, par leurs fleurons tous hermaphrodites.

22. ANALYSE.

Feuilles décurrentes.	Feuilles non décurrentes.
I.	X.

I. *Feuilles décurrentes.*

Fleurs solitaires ou distantes.	Fleurs ramaſſées pluſieurs enſemble.
I I.	V I I.

II. *Fleurs ſolitaires ou diſtantes.*

Fleurs oblongues & de la groſſeur d'une noiſette.	Fleurs courtes, ovales & beaucoup plus groſſes qu'une noiſette.
I I I.	I V.

III. *Fleurs oblongues & de la groſſeur d'une noiſette.*

Chardon friſé. *Carduus criſpus.* Linn. Sp. 1150.

Carduus caule criſpo. Tournef. 440.

Sa tige eſt haute de trois pieds, un peu branchue, verte, & ailée, c'eſt-à-dire, garnie dans toute ſa longueur des deux côtés, d'un prolongement denté, épineux & très-étroit, formé par la baſe des feuilles; ce prolongement fait paroître la tige comme friſée. Ses feuilles ſont oblongues, dentées, ſinuées, épineuſes, un peu rétrécies vers leur baſe, d'un vert-noirâtre en-deſſus, & blanchâtres en-deſſous. Les têtes de fleurs ſont oblongues, petites, peu diſtantes, mais pédunculées chacune & point ramaſſées. Toute la plante a un aſpect noirâtre ou eſt d'un vert triſte. Elle croît dans les champs incultes. ⊙

22. IV. *Fleurs courtes, ovales & beaucoup plus grosses qu'une noisette.*

Découpures des feuilles inférieures, longues, étroites, & divergentes. Fleurs droites.	Découpures des feuilles inférieures, courtes & cunéiformes. Fleurs penchées.
V.	VI.

V. *Découpures des feuilles inférieures, longues, étroites & divergentes.* Fleurs droites.

Chardon lancéolé. *Carduus lanceolatus.* Linn. Sp. 1149.

Carduus lanceolatus latifolius. Tournef. 440.

Sa tige est droite, branchue, cannelée, ailée, un peu velue, & haute de deux pieds; ses feuilles sont décurrentes, larges, & profondément découpées en lanières étroites, lancéolées, & terminées chacune par une forte épine : elles sont d'un vert-foncé en-dessus, & un peu cotonneuses ou blanchâtres en-dessous. Les fleurs sont grosses & purpurines, & leurs calices sont très-légèrement velus. Cette plante croît sur le bord des chemins, & dans les rues des villages. ♂

VI. *Découpures des feuilles inférieures, courtes & cunéiformes.* Fleurs penchées.

Chardon penché. *Carduus nutans.* Linn. Sp. 1150.

Carduus nutans. Tournef. 440.

Ses tiges sont épaisses, cannelées, ailées, épineuses, branchues, & hautes d'un pied & demi tout au plus. Ses feuilles sont sinuées, découpées, tout-à-fait décurrentes (& non à demi), très-épineuses & blanchâtres, particulièrement vers leurs nervures. Ses fleurs sont grosses, courtes, purpurines, & penchées vers la terre. Les écailles calicinales extérieures sont ouvertes, & les intérieures plus redressées; elles sont garnies de duvet en manière de toile d'araignée. On trouve cette plante sur le bord des chemins, & on la distingue facilement par son aspect blanchâtre, & par l'inclinaison de ses fleurs. ♂

22. VII. *Fleurs ramaſſées pluſieurs enſemble.*

Ailes de la tige, fort larges & garnies de fortes épines. VIII.	Ailes de la tige, très-étroites & chargées d'épines peu conſidérables. IX.

VIII. *Ailes de la tige, fort larges & garnies de fortes épines.*

Chardon acanthin. *Carduus acanthoides.* Tournef. 440.

Carduus ſpinoſiſſimus vulgaris. Lob. Icon. 2, 21.
Carduus ſylveſtris tertius. Dod. pempt. 740.

Ce chardon, extrêmement commun, ne paroît pas avoir été connu de M. Linné, ou au moins celui qu'il décrit ſous le même nom, n'a aucun rapport avec la plante dont je veux parler. Sa tige eſt haute de deux pieds, ou quelquefois davantage, branchue, cannelée, cotonneuſe, d'un vert-blanchâtre, & garnie dans toute ſa longueur, ſur différentes faces, d'une aile courante, large d'un pouce, ſinuée, dentée & très-épineuſe, qui produit à des diſtances un peu conſidérables, des feuilles oblongues, ſinuées, anguleuſes, blanchâtres, & pareillement hériſſées d'épines. Les fleurs ſont ramaſſées trois ou quatre enſemble au ſommet de la tige & des rameaux; elles ſont purpurines, les calices ſont oblongs, de la groſſeur d'une noiſette; & leurs écailles ſont droites, & ſouvent rougeâtres vers leur ſommet. Toute la plante a un aſpect blanchâtre; la tige & les rameaux ſont garnis dans le voiſinage des fleurs, d'un coton blanc très-abondant. Elle croît dans les lieux incultes, les foſſés ſecs, & au pied des murailles. ☉

IX. *Ailes de la tige, très-étroites & chargées d'épines peu conſidérables.*

Chardon blanchâtre. *Carduus albidus.*

An carduus pycnocephalus. Linn. Sp. 1151.

Cette plante a beaucoup de rapport avec la précédente, & pourroit preſque en être regardée comme une variété. Sa

22. tige est haute de trois pieds au moins, branchue, & garnie d'ailes étroites & légèrement épineuses. Ses feuilles sont sinuées, à dents anguleuses ou cunéiformes, & ne sont point terminées par une pointe alongée & étroite, mais par un angle court & presque obtus, ce qui me fait croire que le *Carduus nemorosus italicus* de Barrelier, *Ic. tab.* 417, est une plante différente de celle que je décris, puisque la sienne a les feuilles étroites, & terminées par un angle fort aigu. Les calices & les fleurs ressemblent presque entièrement à celles de la précédente; les semences sont aussi les mêmes; elles sont oblongues, un peu comprimées, lisses, & chargées d'une aigrette sessile, simple & fort longue. Les têtes des fleurs sont ramassées au nombre de trois ou quatre tout au plus, & leur péduncule commun n'est point ailé jusqu'à la première feuille, qui n'est que sémi-décurrente. Les feuilles inférieures sont un peu veinées de blanc comme celles du chardon-marie. On la trouve dans les provinces méridionales. ⊙

X. *Feuilles non décurrentes.*

Feuilles profondément sinuées ou anguleuses. XI.	Feuilles entières & lancéolées. XIV.

XI. *Feuilles profondément sinuées ou anguleuses.*

Fleurs solitaires. XII.	Fleurs ramassées. XIII.

XII. *Fleurs solitaires.*

Chardon marie. *Carduus marianus.* Linn. Sp. 1153.

Carduus albis maculis notatus, vulgaris. Tournef. 440.

Sa tige s'élève jusqu'à deux pieds & plus, épaisse, cannelée & branchue; ses feuilles sont fort grandes, larges, sinuées, anguleuses, lisses & glabres des deux côtés, épineuses, & parsemées de taches blanches. Ses fleurs sont terminales, purpurines; & les calices assez gros, courts,

22. & garnis d'épines composées. On trouve cette plante sur le bord des chemins, & dans des lieux incultes. ⊙ La racine, l'herbe & les semences sont sudorifiques, fébrifuges, apéritives & diurétiques.

XIII. *Fleurs ramassées.*

Chardon gloméré. *Carduus glomeratus.*

Carduus foliis opposite sinuatis amplexicaulibus, floribus terminalibus, congestis, sessilibus. Ger. Prov. 179.

Sa tige est droite, simple, & haute de quatre à cinq pieds; ses feuilles sont amplexicaules, glabres des deux côtés, sinuées profondément, & garnies de petites épines : leurs lobes sont opposés, lancéolés & un peu dentés. Les fleurs sont terminales, ramassées, presque sessiles, & de couleur purpurine. Les écailles calicinales sont lancéolées, linéaires, blanchâtres à leur base, vertes à leur sommet, & vraisemblablement épineuses. Cependant l'expression de M. Gerard ne paroît pas indiquer ce dernier caractère; ce qui alors doit faire ranger cette plante parmi les *cirsium.* Elle croît en Provence sur le bord des ruisseaux dans les montagnes. ♃

XIV. *Feuilles entières & lancéolées.*

Chardon polyacanthe. *Carduus polyacanthus.*

Carduus seu polyacantha vulgaris. Tournef. 441.

Sa tige est haute de deux ou trois pieds, simple cannelée, rougeâtre & presque glabre; ses feuilles sont lancéolées; pointues, saliciformes, lisses, & d'un beau vert en-dessus, fort blanches en-dessous, & garnies en leurs bords d'épines jaunâtres & ternées. Ses fleurs sont jaunâtres, & leurs calices très-épineux. Cette plante croît en Provence dans les îles d'Hières. ♂

Calice peu ou point épineux.

23. Cirse. *Cirsium.*

Les cirses diffèrent des carthames, des quenouilles & des carlines, par le défaut de bractées calicinales; des chardons, par leurs calices non épineux; des sarrètes, par leurs feuilles

23. un peu épineuses; des pédanes, par leur réceptacle chargé de poils; & des chausses-trapes, des jacées & des centaurées, par leur défaut de fleurons stériles.

ANALYSE.

Feuilles décidément décurrentes. I.	Feuilles point sensiblement décurrentes. XVI.

I. *Feuilles décidément décurrentes.*

Feuilles solitaires, ou deux tout au plus sur le même péduncule, qui est assez long. II.	Fleurs ramassées plus de deux ensemble, leurs péduncules particuliers étant fort courts. IX.

II. *Fleurs solitaires, ou deux tout au plus sur le même péduncule qui est assez long.*

Feuilles de la tige, pinnatifides, ou à sinuosités anguleuses. III.	Feuilles de la tige, simples, lancéolées & entières. VI.

III. *Feuilles de la tige, pinnatifides ou à sinuosités anguleuses.*

Feuilles glabres, sinuées, & parsemées de taches blanches. IV.	Feuilles pinnatifides, & point tachées de blanc. V.

IV. *Feuilles glabres, ſinuées & parſemées de taches blanches.*

Cirſe maculé. *Cirſium maculatum.*

Cirſium maculis argenteis notatum. Tournef. 448.

Carduus leucographus. Linn. Sp. 1149.

Sa tige eſt haute d'un pied & demi, & légèrement branchue; ſes feuilles ſont liſſes, oblongues, ſinuées, à dents anguleuſes, garnies d'épines courtes, parſemées de taches laiteuſes, & obtuſes à leur ſommet. Les fleurs ſont groſſes comme une noiſette, & ſont ſolitaires à l'extrémité d'un long péduncule nu & un peu cotonneux ſous le calice. On trouve cette plante en Provence dans les lieux ſtériles & ſur le bord des chemins.

V. *Feuilles pinnatifides & point tachées de blanc.*

Cirſe incliné *Cirſium inclinatum.*

Carduus medius. Gouan. Obſerv. p. 62, t. XXIV.

Sa tige eſt droite, très-ſimple, & haute d'un pied & demi; elle ſe termine en un péduncule long de cinq à ſix pouces, nu, cotonneux, & chargé d'une ſeule fleur aſſez groſſe, dont le poids le fait incliner vers la terre: cette fleur eſt purpurine, & ſon calice eſt rude ſans être ſenſiblement épineux. Ses feuilles ſont lancéolées, glabres & vertes en-deſſus, un peu hériſſées en-deſſous, profondément pinnatifides, & les pinnules partagées en trois lobes pointus, dont l'intermédiaire eſt le plus conſidérable; elles ſont bordées par-tout de ſpinules extrêmement nombreuſes. Cette plante croît dans les environs de Barrège.

VI. *Feuilles de la tige, ſimples, lancéolées & entières.*

Toutes les feuilles ſimples.	Feuilles radicales pinnatifides.
VII.	VIII.

VII. *Toutes les feuilles ſimples.*

Cirſe pauciflore. *Cirſium pauciflorum.*

Cirſium ſingularibus capitulis parvis. Tournef. 447.

Sa tige eſt haute de deux pieds, ſtriée, preſque nue

25. dans sa partie supérieure, & ne porte qu'une ou deux fleurs assez petites, soutenues chacune par un péduncule grêle, nu & fort long. Ses feuilles sont lancéolées, glabres, plus ou moins dentées, & garnies de cils épineux. Cette plante ne diffère sensiblement du cirse sarretien que par ses feuilles qui sont décurrentes. Elle croît dans les provinces méridionales. ♃

VIII. *Feuilles radicales pinnatifides.*

Cirse bulbeux. *Cirsium bulbosum.*

Cirsium pratense asphodeli radice, latifolium. Tournef. 448.

β. *Cirsium pratense asphodeli radice, foliis tenuiter incisis.* Tournef. 448.

Sa tige est épaisse, cannelée, blanchâtre, pubescente, & haute de quatre à cinq pieds; ses feuilles sont fort grandes, lisses, vertes des deux côtés, succulentes & bordées de spinules : ses fleurs sont purpurines, terminales & solitaires. La variété β, selon la figure qu'en donne Dalechamp, sous le nom d'*acanthus sylvestris alter*, paroît devoir former une espèce distincte; sa tige n'est feuillée que dans sa partie inférieure, & ses feuilles sont étroites & profondément découpées. Ces plantes croissent dans les prés des provinces méridionales. ♃

IX. *Feuilles ramassées plus de deux ensemble, leurs péduncules particuliers étant fort courts.*

Feuilles de la tige, très-simples. X.	Feuilles de la tige, profondément pinnatifides. XIII.

X. *Feuilles de la tige, très-simples.*

Ecailles calicinales réfléchies. XI.	Ecailles calicinales droites. XII.

23. XI. *Ecailles calicinales réfléchies.*

Cirse bardanier. *Cisium lappaceum.*

> *Cirsium latifolium, lappæ capitulis.* Tournef. 448.
> *Arctium personata.* Linn. Sp. 1144.

Sa tige est haute de deux pieds, droite, épaisse, branchue, & chargée de quelques poils écartés; ses feuilles sont vertes, blanchâtres en-dessous, & bordées de cils épineux : les supérieures sont ovales, pointues & décurrentes, & les inférieures sont pétiolées, un peu épineuses en leurs bords, découpées profondément en lobes élargis, & imitent celles de l'acanthe. Ses fleurs sont purpurines & ramassées plusieurs ensemble sur des péduncules blanchâtres. Cette plante croît en Dauphiné sur le bord des champs. ♂

XII. *Ecailles calicinales droites.*

Cirse compact. *Cirsium compactum.*

> *Cirsium foliis non hirsutis, floribus compactis.* Tournef. 441.
> *Carduus Monspessulanus.* Linn. Sp. 1152.
> β. *Cirsium Pyrenaïcum altissimum.* Tournef. 448.

Sa tige est épaisse, cannelée, blanchâtre, & s'élève jusqu'à quatre ou cinq pieds; ses feuilles sont simples, lancéolées, presque entières, lisses, d'un vert-glauque, & garnies de cils épineux & inégaux : les inférieures sont un peu sinuées. Ses têtes de fleurs sont terminales, ramassées plusieurs ensemble, & presque sessiles, sur-tout dans la variété β; les corolles sont purpurines, & les calices sont composés d'écailles petites, embriquées, glabres, blanchâtres à leur base, & marquées d'une petite raie noire à leur sommet qui est chargé d'une spinule à peine sensible. Ces plantes croissent dans les prés humides des provinces méridionales. ♃

XIII. *Feuilles de la tige, profondément pinnatifides.*

Tige simple, terminée par un seul bouquet glomérulé de fleurs.	Tige se divisant supérieurement en rameaux panniculés ou corymbiformes.
XIV.	XV.

23. XIV. *Tige simple, terminée par un seul bouquet gloméruIé de fleurs.*

Cirse de marais. *Cirsium palustre.*

Cirsium palustre polycephalon vulgare. Tournef. 448.
Carduus palustris. Linn. Sp. 1151.

Sa tige est droite, simple, ailée, épineuse, & s'élève jusqu'à cinq ou six pieds; ses feuilles sont longues, étroites, pinnatifides, garnies de petites épines en leurs bords, d'un vert-noirâtre en-dessus, blanchâtres & cotonneuses en-dessous. Ses têtes de fleurs sont terminales, petites, ramassées toutes ensemble, & presque sessiles; leurs péduncules particuliers, d'abord nuls, se développent dans le progrès de la floraison, & ces fleurs alors forment un bouquet un peu lâche : les calices sont cotonneux à leur base. Cette plante croît dans les marais & les prés couverts. ♃

XV. *Tige se divisant supérieurement en rameaux panniculés ou corymbiformes.*

Cirse panniculé. *Cirsium panniculatum.*

Carduus carlinoides. Gouan. Obs. page 62, table XXIII.

Sa tige est droite, branchue, panniculée supérieurement, ailée, épineuse, laineuse, & haute de deux pieds à peu-près; ses feuilles sont longues, pointues, profondément pinnatifides, & chargées d'un coton laineux très-abondant. Les pinnules se divisent en plusieurs lobes aigus, épineux & sont presque palmées. Les fleurs sont assez grandes, & sont rassemblées au sommet des rameaux; leurs péduncules particuliers sont fort courts & laineux, & les corolles sont purpurines. Cette plante croît dans les Pyrénées. ♃

XVI. *Feuiles point sensiblement décurrentes.*

Feuilles chargées d'épines nombreuses & assez fortes.	Feuilles garnies de quelques spinules peu considérables.
XVII.	XX.

23. XVII. *Feuilles chargées d'épines nombreuses & assez fortes.*

Tige nulle, ou ayant moins que six pouces. XVIII.	Tige de plus d'un pied de hauteur. XIX.

XVIII. *Tige nulle ou ayant moins que six pouces.*

Cirse nain. *Cirsium acaulos.*

Cirsium acaulos flore purpureo. Tournef. 448.
Carduus acaulis. Linn. Sp. 1156.

Les feuilles de cette plante sont radicales, & étendues en rond sur la terre; elles sont vertes, oblongues, un peu étroites, sinuées, pinnatifides, rétrécies à leur base, & leurs découpures sont anguleuses, cunéiformes & garnies d'épines assez fortes; de leur milieu s'élève quelquefois à la hauteur de deux ou trois pouces, une fleur purpurine, dont le calice est ovale, conique, très-glabre, & presque point épineux. Cette plante croît sur les pelouses & dans les lieux secs. ♃

XIX. *Tige de plus d'un pied de hauteur.*

Cirse des champs. *Cirsium arvense.*

Cirsium arvense sonchifolio, radice repente, flore purpurascente. Tournef. 448.
Serratula arvensis. Linn. Sp. 1149.

Sa tige est haute de deux pieds, cannelée, glabre, & branchue dans sa partie supérieure; ses feuilles sont lancéolées, sémi-pinnatifides, vertes en-dessus, & blanchâtres en-dessous. Leurs pinnules sont anguleuses, cunéiformes, quelquefois un peu distantes, & hérissées d'épines assez fortes. Les fleurs sont purpurines ou blanchâtres, & leurs calices courts & arrondis avant la floraison, se développent ensuite, & acquièrent une forme cylindrique. Cette plante est très-commune dans les champs, les vignes, & parmi les avoines. ♃ Elle est apéritive & résolutive.

23. XX. *Feuilles garnies de quelques spinules peu considérables.*

Feuilles inférieures, profondément pinnatifides. XXI.	Feuilles simples, dentées, & un peu sinuées. XXIV.

XXI. *Feuilles inférieures, profondément pinnatifides.*

Fleurs penchées & de couleur jaune. XXII.	Fleurs droites & purpurines. XXIII.

XXII. *Fleurs penchées & de couleur jaune.*

Cise glutineux. *Cirsium glutinosum.*

Cirsium acanthoides montanum, flore flavescente. Tournef. 448.
Cnicus eresithales. Linn. Sp. 1157.

Sa tige est haute de deux ou trois pieds, cannelée, presque glabre, quelquefois un peu velue, & ordinairement simple, ou divisée en une couple de rameaux. Ses feuilles sont profondément pinnatifides, & garnies en leurs bords de cils épineux ; les inférieures sont grandes & pétiolées ; leurs pinnules sont oblongues très-rapprochées, & chargées de trois nervures presque parallèles. Les fleurs sont jaunes, pédunculées & au nombre de deux ou trois seulement ; les calices sont glutineux ; les variétés à fleurs rouges, indiquées par les Auteurs, peuvent être regardées comme des espèces très-distinctes, d'après la considération de leurs autres caractères. Cette plante croît dans les prés des montagnes. ♃

XXIII. *Fleurs droites & purpurines.*

Cirse disséqué. *Cirsium dissectum.*

Cirsium majus singulari capitulo magno, vel incanum variè dissectum. Tournef. 447.
Carduus dissectus. Linn. Sp. 1151.

Je ne connois aucune description exacte, ni aucune figure expressive de la plante que je vais décrire, & elle a si

23. peu de rapport avec le *cirsium anglicum* de Lobel, de Dalechamp & de Clusius, que je suis même très-porté à croire que le *carduus dissectus* de M. Linné ne lui convient aucunement. Sa tige est haute d'un à deux pieds tout au plus, simple, ou produisant quelquefois un petit rameau, grêle, striée, cotonneuse dans toute sa longueur, mais particulièrement vers son extrémité, presque nue, n'ayant que deux ou trois feuilles dans sa partie inférieure, & chargée d'une seule fleur terminale ou de deux lorsque la tige est accompagnée d'un rameau. Ses feuilles ne sont jamais simples, mais toujours profondément pinnatifides, & leurs pinnules sont partagées en trois ou quatre lobes alongés, étroits & divergens comme dans celle du chardon lancéolé; ces lobes sont ciliés & terminés par une petite épine : les feuilles sont vertes en-dessus, & un peu cotonneuses en-dessous dans le voisinage de leurs nervures. La fleur est purpurine & d'une grosseur moyenne; le calice est court, ovale & embriqué d'écailles aiguës, blanchâtres à leur base, & purpurines à leur sommet. On trouve cette plante dans les prés humides. ℧

XXIV. *Feuilles simples, dentées ou un peu sinuées.*

Fleurs d'un blanc-jaunâtre.	Fleurs purpurines ou violettes.
XXV.	XXVI.

XXV. *Fleurs d'un blanc-jaunâtre.*

Cirse jaunâtre. *Cirsium flavescens.*

Cirsium pratense alpinum polycephalum, asphodeli radice. Tournef. 448.

Carduus parviflorus. Linn mant. 279.

Sa tige est haute de trois à quatre pieds, presque glabre, un peu cotonneuse, & plus ou moins branchue; ses feuilles sont amplexicaules, glabres, ciliées, pointues, vertes en-dessus, & un peu blanchâtres en-dessous : les supérieures sont entières & peu considérables; les inférieures sont longues presque d'un pied, larges de quatre pouces, & un peu en lyre vers leur base. Ces feuilles sont remarquables dans leur surface postérieure par une grande nervure longitudinale,

23. d'où sortent de chaque côté beaucoup d'autres petites nervures, toutes assez parallèles, & qui forment des angles droits avec celle qui leur donne naissance. Les fleurs sont jaunâtres, terminales, & ramassées trois ou quatre ensemble; elles sont assez grandes, & les styles des fleurons sont fort alongés : cette plante a un peu de rapport avec le cirse bulbeux. Elle croît dans les prés des montagnes en Dauphiné. ♃

XXVI. *Fleurs purpurines ou violettes.*

Cirse sarretien. *Cirsium serratuloideum.*

Cirsium angustifolium, non lacinatum. Tournef. 447.
Carduus serratuloides. Linn. Sp. 1155.

Sa tige est haute de trois pieds, lisse & un peu sillonnée; ses feuilles sont sessiles, sémi-amplexicaules, très-simples, dentées & lancéolées; elles sont glabres des deux côtés, & leurs dentelures sont inégales, distantes & légèrement épineuses. Ses fleurs ressemblent beaucoup à celle du cirse des champs, & sont terminales & solitaires sur leurs péduncules; mais ces péduncules sont courts, & la tige n'est point nue dans sa partie supérieure, comme la plante dont parle M. Jacquin. Elle croît dans les prés des provinces méridionales. ♃

24. *Fleurons extérieurs femelles ou stériles.*

Chausse-trape. *Calcitrapa.*

Les chausses-trapes diffèrent des chardons, des carthames & des quenouilles, par les fleurons stériles de la circonférence de leurs fleurs; & des jacées & des centaurées, par les épines de leurs calices. Les feuilles de ces plantes sont rarement épineuses, & les semences ont une aigrette formée par des poils, ou quelquefois par des paillettes.

ANALYSE.

Epines calicinales, simples ou solitaires sur chaque écaille.	Epines calicinales, composées & point solitaires.
I.	VI.

24. I. *Epines calicinales, simples ou solitaires sur chaque écaille.*

Feuilles décurrentes. II.	Feuilles non décurrentes. III.

II. *Feuilles décurrentes.*

Chausse-trape galactite. *Calcitrapa galactites.*

Carduus galactites. Tournef. 441.
Centaurea galactites. Linn. Sp. 1300.

Sa tige est haute d'un pied & demi tout au plus, peu branchue, très-cotonneuse & blanchâtre ; ses feuilles sont longues, étroites, profondément dentées, presque ailées, épineuses comme celles des chardons, cotonneuses en-dessous & vertes en-dessus, mais chargées de taches laiteuses. Les épines calicinales sont longues & jaunâtres, & les fleurons extérieurs sont fort grands & découpés en lanières très-étroites. Les fleurs sont purpurines ou blanches dans une variété. Cette plante croît dans les provinces méridionales. ♃

III. *Feuilles non décurrentes.*

Feuilles entières ou dentées. IV.	Feuilles sinuées & pinnatifides. V.

IV. *Feuilles entières ou dentées.*

Chausse-trape nudicaule. *Calcitrapa nudicaulis.*

Jacea folio cerinthes è rupæ victoriæ. Tournef. 445.
Centaurea nudicaulis. Linn. Sp. 1300.

Sa tige est droite, très-simple, striée & presque nue ; ses feuilles radicales sont ovales, entières, pétiolées & un peu velues à leur base ou sur les côtés de leur pétiole; celles de la tige, au nombre de deux tout au plus, sont fort petites, étroites & garnies de quelques dents écartées. La fleur est solitaire & terminale ; les écailles calicinales sont peu épineuses ; les supérieures sont noirâtres à leur sommet ; les

24. inférieures ſont jaunâtres & luiſantes. Cette plante croît dans les montagnes en Provence. ♃

V. *Feuillées ſinuées & pinnatifides.*

Chauſſe-trape altière. *Calcitrapa altiſſima.*

Jacea foliis cichoraceis villoſis altiſſima, flore purpureo. Tournef. 444.

Centaurea ſalmantica. Linn. Sp. 1299.

Sa tige eſt haute de trois pieds, grêle, ſtriée, glabre & un peu branchue; ſes feuilles inférieures ſont pinnatifides & ſinuées comme celles de la chicorée, avec un lobe terminal en fer-de-lance, aſſez grand & denté; elles ſont chargées de poils fort courts & un peu rudes; les feuilles de la tige ſont très-étroites, dentées à leur baſe & preſque linéaires. Les fleurs ſont purpurines, ſolitaires, terminales; les écailles calicinales ſont très-liſſes, jaunâtres, brunes à leur ſommet, & chargées d'une épine fort petite & un peu réfléchie. On trouve cette plante en Provence. ♃

VI. *Epines calicinales compoſées & point ſolitaires.*

Feuilles de la tige, très-épineuſes. N°. 17 — VII.	Feuilles de la tige, peu ou point épineuſes. VII.

VII. *Feuilles de la tige, peu ou point épineuſes.*

Epines calicinales palmées. VIII.	Epines calicinales rameuſes ou dentées. XIII.

VIII. *Epines calicinales palmées.*

Feuilles décurrentes. IX.	Feuilles non décurrentes. XII.

24. IX. *Feuilles décurrentes.*

Feuilles cotonneuses; épines calicinales courtes. X.	Feuilles non cotonneuses; épines calicinales assez longues. XI.

X. *Feuilles cotonneuses.*

Chausse-trape chicoracée. *Calcitrapa cichoracea.*

Carduus hispanicus purpureus, foliis cichorii. Tournef. 442.
Centaurea seridis. Linn. Sp. 1294.

Sa tige est haute d'un pied tout au plus, cotonneuse & légèrement branchue; ses feuilles sont un peu larges, lancéolées, décurrentes, & à dentelures un peu épineuses; ses fleurs sont purpurines, terminales, & les écailles calicinales sont chargées de petites épines palmées. On trouve cette plante dans les provinces méridionales. ♃

XI. *Feuilles non cotonneuses; épines calicinales assez longues.*

Chausse-trape laitronnée. *Calcitrapa sonchifolia.*

Carduus maritimus canescens alato caule. Tournef. 441.
Centaurea sonchifolia. Linn. 1294.

Sa tige est haute d'un pied & demi, & souvent simple; ses feuilles sont épaisses, assez larges, décurrentes, dentées & sinuées à leur base, sur-tout les radicales, & celles de la tige sont lancéolées, distantes & plus étroites. La fleur est terminale, assez grande, & fait souvent pencher la tige par son poids. Le calice est hérissé d'épines longues & jaunâtres. Cette plante croît sur le bord de la Méditerranée. ⊙

XII. *Feuilles non décurrentes.*

Chausse-trape parviflore. *Calcitrapa parviflora.*

Carduus jaceæ folio, capitulis minoribus cum squammis tricuspidatis. Tournef. 442.
Centaurea aspera. Linn. Sp. 1296.

Ses tiges sont cannelées, rougeâtres & hautes d'un à deux pieds;

24. pieds; ses feuilles sont lancéolées, un peu étroites, dentées ou sinuées, & rudes au toucher; ses fleurs sont petites, purpurines, & les écailles calicinales sont chargées de trois ou cinq épines, très-petites & souvent rougeâtres. Cette plante croît dans les provinces méridionales. ♃

XIII. *Épines calicinales, rameuses ou dentées.*

Feuilles tout-à-fait sessiles.	Feuilles décurrentes, ou sémi-décurrentes.
XIV.	XIX.

XIV. *Feuilles tout-à-fait sessiles.*

Fleurs jaunes.	Fleurs purpurines ou blanchâtres.
XV.	XVI.

XV. *Fleurs jaunes.*

Chausse-trape colliniere. *Calcitrapa collina.*

Carduus luteus centauroides segetum. Tournef. 441.
Centaurea collina. Linn. Sp. 1298.

Sa tige est droite, anguleuse, & haute d'un à deux pieds; ses feuilles sont oblongues, un peu étroites, laciniées ou pinnatifides; ses fleurs sont terminales avec des épines calicinales longues & ciliées ou dentées. Cette plante croît dans les champs des provinces méridionales. ☉

XVI. *Fleurs purpurines ou blanchâtres.*

Feuilles pinnatifides.	Feuilles entières ou dentées.
XVII.	XVIII.

24. XVII. *Feuilles pinnatifides.*

Chauſſe-trape étoilée. *Calcitrapa ſtellata.*

Carduus ſtellatus ſive calcitrapa. Tournef. 440.
Centaurea calcitrapa. Linn. Sp. 1297.

Sa tige eſt haute d'un pied, ſtriée & très-branchue; ſes feuilles ſont pinnatifides & à découpures étroites, linéaires & diſtantes; les radicales ſont en lyre, avec un lobe terminal élargi & denté. Les fleurs ſont ſeſſiles, terminales & environnées de bractées; les épines calicinales ſont jaunes & fort grandes. Cette plante eſt commune ſur le bord des chemins. ⊙ Elle eſt apéritive & diurétique.

XVIII. *Feuilles entières ou dentées.*

Chauſſe-trape lancéolée. *Calcitrapa lanceolata.*

Carduus ſtellatus foliis integris ſerratis. Tournef. 440.
Centaurea calcitrapoides. Linn. Sp. 1297.

Cette plante, reſſemble beaucoup à la précédente, mais elle eſt moins velue, & ſes feuilles ne ſont preſque point diviſées; elles ſont amplexicaules, lancéolées, pointues & dentées en ſcie. Les calices ſont un peu lanugineux à leur baſe. Elle croît près de Montpellier. ⊙

XIX. *Feuilles décurrentes ou ſémi-décurrentes.*

Fleurs pédunculées, terminales & point garnies de bractées.	Fleurs ſeſſiles ou entourées de bractées remarquables.
XX.	XXI.

XX. *Fleurs pédunculées, terminales & point garnies de bractées.*

Chauſſe-trape ſolſticiale. *Calcitrapa ſolſtitialis.*

Carduus ſtellatus luteus, foliis cyani. Tournef. 440.
Centaurea ſolſtitialis. Linn. Sp. 1297.

Sa tige eſt un peu branchue, ailée & haute d'un pied & demi; ſes feuilles caulinaires ſont lancéolées, un peu ſinuées

24. ou dentées, & les supérieures presque linéaires; les feuilles inférieures de la tige sont assez larges, profondément sinuées en lyre avec un lobe terminal fort grand. Elles sont toutes d'un vert-blanchâtre & un peu cotonneuses. Les fleurs terminent les rameaux & sont de couleur jaune; les calices sont remarquables par de longues épines branchues ou dentées à leur base. Cette plante croît sur le bord des chemins, dans les lieux secs. ⊙

XXI. *Fleurs sessiles ou entourées de bractées remarquables.*

Calice glabre ; feuilles pinnatifides. XXII.	Calice lanugineux ; feuilles simples & dentées. XXIII.

XXII. *Calice glabre; feuilles pinnatifides.*

Chausse-trape sessiliflore. *Calcitrapa sessiliflora.*

Carduus melitensis capitulis conglobatis. Tournef. 442.
Centaurea melitensis. Linn. Sp. 1297.

La plante que je vais décrire me paroît un peu différente de celle de boccone. Sa tige est cannelée, pubescente, haute d'un pied, & se divise en rameaux très-épars; ses feuilles sont oblongues, d'un vert un peu blanchâtre, profondément dentées ou pinnatifides, & à découpures distantes & pointues; les fleurs sont jaunes, assez semblables à celles de la précédente, mais sessiles & garnies de deux ou trois bractées à leur base. Ces fleurs sont solitaires, latérales & terminales, mais ne sont point ramassées. Elle croît dans les provinces méridionales. ⊙

XXIII. *Calice lanugineux; feuilles simples & dentées.*

Chausse-trape lanugineuse. *Calcitrapa lanuginosa.*

Cnicus sylvestris hirsutior, sive carduus benedictus. Tournef. 450.
Centaurea benedicta. Linn. Sp. 1296.

Ses tiges sont rougeâtres, très-velues, lanugineuses, branchues & hautes d'un pied & demi. Ses feuilles sont oblongues, dentées, velues, d'un vert-clair, traversées par une nervure

24. blanche, & à peine ſémi-décurrentes; les inférieures ſont ſinuées & preſque ailées. Ses fleurs ſont jaunes, entourées de braƈtées & remarquables par des épines calicinales rameuſes & jaunâtres. Cette plante croît dans les provinces méridionales. ⊙ Les fleurs & les ſemences ſont ſudorifiques, toniques, fébrifuges & apéritives.

25.	*Aucune épine ſur les calices ni ſur les feuilles.*	Réceptacle chargé de poils ou de paillettes. . . . . 26 Réceptacle nu ou un peu cellulaire. 48
26.	*Receptacle chargé de poils ou de paillettes.*	Semences ſans péricarpe. . . 27 Semences enfermées dans un péricarpe. . . . . 47.
27.	*Semences ſans péricarpe.*	Tous les fleurons hermaphrodites. . . . . 28 Fleurons extérieurs femelles ou ſtériles. 38
28.	*Tous les fleurons hermaphrodites.*	Ecailles du calice, terminées par une pointe crochue. . . . . . 29 Ecailles du calice, non terminées par une pointe crochue. 30

29. *Ecailles du calice, terminées par une pointe crochue.*

Bardane. *Lappa.*

Les bardanes ſont particulièrement remarquables par le calice de leurs fleurs, qui eſt globuleux, & compoſé d'écailles lancéolées, terminées par un crochet. Les ſemences ſont chargées d'une aigrette aſſez courte.

A N A L Y S E.

Têtes de fleurs, cotonneuſes.	Têtes de fleurs, glabres.
I.	I I.

29. I. *Têtes de fleurs cotonneuses.*

Bardane cotonneuse. *Lappa tomentosa.*

Lappa major seu arctium Dioscoridis. Tournef. 450.
Eadem montana, capitulis tomentosis. Ibid.

Sa tige est épaisse, striée, branchue, un peu cotonneuse & haute de deux à trois pieds ; ses feuilles sont fort grandes, pétiolées, cordiformes, très-simples, vertes en-dessus, blanchâtres & un peu cotonneuses en-dessous. Ses fleurs sont purpurines ou quelquefois blanches, & forment des têtes arrondies, grosses ou petites selon les variétés, mais toutes garnies d'une espèce de coton entre leurs écailles calicinales. Cette plante croît sur le bord des chemins, dans les cours & dans le voisinage des masures. ʘ Les racines sont sudorifiques & apéritives, les feuilles vulnéraires & astringentes, & les semences diurétiques.

II. *Têtes de fleurs glabres.*

Bardane glabre. *Lappa glabra.*

Lappa major capite maximo glabro. Vaill. Paris. 114.
β. Lappa capitulis glabris minoribus. Hall. Helv. 70.

Cette espèce a été jusqu'ici regardée comme variété de la précédente par beaucoup d'Auteurs ; mais, comme ses différences sont constantes, je crois qu'on doit l'en distinguer. La plante observée par M. Vaillant, a les feuilles plus arrondies par le haut, plus blanches en-dessous, & les têtes de fleurs une fois plus grosses que celles de l'espèce précédente. Elle se trouve dans les environs de Paris. ʘ

30.	*Ecailles du calice, non terminées par une pointe crochue.*	Semences chargées d'une aigrette de poils.	31
		Semences nues, ou chargées de deux dents.	35
31.	*Semences chargées d'une aigrette de poils.*	Calice ayant au moins deux bractées adhérentes à sa base.	N°. 18 — VI.
		Calice nu, ou n'ayant tout au plus qu'une bractée à sa base.	32

32\. *Calice nu, ou n'ayant tout au plus qu'une bractée à sa base.*
- Calice ovale, dont les écailles sont arrondies, ciliées ou déchirées. 33
- Calice un peu cylindrique, dont les écailles sont oblongues, entières & pointues. 34

33\. *Calice ovale, dont les écailles sont arrondies, ciliées ou déchirées.*

Rhapontic. *Rhaponticum.*

Les rhapontics ont beaucoup de rapport avec les jacées & les centaurées; mais ils en diffèrent par leurs fleurons tous hermaphrodites : ils diffèrent des sarretes par la forme de leurs écailles calicinales; des quenouilles, par le défaut de bractées; des chardons & des cirses, par toutes leurs parties non épineuses.

ANALYSE.

Tige uniflore. I.	Tige pluriflore. II.

I. *Tige uniflore.*

Rhapontic scarieux. *Rhaponticum scariosum.*

Centaurium majus folio heleni incano. Tournef. 449.
Centaurea rhapontica. Linn. Sp. 1294.

Sa tige est ordinairement simple & haute d'un à deux pieds; elle porte à son extrémité une seule fleur fort grande, dont le calice est composé d'écailles arrondies, scarieuses ou desséchées, & déchirées en leurs bords. Ses feuilles sont oblongues, pétiolées, un peu en cœur à leur base, légèrement dentées, blanches & cotonneuses en-dessous. Les feuilles caulinaires sont en petit nombre, portées sur des pétioles fort courts & un peu pinnatifides; la racine est épaisse, fort grande & aromatique. Cette plante croît dans les montagnes, en Provence & en Dauphiné. Sa racine est tonique & un peu astringente.

33. II. *Tige pluriflore.*

Rhapontic cilié. *Rhaponticum ciliatum.*

Jacea foliis radicalibus semi-pinnatis, caulinis ovato-lanceolatis, caulibus angulatis. Hall. Helv. 80.

Cette plante ressemble beaucoup à la jacée noire, avec laquelle on la confond ordinairement, & dont elle ne diffère essentiellement que par le défaut de fleurons stériles à la circonférence de ses fleurs. Sa tige est rameuse, anguleuse, & s'élève jusqu'à deux pieds; ses feuilles sont âpres & un peu rudes au toucher; les inférieures sont pétiolées, semi-pinnées, & leurs découpures sont simples, peu nombreuses & distantes: les feuilles supérieures sont lancéolées, & celles du sommet sont linéaires; les écailles calicinales sont garnies de cils noirs & fort longs. Elle croît en Alsace dans le voisinage de Béfort.

---

34. *Calice un peu cylindrique, dont les écailles sont oblongues, entières & pointues.*

Sarrete. *Serratula.*

Les sarretes diffèrent des chardons & des cirses par le défaut d'épines sur leurs calices ou sur leurs feuilles; des quenouilles, par leurs têtes de fleurs sans bractées; des jacées & des centaurées, par leurs fleurons tous hermaphrodites & fertiles.

ANALYSE.

Feuilles vertes & glabres des deux côtés. I.	Feuilles blanchâtres & cotonneuses en-dessous. II.

I. *Feuilles vertes & glabres des deux côtés.*

Sarrete des Teinturiers. *Serratula tinctoria.* Linn. Sp. 1144.

Jacea nemorensis, quæ serratula vulgò. Tournef. 444.

Sa tige est haute de deux pieds, droite, ferme, lisse & un peu branchue; ses feuilles inférieures sont grandes, ovales, oblongues, dentées, pétiolées, quelquefois très-

34. simples & souvent un peu pinnatifides : les autres sont ailées à leur base, & se terminent par un lobe fort grand, alonge & denté. Les fleurs sont terminales, purpurines ou blanches dans une variété. On trouve cette plante dans les bois & les prés couverts. ♃ On la dit vulnéraire ; son suc fournit une teinture jaune fort belle.

II. *Feuilles blanchâtres & cotonneuses en-dessous.*

Feuilles ovales.	Feuilles linéaires.
III.	IV.

III. *Feuilles ovales.*

Sarrete-arborescente. *Serratula arborescens.*

Jacea arborescens styracis folio. Tournef. 445.
Stæhelina arborescens. Linn. Mant. 111.

Cet arbrisseau s'élève rarement au-delà de trois pieds ; ses feuilles sont pétiolées, ovales, entières, persistantes & chargées en-dessus d'un duvet très-blanc & soyeux. Le calice des fleurs est lisse & écailleux ; les paillettes du réceptacle sont laciniées. Il croît en Provence dans les îles d'Hières. ♄

IV. *Feuilles linéaires.*

Sarrete conique. *Serratula conica.*

Jacea capitata roris marini folio. Tournef. 444.
Stæhelina dubia. Linn. Sp. 1176.

Ses tiges sont grêles, un peu ligneuses, rameuses, blanchâtres & à peine hautes d'un pied ; ses feuilles sont linéaires, blanches & cotonneuses en-dessous, & légèrement dentées. Ses fleurs sont enfermées dans un calice conique, composé d'écailles longues, pointues, droites & un peu rougeâtres à leur sommet : l'aigrette des semences est simple, mais fort longue. Cette plante croît dans les provinces méridionales. ♄

35. *Semences nues ou chargées de deux dents.*
- Semences nues; point de bractées sous les fleurs. 36
- Semences chargées de deux dents; des bractées sous les fleurs. 37

36. *Semences nues; point de bractées sous les fleurs.*

Santoline. *Santolina.*

Les santolines ont les fleurs jaunes, le calice hémisphérique, le réceptacle chargé de paillettes & les semences nues; leurs fleurs forment des têtes courtes, portées ordinairement sur des péduncules nus & fort longs.

ANALYSE.

Feuilles ovales-oblongues; péduncules très-courts. I.	Feuilles étroites, linéaires; péduncules fort longs. II.

I. *Feuilles ovales-oblongues; péduncules fort courts.*

Santoline cotonneuse. *Santolina tomentosa.*

Gnaphalium maritimum. Tournef. 461.
Athanasia maritima. Linn. Sp. 1182.

Cette plante est très-cotonneuse dans toutes ses parties; ses tiges sont longues de huit à dix pouces, assez simples, cylindriques, couvertes d'un coton blanc fort épais, & se divisant à leur sommet en quatre ou cinq rameaux courts, uniflores & disposés en corymbe. Ses feuilles sont éparses, nombreuses, longues de six à sept lignes, larges de deux lignes & demie, un peu obtuses, légèrement crénelées & couvertes des deux côtés d'un coton très-dense. Ses fleurs sont jaunes, & terminent les rameaux. On trouve cette plante dans les lieux maritimes des provinces méridionales. ♄

36. II. *Feuilles étroites linéaires ; péduncules fort longs.*

Tiges vertes & point cotonneuſes; feuilles ſimplement dentées. III.	Tiges blanches & cotonneuſes; feuilles profondément pinnatifides. VI.

III. *Tiges vertes & point cotonneuſes ; feuilles ſimplement dentées.*

Dentelures des feuilles profondes, & comme ſur quatre rangs. IV.	Dentelures des feuilles, peu ſenſibles, & imitant des tubercules. V.

IV. *Dentelures des feuilles profondes, & comme ſur quatre rangs.*

Santoline cupreſſiforme: *Santolina cupreſſiformis.*

Santolina foliis teretibus. Tournef. 460.
Santolina chamæcypariſſus. Linn. Sp. 1179.

Sa tige eſt une eſpèce de ſouche ligneuſe qui ſe diviſe en beaucoup de rameaux droits & cylindriques; ſes feuilles ſont linéaires, longues de deux pouces, preſque cylindriques ou en manière de filet charnu, verdâtre, autour duquel naiſſent des dentelures nombreuſes très-rapprochées & comme diſpoſées de quatre côtés dans toute ſa longueur; ſes fleurs terminent les rameaux, & ſont portées ſur de longs péduncules grêles & preſque nus. Cette plante croît dans les provinces méridionales. ♄

V. *Dentelures des feuilles, peu ſenſibles, & imitant des tubercules.*

Santoline tuberculeuſe. *Santolina tuberculoſa.*

Santolina foliis roris marini, major. Tournef. 461.
Santolina roris marini folia. Linn. Sp. 1180.

Cette eſpèce a beaucoup de rapport avec la précédente, mais ſa tige eſt moins ligneuſe; ſes rameaux ſont liſſes &

36. cylindriques : ses feuilles sont linéaires, verdâtres, chargées de tubercules & comme chagrinées ; les inférieures sont fort longues & dentées légèrement vers leur sommet ; les pédoncules sont longs & uniflores. Elle croît dans les provinces méridionales. ♄

VI. *Tiges blanches & cotonneuses ; feuilles profondément pinnatifides.*

Santoline blanchâtre. *Santolina incana.*

Santolina repens & canescens. Tournef. 460.

Cette espèce charmante, très-différente de celles que je viens de décrire, ne paroît pas suffisamment distinguée dans les autres Auteurs. Sa racine produit plusieurs tiges un peu ligneuses, branchues, cylindriques, blanchâtres, cotonneuses & hautes d'un pied ; ses feuilles sont longues de six à huit lignes, tout-à-fait ailées dans leur moitié supérieure, dont la largeur n'a pas tout-à-fait deux lignes, simples à leur base qui peut être considérée comme un pétiole qui les soutient, & d'une couleur blanchâtre, semblable à celle des rameaux ; les feuilles supérieures sont moins cotonneuses & moins blanches. Les fleurs sont jaunes, terminales, & leurs pédoncules sont moins longs que dans les espèces précédentes. Cette plante croît dans les environs de Nismes en Languedoc. ♄

---

37. *Semences chargées de deux dents ; des bractées sous les fleurs.*

Bident. *Bidens.*

Les bidents ont beaucoup de rapport avec les plantes radiées par leurs fleurs, dont la circonférence est souvent garnie de quelques demi-fleurons. Leur semence est oblongue, un peu applatie & chargée de deux dents souvent crochues.

A N A L Y S E.

Feuilles simples.	Feuilles divisées.
I.	I I.

37. I. *Feuilles simples.*

Bident penché. *Bidens cernua.* Linn. Sp. 1165.

Bidens folio non dissecto. Tournef. 462.
β. Coreopsis bidens. Linn. Sp. 1281.

Sa tige est droite, striée, presque lisse, haute d'un pied & demi, & garnie de feuilles opposés, dans les aisselles desquelles naissent des rameaux également opposées; ses feuilles sont amplexicaules, presque connées, ovales, lancéolées, dentées en scie, pointues, vertes & glabres des deux côtés. Ses fleurs sont terminales, un peu penchées, de couleur jaune, & garnies de bractées lancéolées & entières; les écailles calicinales sont ovales, colorées en leur bord, &, lorsqu'elles grandissent, paroissent former une couronne de demi-fleurons. Cette plante croît dans les fossés humides & sur le bord des fontaines. ⊙

II. *Feuilles divisées.*

Bident chanvrin. *Bidens cannabina.*

Bidens foliis tripartito divisis. Tournef. 462.
Bidens tripartita. Linn. Sp. 1165.

Sa tige est cylindrique, cannelée, branchue, rougeâtre, & s'élève jusqu'à deux pieds; ses feuilles sont divisées en trois ou cinq folioles oblongues, dentées, & imitent celles de l'eupatoire ou du chanvre: les fleurs sont jaunes & garnies de quatre à cinq bractées presque entières. Cette plante est commune dans les fossés & les lieux aquatiques. ⊙ Elle est résolutive, & peut, ainsi que la précédente, donner une teinture jaune.

---

38. *Fleurons extérieurs femelles ou stériles.*
- Semences sans aigrette. . . . 39
- Semences couronnées par une aigrette. 42

---

39. *Semences sans aigrette.*
- Fleurs petites, nombreuses & disposées en grappes; feuilles canescentes. 40
- Fleurs non disposées en grappe; feuilles vertes. 41

40. *Fleurs petites, nombreuſes, & diſpoſées en grappe; Feuilles caneſcentes.*

Abſinthe. *Abſinthium.*

Les abſinthes ont un rapport extrêmement marqué avec les armoiſes, & c'eſt d'après cette conſidération que M. Linné a réuni ces deux genres; mais le réceptacle velu des abſinthes ſuffit pour les diſtinguer ſans équivoque.

ANALYSE.

Tige de deux pieds; feuilles larges & très-découpées. I.	Tige d'un pied ou moins; feuilles découpées, mais peu larges. II.

I. *Tiges de deux pieds; feuilles larges & très-découpées.*

Abſinthe vulgaire. *Abſinthium vulgare.*

Abſinthium ponticum, ſeu romanum officinarum, ſeu Dioſcordis. Tournef. 457.

Arthemiſia abſinthicum. Linn. Sp. 1188.

Sa tige eſt droite, haute de deux pieds, dure, cannelée, feuillée & branchue; ſes feuilles ſont alternes, pétiolées, blanchâtres, aſſez larges, très-découpées & comme pluſieurs fois ailées: ſes fleurs ſont petites, nombreuſes, jaunâtres, terminales & diſpoſées en grappes menues & feuillées. Cette plante croît dans les terreins arides, incultes & montagneux. ♃. Elle eſt amère, ſtomachique, anti-acide, fébrifuge & vermifuge.

II. *Tige d'un pied ou moins; feuilles découpées mais peu larges.*

Fleurs terminales, un peu ramaſſées, & portées ſur de courts péduncules. III.	Fleurs éparſes le long de la tige, & portées ſur des péduncules aſſez longs. IV.

40. III. *Fleurs terminales, un peu ramaſſées, & portées ſur de courts péduncules.*

Abſinthe ramaſſée. *Abſinthium congeſtum.*

Abſinthium alpinum candidum, humile. Tournef. 458.
Arthemiſia glacialis. Linn. Sp. 1187.

Ses tiges s'élèvent rarement au-delà de ſix à huit pouces; ſes feuilles ſont ſoyeuſes & blanchâtres; les radicales ſont portées ſur des pétioles aſſez longs, & ſont découpées en deux ou trois pinnules trifides qui les font paroître palmées : les feuilles caulinaires ſont en petit nombre & moins découpées; les fleurs ſont jaunes, aſſez grandes, preſque ſeſſiles & en bouquet aux extrémités des tiges. Cette plante croît au ſommet des montagnes en Dauphiné & en Provence. ♃

IV. *Fleurs éparſes le long de la tige, & portées ſur des péduncules aſſez longs.*

Abſinthe lâche. *Abſinthium laxum.*

Abſinthium alpinum, incanum. Tournef. 458.
Arthemiſia rupeſtris. Linn. Sp. 1186.

Cette plante a beaucoup de rapport avec la précédente; mais ſes fleurs ſont lâches, éparſes, moins ramaſſées & plus petites; ſes tiges ſont ſouvent un peu couchées à leur baſe, & elles ſont, ainſi que les feuilles, très-ſoyeuſes & blanchâtres; les fleurs ſont quelquefois un peu penchées. On trouve cette plante au ſommet des montagnes, parmi les rochers, en Provence & en Dauphiné. ♃ Elle eſt vulnéraire, fébrifuge & emménagogue. Les habitans du Dauphiné la nomment le *genipiblanc.*

---

41. *Fleurs non diſpoſées en grappe; feuilles vertes.*

Anacycle. *Anacyclus.*

Les anacycles ont beaucoup de rapport avec les cotules & les camomilles, & ſont particulièrement remarquables par leurs ſemences garnies d'un rebord membraneux qui les entoure, & qui eſt échancré au ſommet.

41. *ANALYSE.*

Tiges & feuilles un peu velues. I.	Tiges & feuilles très-glabres. II.

I. *Tiges & feuilles un peu velues.*

Anacycle velu. *Anacyclus hirsutus.*

Cotula flore luteo nudo. Tournef. 495.

Anacyclus valentinus. Linn. Sp. 1258.

*S*a tige est droite, striée, velue légèrement, assez simple; & s'éléve à peine jusqu'à un pied; ses feuilles sont ailées, multifides, c'est-à-dire, composées de folioles finement découpées : ces folioles vont en augmentant de grandeur vers le sommet de la feuille qui, dans son ensemble, paroît spatulée, les folioles de sa base étant fort courtes. Les fleurs sont jaunes, assez grandes, terminales & peu nombreuses, & les calices, ainsi que les péduncules, sont chargés de poils blancs. Cette plante croît dans les provinces méridionales. ⊙

II. *Tiges & feuilles très-glabres.*

Anacycle doré. *Anacyclus aureus.* Linn. mant. 297.

Chamæmelum luteum, capitulo aphyllo. Tournef. 494.

Ses tiges sont hautes de six à sept pouces, très-menues, branchues, striées, & d'un vert-clair; ses feuilles sont découpées finement, & les découpures sont plus écartées, plus capillaires & moins garnies que dans la précédente. Ses fleurs sont jaunes, & forment de petites têtes convexes & coniques; les calices paroissent dorés, leur écailles étant desséchées, colorées & luisantes en leurs bords. On trouve cette plante dans les provinces méridionales. ⊙

42. *Semences couronnées par une aigrette.*

- Paillettes du réceptacle très-longues, colorées, planes & formant une couronne radiée. . . 43
- Paillettes du réceptacle capillaires, & ne formant point une couronne radiée. 44

43. *Paillettes du réceptacle très-longues, planes, colorées, & formant une couronne radiée.*

Immortelle rayonnée. *Xeranthemum radiatum.*

Xeranthemum flore ſimplici purpureo majore. Tournef. 499.
Xeranthemum annuum. Linn. Sp. 1201.

Ses tiges ſont nombreuſes, dures, hautes d'un pied au moins, cotonneuſes & feuillées; les feuilles ſont lancéolées, ſeſſiles, pointues, très-entières & blanchâtres; ſes fleurs ſont purpurines ou blanches dans une variété : elles terminent chaque rameau, & ſont ſolitaires à l'extrémité de longs pédunculès; les écailles du calice ſont luiſantes, blanchâtres & ſouvent marquées d'une raie pourpre. Cette plante croît dans les provinces méridionales. ☉

---

44. *Paillettes du réceptacle capillaires, & ne formant point une couronne radiée.*	
Ecailles calicinales entières.	45
Ecailles calicinales dentées ou ciliées.	46

---

45. *Ecailles calicinales entières.*

Centaurée. *Centaurea.*

Les centaurées ont les fleurons extérieurs de leurs fleurs conſtamment ſtériles & ſans organes ſexuels, ce qui les diſtingue des ſarretes & des rhapontics; elles ont beaucoup de rapport avec les chauſſes-trapes, mais leurs calices ne ſont point épineux, & elles ne diffèrent des jacées que par leurs écailles calicinales très-entières.

A N A L Y S E.

Tige ſimple, baſſe & preſque uniflore.	Tige branchue, aſſez haute & pluriflore.
I.	II.

I. *Tige ſimple, baſſe & preſque uniflore.*

Centaurée conifère. *Centaurea conifera.* Linn. Sp. 1294.

Centaurium majus humile, capite pini. Tournef. 449.

Sa tige eſt ſimple, droite, cotonneuſe & à peine haute d'un

d'un pied ; ſes feuilles ſont verdâtres en-deſſus, & fort blanches & cotonneuſes en-deſſous ; les radicales ſont preſque ſimples, pétiolées, ovales, lancéolées, avec une ou deux découpures à leur baſe : les caulinaires ſont plus étroites & profondément pinnatifides. La fleur eſt terminale & environnée de quelques bractées aſſez ſimples, les écailles du calice ſont ſcarieuſes, luiſantes, & les ſupérieures ſont rouſſâtres. Cette plante croît dans les lieux ſablonneux des provinces méridionales. ♃

II. *Tige branchue, aſſez haute & pluriflore.*

Toutes les feuilles ailées, & les pinnules linéaires & dentées. III.	Feuilles de la tige, ſimples & point ailées. IV.

III. *Toutes les feuilles ailées, & les pinnules linéaires & dentées.*

Centaurée pointue. *Centaurea acuta.*

Jacea annua foliis laciniatis ſerratis, purpuraſcente flore. Tournef. 444.

Centaurea crupina. Linn. Sp. 1285.

Sa tige eſt droite, cannelée, glabre & haute de deux à trois pieds ; ſes feuilles ſont d'un vert-clair, ailées & à pinnules diſtantes, linéaires & finement dentées : ſes fleurs ſont purpurines, & leur calice eſt glabre, alongé & pointu ; les écailles calicinales ſont rougeâtres à leur ſommet, & l'aigrette des ſemences eſt noire, & forme une petite broſſe fort jolie. Cette plante croît dans les provinces méridionales. ⊙

IV. *Feuilles de la tige, ſimples & point ailées.*

Centaurée luiſante. *Centaurea nitida.*

Jacea calyculis argenteis, minor. Tournef. 444.

Centaurea alba. Linn. Sp. 1293.

Ses tiges ſont dures, anguleuſes, très-branchues, panniculées & hautes d'un pied & demi ; ſes feuilles inférieures

45. ſont oblongues, un peu élargies, ſémi-pinnées & légérement blanchâtres; celles de la tige ſont lancéolées, dentées, & les ſupérieures ſont linéaires : les têtes de fleurs ſont petites, & les calices ſont argentés & luiſans. Cette plante croît dans les provinces méridionales.

---

46. *Ecailles calicinales dentées ou ciliées.*

Jacée. *Jacea.*

Les jacées ont le rapport le plus immédiat avec les centaurées; les fleurons extérieurs de leurs fleurs ſont ſtériles, &, dans beaucoup d'eſpèces, ces fauſſes fleurettes ſont fort grandes, irrégulières, & forment une eſpèce de couronne autour des fleurs.

Feuilles toutes ailées, ou profondément pinnatifides. I.	Feuilles ſimples, ou un peu dentées ou ſinuées. IV.

I. *Feuilles toutes ailées, ou profondément pinnatifides.*

Calices oblongs, coniques, & dont les écailles ne ſont ciliées qu'à leur ſommet. II.	Calices courts, ovales, & dont les écailles ſont ciliées en leur bord. III.

II. *Calices oblongs, coniques, & dont les écailles ne ſont ciliées qu'à leur ſommet.*

Jacée panniculée. *Jacea panniculata.*

Jacea foliis candicantibus laciniatis, calyculis non ſplendentibus. Tournef. 444.

Centaurea panniculata. Linn. Sp. 1289.

Sa tige eſt haute d'un pied & demi, dure, anguleuſe, très-branchue & comme panniculée; ſes feuilles ſont glabres, d'un vert-blanchâtre, profondément pinnatifides, & leurs pinnules étroites & preſque linéaires : les écailles calicinales ſont liſſes, blanchâtres, brunes vers leur ſommet, & terminées par une pointe ciliée. La fleur eſt purpurine, & les

46. femences ont une aigrette courte. Cette plante croît sur le bord des champs dans les provinces méridionales. ♂

III. *Calices courts, ovales, & dont les écailles sont ciliées en leur bord.*

Jacée scabieuse. *Jacea scabiosa.*

Jacea vulgaris laciniata, flore purpureo. Tournef. 443.
Centaurea scabiosa. Linn. Sp. 1291.

Sa tige est haute de deux pieds, droite, ferme, cannelée & un peu branchue; ses feuilles sont glabres ou légèrement velues, ailées, fermes & composées de pinnules longues, simples & sémi-décurrentes; ces pinnules sont souvent chargées d'une ou deux dents quelquefois profondes & pinnuliformes. Ses fleurs sont purpurines & assez grandes; elles sont d'un rouge-jaunâtre dans une variété : le limbe des fleurons extérieurs est découpé en lanières longues & très-étroites. Cette plante croît sur le bord des champs. ♃

IV. *Feuilles simples, ou un peu dentées ou sinuées.*

Fleurs uniformes, ou dont les fleurons sont tous à peu-près égaux. V.	Fleurs couronnées; les fleurons extérieurs étant beaucoup plus grands que les autres. X.

V. *Fleurs uniformes, ou dont les fleurons sont tous à-peu-près égaux.*

Cils du calice, longs & très-réfléchis. VI.	Cils du calice, moyens & point réfléchis. VII.

VI. *Cils du calice, longs & très-réfléchis.*

Jacée plumeuse. *Jacea plumosa.*

Jacea cum squammis pennatis sive capite villoso. Tournef. 443.
β. *Jacea alba hirsuto capite.* Ibid.
Centaurea phrigia. Linn. Sp. 1287.

Ses tiges sont anguleuses, striées, pubescentes, un peu

branchues vers leur sommet, & hautes d'un pied & demi; ses feuilles radicales sont longues de huit à dix pouces, ovales, lancéolées, traversées par une nervure blanche, denticulées en leur bord, & se terminant en pétiole à leur base : les feuilles de la tige sont amplexicaules, dentées & comme oreillées à leur base, & ont à peine deux pouces & demi de longueur; elles sont toutes un peu rudes au toucher. Les fleurs sont terminales, purpurines & remarquables par les plumets recourbés de leur calice. La *centaurea pectinata* de M. Linné ne me paroît qu'une variété de cette plante. Elle croît dans les lieux arides des provinces méridionales. ♃

VII. *Cils du calice, moyens & point réfléchis.*

Tiges droites; feuilles dentées ou sinuées. VIII.	Tiges un peu couchées; feuilles entières. IX.

VIII. *Tiges droites; feuilles dentées ou sinuées.*

Jacée noire. *Jacea nigra.*

> *Jacea nigra laciniata.* Tournef. 443.
> *Jacea cum squammis cilii instar pilosis.* Ibid.
> *Centaurea nigra.* Linn. Sp. 1288.

Sa tige est haute d'un pied & demi, ferme, striée, anguleuse, légèrement branchue & quelquefois un peu rougeâtre; ses feuilles sont lancéolées, médiocrement sinuées ou garnies en leur bord de quelques dents anguleuses & distantes; les fleurs sont terminales & purpurines, & les écailles calicinales sont terminées par une pointe noire très-aiguë & ciliée. Il est aisé de ne pas confondre cette plante avec la jacée des prés, dont elle diffère fortement par ses fleurs sans couronne & par la pointe aiguë de ses écailles calicinales. Elle est commune dans les prés secs & sur les collines. ♂

---

46. IX. *Tiges un peu couchées ; feuilles entières.*

Jacée couchée. *Jacea supina.*

Jacea supina incana purpurea. Vail. Paris. 107.
Centaurea amara. Linn. Sp. 1292.

Sa tige est haute d'un pied ou un peu plus, légèrement couchée à sa base, dure, blanchâtre, & un peu branchue; ses feuilles sont lancéolées, étroites, entières, blanchâtres, & rudes au toucher. Ses fleurs sont terminales & purpurines; les calices sont oblongs & scarieux. On trouve cette plante sur les collines arides. ♃

X. *Fleurs couronnées ; les fleurons extérieurs étant beaucoup plus grands que les autres.*

Tiges uniflores.	Tiges pluriflores.
XI.	XIV.

XI. *Tiges uniflores.*

Feuilles entières & décurrentes.	Feuilles sinuées & point décurrentes.
XII.	XIII.

XII. *Feuilles entières & décurrentes.*

Jacée ailée. *Jacea alata.*

Cyanus montanus latifolius, S. verbasculum cyanoides. Tournef. 445.
Centaurea montana. Linn. Sp. 1289.

Sa tige est droite, simple, ailée, cotonneuse, & s'élève rarement au-delà d'un pied ; ses feuilles sont ovales, oblongues, pointues, courantes par leur base sur la tige, & par-tout également cotonneuses. Sa fleur est terminale, solitaire, grande, purpurine ou bleuâtre, & assez semblable à celles de la jacée bleue. Cette plante croît dans les montagnes des provinces méridionales. ♃

46. XIII. *Feuilles sinuées & point décurrentes.*

Jacée colletée. *Jacea involucrata.*

Cyanus humilis albus, hieracii folio. Tournef. 446.
Centaurea pullata. Linn. Sp. 1288.

De la racine de cette plante, qui est assez grosse, partent deux ou trois tiges menues, simples, ordinairement uniflores, & à peine plus longues que les feuilles radicales. La fleur est assez grande, couronnée & purpurine; son calice est garni à sa base d'une collerette de quelques feuilles lancéolées, velues & entières : les écailles calicinales sont lancéolées & ciliées; les feuilles qui naissent de la racine, font longues, dentées, sinuées, velues & couchées sur la terre : les caulinaires sont en petit nombre & moins découpées. On trouve cette plante dans les provinces méridionales. ⊙

XIV. *Tiges pluriflores.*

Feuilles linéaires; aucune bractée sous les fleurs.	Feuilles lancéolées; une ou deux bractées sous les fleurs.
XV.	XVI.

XV. *Feuilles linéaires; aucune bractée sous les fleurs.*

Jacée des blés. *Jacea segetum.* (Bleuet.)

Cyanus segetum flore cæruleo. Tournef. 446.
Centaurea cyanus. Linn. Sp. 1289.

Ses tiges sont hautes d'un à deux pieds, cotonneuses & branchues; ses feuilles sont longues, étroites, blanchâtres, un peu velues, & garnies, sur-tout les inférieures, d'une ou deux dents saillantes à angle droit. Ses fleurs sont terminales & remarquables par leur couronne fort grande; leur couleur est constamment bleue dans leur lieu natal, mais elle varie agréablement dans les lieux cultivés. Cette plante est commune dans les champs parmi les blés. ⊙ Ses fleurs passent pour ophtalmiques.

---

46. XVI. *Feuilles lancéolées ; une ou deux bractées sous les fleurs.*

Jacée des prés. *Jacea pratensis.*

Jacea nigra pratensis, latifolia. Tournef. 443.
Centaurea jacea. Linn. Sp. 1293.

Sa tige est droite, ferme, anguleuse, blanchâtre, branchue supérieurement, & haute de deux à trois pieds ; ses feuilles sont lancéolées, pointues, légèrement cotonneuses, & garnies en leur bord de quelques dents écartées. Les fleurs sont composées d'écailles desséchées, luisantes & point terminées par une longue pointe noire & aiguë, comme celles de la jacée noire. Les écailles inférieures sont ovales & réellement ciliées, mais les supérieures plus desséchées, paroissent simplement déchirées en leur bord. On trouve cette plante dans les prés, & sur le bord des haies des villages. ♃

---

47. *Semences enfermées dans un péricarpe.*

Glouteron. *Xanthium.*

Les glouterons portent deux sortes de fleurs sur le même pied ; les unes mâles & ramassées dans un calice commun écailleux & hémisphérique ; & les autres femelles disposées deux par deux, & placées au-dessous des mâles. Ces plantes sont en outre remarquables par leurs fruits, qui sont des espèces de baies sèches, couvertes de pointes dures & crochues.

ANALYSE.

Des épines à la base des feuilles. I.	Point d'épines à la base des feuilles. II.

I. *Des épines à la base des feuilles.*

Glouteron épineux. *Xanthium spinosum.* Linn. Sp. 1400.

Xanthium laciniatum, validissimis aculeis munitum. Tournef. 439.

Ses tiges sont hautes d'un pied & demi, cannelées, pubescentes & très-rameuses ; ses feuilles sont oblongues,

47. un peu découpées, vertes en-dessus, blanchâtres en dessous, & se rétrécissant en pétiole : on trouve à leur base de longues épines ternées ; ces épines naissent sur la tige & non sur les feuilles. Cette plante croît dans les provinces méridionales. ⊙

II. *Point d'épines à la base des feuilles.*

Glouteron commun. *Xanthium vulgare.*

Xanthium strumarium. Linn. Sp. 1400.

Sa tige est haute de deux pieds, anguleuse & branchue ; ses feuilles sont pétiolées, cordiformes, obrondes, dentées dans leur contour, & formant trois angles ou trois lobes vers leur sommet. Ses fleurs sont axillaires ; les mâles sont en petit nombre, & les femelles sont beaucoup plus nombreuses. Cette plante croît sur le bord des chemins. ⊙ Elle est résolutive, diurétique & anti-scrophuleuse.

---

48. *Réceptacle nu ou un peu cellulaire.*
- Calice court, arrondi ou hémisphérique. 49
- Calice oblong, & un peu cylindrique. 60

---

49. *Calice court, arrondi ou hémisphérique.*
- Feuilles très-entières, & point dentées. 50
- Feuilles découpées ou dentées. 55

---

50. *Feuilles très-entières & point dentées.*
- Tige glabre & verdâtre. . . . 51
- Tige blanche & cotonneuse. 52

---

51. *Tige glabre & verdatre.*

Chrysocome linière. *Chrysocoma lynosyris.* Linn. Sp. 1178.

Conisa linariæ folio. Tournef. 455.

Ses tiges sont hautes de deux pieds, presque simples, très-grêles, striées & branchues vers leur extrêmité en forme de corymbe ; ses feuilles sont linéaires, pointues, glabres,

51. éparses, nombreuses, & garnissent les tiges dans toute leur longueur. Les fleurs sont jaunes, terminales, & forment un corymbe assez marqué; leurs péduncules sont feuillés; toutes les fleurs sont hermaphrodites; les écailles calicinales sont linéaires & aiguës, & les semences sont velues & chargées d'une aigrette jaunâtre. Cette plante croît dans les provinces méridionales. ♃

---

52. *Tige blanche & cotonneuse.*
- Calice anguleux, pointu, peu luisant, ou caché quelquefois dans un coton très-dense. 53
- Calice non anguleux, ni pointu, mais composé d'écailles arrondies, luisantes & colorées. 54

---

53. *Calice anguleux, pointu, peu luisant, ou caché quelquefois dans un coton très-dense.*

Cotonnière. *Filago.*

Les cotonnières ont un très-grand rapport avec les perlières, & ne devroient peut-être pas en être distinguées; mais ce dernier genre, déjà très-difficile à raison du grand nombre de ses espèces, seroit trop surchargé par cette réunion. Les semences ont une aigrette plus ou moins garnie.

A N A L Y S E.

Fleurs uniquement terminales. I.	Fleurs axillaires ou terminales en même temps. IV.

I. *Fleurs uniquement terminales.*

Tige nulle ou couchée, & moins haute qu'un pouce. II.	Tige droite, simple, & de quatre à cinq pouces. III.

53. II. *Tige nulle ou couchée, & haute de moins d'un pouce.*

Cotonnière pygmée. *Filago pygmea.* Linn. Sp. 1311.

Filago maritima capite folioso. Tournef. 454.

Cette plante n'a presque point de tige; ses fleurs sont ramassées en têtes applaties, orbiculaires & garnies de beaucoup de feuilles disposées autour d'elles en rosette. Ses feuilles sont cotonneuses & blanchâtres, particulièrement en-dessous, & les rosettes qu'elles forment sont nombreuses & couchées sur la terre. On trouve cette plante dans les lieux arides & maritimes des provinces méridionales. ⊙

III. *Tige droite, simple, & de quatre à cinq pouces.*

Cotonnière étoilée. *Filago stellata.*

Filago alpina capite folioso. Tournef. 454.
Filago leontopodium. Linn. Sp. 1312.

Cette plante est blanchâtre & cotonneuse dans toutes ses parties; sa tige, qui s'élève rarement au-delà de six pouces, est garnie de quelques feuilles molles & oblongues, & porte à son sommet plusieurs paquets de fleurs entourés tous ensemble par une collerette commune, composée de folioles oblongues & très-velues : ces paquets, par leur assemblage, forment une belle étoile terminale. Le paquet intérieur est composé de fleurons tous hermaphrodites, & les paquets extérieurs sont plus petits & formés de fleurons unisexuels, les uns mâles & les autres femelles, mélangés sans ordre. Cette plante croît dans les montagnes du Dauphiné. ⊙

IV. *Fleurs axillaires ou terminales en même temps.*

Calice non coloré, mais enveloppé & presque caché dans un coton très-dense. V.	Calice moins cotonneux, pentagone & coloré au sommet. X.

53. V. *Calice non coloré, mais enveloppé & presque caché dans un coton très-dense.*

Tiges droites ; feuilles éparses. VI.	Tiges couchées à leur base ; feuilles opposées. IX.

VI. *Tiges droites ; feuilles éparses.*

Tiges très-branchues & panniculées. VII.	Tiges nombreuses, mais simples & peu branchues. VIII.

VII. *Tiges très-branchues & panniculées.*

Cotonnière des champs. *Filago arvensis.* Linn. Sp. 1312.

Filago altera. Tournef. 454.

Filago incana, tomentosa, erecta. Vail. Act. Acad. 1719; p. 391.

Sa tige est droite, cotonneuse, haute d'un pied, ou quelquefois plus, & se divise en rameaux nombreux & redressés ; ses feuilles sont étroites, molles, cotonneuses, nombreuses & ramassées Ses fleurs sont disposées par paquets aux aisselles des feuilles, dans toute la longueur de la tige ; les paquets de fleurs, qui terminent les rameaux, paroissent former des épis lâches : ces glomérules de fleurs sont tous enveloppés de beaucoup de coton blanc. Cette plante peu commune croît dans les champs sablonneux. ☉

VIII. *Tiges nombreuses, mais simples & peu branchues.*

Cotonnière multicaule. *Filago multicaulis.*

Filago seu impia capitulis lanuginosis. Vail. Parif 52.

Gnaphalium plateau. II. Cluf. hist. I. p. 329.

La plante dont je parle a beaucoup de rapport avec le *micropus erectus* de M. Linné, mais ses tiges sont peu branchues, & le *gnaphalium plateau III* de Clusius, ne lui

53. ressemble point. La racine de cette plante produit huit à dix tiges grêles, très-cotonneuses dans leur partie supérieure, & hautes de six à huit pouces. Ses feuilles sont molles, blanchâtres, longues de six à sept lignes, larges d'une ligne à-peu-près, éparses dans toute la longueur des tiges, & la plupart redressées. Les supérieures sont un peu plus larges. Les paquets de fleurs terminent les tiges, & sont aussi placés dans les aisselles supérieures des feuilles ; ils sont tellement enveloppés de coton blanc, qu'il est presque impossible de les distinguer. On trouve cette plante dans les environs de Paris, dans les bois & les lieux pierreux. ⊙

IX. *Tiges couchées à leur base ; feuilles opposées.*

Cotonnière couchée. *Filago supina.*

Gnaphaloides lusitanica. Tournef. 439.
Micropus supinus. Linn. Sp. 1313.

Ses tiges sont longues de cinq à six pouces, un peu couchées, branchues, cotonneuses & fort blanches, ainsi que toutes les autres parties ; ses feuilles sont opposées, spatulées, cunéiformes & arrondies à leur sommet : ses fleurs sont sessiles & axillaires. Cette plante croît dans les lieux maritimes en Provence. ⊙

X. *Calice moins cotonneux, pentagone & coloré au sommet.*

Feuilles très-courtes, & ayant à peine deux lignes de longueur.	Feuilles ayant beaucoup plus de deux lignes de longueur.
XI.	XII.

XI. *Feuilles très-courtes, & ayant à peine deux lignes de longueur.*

Cotonnière de montagne. *Filago montana.* Linn. Sp. 1311.

Filago minor. Tournef. 454.

Ses tiges sont grêles, hautes de cinq à six pouces, cotonneuses, feuillées, simples dans leur moitié inférieure, & se bifurquent deux ou trois fois vers leur sommet ; ses feuilles ſont très-petites & ſerrées contre la tige ; & ſes fleurs diſpoſées par petits paquets dans l'angle des diviſions des rameaux, à l'extrémité deſquels elles paroiſſent former de petits épis glomérulés. Cette plante croît dans les lieux ſecs, montagneux, & ſur le bord des bois. ⊙

XII. *Feuilles ayant beaucoup plus de deux lignes de longueur.*

Feuilles filiformes ; fleurs pointues, deux à cinq par paquets. XIII.	Feuilles lancéolées ; dix fleurs à peu-près par paquets arrondis. XIV.

XIII. *Feuilles filiformes ; fleurs pointues, deux à cinq par paquets.*

Cotonnière filiforme. *Filago filiformis.*

Filago vulgaris tenuiſſimo folio, erecta. Tournef. 454.
Filago gallica. Linn. Sp. 1312.

Sa tige eſt haute d'un demi-pied, droite, très-menue, branchue & un peu cotonneuſe dans ſa partie inférieure, ſes feuilles ſont linéaires, aſſez longues, très-aiguës, blanchâtres, mais moins cotonneuſes que dans les autres eſpèces, & ſes fleurs placées dans les bifurcations des rameaux, à l'extrémité deſquels elles forment de petits paquets qui paroiſſent hériſſés de pointes, à cauſe des feuilles aiguës qui les environnent. Cette plante croît dans les champs ſablonneux. ⊙

XIV. *Feuilles lancéolées ; dix fleurs, à-peu-près, par paquets arrondis.*

Cotonnière commune. *Filago vulgaris.*

Filago ſeu impia. Tournef. 454.
Filago germanica. Linn. Sp. 1311.

Sa tige eſt droite, cotonneuſe, haute de ſix à huit pouces, & forme ordinairement des bifurcations très-ouvertes ; ſes feuilles ſont lancéolées, un peu élargies, molles, blanchâtres, & paroiſſent quelquefois ſe prolonger ſur la tige : ſes fleurs ſont jaunâtres, ramaſſées dans les bifurcations de

53. la tige & des rameaux, où elles forment par leur nombre des paquets arrondis, étoilés & assez gros. On trouve cette plante sur le bord des chemins, des fossés & des champs. ☉ Elle est vulnéraire & un peu astringente.

54. *Calice non anguleux, ni pointu, mais composé d'écailles arrondies, luisantes & colorées.*

Perlière. *Gnaphalium.*

Ce genre se distingue du précédent, avec lequel il a d'ailleurs le plus grand rapport, par les calices des fleurs luisans, colorés, arrondis, non anguleux, & par les écailles calicinales moins aiguës, & presque arrondies ou ovales. Les semences ont une aigrette capillaire ou plumeuse.

ANALYSE.

Tige ligneuse. I.	Tige herbacée. IV.

I. *Tige ligneuse.*

Rameaux terminés par plus de six fleurs. II.	Rameaux terminés par moins de six fleurs. III.

II. *Rameaux terminés par plus de six fleurs.*

Perlière citrine. *Gnaphalium citrinum.*

Elychrysum seu stæchas angustifolia, citrina. Tournef. 452.
Gnaphalium stæchas. Linn. Sp. 1193.

Sa tige est ligneuse inférieurement, & produit plusieurs rameaux simples, droits, très-grêles & blanchâtres. Ses feuilles sont éparses, très-étroites, presque linéaires, blanchâtres en-dessous, & disposées seulement sur les rameaux. Ses fleurs sont de petites têtes d'un jaune-doré ou citrin, & ramassées au sommet des rameaux en corymbe convexe; les fleurons sont tous hermaphrodites. Cette plante croît sur les côteaux arides des provinces méridionales. ♄

54. III. *Rameaux terminés par moins de six fleurs.*

Perlière conisette. *Gnaphalium conyzoideum.*

Elychrysum sylvestre angustifolium, capitulis conglobatis. Tournef. 453.

Conyza sordida. Linn. mant. 466.

Sa tige est menue, ligneuse, rameuse, blanchâtre & peu élevée; ses feuilles sont assez longues, linéaires, très-entières, & ses péduncules sont droits, longs, & souvent triflores. Les écailles du calice sont un peu brunes en leurs bords. Cette plante croît sur les rochers & sur les murs dans les provinces méridionales. ♄

IV. *Tige herbacée.*

Tige simple & droite.	Tige rameuse & diffuse.
V.	XII.

V. *Tige simple & droite.*

Fleurs en corymbe, ou bouquet terminal.	Fleurs éparses le long de la tige.
VI.	XI.

VI. *Fleurs en corymbe, ou bouquet terminal.*

Ecailles du calice, très-blanches ou rougeâtres.	Ecailles du calice, dorées ou jaune-pâle.
VII.	VIII.

VII. *Ecailles du calice, très-blanches ou rougeâtres.*

Perlière dioïque. *Gnaphalium dioicum.* Linn. Sp. 1199.

Elychrysum montanum flore rotundiore, subpurpureo. Tournef. 453.

Elychrysum montanum longiore, & folio & flore purpureo. Ibid. 453.

Cette plante porte des fleurs mâles ou femelles, sur des pieds différens; les individus mâles ont la tige haute de

54. deux pouces ; droite simple & cotonneuse : à sa base, on trouve des rameaux courts & rampans ; ses feuilles inférieures sont spatulées, vertes en-dessus, blanches & cotonneuses en-dessous, & celles de la tige sont un peu lancéolées. Les fleurs sont arrondies & de couleur purpurine ou blanche ; les individus femelles s'élèvent beaucoup davantage ; leurs fleurs sont oblongues & leurs feuilles plus alongées. Cette plante croît dans les lieux montagneux & arides. ♃ Ses fleurs sont déters ives, incisives & béchiques.

VIII. *Ecailles du calice, dorées ou jaune-pâle.*

Fleurs en corymbe composé.	Fleurs ramassées en boule.
IX.	X.

IX *Fleurs en corymbe composé.*

Perlière des sables. *Gnaphalium arenarium.* Linn. Sp. 1195.

Elychrysum seu stœchas citrina latifolia. Tournef. 453.

Sa tige est simple & se termine par un corymbe de fleurs jaunâtres ; ses feuilles sont lancéolées, blanchâtres des deux côtés, & les inférieures sont obtuses. Cette plante croît dans les lieux sablonneux des provinces méridionales, & en Alsace sur les bords du Rhin. ⊙

X. *Fleurs ramassées en boule.*

Perlière glomérulée. *Gnaphalium conglobatum.*

Elychrysum sylvestre latifolium, capitulis conglobatis. Tournef. 452.

Gnaphalium luteo-album. Linn. Sp. 1196.

Cette plante est très-cotonneuse dans toutes ses parties ; sa tige est droite, simple, & s'élève jusqu'à un pied & demi ; ses feuilles sont molles, longues d'un pouce & demi, larges de deux lignes, sémi-amplexicaules ; & un peu obtuses à leur extrémité. Les calices sont luisans, & d'un jaune couleur de paille. Cette plante croît dans les lieux humides. ⊙

---

54. XI. *Fleurs éparses le long de la tige.*

Perlière des bois. *Gnaphalium sylvaticum.* Linn. Sp. 1200.

Elychrysum spicatum. Tournef. 453.

Sa tige est droite, très-simple, cylindrique, blanchâtre, dure, & s'élève jusqu'à deux pieds; elle est garnie par-tout de feuilles assez longues, étroites pointues & blanchâtres en-dessous. Ses fleurs sont ramassées par petits bouquets de trois ou quatre, disposés dans les aisselles des feuilles, & forment un long épi terminal. On trouve cette plante dans les bois taillis. ♂

XII. *Tige rameuse & diffuse.*

Perlière rameuse. *Gnaphalium ramosum.*

Elychrisum aquaticum ramosum minus, capitulis foliatis. Tournef. 452.

Gnaphalium uliginosum. Linn. Sp. 1200.

Sa tige est cotonneuse, blanchâtre, très-rameuse & haute d'un demi-pied; ses feuilles sont molles, longues & un peu étroites: ses fleurs sont ramassées en paquets garnis de feuilles aux extrémités des rameaux & de la tige; les écailles calicinales sont jaunâtres, souvent un peu noirâtres & légèrement pointues. Cette plante croît dans les champs humides & dans les marais. ⊙

---

55. *Feuilles découpées & dentées.* { Fleur solitaire au sommet de la tige & des rameaux. 56
Fleurs nombreuses au sommet de la tige, ou sur les rameaux. . . 57 }

---

56. *Fleur solitaire au milieu de la tige & des rameaux.*

Carpésie penchée. *Carpensium cernuum.* Linn. Sp. 1203.

Conyzoides flore flavescente. Tournef. Act. Acad. 1706, p. 86.

Sa tige est cylindrique, branchue, garnie de quelques poils un peu rudes au toucher, & s'élève jusqu'à un pied & demi; ses feuilles sont ovales, lancéolées, un peu dentées en leur bord, & ressemblent à celles de la conyse vulgaire.

56. Ses fleurs ſont jaunâtres, penchées à l'extrémité de leur pédoncule qui eſt épais & reſte droit, & ſont garnies de quatre ou cinq braƈtées lancéolées & inégales. Les écailles du calice ſont réfléchies. Cette plante croît dans les lieux humides en Provence. ♃

57.	*Fleurs nombreuſes au ſommet de la tige, ou ſur les rameaux.*	Fleurs diſpoſées en corymbe. 58
		Fleurs éparſes ou en grappes. 59

---

58. *Fleurs diſpoſées en corymbe.*

Tanaiſie. *Tanacetum.*

Le calice des fleurs de tanaiſie eſt hémiſphérique & embriqué d'écailles petites, pointues & ſerrées. Les fleurons extérieurs ſont légèrement trifides; les ſemences ont un petit rebord, mais point d'aigrette.

ANALYSE.

Feuilles ſimples & dentées. I.	Feuilles ailées & très-découpées. II.

I. *Feuilles ſimples & dentées.*

Tanaiſie baumière. *Tanacetum balſamita.* Linn. Sp. 1148.

Tanacetum hortenſe foliis & odore menthæ. Tournef. 461.

Ses tiges ſont hautes de deux pieds, fermes, velues, blanchâtres & rameuſes; ſes feuilles ſont pétiolées, ovales, elliptiques, dentées & d'un vert-blanchâtre : ſes fleurs ſont jaunes & diſpoſées en corymbe. Cette plante croît dans les provinces méridionales. ♃ Elle eſt ſtomachique, carminative & anti-narcotique; ſes feuilles ſont vulnéraires & ſa ſemence vermifuge.

58\. II. *Feuilles ailées & très-découpées.*

Tanaisie vulgaire. *Tanacetum vulgare.* Linn. Sp. 1148.

Tanacetum vulgare luteum. Tournef. 461.

Sa tige est haute de trois ou quatre pieds; ferme, branchue; légèrement velue & striée; elle porte à son sommet de beaux corymbes de fleurs jaunes : ses feuilles sont d'un vert-foncé, deux fois ailées & très-découpées; on en cultive une variété dans les jardins, dont les feuilles sont presque frisées. Cette plante croît dans les terreins pierreux & dans les murs. ♃ Elle a à peu près les mêmes vertus que la précédente.

59\. *Fleurs éparses ou en grappes.*

Armoise. *Artemisia.*

Les armoises ont un très-grand rapport avec les absinthes (nº. 40); dont elles ne diffèrent que par leur réceptacle nu; elles n'ont point les fleurs disposées en corymbe comme les tanaisies. Les semences sont nues, & les calices sont embriqués de petites écailles arrondies & serrées.

A N A L Y S E.

Toutes les feuilles à découpures étroites & linéaires.	Feuilles inférieures planes; & à découpures élargies & point linéaires.
I.	VI.

I. *Toutes les feuilles à découpures étroites & linéaires.*

Tige herbacée.	Tige très-ligneuse.
II.	V.

II. *Tige herbacée.*

Toutes les feuilles fort blanches en tout temps.	Feuilles de la plante adulte, verdâtres.
III.	IV.

59. III. *Toutes les feuilles fort blanches en tout temps.*

Armoiſe maritime. *Artemiſia maritima.* Linn. Sp. 1186.

Abſinthium ſeriphium belgicum. Tournef. 458.

β. *Abſinthium ſeriphium germanicum.* Ibid.

γ. *Abſinthium ſeriphium gallicum.* Ibid.

Cette plante eſt très-blanche & chargée d'un coton fin dans toutes ſes parties ; ſes tiges ſont nombreuſes, cylindriques, un peu anguleuſes, très-branchues, & s'élèvent preſque juſqu'à deux pieds. Ses feuilles ſont multifides, & leurs découpures ſont planes, mais linéaires ; les feuilles florales ſont ſimples, linéaires, & ſe terminent par une pointe obtuſe : ſes fleurs ſont petites, nombreuſes, jaunâtres, & forment des grappes terminales. On trouve cette plante ſur le bord de la mer dans les provinces méridionales. ♄

IV. *Feuilles de la plante adulte, verdâtres.*

Armoiſe champêtre. *Artemiſia campeſtris.* Linn. Sp. 1185.

Abrotanum campeſtre cauliculis albicantibus (*& rubentibus*). Tournef. 459.

β. *Abrotanum campeſtre carlinæ odore.* Tournef. 459.

Ses tiges ſont un peu couchées, dures à leur baſe, pubeſcentes vers leur ſommet, cylindriques, ordinairement rougeâtres, quelquefois d'un vert-blanchâtre, & hautes d'un pied & demi tout au plus ; ſes feuilles ſont découpées vers leur ſommet, rétrécies & linéaires à leur baſe, & paroiſſent pétiolées : elles ſont ſoyeuſes & blanchâtres ſur les jeunes pouſſes, & deviennent vertes à meſure que la plante ſe développe. Les fleurs ſont jaunâtres, ſolitaires, & forment des grappes ſimples, très-grêles & terminales. Cette plante croît dans les lieux pierreux & arides. ♄ Sa ſaveur eſt âcre & aromatique.

V. *Tige très-ligneuſe.*

Armoiſe auronne. *Artemiſia abrotanum.* Linn. Sp. 1185.

Abrotanum mas anguſtifolium. Tournef. 459.

Sous-arbriſſeau, dont la tige eſt haute de deux ou trois

59. pieds, brune, branchue & cassante ; ses feuilles sont odorantes, d'un vert-blanchâtre, nombreuses & découpées en folioles capillaires : ses fleurs sont petites, jaunâtres & disposées en petites grappes le long & au sommet des rameaux. Il croît dans les provinces méridionales. ♄ Ses jeunes pousses & ses feuilles sont apéritives, incisives, toniques, vermifuges, résolutives & répercussives.

VI. *Feuilles inférieures planes & à découpures élargies, & point linéaires.*

Armoise vulgaire. *Artemisia vulgaris.* Linn. Sp. 1188.

Artemisia vulgaris major. Tournef. 460.

Ses tiges sont hautes de quatre à cinq pieds ; droites ; fermes, cylindriques, cannelées, un peu velues & rougeâtres ; ses feuilles sont alternes, planes, pinnatifides & incisées ; elles sont vertes en-dessus, blanches en-dessous, & les supérieures sont à découpures presque linéaires : les fleurs sont ordinairement rougeâtres & disposées en petits épis latéraux qui naissent dans les aisselles des feuilles supérieures, & qui tous ensemble forment de longues grappes terminales. Cette plante croît dans les lieux incultes & sur le bord des chemins. ♃ Elle est apéritive, stimulante, emménagogue & antihistérique ; extérieurement elle est vulnéraire & détersive.

60.	*Calice oblong ou un peu cylindrique.*	Calice simple & polyphylle, les écailles sont toutes d'égale longueur.	61
		Calice embriqué ou caliculé ; les écailles sont d'inégale longueur.	65
61.	*Calice simple & polyphylle.*	Tige garnie de feuilles.	62
		Hampe nue & écailleuse. . . .	64
62.	*Tige garnie de feuilles.*	Tige uniflore.	63
		Tige pluriflore.	70

63. *Tige uniflore.*

Arction lanugineux. *Arctium lanuginosum.*

Centaurium majus alpinum, acaulos fermè, foliis verbasci lanuginosis. Tournef. 449.

Arctium quorumdam. Lugd. 1307.

Sa tige est simple, cotonneuse, & s'élève jusqu'à un pied à peu-près; elle porte à son sommet une seule fleur jaunâtre, composée de fleurons tous hermaphrodites & réguliers, & dont le calice est droit & formé par des écailles lancéolées, pointues, non épineuses, assez égales, mais dont les extérieures sont lâches & un peu courbées en-dehors. Les feuilles sont simples, ovales-arrondies, pétiolées, cotonneuses, blanchâtres, & courantes sur leur pétiole; ce qui le fait paroître ailé. Le réceptacle de la fleur est plane, nu ou un peu alvéolaire, comme dans l'*onopordum*. Les semences sont oblongues, quadrangulaires & chargées d'une aigrette sessile, adhérente, & dont les poils forment un peu la spirale. Cette plante, peu connue des Botanistes modernes, croît en Dauphiné, où elle est indiquée par Dalechamp, & où elle a été retrouvée depuis peu par M. de Villars qui l'a fait connoître sous le nom de *richeria* dans un mémoire qu'il a lu à l'Académie royale des Sciences, sur cet objet.

---

64. *Hampe nue & écailleuse.*

Tussilage. *Tussilago.*

Les tussilages sont remarquables, en ce que leur tige naît séparément, & avant les feuilles; les écailles du calice sont égales entr'elles, & de même grandeur que les fleurettes; les semences ont une aigrette simple.

A N A L Y S E.

Hampe terminée par une seule fleur. I.	Hampe terminée par un bouquet de fleurs. IV.

64. I. *Hampe terminée par une ſeule fleur.*

Fleur jaune ; hampe écailleuſe.	Fleur rougeâtre ou blanche ; hampe preſque nue.
I I.	I I I.

II. *Fleur jaune ; hampe écailleuſe.*

Tuſſilage vulgaire. *Tuſſilago vulgaris.* Tournef. 487.

Tuſſilago farfara. Linn. Sp. 1214.

Sa tige eſt haute de ſept à huit pouces, ſimple, rougeâtre, cotonneuſe, & garnie d'écailles membraneuſes, lancéolées & pointues : elle porte à ſon ſommet une ſeule fleur aſſez grande, & remarquable par une couronne de demi-fleurons nombreux & jaunâtres ; ſes feuilles paroiſſent après les fleurs ; elles ſont radicales, pétiolées, arrondies, cordiformes, un peu anguleuſes, garnies en leur bord de petites dents charnues & rougeâtres, d'une couleur verte en-deſſus, blanchâtres & cotonneuſes en-deſſous. Cette plante croît dans les lieux humides. ♃ Elle eſt adouciſſante & béchique.

III. *Fleur rougeâtre ou blanche ; hampe preſque nue.*

Tuſſilage des Alpes. *Tuſſilago alpina.* Linn. Sp. 1213.

Tuſſilago alpina rotundifolia glabra. Bauh. p. 197.

Sa racine eſt un peu rampante, & produit une tige haute de quatre à cinq pouces, grêle, creuſe, pubeſcente, & chargée d'une couple d'écailles lancéolées & membraneuſes ; ſes feuilles ſont radicales, pétiolées, fort petites, arrondies, réniformes, charnues, d'un vert-noirâtre en-deſſus, & crénelées ou dentées légèrement dans leur contour ; elles ſont un peu cotonneuſes dans leur jeuneſſe, & deviennent glabres par la ſuite ; ſa fleur eſt aſſez grande, floſculeuſe, terminale, & ſon calice eſt rougeâtre. Cette plante croît dans les pâturages des montagnes en Provence. ♃

64. IV. *Hampe terminée par un bouquet de fleurs.*

Tussilage pétasite. *Tussilago petasites.* Linn. Sp. 1215.

Petasites major & vulgaris. Tournef. 451.
β. *Petasites minor.* Ibid.
γ. *Tussilago hybrida.* Linn. Sp. 1214.
δ. *Tussilago frigida.* Ibid.

La tige de cette plante est épaisse, simple, haute de huit à dix pouces, & garnie d'écailles membraneuses, assez larges, au sommet desquelles on observe souvent une petite production foliiforme; quelque temps après le développement parfait de la tige, naissent de la racine plusieurs feuilles pétiolées, cordiformes, arrondies, quelquefois extrêmement grandes, & dentées dans leur contour; elles sont ordinairement blanchâtres en-dessous, & leur pétiole sur-tout est très-cotonneux à sa base. Les fleurs sont disposées en une grappe ou bouquet terminal. Leur couleur varie du rouge au blanc, ainsi que celle de la tige & de ses écailles; elles sont quelquefois composées de fleurons tous hermaphrodites; d'autres fois on trouve des fleurons femelles à la circonférence, mais dont la quantité varie considérablement. Lorsque ces fleurons femelles sont nombreux, ils font paroître, par la saillie de leurs styles, les fleurs radiées, ce qu'on observe dans la variété δ. Les péduncules particuliers des fleurs sont alongés, & laissent un peu pendre les fleurs qu'ils soutiennent dans la variété γ; les fleurons femelles sont peu nombreux dans la variété β. Ces plantes croissent dans les lieux humides des montagnes en Provence, en Dauphiné & en Alsace ♃: leur racine est sudorifique, alexipharmaque, anti-asthmatique & emménagogue.

65.	*Calice embriqué ou calliculé.*	Calice embriqué; les écailles se recouvrent par gradation. . . 66
		Calice caliculé; de petites écailles à la base d'un calice simple. . . 69

66.	*Calice embriqué.*	Toutes les feuilles alternes. . 67
		Presque toutes les feuilles opposées. 68

67. *Toutes les feuilles alternes.*

Conyze. *Conyza.*

Les conyzes ont le calice un peu alongé, embriqué, & quelquefois hérissé par les pointes de ses écailles qui se rejettent en-dehors. Les fleurons de la circonférence sont femelles & trifides; les semences ont une aigrette simple.

ANALYSE.

Fleurs en corymbe terminal. I.	Fleurs solitaires sur de longs péduncules. II.

I. *Fleurs en corymbe terminal.*

Conyze vulgaire. *Conyza vulgaris.*

Conyza vulgaris major. Tournef. 454.
Conyza squarrosa. Linn. Sp. 1205.

Sa tige est haute de deux à trois pieds, droite, dure, velue, rougeâtre & rameuse; ses feuilles sont sessiles, ovales, lancéolées, dentées légèrement & pubescentes ou un peu blanchâtres en-dessous : ses fleurs sont jaunâtres, rougeâtres en-dehors & disposées en corymbe terminal. Cette plante croît sur le bord des bois & dans les terreins secs. ♂ Elle est vulnéraire & carminative.

II. *Fleurs solitaires sur de longs péduncules.*

Conyze de roche. *Conyza saxatilis.* Linn. Sp. 1206.

Elychrysum sylvestre latifolium, flore magno (& parvo) singulari. Tournef. 452.

Sa tige est un peu élevée, ligneuse inférieurement, blanchâtre, cotonneuse & branchue; ses feuilles sont étroites, linéaires, longues d'un pouce & demi, larges de deux lignes, vertes en-dessus, blanches en-dessous, & garnies de dents peu sensibles & distantes : ses fleurs sont solitaires & jaunâtres. Cette plante croît parmi les rochers en Provence. ♄

68. *Presque toutes les feuilles opposées.*

Eupatoire chanvrin. *Eupatorium cannabinum.* Linn. Sp. 1173.

Eupatorium cannabinum. Tournef. 456.
ß. Eupatorium foliis non digitatis. Ray. syn. III, p. 180.

Sa tige est haute de trois ou quatre pieds, un peu quadrangulaire, velue & rameuse; ses feuilles sont opposées, sessiles & composées de trois lobes lancéolés & dentés : les supérieures sont un peu alternes, & celles de la variété ß sont simples, excepté les inférieures. Les fleurs sont rougeâtres, terminales, disposées en corymbe un peu dense, & remarquables par leurs stiles fort saillans. Cette plante croît dans les fossés humides & les lieux aquatiques. ♃ Sa racine est un fort purgatif, & l'herbe est vulnéraire, détersive & apéritive.

---

69. *Calice caliculé.*
- Tous les fleurons hermaphrodites; feuilles pétiolées. . . . 70
- Des fleurons femelles à la circonférence des fleurs; feuilles sessiles. . . . . . 117 — XIII — XXII.

---

70. *Tous les fleurons hermaphrodites ; feuilles pétiolées.*

Cacalie. *Cacalia.*

Les cacalies ont beaucoup de rapport avec les senneçons, mais leurs fleurons sont tous hermaphrodites ; leur calice est oblong, cylindrique & ordinairement caliculé. Il est cependant simple dans les deux espèces suivantes, ce qui les rapproche des tussilages ; mais leur tige feuillée & non écailleuse, les en sépare suffisamment.

A N A L Y S E.

Feuilles en cœur, pointues, & un peu plus longues que larges.	Feuilles en rein, obtuses, & un peu plus larges que longues.
I.	II.

70. I. *Feuilles en cœur, pointues, & un peu plus longues que larges.*

Cacalie cordiforme. *Cacalia cordiformis.*

Cacalia foliis cutaneis acutioribus & glabris. Tournef. 452.
Cacalia calliariæ. Gouan. Obſ. p. 65.

Sa tige eſt haute de deux à trois pieds, ſimple, grêle, ſtriée, rougeâtre & un peu pubeſcente ; ſes feuilles radicales ſont fort grandes, cordiformes, pointues, dentées, un peu anguleuſes & preſque glabres : celles de la tige ſont remarquables par leur pétiole dilaté à ſa baſe en forme de gaîne ou de ſtipule embraſſante & oreillée ; les feuilles ſupérieures ſont lancéolées ou linéaires. Les fleurs ſont petites, terminales, ne contenant que deux ou trois fleurons, & ſont diſpoſées en corymbe peu étendu. Cette plante croît en Languedoc. ♃

II. *Feuilles en rein, obtuſes & un peu plus larges que longues.*

Cacalie réniforme. *Cacalia reniformis.*

Cacalia foliis craſſis & hirſutis. Tournef. 452.
Cacalia alpina. Linn. Sp. 1170.

Cette plante a beaucoup de rapport avec la précédente ; mais on peut aiſément l'en diſtinguer par ſes fleurs plus grandes, ſes corymbes plus épars, preſque panniculés, ſes feuilles plus blanches, plus cotonneuſes, plus obtuſes ; & en un mot par les pétioles ſimples & point ſtipulés ni oreillés à leur baſe. On trouve cette plante dans les montagnes en Dauphiné & en Provence. ♃

---

71. *Corolles formant un très-petit cornet à leur baſe ; mais toutes terminées par une languette.*

Fleurs ſémi-floſculeuſes.

Les fleurs des plantes de cette diviſion, ſont nommées *ſémi-floſculeuſes* par M. de Tournefort ; elles ſont compoſées de demi-fleurons raſſemblés dans un calice commun ; les étamines qui naiſſent, au nombre de cinq, du petit cornet

71. formé par la base de chaque demi-fleuron, se réunissent en une gaîne assez longue, terminée par les deux cornes divergentes de l'extrémité du pistil qui la traverse. Ces plantes sont laiteuses, & sont nommées *chicoracées* par M. Vaillant.

A N A L Y S E.

Réceptacle nu, ou un peu alvéolaire. 72.	Réceptacle chargé de poils ou de paillettes. 94.

72. *Réceptacle nu, ou un peu alvéolaire.* { Tige branchue ou feuillée, ou pluriflore, ou à rejets rampans. 73
Tige simple, très-nue, uniflore & sans rejets rampans. 92

73. *Tige branchue, ou feuillée, ou pluriflore, ou à rejets rampans.* { Calice simple; les écailles sont toutes de même longueur. . . 74
Calice composé; les écailles ne sont pas de même longueur . . 75

74. *Calice simple.*

Salsifix. *Tragopogon.*

Les salsifix ont un très-grand rapport avec les scorsonnères; mais ils en diffèrent par leurs calices très-simples, non embriqués, & qui paroissent monophyles à leur base; leurs semences ont une aigrette plumeuse.

A N A L Y S E.

Fleurs plus ou moins jaunâtres. I.	Fleurs bleues ou purpurines. VIII.

I. *Fleurs plus ou moins jaunâtres.*

Feuilles entières. II.	Feuilles dentées ou sinuées. V.

74. II. *Feuilles entières.*

Calice très-glabre. III.	Calice hérissé. IV.

III. *Calice très-glabre.*

Salsifix des prés. *Tragopogon pratense.* Linn. Sp. 1109.

Tragopogon pratense luteum majus (& minus). Tournef. 477.

Sa tige est lisse, cylindrique, quelquefois branchue, & haute d'un pied & demi; ses feuilles sont longues, lisses, pointues, un peu étroites, & creusées en gouttières vers leur base; ses fleurs sont grandes, terminales & de couleur jaune; le calice est un peu plus grand que la corolle. Cette plante est commune dans les prés ♃; elle est diurétique, anti-calculeuse, utile dans les maladies de la peau, & contre la toux.

IV. *Calice hérissé.*

Salsifix rigide. *Tragopogon asperum.* Linn. Sp. 1111.

Sonchus asper subrotundo folio, major & minor. Bauh. p. 124.

Sa tige s'élève très-peu; ses feuilles inférieures sont ovales, & les supérieures oblonges; le calice est moins grand que la corolle. Cette plante croît dans les environs de Montpellier.

V. *Feuilles dentées ou sinuées.*

Feuilles supérieures, opposées & souvent ternées. VI.	Toutes les feuilles alternes; calice hérissé de poils. VII.

VI. *Feuilles supérieures opposées & souvent ternées.*

Salsifix verticillé. *Tragopogon verticillatum.*

Hieracium magnium Dalechampii. Tournef. 470.

Tragopogon Dalechampii Linn. Sp. 1110.

Sa tige est haute d'un pied, ou un peu plus, velue & cylindrique; ses feuilles inférieures sont grandes, alongées,

74. dentées, finuées & rétrécies vers leur bafe; celles de la tige font plus entières, affez épaiffes & moins alongées; celles du nœud fupérieur font fouvent ternées, & même quelquefois quaternées en manière de verticille; mais ces oppofitions font imparfaites. La fleur eft affez grande, d'un jaune-pâle, un peu rougeâtre en-dehors, & portée fur un long péduncule nu & épaiffi vers fon fommet. Cette plante croît fur le bord des vignes & dans les prés des provinces méridionales. ♃

VII. *Toutes les feuilles alternes; calice hériffé de poils.*

Salfifix picride. *Tragopogon picrioides.* Linn. Sp. 1111.

Sonchus afper laciniatus creticus. Tournef. 474.

Sa tige eft haute d'un pied, cylindrique, un peu branchue & chargée de poils rudes très-écartés les uns des autres; fes feuilles inférieures font élargies & anguleufes à leur fommet, & font rétrécies, finuées ou dentées vers leur bafe; elles font glabres en-deffus, mais leurs nervures poftérieures font très-hériffées: celles de la tige font un peu amplexicaules, auriculées, dentées, & fe terminent en fer-de-lance. Cette plante croît fur le bord des chemins & des vignes dans les Provinces méridionales. ⊙

VIII. *Fleurs bleues ou purpurines.*

Tige d'un pied ou moins; feuilles cotonneufes à leur bafe.	Tige de plus d'un pied; feuilles peu cotonneufes.
IX.	X.

IX. *Tige d'un pied ou moins; feuilles cotonneufes à leur bafe.*

Salfifix fafranier. *Tragopogon crocifolium.* Linn. Sp. 1110.

Tragopogon crocifolium purpuro-cæruleum. Tournef. 477.

Cette plante reffemble beaucoup au falfifix commun, mais elle eft fort petite, & fa tige s'élève à peine jufqu'à un pied; fes feuilles font longues, étroites, pointues, & reffemblent un peu à celles du fafran: elles forment une gouttière à

74. leur base qui est remplie d'un coton blanc, sur-tout dans leur jeunesse ; les fleurs sont de couleur violette, & un peu jaunâtres dans leur centre : elles n'ont que deux rangs de fleurettes, & leurs calices ne sont composés que de cinq folioles pointues. Cette plante croît dans les Provinces méridionales. ♂

X. *Tige de plus d'un pied ; feuilles peu cotonneuses.*

Salsifix commun. *Tragopogon porrifolium.* Linn. Sp. 1110.

Tragopogon purpuro-cæruleum, porrifolio, quod artifi vulgò. Tournef. 477.

Sa tige est haute de deux pieds, cylindrique, lisse, fistuleuse & branchue ; ses feuilles sont amplexicaules, longues, un peu étroites, pointues, creusées en gouttière à leur base, & ressemblent un peu à celles du poireau ; ses fleurs sont terminales, solitaires & de couleur violette. Cette plante croît dans les provinces méridionales ♂ ; on la cultive dans les jardins pour l'usage de la cuisine ; elle est diurétique, apéritive & pectorale.

---

75. *Calice composé.*
- Calice embriqué ; ses écailles se recouvrent par gradation comme les tuiles d'un toit. 76
- Calice caliculé ; calice simple, garni à sa base d'un rang extérieur d'écailles non graduées. . . . 83

---

76. *Calice embriqué.*
- Semences à aigrette pédiculée ou plumeuse. 77
- Semences à aigrette sessile & très-simple. 80

---

77. *Semences à aigrette pédiculée ou plumeuse.*
- Fleurs solitaires & portées sur de longs péduncules. 78
- Fleurs en corymbe ou en grappe. 79

78. *Fleurs solitaires & portées sur de longs péduncules.*

Scorsonnère. *Scorzonera.*

Les scorsonnères ont beaucoup de rapport avec les salsifix ; mais ils en diffèrent par leurs calices embriqués d'écailles un peu desséchées en leurs bords ; on ne les distingue guère des laitues que par la disposition de leurs fleurs.

ANALYSE.

Feuilles simples très-entières, ou finement denticulées. I.	Feuilles laciniées, sinuées ou ayant des dents alongées. VIII.

I. *Feuilles simples très-entières, ou finement denticulées.*

Feuilles linéaires, & dont la largeur n'excède pas trois lignes. II.	Feuilles lancéolées, & dont la largeur excède six lignes. V.

II. *Feuilles linéaires, & dont la largeur n'excède pas trois lignes.*

Tige, feuilles, calice & semences ciliées. III.	Feuilles, calice & semences non ciliées. IV.

III. *Tige, feuilles, calice & semences ciliées.*

Scorsonnère velue. *Scorzonera hirsuta.* Linn. mant. 278.

Tragopogon hirsutum. Tournef. 477.
Scorzonera eriosperma. Gouan. Obs. 52.

Du collet de la racine, qui est entouré de poils, s'élèvent, à la hauteur de cinq à six pouces, plusieurs tiges simples, velues, feuillées & uniflores ; ses feuilles sont linéaires, pointues, velues, canaliculées & longues de trois pouces à-peu-près. La fleur est jaune, & les semences sont velues & couronnées par une aigrette plumeuse & blanchâtre.

Cette

78. Cette plante croît dans les lieux stériles des provinces méridionales.

IV. *Feuilles, calice & semences non ciliés.*

Scorsonnère subulée. *Scorzonera subulata.*

Scorzonera angustifolia prima. Tournef. 476.
Scorzonera angustifolia. Linn. Sp. 1113.

Sa tige est simple, haute à peine d'un demi-pied, légèrement cotonneuse & abondamment garnie de feuilles très-étroites & en alène. Elle se termine par une seule fleur fort grande, de couleur jaune & un peu purpurine extérieurement; le péduncule est cotonneux & renflé près de la fleur. Cette plante croît dans les pâturages & sur les collines. ♂

V. *Feuilles lancéolées, & dont la largeur excède six lignes.*

Feuilles très-entières; tige presque simple & uniflore. VI.	Feuilles denticulées; tige rameuse & pluriflore. VII.

VI. *Feuilles très-entières; tige presque simple & uniflore.*

Scorsonnère nerveuse. *Scorzonera nervosa.*

Scorzonera latifolia humilis, nervosa. Tournef. 476.
β. Scorzonera palustris pulveriflora. Ibid. 477.

Sa tige est haute d'un pied, un peu velue & ordinairement simple; elle porte à son sommet une fleur assez grande & de couleur jaune : ses feuilles inférieures sont lancéolées, planes, élargies dans leur milieu & marquées de nervures comme celles du plantain. La variété β, dont la tige est garnie de deux ou trois feuilles un peu étroites, croît dans les environs de Paris, & la première ne se trouve que dans les provinces méridionales. ♃

78. VII. *Feuilles denticulées ; tige rameuſe & pluriflore.*

Scorſonnère denticulée. *Scorzonera denticulata.*

Scorzonera latifolia ſinuata. Tournef. 476.
Scorzonera hiſpanica. Linn. Sp. 1112.

Cette plante eſt haute de deux pieds ; ſa tige eſt liſſe, légèrement cannelée & branchue : ſes feuilles ſont amplexicaules, un peu nerveuſes, ondulées & denticulées ; ſes fleurs ſont jaunes & terminales. Elle croît dans les pâturages des montagnes en Provence ♃ ; on la cultive beaucoup pour l'uſage de la cuiſine. Sa racine eſt apéritive, diurétique & diaphorétique.

VIII. *Feuilles laciniées, ſinuées, ou ayant des dents alongées.*

Péduncules garnis de petites écailles membraneuſes.	Péduncules plus ou moins feuillés, mais point écailleux.
I X.	X.

IX. *Péduncules garnis de petites écailles membraneuſes.*

Scorſonnère automnale. *Scorzonera autumnalis.*

Hieracium chondrillæ folio glabro, radice ſuccisâ majus. Tournef. 470.
Leontodon autumnale. Linn. Sp. 1123.

Sa tige eſt haute d'un pied ou un peu plus, cylindrique, glabre, branchue, preſque nue, ou garnie ſeulement d'une foliole ligulée ſous la diviſion de chaque rameau ; ſes feuilles radicales ſont nombreuſes, couchées ſur la terre, très-glabres, alongées, pointues, plus ou moins pinnatifides, très-variables dans la profondeur de leurs découpures, mais jamais parfaitement ſimples ; ſes fleurs ſont jaunes & portées ſur des péduncules nus, écailleux & un peu renflés ſous le calice. Les ſemences ſont cylindriques & chargées d'une aigrette ſeſſile, mais plumeuſe. Cette plante fleurit vers la fin d'août, & croît ſur le bord des chemins & des champs. ♃.

78. X. *Pédunculés plus ou moins feuillés, mais point écailleux.*

Feuilles linéaires, avec quelques dents pinnuliformes & aiguës.	Feuilles étroites, avec beaucoup de dents pinnuliformes & obtuſes.
XI.	XII.

XI. *Feuilles linéaires, avec quelques dents pinnuliformes & aiguës.*

Scorſonnère paucifide. *Scorzonera paucifida.*

Scorzonera laciniatis foliis. Tournef. 477.
Scorzonera laciniata. Linn. Sp. 1114.

Ses tiges ſont hautes de huit à dix pouces, branchues, quelquefois un peu couchées à leur baſe, mais plus ordinairement droites; ſes feuilles ſont longues, linéaires & chargées dans leur partie moyenne, de chaque côté, de deux ou trois dents alongées, étroites, aiguës & courbées vers le ſommet de la feuille. Les fleurs ſont jaunes & terminales; les écailles du calice ſont remarquables par une petite dent ſituée un peu au-deſſous de leur extrémité & rejetée en-dehors. Cette plante croît ſur le bord des champs. ♂

XII. *Feuilles étroites, avec beaucoup de dents pinnuliformes & obtuſes.*

Scorſonnère plurifide. *Scorzonera plurifida.*

Scorzonera reſedi folia. Linn. Sp. 1113.
Chondrilla tragopogonoides. Bocc. Sic. 13, t. VII, fig. c. A.

Sa tige eſt haute d'un pied, très-branchue inférieurement, & ordinairement un peu couchée à ſa baſe; elle eſt légèrement cotonneuſe, ainſi que ſes feuilles qui ſont garnies dans toute leur longueur de dents pinnuliformes, moins grandes que dans la précédente & moins aiguës. Les fleurs ſont petites, de couleur jaune & terminales. Cette plante croît dans les champs en Languedoc. ♃

79. *Fleurs en corymbe ou en grappes.*

Laitue. *Lactuca.*

Les laitues ont le calice preſque cylindrique & embriqué d'écailles membraneuſes en leur bord. Leur ſemence eſt couronnée d'une aigrette ſimple, portée ſur un petit pédicule.

ANALYSE.

Fleurs jaunes. I.	Fleurs bleues. IV.

I. *Fleurs jaunes.*

Feuilles plus ou moins pinnatifides, mais dont le lobe terminal eſt fort court, preſque triangulaire & denté. II.	Feuilles légèrement pinnatifides, & dont le lobe terminal eſt fort alongé, très-étroit & entier. III.

II. *Feuilles plus ou moins pinnatifides, mais dont le lobe terminal eſt fort court, preſque triangulaire & denté.*

Laitue ſauvage. *Lactuca ſylveſtris.*

Lactuca ſylveſtris odore viroſo. Tournef. 473.
β. *Lactuca ſylveſtris coſtâ ſpinoſâ.* Ibid.

Sa tige eſt liſſe, cylindrique, dure, blanchâtre, & s'élève juſqu'à deux ou trois pieds; elle eſt chargée de quelques épines dans ſa partie inférieure. Ses feuilles ſont liſſes, amplexicaules, ſinuées ou pinnatifides, garnies de quelques ſpinules en leur bord, & ayant leur côte poſtérieure, ſurtout dans la variété β, très-épineuſe. Les fleurs ſont petites, d'un jaune-pâle, & forment une pannicule alongée & peu garnie. Cette plante croît ſur le bord des chemins & des vignes. ⊙ Elle eſt apéritive & un peu narcotique.

79. III. *Feuilles légèrement pinnatifides, & dont le lobe terminal eſt fort alongé, très-étroit & entier.*

Laitue ſaulière. *Lactuca ſaligna.* Linn. Sp. 1119.

Lactuca ſylveſtris anguſto laciniatoque folio. Tournef. 474.

Sa tige s'élève juſqu'à trois ou quatre pieds ; elle eſt ordinairement ſimple, liſſe, dure, blanchâtre & rarement épineuſe : ſes feuilles ſont alongées & étroites ; les inférieures ſont un peu pinnatifides & terminées par un lobe étroit & alongé ; les ſupérieures ſont entières, étroites & ſaliciformes : leur côte poſtérieure eſt quelquefois épineuſe & quelquefois nue. Les fleurs ſont très-rapprochées de la tige, & ne forment point de pannicule. Cette plante croît ſur le bord des champs & des vignes. ♂

IV. *Fleurs bleues.*

Laitue vivace. *Lactuca perennis.* Linn. Sp. 1120.

Lactuca pèrennis humilior, flore cæruleo. Tournef. 473.

Sa tige eſt haute d'un à deux pieds, peu garnie de feuilles dans ſa partie ſupérieure, où elle ſe diviſe en rameaux très-ouverts ; ſes feuilles ſont liſſes, très-glabres, laciniées & pinnatifides. Ses fleurs ſont grandes & d'un bleu-clair. On trouve cette plante dans les champs pierreux. ♃

---

80. *Semences à aigrette ſeſſile & très-ſimple.*
- Feuilles laciniées ou en lyre, ou garnies de cils ſpinuliformes. . . 81
- Feuilles très-ſimples, plus ou moins dentées, & point bordées de cils ſpinuliformes. 82

---

81. *Feuilles laciniées ou en lyre, ou garnies de cils ſpinuliformes.*

Laitron. *Sonchus.*

Il eſt difficile de trouver un caractère ſaillant dans les parties de la fructification, par le moyen duquel on puiſſe ſéparer nettement les laitrons des épervières ; le calice très-ventru dans quelques eſpèces, ne l'eſt qu'imparfaitement

81. dans plusieurs autres ; ainsi, l'on est forcé d'employer la considération des feuilles qui sont en lyre on laciniées, ou qui sont bordées de cils spinuliformes.

A N A L Y S E.

Péduncules & calices très-glabres. I.	Péduncules, ou calices hérissés ou velus. VI.

I. *Péduncules & calices très-glabres.*

Feuilles épineuses ou bordées de cils spinuliformes. II.	Feuilles nues & point bordées de cils spinuliformes. V.

II. *Feuilles épineuses ou bordées de cils spinuliformes.*

Feuilles épineuses, étroites, pointues, ondulées & presque également pinnatifides. III.	Feuilles ciliées, très-planes, simples, ou ayant quelques pinnules vers leur sommet qui est large & deltoïde. IV.

III. *Feuilles épineuses, étroites, pointues, ondulées & presque également pinnatifides.*

Laitron épineux. *Sonchus spinosus.*

Sonchus asper laciniatus, folio dentis leonis. Tournef. 474.
β. *Sonchus asper laciniatus, folio dipsaci vel lactucæ.* Ibid.

Sa tige est droite, fistuleuse, rougeâtre & haute d'un pied & demi; ses feuilles sont sinuées, pinnatifides, piquantes & décidément épineuses; elles sont ondulées & comme frisées en leur bord, & ressemblent beaucoup à celles du cirse des champs. Cette plante croît dans les lieux incultes & stériles. ⊙

81. IV. *Feuilles ciliées, très-planes, ſimples ou ayant quelques pinnules vers leur ſommet qui eſt large & deltoïde.*

Laitron cilié. *Sonchus ciliatus.*

Sonchus lævis laciniatus, latifolius. Tournef. 461.
β. Sonchus lævis minor, paucioribus laciniis. Ibid. 475.

La tige de cette plante eſt liſſe, tendre, fiſtuleuſe, un peu branchue, & s'élève juſqu'à deux pieds; ſes feuilles ſont amplexicaules, oreillées à leur baſe, en lyre vers leur ſommet, avec un lobe terminal fort grand & triangulaire; elles ſont bordées de cils ſpinuliformes, ſur-tout dans la variété β dont les feuilles ſont quelquefois ſimples, ſpatulées ou ovoïdes; les fleurs ſont d'un jaune-pâle, & les péduncules ſont liſſes, glabres, mais un peu cotonneux ſous le calice. Cette plante croît dans les jardins & les lieux cultivés ☉; elle eſt adouciſſante & très-apéritive.

V. *Feuilles nues & point bordées de cils ſpinuliformes.*

Laitron écailleux. *Sonchus ſquammoſus.*

Sonchus lævis anguſtifolius. Tournef. 441.
Scorzonera picrioides. Linn. Sp. 1114.

Sa tige eſt liſſe, ſtriée, légèrement branchue, & haute d'un pied ou un peu plus; les feuilles de la tige ſont amplexicaules, alongées, très-ſimples & un peu denticulées vers leur ſommet; les inférieures ſont ſinuées avec quelques pinnules irrégulières & ſont élargies vers leur extrémité; les fleurs ſont jaunes, & leurs péduncules ſont garnis d'écailles cordiformes, membraneuſes & blanchâtres en leur bord. Cette plante croît en Provence ſur le bord des chemins. ☉

VI. *Péduncules ou calices, hériſſés ou velus.*

Fleurs jaunes.	Fleurs bleues ou blanches.
VII.	XVI.

81. VII. *Fleurs jaunes.*

Tige de moins de deux pieds. VIII.	Tige de plus de deux pieds. XI.

VIII. *Tige de moins de deux pieds.*

Feuilles rudes & un peu glutineuses. IX.	Feuilles lisses, glabres & point glutineuses. X.

IX. *Feuilles rudes & un peu glutineuses.*

Laitron glutineux. *Sonchus glutinosus.*

Hieracium dentis leonis, folio, floribus parvis. Tournef. 470.
Hieracium glutinosum. Linn. Sp. 1130.

Sa tige est striée; ses feuilles inférieures sont lancéolées, sinuées, en lyre; les supérieures sont entières, les fleurs sont petites, terminales & disposées en manière d'ombelle. Cette plante croît dans les champs en Provence. ☉

X. *Feuilles lisses, glabres & point glutineuses.*

Laitron délicat. *Sonchus tenerrimus.* Linn. Sp. 1117.

Sonchus lævis in plurimas & tenuissimas lacinias divisus. Tournef. 475.

Sa tige est grêle, très-branchue, haute d'un pied & garnie dans sa partie supérieure, ainsi que les pédoncules, de petits poils droits & glutineux: ses feuilles sont lisses, étroites, profondément & finement pinnatifides; les pédoncules sont cotonneux à leur sommet, ainsi que la base du calice. On trouve cette plante dans les provinces méridionales. ☉

XI. *Tige de plus de deux pieds.*

Superficie des feuilles, lisse & point velue. XII.	Feuilles velues des deux côtés. XV.

81. XII. *Superficie des feuilles, lisse & point velue.*

Base des feuilles cordiforme, embrassante & point auriculée.	Base des feuilles sagittée, & formant deux oreillettes pointues.
XIII.	XIV.

XIII. *Base des feuilles cordiforme, embrassante & point auriculée.*

Laitron des champs. *Sonchus arvensis.* Linn. Sp. 1116.

Sonchus repens multis hieracium majus. Tournef. 474.

Sa tige est haute de trois pieds, fistuleuse, un peu velue, & branchue à son sommet; ses feuilles sont amplexicaules, lancéolées, sinuées, sémi-pinnatifides, dentées & garnies de cils spinuliformes; elles ne forment point deux oreillettes pointues à leur base, comme celles de l'espèce suivante; ses fleurs sont grandes & disposées au sommet en manière d'ombelle; les péduncules & les calices sont couverts de poils glanduleux & jaunâtres. Cette plante croît dans les champs. ♃

XIV. *Base des feuilles sagittée, & formant deux oreillettes pointues.*

Laitron des marais. *Sonchus palustris.* Linn. Sp. 1116.

Sonchus lævis palustris altissimus. Vaill. Paris. 189.

Sa tige s'élève jusqu'à quatre ou cinq pieds; elle est droite, ferme, striée, lisse & très-garnie de feuilles; elle se divise supérieurement en plusieurs rameaux un peu corymbiformes, qui soutiennent des fleurs plus petites que celles de la précédente: les péduncules & les calices sont chargés de poils glanduleux; les feuilles sont longues, pointues, un peu pinnatifides, vertes en-dessus, blanchâtres en-dessous, & embrassent la tige par deux oreillettes pointues & assez longues. On trouve cette plante sur le bord des étangs & des fossés aquatiques. ♃

81. XV. *Feuilles velues des deux côtés.*

Laitron lampſanier. *Sonchus lampſanoïdeus.*

Hieracium pyrenaicum lampſanæ dodonæi foliis. Tournef. 472.

Hieracium lampſoides. Gouan. Obſ. p. 57, t. XXI, f. 3.

Sa tige eſt haute de trois à quatre pieds, cylindrique, ſtriée, feuillée, velue & branchue vers ſon ſommet; ſes feuilles ſont amplexicaules, un peu oreillées, en lyre à leur baſe, & ſe terminent par un lobe fort grand, cordiforme, denté & pointu. Les fleurs ſont terminales, aſſez grandes & diſpoſées preſque en pannicules ſur des péduncules velus. Cette plante croît dans les bois des provinces méridionales, dans les Pyrénées. ♃

XVI. *Fleurs bleues ou blanches.*

Laitron des Alpes. *Sonchus alpinus.* Linn. Sp. 1117.

Lactuca montana latifolia laciniata, flore cæruleo. Tournef. 474.

β. Lactuca flore albo. Tournef. Ibid.

Sa tige eſt haute de quatre à cinq pieds, droite, cylindrique, hériſſée de poils redreſſés & épars, & ordinairement un peu rougeâtre; ſes feuilles ſont fort amples, glabres, amplexicaules, pinnatifides & terminées par un lobe fort grand, triangulaire & denté: ſes fleurs ſont diſpoſées en un épi lâche, & leurs péduncules ſont écailleux & velus ainſi que les calices. Cette plante croît dans les provinces méridionales. ⊙

82. *Feuilles très-ſimples, plus ou moins dentées, & point bordées de cils ſpinuliformes.*

Epervière. *Hieracium.*

Les épervières diffèrent des laitrons par leur calice ovale, peu ventru, & par leurs feuilles toujours ſimples. Dans quelques eſpèces, le réceptacle eſt légèrement alvéolé, & toutes ont leurs ſemences chargées d'une aigrette ſeſſile & très-ſimple.

82.

ANALYSE.

Tige uniflore. I.	Tige pluriflore. VI.

I. *Tige uniflore.*

Feuilles glabres. II.	Feuilles velues. III.

II. *Feuilles glabres.*

Epervière dorée. *Hieracium aureum.*

Dens leonis alpinus minimus, glaber. Tournef. 469.
Leontodon aureum. Linn. Sp. 1122.
β. *Leontodon pyrenaicum.* Gouan. Obs. t. XXII, p. 55.

Sa tige est haute de quatre à six pouces, simple, grêle, cylindrique, glabre inférieurement, un peu velue dans sa partie supérieure, & chargée d'une ou deux folioles ligulées & pointues; elle porte à son sommet une fleur peu considérable, mais remarquable par sa couleur qui est d'un jaune-rougeâtre & un peu safrané. Ses feuilles radicales sont oblongues, rétrécies à leur base, élargies vers leur sommet, garnies en leur bord de dents profondes & distantes, glabres & d'un vert-gai; les écailles du calice sont aiguës & noirâtres, ainsi que les poils dont elles sont chargées. Cette plante croît en Dauphiné. ♃

III. *Feuilles velues.*

Feuilles dentées; point de rejets rampans à la base de la tige. IV.	Feuilles entières; des rejets rampans à la base de la tige. V.

IV. *Feuilles dentées ; point de rejets rampans à la baſe de la tige.*

Épervière des Alpes. *Hieracium alpinum.* Linn. Sp. 1124.

Dens leonis alpinus minimus piloſellæ folio. Tournef. 469.

Cette eſpèce eſt fort petite & velue dans toutes ſes parties; ſa tige porte ſouvent, comme la précédente, une petite foliole pointue ; ſes feuilles radicales ſont oblongues, dentées, molles & chargées de poils jaunâtres. Sa fleur eſt terminale, aſſez grande, de couleur jaune, mais remarquable par ſon calice extrêmement velu, & dont les écailles ſont fort lâches; le réceptacle eſt un peu alvéolé. On trouve cette plante dans les montagnes en Provence. ♃

V. *Feuilles entières ; des rejets rampans à la baſe de la tige.*

Epervière piloſelle. *Hieracium piloſella.* Linn. Sp. 1125.

Dens leonis qui piloſella officinarum. Tournef. 469.

La tige de cette plante eſt haute de cinq à ſix pouces, grêle, nue, blanchâtre, & accompagnée à ſa baſe par des rejets rampans & feuillés; ſes feuilles ſont ovales, oblongues, rétrécies en pétiole à leur baſe, vertes en-deſſus, mais garnies de longs poils blancs & écartés, cotonneuſes & fort blanches en-deſſous; ſa fleur eſt jaune & terminale. On trouve cette plante ſur les côteaux arides, ſur les murs & dans les terreins ſablonneux. ♃ Elle eſt amère, aſtringente, vulnéraire, & déterſive.

VI. *Tige pluriflore.*

Tige nue.	Tige feuillée.
VII.	X.

VII. *Tige nue.*

Des rejets rampans à la baſe de la tige.	Point de rejets rampans à la baſe de la tige.
VIII.	IX.

82. VIII. *Des rejets rampans à la base de la tige.*

Epervière auricule. *Hieracium auricula.*

Dens leonis qui pilosella folio minus villoso. Tournef. 469.

ß. Hieracium auricula. Linn. Sp. 1126.

Sa tige est haute de six à huit pouces, très-grêle, nue ou chagée quelquefois d'une petite feuille étroite ; elle porte à son sommet plusieurs fleurs d'un jaune-pâle & plus ou moins ramassées : ses feuilles sont alongées, rétrécies en pétiole à leur base, élargies & un peu spatulées vers leur sommet, lisses en leur surface, mais chargées de quelques poils blancs, fort longs & écartés ; du collet de la racine partent, outre la tige, différens rejets rampans & feuillés : les calices sont chargés de poils courts, glanduleux & noirâtres. Cette plante produit, selon les lieux qu'elle habite, différentes variétés, qu'on ne doit pas regarder comme espèces ; elle croît sur les murs, sur les pelouses & dans les terreins secs. ♃

IX. *Point de rejets rampans à la basse tige.*

Epervière à bouquet. *Hieracium sertiflorum.*

Hieracium pilosellæ folio erectum majus. Tournef.

Hieracium præmorsum. Linn. Sp. 1126.

ß. Hieracium cymosum. Ibidem.

Sa tige est haute de deux pieds, droite, simple, très-velue ; & porte à son sommet un bouquet de fleurs, lâche, formant un peu l'épi dans la première variété, & plus applati, ou en manière de corymbe dans la seconde ; ses feuilles sont ovales-oblongues, entières, molles, velues des deux côtés, & un peu rétrécies à leur base ; ses fleurs sont petites & de couleur jaune. Ces plantes croissent dans les lieux montagneux & les prés, en Dauphiné & en Alsace. ♃

X. *Tige feuillée.*

Feuilles caulinaires sessiles, ou amplexicaules. XI.	Feuilles caulinaires pétiolées. XXXII.

82. XI. *Feuilles caulinaires sessiles, ou amplexicaules.*

Feuilles caulinaires sessiles. XII.	Feuilles caulinaires amplexicaules. XIX.

XII. *Feuilles caulinaires sessiles.*

Toutes les feuilles sessiles, alongées & étroites. XIII.	Feuilles inférieures pétiolées & ovales. XVI.

XIII. *Toutes les feuilles sessiles, alongées & étroites.*

Feuilles nombreuses; calices rudes & noirâtres. XIV.	Feuilles peu nombreuses; calices blancs & farineux. XV.

XIV. *Feuilles nombreuses; calices rudes & noirâtres.*

Eperviére ombellée. *Hieracium umbellatum.* Linn. Sp. 1131.

Hieracium fruticosum angustifolium majus. Tournef. 472.

Sa tige est droite, simple, dure, garnie de feuilles dans toute sa longueur, & s'élève jusqu'à trois pieds; ses feuilles sont éparses, un peu distantes, lancéolées, étroites, pointues, garnies en leur bord de quelques dents écartées & point amplexicaules comme celles de l'éperviére savoyarde à laquelle cette espèce ressemble beaucoup. Les fleurs sont jaunes, terminales, & portées sur des péduncules rameux, stipulées sous leurs divisions, & disposées en manière d'ombelle. On trouve cette plante dans les bois & dans les lieux secs. ♃

XV. *Feuilles peu nombreuses; calices blancs & farineux.*

Eperviére farineuse. *Hieracium farinosum.*

Hieracium foliis statices, caule foliato, Tournef. 471.

Hieracium porrifolium. Linn. Sp. 1128.

Sa tige est haute d'un pied, grêle, lisse, striée & un peu

82. branchue ; ſes feuilles ſont longues de trois ou quatre pouces ; larges de trois lignes ou un peu plus, garnies en leur bord de quelques dents peu ſenſibles, terminées en pointe plus ou moins aiguës ; liſſes, d'un vert-glauque, & chargées à leur baſe de quelques poils blancs peu nombreux. Les fleurs ſont jaunes, petites, & terminent la tige ainſi que les rameaux qui ſont axillaires. Cette plante croît dans les montagnes en Dauphiné. ♃

XVI. *Feuilles inférieures pétiolées & ovales.*

Feuilles radicales un peu en cœur à leur baſe, & point courantes ſur leur pétiole. XVII.	Feuilles radicales un peu courantes ſur leur pétiole, & point en cœur à leur baſe. XVIII.

XVII. *Feuilles radicales un peu en cœur à leur baſe, & point courantes ſur leur pétiole.*

Epervière des murs. *Hieracium murorum.*

Hieracium murorum folio piloſiſſimo. Tournef. 471.
Corchorus. Dalech. Hiſt. 565.

Sa tige eſt haute d'un pied & demi, grêle, velue, preſque nue, ou chargée d'une ou deux feuilles ſeulement ; elle ſe diviſe ſupérieurement en quelques rameaux ordinairement uniflores : ſes feuilles radicales ſont ovales, à peine dentées mais un peu anguleuſes à leur baſe, où elles ſont échancrées légèrement dans le lieu de l'inſertion de leur pétiole ; elles ſont très-velues en-deſſous, en leur bord & encore plus ſur leurs pétioles. Les feuilles caulinaires ſont ovales-lancéolées & ſeſſiles ; les fleurs ſont jaunes, terminales & aſſez grandes. Cette plante croît ſur les vieux murs. ♃ Elle eſt adouciſſante & vulnéraire.

82. XVIII. *Feuilles radicales un peu courantes sur leurs pétioles; & point en cœur à leur base.*

Epervière des bois. *Hieracium sylvaticum.*

Hieracium murorum laciniatum folio minus piloso. Tournef. 471.
Pulmonaria maculosa hispida. Munting. Ic. 233.

Sa tige s'élève jusqu'à trois pieds; elle est simple, ferme, cylindrique, très-velue inférieurement, & garnie de trois ou quatre feuilles écartées les unes des autres; ses fleurs sont terminales, de couleur jaune, & portées sur des péduncules rameux & corymbiformes. Ces péduncules, ainsi que les calices, sont chargés de poils droits & noirâtres. Les feuilles radicales sont ovales, oblongues, garnies de dents anguleuses & distantes, & portées sur des pétioles rougeâtres & très-velus, ainsi que leur nervure postérieure. Cette plante croît dans les bois. ♃

XIX. *Feuilles caulinaires amplexicaules.*

Base des feuilles sagittée, ou formant deux oreillettes pointues. XX.	Base des feuilles arrondie, & point sagittée. XXV.

XX. *Base des feuilles sagittée, ou formant deux oreillettes pointues.*

Péduncules simples; fleurs grandes. XXI.	Péduncules rameux; fleurs petites. XXIV.

XXI. *Péduncules simples; fleurs grandes.*

Péduncules longs de quatre pouces; feuilles caulinaires peu dentées. XXII.	Péduncules de deux pouces à peine; toutes les feuilles très-dentées. XXIII.

---

82. XXII. *Péduncules longs de quatre pouces ; feuilles caulinaires peu dentées.*

Epervière coniſée. *Hieracium conyzoideum.*

Hieracium alpinum aſperum conyſæ facie. Tournef. 472.
Crepis ſibirica γ. Linn. Sp. 1135.

Sa tige eſt haute d'un pied ou un peu plus, fiſtuleuſe, verte, ſtriée, un peu velue & garnie de feuilles peu nombreuſes ; les feuilles radicales ſont longues de ſix à huit pouces, larges d'un pouce & demi, ſe rétréciſſant vers leur baſe, garnies de dents aiguës, diſtantes & en crochet, chargées de poils très-courts, ce qui les rend rudes au toucher, quoiqu'elles paroiſſent glabres : les feuilles de la tige ſont ſagittées & preſque entières. Les fleurs ſont jaunes, fort grandes & portées ſur de longs péduncules velus ; les écailles calicinales ſont lancéolées, glabres en leur bord, & chargées de poils courts & noirâtres dans leur partie moyenne. Cette plante croît dans les montagnes en Dauphiné. ♃

XXIII. *Péduncules de deux pouces à peine ; toutes les feuilles très-dentées.*

Epervière blattairiforme. *Hieracium blattarioides.* Linn. Sp. 1129.

Hieracium pyrenaicum blattariæ folio, minus hirſutum. Tournef. 472.

Cette eſpèce a beaucoup de rapport avec la précédente, & pourroit peut-être en être regardée comme une variété, mais elle en diffère par ſon port ; ſa tige s'élève juſqu'à deux pieds, & eſt beaucoup plus garnie de feuilles. Les fleurs ſe reſſemblent en tout point, mais les péduncules ſont beaucoup plus courts, & les feuilles ſont glabres & toutes très-dentées. Cette plante croît dans les montagnes des Pyrénées. ♃

82. XXIV. *Péduncules rameux ; fleurs petites.*

Epervière marécageuſe. *Hieracium paludoſum.* Linn. Sp. 1129.

Hieracium montanum latifolium glabrum minus. Tournef. 471.

Sa tige s'élève preſque juſqu'à deux pieds ; elle eſt glabre, cylindrique inférieurement & un peu anguleuſe vers ſon ſommet, où elle eſt rameuſe & panniculée ; ſes feuilles ſont amplexicaules, glabres, alongées & dentées : les calices ſont chargés de poils noirâtres. On trouve cette plante dans les lieux humides des montagnes. ♃

XXV. *Baſe des feuilles, arrondie & point ſagittée.*

Tige ſimple.	Tige rameuſe.
XXVI.	XXIX.

XXVI. *Tige ſimple.*

Feuilles radicales plus élargies vers leur ſommet que vers leur baſe.	Feuilles inférieures élargies dans leur milieu, mais en pointe des deux côtés.
XXVII.	XXVIII.

XXVII. *Feuilles radicales plus élargies vers leur ſommet que vers leur baſe.*

Epervière cerinthoïde. *Hieracium cerinthoides.* Linn. Sp. 1129.

Hieracium pyrenaicum, foliis cerinthes, latifolium. Tournef. 472.

Sa tige eſt haute d'un pied, ſtriée & garnie dans toute ſa longueur de longs poils blancs très-doux ; elle porte à ſon ſommet cinq à ſix fleurs jaunes aſſez grandes, diſpoſées en corymbe & ſoutenues par des péduncules velus & ſouvent rameux : ſes feuilles ſont molles, preſque glabres en-deſſus, mais très-velues en leur bord & ſur leur nervure poſtérieure ; celles de la tige ſont ovales, amplexi-

82. caules & un peu dentées vers leur base; & celles de la racine sont alongées, spatulées vers leur sommet, & rétrécies en pétioles vers leur naissance. Cette plante croît dans les Pyrénées. ♃

XXVIII. *Feuilles inférieures élargies dans leur milieu, mais en pointe des deux côtés.*

Epervière savoyarde. *Hieracium sabaudum.* Linn. Sp. 1131.

Hieracium fruticosum latifolium, hirsutum. Tournef. 472.

Sa tige est cylindrique, dure, velue, très-feuillée & s'élève jusqu'à trois pieds; ses feuilles sont éparses, amplexicaules, ovales, oblongues, pointues, un peu dentées & plus ou moins velues; les supérieures sont courtes, & les inférieures beaucoup plus alongées. Les fleurs sont jaunes, médiocres, & forment un corymbe terminal; on trouve une variété dont les feuilles caulinaires sont en petit nombre & distantes. Cette plante cultivée ou très-adulte, devient presque glabre, & ses feuilles sont alors d'un vert-noirâtre : elle croît dans les bois. ♃

XXIX. *Tige rameuse.*

Rameaux uniflores & alongés. XXX.	Rameaux pluriflores; péduncules courts. XXXI.

XXX. *Rameaux uniflores & alongés.*

Epervière velue. *Hieracium villosum.* Linn. Sp. 1130.

Hieracium alpinum latifolium, magno flore. Tournef. 472.

Sa tige est haute d'un pied, velue, cylindrique, garnie de quelques feuilles, & produit ordinairement un ou deux rameaux simples & uniflores; ses feuilles sont molles, très-velues, particulièrement en leur bord & sur leur nervure postérieure. Les inférieures sont oblongues, un peu rétrécies à leur base; les supérieures sont plus courtes, un peu en cœur & amplexicaules: les fleurs en petit nombre sont grandes, de

82. couleur jaune & terminales; leur calice eſt lâche & remarquable par des poils blancs très nombreux, mélangés de points noirâtres. Cette plante croît dans les prés des montagnes. ♃

XXXI. *Rameaux pluriflores; pédunculés courts.*

Epervière amplexicaule. *Hieracium amplexicaule.* Linn. Sp. 1129.

Hieracium pyrenaicum longifolium, amplexicaule. Tournef. 472.

β. *Hieracium pyrenaicum rotundifolium, amplexicaule.* Ibid.

Cette plante varie beaucoup, & il n'eſt preſque pas poſſible d'accorder les deſcriptions qu'en ont données les Auteurs. Sa tige s'élève juſqu'à un pied & demi tout au plus; elle eſt cylindrique, branchue & chargée de poils courts & glutineux; ſes feuilles inférieures ſont longues de ſept à huit pouces, larges de deux pouces, ne ſe terminant pas par une pointe aiguë, mais au contraire par une pointe mouſſe & preſque obtuſe; elles ont quelques dents écartées & peu ſenſibles, & ſont rétrécies à leur baſe; les feuilles du milieu de la tige ſont oblongues, obtuſes & amplexicaules, & les ſupérieures ſont courtes & en cœur; elles ſont toutes couvertes de poils glutineux, mais extrêmement courts; les fleurs ſont jaunes & aſſez grandes, & les calices ſont compoſés d'écailles aiguës, lâches & chargées de poils ſemblables à ceux de la tige & des feuilles. Cette plante croît dans les lieux montagneux & pierreux des provinces méridionales.

XXXII. *Feuilles caulinaires pétiolées.*

Epervière pygmée. *Hieracium pygmæum.*

Hieracium prunellæ folium. Gouan. Obſ. 57.

Crepis pygmæa. Linn. Sp. 1131.

La tige de cette plante eſt baſſe, un peu couchée, rougeâtre, glabre & branchue; ſes feuilles ſont ovales, un peu en cœur, dentées en leur bord, épaiſſes, velues, blanchâtres & portées ſur des pétioles ailés, dentés & preſque en lyre. Ces pétioles ſont un peu amplexicaules, & colorés à leur baſe. Les pédunculés ſont uniflores, & les calices blanchâtres, cotonneux & embriqués. Cette plante croît dans les lieux ſecs & montagneux des provinces méridionales. ♃

83.	*Calice caliculé.*	Calice glabre ; le calice extérieur petit & serré. . . . . 84 Calice velu farineux ; le calice extérieur lâche. 89
84.	*Calice glabre ; le calice extérieur petit & serré.*	Toutes les semences sans aigrette. . . . . 85 Toutes les semences, ou plusieurs à aigrette. 86

85. *Toutes les semences sans aigrette.*

Lampsane. *Lampsana.*

La plupart des lampsanes ont les écailles du calice creuses & carinées en-dedans ; les semences sont nues ou couronnées par quelques dents, ou même enveloppées par les écailles du calice qui persistent avec elles.

ANALYSE.

Tige ou hampe très-nue.	Tige garnie de feuilles.
I.	IV.

I. *Tige ou hampe très-nue.*

Hampe simple.	Tige divisée.
II.	III.

II. *Hampe simple.*

Lampsane fétide. *Lampsana fœtida.* Scop. carn. 11, p. 118.

Dens leonis tenuissimo folio. Tournef. 468.
Hyoseris fœtida. Linn. Sp. 1137.

Sa tige est grêle, foible, glabre & haute à peine de trois ou quatre pouces ; ses feuilles sont radicales, glabres, un peu étroites, pinnatifides, & ayant des pinnules nombreuses, pointues, triangulaires & tournées vers la base des feuilles ; le calice est composé de deux rangs d'écailles, dont l'extérieur est moins garni & beaucoup plus court ; la fleur est

85. jaune & terminale. Cette plante a l'aspect du pissenlit, & croît dans les terreins arides & sablonneux. ♃

III. *Tige divisée.*

Lampsane fluette. *Lampsana gracilis.*

Hieracium minus dentis leonis, folio oblongo glabro. Tournef. 470.

Hyoseris minima. Linn. Sp. 1138.

Ses tiges sont hautes de six à dix pouces, grêles, branchues, leurs rameaux sont un peu renflés dans le voisinage des fleurs; les feuilles sont radicales, nombreuses, ovales-oblongues, & bordées de dents aiguës; les fleurs sont petites, d'un jaune-pâle, & un peu penchées avant leur développement. Cette plante croît dans les pâturages secs & les lieux sablonneux.

IV. *Tige garnie de feuilles.*

Calices ouverts en étoile, après le développement du fruit.	Calices courts, resserrés & jamais ouverts en étoile.
V.	VI.

V. *Calices ouverts en étoile, après le développement du fruit.*

Lampsane étoilée. *Lampsana stellata.* Linn. Sp. 1141.

Rhagadiolus alter. Tournef. 480

β. Rhagadiolus lampsanæ foliis. Tournef. cor. 36.

Les tiges de cette plante sont hautes d'un pied & demi tout au plus, glabres supérieurement, pubescentes à leur base, cylindriques, rameuses & très-diffuses; ses feuilles sont presque glabres, alongées, dentées, élargies vers leur sommet, & un peu sinuées ou en lyre à leur base, sur-tout dans la variété β. Les semences restent enveloppées par les folioles du calice qui s'ouvrent en étoile : on trouve cette plante dans les provinces méridionales. ⊙

---

85. VI. *Calices courts, resserrés & jamais ouverts en étoile.*

Péduncules grêles & rameux ; calice ovale. VII.	Péduncules un peu épaissis ; calice très-ventru. VIII.

VII. *Péduncules grêles & rameux ; calice ovale.*

Lampsane commune. *Lampsana communis.* Linn. Sp. 1141.

Lampsana dodonæi. Tournef. 479.

Sa tige est haute de deux pieds, ferme, striée & branchue ; ses feuilles inférieures sont presque pétiolées, en lyre à leur base, & se terminent par un lobe fort grand, ovale, arrondi & un peu denté ; les feuilles supérieures sont plus entières, lancéolées, pointues ; elles sont lisses & très-glabres : les fleurs sont petites, terminales & de couleur jaune. Cette plante croît dans les lieux cultivés. ⊙

VIII. *Péduncules un peu épaissis ; calice très-ventru.*

Lampsane de Zanthe. *Lampsana Zacintha.* Linn. Sp. 1141.

Zacintha sive chicorium verrucarium. Tournef. 476.

Sa tige est haute d'un pied & demi, verte, glabre, striée & rameuse ; ses feuilles radicales sont vertes, alongées, en lyre & un peu pointues ; celles de la tige sont lancéolées & sagittées. Les fleurs sont jaunes, petites, les unes terminales & les autres sessiles : les calices sont verruqueux, ventrus & côtelés. Cette plante croît dans les lieux stériles en Provence. ⊙

86. *Toutes les semences, ou plusieurs à aigrette.*

- Toutes les semences à aigrette de poils. 87
- Semences du centre à aigrette, & celles de la circonférence, couronnées par des dents. 88

87. *Toutes les femences à aigrette de poils.*

Condrille. *Chondrilla.*

Les condrilles ne diffèrent des lampfanes que par leurs femences chargées d'aigrettes perfiftantes & très-fenfibles. Les calices font légèrement caliculés ; les fleurs font fort petites.

ANALYSE.

Huit fleurettes ou moins dans chaque fleur. I.	Plus de huit fleurettes dans chaque fleur. VI.

I. *Huit fleurettes ou moins dans chaque fleur.*

Fleurs prefque feffiles & très-rapprochées de la tige. II.	Fleurs péduncułées & difpofées en pannicule. III.

II. *Fleurs prefque feffiles, & très-rapprochées de la tige.*

Condrille feffiliflore. *Chondrilla feffiliflora.*

Lactuca vifcofa caule foliis obducto. Tournef. 473.
Prenanthes viminea. Linn. Sp. 1120.

Ses tiges s'élèvent prefque jufqu'à deux pieds ; elles font branchues grêles, cylindriques, glabres & enduites d'une gomme vifqueufe & collante : fes feuilles inférieures font grandes, liffes, profondément pinnatifides, & leurs pinnules terminales font élargies & anguleufes ; les fupérieures font fimples, petites & collées fur les tiges. Les fleurs font jaunes, difpofées le long des tiges & des rameaux ; les calices font alongés, prefque embriqués, & les femences font longues & rougeâtres. Cette plante croît dans les lieux pierreux & fur le bord des vignes, dans les provinces méridionales. ♃

87. III. *Fleurs péduncul'ées & diſpoſées en pannicule.*

Fleurs purpurines.	Fleurs jaunes.
IV.	V.

IV. *Fleurs purpurines.*

Condrille purpurine. *Chondrilla purpurea.*

Chondrilla ſonchi folio flore purpuraſcente, major (& minor). Tournef. 475.

Prenanthes purpurea. Linn. Sp. 1121.

Sa tige s'élève depuis trois juſqu'à cinq pieds; elle eſt cylindrique, feuillée & branchue; ſes feuilles ſont liſſes & d'un vert-glauque; les inférieures ſont fort alongées, pointues, dentées, & ſe rétréciſſent en pétiole; les ſupérieures ſont amplexicaules, lancéolées & plus entières : les fleurs ſont un peu pendantes, & n'ont que quatre ou cinq fleurettes. Cette plante croît dans les lieux montagneux & couverts en Provence. ⊙

V. *Fleurs jaunes.*

Condrille des murs. *Chondrilla muralis.*

Chondrilla ſonchi folio, flore luteo palleſcente. Tournef. 475.

Prenanthes muralis. Linn. Sp. 1121.

Sa tige eſt haute de deux à trois pieds, menue, ferme & très-branchue ſupérieurement; ſes feuilles ſont liſſes, d'un vert-foncé en-deſſus; d'une couleur glauque en-deſſous, découpées en lyre, avec un lobe terminal large & très-anguleux; elles ſont amplexicaules, & les ſupérieures ſont lancéolées & moins découpées : les péduncules ſont rameux, capillaires, & ſoutiennent des fleurs fort petites, d'un jaune-pâle, & compoſées ſeulement de cinq demi-fleurons; l'aigrette des ſemences eſt ſimple, longue & ſeſſile. On trouve cette plante dans les lieux couverts & ſur les vieux murs. ⊙

87. VI. *Plus de huit fleurettes dans chaque fleur.*

Fleurs presque sessiles, ou terminales, mais non panniculées. VII.	Fleurs pédunculées & disposées en pannicule très-ouverte. VIII.

VII. *Fleurs presque sessiles, ou terminales, mais non panniculées.*

Condrille joncière. *Chondrilla juncea.* Linn. Sp. 1120.

Chondrilla juncea viscosa arvensis. Tournef. 475.

Cette plante s'élève jusqu'à deux pieds & demi; ses tiges sont dures, branchues & velues inférieurement : ses feuilles radicales sont longues & sémi-pinnatifides; celles des tiges sont presque toutes linéaires, ce qui fait paroître ces tiges nues & semblables à celles de quelques espèces de joncs. Les fleurs sont petites, de couleur jaune; les semences ont une aigrette pédiculée. On trouve cette plante sur le bord des champs & des vignes.

VIII. *Fleurs pédunculées, & disposées en pannicule très-ouverte.*

Condrille élégante. *Chondrilla pulchra.*

Chondrilla hieracii folio annua. Tournef. 475.
Crepis pulchra. Linn. Sp. 1134.

Sa tige est haute de trois pieds, glabre, cannelée, feuillée & panniculée à son sommet, ses feuilles inférieures sont longues de six à sept pouces, larges de deux pouces, un peu en lyre & rétrécies en pétiole : celles de la tige sont amplexicaules, lancéolées, pointues & dentées à leur base; elles sont toutes un peu rudes au toucher. Les fleurs sont petites, jaunes, terminales & panniculées : les calices sont lisses, cylindriques & garnis à leur base de petites écailles serrées qui ne permettent pas de placer cette plante parmi les crépides : l'aigrette des semences est simple & sessile. On trouve cette plante dans les provinces méridionales. ⊙ Elle est un peu glutineuse dans toutes ses parties.

88. *Semences du centre à aigrette, & celles de la circonférence couronnées par dents.*

Edipnoïde globulifère. - *Hedypnois globulifera.*

Hedypnois annua. Tournef. 478.
Hyoſeris hedypnois. Linn. Sp. 1138.

Sa tige eſt haute d'un pied & demi, cylindrique branchue, verte & chargée de quelques poils droits, rudes & très-courts; ſes feuilles inférieures ſont longues de cinq à ſix pouces, larges d'un pouce vers leur ſommet, & vont en ſe rétréciſſant vers leur baſe; elles ont en leur bord des dents un peu écartées, & ſont légèrement chargées de poils rudes comme ceux de la tige; les feuilles ſupérieures ſont ſeſſiles, preſque amplexicaules & lancéolées. Les fleurs ſont jaunes, médiocres, terminales & portées ſur des pédoncules un peu épaiſſis; les calices, par le développement du fruit, acquièrent une forme globuleuſe : les ſemences ſont oblongues, brunes & un peu arquées. Cette plante croît ſur le bord des chemins en Provence. ☉

---

89. *Calice velu ou farineux; le calice extérieur lâche.*	Semences à aigrette pédiculée.	90
	Semences à aigrette ſeſſile. . .	91

---

90. *Semences à aigrette pédiculée.*

Picride. *Picris.*

Les picrides ſe diſtinguent des ſcorſonnères & des laitues par leur calice double & point embriqué; des épervières & des laitrons, par le même caractère & par l'aigrette des ſemences; des condrilles, par leur calice extérieur lâche; & des crépides, par leurs ſemences à aigrette pédiculée, & par leur calice extérieur compoſé de folioles élargies.

A N A L Y S E.

Feuilles hériſſées de poils durs, & très-rudes au toucher.	Feuilles preſque glabres, & point rudes au toucher.
I.	IV.

90. I. *Feuilles hérissées de poils durs, & très-rudes au toucher.*

Feuilles simples & presque entières. I I.	Feuilles profondément pinnatifides. I I I.

II. *Feuilles simples & presque entières.*

Picride viperine. *Picris échioides.* Linn. Sp. 1114.

Hieracium echioides, capitulis cardui benedicti. Tournef. 470.

Cette plante s'élève jusqu'à deux pieds, elle est chargée dans toutes ses parties, de poils très-durs & piquans : sa tige est cylindrique & branchue ; ses feuilles sont entières & lancéolées, mais les inférieures sont un peu sinuées ou dentées. Le calice extérieur est composé de cinq folioles ovales très-piquantes & presque épineuses. On trouve cette plante dans les environs de Paris. ☉

III. *Feuilles profondément pinnatifides.*

Picride puante. *Picris fœtida.*

Hieracium foliis cichorii sylvestris, odore castorei. Vaill. Parif. 104.

Crepis fœtida. Linn. Sp. 1133.

Sa tige est épaisse, dure, un peu branchue, feuillée, hérissée de poils rudes, & haute d'un pied & demi ; ses feuilles sont amplexicaules, hérissées, pointues, odorantes, plus ou moins découpées, mais les inférieures sont profondément pinnatifides. Ses fleurs sont jaunes, purpurines en-dehors, & un peu penchées avant leur développement. Cette plante croît dans les lieux incultes & sur le bord des champs.

IV. *Feuilles presque glabres, & point rudes au toucher.*

Fleur rouge. V.	Fleur jaune. V I.

90. V. *Fleur rouge.*

Picride rouge. *Picris rubra.*

Hieracium dentis leonis folio, flore suaverubente. Tournef. 469.
Crepis rubra. Linn. Sp. 1132.

Sa tige est haute d'un pied, peu branchue, striée & feuillée dans sa moitié inférieure; ses feuilles sont pinnatifides & terminées par un lobe élargi & anguleux. Les fleurs sont terminales, d'un rouge-clair & assez grandes; le calice intérieur est velu, & l'extérieur est glabre. Cette plante croît dans les provinces méridionales. ⊙

VI. *Fleur jaune.*

Picride des Alpes. *Picris alpina.*

Hieracium alpinum scorzoneræ folio. Tournef. 472.
Crepis alpina. Linn. Sp. 1134.

Sa tige est presque simple, striée, garnie de quelques feuilles écartées; & s'élève un peu plus que la précédente; ses feuilles inférieures sont alongées, spatulées, denticulées vers leur sommet, & vont en se rétrécissant vers leur base: celles de la tige sont lancéolées, pointues, amplexicaules & denticulées à leur base. La fleur est d'un jaune-pâle; son calice intérieur est velu, & l'extérieur est composé d'écailles lâches, glabres, sèches & blanchâtres. Cette plante croît dans les montagnes en Provence. ⊙

91. *Semences à aigrette sessile.*

Crépide. *Crepis.*

Les crépides diffèrent des épervières par leur calice caliculé; & des picrides, par l'aigrette de leurs semences, qui est sessile. Le calice extérieur est composé de folioles linéaires, lâches & souvent irrégulièrement disposées.

ANALYSE.

Tige nue, I.	Tige feuillée. II.

91. I. *Tige nue.*

Crépide nue. *Crepis nuda.*

Hieracium minus dentis leonis, folio subaspero. Bauh. p. 127.
Hieracium dentis leonis, folio lævi, latiore nobis moris. S. 7. t. IV, f. 5.
Crepis Nemausensis. Gouan. Obs. p. 60.

Sa tige est nue, chargée de poils un peu écartés, & s'élève à peine jusqu'à un pied; elle se divise supérieurement en quatre ou cinq péduncules velus, simples, quelquefois rameux & garnis à leur naissance d'une petite stipule linéaire. Les feuilles sont radicales, alongées, élargies en spatule vers leur sommet, où elles sont un peu anguleuses, & se rétrécissent ensuite vers leur base où elles sont dentées, sinuées, ou même en lyre : elles sont vertes & légèrement chargées de poils courts; les fleurs sont jaunes, & les écailles calicinales sont blanchâtres en leur bord. Cette plante croît sur le bord des champs & des vignes en Provence & en Languedoc. ☉

II. *Tige feuillée.*

Calice extérieur plus grand que l'intérieur.	Calice extérieur plus petit que l'intérieur.
III.	IV.

III. *Calice extérieur plus grand que l'intérieur.*

Crépide barbue. *Crepis barbata.* Linn. Sp. 128.

Hieracium proliferum falcatum. Bauh. p. 128.

Cette plante ne s'élève pas beaucoup au-delà d'un pied; sa tige est fort rameuse; ses feuilles sont lancéolées, presque glabres & dentées; les caulinaires sont étroites & en petit nombre; les fleurs sont d'un jaune-pâle, & d'un noir pourpre dans leur centre, & leur calice extérieur est composé de filets longs & linéaires. On trouve cette plante dans les provinces méridionales. ☉

91. IV. *Calice extérieur plus petit que l'intérieur.*

Feuilles simples & point pinnatifides. V.	Feuilles découpées & pinnatifides. VI.

V. *Feuilles simples & point pinnatifides.*

Crépide épervière. *Crepis hieracioides.*

Hieracium asperum majori flore in limitibus agrorum. Tourn. 469.

Picris hieracioides. Linn. Sp. 1115.

Toutes les parties de cette plante sont chargées de poils courts & fort rudes ; sa tige est plus ou moins branchue & s'élève presque jusqu'à deux pieds ; quelquefois elle reste fort basse, & produit des rameaux très-divariqués ; ses feuilles radicales sont alongées & un peu sinuées, & celles de la tige sont étroites, pointues & à peine dentées ; elles sont toutes très-âpres, & d'un vert-blanchâtre ; les fleurs sont jaunes, terminales & assez grandes. Cette plante croît dans les champs ; elle fleurit en automne. ♃.

VI. *Feuilles découpées & pinnatifides.*

Toutes les feuilles hérissées en-dessous de poils rudes ; fleurs grandes ; calices noirâtres. VII.	Presque toutes les feuilles glabres, même en-dessous ; fleurs petites, calices farineux. VIII.

VII. *Toutes les feuilles hérissées en-dessous de poils rudes ; fleurs grandes ; calices noirâtres.*

Crépide bisannuelle. *Crepis biennis.* Linn. Sp. 1136.

Hieracium chondrillæ folio hirsutum. Ibidem.

Sa tige est haute de trois ou quatre pieds, dure, anguleuse & velue inférieurement ; ses feuilles sont profondément pinnatifides, un peu rudes & hérissées en-dessous de poils courts,

91. durs & blanchâtres ; les fleurs font jaunes, terminales, & ont un pouce & demi de diamètre ; leur calice est composé d'écailles lancéolées, noirâtres, légèrement velues, mais point farineuses. Cette plante croît dans les pâturages & sur le bord des champs. ♂

VIII. *Presque toutes les feuilles glabres, même en-dessous ; fleurs petites ; calices farineux.*

Crépide farineuse. *Crepis farinosa.*

Hieracium chondrillæ folio glabrum. Tournef. 470.
Crepis tectorum, virens, & Dioscordis Linnæi.

Cette plante pourroit être nommée *crépide multiforme*, tant elle varie selon la nature des lieux où elle croît ; dans les terreins secs & pierreux, elle s'élève à peine à un pied, & se divise en rameaux très-menus, qui ont chacun à leur base une feuille étroite, pointue & simplement sagittée, mais les inférieures & les radicales sont pinnatifides ; dans les pâturages fertiles au contraire, cette plante s'élève presque jusqu'à deux pieds : sa tige est quelquefois rougeâtre & simplement branchue vers son sommet, & d'autres fois elle se divise en rameaux fort longs depuis sa base jusqu'à son extrémité ; & ses feuilles sont longues, pointues, avec des pinnules étroites, linéaires & plus ou moins profondes. Dans tous les cas, ses fleurs ont à peine six à huit lignes de diamètre, & ses feuilles sont toutes très-glabres, ou seulement les inférieures quelquefois un peu velues. Elle croît par-tout, mais moins communément sur les toits qu'ailleurs. ⊙

92. *Tige simple, très-nue, uniflore, & sans rejets rampans.*	Semences chargées d'aigrette.	93
	Semences sans aigrette.	85. — II.

93. *Semences chargées d'aigrette.*

Pissenlit. *Leontodon.*

Les pissenlits diffèrent des épervières par leur hampe qui est tout-à-fait nue, sans feuilles, sans aucune écaille, qui ne se divise en aucun rameau, qui ne porte qu'une seule fleur, & qui ne produit aucun rejet rampant.

ANALYSE.

93. *A N A L Y S E.*

Feüilles glabres. I.	Feuilles velues ou heriſſées. V I.

I. *Feuilles glabres.*

Ecailles inférieures du calice réfléchies. I I.	Ecailles dû calice, toures & toujours redreſſées. I I I.

II. *Ecailles inférieures du calice réfléchies.*

Piſſenlit commun. *Leontodon vulgare.*

Leontodon taraxacum. Linn. Sp. 1122.
Dens leonis latiore folio. Tournef. 468.
β. *Dens leonis anguſtiore folio.* Ibid.
γ. *Dens leonis rotundiore folio.* Ibid.

La tige de cette plante eſt haute d'un demi-pied, fiſtuleuſe & quelquefois un peu velue; ſes feuilles ſont très-glabres, alongées, plus larges vers leur ſommet, profondément pinnatifides, ayant leurs pinnules dentées en leur bord ſupérieur & un peu arquées en crochet. La fleur eſt jaune, aſſez grande, & ſon calice eſt composé de deux rangs d'écailles, dont l'extérieur, lorſque la fleur eſt developpée, ſe trouve tout-à-fait réfléchi; l'aigrette des ſemences eſt portée ſur un pédicule long de trois lignes. Cette plante croît par-tout ♃; elle eſt amère, ſtomachique, très-apéritive & diurétique.

III. *Ecailles du calice, toutes & toujours redreſſées.*

Feuilles ſimples plus ou moins dentées. I V.	Feuilles profondément découpées ou ailées. V.

93. IV. *Feuilles simples plus ou moins dentées.*

Pissenlit bulbeux. *Leontodon bulbosum.* Linn. Sp. 1122.

Dens leonis tuberosâ radice. Tournef. 468.

La tige de cette plante est velue dans sa partie supérieure, & ne s'élève guère au-delà de six pouces; ses feuilles sont alongées, dentées, un peu spatulées, & se rétrécissent en pétiole à leur base. On trouve cette espèce dans les environs de Montpellier.

M. Gouan en indique une autre sous le nom de *Leontodon Raij*, qui diffère de celle-ci par la forme presque sagittée de ses feuilles, par ses tiges tout-à-fait glabres, & par sa racine rameuse & fibreuse. Gouan. *Obs. p. 55.*

V. *Feuilles profondément découpées ou ailées.*

Pissenlit rayonné. *Leontodon radiatum.*

Dens leonis foliis radiatis. Tournef. 468.
Hyoseris radiata. Linn. Sp. 1137.

Sa tige est haute de cinq à six pouces, glabre, mais légèrement farineuse dans le voisinage de la fleur; ses feuilles sont nombreuses, vertes, glabres, alongées, découpées, ailées, mais à pinnules élargies, & anguleuses, sur-tout celles du sommet dont les angles nombreux & divergens donnent aux extrémités des feuilles un aspect rayonné. La fleur est jaune, son calice est presque simple, & les semences ont une aigrette simple & sessile. Cette plante croît dans les provinces méridionales. ♃

VI. *Feuilles velues ou hérissées.*

Toutes les semences à aigrette; fleurs droites, même avant leur développement.	Semences extérieures nues; fleurs inclinées avant leur développement.
VII.	VIII.

93. VII. *Toutes les ſemences à aigrette; fleurs droites, même avant leur développement.*

Piſſenlit des prés. *Leontodon pratenſe.*

Dens leonis foliis hirſutis & aſperis. Tournef. 468.

Sa tige eſt haute de ſix à huit pouces, & hériſſée, ainſi que le calice, de poils courts plus ou moins fourchus; ſes feuilles ſont peu nombreuſes, alongées, quelquefois ovales, toujours fort hériſſées de poils courts, ſimplement dentées en leur bord, & obtuſes à leur ſommet. La fleur eſt jaune, mais les corolles extérieures ſont verdâtres en-deſſous : les ſemences ont une aigrette ſeſſile, plumeuſe & deux fois plus longues qu'elles. Cette plante, que je crois être le *leontodon hiſpidum* de M. Linné, ſe trouve abondamment dans les prés & les pâturages fertiles. ♃

VIII. *Semences extérieures nues ; fleurs inclinées avant leur développement.*

Piſſenlit de roche. *Leontodon ſaxatile.*

Dens leonis foliis hirſutis & aſperis, ſaxatilis. Tournef. 468.
Dens leonis foliis minimis, hirſutis & aſperis. Ibid.

Les tiges de cette plante ſont plus grêles, plus foibles, moins velues & moins hautes que celles de la précédente ; ſes feuilles ſont plus nombreuſes, plus étroites & plus profondément ſinuées; ſes fleurs ſont tout-à-fait jaunes ; les calices ſont preſque glabres, & ordinairement penchés avant la floraiſon. Les ſemences ont une aigrette aſſez courte, mais celles de la circonférence ſont tout-à-fait nues. Cette plante croît ſur le bord des chemins & dans les lieux ſecs & pierreux. ♃

---

94. *Réceptacle chargé de poils ou, de paillettes.*	Feuilles épineuſes.	95
	Feuilles non épineuſes. . .	96

95. *Feuilles épineuses.*

Scolyme. *Scolymus.*

Les ſcolymes ſont des plantes très-épineuſes qui ont le port des chardons; leurs fleurs ſont ſeſſiles & environnées de feuilles florales, comme celles des quenouilles & des carthames: les paillettes du réceptacle ſont planes, arrondies & à trois dents, & les ſemences n'ont point d'aigrette.

ANALYSE.

Fleurs ſolitaires, de couleur jaune, & les anthères d'un rouge-brun. I.	Fleurs ramaſſées, de couleur jaune, ainſi que leurs anthères. II.

I. *Fleurs ſolitaires, de couleur jaune, & les anthères d'un rouge-brun.*

Scolyme taché. *Scolymus maculatus.* Linn. Sp. 1143.

Scolymus chryſanthemos annuus. Tournef. 480.

Sa tige eſt haute de deux pieds, très-rameuſe même dès ſa baſe, blanche, glabre, & garnie dans ſa longueur de deux ou trois ailes courantes, vertes & très-épineuſes; ſes feuilles ſont glabres, luiſantes, ſinuées, ondulées, épineuſes & cartilagineuſes en leur bord. Ses fleurs ſont ſolitaires, ſeſſiles & diſpoſées dans les diviſions des rameaux. Cette plante croît ſur le bord des champs dans les provinces méridionales. ⊙

II. *Fleurs ramaſſées, de couleur jaune, ainſi que les anthères.*

Scolyme ramaſſé. *Scolymus congeſtus.*

Scolymus Theophraſti. Tournef. 480.

Sa tige eſt plus ferme que celle de la précédente; elle eſt auſſi très-rameuſe, mais un peu moins inférieurement. Ses feuilles ne ſont point liſſes, mais chargées d'aſpérités remarquables, & preſque point cartilagineuſes en leur bord. On trouve quelques fleurs ſolitaires, mais la plupart ſont ramaſſées par paquets de trois ou quatre enſemble. Cette plante croît auſſi dans les provinces méridionales. ♃

96. *Feuilles non épineuses.* { Réceptacle chargé de poils. 97
Réceptacle chargé de paillettes ou petites lames. 98

97. *Réceptacle chargé de poils.*

Andriale parviflore. *Andryala parviflora.*

Hieracium villosum, sonchus lanatus Dalechampii. Tourn. 470.
ß. Sonchus villosus luteus minor. Bauh. p. 124. prod. 61.

Cette plante s'élève un peu au-delà d'un pied; elle est velue, presque cotonneuse & d'un blanc-cendré dans toutes ses parties : ses feuilles varient dans leur forme; elles sont molles, alongées, sinuées ou dentées, ou quelquefois très-entières. Ses fleurs sont jaunes, assez petites, & forment une pannicule terminale & feuillée; les calices sont simples & velus. On la trouve dans les lieux stériles des provinces méridionales. ⊙

98. *Réceptacle chargé de paillettes ou petites lames.* { Calice embriqué; les écailles se recouvrent par gradation. . . . 99
Calice caliculé; un petit calice à la base d'un calice simple. . . 102

99. *Calice embriqué.* { Calice scarieux & luisant. 100
Calice non scarieux. . . . 101

100. *Calice scarieux & luisant.*

Cupidone. *Catanance.*

Les cupidones sont remarquables par leur calice dont les écailles sont lâches, desséchées, luisantes, transparentes, glabres & blanchâtres. Les semences ont une aigrette sessile.

ANALYSE.

Fleur bleue.	Fleur jaune.
I.	II.

100. I. *Fleur bleue.*

Cupidone bleue. *Catanance cærulea.* Linn. Sp. 1142.

Catanance quorumdam. Tournef. 478.

β. *Catanance flore pleno cæruleo.* Ibid.

Ses tiges ſont menues, cylindriques, pubeſcentes & garnies dans leur partie ſupérieure, de petites écailles tranſparentes, pointues, & qui vont en s'écartant les unes des autres vers le bas; les feuilles ſont fort longues, étroites & garnies de chaque côté vers leur milieu, d'une couple de dents linéaires & aſſez longues; les fleurs ſont grandes & naiſſent ſolitaires au ſommet de longs péduncules; les écailles calicinales ſont marquées d'une ligne rougeâtre dans leur milieu. On trouve cette plante dans les lieux ſtériles & montagneux de la Provence. ⊙

II. *Fleur jaune.*

Cupidone jaune. *Catanance lutea.* Linn. Sp. 1142.

Catanance flore luteo, latiore folio. Tournef. 478.

Cette eſpèce s'élève un peu moins que la précedente, & ſa fleur eſt auſſi plus petite. Les écailles calicinales ſont tout-à-fait blanches & point rayées; & les intérieures ſont longues & aiguës, ſes feuilles ſont alongées, un peu dentées, terminées par une pointe obtuſe & marquées de trois nervures. On trouve cette plante dans les terreins ſecs. ⊙

101. *Calice non ſcarieux.*

Porcelle. *Hypochæris.*

Les porcelles n'ont point leur calice ſcarieux & tranſparent comme les cupidones, dont ils diffèrent en outre par leurs ſemences chargées d'une aigrette pédiculée ou plumeuſe.

ANALYSE.

Feuilles velues.	Feuilles très-glabres.
I.	IV.

101. I. *Feuilles velues.*

Tige non feuillée, glabre & écailleuse. II.	Tige feuillée & très-velue. III.

II. *Tige non feuillée, glabre & écailleuse.*

Porcelle radiqueuse. *Hypocharis radicata.* Linn. Sp. 1140.

Hieracium dentis leonis folio obtuso, majus. Tournef. 470.

Ses tiges sont hautes d'un à deux pieds, grêles, nues, branchues & garnies de petites écailles écartées les unes des autres; ses feuilles sont radicales, petites en proportion de la grandeur des tiges, alongées, obtuses, sinuées ou dentées, & un peu hérissées de poils. Les fleurs sont jaunes, solitaires sur leur péduncule, & les calices sont un peu ventrus; sa racine est fort longue. Cette plante est commune dans les prés & sur le bord des chemins. ♃

III. *Tige feuillée & très-velue.*

Porcelle tachée. *Hypocheris maculata.* Linn. Sp. 1140.

Hieracium alpinum latifolium, hirsutie incanum, flore magno. Tournef. 472.

Sa tige s'élève presque jusqu'à un pied & demi; elle est souvent simple & uniflore, ou quelquefois garnie d'un ou deux rameaux; ses feuilles sont la plupart radicales, assez larges, ovales & oblongues, un peu dentées, velues, & souvent marquées de taches d'un rouge-brun. La fleur est grande, souvent solitaire, & son calice est chargé de poils noirâtres. On trouve cette plante dans les provinces méridionales. ♃

IV. *Feuilles très-glabres.*

Porcelle glabre. *Hypochæris glabra.* Linn. Sp. 1141.

Hieracium minus dentis leonis, folio oblongo glabro. Tournef. 471.

Ses tiges s'élèvent jusqu'à un pied; elles sont grêles, nues, très-glabres & un peu branchues vers leur sommet; ses feuilles

101. font radicales, alongées, un peu étroites, finuées, dentées & obtufes à leur extrémité. Les fleurs font jaunes, de moyenne grandeur, & leur calice très-glabre eft affez femblable à ceux des fcorfonnères. Les femences du centre ont une aigrette pédiculée, & celles de la circonférence en ont une feffile. Cette plante croît dans les bois taillis. ⊙ M. l'Abbé Haüy l'a obfervée dans le bois de l'Abbaye près de Saint-Juft, route d'Amiens.

---

102. *Calice caliculé.*

Chicorée fauvage. *Cichorium fylveftre.*

Cichorium fylveftre feu officinarum. Tournef. 479.
Cichorium intybus. Linn. Sp. 1142.

La tige de cette plante eft haute d'un pied & demi, & s'élève beaucoup davantage dans les jardins où on la cultive; elle eft cylindrique, ferme, branchue & velue inférieurement; fes feuilles font lancéolées, finuées & dentées comme celles du piffenlit; elles paroiffent glabres, mais elles font un peu velues fur leurs côtes; les fleurs font bleues, prefque axillaires & feffiles, & les folioles calicinales font ciliées : on trouve une variété à fleur blanche, & une autre dont les demi-fleurons font profondément découpés. Cette plante croît fur le bord des chemins, où fes tiges baffes & peu feuillées paroiffent prefque nues. ♃ Elle eft amère, ftomachique & très-apéritive.

---

103. *Corolles de deux fortes.*

Fleurs radiées.

Ces fleurs font compofées de plufieurs fleurons formant un difque dans leur centre, & de demi-fleurons plus ou moins nombreux formant à leur circonférence une couronne très-remarquable.

A N A L Y S E.

Réceptacle nu, ou légèrement alvéolé. 104.	Réceptacle chargé de poils ou de paillettes. 131.

104.	*Réceptacle nu, ou légèrement alvéolé.*	Calice dont les écailles sont disposées sur un seul ou sur deux rangs, sans embrication sensible. 105 Calice dont les écailles sont sur plus de deux rangs, se recouvrent par gradation, & sont sensiblement embriquées. 118
105.	*Calice dont les écailles sont disposées sur un seul ou sur deux rangs, sans embrication sensible.*	Calice simple ou égal; les écailles sont presque de même longueur, & leur sommet n'est point coloré. 106 Calice caliculé; de petites écailles à la base d'un calice simple dont le sommet est un peu coloré. . . 117
106.	*Calice simple ou égal.*	Semences toutes sans aigrette. 107 Toutes les semences ou plusieurs chargées d'aigrette. 110
107.	*Semences toutes sans aigrette.*	Couronne florale blanche, ou rougeâtre, ou bleue. . . . . 108 Fleurs tout-à-fait jaunes. . . 109

108. *Couronne florale blanche, ou rougeatre, ou bleue.*

Paquerete. *Bellis.*

Le calice des fleurs de paquerete, est simple, mais ses écailles paroissent disposées sur deux rangs. Le réceptacle est conique, & la couronne florale n'est point de couleur jaune.

ANALYSE.

Hampe simple, & tout-à-fait nue jusqu'à sa base. I.	Hampe un peu feuillée, ou tige branchue. II.

108. I. *Hampe ſimple, & tout-à-fait nue juſqu'à ſa baſe.*

Paquerete vivace. *Bellis perennis.* Linn. Sp. 1248.

Bellis ſylveſtris minor. Tournef. 491.

Les tiges de cette plante ſont hautes de trois ou quatre pouces, & ſoutiennent chacune une fleur, dont le diſque eſt jaune & la couronne blanche, mais ſouvent un peu purpurine en-deſſous; ſes feuilles ſont radicales, ſimples, obtuſes & un peu ſpatulées. Cette plante croît abondamment ſur les pelouſes & ſur le bord des chemins, où elle fleurit preſque pendant toute l'année. ♃ Ses feuilles ſont vulnéraires, déterſives & un peu aſtringentes.

II. *Hampe un peu feuillée, ou tige branchue.*

Tige droite & branchue.	Rejets rampans, produiſant des hampes ſimples.
III.	IV.

III. *Tige droite & branchue.*

Paquerete rameuſe. *Bellis ramoſa.*

Bellis leucanthemum annuum Italicum. Mich. gen. 34, t. XXIX.

Sa tige eſt haute de quatre ou cinq pouces, branchue, légèrement velue & un peu purpurine à ſa baſe; ſes feuilles inférieures ſont arrondies, ſpatulées, dentées vers leur ſommet, & un peu rétrécies en pétiole à leur baſe : les caulinaires ſont plus étroites, & ſont dentées dans leur moitié ſupérieure; la couronne des fleurs eſt de couleur bleue. Cette plante croît en Provence. ⊙

IV. *Rejets rampans, produiſant des hampes ſimples.*

Paquerete rampante. *Bellis repens.*

Bellis minor. Cam. épit. 655.

Bellis maritima minima, roris ſolis folio, cyrnæa. Tournef. 491.

Cette eſpèce eſt fort petite; ſes rejets rampent & produiſent par intervalle, des paquets de feuilles pétiolées,

108. ovales, oblongues, presque entières & un peu pointues; ces feuilles sont glabres, extrêmement petites, & de leur milieu s'élève, à la hauteur de deux pouces, une hampe filiforme qui soutient une fleur fort petite, dont la couronne est de couleur bleue. Cette plante croît dans les lieux maritimes en Provence. ⊙

---

109. *Fleurs tout-à-fait jaunes.*

Souci des champs. *Calendula arvensis.* Linn. Sp. 1303.

Caltha arvensis. Tournef. 499.

Sa tige est haute d'un pied, grêle, cylindrique, branchue & chargée de quelques poils; ses feuilles sont entières, ovales, oblongues & sessiles; elles sont quelquefois un peu dentées : les fleurs sont jaunes, & les écailles calicinales sont aiguës & disposées sur deux rangs; les semences du milieu sont courbées, creusées en nacelle d'un côté, herissées d'aspérités sur leur dos, & renfermées dans des espèces de capsules membraneuses & convexes. Cette plante croît dans les champs & dans les vignes. ⊙ Le souci des jardins paroît être une variété de cette plante, qui a subi par la culture, des changemens considérables; il est sur-tout remarquable par ses fleurs fort grandes & par toutes ses semences courbées. Ces plantes sont céphaliques, anti-spasmodiques & emménagogues.

110.	*Toutes les semences ou plusieurs chargées d'aigrette.*	Hampe non feuillée, mais garnie d'écailles. . . . . 64 — II
		Tige feuillée, ou hampe nue, mais sans écailles. 111
111.	*Tige feuillée, ou hampe nue, mais sans écailles.*	Ecailles du calice disposées sur un seul rang. 112
		Ecailles du calice disposées sur deux rangs. 114

112. *Ecailles du calice disposées sur un seul rang.* { Tige garnie de feuilles alternes. 113
Tige garnie de feuilles opposées. 115—11

113. *Tige garnie de feuilles alternes.*

Cendriette. *Cineraria.*

Les cendriettes ont beaucoup de rapport avec les seneçons; & n'en diffèrent réellement que par leur calice tout-à-fait simple, c'est-à-dire dont les écailles sont sur un seul rang & toutes à-peu-près d'égale longueur. Les demi-fleurons n'ont que le pistil, sans étamines ni filamens libres.

ANALYSE.

Feuilles radicales très-obtuses & arrondies à leur sommet. I.	Toutes les feuilles un peu en pointe à leur sommet. II.

I. *Feuilles radicales très-obtuses & arrondies à leur sommet.*

Cendriette cacaliforme. *Cineraria cacaliformis.*

Jacobæa orientalis cacaliæ folio. Tournef. cor. 37.
Cineraria sibirica. Linn. Sp. 1242. Gouan. Obs. 69.

Sa tige est haute de trois pieds, simple, striée, très-glabre & un peu purpurine à sa base; ses feuilles sont pétiolées & parfaitement glabres; les radicales sont arrondies, cordiformes, obtuses & un peu crénelées, celles de la tige ont leur pétiole dilaté à sa base en forme de gaine, & sont pointues, dentées & un peu distantes : les fleurs sont terminales & disposées en grappe feuillée ou garnie de bractées. Cette plante croît en Roussillon. ♃

113. II. *Toutes les feuilles un peu en pointe à leur sommet.*

Feuilles radicales cordiformes. III.	Toutes les feuilles lancéolées & point cordiformes. IV.

III. *Feuilles radicales cordiformes.*

Cendriette cordiforme. *Cineraria cordifolia.* Gouan. Obf. 69.

Cineraria alpina, *a.* Linn. Sp. 1243.

Sa tige eft haute de deux pieds, cotonneufe & prefque fimple; elle foutient à fon fommet un corymbe de fleurs jaunes dont les calices font velus & un peu noirâtres; fes feuilles radicales font pétiolées, velues, blanchâtres en-deffous, cordiformes, dentées & un peu en pointe; celles de la tige font plus étroites, feffiles, dentées & prefque pinnatifides à leur bafe. Cette plante croît dans les montagnes des provinces méridionales. ♃

IV. *Toutes les feuilles lancéolées & point cordiformes.*

Cendriette lancéolée. *Cineraria lanceolata.*

Jacobæa montana lanuginofa anguftifolio, non laciniata. Vaill. Parif. 109. Tournef. 486.

Sa tige eft haute d'un à deux pieds, fimple, cannelée & un peu velue; elle eft garnie de feuilles éparfes, & porte à fon fommet un corymbe de fleurs moins confidérable que dans l'efpèce précédente; fes feuilles font alongées, un peu étroites, pointues & légèrement dentées en leur bord. On trouve cette plante dans les environs de Paris. ♃

114. *Ecailles du calice difpofées fur deux rangs.*

- Fleurettes de la couronne ayant, outre le piftil, cinq filamens fans anthères. 115
- Fleurettes de la coronne n'ayant que le piftil, fans filament ni anthères. 116

115. *Fleurettes de la couronne ayant, outre le pistil, cinq filamens sans anthères.*

Arnique. *Arnica.*

Les arnics ont beaucoup de rapport avec les doronics, & n'en diffèrent sensiblement que par les filamens que l'on observe dans les demi fleurons de leurs fleurs. Les semences ont une aigrette simple.

ANALYSE.

Feuilles caulinaires alternes. I.	Feuilles caulinaires opposées. II.

I. *Feuilles caulinaires alternes.*

Arnique scorpioïde. *Arnica scorpioides.* Linn. Sp. 1246.

Doronicum radice scorpii brachiatâ. Tournef. 487.

Sa tige est haute d'un pied, cylindrique, striée, verte, simple, & souvent uniflore ; ses feuilles radicales sont ovales, un peu arrondies, dentées & pétiolées ; celles de la tige sont sessiles, lancéolées & dentées ; les unes & les autres sont molles & velues des deux côtés. La fleur est jaune, fort grande, & son calice est velu. On trouve cette plante dans les lieux humides des montagnes. ♃

II. *Feuilles caulinaires opposées.*

Arnique montanière. *Arnica montana.* Linn. Sp. 1245.

Doronicum plantaginis folio alterum. Tournef. 487.

Sa tige s'élève jusqu'à un pied & demi ; elle est quelquefois simple & uniflore ; d'autres fois elle se divise, & porte trois ou quatre fleurs : ses feuilles sont ovales, oblongues, très-entières ; celles de la tige sont presque toujours au nombre de quatre, opposées deux à deux. Les fleurs sont grandes, de couleur jaune, & leur calice est cylindrique. Cette plante croît dans les pâturages des montagnes en Provence. ♃

116. *Fleurettes de la couronne n'ayant que le pistil, sans filamens ni anthères.*

Doronic. *Doronicum.*

Les doronics ne diffèrent des arniques que par leurs demi-fleurons femelles, sans aucuns filamens particuliers. Leurs fleurs sont grandes, & leurs écailles calicinales sont longues, aiguës & disposées sur deux rangs.

ANALYSE.

Hampe simple & uniflore. I.	Tige feüillée & pluriflore. II.

I. *Hampe simple & uniflore.*

Doronic paquerette. *Doronicum bellidiastrum.* Linn. Sp. 1247.

Bellis sylvestris mediâ caule carens. Tournef. 490.

La tige de cette plante est fort petite, nue, & ne porte qu'une fleur; ses feuilles sont radicales, ovales, oblongues, un peu velues & dentées. Cette plante ressemble beaucoup à la paquerette vivace, par son port, par la couleur de sa fleur, par son réceptacle un peu conique, &c. mais ses semences sont toutes à aigrette. Elle croît dans les montagnes en Provence. ♃

II. *Tige feuillée & pluriflore.*

Feuilles ovales & pointues. III.	Feuilles cordiformes & un peu obtuses. IV.

III. *Feuilles ovales & pointues.*

Doronic plantaginée. *Doronicum plantagineum.* Linn. Sp. 1247.

Doronicum plantaginis folio. Tournef. 487.

Sa tige est haute de deux pieds, verte, glabre & un peu

116. branchue ; ſes feuilles radicales ſont pétiolées, ovales, un peu en pointe, légèrement crénelées dans leur partie inférieure, mais point échancrées en cœur à l'inſertion de leur pétiole : les feuilles caulinaires ſont amplexicaules & pointues, & toutes ſont preſque glabres ou peu ſenſiblement velues. Cette plante croît dans les provinces méridionales. ♃

IV. *Feuilles cordiformes & un peu obtuſes.*

Doronic cordiforme. *Doronicum cordatum.*

Doronicum maximum foliis caulem amplexantibus. Tournef. 488.

Doronicum pardalianches. Linn. Sp. 1247.

Sa tige eſt haute de deux pieds, branchue & chargée de quelques poils ; ſes feuilles radicales ſont en cœur, obtuſes à leur ſommet, crénelées vers leur baſe & portées ſur des pétioles velus qui s'insèrent dans l'échancrure qu'elles forment inférieurement : les feuilles caulinaires ſont amplexicaules & aſſez petites. Les fleurs ſont jaunes, portées ſur de longs péduncules ; les ſemences du centre ſeulement ont des aigrettes, celles de la circonférence ſont nues. Cette plante croît dans les provinces méridionales. ♃

---

117. *Calice caliculé.*

Seneçon. *Senecio.*

Les ſeneçons ſont remarquables par leur calice composé d'écailles droites, parallèles, égales & colorées ou tachées à leur ſommet ; à la baſe de ces écailles, on en trouve quelques autres fort courtes qui forment comme un ſecond calice extérieur très-petit. Les fleurs ſont radiées dans le plus grand nombre, mais quelques eſpèces ſont ſimplement floſculeuſes ; les ſemences ont une aigrette ſimple.

A N A L Y S E.

Feuilles ſimples, entières ou dentées.	Feuilles laciniées ou pinnatifides.
I.	XIV.

I. *Feuilles*

117. I. *Feuilles simples, entières ou dentées.*

Feuilles velues en-dessous, ou tige velue. II.	Tiges & feuilles très-glabres. IX.

II. *Feuilles velues en-dessous, ou tige velue.*

Toutes les feuilles sessiles. III.	Feuilles inférieures pétiolées. VI.

III. *Toutes les feuilles sessiles.*

Feuilles longues & étroites ; tige non rameuse. IV.	Feuilles ovales lancéolées ; tige rameuse. V.

IV. *Feuilles longues & étroites ; tige non rameuse.*

Seneçon des marais. *Senecio paludosus.* Linn. Sp. 1220.

Jacobæa palustris altissima, foliis serratis. Tournef. 485.

β. Jacobæa Pyrenaica persicæ folio. Ibid. 486.

Sa tige est haute de quatre ou cinq pieds, droite, simple & légèrement lanugineuse ; ses feuilles sont longues, étroites, pointues, dentées en scie & un peu cotonneuses en-dessous, sur-tout dans la jeunesse de la plante. Ses fleurs sont jaunes & terminales. On trouve cette plante sur le bord des rivières & des étangs. ♃

V. *Feuilles ovales lancéolées ; tige rameuse.*

Seneçon des bois. *Senecio nemorensis.* Linn. Sp. 1221.

Senecio. n°. 64. Hall. Hist. *p.* 27.

Sa tige est haute de deux pieds, branchue, verte, cannelée & presque glabre ; ses feuilles sont larges de deux pouces, longues de trois ou quatre pouces, pointues, dentées, d'un vert-noirâtre ou foncé en dessus, pubescentes

117. & d'un vert-pâle en-dessous. Ses fleurs sont jaunes, terminales & disposées en corymbes feuillés, & les péduncules propres de chaque fleur sont fort courts, ce qui distingue suffisamment cette plante de la précédente. Elle croît dans les montagnes des provinces méridionales. ♃

VI. *Feuilles inférieures pétiolées.*

Tige chargée d'une à trois fleurs. VII.	Tige chargée de plus de trois fleurs. VIII.

VII. *Tige chargée d'une à trois fleurs.*

Seneçon doronic. *Senecio doronicum.* Linn. Sp. 1222.

Jacobæa integro & crasso hieracii folio. Tournef. 486.

Sa tige est haute d'un pied, simple, velue, peu garnie de feuilles, & ne porte souvent à son sommet qu'une seule fleur de couleur jaune & assez grande; ses feuilles radicales sont ovales, oblongues, dentées, un peu obtuses & rétrécies en pétiole à leur base : les feuilles de la tige sont sessiles, plus étroites & plus pointues; les unes & les autres sont un peu épaisses & charnues. Cette plante croît dans les montagnes de la Provence. ♃

VIII. *Tige chargée de plus de trois fleurs.*

Seneçon de montagne. *Senecio montanus.*

Jacobæa doronici foliis & flore, montana. Barr. Ic. 229.

β. *Jacobea montana betonicæ folio.* Barr. Ic. 801. Tournef. 485.

Jacobæa montana integro sublongo folio. Barr. Ic. 146.

Sa tige est haute d'un pied & demi, simple, sillonnée & hérissée, sur-tout inférieurement, de poils blanchâtres; ses feuilles sont charnues, dentées & un peu rudes : les inférieures sont pétiolées, ovales, oblongues ou lancéolées, & les supérieures sont sessiles, étroites, pointues, denticulées, & presque glabres. Ses fleurs sont jaunes, grandes & dis-

117. poſées en corymbe terminal ; les calices & les péduncules ſont velus. Cette plante croît dans les montagnes des provinces méridionales. ♄

IX. *Tiges & feuilles très-glabres.*

Fleurs radiées.	Fleurs floſculeuſes.
X.	XIII.

X. *Fleurs radiées.*

Feuilles finement crenelées ; fleurs d'un beau jaune.	Feuilles dentées en ſcie ; fleurs d'un jaune-pâle.
XI.	XII.

XI. *Feuilles finement crenelées ; fleur d'un beau jaune.*

Seneçon charnu. *Senecio carnoſus.*

Jacobæa pratenſis altiſſima limonii folio. Tournef. 487.
Senecio doria. Linn. Sp. 1221.

Sa tige eſt épaiſſe, droite, très-ſimple & haute de quatre ou cinq pieds ; ſes feuilles ſont charnues, lancéolées, un peu décurrentes, & vont en diminuant de grandeur, de ſorte que les ſupérieures ſont fort étroites. Les fleurs ſont jaunes, & forment un corymbe terminal. On trouve une variété, dont les feuilles ſupérieures ſont moins étroites. Cette plante croît ſur le bord des ruiſſeaux dans les provinces méridionales. ♄

XII. *Feuilles dentées en ſcie ; fleurs d'un jaune-pâle.*

Seneçon ſarrazin. *Senecio ſarracenicus.* Linn. Sp. 1221.

Jacobæa alpina foliis longioribus ſerratis. Tournef. 485.

Sa tige eſt ſimple, haute de deux à trois pieds, & très-garnie de feuilles ; elle porte à ſon ſommet un corymbe de fleurs d'un jaune très-pâle ou couleur de ſoufre. Les demi-fleurons ſont en petit nombre, & les calices cylindriques ;

117. ſes feuilles ſont lancéolées, dentées, glabres & pointues; les inférieures ſont un peu pétiolées. Cette plante croît dans les lieux humides & couverts des montagnes en Provence. ♃

XIII. *Fleurs floſculeuſes.*

Seneçon cacaliaſtre. *Senecio cacaliaſter.*

Virga aurea ſeu ſolidago ſarracenica latifolia, ſerrata. Bauh. Hiſt. II. p. 1063.

Cacalia ſarracenica. Linn. Sp. 1169.

Sa tige eſt haute de deux pieds, très-ſimple, glabre, anguleuſe & très-feuillée; ſes feuilles ſont larges de deux pouces, lancéolées, pointues, un peu décurrentes & dentées en leur bord; ſes fleurs ſont terminales, diſpoſées en corymbe, & d'une couleur jaune-pâle, preſque blanchâtre. Cette plante a beaucoup de rapport avec la précédente, mais ſes fleurs n'ont point de demi-fleurons; les fleurons de la circonférence conſtamment femelles, s'oppoſent à ce qu'on la range parmi les cacalies. Elle croît dans les lieux montagneux & couverts des provinces méridionales. ♃

XIV. *Feuilles laciniées ou pinnatifides.*

Tige & calice velus.	Tige ou calices glabres.
XV.	XVIII.

XV. *Tige & calices velus.*

Feuilles viſqueuſes; couronne de la fleur petite & roulée.	Feuilles cotonneuſes; couronne de la fleur ouverte.
XVI.	XVII.

XVI. *Feuilles viſqueuſes; couronne de la fleur petite & roulée.*

Seneçon viſqueux. *Senecio viſcoſus.* Linn. Sp. 1217.

Jacobæa pannonica I. Cluſii. Tournef. 486.

Sa tige eſt haute de deux à trois pieds, pubeſcente, &

117. quelquefois un peu branchue ; ses feuilles sont pinnatifides, molles, d'un vert-blanchâtre, & ressemblent beaucoup à celles du seneçon commun : ses fleurs sont petites, terminales & d'un jaune-pâle. On trouve cette plante sur le bord des bois, & dans les lieux montagneux. ⊙

XVII. *Feuilles cotonneuses ; couronne de la fleur ouverte.*

Seneçon blanchâtre. *Senecio incanus.* Linn. Sp. 1219. (Genipi jaune.)

Jacobæa alpina absinthii folio, humilior. Tournef. 480.

Sa tige est haute de cinq à six pouces, garnie d'un coton blanchâtre, & porte à son sommet huit ou dix fleurs jaunes, disposées en corymbe contracté ou globuleux : ses feuilles inférieures sont oblongues, blanchâtres, presque pétiolées, pinnatifides à & découpures obtuses ; celles de la tige ont les découpures plus fines & plus aiguës. Cette plante croît dans les montagnes des provinces méridionales. ♃

XVIII. *Tige ou calices glabres.*

Fleurs radiées.	Fleurs flosculeuses.
XIX.	XXII.

XIX. *Fleurs radiées.*

Feuilles multifides & à découpures linéaires.	Feuilles pinnatifides & à découpures non linéaires.
XX.	XXI.

XX. *Feuilles multifides & à découpures linéaires.*

Seneçon auronier. *Senecio abrotanifolius.* Linn. Sp. 1219.

Jacobæa foliis ferulaceis, flore minore. Tournef. 486.

Sa tige est haute d'un pied & demi, un peu branchue & dure, ou presque ligneuse dans le voisinage de la racine ; les découpures de ses feuilles sont très-menues, linéaires, & ressemblent un peu à celles de l'aurone : ses fleurs sont

117. jaunes, aſſez petites, & les demi-fleurons ſont ſafranés ou un peu rougeâtres. Cette plante croît dans les pâturages montagneux ; on la trouve dans les environs de Paris. ♃

XXI. *Feuilles pinnatifides & à découpures non linéaires.*

Seneçon jacobé. *Senecio jacobæa.*

Jacobæa vulgaris laciniata. Tournef. 485.
β. Jacobæa ſenecionis folio, perennis. Ibid. 486.

Sa tige eſt haute de deux pieds, cannelée, ordinairement glabre, & quelquefois rougeâtre inférieurement; ſes feuilles ſont ailées, plus ou moins laciniées & à découpures anguleuſes ſouvent obtuſes, & d'autres fois aſſez ſemblables à celles de la roquette. La variété *β* s'élève juſqu'à quatre pieds, & forme à ſon ſommet un fort beau corymbe de fleurs jaunes; les demi-fleurons ſont un peu écartés les uns des autres. Ils ſont ſimplement ouverts dans l'état parfait de la fleur, mais ils ſe roulent en-dehors lorſqu'elle commence à ſe flétrir. On trouve cette plante autour des haies des villages & ſur le bord des chemins; & la variété *β* eſt commune dans les bois. On obſerve dans les provinces méridionales une troiſième variété remarquable par ſes feuilles blanchâtres & un peu cotonneuſes en-deſſous, & par leurs découpures plus aiguës. ♃

XXII. *Fleurs floſculeuſes.*

Seneçon commun. *Senecio vulgaris.* Linn. Sp. 1216.

Senecio vulgaris minor. Tournef. 456.

Sa tige eſt tendre, fiſtuleuſe, branchue & haute d'un pied à peu-près; ſes feuilles ſont amplexicaules, ailées, ſinuées, un peu épaiſſes, glabres, ou quelquefois un peu cotonneuſes en-deſſous. Les fleurs ſont jaunes, ſans couronne, cylindriques, éparſes & un peu pendantes. Cette plante croît abondamment dans les lieux cultivés. ⊙ Elle eſt très-émolliente & un peu rafraîchiſſante.

118.	*Calice dont les écailles sont sur plus de deux rangs, se recouvrent par gradation, & sont sensiblement embriquées.*	Semences sans aigrette. . . 119 Semences à aigrette. . . . 124
119.	*Semences sans aigrette.*	Fleurs exactement disposées en corymbe. . . . . 120 Fleurs solitaires ou éparses, mais point en corymbe. 121

120. *Fleurs exactement disposées en corymbe.*

Matricaire. *Matricaria.*

Les matricaires ont beaucoup de rapport avec les leucanthèmes & les chrysanthèmes; mais la disposition de leurs fleurs suffit pour les distinguer. Le calice est hémisphérique.

ANALYSE.

Feuilles odorantes, & dont les découpures sont ovales & un peu obtuses. I.	Feuilles inodores, & dont les découpures sont étroites & pointues. II.

I. *Feuilles odorantes, & dont les découpures sont ovales & un peu obtuses.*

Matricaire odorante. *Matricaria odorata.*

Matricaria vulgaris S. sativa. Tournef. 493.
Matricaria parthenium. Linn. Sp. 1255.

Sa tige est haute de deux pieds, ferme, droite, cannelée & un peu branchue; ses feuilles sont larges, blanchâtres, ailées & composées de pinnules pinnatifides, dont les découpures sont un peu obtuses. Les fleurs ont le disque jaune, la couronne blanche, & sont portées sur des pédoncules rameux disposés en corymbe. Cette plante croît

120. dans les lieux incultes & pierreux, ♃ ou ♂. Elle est stomachique, emménagogue, hystérique & vermifuge.

II. *Feuilles inodores, & dont les découpures sont étroites & pointues.*

Matricaire inodore. *Matricaria inodora.*

Matricaria tanaceti folio, flore majore, semine umbilicato. Tournef. 493.

β. *Matricaria tanaceti folio, flore minore, semine umbilicato.* Ibid.

Sa tige est haute de deux à trois pieds, droite, ferme & un peu branchue; ses feuilles sont ailées & composées de pinnules étroites, pinnatifides & à découpures pointues: elles sont un peu velues ou pubescentes en-dessous. Les écailles calicinales sont terminées par une membrane brune, & les semences sont couronnées par cinq dents. Cette plante croît dans les provinces méridionales. ♃

---

121. *Fleurs solitaires ou éparses, mais point en corymbe.*
- Couronne florale blanche ou rougeâtre. 122
- Courone florale jaune. . . 123

---

122. *Couronne florale blanche ou rougeâtre.*

Leucanthème. *Leucanthemum.*

Les leucanthèmes ont le calice hémisphérique, le disque de leurs fleurs jaune, & la couronne ordinairement blanche, mais jamais jaune. Leurs semences sont nues ou chargées de quelques dents.

A N A L Y S E.

Feuilles très-simples & dentées. I.	Feuilles découpées & pinnatifides. IV.

122. I. *Feuilles très-ſimples & dentées.*

Feuilles caulinaires amplexicaules ; tige ordinairement branchue. II.	Feuilles caulinaires linéaires & ſeſſiles ; tige ordinairement ſimple. III.

II. *Feuilles caulinaires amplexicaules ; tige ordinairement branchue.*

Leucanthème vulgaire. *Leucanthemum vulgare.* Tournef. 492.

Chryſanthemum leucanthemum. Linn. Sp. 1251.

β. *Leucanthemum vulgare, caule villis caneſcente.* Tournef. 492.

γ. *Leucanthemum montanum minus.* Ibid.

Sa tige eſt haute d'un à deux pieds, quelquefois ſimple, mais plus ordinairement branchue ; elle eſt ſtriée & garnie de feuilles amplexicaules, oblongues, un peu étroites, obtuſes & dentées en ſcie, ſur-tout à leur ſommet. Les feuilles radicales ſont en ſpatule & rétrécies en pétiole à leur baſe. La fleur eſt grande, fort belle & ſolitaire ſur chaque rameau ou ſur la tige. Cette plante eſt commune dans les prés. ♃ Elle eſt vulnéraire, déterſive & atténuante : la variété γ croît dans les provinces méridionales.

III. *Feuilles caulinaires linéaires & ſeſſiles ; tige ordinairement ſimple.*

Leucanthème graminiforme. *Leucanthemum graminifolium.*

Leucanthemum gramineo folio. Tournef. 493.

Chryſanthemum graminifolium. Linn. Sp. 1252.

Sa tige eſt très-ſimple & garnie de feuilles étroites, linéaires, entières, ou ſeulement un peu dentées vers leur ſommet. On trouve cette plante dans les environs de Montpellier. ♃

122. IV. *Feuilles découpées & pinnatifides.*

Réceptacle plane. V.	Réceptacle alongé & conique. VIII.

V. *Réceptacle plane.*

Feuilles pinnatifides & à découpures simples. VI.	Feuilles palmées & à folioles découpées. VII.

VI. *Feuilles pinnatifides & à découpures simples.*

Leucanthème des Alpes. *Leucanthemum Alpinum.*

Leucanthemum Alpinum foliis profundè incisis. Tournef. 493.
β. Leucanthemum Pyrenaicum, minimum, multifido incano folio. Ibid.

La racine de cette plante produit plusieurs tiges simples, feuillées, uniflores, un peu couchées à leur base, & hautes de six à sept pouces; ses feuilles sont alongées, un peu étroites, pinnatifides, rétrécies en pétiole à leur base, glabres & d'une couleur glauque; elles sont un peu cotonneuses, blanchâtres & à découpures moins profondes & moins fines dans la variété β. Les fleurs sont assez grandes; leur disque est jaune, & leur couronne blanche ou quelquefois purpurine. Les semences sont couronnées de paillettes. Cette plante croît dans les lieux pierreux & montagneux des provinces méridionales. ♃

VII. *Feuilles palmées & à folioles découpées.*

Leucanthème palmé. *Leucanthemum palmatum.*

Leucanthemum montanum foliis chrysanthemi. Tournef. 492.
Chrysanthemum Monspeliense. Linn. Sp. 1252.

Sa tige est haute d'un pied, simple, glabre, légèrement farineuse dans sa partie supérieure; elle ne soutient souvent qu'une fleur terminale fort grande; dont le disque est jaune & la couronne d'un blanc-rougeâtre; ses feuilles sont pétiolées,

122. palmées ou divisées en cinq folioles étroites & pinnatifides. Ces folioles sont un peu alternes, & ne se réunissent pas en un même point sur le pétiole comme dans les feuilles véritablement palmées. Les écailles calicinales sont longues, partagées par une ligne verte, & terminées par une membrane sèche, brune & obtuse. Cette plante croît dans les environs de Montpellier. ♃

VIII. *Réceptacle alongé & conique.*

Leucanthème camomillier. *Leucanthemum chamæmelum.*

Chamæmelum vulgare S. leucanthemum Dioscoridis. Tournef. 494.

Matricaria chamomilla. Linn. Sp. 1256.

Sa tige est haute d'un pied & demi, rameuse & souvent rougeâtre; ses feuilles sont deux fois ailées, & leurs découpures sont fines & presque capillaires; ses fleurs ont le disque jaune, la couronne blanche & le calice presque plane ou peu hémisphérique. Cette plante ressemble beaucoup, par son port, à la camomille puante; mais son réceptacle n'a point de paillettes, & son odeur est foible & point désagréable; elle croît dans les jardins & les lieux ou les champs cultivés. ⊙ Elle est un peu amère, stomachique, fébrifuge, résolutive & carminative.

123. *Couronne florale jaune.*

Chrysanthème des blés. *Chrysanthemum segetum.* Linn. Sp. 1254.

Chrysanthemum segetum folio minus secto, glauco. Tournef. 494.

Sa tige est haute d'un pied & demi, cannelée, feuillée & branchue; ses feuilles inférieures sont oblongues, élargies & découpées à leur sommet; les supérieures sont plus étroites, plus en pointe, & terminées par quelques dents aiguës; elles sont toutes amplexicaules & d'un vert-glauque. Les fleurs sont grandes, fort belles, tout-à-fait jaunes & solitaires au sommet de la tige & des rameaux. Cette plante croît dans les champs. ⊙ Elle passe pour vulnéraire & donne une teinture jaune.

124. *Semences à aigrette.* . . . . { Couronne florale blanche, ou rougeâtre, ou de couleur bleue. 125 | Couronne florale tout-à-fait jaune. . . . . 128 }

---

125. *Couronne florale blanche, ou rougeâtre, ou de couleur bleue.* { Demi-fleurons très-étroits & linéaires; écailles calicinales droites. 126 | Demi-fleurons moins étroits; écailles calicinales ayant leur pointe un peu rejetée en-dehors. . . 127 }

---

126. *Demi-fleurons très-étroits & linéaires; écailles calicinales droites.*

Vergerete. *Erigeron.*

Les vergeretes diffèrent très-peu des afters, mais les écailles calicinales, toutes très-droites, & les demi-fleurons linéaires & presque point découpés à leur extrémité, suffisent pour les en distinguer.

ANALYSE.

Tige chargée d'une ou deux fleurs.	Tige chargée de plus de deux fleurs.
I.	II.

I. *Tige chargée d'une ou deux fleurs.*

Vergerete des Alpes. *Erigeron Alpinum.* Linn. Sp. 1211.

Aster atticus cæruleus major. Tournef. 481.

β. *Aster atticus cæruleus minor.* Ibid.

Sa tige est haute de six à sept pouces, feuillée, striée, pubescente & un peu rougeâtre à sa base; elle porte ordinairement à son sommet une seule fleur assez grande, dont le disque est jaune, & la couronne d'un bleu-rougeâtre:

126. ses feuilles sont longues, fort étroites, sur-tout à leur base, & sont presque glabres ou légèrement ciliées en leur bord ; les supérieures sont moins longues & plus pointues. La variété β est fort petite, moins glabre & quelquefois pluriflore ; l'aigrette des semences, dans l'une & l'autre variété, est d'un blanc-sale & roussâtre. Ces plantes croissent dans les montagnes en Provence. ♃

II. *Tige chargée de plus de deux fleurs.*

Demi-fleurons d'un rouge-bleuâtre.	Demi-fleurons d'un blanc-pâle & un peu couleur de chair.
III.	IV.

III. *Demi-fleurons d'un rouge-bleuâtre.*

Vergerete âcre. *Erigeron acre.* Linn. Sp. 1211.

Aster arvensis cæruleus, acris. Tournef. 481.

Cette plante a beaucoup de rapport avec la précédente ; mais elle en diffère par la hauteur de sa tige qui s'élève jusqu'à un pied ; par ses fleurs beaucoup plus petites & plus nombreuses, qui paroissent grisâtres, leurs demi-fleurons étant fort petits ; & par les poils blancs, droits & écartés, dont sont hérissées les feuilles, les tiges & les péduncules. On la trouve dans les terreins secs. ♃

IV. *Demi-fleurons d'un blanc-pâle, un peu couleur de chair.*

Vergerete panniculée. *Erigeron panniculatum.*

Virga aurea Zanoni. Tournef. 484.

Erigeron Canadense. Linn. Sp. 1210.

Sa tige s'élève jusqu'à deux ou trois pieds ; elle est cylindrique, velue, blanchâtre, & se termine par une pannicule alongée, composée de beaucoup de fleurs fort petites ; portées sur des péduncules rameux : les fleurons sont d'un jaune-pâle ; & les demi-fleurons très-petits, sont d'un blanc couleur de chair. Les feuilles sont alongées, étroites, pointues, nombreuses, éparses, ciliées & d'un vert-blanchâtre. Cette plante se trouve dans les terreins pierreux & dans les bois : on la dit exotique, & récemment naturalisée en Europe. ⊙

127. *Demi-fleurons moins étroits ; écailles calicinales ayant leur pointe un peu rejetée en-dehors.*

Aſter.

Les aſters ont les demi-fleurons nombreux, très-ouverts, & aſſez larges pour laiſſer appercevoir les deux ou trois petites dents de leur extrémité : les écailles calicinales, ſur-tout les inférieures, ont leur pointe écartée de la fleur.

ANALYSE.

Tige uniflore. I.	Tige pluriflore. II.

I. *Tige uniflore.*

Aſter des Alpes. *Aſter Alpinus.* Linn. Sp. 1226.

Aſter montanus cæruleus magno flore, foliis oblongis. Tournef. 481.

Sa tige eſt haute de ſix à ſept pouces, ſimple, cylindrique, velue, chargée d'une couple de feuilles lancéolées & auſſi un peu velues; ſes feuilles radicales ſont ovales-oblongues, obtuſes, rétrécies en pétiole à leur baſe, velues & un peu rudes au toucher; ſa fleur eſt grande, terminale, jaune dans ſon diſque, bleue à ſa circonférence ou blanche dans une variété. Cette plante croît dans les montagnes en Provence. ♃

II. *Tige pluriflore.*

Feuilles obtuſes; écailles calicinales ciliées. III.	Feuilles pointues; calices glabres. IV.

III. *Feuilles obtuſes ; écailles calicinales ciliées.*

Aſter œil-de-chriſt. *Aſter amellus.* Linn. Sp. 1226.

Aſter atticus cæruleus, vulgaris. Tournef. 481.

Sa tige eſt haute de deux à trois pieds, cannelée, rameuſe & un peu velue; elle eſt garnie dans toute ſa longueur, de feuilles

127. nombreuſes, ovales-oblongues, obtuſes, rudes; un peu velues & ciliées legèrement en leur bord; ſes fleurs ſont fort belles & diſpoſées en corymbe; leur diſque eſt jaune, leur couronne d'un beau bleu, & les écailles calicinales ſont obtuſes. Cette plante croît ſur les collines des provinces méridionales. ♃

IV. *Feuilles pointues; calices glabres.*

Feuilles lancéolées, charnues & diſtantes. V.	Feuilles étroites, linéaires, éparſes & très-rapprochées. VI.

V. *Feuilles lancéolées, charnues & diſtantes.*

Aſter aquatique. *Aſter paluſtris.*

Aſter maritimus paluſtris cæruleus, ſalicis folio. Tournef. 481.

Aſter tripolium. Linn. Sp. 1226.

Sa tige eſt haute de trois pieds, cannelée, très-glabre & un peu branchue; ſes feuilles ſont lancéolées, liſſes, un peu charnues, très-glabres, chargées de trois nervures & un peu écartées les unes des autres; ſes fleurs ſont terminales & diſpoſées en corymbe; leur diſque eſt jaune, leur couronne d'un bleu un peu pâle, & les écailles calicinales lancéolées. Cette plante croît dans les lieux aquatiques des provinces méridionales. ♃

VI. *Feuilles étroites, linéaires, éparſes & très-rapprochées.*

Aſter âcre. *Aſter acris.* Linn. Sp. 1228.

Aſter tripolii flore. Tournef. 481.

Sa tige eſt haute d'un pied & demi, ſouvent moins dure, cannelée, preſque glabre & très-garnie de feuilles linéaires nombreuſes, éparſes & un peu dures ou rudes au toucher;  ſes fleurs ſont terminales & diſpoſées en corymbe ſur des péduncules feuillés & ſouvent rameux; elles ſont de la même couleur que celles de la précédente, mais un peu plus petites. On trouve cette plante dans les environs de Montpellier. ♃

128.	*Couronne florale tout-à-fait jaune.*	Demi-fleurons écartés, & rarement au-delà de dix ; écailles calicinales droites ou serrées . . 129
		Demi-fleurons rapprochés, & toujours au-delà de dix ; écailles calicinales lâches ou rejetées en-dehors. 130

---

129. *Demi-fleurons écartés, & rarement au-delà de dix ; écailles calicinales droites ou serrées.*

Verge-d'or. *Solidago.*

Les verges-d'or diffèrent essentiellement des asters & des vergerettes, par la couleur constamment jaune de leurs demi-fleurons, dont l'écartement ou le petit nombre distingue d'une autre part ces mêmes plantes suffisamment des inules.

ANALYSE.

Feuilles glutineuses & très-odorantes.	Feuilles non glutineuses & point odorantes.
I.	IV.

I. *Feuilles glutineuses & très-odorantes.*

Feuilles denticulées ; péduncules uniflores.	Feuilles très-entières ; péduncules inférieurs pluriflores.
II.	III.

II. *Feuilles denticulées ; péduncules uniflores.*

Verge d'or visqueuse. *Solidago viscosa.*

Virga aurea major, foliis glutinosis & graveolentibus. Tournef. 484.

Erigeron viscosum. Linn. Sp. 1209.

Sa tige est haute de trois pieds, velue & branchue supérieurement ; ses feuilles sont lancéolées, visqueuses, odorantes &

129. & velues ; les supérieures sont entières & les inférieures un peu dentées ; les fleurs sont jaunes, assez grandes, & les demi-fleurons sont un peu écartés les uns des autres. Cette plante croît dans les provinces méridionales. ♄

III. *Feuilles très-entières ; péduncules inférieurs pluriflores.*

Verge-d'or odorante. *Solidago graveolens.*

Virga aurea minor, foliis glutinosis & graveolentibus. Tournef. 484.

Erigeron graveolens. Linn. Sp. 1210.

Cette plante pourroit presque être regardée comme une variété de la précédente, mais elle est annuelle, moins élevée, un peu moins visqueuse, & ses fleurs plus petites sont d'un jaune moins foncé. On la trouve dans les champs & dans les vignes en Provence. ⊙

IV. *Feuilles non glutineuses & point odorantes.*

Tige de plus d'un pied.	Tige de six pouces à peine.
V.	VI.

V. *Tige de plus d'un pied.*

Verge-d'or commune. *Solidago vulgaris.*

Virga aurea latifolia, serrata. Tournef. 484.

β. *Virga aurea vulgaris latifolia.* Ibid.

Sa tige est haute de deux ou trois pieds, cannelée, dure, rougeâtre inférieurement, presque glabre ou légèrement velue ; elle porte à son sommet de belles grappes de fleurs jaunes dont les demi-fleurons sont très-écartés ou en petit nombre : ses feuilles inférieures sont ovales, lancéolées, pointues, dentées, presque glabres en-dessus, d'un vert-blanchâtre en-dessous, & rétrécies en pétiole à leur base ; les feuilles supérieures sont plus étroites & simplement lancéolées. La variété β a les feuilles moins dentées, & les épis de fleurs moins garnis. Cette plante croît dans les bois & dans les lieux pierreux ♄ ; elle est amère, vulnéraire & détersive.

129. VI. *Tige de six pouces à peine.*

Verge-d'or naine. *Solidago minuta.* Linn. Sp. 1235.

Virga aurea omnium minima. Tournef. 484.

Cette plante ne diffère fortement de la précédente que par la petitesse de sa tige, qui ne s'élève quelquefois que jusqu'à quatre ou cinq pouces, mais ses fleurs sont parfaitement les mêmes & point du tout plus petites; elles sont seulement au nombre de quatre ou cinq : les feuilles inférieures sont pétiolées & dentées, & les supérieures sont étroites, entières & sessiles. Cette espèce croît dans les Pyrénées. ♃

---

130. *Demi-fleurons rapprochés & toujours au-delà de dix; écailles calicinales lâches ou rejetées en-dehors.*

Inule. *Inula.*

Les inules ne doivent pas être confondues avec les asters, comme l'ont fait MM. de Haller & Scopoli : elles en diffèrent suffisamment par la couleur constante de leurs fleurs & par la gaîne des anthères qui est garnie à sa base de plusieurs filets libres, souvent au nombre de dix.

ANALYSE.

Feuilles amplexicaules ou décurrentes. I.	Feuilles non amplexicaules ni décurrentes. XIV.

I. *Feuilles amplexicaules ou décurrentes.*

Feuilles amplexicaules. II.	Feuilles décurrentes. XIII.

130. II. *Feuilles amplexicaules.*

Ecailles extérieures du calice plus grandes que la fleur, & bractéiformes. III.	Ecailles du calice ne débordant point la fleur, & point bractéiformes. IV.

III. *Ecailles extérieures du calice plus grandes que la fleur, & bractéiformes.*

Inule chevelue (*a*). *Inula comosa.*

Aster palustris luteus folio longiori lanuginoso. Tournef. 483.

Je ne connois aucune figure exacte de cette plante; je ne crois pas qu'elle soit la même que l'*inula britannica* de M. Linné, & les figures que cite M. de Tournefort, ne lui conviennent presque pas. Sa tige est haute de deux pieds, rougeâtre, branchue & chargée de poils blancs; ses feuilles sont lancéolées, amplexicaules, longues de six à sept pouces, pointues, un peu dentées, molles & velues en leur bord. Ses fleurs sont solitaires au sommet des rameaux & fort grandes; leur diamètre a deux pouces de grandeur; les demi-fleurons sont étroits & nombreux; les folioles calicinales sont étroites, longues, pointues & très-inégales : les extérieures sont les plus grandes, & il s'en trouve plusieurs qui ont deux pouces de longueur sur deux lignes de largeur, de sorte qu'elles forment une collerette sous la fleur. Cette plante croît dans les environs de Paris derrière l'Hôpital général.

IV. *Ecailles du calice ne débordant point la fleur, & point bractéiformes.*

Ecailles calicinales élargies & ovales. V.	Ecailles calicinales étroites & pointues. VI.

(*a*) Cette plante est une variété de l'*inula britannica* de M. Linné.

130. V. *Ecailles calicinales élargies & ovales.*

Inule hélénière. *Inula helenium.* Linn. 1236.

Aster omnium maximus helenium dictus. Tournef. 483.

Sa tige est haute de quatre ou cinq pieds, ferme, cannelée, velue & un peu rameuse; ses feuilles radicales sont pétiolées, fort amples, ovales, pointues, un peu dentées, vertes en-dessus, nerveuses, ridées, blanchâtres & cotonneuses en-dessous; les feuilles caulinaires sont moins grandes & sont amplexicaules; ses fleurs sont fort grandes, & les écailles de leur calice sont larges & ovales. On trouve cette plante en Flandre & dans les environs de Paris. ♃ Sa racine qui est brune & fort grande, est amère & aromatique : elle est tonique, alexitère, stomachique, déterſive & résolutive.

VI. *Ecailles calicinales étroites & pointues.*

Tige chargée de trois fleurs ou moins.	Tige chargée de plus de trois fleurs.
VII.	VIII.

VII. *Tige chargée de trois fleurs ou moins.*

Inule odorante. *Inula odora.* Linn. Sp. 1236.

Aster luteus radice odorâ. Tournef. 482.

Sa tige est haute d'un pied & demi, simple, cylindrique & couverte de poils blancs, sur-tout dans sa partie supérieure; elle porte à son sommet deux ou trois fleurs jaunes dont le diamètre est d'un pouce & demi; ses feuilles radicales sont grandes, ovales, un peu obtuses & rétrécies en pétiole; celles de la tige sont ovales, lancéolées & amplexicaules; elles sont toutes chargées de poils blancs très-couchés & très-abondans sur leur nervure postérieure. Cette plante croît en Provence. ♃

VIII. *Tige chargée de plus de trois fleurs.*

Fleurs globuleuses; les demi-fleurons ont à peine une ligne de grandeur.	Fleurs non globuleuses; les demi-fleurons ont plus d'une ligne de grandeur.
IX.	X.

130. IX. *Fleurs globuleuses ; les demi-fleurons ont à peine une ligne de grandeur.*

Inule pulicaire. *Inula pulicaria.* Linn. Sp. 1238.

Aster paluſtris parvo flore globoſo. Tournef. 483.

Sa tige eſt à peine haute d'un pied & demi, & ſe diviſe en rameaux ouverts & tortueux ; ſes feuilles ſont petites, aſſez étroites, un peu blanchâtres, très-ondulées & preſque friſées ; ſes fleurs ſont petites & diſpoſées le long & au ſommet des rameaux. On trouve cette plante ſur le bord des chemins.

X. *Fleurs non globuleuſes ; les demi-fleurons ont plus d'une ligne de grandeur.*

Feuilles planes, un peu velues en-deſſous, mais point cotonneuſes. XI.	Feuilles ondulées en leur bord, blanchâtres & cotonneuſes en-deſſous. XII.

XI. *Feuilles planes, un peu velues en-deſſous, mais point cotonneuſes.*

Inule œil-de-Chriſt. *Inula oculus Chriſti.* Linn. Sp. 1237.

Aſter pannonicus lanuginoſus, luteus. Tournef. 482.

Ses tiges ſont hautes d'un pied ou un peu plus, ſimples, velues & un peu rudes au toucher ; elles ſe diviſent à leur ſommet en pluſieurs rameaux corymbiformes & feuillés ; ſes feuilles ſont lancéolées, pointues, velues en leur bord, ou un peu en-deſſous, mais preſque glabres en-deſſus. Les fleurs ſont jaunes & aſſez grandes. Cette plante croît en Provence. ♃

XII. *Feuilles ondulées en leur bord, blanchâtres & cotonneuſes en-deſſous.*

Inule conyzière. *Inula conyzæa.*

Aſter pratenſis autumnalis conyzæ folio. Tournef. 483.

Inula dyſenterica. Linn. Sp. 1237.

Sa tige eſt haute d'un pied & demi, dure, cylindrique

130. lanugineuse, feuillée & branchue; ses feuilles sont amplexicaules, alongées, molles, blanchâtres & cotonneuses en-dessous, un peu velues & d'un vert-pâle en-dessus, obscurément dentées & très ondulées en leur bord; ses fleurs sont jaunes, solitaires sur leur péduncule, & disposées en corymbe. On trouve cette plante dans les fossés & les lieux humides. ♃ Elle passe pour incisive.

XIII. *Feuilles décurrentes.*

Inule gloméristore. *Inula glomeriflora.*

Conyza latifolia viscosa suaveolens, flore aureo, è gallo provinciâ. Tournef. 455.

Inula bifrons. Linn. Sp. 1236.

Conyza bifrons. Ibid. 1207.

Ses tiges sont hautes de deux à trois pieds, cylindriques, rameuses & légèrement velues; ses feuilles sont oblongues, denticulées, épaisses, un peu ridées & presque glabres; celles de la tige sont presque ovales & semi-décurrentes. Les fleurs sont jaunes, terminales, assez petites & disposées en corymbes pelotonnés, serrés & garnis de bractées qui les enveloppent. Je n'ai point encore observé de fleurs simplement flosculeuses à cette plante; elle croît en Provence. ♂

XIV. *Feuilles non amplexicaules ni décurrentes.*

Feuilles glabres.	Feuilles velues.
XV.	XX.

XV. *Feuilles glabres.*

Feuilles linéaires & terminées par trois pointes.	Feuilles ovales ou lancéolées, & toutes terminées par une seule pointe.
XVI.	XVII.

XVI. *Feuilles linéaires & terminées par trois pointes.*

Inule perce-pierre. *Inula crithmoides.* Linn. Sp. 1240.

Aster maritimus folio tereti crasso tridentato. Tournef. 483.

Ses tiges sont hautes de trois ou quatre pieds, droites,

130. ſimples & garnies dans toute leur longueur de feuilles linéaires, charnues, éparſes & très-nombreuſes : les inférieures ſont terminées par trois pointes, & les ſupérieures ſont ſouvent ſimples & entières ; les fleurs ſont ſolitaires & terminales ; leurs demi-fleurons ſont jaunes & étroits, le réceptacle eſt convexe, & le calice un peu charnu. Cette plante croît ſur les bords de la mer dans les provinces méridionales. ♃

XVII. *Feuilles ovales ou lancéolées, & toutes terminées par une ſeule pointe.*

Feuilles ovales & ſenſiblement dentées.	Feuilles lancéolées, étroites & ſimplement rudes en leur bord.
XVIII.	XIX.

XVIII. *Feuilles ovales & ſenſiblement dentées.*

Inule rigide. *Inula ſquarroſa.*

Aſter conyzoides odoratus, luteus. Tournef. 483.

Sa tige eſt haute de deux pieds, ſimple, cylindrique, glabre ou à peine chargée de quelques poils, & eſt très-garnie de feuilles dans toute ſa longueur ; ſes fleurs preſque toujours au-delà de trois, ſont terminales, diſpoſées en corymbe, & hériſſées par les écailles du calice dont les pointes un peu dures ſont ſaillantes en-dehors : les feuilles ſont glabres, dures, ovales un peu oblongues, & décidément dentées. Cette plante croît en Languedoc. ♃

XIX. *Feuilles lancéolées, étroites & ſimplement rudes en leur bord.*

Inule ſaulière. *Inula ſalicina.*

Aſter montanus luteus, ſalicis folio glabro. Tournef. 483.

Sa tige eſt haute d'un pied & demi, plus anguleuſe que celle de la précédente, plus glabre, ayant les calices moins rudes, & ne portant ordinairement à ſon ſommet que trois fleurs ſolitaires ſur leur péduncule, & aſſez grandes. Dans l'une & l'autre eſpèce, les écailles calicinales ſont un peu ciliées.

130. vers leur extrémité, sur-tout les intérieures. Dans celle-ci, les feuilles sont moins rapprochées, plus longues, plus étroites & très-entières. Cette plante croît en Provence. ♃

XX. *Feuilles velues.*

Tige chargée d'une à trois fleurs.	Tige chargée de plus de trois fleurs.
XXI.	XXIV.

XXI. *Tige chargée d'une à trois fleurs.*

Toutes les feuilles sessiles, simplement velues, & à peine dentées.	Feuilles inférieures pétiolées, quelques-unes semi-pinnées, & toutes très-cotonneuses.
XXII.	XXIII.

XXII. *Toutes les feuilles sessiles, simplement velues, & à peine dentées.*

Inule hérissée. *Inula hirta.*

Aster atticus luteus, montanus, villosus, magno flore. Tournef. 482.
β. *Aster V. Clus.* Hist. II, p. 14.

Sa tige est haute de huit à dix pouces, simple, striée, velue & un peu rude au toucher; ses feuilles sont lancéolées, un peu rudes, chargées de poils blancs, roides & écartés, & légèrement dentées, ou quelquefois très-entières; sa fleur est grande, terminale & ordinairement solitaire; & les écailles de son calice sont lancéolées & ciliées. Cette plante croît dans les provinces méridionales. ♃

XXIII. *Feuilles inférieures pétiolées, quelques-unes semi-pinnées, & toutes très-cotonneuses.*

Inule découpée. *Inula laciniata.*

Inula provincialis. Linn. Sp. 1241. Gouan. Obs. 68.

Sa tige est haute de cinq à six pouces, simple, cotonneuse

130. & uniflore; ſes feuilles radicales ſont pétiolées, épaiſſes, cotonneuſes & blanchâtres des deux côtés, d'une forme ovale, les unes dentées ſimplement, & les autres découpées en trois ou quatre pinnules obtuſes; les feuilles de la tige ſont étroites, ſimples, ou auſſi ſemi-pinnées. La fleur eſt grande, jaune, & ſon calice eſt compoſé d'écailles lancéolées, droites & cotonneuſes. Cette plante croît en Languedoc. ♃

XXIV. *Tige chargée de plus de trois fleurs.*

Feuilles glutineuſes.	Feuilles non glutineuſes.
XXV.	XXVI.

XXV. *Feuilles glutineuſes.*

Inule de roche. *Inula ſaxatilis.*

Aſter ſaxatilis foliis glutinoſis, villoſis & graveolentibus; Tournef. 482.

Erigeron foliis lanceolato-linearibus, piloſo-viſcidis, pedunculis unifloris. Ger. prov. 203.

Ses tiges ſont menues, ſimples & hautes d'un demi-pied; ſes feuilles ſont nombreuſes, étroites, linéaires, pointues, très-entières, velues & glutineuſes : ſes fleurs ſont terminales & ſolitaires ſur leur péduncule. Cette plante croît dans les lieux pierreux & montagneux en Provence. ♃

XXVI. *Feuilles non glutineuſes.*

Inule tubéreuſe. *Inula tuberoſa.*

Aſter maritimus tuberoſus, luteus. Tournef. 483.

Erigeron tuberoſum. Linn. Sp. 1212.

Sa tige eſt haute de cinq à ſix pouces, dure, preſque ligneuſe & chargée de poils écartés & épars; ſes feuilles ſont étroites, preſque linéaires, rarement dentées & chargées de quelques poils en leur bord, ainſi que ſur leur nervure poſtérieure : ſes fleurs ſont jaunes, courtes, terminales & au nombre de cinq ou ſix, portées ſur des péduncules hériſſés de poils droits & écartés. Cette plante croît dans les provinces méridionales. ♃

131. *Réceptacle chargé de poils ou de paillettes.* { Fleurs disposées en corymbe ; les péduncules propres fort courts. 132
Fleurs non disposées en corymbe. 133

132. *Fleurs disposées en corymbe ; les péduncules propres fort courts.*

Achillière. *Achillæa.*

Les achillières sont remarquables par la disposition de leurs fleurs ; leur calice est embriqué & hémisphérique : les demi-fleurons sont courts, élargis & ordinairement en petit nombre. Les semences n'ont point d'aigrette.

ANALYSE.

Fleurs blanches. I.	Fleurs jaunes. VIII.

I. *Fleurs blanches.*

Feuilles simples & dentées. II.	Feuilles multifides ou bipinnées. V.

II. *Feuilles simples & dentées.*

Tige de six pouces à peine. III.	Tige de plus d'un pied. IV.

III. *Tige de six pouces à peine.*

Achillière naine. *Achillæa nana.* Linn. Sp. 1267.

Mille-folium Alpinum incanum, flore specioso. Tournef. 496.

Sa tige est simple, pubescente, & s'élève rarement au-delà

132. de six pouces; ses feuilles sont oblongues, étroites & entières à leur base, obtuses & crenelées vers leur sommet, d'un vert-blanchâtre, mais presque glabres : ses fleurs sont blanches, & forment un corymbe terminal un peu serré; les écailles calicinales sont noirâtres en leur bord. Cette plante croît dans les montagnes du Dauphiné; on en trouve aussi une variété, dont les feuilles sont moins glabres & plus découpées.

IV. *Tige de plus d'un pied.*

Achillière sternutatoire. *Achillæa ptarmica.* Linn. Sp. 1266.

Ptarmica vulgaris folio longo serrato, flore albo. Tournef. 496.

Sa tige est cylindrique, fistuleuse, branchue, & s'élève jusqu'à deux pieds; ses feuilles sont étroites, lancéolées, pointues, lisses & finement dentées en scie; ses fleurs sont blanches, terminales & garnies de dix à quinze demi-fleurons : on en cultive dans les jardins une variété à fleurs doubles, sous le nom de *bouton d'argent.* Cette plante croît dans les prés humides. ♃ Elle est sternutatoire, résolutive & détersive.

V. *Feuilles multifides ou bipinnées.*

Feuilles blanchâtres & un peu cotonneuses. VI.	Feuilles vertes & presque glabres. VII.

VI. *Feuilles blanchâtres & un peu cotonneuses.*

Achillière élégante. *Achillæa nobilis.* Linn. Sp. 1268.

Millefolium nobile. Tournef. 496.

β. *Millefolium odoratum Monspeliense.* Ibid.

Sa tige est haute d'un pied & demi, droite, simple, anguleuse & velue; ses feuilles sont multifides, moins vertes, plus larges & plus courtes que celles de la suivante : ses fleurs forment des corymbes serrés & convexes. Cette plante croît dans les lieux incultes des provinces méridionales. ♃

132. VII. *Feuilles vertes & presque glabres.*

Achillière millefeuille. *Achillæa millefolium.* Linn. Sp. 1125.

Millefolium vulgare album. Tournef. 496.

β. *Millefolium vulgare purpureum*, *majus & minus.* Ibid.

Ses tiges sont hautes d'un à deux pieds, dures, cylindriques, & un peu velues; ses feuilles sont alongées, un peu étroites, bipinnées, & leurs découpures extrêmement nombreuses sont linéaires & dentées. Les fleurs sont blanches ou purpurines, & forment des corymbes assez garnis; les demi-fleurons sont peu nombreux & presque cordiformes. Cette plante croît sur le bord des chemins & des champs ♃; elle est vulnéraire, astringente & résolutive.

VIII. *Fleurs jaunes.*

Feuilles odorantes, lancéolées & dentées. IX.	Feuilles non odorantes, pinnées & velues. X.

IX. *Feuilles odorantes, lancéolées & dentées.*

Achillière visqueuse. *Achillæa viscosa.*

Ptarmica lutea suaveolens. Tournef. 497.

Achillæa ageratum. Linn. Sp. 1264.

Ses tiges sont hautes de deux pieds, droites, cylindriques, & un peu rameuses; ses feuilles sont lancéolées, obtuses, dentées en scie & un peu visqueuses, celles de la racine sont pétiolées, pubescentes, ailées, & les pinnules dentées : elles sont toutes très-odorantes. Les fleurs sont jaunes, petites, & forment des corymbes compactes. Cette plante croît en Provence, dans les pâturages humides ♃; elle est stomachique, incisive, expectorante, & extérieurement vulnéraire & résolutive.

X. *Feuilles non odorantes, pinnées & velues.*

Achillière cotonneuse. *Achillæa tomentosa.* Linn. Sp. 1264.

Millefolium tomentosum luteum. Tournef. 496.

Sa tige est haute d'un pied, simple, striée & velue; ses

132. feuilles ſont étroites, pinnées & les pinnules courtes, aiguës & dentées : elles ſont très-velues & blanchâtres, ſur-tout dans leur jeuneſſe. Les fleurs ſont petites, de couleur-jaune, & forment un corymbe denſe & terminal. Cette plante croît dans les lieux ſtériles des provinces méridionales. ♃

133. *Fleurs non diſpoſées en corymbe.* { Feuilles alternes. 134
Feuilles oppoſées. . . . 137—1

134. *Feuilles alternes.* . . . . { Feuilles très-ſimples, entières ou légèrement dentées. 135
Feuilles laciniées ou multifides. 136

135. *Feuilles très-ſimples, entières ou légèrement dentées.*

Buphtalme. *Buphthalmum.* (Œil de bœuf.)

Les buphthalmes ſont remarquables par leurs feuilles très-ſimples ; leurs fleurs ſont ordinairement de couleur jaune, & leurs ſemences ſont couronnées par un petit rebord plus ou moins découpé.

ANALYSE.

Calice environné de feuilles florales. I.	Calice nu & ſans feuilles florales. VI.

I. *Calice environné de feuilles florales.*

Feuilles florales épineuſes. II.	Feuilles florales non épineuſes. III.

135. II. *Feuilles florales épineuses.*

Buphthalme épineux. *Buphthalmum spinosum.* Linn. Sp. 1274.

Asteriscus foliis ad florem rigidis. Tournef. 497.

Sa tige est haute d'un pied, dure, velue, cotonneuse & rameuse; ses feuilles radicales sont longues, obtuses, denticulées, velues & rétrécies vers leur base. Celles de la tige sont amplexicaules, lancéolées & velues. Les feuilles florales sont fort longues, nerveuses, pointues & terminées par une épine; les fleurs sont jaunes, solitaires & garnies de demi-fleurons très-étroits. Cette plante croît sur le bord des champs en Languedoc. ☉

III. *Feuilles florales non épineuses.*

Fleurs toutes terminales.	Fleurs terminales & axillaires.
IV.	V.

IV. *Fleurs toutes terminales.*

Buphthalme maritime. *Buphthalmum maritimum.* Linn. Sp. 1274.

Asteriscus maritimus perennis (& annuus), patulus. Tournef. 497.

La racine de cette plante produit plusieurs tiges hautes de six à sept pouces, velues, branchues & diffuses; ses feuilles sont alongées, spatulées, très-obtuses & velues en leur bord, & principalement à leur base où elles sont fort étroites; les fleurs sont jaunes, solitaires, assez grandes, & leurs demi-fleurons sont larges & à trois dents. Cette plante croît dans les lieux maritimes des provinces méridionales. ♃

V. *Fleurs terminales & axillaires.*

Buphthalme aquatique. *Buphthalmum aquaticum.* Linn. Sp. 1274.

Aster annuus aquaticus patulus. Tournef. 498.

Sa tige est haute de sept à huit pouces, cylindrique, pubescente & très-branchue; ses feuilles sont alongées,

135. mais moins velues, moins obtuses & moins rétrécies à leur base que celles de la précédente : ses fleurs sont jaunes, petites, très-garnies de feuilles florales ; les unes sont sessiles & axillaires, & les autres situées au sommet des rameaux. Cette plante croît sur le bord des eaux en Languedoc. ⊙

VI. *Calice nu & sans feuilles florales.*

Feuilles glabres.	Feuilles velues.
VII.	VIII.

VII. *Feuilles glabres.*

Buphthalme grandiflore. *Buphthalmum grandiflorum.* Linn. Sp. 1275.

Asteroides Alpina salicis folio. Tournef. cor. 50.

Ses tiges sont nombreuses, simples, presque glabres, & s'élèvent jusqu'à un pied & demi ; ses feuilles sont lancéolées, étroites, pointues & légèrement dentées : ses fleurs sont grandes, solitaires, terminales, de couleur jaune, & leur calice presque simple est composé de deux rangs de folioles courtes & aiguës. Il y a une variété dont la tige s'élève à peine à un pied. Cette plante croît dans les montagnes des provinces méridionales. ♃

VIII. *Feuilles velues.*

Buphthalme saulin. *Buphthalmum salicifolium.* Linn. Sp. 1275.

Aster luteus major, folis succisæ. Bauh. p. 266.

Sa tige est haute d'un pied & demi, droite, ferme, cylindrique & velue ; elle est souvent un peu rougeâtre, & se divise en un ou deux rameaux droits & uniflores ; ses feuilles sont lancéolées, pointues & garnies de denticules rougeâtres ; elles sont un peu dures ; celles de la tige sont amplexicaules, & les radicales sont ovales & pétiolées. Les fleurs sont jaunes, assez grandes, terminales & solitaires. Cette plante croît dans les provinces méridionales. ♃

136. *Feuilles laciniées ou multifides.*

Camomille. *Anthemis.*

Les camomilles ont le calice hémiſphérique & les ſemences nues comme les matricaires & les leucanthèmes ; la couronne florale eſt plus grande & plus garnie que dans les achillières, & le réceptacle eſt ſouvent conique.

ANALYSE.

Couronne florale tout-à-fait, & toujours blanche. I.	Couronne florale tout-à-fait, ou ſeulement un peu jaune. XVI.

I. *Couronne florale tout-à-fait, & toujours blanche.*

Tige chargée d'une à trois fleurs. II.	Tige chargée de plus de trois fleurs. VII.

II. *Tige chargée d'une à trois fleurs.*

Feuilles ailées & à pinnules ſimples ou dentées. III.	Feuilles multifides ou bipinnées. IV.

III. *Feuilles ailées & à pinnules ſimples ou dentées.*

Camomille des Alpes. *Anthemis Alpina.* Linn. Sp. 1261.

Leucanthemum Alpinum foliis coronopi. Tournef. 493.

β. *Anthemis fruticoſa foliis linearibus carnoſis, pedunculis longioribus, nudis, erectis, unifloris.* Gerard. prov. 209. f. 8.

Ses tiges ſont hautes de huit à dix pouces, menues, cylindriques, dures & un peu branchues ; ſes feuilles ſont oblongues, d'un vert-blanchâtre, avec des découpures linéaires, charnues, obtuſes, élargies à leur ſommet & diſtantes : les fleurs ſont ſolitaires ſur des péduncules nus & aſſez

136. & assez longs ; leurs écailles calicinales sont ovales, pointues, noirâtres & membraneuses en leur bord. Cette plante croît dans les montagnes des provinces méridionales. ♃.

IV. *Feuilles multifides ou bipinnées.*

Calice cotonneux. V.	Calice non cotonneux. VI.

V. *Calice cotonneux.*

Camomille cotonneuse. *Anthemis tomentosa.* Linn. Sp. 1260.

Chamæmelum majus folio tenuissimo, caule rubente. Tournef. 494.

Ses tiges sont hautes d'un pied, ordinairement simples & uniflores ; ses feuilles sont découpées très-menu, & chargées légèrement d'un coton soyeux & blanchâtre : les corolles ont deux découpures plus grandes que les autres. Cette plante croît dans les environs de Montpellier. ♃

VI. *Calice non cotonneux.*

Camomille pyretre. *Anthemis pyrethrum.* Linn. Sp. 1262.

Pyrethrum alterum. Cam. épit. 543.

Ses tiges sont nombreuses, simples, feuillées, un p couchées, & ordinairement uniflores ; ses feuilles sont bipinnées, & leurs découpures un peu charnues : les demi-fleurons sont blancs & un peu rougeâtres en-dessous. Cette plante croît dans les environs de Montpellier. ♃

VII. *Tige chargée de plus de trois fleurs.*

Réceptacle presque plane. VIII.	Réceptacle très-conique. XIII.

136. VIII. *Réceptacle presque plane.*

Tige droite & très-élevée.	Tiges couchées & médiocres.
IX.	X.

IX. *Tige droite & très-élevée.*

Camomille altière. *Anthemis altissima.* Linn. Sp. 1259.

Chamæmelum leucanthemum hispanicum, magno flore. Bauh. p. 135.

Sa tige est droite, striée, rougeâtre, branchue & haute de trois pieds ou quelquefois davantage ; ses feuilles sont ailées, multifides, & leurs découpures sont garnies à leur base d'une petite dent rude & réfléchie en-dessous, qui les rend comme piquantes au toucher & presque épineuses : les fleurs sont assez grandes, leurs péduncules sont un peu épaissis vers leur sommet, & les paillettes du réceptacle sont élargies à leur base. Cette plante croît dans les champs des provinces méridionales. ⊙

X. *Tiges couchées & médiocres.*

Feuilles charnues, glabres & à folioles élargies.	Feuilles à folioles linéaires, aiguës, & velues légèrement.
XI.	XII.

XI. * *Feuilles charnues, glabres ; & à folioles élargies.*

Camomille maritime. *Anthemis maritima.* Linn. Sp. 1259.

Chamæmelum maritimum Dalechampii. Tournef. 494.

Ses tiges sont lisses, purpurines, branchues & couchées sur la terre ; ses feuilles sont parsemées de petits points creux & pinnatifides, à pinnules incisées & élargies vers leur sommet : les fleurs ont l'odeur de la matricaire ; leur péduncule & leur calice sont pubescens & presque cotonneux. Cette plante croît dans les provinces méridionales. ♃

136. XII. *Feuilles à folioles linéaires, aiguës, & velues légèrement.*

Camomille odorante. *Anthemis odorata.*

Chamæmelum nobile, S. leucanthemum odoratius. Tournef. 494.
Anthemis nobilis. Linn. Sp. 1260.

Ses tiges ſont longues d'un pied, rameuſes, foibles & un peu couchées; ſes feuilles ſont pinnées & multifides; leurs découpures ſont linéaires, un peu courtes & aiguës, & leur couleur eſt d'un vert-pâle: ſes fleurs ſont ſolitaires, terminales; elles ſont doubles dans une variété que l'on cultive. Cette plante a une odeur agréable; elle croît dans les pâturages ſecs, ♃. Elle eſt ſtomachique, carminative & très-réſolutive.

XIII. *Réceptacle très-conique.*

Paillettes un peu élargies & lancéolées; ſemences couronnées d'un rebord. XIV.	Paillettes très-étroites & cétacées; ſemences nues ou chargées d'aſpérités. XV.

XIV. *Paillettes un peu élargies & lancéolées, ſemences couronnées d'un rebord.*

Camomille des champs. *Anthemis arvenſis.* Linn. Sp. 1261.

Chamæmelum inodorum. Tournef. 494.

Sa tige eſt haute d'un pied & demi, rameuſe, ſtriée & un peu rougeâtre; ſes feuilles ſont bipinnées, & leurs découpures ſont linéaires & un peu charnues: les fleurs ont le diſque jaune, la couronne blanche, & les écailles calicinales un peu brunes en leur bord. Cette plante croît dans les champs. ♂.

136. XV. *Paillettes très-étroites & cétacées ; semences nues ou chargées d'aspérités.*

Camomille puante. *Anthemis fœtida.*

Chamæmelum fœtidum. Tournef. 494.
Anthemis cotula. Linn. Sp. 1261.

Cette espèce a beaucoup de rapport avec la précédente ; mais son odeur est plus forte, & son aspect moins blanchâtre ; sa tige est haute d'un à deux pieds, rameuse & diffuse : ses feuilles sont très-glabres, bipinnées, & leurs découpures sont linéaires, mais un peu élargies ; les écailles calicinales sont étroites & un peu blanchâtres en leur bord. Cette plante croît dans les terreins incultes & dans les champs. ⊙ Elle est fondante, résolutive, fébrifuge, vermifuge & carminative.

XVI. *Couronne florale tout-à-fait, ou seulement un peu jaune.*

Feuilles une fois pinnatifides, les pinnules courtes & à trois dents.	Feuilles deux ou trois fois pinnatifides ; les pinnules à découpures aiguës.
XVII.	XVIII.

XVII. *Feuilles une fois pinnatifides ; les pinnules courtes & à trois dents.*

Camomille mixte. *Anthemis mixta.* Linn. Sp. 1260.

Chamæmelum annuum ramosum, coronopi folio, flore mixto. Morif. Hist. III, p. 36. sect. VI, t. XII, fol. 5.

Sa tige est haute d'un pied environ, rameuse, & chargée, sur-tout dans sa partie supérieure, de poils fins & blanchâtres ; ses feuilles sont alongées, un peu étroites & découpées à peu-près comme celles du *cochlearia coronopus*, mais plus finement. Les demi-fleurons sont blancs vers leur sommet, & jaunes à leur base. Cette plante croît dans les environs d'Etampes & d'Orléans. ⊙

136. XVIII. *Feuilles deux ou trois fois pinnatifides ; les pinnules à découpures aiguës.*

Tige irrégulièrement rameuse & diffuse. XIX.	Tige simple, ou produisant vers son sommet quelques rameaux corymbyformes. XX.

XIX. *Tige irrégulièrement rameuse & diffuse.*

Camomille valentine. *Anthemis valentina.* Linn. Sp. 1262.

Cotula flore luteo radiato. Tournef. 495.

β. Buphthalmum flore luteo subtùs purpurascente. Bauh. p. 134.

Sa tige est rougeâtre, striée, un peu velue supérieurement, & haute à peine d'un pied & demi, ses feuilles sont légèrement velues, deux ou trois fois pinnatifides, oblongues & un peu distantes ; ses fleurs sont grandes, de couleur jaune, & leurs demi-fleurons sont rougeâtres en-dessous dans la variété β. Les écailles calicinales sont un peu velues & sont scarieuses à leur sommet ; les péduncules sont un peu épaissis sous la fleur. Cette plante croît dans les provinces méridionales. ☉

XX. *Tige simple ou produisant vers son sommet quelques rameaux corymbyformes.*

Camomille teinturière. *Anthemis tinctoria.* Linn. Sp. 1263.

Buphthalmum tanaceti minoris folio. Tournef. 495.

Sa tige s'élève jusqu'à deux pieds ; elle est droite, assez dure, rougeâtre inférieurement, pubescente & blanchâtre dans sa partie supérieure ; ses feuilles sont trois fois pinnatifides, & à découpures fines, étroites & aiguës ; elles sont velues & blanchâtres en-dessous ; les fleurs sont jaunes & portées sur des péduncules nus & blanchâtres : les demi-fleurons sont un peu blancs dans une variété. Cette plante croît dans les provinces méridionales. ♃ Ses fleurs donnent une teinture jaune.

137. *Fleurs disjointes.* . . { Fleurs unisexuelles ; fleurs toutes d'un seul sexe, aucunes n'étant hermaphrodites. 138
Fleurs bisexuelles ; fleurs hermaphrodites, avec ou sans mélange de fleurs unisexuelles. 261

---

138. *Fleurs unisexuelles.*

Cette division très-avantageuse pour l'analyse des plantes qui en ont le caractère, n'est point du tout naturelle, & rompt au contraire beaucoup de rapports très-marqués. Les plantes qu'elle comprend n'ont aucunes fleurs hermaphrodites, chaque sexe se trouvant séparé dans différentes fleurs, soit sur le même individu, soit sur des individus différens.

ANALYSE.

Fleurs monoïques ; fleurs mâles & fleurs femelles sur le même individu.	Fleurs dioïques ; fleurs toutes mâles ou toutes femelles sur le même individu.
139.	191.

---

139. *Fleurs monoïques.* . . . { Tige herbacée. 140
Tige ligneuse. 174

---

140. *Tige herbacée.* . . . . . { Cinq étamines ou moins dans les fleurs mâles. 141
Six étamines ou plus dans les fleurs mâles. 164

---

141. *Cinq étamines ou moins dans les fleurs mâles.* { Feuilles embrassant la tige par une gaîne. 142
Feuilles n'étant point engaînées à leur base. 149

142.	*Fleurs embrassant la tige par une gaîne.*	Fleurs ramassées & disposées en épi ou en boule. . . . . . . 143 Fleurs libres, axillaires, & ne formant ni boule ni épi. . . 148
143.	*Fleurs ramassées & disposées en épi ou en boule.*	Fleurs disposées exactement en boule. . . . . 144 Fleurs disposées en épi plus ou moins alongé. 145

144. *Fleurs disposées exactement en boule.*

Rubanier. *Sparganium.*

Les rubaniers sont remarquables par la disposition de leurs fleurs, dont les mâles forment de petites boules supérieures & hérissées par beaucoup d'étamines assez longues ; & les femelles forment des sphères plus grosses, & toujours placées au-dessous des mâles.

ANALYSE.

Tige très-droite, & saillante hors de l'eau. I.	Tige couchée, ou flottante dans l'eau. II.

I. *Tige très-droite, & saillante hors de l'eau.*

Rubanier redressé. *Sparganium erectum.* Linn. Sp. 1378.

Sparganium ramosum. Tournef. 531.
β. *Sparganium non ramosum.* Ibid.

Sa tige est haute de deux à trois pieds, cylindrique, branchue supérieurement, ou simple comme dans la variété β ; ses feuilles radicales sont droites, presque aussi longues que la tige, triangulaires à leur base, mais lisses, planes & un peu étroites vers leur sommet. On trouve cette plante sur le bord des eaux. ♃

144. II. *Tige couchée, ou flottante dans l'eau.*

Rubanier flottant. *Sparganium natans.* Linn. Sp. 1378.

Sparganium minimum. Ray. Synopf. p. 437.

Sa tige eſt longue d'un pied au moins, très-grêle, n'ayant pas une demi-ligne d'épaiſſeur, & preſque toujours ſimple; elle eſt garnie dans toute ſa longueur, de diſtance en diſtance, de feuilles longues de quatre à cinq pouces, larges à peine de deux lignes; liſſes, planes ou légèrement concaves d'un côté, engaînées à leur baſe & obtuſes à leur ſommet. Les fleurs forment de petites têtes ſphériques, dont la groſſeur ne ſurpaſſe point celle d'un pois médiocre. Il n'y a jamais qu'une ſeule tête de fleurs mâles, & les fleurs femelles en forment deux ou trois, dont l'inférieure eſt ſouvent pédunculée. J'ai trouvé cette plante dans un foſſé aquatique aux environs de Péronne, entre Flamicourt & le parc de Menilbruntel. ♃

145.

Fleurs diſpoſées en épi plus ou moins alongé.
- Des poils ou paillettes capillaires entaſſées entre les fleurs; ſemence nue, portée ſur un filet. 146
- Des écailles non capillaires embriquées entre les fleurs; ſemence couverte. 147

---

146. *Des pois ou paillettes capillaires entaſſées entre les fleurs; ſemence nue, portée ſur un filet.*

Maſſette. *Typha.*

Les maſſetes ſont des plantes aquatiques, remarquables par leur tige très-ſimple, preſque entièrement nue, & terminée par un épi cylindrique très-compact, entier ou ſéparé en deux.

ANALYSE.

Epi ſans ſéparation remarquable. I.	Epi ayant une ſéparation de près d'un pouce. II.

146. I. *Epi sans séparation remarquable.*

Maſſete à feuilles larges. *Typha latifolia.* Linn. Sp. 1377.

Typha paluſtris major. Tournef. 530.

Les feuilles de cette plante ſont droites, extrêmement longues, liſſes, larges d'un pouce & un peu enſiformes; elles naiſſent de la racine & de la baſe de la tige qu'elles embraſſent par leur gaîne; la tige eſt une hampe haute de cinq à ſix pieds, cylindrique, nue, moëlleuſe & terminée par un épi ſans ſéparation ſenſible, les fleurs femelles étant très-rapprochées des fleurs mâles. On obſerve ſouvent deux ſpathes caducs, l'un placé à la baſe de l'épi mâle, & l'autre à la baſe de l'épi femelle. Cette plante croît dans les lieux aquatiques & ſur le bord des étangs.

II. *Epi ayant une ſéparation de près d'un pouce.*

Maſſete à feuilles étroites. *Tipha anguſtifolia.* Linn. 1377.

Typha paluſtris clavâ gracili. Tournef. 530.

Cette eſpèce reſſemble beaucoup à la précédente, mais elle s'élève un peu moins; ſes feuilles ſont plus étroites, plus dures, & forment également une gaîne à leur baſe: ſes épis ſont très-grêles & remarquables par leur ſéparation. Elle croît dans les mêmes lieux que la précédente.

---

147. *Des écailles non capillaires embriquées entre les fleurs; ſemence couverte.*

Caret. *Carex.*

Les carets paroiſſent former le paſſage des graminées avec la famille des ſcirpes, des ſouchets & des joncs, à laquelle ils tiennent par pluſieurs rapports. Leurs fleurs ſont diſpoſées en un ſeul ou pluſieurs épis, plus ou moins rapprochés les uns des autres, & embriqués d'écailles uniflores. Les fleurs mâles ont trois étamines, & les fleurs femelles ſont compoſées d'un ovaire à trois côtés, ſurmonté d'un ſtile court, & terminé par deux ou trois ſtigmates. Les ſemences ſont recouvertes d'une tunique peu adhérente & capſuliforme.

147. ANALYSE.

Fleurs difpofées en un feul épi très-fimple & point compofé d'épillets particuliers. I.	Fleurs difpofées fur plufieurs épis très-diftinẽts, rapprochés en un épi commun ou tout-à-fait féparés. IV.

I. *Fleurs difpofées fur un fimple épi très-fimple, & point compofé d'épillets particuliers.*

Epi ne portant que des fleurs d'un feul fexe. II.	Epi mâle au fommet, & femelle à fa bafe. III.

II. *Epi ne portant que des fleurs d'un feul fexe.*

Caret dioïque. *Carex dioica.* Linn. Sp. 1279.

Gramen cyperoides minus, ranunculi capitulo longiore. Ray, Synopf. p. 425.

Sa tige eft un chaume capillaire de la longueur de trois ou quatre pouces, & terminé par un épi menu, long de fix à huit lignes, compofé tout-à-fait de fleurs femelles, ou tout-à-fait de fleurs mâles : fes feuilles font très-menues, triangulaires, & naiffent par faifceaux affez nombreux de la racine qui eft chevelue; ces faifceaux embraffent chacun la bafe du chaume qui part de leur milieu. Cette plante croît dans les prés humides des environs de Lille où elle a été obfervée par M. Leftiboudois. ♃.

III. *Epi mâle au fommet, & femelle à fa bafe.*

Caret pucier. *Carex pulicaris.* Linn. Sp. 1380.

Scirpoides quod gramen cyperoides minimum, feminibus deorsùm reflexis puliciformibus. Vail. Parif. 178.

Les tiges de cette plante font filiformes, & hautes d'environ fix pouces; fes feuilles font étroites & naiffent comme dans la précédente; les femences, prefque au fommet des tiges,

147. imitent par leur forme & leur couleur, de petites puces, au nombre de six à huit pendantes & réfléchies en bas. Cette plante croît dans les marais. ♃

IV. *Fleurs disposées sur plusieurs épis très-distincts rapprochés en un épi commun, ou tout-à-fait séparés.*

Epillets androgyns.	*Epillets unisexuels.*
Epillets tous semblables, & contenant chacun des fleurs de chaque sexe. V.	Epillets de deux sortes; les uns tout-à-fait mâles, & les autres femelles. XXII.

V. *Épillets androgyns.*

Epillets très-rapprochés les uns des autres. VI.	Epillets lâches ou un peu éloignés les uns des autres. XI.

VI. *Épillets très-rapprochés les uns des autres.*

Epillets courts & point cylindriques. VII.	Epillets oblongs & cylindriques. X.

VII. *Épillets courts & point cylindriques.*

Epi commun très-compact, & hérissé de pointes divergentes. VIII.	Epi commun peu compact, peu garni & point hérissé. IX.

147. VIII. *Épi commun très-compact, & hérissé de pointes divergentes.*

Caret compact. *Carex compacta.*

Scirpoides quod gramen cyperoides palustre majus, spicâ compactâ. Vaill. Parif. 178.

Carex vulpina. Linn. Sp. 1382.

Sa tige est haute d'un pied & demi, triangulaire, très-accrochante sur ses angles lorsqu'on la glisse du haut en bas entre les doigts; elle soutient à son sommet un épi court, compact & jaunâtre; ses feuilles sont fort longues, & larges de trois lignes. Cette plante croît dans les marais & les lieux couverts. ♃

IX. *Epi commun peu compact, peu garni & point hérissé.*

Caret nu. *Carex nuda.*

Scirpoides quod gramen cyperoides, spicâ è pluribus spicis brevioribus mollibus compositâ. Vaill. Parif. 178.

Carex leporina. Linn. Sp. 1381.

Sa tige est haute de deux pieds, menue, triangulaire & un peu rude au toucher; ses feuilles sont assez longues, mais elles n'ont qu'une ligne de largeur : les épillets, au nombre de quatre à six, sont ovales, courts, denses, doux au toucher, très-rapprochés & point garnis de bractées à leur base, comme on en trouve dans la précédente. Cette plante croît dans les marais & les bois humides. ♃

X. *Epillets oblongs & cylindriques.*

Caret brisoïde. *Carex brizoides.* Linn. Sp. 1381.

Scirpoides quod gramen cyperoides elegans, spicâ compositâ molli. Vaill. Parif. 178.

Ses tiges sont longues d'un pied, menues, triangulaires, nues & un peu rudes lorsqu'on les glisse de haut en bas entre les doigts; les épillets sont embriqués d'écailles brunes mais scarieuses & blanchâtres en leur bord. Chaque épillet a une écaille inférieure plus large que les autres & terminée par une pointe. Cette plante croît dans les lieux montagneux.

147. XI. *Epillets lâches ou un peu éloignés les uns des autres.*

Epillets courts ou arrondis. XII.	Epillets ovales ou alongés. XV.

XII. *Epillets courts ou arrondis.*

Epillets hérissés par les capsules aiguës & très-divergentes. XIII.	Epillets dont les capsules sont ovales, pointues, mais peu divergentes. XIV.

XIII. *Epillets hérissés par les capsules aiguës & très-divergentes.*

Caret hérissé. *Carex muricata.* Linn. Sp. 1382.

Scirpoides quod gramen cyperoides spicatum minus, spicâ divulsâ aculeatâ. Vaill. Parif. 178.

Ses tiges sont hautes de six à huit pouces, très-menues, triangulaires & chargées à leur sommet de quatre à six épillets arrondis, fort petits & hérissés en chausse-trape, par des capsules dures, courtes, piquantes, très-divergentes & jaunâtres : les feuilles ont à peine une ligne de largeur. Cette plante croît dans les lieux humides & dans les marais. ♃

XIV. *Epillets dont les capsules sont ovales, pointues, mais peu divergentes.*

Caret blanchâtre. *Carex canescens.* Linn. Sp. 1383.

Scirpoides quod gramen cyperoides spicatum minus, spicâ longâ divulsâ S. interruptâ. Vaill. Parif. 178.

Ses tiges s'élèvent jusqu'à un pied & demi ; elles sont triangulaires, nues & très-grêles ; elles soutiennent à leur sommet un épi commun très-menu, long de trois pouces & composé d'épillets courts, écartés & d'un vert-blanchâtre : le sommet des capsules est remarquable par deux petites pointes

147. un peu rougeâtres ; les feuilles ſont larges d'une ligne, & enveloppent la baſe des tiges. Cette plante croît dans les lieux couverts, les bois. ♃

XV. *Epillets ovales ou alongés.*

Epillets d'un vert-blanchâtre ; les inférieurs garnis d'une longue bractée. XVI.	Epillets bruns ou rouſſâtres, & ſans ou avec des courtes bractées. XIX.

XVI. *Epillets d'un vert-blanchâtre ; les inférieurs garnis d'une longue bractée.*

Pointe des capſules très-ouvertes, & ſouvent réfléchies en bas. XVII.	Pointe des capſules peu ouvertes, & jamais réfléchies. XVIII.

XVII. *Pointes des capſules très-ouvertes, & ſouvent réfléchies en bas.*

Caret des ſables. *Carex arenaria.* Linn. Sp. 1381.

Scirpoides quod gramen cyperoides ex monte Balon, ſpicâ divulsâ. Vaill. Pariſ. 178.

Sa tige eſt haute d'un pied, triangulaire, un peu rude en ſes angles, & chargée à ſon ſommet de cinq à ſix épillets un peu compacts, ovales, oblongs, & dont les deux inférieurs ſont écartés des autres & garnis de bractées. Ces épillets ſont compoſés d'environ vingt capſules courtes, pointues, blanches à leur baſe, vertes à leur ſommet ; & les ſtiles rougeâtres & velus font paroître les épillets légèrement ferrugineux. Cette plante croît dans les lieux ſablonneux. ♃

147. XVIII. *Pointe des capsules peu ouvertes, & jamais réfléchies.*

Caret écarté. *Carex remota.* Linn. Sp. 1383.

Cyperoides angustifolium spicis sessilibus in foliorum alis. Tournef. 530.

Ses tiges sont foibles, très-grêles, & longues presque d'un pied & demi; elles portent à leur sommet cinq ou six épillets très-menus, & dont les trois inférieurs très-écartés les uns des autres, sont situés chacun dans l'aisselle d'une longue bractée; les capsules sont rarement au-delà de dix ou douze : les feuilles sont étroites & à peine larges d'une demi-ligne. Cette plante croît dans les lieux couverts. ♃

XIX. *Epillets bruns ou roussâtres, & sans ou avec des courtes bractées.*

Pannicule rameuse; les épillets ovales-oblongs.	Pannicule simple; les épillets alongés & cylindriques.
XX.	XXI.

XX. *Pannicule rameuse; les épillets ovales-oblongs.*

Caret panniculé. *Carex panniculata.* Linn. Sp. 1383.

Scirpoides quod gramen cyperoides palustre elatius, spicâ longiore. Vaill. Paris. 178.

Sa tige est haute de deux à trois pieds, triangulaire & rude lorsqu'on la glisse du haut en bas entre les doigts, elle porte à son sommet une pannicule resserrée sous la forme d'un épi commun, longue de trois ou quatre pouces, & composée inférieurement de quelques rameaux redressés, chargés d'épillets particuliers assez nombreux; ces épillets sont embriqués d'écailles brunes, luisantes, mais blanchâtres en leur bord, ce qui donne à la pannicule un aspect panaché de brun & de blanc. Les feuilles sont larges d'une ligne & demie & un peu rudes. Cette plante croît dans les marais. ♃

147. XXI. *Pannicule simple, les épillets alongés & cylindriques.*

Caret alongé. *Carex elongata.* Linn Sp. 1383.

Cyperoides polystachion spicis teretibus erectis. Tournef. 529.

Ses tiges sont hautes d'un pied & demi & triangulaires; elles soutiennent plusieurs épillets assez longs, cylindriques, & plus écartés les uns des autres que ceux de la précédente. Ces épillets sont embriqués d'écailles roussâtres; les capsules sont coniques & pointues. Cette plante croît dans les lieux montagneux. ♃

XXII. *Epillets unisexuels.*

Un seul des épis tout-à-fait mâle. XXIII.	Plusieurs des épis tout-à-fait mâles. XLVIII.

XXIII. *Un seul des épis tout-à-fait mâle.*

Epillets femelles sessiles. XXIV.	Epillets femelles péduncules. XXXIII.

XXIV. *Epillets femelles sessiles.*

Epillets femelles courts & arrondis. XXV.	Epillets femelles oblongs ou linéaires. XXVIII.

XXV. *Epillets femelles courts & arrondis.*

De longues braĉtées sous les épillets inférieurs. XXVI.	Des braĉtées très-courtes sous les épillets inférieurs. XXVII.

XXVI.

147. XXVI. *De longues bractées sous les épillets inférieurs.*

Caret piquant. *Carex echinata.*

Cyperoides palustre aculeatum, capitulo breviore. Tournef. 529.
Carex flava. Linn. Sp. 1384.

Sa tige est triangulaire, feuillée & à peine haute d'un pied ; les épillets sont peu écartés les uns des autres ; les capsules aiguës & ouvertes rendent les épillets femelles très-hérissés & presque piquans. Les feuilles sont larges de deux lignes, & aussi longues que la tige. Cette plante croît dans les lieux humides. ♃

XXVII. *Des bractées très-courtes sous les épillets inférieurs.*

Caret pilulifère. *Carex pilulifera.* Linn. Sp. 1385.

Scirpoides quod gramen cyperoides tenuifolium, spicis ad summum caulem sessilibus, globulorum æmulis. Vaill. Parif. 44 & 178.

Sa tige est haute de six à huit pouces, foible, très-menue & presque filiforme ; les épillets femelles, au nombre de trois ou quatre, sont fort petits, globuleux, très-rapprochés & embriqués d'écailles brunes partagées par une raie verte ; l'épillet mâle est roussâtre & lineaire ; les feuilles sont courtes & étroites. Cette plante croît dans les lieux humides. ♃

XXVIII. *Epillets femelles oblongs ou linéaires.*

Epillets femelles oblongs ; capsules séminales serrées. XXIX.	Epillets femelles linéaires ; capsules séminales écartées. XXXII.

XXIX. *Epillets femelles oblongs ; capsules séminales serrées.*

Capsules séminales glabres. XXX.	Capsules séminales velues. XXXI.

147. XXX. *Capsules séminales glabres.*

Caret filiforme. *Carex filiformis.* Linn. Sp. 1385.

Cyperoides minus spicis densioribus. Tournef. 530.

La racine de cette plante produit beaucoup de feuilles très-étroites, du milieu desquelles naissent deux ou trois tiges hautes de six à huit pouces, très-menues, portant chacune trois épillets grêles & rougeâtres, dont un mâle au sommet, & deux ou trois femelles peu distans, l'inférieur sortant de l'aisselle d'une petite feuille. On trouve cette plante dans les bois.

XXXI. *Capsules séminales velues.*

Caret de montagne. *Carex montana.* Linn. Sp. 1385.

Gramen spicatum angustifolium, montanum. Bauh. p. 4, prod. 20.

Sa tige est haute de six pouces, très-menue, striée, foible & chargée à son sommet de deux ou trois épillets embriqués d'écailles brunes & presque noirâtres; les épillets femelles sont longs de trois lignes & un peu obtus à leur extrémité; l'épillet mâle est pointu & plus long du double; les feuilles sont étroites, molles, rayées & jaunâtres. Cette plante croît dans les lieux montagneux des provinces méridionales. ♃

XXXII. *Epillets femelles linéaires; capsules séminales écartées.*

Caret digité. *Carex digitata.* Linn. Sp. 1384.

Cyperoides sylvarum spicâ variâ. Vaill. Paris. 44.

Ses tiges sont hautes de six à huit pouces, & soutiennent à leur sommet trois ou quatre épillets linéaires, presque réunis à leur naissance, dont un mâle, grêle, cylindrique, & plus court que les femelles, est placé plus bas. Ces épillets sont un peu roussâtres, les feuilles sont larges d'une ligne & demie tout au plus. Cette plante croît dans les lieux couverts. ♃

---

147. XXXIII. *Epillets femelles pédunculés.*

Epillets femelles ovales, & dont la longueur n'excède point six lignes. XXXIV.	Epillets femelles alongés, & dont la longueur excède six lignes. XXXIX.

XXXIV. *Epillets femelles ovales, & dont la longueur n'excède point six lignes.*

Epillets d'un rouge-brun. XXXV.	Epillets d'un jaune-pâle. XXXVIII.

XXXV. *Epillets d'un rouge-brun.*

Epillets rapprochés, leurs écailles presque noires, & les capsules jaunâtres. XXXVI.	Epillet inférieur écarté, les écailles & les capsules d'un rouge-brun. XXXVII.

XXXVI. *Epillets rapprochés ; leurs écailles presque noires, & les capsules jaunâtres.*

Caret noirâtre. *Carex atrata.* Linn. Sp. 1386.

Cyperoides alpinum pulchrum, foliis caryophyllæis, spicis atris & tumentibus. Scheuch. gram. 481.

Sa tige est haute de huit à dix pouces, triangulaire, & soutient à son sommet trois ou quatre épillets pédunculés, noirâtres & pendans dans leur maturité. Ses feuilles naissent en grand nombre de la racine, & ont presque deux lignes de largeur. Cette plante croît dans les lieux montagneux en Languedoc. ♃

XXXVII. *Epillet inférieur écarté ; les écailles & les capsules d'un rouge-brun.*

Caret fangeux. *Carex limosa.* Linn. Sp. 1386.

Cyperoides spicâ pendulâ breviore, squammis ex spadiceo vel fusco rutilante viridibus. Scheuch. agrost. p. 443.

Sa racine est rampante ; ses tiges sont hautes d'un pied, &

147. portent à leur extrémité trois épillets, dont un mâle; droit & long de six à sept lignes, & deux femelles plus courts, & un peu pendans. L'épillet femelle supérieur est peu éloigné de l'épillet mâle, mais l'inférieur en est plus écarté. Les feuilles sont larges d'une ligne, & assez longues. Cette plante croît dans les lieux humides & montagneux en Provence. ♃

XXXVIII. *Epillets d'un jaune-pâle.*

Caret pâle. *Carex pallescens.* Linn. Sp. 1386.

Cyperoides polystachion flavicans, spicis brevibus prope summitatem caulis. Tournef. 530.

Sa tige est haute d'un pied & porte à son sommet quatre épillets, dont un mâle linéaire, blanchâtre, pointu & terminal, & trois autres femelles ovales, jaunâtres, pédunculés, & placés alternativement un peu au-dessous de l'épillet mâle. Chaque épillet femelle est garni à sa base d'une foliole assez longue. Les capsules sont elliptiques, obtuses & sans pointe; les feuilles sont pubescentes. Cette plante croît dans les marais. ♃

XXXIX. *Epillets femelles alongés, & dont la longueur excède six lignes.*

Epillets femelles presque droits, & portés sur des péduncules courts. XL.	Epillets femelles très-pendans, ou portés sur de longs péduncules. XLIII.

XL. *Epillets femelles presque droits, & portées sur des péduncules courts.*

Epillets femelles placés à plus de trois pouces de distance les uns des autres. XLI.	Epillets femelles placés à moins de trois pouces de distance les uns des autres. XLII.

---

147. XLI. *Epillets femelles placés à plus de trois pouces de distance les uns des autres.*

Caret espacé. *Carex distans.* Linn. Sp. 1387.

Cyperoides spicis parvis longè distantibus. Tournef. 530.

Sa tige est haute d'un pied & demi, à peine triangulaire, & garnie, dans presque toute sa longueur, d'épillets femelles extrêmement écartés les uns des autres; ces épillets, longs de sept à huit lignes, sont portés par de courts péduncules, & naissent de la gaîne d'une feuille. L'épillet mâle est roussâtre, terminal & obtus à son sommet; les feuilles sont larges d'une ligne & demie & assez longues. Cette plante croît dans les lieux humides & couverts. ♃.

XLII. *Epillets femelles placés à moins de trois pouces de distance les uns des autres.*

Caret panisé. *Carex panicea.* Linn. Sp. 1387.

Cyperoides vesicarium humile, locustis densioribus. Tournef. 530.

Sa tige est haute d'un pied & demi, triangulaire, & rude lorsqu'on la glisse de haut en bas entre les doigts; elle porte à son sommet quatre épis très-droits & assez longs. Le supérieur est tout-à-fait mâle, roussâtre, très-grêle & long de deux pouces; les trois autres sont femelles, mais l'épillet femelle supérieur est souvent mâle à son extrémité : ces épillets sont embriqués d'écailles petites & très-brunes; les capsules sont verdâtres & renflées; les feuilles sont larges d'une ligne & demie. Cette plante croît dans les lieux humides. ♃.

XLIII. *Epillets femelles très-pendans, ou portés sur de longs péduncules.*

Epillets femelles peu écartés les uns des autres, & paroissant presque s'insérer au même point.	Epillets femelles très-écartés les uns des autres, & occupant un intervalle considérable sur la tige.
XLIV.	XLV.

---

147. XLIV. *Epillets femelles peu écartés les uns des autres, & paroissant presque s'insérer au même point.*

Caret cypériforme. *Carex pseudo-cyperus.* Linn. Sp. 1387.

Cyperoides spicâ pendulâ breviore. Tournef. 529.

M. Linné a réuni très-mal-à-propos cette plante avec la suivante, puisqu'elles n'ont entre elles aucune ressemblance spécifique quelconque. Sa tige est haute de deux pieds, triangulaire, feuillée, à angles tres-accrochans de haut en bas; elle porte à son sommet cinq épillets, tous pédunculés, s'insérant à des distances peu considérables dans la gaîne formée par les deux ou trois feuilles supérieures qui se trouvent très-rapprochées. L'épillet mâle est grêle, long d'un pouce & demi & un peu roussâtre; les épillets femelles sont d'un vert-jaunâtre & ont rarement deux pouces de longueur: ces épillets paroissent chevelus, parce qu'ils sont embriqués d'écailles cétacées, & parce que les capsules sont teminées par deux filets ou deux pointes assez longues; les feuilles sont longues, leur largeur est de deux lignes. Cette plante croît dans les marais. ♃

XLV. *Epillets femelles très-écartés les uns des autres, & occupant un intervalle considérable sur la tige.*

Epillets femelles plus longs que leur péduncule. XLVI.	Epillets femelles plus courts que leur péduncule. XLVII.

XLVI. *Epillets femelles plus longs que leur péduncule.*

Caret altier. *Carex maxima.* Scop. carn. II, p. 229.

Cyperoides spicâ pendulâ longiore. Tournef. 529.

Sa tige est haute de trois ou quatre pieds, légèrement triangulaire, feuillée & point rude en ses angles; elle porte cinq à six épillets fort longs & très-écartés: l'épillet mâle est grêle, roussâtre, terminal & long de trois pouces, les épillets femelles, au nombre de quatre ou cinq, sont longs

147. de quatre à cinq pouces, cylindriques verdâtres & pendans : les deux épillets femelles inférieurs sont portés sur de courts péduncules, mais les trois autres sont presque sessiles. L'épillet femelle supérieur est mâle vers son extrémité, les feuilles sont longues, larges de six lignes & d'un vert-blanchâtre. Cette plante croît dans les fossés couverts & dans les bois. ♃

XLVII. *Epillets femelles plus courts que leur péduncule.*

Caret lâche. *Carex patula.* Scop. carn. II, p. 226, t. LIX.

Cyperoides sylvarum tenuius spicatum. Tournef. 530.

Sa tige est haute d'un pied & demi, très-menue, foible, feuillée & triangulaire ; l'épillet mâle est très-grêle, terminal, long de six à sept lignes, & d'un blanc un peu roussâtre ; les épillets femelles, au nombre de trois ou quatre, sont longs de huit à neuf lignes, d'un jaune-pâle ou verdâtre, portés sur des péduncules capillaires, longs de plus d'un pouce, & presque aussi écartés les uns des autres que ceux du caret espacé. Les feuilles sont larges d'une ligne, & ont une nervure rude sur leur dos. Les épillets femelles sont un peu pendans, ce qui n'est pas assez sensible dans la figure de M. Scopoli, qui les représente d'ailleurs un peu trop courts. Cette plante est très-commune dans les bois. ♃

XLVIII. *Plusieurs des épis tout-à-fait mâles.*

Gaîne des feuilles, glabre.	Gaîne des feuilles, velue.
XLIX.	LIV.

XLIX. *Gaîne des feuilles, glabre.*

Epillets femelles embriqués d'écailles lancéolées & aiguës ; les capsules pointues.	Epillets femelles embriqués d'écailles ovales, non pointues ; les capsules obtuses.
L.	LIII.

---

147. L. *Epillets femelles embriqués d'écailles lancéolées & aigues; les capsules pointues.*

Epillets mâles, plus menus que les femelles, & simplement jaunâtres.	Epillets mâles, plus gros que les femelles, & d'un roux-foncé.
LI.	LII.

LI. *Epillets mâles, plus menus que les femelles, & simplement jaunâtres.*

Caret à vessies. *Carex vesicaria.* Linn. Sp. 1388.

Cyperoides quod gramen cyperoides majus precox, spicis turgidis teretibus flavescentibus. Vaill. Paris. 45.

Sa tige est haute de deux à trois pieds & triangulaire; ses feuilles sont larges d'une ligne & demie, nerveuses en-dessous, & rudes lorsqu'on les glisse à contre-sens entre les doigts; les épillets mâles, souvent au nombre de deux ou trois, sont très-grêles, longs de deux pouces & d'une couleur pâle; les épillets femelles sont plus alongés, un peu pédunculés, d'une couleur un peu verdâtre, & composés de capsules renflées & presque vésiculaires. Cette plante croît dans les lieux marécageux & couverts. ♃

LII. *Epillets mâles, plus gros que les femelles, & d'un roux-foncé.*

Caret roux. *Carex rufa.*

Cyperoides latifolium spicâ rufâ, S. caule triangulo. Tournef. 529.

Sa tige est haute de trois pieds, triangulaire, feuillée & rude en ses angles; ses feuilles sont longues, larges de quatre à six lignes & très-rudes en leur bord, ainsi qu'en leur nervure postérieure; les épillets mâles sont au nombre de trois ou quatre, très-roux, noirâtres dans une variété, mais denses, plus gros, & ordinairement moins longs que les épillets femelles dont les inférieurs sont pédunculés. Les capsules sont brunes & très-pointues. Cette plante est commune sur les bords des fossés aux environs de Péronne. ♃

147. LIII. *Epillets femelles embriqués d'écailles ovales, non pointues ; les capsules obtuses.*

Caret printannier. *Carex verna.*

Cyperoides nigro-luteum vernum, majus. Tournef. 529.

β. Cyperoides nigro-luteum vernum, minus. Ibid.

Sa tige est beaucoup moins élevée que celle de la précédente, & ses feuilles sont plus courtes & plus étroites ; les épillets mâles sont moins nombreux & moins denses : ils sont embriqués d'écailles noires, un peu obtuses ; mais les filets des étamines de couleur jaune forment, par leur faillie, un mélange de jaune & de noir qui distingue fortement cette espèce. La variété β s'élève à peine à huit ou dix pouces ; les épillets sont moins noirs, & les écailles courtes sont marquées d'une ligne sur leur dos. Cette plante est commune au printemps dans les prés humides. ♃

LIV. *Gaîne des feuilles, velue.*

Caret velu. *Carex hirta.* Linn. Sp. 1389.

Cyperoides polystachion lanuginosum. Tournef. 529.

Sa tige est haute d'un pied, menue, foible & garnie de quelques feuilles ; ses épillets mâles sont très-grêles, au nombre de deux ou trois, peu écartés & d'une couleur pâle ou un peu roussâtre ; les épillets femelles, au nombre de deux ou trois, sont très-écartés les uns des autres, placés dans les aisselles des feuilles supérieures, à peine pédunculés, & sont composés de capsules blanchâtres, velues, renflées & coniques. On trouve cette plante dans les lieux sablonneux & humides. ♃

---

48. *Fleurs libres, axillaires, & ne formant ni boule ni épi.*

Zanichelle aquatique. *Zanichellia palustris.* Linn. Sp. 1375.

Fluvialis gramineo folio polycarpos. Vaill. Parif. 54.

Les tiges de cette plante sont toujours enfoncées dans l'eau & tournées du côté où son cours les entraîne ; elles sont foibles, très-menues, articulées & extrêmement rameuses ; les feuilles sont linéaires, alternes inférieurement ;

148. & opposées ; ou même par faisceaux vers le sommet des rameaux. Les capsules, au nombre de quatre à six, sont longues d'une ligne, un peu courbées ou bossues d'un côté, chargées d'une petite pointe à leur extrémité, & disposées dans les aisselles ou aux articulations de la plante ; à la base des feuilles on trouve une petite gaîne membraneuse qui les recouvre en cet endroit, mais leur gaîne propre est presque nulle, & n'est sensible que dans les feuilles inférieures. Cette plante est commune dans les fossés aquatiques & dans les ruisseaux. ⊙

---

149. *Feuilles non engaînées à leur base.*
- Une ou deux étamines dans les fleurs mâles. 150
- Plus de deux étamines dans les fleurs mâles. 154

---

150. *Une ou deux étamines dans les fleurs mâles.*
- Plantes inondées ou enfoncées dans l'eau. 151
- Plantes flottantes ou nageantes sur la surface de l'eau. . . . 153

---

151. *Plantes inondées ou enfoncées dans l'eau.*
- Fleurs mâles composées d'une anthère sessile ; toutes les feuilles verticillées. 152
- Fleurs mâles composées d'une anthère pédiculée ; feuilles inférieures alternes. . . . . . n°. 148

---

152. *Fleurs mâles composées d'une anthère sessile ; toutes les feuilles verticillées.*

Charagne. *Chara.*

La plupart des charagnes ont leur tige articulée, rameuse, fragile & rude au toucher. Les fleurs sont axillaires & sessiles ; elles sont petites & presque indistinctes. La fleur mâle est composée d'une anthère située à la base antérieure de la fleur femelle. Celle-ci est formée par un ovaire chargé d'un stigmate à quatre ou cinq divisions, & entouré par une corolle de quatre feuilles inégales. *Linn. mant.* 23.

152. *ANALYSE.*

Tiges presque lisses & peu chargées d'aspérités. I.	Tiges presque piquantes & très-chargées d'aspérités. IV.

I. *Tiges presque lisses & peu chargées d'aspérités.*

Plante très-fétide; tiges non diaphanes. II.	Plante presque point fétide; tiges un peu diaphanes. III.

II. *Plante très-fétide; tiges non diaphanes.*

Charagne vulgaire. *Chara vulgaris.* Linn. Sp. 1624.

Hippuris qui equisetum fœtidum sub aquâ repens. Vaill. Parif. 104.

Ses tiges sont très-rameuses, ordinairement lisses, striées, mais souvent chargées d'une espèce de croûte sablonneuse qui les rend rudes au toucher, quoiqu'elles ne soient point couvertes de piquans. Ses feuilles sont dentées d'un côté; ses fruits sont des espèces de baies oblongues & polyspermes. On trouve cette plante dans les eaux stagnantes, au fond desquelles elles forment souvent des gazons fort denses.

III. *Plante presque point fétide; tiges un peu diaphanes.*

Charagne luisante. *Chara flexilis.* Linn. Sp. 1624.

Hippuris foliis non articulosis, longioribus & lucidis. Vaill. Parif. 105.

β. Hippuris brevissimis & tenuissimis setis, polyspermos. Ibid.

Ses tiges sont longues d'un pied, grêles, flexibles & point chargées de croûte sablonneuse; elles sont blanchâtres, un peu luisantes & sans piquans, ainsi que les feuilles qui sont linéaires & un peu applaties. La variété β n'a que quatre ou cinq pouces de haut; toutes ses parties sont extrêmement menues: ses feuilles sont très-courtes; & ses tiges presque capillaires, sont quelquefois chargées d'aspérités peu sensibles. Cette plante croît dans les eaux tranquilles.

152. IV. *Tiges presque piquantes & très-chargées d'aspérités.*

Charagne hérissée. *Chara hispida.* Linn. Sp. 1624.

Hippuris quæ chara major caulibus spinosis. Vaill. Paris. 105.

β. *Hippuris*, n°. 2. Vaill. Paris. 104.

Chara tomentosa. Linn. Sp. 1624.

Ses tiges sont longues de deux pieds, rameuses, blanchâtres & chargées d'aspérités ou de petites élévations dures, éparses, courtes, quelquefois épaisses & quelquefois aussi très-fines, aiguës & spinuliformes. La variété β en diffère très-peu ; ses feuilles sont quelquefois un peu plus longues, & ses aspérités moins fréquentes & moins aiguës ; mais ces caractères sont très-variables. Cette plante croît dans les étangs & les fossés aquatiques.

Plantes flottantes ou nageantes sur l'eau.

153. Lenticule. *Lenticula.*

Les lenticules sont remarquables par la façon dont elles recouvrent la surface des eaux tranquilles. Leurs fleurs sont difficiles à rencontrer ; car celles de plusieurs espèces ont échappé aux recherches de Micheli ; les fleurs mâles ont deux étamines, entre lesquelles se trouvent une production pyriforme. Leur fruit est une capsule uniloculaire & polysperme.

A N A L Y S E.

Plantes ayant sous leurs feuilles une ou plusieurs racines. I.	Plantes n'ayant aucune racine remarquable. VI.

I. *Plantes ayant sous leurs feuilles une ou plusieurs racines.*

Racines solitaires, & point par paquets. II.	Racines nombreuses, & ramassées par paquets. V.

153. II. *Racines solitaires, & point par paquets.*

Feuilles pétiolées & lancéolées. III.	Feuilles sessiles & arrondies. IV.

III. *Feuilles pétiolées & lancéolées.*

Lenticule rameuse. *Lenticula ramosa.*

Lenticula aquatica trisulca. Vaill. Paris. 114.
Lemna trisulca. Linn. Sp. 1376.

Ses tiges sont petites, filiformes, rameuses & fourchues; ses feuilles sont elliptiques, lancéolées, pointues & vivipares, c'est-à-dire, produisent d'autres feuilles qui, d'abord placées sous elles en sens contraire, les font paroître triangulaires; mais ces nouvelles feuilles se séparent insensiblement, & une seule racine suffit pour deux ou trois de ces feuilles réunies. Cette plante se trouve sur le bord des étangs.

IV. *Feuilles sessiles & arrondies.*

Lenticule vulgaire. *Lenticula vulgaris.*

Lenticula palustris vulgaris. Vaill. Paris. 114, t. XX, f. 5.
β. *Lenticula gibba.* Linn. Sp. 1377.

Cette plante couvre quelquefois entièrement la surface des eaux tranquilles où elle croît; ses feuilles sont arrondies, ovoïdes, ramassées trois ou quatre ensemble, & ont chacune une racine capillaire : elles sont tout-à-fait planes des deux cotés, mais celles de la variété β sont convexes en-dessous, ce que M. Gérard attribue aux circonstances différentes où se trouvent quelquefois ces plantes. *Fl. gall. pr. 122.* La première variété est commune dans les fossés aquatiques & fleurit en Juillet.

V. *Racines nombreuses & ramassées par paquets.*

Lenticule polirise. *Lenticula polyrhiza.*

Lenticula palustris major. Vaill. 114, t. XX, f. 2.
Lemna polyrhiza. Linn. Sp. 1377.

Ses feuilles sont au nombre de trois réunies ensemble, &

153. ſont un peu plus grandes & plus arrondies que celles de l'eſpèce précédente ; elles ſont vertes en-deſſus & ordinairement d'un rouge-noirâtre en-deſſous. Les paquets de racines diſtinguent ſuffiſamment cette plante. On la trouve dans les foſſés aquatiques.

VI. *Plante n'ayant aucune racine remarquable.*

Lenticule arriſe. *Lenticula arrhiza.*

Lenticula omnium minima, *arrhiza*. Mich. gen. 16, t. II, f. 4.
Lemna arrhiza. Linn. mant. 294.

Cette eſpèce eſt extrêmement petite, & ſes feuilles ſont communément au nombre de deux réunies enſemble, mais dont une plus petite. Cette plante a été obſervée en France par M. Ducheſne.

154. *Plus de deux étamines dans les fleurs mâles.*	Toutes les feuilles radicales.	155
	Tiges garnies de feuilles. . .	156

155. *Toutes les feuilles radicales.*

Littorelle des étangs. *Littorella lacuſtris*. Linn. mant. 160 & 295.

Plantago paluſtris gramineo folio monanthos, Pariſienſis. Tournef. 128.

Cette plante eſt fort petite ; ſes feuilles ſont radicales, nombreuſes, longues, étroites & très-aiguës : ſa racine produit pluſieurs tiges ou hampes hautes d'un à deux pouces & uniflores : quelques-unes de ces hampes ſont fort courtes & portent des fleurs femelles, compoſées d'une petite corolle fendue en quatre, & d'un ovaire chargé d'un ſtile aſſez long ; les autres portent des fleurs mâles compoſées d'un calice & d'une corolle à quatre diviſions & de quatre étamines fort longues. La ſemence eſt un noyau uniloculaire. On trouve cette plante ſur le bord des étangs. ♃

156. Tige garnie de feuilles. . .	Tige sarmenteuse, rampante ou grimpante.	157
	Tige droite. & point rampante ni grimpante.	160
157. Tige sarmenteuse, rampante ou grimpante.	Tige garnie de vrilles. . . .	158
	Tige privée de vrilles. . . .	159

158. *Tige garnie de vrilles.*

Brioine blanche. *Bryonia alba.* Linn. Sp. 1438.

Bryonia alba baccis rubris. Tournef. 102.

Ses tiges sont longues de cinq à six pieds, grêles, grimpantes, cannelées & un peu velues; ses feuilles sont alternes, pétiolées, anguleuses, palmées, cordiformes & rudes au toucher : à la base de chaque feuille, naît une longue vrille roulée en spirale. Les fleurs sont petites, d'un blanc sale, & marquées de lignes verdâtres; les baies sont rondes & d'un rouge vif dans leur maturité. Cette plante est ordinairement dioïque; elle est commune dans les haies ♃ : sa racine est purgative, hydragogue, & diurétique.

159. *Tige privée de vrilles.*

Momordique piquante. *Momordica aspera.*

Cucumis sylvestris asininus dictus. Tournef. 104.
Momordica elaterium. Linn. Sp. 1434.

Ses tiges sont couchées sur la terre, rampantes, très-branchues, épaisses & très-chargées d'aspérités qui les rendent rudes & piquantes au toucher; les feuilles sont pétiolées, cordiformes, oreillées à leur base, épaisses, & leur pétiole sur-tout est très-hérissé de poils piquans. La fleur est jaune, assez petite, & le fruit, à peine de la grosseur du pouce & d'une forme ovale-oblongue, est remarquable par la manière dont il lance au loin ses semences dans sa maturité. Cette plante croît en Provence & en Languedoc dans les lieux stériles & pierreux ⊙ ; elle est purgative, hydragogue & très-emménagogue. Son suc épaissi se nomme *elaterium.*

160. *Tige droite & point rampante ni grimpante.* { Feuilles alternes. 161
Feuilles opposées. 162

---

161. *Feuilles alternes.*

Amarante. *Amaranthus.*

Les fleurs des amarantes ſont fort petites, nombreuſes & diſpoſées en grappes terminales ou ramaſſées en bouquets axillaires. Les étamines ſont au nombre de trois ou de cinq, & les capſules ſéminales ſont petites, colorées & monoſpermes.

ANALYSE.

Tige rameuſe, très-étalée, diffuſe & peu élevée. I.	Tige droite, ferme & point étalée. II.

I. *Tige rameuſe, très-étalée, diffuſe & peu élevée.*

Amarante blete. *Amaranthus blitum.* Linn. Sp. 1405.

Amaranthus ſylveſtris & vulgaris. Tournef. Pariſ. II, p. 248.

Sa tige s'élève peu au-delà d'un pied, mais elle ſe diviſe dès ſa baſe en rameaux très-étalés & preſque couchés; ſes feuilles ſont ovales, un peu obtuſes & d'un vert-blanchâtre avec quelques nervures en-deſſous : les fleurs ſont latérales & axillaires. On trouve cette plante au bas des murs dans les rues des villages. ⊙

II. *Tige droite, ferme & point étalée.*

Amarante à épi. *Amaranthus ſpicatus.*

Blitum ſylveſtre ſpicatum. Tournef. 507.
Amaranthus viridis. Linn. Sp. 1405.

Sa tige eſt droite, peu branchue, ſtriée, rougeâtre & haute

161. haute de deux à trois pieds ; ſes feuilles ſont ovales, oblongues, rougeâtres en leur bord & nerveuſes en-deſſous: ſes fleurs ſont terminales, & forment des épis denſes, blancs ou un peu verdâtres. M. de Haller regarde cette plante comme une variété de la précédente, mais elle en diffère trop pour ne point l'en ſéparer. On la trouve dans les champs. ⊙

162.

Feuilles oppoſées . . . .
- Feuilles dentées & chargées de poils qui excitent des démangeaiſons très-cuiſantes. 163
- Feuilles entières, & dont les poils n'excitent aucune démangeaiſon ſenſible. 790

---

163. *Feuilles dentées & chargées de poils qui excitent des démangeaiſons très-cuiſantes.*

Ortie. *Urtica.*

Les fleurs des orties ſont petites, verdâtres & uniſexuelles; les fleurs mâles ſont ſéparées des fleurs femelles ſur le même individu, ou ſur des individus différens. Elles ont une corolle de quatre pièces, & ordinairement quatre étamines; la corolle des fleurs femelles eſt bivalve, & le ſtigmate de l'ovaire eſt plumeux.

A N A L Y S E.

Bouquets ou grappes de fleurs très-pédunculées. I.	Grappes de fleurs preſque ſeſſiles ou à peine pédunculées. I V.

I. *Bouquets ou grappes de fleurs très-pédunculées.*

Fleurs diſpoſées en têtes globuleuſes. I I.	Fleurs diſpoſées en grappes linéaires. I I I.

163. II. *Fleurs diposées en têtes globuleuses.*

Ortie pilulifère. *Urtica pilulifera.* Linn. Sp. 1395.

Urtica prima Dioscoridis, semine lini. Tournef. 535.

Sa tige est haute de deux ou trois pieds, ronde, foible & branchue; ses fleurs sont axillaires, disposées en petites têtes piluliformes portées sur des péduncules longs de cinq à six lignes. Les feuilles sont pétiolées, ovales, pointues & dentées; elles sont, ainsi que la tige & les bouquets de fleurs hérissées de poils blancs écartés qui excitent, lorsqu'on les touche, des demangeaisons très-cuisantes. Cette plante croît dans les provinces méridionales. ⊙

III. *Fleurs disposées en grappes linéaires.*

Ortie dioïque. *Urtica dioica.* Linn. Sp. 1396.

Urtica urens maxima. Tournef. 535.

Ses tiges sont hautes de deux ou trois pieds, carrées & rameuses; ses feuilles sont pétiolées, cordiformes, pointues & dentées en scie; les sexes dans cette espèce sont séparés sur des pieds différens, de sorte que chaque individu ne porte que des fleurs mâles ou des fleurs toutes femelles: elles forment des grappes linéaires, un peu pendantes, & souvent géminées dans chaque aisselle. Cette plante est très-chargée de poils cuisans; elle croît dans les jardins & sur le bord des haies & des champs ♃. Elle est stimulante, antispasmodique, & utilement employée dans la léthargie & la paralysie; intérieurement elle est astringente & détersive.

IV. *Grappes de fleurs presque sessiles, & peu pédunculées.*

Ortie mineure. *Urtica minor.*

Urtica urens minor. Tournef. 535.
Urtica urens. Linn. Sp. 1396.

Cette espèce s'éléve moins que la précédente; ses feuilles sont ovales, presque arrondies, fortement dentées, & sont rarement terminées en pointe; les fleurs forment des grappes denses & presque sessiles; & les sexes sont séparés, mais l'un & l'autre toujours sur le même individu. Cette plante est très-commune dans les lieux cultivés, les cours & les villages. ⊙ Elle est détersive & diurétique.

164. *Six étamines ou plus dans les fleurs mâles.*
- Feuilles opposées ou verticillées. . . . 165
- Feuilles ou alternes, ou toutes radicales. 168

---

165. *Feuilles opposées ou verticillées.*
- Quatre ovaires dans les fleurs femelles, & huit étamines dans les fleurs mâles. 166
- Un seul ovaire dans les fleurs femelles, & quinze à vingt étamines dans les fleurs mâles. 167

---

166. *Quatre ovaires dans les fleurs femelles, & huit étamines dans les fleurs mâles.*

Volant-d'eau. *Myriophyllum.*

Les volant-d'eau ont les feuilles découpées en plumes & verticillées par étages : les différences sexuelles de leurs fleurs ne sont pas constamment les mêmes ; la corolle est composée de quatre feuilles inégales & verdâtres ou blanchâtres, & les semences sont au nombre de quatre.

ANALYSE.

Fleurs disposées en épi nu, & sans aucune feuille. I.	Fleurs axillaires ou en épi garni de petites feuilles. II.

I. *Fleurs disposées en épi nu & sans aucune feuille.*

Volant-d'eau à épi. *Myriophyllum spicatum.* Linn. Sp. 1409.

Potamogeton foliis pennatis. Tournef. 233.

Ses tiges sont rameuses, assez longues, foibles & flottantes dans l'eau ; les feuilles sont verticillées au nombre de cinq à chaque nœud, & elles sont ailées en manière de plume. Les verticilles des feuilles finissent subitement dans l'endroit où commence l'épi des fleurs qui est tout-à-fait nu, long de deux à trois pouces & presque linéaire. On trouve cette plante dans les eaux tranquilles. ♃

166. II. *Fleurs axillaires, ou en épi garni de petites feuilles.*

Volant-d'eau verticillé. *Myriophyllum verticillatum.*

Potamogeton flosculis ad foliorum nodos. Tournef. 233.

Les fleurs de cette plante sont verticillées & réellement disposées en épi ; mais les verticilles des femelles ne finissent pas subitement à la naissance des épis, comme dans la précédente ; ces feuilles diminuent insensiblement de grandeur à mesure qu'elles sont plus voisines du sommet de l'épi ; mais, quelque petites qu'elles soient, les verticilles des fleurs en sont toujours garnis. Cette espèce porte quelquefois des fleurs hermaphrodites ; elle se trouve dans les étangs & les fossés aquatiques. ♃

---

167. *Un seul ovaire dans les fleurs femelles, & quinze à vingt étamines dans les fleurs mâles.*

Cornifle. *Ceratophyllum.*

Les cornifles ont les fleurs disposées dans les aisselles des feuilles ; les corolles sont petites & divisées en huit ou dix segmens : leur fruit est une capsule ovale, uniloculaire & monosperme.

ANALYSE.

Feuilles rudes ; capsule chargée de trois cornes.	Feuilles molles très-divisées ; capsule lisse.
I.	II.

I. *Feuilles rudes ; capsule chargée de trois cornes.*

Cornifle âpre. *Ceratophyllum asperum.*

Ceratophyllum asperum aquis immersum. Vaill. Paris. 33.
Ceratophyllum demersum. Linn. Sp. 1409.

Sa tige est longue, très-rameuse & garnie dans toute sa longueur par les verticilles des feuilles qui sont très-rapprochés, sur-tout aux extrémités des rameaux où ils forment des paquets denses d'un vert-foncé. Ces feuilles sont nombreuses à chaque verticille, & leurs folioles sont garnies de

167. petites dents ſpinuliformes qui les rendent rudes au toucher. On trouve cette plante dans les étangs, les rivières & les foſſés.

II. *Feuilles molles, très-diviſées; capſule liſſe.*

Cornifle douce. *Ceratophyllum læve.*

Ceratophyllum læve, aquis immerſum. Vaill. Pariſ. 32.
Ceratophyllum ſubmerſum. Linn. Sp. 1409.

Cette plante reſſemble beaucoup à la précédente; mais ſes feuilles ſont moins rudes & plus fortement diviſées, & les capſules ne ſont point armées de pointes. On la trouve dans les mêmes lieux.

---

168. *Feuilles ou alternes, ou toutes radicales.* { Feuilles toutes radicales. . . 169
Tige garnie de feuilles alternes. 170

---

169. *Feuilles toutes radicales.*

Fléchière aquatique. *Sagittaria aquatica.*

Ranunculus paluſtris folio ſagittato maximo. Tournef. 292.
β. *Ranunculus paluſtris folio ſagittato anguſtiori.* Ibid.

La tige de cette plante eſt droite, nue, & s'élève de ſix à huit pouces au-deſſus de la ſurface de l'eau. Ses fleurs ſont pédunculées & verticillées trois à trois par étage. Les fleurs femelles occupent des verticilles placés plus bas que ceux des fleurs mâles, & leurs pédoncules ſont fort courts. A la baſe de chaque verticille, on trouve une collerette compoſée de trois écailles ovales & membraneuſes. La corolle des fleurs eſt compoſée de trois pétales blancs & arrondis, & d'un calice de trois pièces; les fleurs mâles ont une vingtaine d'étamines; les feuilles ſont pétiolées, glabres, nerveuſes, & en fer de flèche. Elles ſont larges & un peu obtuſes dans la première variété, mais celles de la ſeconde β ſont plus étroites, & pointues. On trouve cette plante dans les étangs, les foſſés & ſur le bord des rivières.

170. *Tige garnie de feuilles alternes.* { Feuilles ſimples & entières. . 171
Feuilles ailées. . . . . . n°. 924

171. *Feuilles ſimples & entières.* { Fleurs complettes; la corolle eſt accompagnée d'un calice. . . 172
Fleurs incomplettes; la corolle eſt nue. 173

172. *Fleurs complettes.*

Tourneſol des Teinturiers. *Croton Tinctorium.* Linn. Sp. 1425.

Ricinoides ex quo paratur tourneſol Gallorum. Tournef. 655.

Sa tige eſt haute d'un pied, droite, cylindrique & branchue; ſes feuilles ſont alternes, pétiolées, molles, blanchâtres, rhombiformes & un peu ſinuées; les fleurs ſont petites & composées d'une corolle de cinq pièces & d'un calice de cinq feuilles lancéolées; les fleurs mâles forment de petites grappes terminales, & les femelles ſont axillaires & pédunculées. Les fruits ſont composés de trois capſules réunies, noirâtres, chargées de petites aſpérités & pendantes; ils fourniſſent une teinture bleue connue ſous le nom de *tourneſol.* Cette plante croît dans les environs de Montpellier. ⊙

173. *Fleurs incomplettes.*

Téligone alſinoïde. *Theligonum alſinoideum.*

Cynocrambe alſines foliis. Barr. Ic. 335.
Theligonum cynocrambe. Linn. Sp. 1411.

Ses tiges ſont hautes de huit à dix pouces, cylindriques, tortues & ſucculentes; ſes feuilles ſont ovales, un peu obtuſes, liſſes, charnues, pétiolées, alternes, mais les inférieures ſont oppoſées; ſes fleurs ſont petites, axillaires & preſque ſeſſiles; leur corolle eſt bivalve & verdâtre. On trouve cette plante en Languedoc dans les fentes des rochers. ⊙

174. *Tige ligneuse.*	Feuilles linéaires & dont la largeur est moindre que deux lignes.	175
	Feuilles non linéaires, & dont la largeur excède deux lignes.	176

175. *Feuilles linéaires, & dont la largeur est moindre que deux lignes.*

Pin. *Pinus.*

Les pins sont des arbres résineux, dont les feuilles dures & étroites se conservent pendant l'hiver; les fleurs mâles forment de petites grappes écailleuses & terminales; & les fleurs femelles placées plus bas, sont ramassées autour d'un chaton embriqué d'écailles ligneuses & serrées. Ce chaton porte le nom de cône; ses écailles sont biflores, & ses fruits sont chargés d'une aile obtuse ou tronquée.

ANALYSE.

Feuilles au nombre de deux ou davantage, sortant de la même gaîne. I.	Feuilles solitaires, éparses & ne sortant pas plusieurs d'une même ligne. VIII.

I. Feuilles au nombre de deux ou davantage, sortant de la même gaîne.

Deux à cinq feuilles par paquets. II.	Plus de cinq feuilles par paquets. VII.

II. *Deux à cinq feuilles par paquets.*

Feuilles longues de quatre pouces ou moins; cônes pointus. III.	Feuilles longues de cinq pouces ou davantage; cônes obtus. IV.

175. III. *Feuilles longues de quatre pouces ou moins ; cônes pointus.*

Pin sauvage. *Pinus sylvestris.* Linn. 1418.

Pinus sylvestris vulgaris, Genevensis. Tournef. 586.

β. Pinus conis erectis. Ibid.

Son tronc est peu élevé, & rarement simple & droit ; ses feuilles sont étroites, courtes, glabres, pointues & presque piquantes ; ses cônes sont petits, nombreux & pointus : leur pointe est constamment tournée en bas, mais ceux de la variété β sont plus courts, & leur pointe regarde le ciel. Ces arbrisseaux croissent abondamment dans les montagnes de la Provence & du Dauphiné. ♄

IV. *Feuilles longues de cinq pouces ou davantage ; cônes obtus.*

Cônes solitaires, fort gros & dont la longueur égale presque celle des feuilles.	Cônes souvent opposés deux à deux, médiocres, & beaucoup plus courts que les feuilles.
V.	VI.

V. *Cônes solitaires fort gros, & dont la longueur égale presque celle des feuilles.*

Pin cultivé. *Pinus sativa.* Tournef. 585.

Pinus pinea. Linn. Sp. 1419.

Son tronc est droit, élevé, & se divise supérieurement en beaucoup de branches étalées qui forment une belle tête ; son écorce est un peu rougeâtre & raboteuse : ses feuilles sont fort longues, étroites, pointues, épaisses & d'un vert-blanchâtre ; ses cônes sont gros, arrondis ou pyramideux & rougeâtres, & ses fruits renferment une amande blanche & douce au goût. Cet arbre est commun dans les montagnes en Provence ♄ ; il fournit, ainsi que les autres espèces, beaucoup de résine que l'on obtient par des incisions que l'on fait à son écorce. Elle est vulnéraire & balsamique ; les amandes sont adoucissantes & pectorales.

175. VI. *Cônes souvent opposés deux à deux, médiocres, & beaucoup plus courts que les feuilles.*

Pin maritime. *Pinus maritima.*

Pinus sylvestris maritima, conis firmiter ramis adherentibus. Tournef. 586.

Son tronc est droit, mais s'élève un peu moins que celui de l'espèce précédente; son écorce est lisse & grisâtre, & ses rameaux sont très-étalés : ses feuilles sont longues, étroites, lisses, pointues, piquantes & d'un vert-foncé; ses cônes médiocres, ou même petits en comparaison de ceux du pin cultivé, tiennent fortement aux branches par des pédoncules courts & ligneux. Cet arbre est commun dans les lieux maritimes en Provence. ♄

VII. *Plus de cinq feuilles par paquets.*

Pin méleze. *Pinus larix.* Linn. Sp. 1420.

Larix folio deciduo, conifera. Tournef. 586.

Cet arbre est droit & fort grand; l'écorce de son tronc est lisse & de couleur brune, mais celle des branches est raboteuse : ses feuilles sont très-étroites, pointues, lisses, d'un vert-tendre, & beaucoup plus molles que celles des autres espèces; elles sont ramassées par faisceaux, mais elles tombent ordinairement pendant l'hiver : les cônes femelles sont petits, courts & ovales. Cet arbre croît en Dauphiné ♄. On obtient, par les incisions que l'on fait à son écorce, une résine liquide que l'on nomme *térébentine de Venise.* Elle est balsamique, vulnéraire, diurétique & laxative.

VIII. *Feuilles solitaires, éparses, & ne sortant pas plusieurs d'une même gaîne.*

Feuilles en alène, & pointues à leur sommet.	Feuilles planes & échancrées à leur sommet.
IX.	X.

175. IX. *Feuilles en alène, & pointues à leur sommet.*

Pin élevé. *Pinus excelsa.*

Abies tenuiore folio, fructu deorsùm inflexo. Tournef. 585.
Pinus abies. Linn. Sp. 1421.

Cet arbre s'élève à plus de cent vingt pieds de hauteur; son tronc est nu, & se termine par une belle tête pyramidale, formée par ses rameaux très-ouverts & même un peu pendans : ses feuilles sont courtes, pointues, obtusément quadrangulaires, éparses autour des petites branches, & rangées presque en cylindre; la pointe des cônes regarde en bas. Il croît dans les montagnes de la Provence & du Dauphiné. ♄

X. *Feuilles planes & échancrées à leur sommet.*

Pin pectiné. *Pinus pectinata.*

Abies taxi folio, fructu sursùm spectante. Tournef. 585.
Pinus picea. Linn. Sp. 1420.

Cet arbre s'élève presque aussi haut que le précédent, auquel il ressemble beaucoup par son port; mais la disposition de ses feuilles l'en distingue très-sensiblement : elles sont disposées sur un même plan des deux côtés des petites branches, ce qui fait paroître ces dernières ailées ou pectiniformes. Ces mêmes feuilles sont étroites, planes, lisses & vertes en-dessus, blanchâtres en-dessous & échancrées à leur sommet, ou quelquefois simplement obtuses. La pointe des cônes est tournée vers le ciel. Cet arbre croît sur les hautes montagnes en Provence ♄; son suc résineux, qu'on nomme *térébentine de Strasbourg*, est vulnéraire, balsamique, antiseptique, diurétique & purgatif.

176. *Feuilles non linéaires, & dont la largeur excède deux lignes.*
- Quatre étamines dans chaque fleur mâle. 177
- Plus de quatre étamines dans chaque fleur mâle. 182

177.	*Quatre étamines dans chaque fleur mâle.*	Feuilles opposées. 178
		Feuilles alternes. 179

178. *Feuilles opposées.*

Buis arborescent. *Buxus arborescens.* Tournef. 578.

Buxus sempervirens. Linn. Sp. 1394.

Cet arbrisseau s'élève en arbre jusqu'à la hauteur de dix à quinze pieds ; son tronc est tortu, rameux & recouvert d'une écorce brune & noirâtre : ses feuilles sont simples, très-entières, ovales, lisses, dures & luisantes ; les fleurs mâles sont ramassées avec les fleurs femelles en petites têtes presque sessiles, placées dans les aisselles & au sommet des rameaux. Cet arbrisseau, par la manière dont on le cultive & dont on le taille dans les jardins, y conserve toujours l'aspect d'un sous-arbrisseau : il croît dans les montagnes des provinces méridionales. ♄ Son bois est très-dur, jaune & employé pour les ouvrages du tour ; sa sciure est dessicative & astringente, & ses feuilles sont amères, sudorifiques, mondificatives & purgatives.

179.	*Feuilles alternes.*	Fruit sec & point succulent. 180
		Baies conglomérées & succulentes. 181

180. *Fruit sec & point succulent.*

Bouleau. *Betula.*

Les fleurs de bouleau sont petites & disposées sur des chatons écailleux ; les chatons des fleurs mâles sont cylindriques & leurs écailles triflores ; ils naissent en automne, subsistent pendant l'hiver, & s'ouvrent au printemps pour féconder les fleurs femelles qui alors se développent. Les semences sont ailées ou anguleuses.

180. ANALYSE.

Ecorce du tronc très-blanche ; femences ailées.	Ecorce du tronc grifâtre, femences anguleufes.
I.	II.

I. *Ecorce du tronc très-blanche ; femences ailées.*

Bouleau blanc. *Betula alba.* Linn. Sp. 1393.

Betula. Tournef. 588.

Le tronc de cet arbre eft droit, s'élève fort haut dans les bons terreins, & eft revêtu d'une écorce très-blanche ; fes feuilles font ovales, un peu triangulaires, pointues & finement dentées : elles font d'un vert-clair en-deffus, un peu blanchâtres en-deffous, glabres des deux côtés, mais pubefcentes dans leur jeuneffe ; elles font fufpendues à de longs péduncules. Les chatons mâles font grêles, longs & pendans, & les chatons femelles font plus gros & plus courts. Cet arbre eft commun dans les bois. ♄ Ses feuilles font amères, un peu glutineufes, réfolutives & déterfives. La liqueur abondante que l'on obtient en faifant au printemps une incifion à fes branches ou au tronc même, eft un peu acide, agréable, défaltérante, & eft vantée pour le calcul des reins & de la veffie.

II. *Ecorce du tronc grifâtre ; femences anguleufes.*

Bouleau vergne. *Betula alnus.* Linn. Sp. 1394. (L'aune)

Alnus rotundifolia, glutinofa, viridis. Tournef. 587.

β. *Alnus folio incano.* Ibid.

γ. *Alnus foliis eleganter incifis.* Ibid.

Cet arbre s'élève beaucoup moins que le précédent ; il forme une large tête, & fon écorce d'un gris-brun en-dehors eft jaunâtre en-dedans. Ses feuilles font prefque rondes, glabres & glutineufes. Les chatons font portés fur des péduncules rameux. La variété β a les feuilles un peu velues, non glutineufes & terminées en pointe. Cet arbre croît dans les lieux humides. ♄ On trouve la troifième variété en Normandie : fes feuilles font glabres & profondément découpées ou pinnatifides.

181. *Baies conglomérées & succulentes.*

Mûrier. *Morus.*

Les mûriers sont des arbres étrangers que la culture a presque naturalisés dans plusieurs provinces. Les fleurs mâles sont séparées des femelles sur le même pied, ou sur des pieds différens ; elles sont toutes disposées sur un chaton ou un axe commun, en manière d'épi : chaque fleur femelle se change en un petit grain succulent ; & tous les grains du même chaton se trouvant très-ramassés, forment une baie ovale composée & commune.

ANALYSE.

Fruits d'un rouge-noirâtre ; feuilles rudes au toucher.	Fruits blancs, ou d'un rouge-clair ; feuilles douces & tres-lisses.
I.	II.

I. *Fruits d'un rouge-noirâtre ; feuilles rudes au toucher.*

Mûrier noir. *Morus nigra.* Linn. Sp. 1398.

Morus fructu nigro. Tournef. 589.

Cet arbre ne s'élève qu'à une hauteur moyenne ; son tronc est fort gros, son écorce est rude & épaisse, & ses branches longues & très-ouvertes, sont entrelacées, & forment une grosse tête : ses feuilles sont pétiolées, cordiformes, dentées, pointues, un peu épaisses & rudes au toucher. On cultive cet arbre dans les jardins ♄ ; son fruit est rafraîchissant & un peu astringent.

II. *Fruits blancs & d'un rouge-clair ; feuilles douces & très-lisses.*

Mûrier blanc. *Morus alba.* Linn. Sp. 1398.

Morus fructu albo. Tournef. 589.

Cet arbre ne vient pas tout-à-fait aussi gros que le précédent, mais il lui ressemble beaucoup par le port ; son écorce est moins épaisse ; ses feuilles sont pétiolées, un peu en cœur, dentées, minces & très-lisses : elles sont quel-

181. quefois découpées en lobes profonds & irréguliers, & ses fruits sont petits, glabres, blanchâtres ou légèrement rougeâtres. Il croît le long des ruisseaux dans les provinces méridionales. ♄ On le cultive pour la nourriture des vers à soie.

---

142. *Plus de quatre étamines dans les fleurs mâles.*
- Feuilles entières ou sinuées. 183
- Feuilles ailées avec une impaire. 190

---

133. *Feuilles entières ou sinuées.*
- Fleurs femelles sessiles; cinq à dix étamines dans les fleurs mâles. 184
- Fleurs femelles pédunculées; plus de dix étamines dans les fleurs mâles. 187

---

184. *Fleurs femelles sessiles; cinq à dix étamines dans les fleurs mâles.*
- Fruit ovale, fixé dans une cupule très-entière en ses bords. 185
- Noix presque ovale, entourée d'une enveloppe très-déchirée en ses bords. 186

---

185. *Fruit ovale, fixé dans une cupule très-entière en ses bords.*

Chêne. *Quercus.*

Les fleurs du chêne sont petites & de deux sortes; les mâles sont disposées sur des chatons lâches qui ne sont que des espèces de filets, & sont composées de cinq à dix étamines placées dans une petite corolle plurifide : les fleurs femelles sont formées par un pistil qui se divise en deux à cinq stiles recourbés; leur corolle, à peine visible d'abord, grandit par la suite, subsiste, & forme une petite coupe qui enveloppe la base d'un fruit qu'on nomme *gland.*

185\.

ANALYSE.

Feuilles glabres des deux côtés. I.	Feuilles velues en-dessous. VI.

I. *Feuilles glabres des deux côtés.*

Feuilles profondément sinuées, & point piquantes. II.	Feuilles ovales, piquantes, & peu ou point sinuées. V.

II. *Feuilles profondément sinuées, & point piquantes.*

Cupule séminale très-grosse, & hérissée. III.	Cupule séminale médiocre, rude & hémisphérique. IV.

III. *Cupule séminale très-grosse, & hérissée.*

Chêne hérissé. *Quercus echinatus.*

Quercus calice echinato, glande majore. Tournef. 583.
Quercus ægilops. Linn. Sp. 1414.

Son tronc est droit, assez haut & soutient une large tête; ses feuilles sont longues, étroites, dentées & profondément pinnatifides : les cupules séminales sont grosses & hérissées de pointes dures & larges ; le gland est gros & très-obtus. Cet arbre croît dans les environs de Fontainebleau. ♄

186. IV. *Cupule séminale médiocre, rude & hémisphérique.*

Chêne roure. *Quercus robur.* Linn. Sp. 1414.

Quercus latifolia mas quæ brevi pediculo est. Tournef. 582.
β. *Quercus cum longo pediculo.* Ibid. 583.
γ. *Quercus Burgundiaca calice hispido.* Ibid.

Grand arbre rameux, dont le bois eſt dur, l'écorce du tronc rude & raboteuſe, & celle des jeunes branches & des jeunes tiges, liſſe & d'un gris-verdâtre; ſes feuilles tombent tous les hivers; elles ſont pétiolées, larges, oblongues, ſinuées & découpées en lobes arrondis ou obtus. Les glands, dans la variété β, ſont attachés par de longs péduncules, & la variété γ eſt remarquable par ſes feuilles longues, étroites & à découpures moins profondes & moins obtuſes. Cet arbre eſt commun dans les forêts. ♄ Son bois eſt très-utile pour la bâtiſſe & la conſtruction; ſes feuilles ſont amères, ſtyptiques, & ſon écorce & ſes fruits ont une vertu aſtringente.

V. *Feuilles ovales, piquantes & peu ou point ſinuées.*

Chêne à cochenille. *Quercus coccifera.* Linn. Sp. 1413.

Ilex aculeatâ cocci glandifera. Tournef. 583.

Cet arbre s'élève peu; ſes rameaux ſont nombreux & très-diffus; ſes feuilles ſont petites, ovales, à dents épineuſes & d'un vert très-foncé; elles perſiſtent pendant l'hiver. Il croît dans les provinces méridionales. ♄

VI. *Feuilles velues en-deſſous.*

Feuilles ſinuées, pinnatifides & caduques. VII.	Feuilles ſimples, entières ou dentées, & perſiſtantes. VIII.

---

185. VII. *Feuilles sinuées, pinnatifides & caduques.*

Chêne lanugineux. *Quercus lanuginosus.* (*Quercus cerris.* Linn. Sp. 1415).

Quercus calice hispido glande minore. Tournef. 583.

β. Quercus foliis molli lanugine pubescentibus. Ibid.

Cet arbre est médiocre & très-rameux ; ses glands sont petits, & leur cupule est un peu hérissé ; ses feuilles sont molles, d'un vert-tendre supérieurement, blanchâtres & lanugineuses en-dessous ; elles sont étroites vers leur base, & un peu élargies vers leur sommet où leurs découpures sont obtuses : dans leurs aisselles on observe deux petites écailles linéaires & stipuliformes. Cet arbre croît dans les environs de Paris. ♄

VIII. *Feuilles simples, entières ou dentées & persistantes.*

Ecorce épaisse, spongieuse & crevassée.	Ecorce unie & point crevassée.
IX.	X.

IX. *Ecorce épaisse, spongieuse & crevassée.*

Chêne liégier. *Quercus suber.* Linn. Sp. 1413.

Suber latifolium perpetuò virens. Tournef. 584.

Arbre de moyenne grandeur, très-rameux, & dont l'écorce connue sous le nom de *liége*, se fend, se détache d'elle-même lorsqu'on n'a pas soin de l'ôter, & est ainsi remplacée tous les trois ou quatre ans par une nouvelle écorce qui se forme en-dessous : ses feuilles sont ovales, obrondes, garnies en leur bord de quelques dents écartées, vertes en-dessus & blanchâtres en-dessous. Cet arbre croît dans les provinces méridionales. ♄ L'usage du liége est connu de tout le monde.

185. X. *Ecorce unie & point crevaſſée.*

Chêne vert. *Quercus ilex.* Linn. Sp. 1412.

Ilex oblongo ſerrato folio. Tournef. 583.
β. *Ilex folio anguſto non ſerrato.* Ibid.
γ. *Ilex folio agrifolii.* Ibid.

Arbre moyen dont l'écorce eſt griſâtre, non crevaſſée, le bois dur & lourd, & les feuilles ovales-oblongues, blanchâtres & légèrement cotonneuſes en-deſſous, & plus ou moins dentées en leur bord. Les feuilles ſont petites, étroites & preſque entières dans la variété β, & celles de la variété γ ont des dents piquantes & preſque épineuſes. Ces arbres croiſſent dans les provinces méridionales. ♄

---

186. *Noix preſque ovale, entourée d'une enveloppe très-déchirée en ſes bords.*

Coudrier noiſetier. *Corylus avellana.* Linn. Sp. 1417.

Corylus ſylveſtris. Tournef. 582.
β. *Corylus ſativa fructu albo minore, ſive vulgaris.* Tournef. 581.

Arbriſſeau dont les tiges ſont droites, rameuſes, & les jeunes pouſſes chargées de duvet; ſes feuilles ſont pétiolées, arrondies, nerveuſes, aſſez grandes & légèrement velues en-deſſous. Les fleurs mâles ſont diſpoſées ſur des chatons grêles, cylindriques & pendans; elles paroiſſent long-temps avant les feuilles. Le fruit eſt une amande renfermée dans une noix liſſe, qui eſt fixée dans une enveloppe mince & déchirée en ſes bords, mais charnue à ſa baſe. Cet arbriſſeau eſt commun dans les bois taillis. ♄ On mange ſes amandes, & on en retire une huile béchique & anodine.

---

187. *Fleurs femelles pédunculées; plus de dix étamines dans les fleurs mâles.*
{ Fruit pluriloculaire & hériſſé de petites pointes. 188
{ Fruit couronné, uniloculaire & point hériſſé. 189

---

188. *Fruit pluriloculaire & hérissé de petites pointes.*

Hêtre. *Fagus.*

Le fruit des hêtres est une capsule ovale ou obronde, hérissée de petites pointes molles, & qui s'ouvre en quatre valves. Les semences, au nombre de deux à quatre, sont plus ou moins anguleuses, recouvertes d'une tunique lisse, brune & coriace, & composée d'une substance farineuse.

ANALYSE.

Feuilles ovales & longues de moins de trois pouces. I.	Feuilles lancéolées & longues de plus de trois pouces. II.

I. *Feuilles ovales & longues de moins de trois pouces.*

Hêtre forestier. *Fagus sylvatica.* Linn. Sp. 1416.

Fagus. Tournef. 584.

Arbre élevé, dont le tronc est très-droit & l'écorce unie, cendrée & blanchâtre; ses feuilles sont pétiolées, ovales, luisantes, légèrement dentées & d'un vert-pâle. Les chatons des fleurs mâles sont globuleux, & pendent attachés à des péduncules assez longs & velus; les fleurs femelles ont trois styles, & les semences, qu'on nomme *faines*, sont triangulaires. Cet arbre croît dans les forêts ♄; ses semences fournissent une huile douce, & ses feuilles passent pour rafraîchissantes & apéritives.

II. *Feuilles lancéolées & longues de plus de trois pouces.*

Hêtre chataignier. *Fagus castanea.* Linn. Sp. 1416.

Castanea sylvestris, quæ peculiariter castanea. Tournef. 584.
β. Castanea sativa. Ibid.

Arbre élevé, dont l'écorce est brune, tachetée, & les feuilles longues, marquées en-dessous de beaucoup de nervures latérales & parallèles, & dentées fortement en leur bord. Les chatons des fleurs mâles sont grêles, très-alongés, & ont une odeur spermatique; les points qui environnent

188.

la capsule du fruit, sont fermes & un peu piquantes. Cet arbre croît dans les forêts ♄; la variété β, à laquelle on donne le nom de *maronnier*, est cultivée pour l'usage de ses fruits qui sont plus gros & très-nourrissans.

---

189. *Fruit couronné, uniloculaire, & point hérissé.*

Charme des haies. *Carpinus sepium.*

Carpinus. Tournef. 582.
Carpinus betulus. Linn. Sp. 1416.

Arbre médiocre, dont l'écorce est unie, grisâtre & tachée de blanc; ses feuilles sont pétiolées, ovales, glabres, nerveuses, ridées & dentées : les anthères des étamines sont terminées chacune par un poil. Les chatons des fleurs femelles sont lâches & composés d'écailles planes, coriaces, trifides, à la base desquelles on trouve une petite noix oblongue, striée, ombiliquée & monosperme. Cet arbre croît dans les bois taillis ♄; on en forme des haies que l'on taille avec soin pour orner les promenades. Son bois est dur & d'un usage fréquent dans les arts qui concernent l'ameublement.

---

190. *Feuilles ailées avec une impaire.*

Noyer commun. *Juglans regia.* Linn. Sp. 1415.

Nux juglans sive regia vulgaris. Tournef. 581.

Cet arbre s'élève fort haut & forme une large tête; ses feuilles sont grandes, composées de cinq ou sept folioles ovales & entières. Les fleurs mâles sont ramassées sur des chatons, & composées de douze à vingt étamines; les fleurs femelles, séparées sur le même individu, sont ordinairement deux ensemble, & produisent des fruits connus sous le nom de noix. Cet arbre, quoiqu'étranger, croît aisément partout; ♄ son écorce intérieure est très-émétique, & sa racine est purgative & diurétique.

191.	*Fleurs dioïques.*	Toutes les fleurs mâles ; les individus sont stériles. . . . . . 192 Toutes les fleurs femelles ; les individus sont fertiles & fructifères. 217
192.	*Toutes les fleurs mâles.* . .	Tige foible, sarmenteuse & grimpante. . . . . 193 Herbe ou arbre dont la tige n'est ni sarmenteuse ni grimpante. 196
193.	*Tige foible, sarmenteuse & grimpante.*	Feuilles découpées, palmées, digitées ou dentées. . . . . . 194 Feuilles simples & très-entières. 195
194.	*Feuilles découpées, palmées, digitées ou dentées.*	Feuilles opposées. . . . . . . 220 Feuilles alternes. 158
195.	*Feuilles simples & très-entières.*	Tige épineuse. . . . . 222 Tige non épineuse. 223
196.	*Herbe ou arbre dont la tige n'est ni sarmenteuse ni grimpante.*	Tige herbacée. . . . . 197 Tige ligneuse. 204
197.	*Tige herbacée.*	Plantes aquatiques, & dont les tiges sont cachées sous l'eau. . 198 Plantes terrestres, & dont les tiges ne sont point cachées sous l'eau. 199

198.	*Plantes aquatiques & dont les tiges sont cachées sous l'eau.*	Feuilles étroites. . . . . . 227 Feuilles orbiculaires. . . . 228
199.	*Plantes terrestres & dont les tiges ne sont point cachées sous l'eau.*	Cinq étamines ou moins. . 200 Six étamines ou plus. . . . 202
200.	*Cinq étamines ou moins.*	Cinq étamines. . . . . 201 Quatre étamines. . . 163 — III
201.	*Cinq étamines. . . . . . .*	Feuilles simples & alternes. 236 Feuilles digitées & opposées. 234
202.	*Six étamines ou plus. . .*	Six étamines. . . . . 656 Plus de six étamines. . . . 203
203.	*Plus de six étamines. . .*	Corolle nue composée de trois pièces. . . . . 233 Corolle environnée d'un calice & composée de cinq pièces. 688
204.	*Tige ligneuse. . . . . . .*	Feuilles simples. . . . . . 205 Feuilles ailées. 216

205.	*Feuilles simples.*	Fleurs disposées sur un chaton écailleux. 206
		Fleurs non disposées sur un chaton écailleux. 210

206.	*Fleurs disposées sur un chaton écailleux.*	Feuilles parfaitement sessiles, & n'ayant point une ligne de largeur. 207
		Feuilles sensiblement pétiolées, & ayant plus d'une ligne de largeur. 208

207.	*Feuilles parfaitement sessiles, & n'ayant point une ligne de largeur.*	Feuilles cylindriques, ramiformes, & longues de plusieurs pouces. 248
		Feuilles non cylindriques & longues de moins d'un pouce. . . 251

208.	*Feuilles sensiblement pétiolées, & ayant plus d'une ligne de largeur.*	Une à cinq étamines dans chaque fleur mâle. 209
		Huit étamines dans chaque fleur mâle. 242

209.	*Une à cinq étamines dans chaque fleur mâle.*	Ecaille de chaque fleur lancéolée ; un corpuscule entre les étamines & l'axe du chaton. 241
		Ecaille de chaque fleur lunulée ; point de corpuscule entre les étamines & l'axe du chaton. . . 246

210.	*Fleurs non disposées sur un chaton écailleux.*	Feuilles très-entières. . . . 211
		Feuilles dentées en leur bord. 215

211.	*Feuilles très-entières.* . . .	Quatre étamines ou moins dans chaque fleur.	212
		Cinq étamines ou plus dans chaque fleur.	214
212.	*Quatre étamines ou moins dans chaque fleur.*	Feuilles opposées.	252
		Feuilles alternes.	213
213.	*Feuilles alternes.*	Quatre étamines dans chaque fleur.	256
		Trois étamines dans chaque fleur. .	257
214.	*Cinq étamines ou plus dans chaque fleur.*	Feuilles opposées.	244
		Feuilles alternes.	254
215.	*Feuilles dentées en leur bord.*	Feuilles échancrées en cœur à leur base.	181 — 1
		Feuilles non échancrées à leur base.	555
216.	*Feuilles ailées.*	Etamines fort longues. . .	259 *
		Etamines fort courtes. . .	260
217.	*Toutes les fleurs femelles.*	Tige foible, sarmenteuse & grimpante.	218
		Herbe ou arbre dont la tige n'est ni sarmenteuse ni grimpante.	224

218. *Tige foible, sarmenteuse & grimpante.* { Feuilles découpées, palmées, digitées ou dentées. 219
Feuilles simples & très-entières. 221

219. *Feuilles découpées, palmées, digitées ou dentées.* { Feuilles opposées. 220
Feuilles alternes. 158

220. *Feuilles opposées.*

Houblon grimpant. *Lupulus scandens.*

Lupulus mas & fæmina. Tournef. 535.
Humulus lupulus. Linn. Sp. 1467.

Ses tiges sont grêles, anguleuses, dures & grimpantes; ses feuilles sont rudes au toucher; elles sont pétiolées, cordiformes, dentées en scie, & à trois lobes ou quelquefois simples. Les fleurs femelles sont ramassées & forment des espèces de cônes écailleux, portés sur des péduncules axillaires & opposés; les fleurs mâles, placées sur d'autres individus, forment de petites grappes pareillement disposées. On trouve cette plante dans les haies. ♃ Son odeur est forte; la plante est tonique, stomachique, diurétique & résolutive; elle entre dans la composition de la bière.

221. *Feuilles simples & très-entières.* { Tige épineuse. 222
Tige non épineuse. 223

222. *Tige épineuse.*

Smiguet piquant. *Smilax aspera.* Linn. Sp. 1458.

Smilax aspera fructu rubente. Tournef. 654.
β. Smilax aspera minus spinosa, fructu nigro. Ibid.

Ses tiges sont menues, anguleuses, dures, fléchies en zig-zag & garnies d'épines éparses; ses feuilles sont alternes, cordiformes, pointues, lisses, nerveuses, vertes, mais mar-

222. quetées de taches blanchâtres, & garnies en leur bord, ainsi qu'en leur nervure postérieure, d'épines assez nombreuses; à la base des pétioles, qui sont fort courts, on trouve de petites vrilles par le moyen desquelles la plante s'attache aux plantes voisines qui la soutiennent. Les fleurs sont disposées en grappes terminales; leur corolle est petite, en étoile, & composée de six pétales étroits & ouverts : les individus femelles portent des baies sphériques à trois loges. On trouve cette plante dans les provinces méridionales. ♄

---

223. *Tige non épineuse.*

Tamme commun. *Tamus communis.* Linn. Sp. 1458.

Tamus racemosa, flore minore luteo palescente. Tournef. 103.

Tamus baccifera, flore majore albo. Ibid.

Ses tiges sont foibles, glabres, longues de quatre à cinq pieds, & s'entortillent autour des plantes voisines qui peuvent les soutenir; ses feuilles sont cordiformes, glabres, pointues & nerveuses; elles sont molles & portées sur des pétioles assez longs : les individus mâles portent de petites fleurs d'un blanc-jaunâtre, & disposées en grappes lâches & axillaires; les individus femelles portent des baies rouges, ovales, triloculaires & dispermes. Cette plante croît dans les haies & les bois. ♄

---

224. *Herbe ou arbre dont la tige n'est ni sarmenteuse, ni grimpante.* { Tige herbacée. 225
Tige ligneuse. 237

---

225. *Tige herbacée.* . . . . { Plantes aquatiques, & dont les tiges sont cachées sous l'eau. . 226
Plantes terrestres, & dont les tiges ne sont pas cachées sous l'eau. 229

226.	*Plantes aquatiques, & dont les tiges ſont cachées ſous l'eau.*	Feuilles étroites.	227
		Feuilles orbiculaires	228

227. *Feuilles étroites.*

Naïade marine. *Najas marina.* Linn. Sp. 1441.

Fluvialis foliis anguſtis dentatis. Vaill. Pariſ. 54.
Fucus fluviatilis aculeatus, undulatus. Tournef. 569.

Cette plante croît & vit dans l'eau ; ſa tige eſt très-branchue & garnie de quelques dents éparſes & preſque épineuſes : ſes feuilles ſont étroites, luiſantes, ondulées & bordées de dents un peu piquantes ; elles ſont oppoſées & quelquefois verticillées : les fleurs ſont axillaires ; les mâles ſont pédunculées & n'ont qu'une étamine ; les femelles ſont ſeſſiles & compoſées d'un ovaire nu, oblong, pointu & terminé par un ſtigmate trifide. On trouve cette plante dans les eaux un peu profondes.

228. *Feuilles orbiculaires.*

Morène grenouillete. *Hydrocharis morſus ranæ.* Linn. Sp. 1466.

Morſus ranæ foliis circinatis, floribus albis. Vaill. Pariſ. 127.

Cette plante produit dans l'eau des rejets traçans, d'où naiſſent, de diſtance en diſtance, de petites tiges qui portent des feuilles diſpoſées comme par paquets ; ces feuilles ſont pétiolées, orbiculaires & flottantes ſur l'eau : les péduncules des fleurs ſortent au nombre de quatre ou cinq de l'aiſſelle des feuilles ; chaque fleur eſt compoſée d'un calice de trois feuilles & de trois pétales blancs & arrondis. Les fleurs mâles ont neuf étamines, dont trois au centre ſont ſtylifères, & les fleurs femelles ont un ovaire placé ſous la corolle & chargé de ſix ſtyles ; elles produiſent une capſule à ſix loges polyſpermes. On trouve cette plante ſur les eaux tranquilles. ♃

229.	*Plantes terrestres & dont les tiges ne sont point cachées sous l'eau.*	Feuilles toutes ou la plupart opposées. . . . . 230 Toutes les feuilles alternes. 235
230.	*Feuilles toutes ou la plupart opposées.*	Feuilles simples. . . . . . . 231 Feuilles digitées. 234
231.	*Feuilles simples.*	Feuilles sessiles & connées. 688 Feuilles pétiolées. 232
232.	*Feuilles pétiolées.*	Feuilles en cœur, & très-piquantes. . . . . 163 — III Feuilles non en cœur, & point piquantes. 233

233. *Feuilles non en cœur, & point piquantes.*

Mercuriale. *Mercurialis.*

Les individus mâles des mercuriales ont leurs fleurs disposées en épis grêles, lâches & redressés; les corolles sont composées de trois petites feuilles verdâtres, & les étamines, au nombre de neuf à douze, sont assez longues. Les individus femelles ont leurs fleurs moins apparentes, presque sessiles, & produisent des capsules scrotiformes & biloculaires.

ANALYSE.

Feuilles cotonneuses, blanchâtres, & presque entières.	Feuilles non cotonneuses, & dentées en leur bord.
I.	II.

233. I. *Feuilles cotonneuses, blanchâtres, & presque entières.*

Mercuriale cotonneuse. *Mercurialis tomentosa.* Linn. Sp. 1465.

Mercurialis fruticosa, incana, spicata & testiculata. Tournef. 534.

Sa tige est haute d'un pied, branchue, quadrangulaire, cotonneuse, dure, mais ne subsiste pas plusieurs années comme les tiges vraiment ligneuses, ses feuilles sont ovales, portées sur de courts pétioles, un peu obtuses & à peine dentées dans leur partie supérieure. Les fleurs des individus mâles sont ramassées à l'extrémité des péduncules qui sont plus longs que les feuilles. Cette plante croît dans les provinces méridionales. ♄

II. *Feuilles non cotonneuses, & dentées en leur bord.*

Feuilles dures ; tige simple.	Feuilles molles ; tige branchue.
III.	IV.

III. *Feuilles dures ; tige simple.*

Mercuriale vivace. *Mercurialis perennis.* Linn. Sp. 1465.

Mercurialis montana, testiculata & spicata. Tournef. 534.

Sa tige est à peine haute d'un pied ; elle est rude au toucher, & chargée, ainsi que les feuilles, de poils courts & serrés ; ses feuilles sont grandes, ovales-lancéolées, pointues, dentées, d'un vert-obscur & portées sur de courts pétioles ; les fleurs, même les femelles, sont portées sur des péduncules assez longs. On trouve cette plante dans les bois.

IV. *Feuilles molles ; tige branchue.*

Mercuriale annuelle. *Mercurialis annua.* Linn. Sp. 1465.

Mercurialis spicata & testiculata. Tournef. 534.

Sa tige est haute d'un pied & demi, lisse, glabre & branchue ; ses feuilles sont ovales-lancéolées, pointues,

233. dentées, d'un vert-clair & très-glabres; les individus mâles ont les fleurs ramassées par petits paquets sur des épis grêles, longs & redressés, & les fleurs des individus femelles sont axillaires, presque geminées & sessiles. Cette plante est commune dans tous les lieux cultivés. ⊙ Elle est émolliente & laxative.

---

234. *Feuilles digitées.*

Chanvre cultivé. *Cannabis sativa.*

Cannabis mas (& *fœmina*). Tournef. 535.

Sa tige est haute de quatre à cinq pieds, droite, ordinairement simple & un peu velue; toutes les folioles sont dentées dans l'individu femelle, mais dans l'individu mâle, les deux folioles extérieures sont quelquefois très-entières : le peuple transporte mal-à-propos le nom de chanvre mâle aux pieds qui portent les graines, & celui de chanvre femelle à ceux qui sont stériles & qui ne portent que des fleurs à étamines. Cette plante est étrangère; mais comme on la cultive beaucoup à raison de sa grande utilité, on en trouve souvent autour des villages & dans les champs, des pieds isolés qui se resèment eux-mêmes tous les ans. ⊙ Toute la plante est très-odorante; elle est narcotique, adoucissante, apéritive & résolutive; ses semences fournissent, par l'expression, une huile bonne à brûler & résolutive; son usage pour les toiles & les cordages est suffisamment connu.

---

235. *Toutes les feuilles alternes.* {
Trois styles plumeux; plante d'un goût acide. 656
Quatre styles simples; plante d'un goût doux & fade. . . 236

---

236. *Quatre styles simples; plante d'un goût doux & fade.*

Epinards potagers. *Spinacia oleracea.* Linn. Sp. 1456.

Spinacia vlgaris capsulâ seminis aculeatâ. Tournef. 535.
Spinacia vulgaris sterilis. Ibid.

Ses tiges sont hautes d'un pied & demi, cannelées &

236. branchues, ses feuilles sont pétiolées, glabres, molles, simples, pointues, entières, ou ayant quelques découpures anguleuses vers leur base. Cette plante est cultivée dans tous les jardins potagers. ⊙ Elle fournit un aliment léger; elle est émolliente, laxative & détersive.

---

237. *Tige ligneuse.* . . . . . . {
Feuilles simples. 238
Feuilles ailées. 258

---

238. *Feuilles simples.* . . . . . {
Feuilles sensiblement pétiolées. 239
Feuilles parfaitement sessiles. 247

---

239. *Feuilles sensiblement pétiolées.* {
Semences à aigrette, & disposées autour d'un chaton. 240
Semences sans aigrette & contenues dans une baie. 243

---

240. *Semences à aigrette, & disposées autour d'un chaton.* {
Ecailles du chaton entières; stigmate bifide. 241
Ecailles du chaton déchirées; stigmate quadrifide. 242

---

241. *Ecailles du chaton entières; stigmate bifide.*

Saule. *Salix.*

Les saules sont des arbres ou des arbrisseaux, ou même des sous-arbrisseaux très-variés, les rameaux, dans beaucoup d'espèces, sont flexibles & peu cassans; les fleurs sont disposées sur des chatons plus ou moins alongés & écailleux: le nombre des étamines, dans les fleurs mâles, varie de un à cinq, & les fleurs femelles sont composées d'un ovaire conique, dont le stigmate est trifide; les fruits sont des capsules bivalves, qui renferment des semences à aigrette. Il est, quant à présent, presque impossible d'analyser d'une manière sûre les nombreuses espèces de ce genre, parce que

241. les obſervations qui peuvent ſervir à les déterminer & à les diſtinguer nettement, nous manquent encore en grande partie.

A N A L Y S E.

Feuilles glabres, au moins dans leur parfait développement.	Feuilles velues ou cotonneuſes, même dans leur parfait développement.
I.	XXIV.

I. *Feuilles glabres, au moins dans leur parfait développement.*

Des ſtipules à la baſe des feuilles.	Point de ſtipules à la baſe des feuilles.
II.	IX.

II. *Des ſtipules à la baſe des feuilles.*

Feuilles lancéolées, & très-pointues.	Feuilles ovales, & preſque obtuſes.
III.	VIII.

III. *Feuilles lancéolées, & très-pointues.*

Fleurs mâles à deux étamines.	Fleurs mâles à trois étamines.
IV.	VII.

IV. *Fleurs mâles à deux étamines.*

Pétioles chargés de dents glanduleuſes.	Pétioles purpurins, & point glanduleux.
V.	VI.

V.

241. V. *Pétioles chargés de dents glanduleuses.*

Saule cassant. *Salix fragilis.* Linn. Sp. 1443.

Salix fragilis. Tournef. 591.

Arbre assez élevé, dont l'écorce est grise & rarement rougeâtre, & dont les rameaux sont très-cassans. Ses feuilles sont larges, longues, lancéolées & pointues, & les péduncules des chatons sont chargés de deux ou trois folioles caduques. Il croît sur les montagnes en Provence. ♄

VI. *Pétioles purpurins, & point glanduleux.*

Saule amandier. *Salix amygdalina.* Linn. Sp. 1443.

Salix folio amygdalino utrinquè virente aurito. Tournef. 591.

Cet arbre est médiocre & beaucoup moins élevé que le précédent; ses rameaux sont très-flexibles & revêtus d'une écorce noirâtre ou purpurine : ses feuilles sont longues, lancéolées, dentées & très-glabres; & celles de l'extrémité des rameaux sont garnies de stipules amplexicaules, dentées & trapésiformes. Il croît dans les lieux humides. ♄

VII. *Fleurs mâles à trois étamines.*

Saule triandrique. *Salix triandra.* Linn. Sp. 1442.

Salix folio auriculato splendente, flexilis. Ray, Hist. 1420.

Arbre moyen, dont les feuilles sont lancéolées, dentées, fermes, glabres, mais plus petites que celles du précédent; elles sont d'une couleur pâle & presque blanchâtre en-dessous : les stipules sont petites, l'écorce des osiers est d'un jaune-brun, & les fleurs mâles ont trois étamines, dont celle du milieu est plus alongée que les autres. Il croît en Alsace. ♄

VIII. *Feuilles ovales, & presque obtuses.*

Saule arbuscule. *Salix arbuscula.* Linn. Sp. 1445.

Salix foliis subserratis glabris, subdiaphanis, subtùs glaucis; caule fructicoso. Ger. prov. 528.

Sous-arbrisseau, dont la tige s'élève à peine à deux ou trois pieds, & dont les rameaux sont un peu cassans, revêtus d'une écorce brune & très-feuillée; ses feuilles sont

241. glabres ; un peu luisantes en-dessus ; d'une couleur glauque en-dessous & légèrement dentées en leur bord. Il croît en Provence dans les lieux humides & couverts. ♄

IX. *Point de stipules à la base des feuilles.*

Une étamine dans chaque fleur mâle ; plusieurs feuilles opposées. X.	Deux à cinq étamines dans les fleurs mâles ; toutes les feuilles alternes. XIII.

X. *Une étamine dans chaque fleur mâle ; plusieurs feuilles opposées.*

Feuilles supérieures opposées. XI.	Feuilles supérieures alternes. XII.

XI. *Feuilles supérieures opposées.*

Saule hélice. *Salix helix.* Linn. Sp. 1444.

Salix humilis capitulo squammoso. Tournef. 591.

Cette espèce s'élève de quatre à six pieds tout au plus ; ses rameaux sont grêles, droits, anguleux, recouverts d'une écorce teinte quelquefois d'un rouge-noirâtre, & garnis de feuilles presque toutes opposées : ces feuilles sont étroites, lisses, bleuâtres, d'une couleur glauque en-dessous & légèrement dentées dans leur partie supérieure, où elles sont un peu élargies. On trouve cet arbrisseau dans les lieux humides. ♄

XII. *Feuilles supérieures alternes.*

Saule pourpré. *Salix purpurea.* Linn. Sp. 1444.

Salix vulgaris nigricans, folio non serrato. Tournef. 590.
Salix vulgaris rubens. Ibid.

Cet arbrisseau s'élève un peu plus que le précédent ; ses rameaux sont longs, droits & garnis d'une écorce pourpre

241. ou noirâtre : ses feuilles sont longues, étroites & finement dentées en leur bord ; ses fleurs mâles n'ont constamment qu'une seule étamine. Il croît dans les lieux humides. ♄

XIII. *Deux à cinq étamines dans les fleurs mâles ; toutes les feuilles alternes.*

Arbre ou arbrisseau de plus de quatre pieds ; feuilles longues de plus de trois pouces. XIV.	Arbrisseau de moins de quatre pieds ; feuilles moins longues que trois pouces. XVII.

XIV. *Arbre ou arbrisseau de plus de quatre pieds ; feuilles longues de plus de trois pouces.*

Pétioles glanduleux ; fleurs mâles à cinq étamines. XV.	Pétioles non glanduleux ; fleurs mâles à deux étamines. XVI.

XV. *Pétioles glanduleux ; fleurs mâles à cinq étamines.*

Saule pentandrique. *Salix pentandra.* Linn. Sp. 1442.

Salix montana, major ; foliis laurinis. Tournef. 591.

Arbre assez élevé, dont l'écorce des rameaux est d'un jaune-rougeâtre, & les feuilles larges, lancéolées, dentées & pointues. Ces feuilles sont dures, glabres, luisantes & odorantes, & leur pétiole est court & chargé de petites glandes blanchâtres. Il croît dans les lieux montagneux. ♄

XVI. *Pétioles non glanduleux ; fleurs mâles à deux étamines.*

Saule osier. *Salix vitellina.* Linn. Sp. 1442.

Salix sativa lutea folio crenato. Tournef. 590.

Arbrisseau de six à dix pieds tout au plus, dont les

241. rameaux font grêles, longs, droits, extrêmement flexibles & revêtus d'une écorce jaune tirant un peu fur le rouge; fes feuilles font longues, étroites, pointues, dentées, vertes en-deffus, mais un peu pâles ou blanchâtres en-deffous : fes chatons font cylindriques & pendans. Il croît dans les terreins humides ♄; c'eft cette efpèce que l'on cultive à caufe de la flexibilité de fes rameaux. L'ufage de l'ofier eft affez connu.

XVII. *Arbriffeau de moins de quatre pieds; feuilles moins longues que trois pouces.*

Feuilles obtufes à leur fommet.	Feuilles pointues à leur fommet.
XVIII.	XXI.

XVIII. *Feuilles obtufes à leur fommet.*

Feuilles très-entières, & réticulées en-deffous.	Feuilles un peu dentées, & dont les nervures font parallèles.
XIX.	XX.

XIX. *Feuilles très-entières, & réticulées en-deffous.*

Saule réticulé. *Salix reticulata.* Linn. Sp. 1446.

Salix pumila folio rotundo. Tournef. 591.

Sa tige eft couchée, & produit des rameaux épars, diffus, recouverts d'une écorce grifâtre, & qui s'élèvent à peine à un pied; fes feuilles font ovales, obtufes, vertes en-deffus, un peu blanchâtres en-deffous, où elles font agréablement marquées de petites veines rétiformes : elles font portées fur d'affez longs pétioles. Ce fous-arbriffeau croît en Provence. ♄

241. XX. *Feuilles un peu dentées, & dont les nervures sont parallèles.*

Saule émoussé. *Salix retusa.* Linn. Sp. 1445.

Salix alpina angustifolia repens, non incana. Tournef. 591.

β. Salix alpina alni rotundo folio repens. Ibid.

Sous-arbrisseau, dont les rameaux couchés sont à peine longs de huit à dix pouces ; leur écorce est d'un brun-verdâtre ; les feuilles sont glabres, vertes des deux côtés, dentées vers leur base, un peu luisantes & très-obtuses : les inférieures sont arrondies, & les autres sont spatulées. La variété β n'est remarquable que par sa petitesse, ses rameaux, quoique point herbacés, n'ayant souvent que cinq à six pouces de longueur. Ces sous-arbrisseaux croissent dans les montagnes des provinces méridionales. ♄

XXI. *Feuilles pointues à leur sommet.*

Feuilles entières.	Feuilles dentées.
XXII.	XXIII.

XXII. *Feuilles entières.*

Saule myrtillin. *Salix myrtilloides.* Linn. Sp. 1446.

Salix pumila foliis utrinquè glabris. Tournef. 591.

Sa tige est un peu couchée, & produit plusieurs rameaux d'un brun-rougeâtre ; ses feuilles sont ovales-oblongues, un peu velues dans leur jeunesse, glabres dans leur parfait développement, pétiolées, un peu luisantes, & marquées par des nervures assez saillantes, rougeâtres & réticulées. Le *salix fusca* de M. Linné ne paroît être qu'une variété de cette espèce. On la trouve dans les montagnes des provinces méridionales. ♄

XXIII. *Feuilles dentées.*

Saule myrtier. *Salix myrsinites.* Linn. Sp. 1445.

Salix alpina pumila myrsinites. Ponted. comp. 149.

Cet arbrisseau s'élève à peine à un pied & demi, & est une

241. peu couché ; son écorce est rougeâtre, ses feuilles sont elliptiques, lancéolées, blanchâtres, luisantes, veinées des deux côtés, & finement dentées en leur bord ; les chatons des fleurs femelles sont gros & très-denses. On le trouve en Provence dans les montagnes. ♄

XXIV. *Feuilles velues ou cotonneuses, même dans leur parfait développement.*

Arbres ou arbrisseaux de plus de quatre pieds, & point couchés. XXV.	Arbrisseaux de moins de quatre pieds, & un peu couchés. XXXII.

XXV. *Arbres ou arbrisseaux de plus de quatre pieds, & point couchés.*

Feuilles élargies, ou dont la largeur excède six lignes. XXVI.	Feuilles étroites, & dont la largeur n'excède pas six lignes. XXIX.

XXVI. *Feuilles élargies, ou dont la largeur excède six lignes.*

Feuilles arrondies ou ovoïdes, & dentées en leur bord. XXVII.	Feuilles ovales-lancéolées, pointues & très-entières. XXVIII.

XXVII. *Feuilles arrondies ou ovoïdes, & dentées en leur bord.*

Saule marceau. *Salix capræa.* Lin. Sp. 1448.

Salix latifolia rotunda. Tournef. 591.

β. *Salix folio ex rotunditate acuminato.* Ibid.

Sa tige est branchue, cassante, recouverte d'une écorce d'un gris verdâtre, & s'élève jusqu'à huit ou dix pieds ; ses

241. feuilles sont larges, à peine pointues, ridées, blanchâtres, & cotonneuses en-dessous. Les jeunes branches sont garnies de stipules amplexicaules & dentées, & sont un peu flexibles; les filets des étamines sont souvent bifides. Cet arbrisseau est commun dans les bois & dans les haies. ♄

XXVIII. *Feuilles ovales-lancéolées, pointues & très-entières.*

Saule aquatique. *Salix aquatica.* Lob. Ic. 137.

Salix capræa folio oblongo, utrinquè villoso. Vaill. Paris. 176.

Cet arbrisseau s'élève moins que le précédent; ses feuilles sont beaucoup plus petites, & leur largeur n'excède presque jamais un pouce; ce qui les distingue sur-tout, c'est qu'elles ne sont point glabres en-dessus comme celles du saule marceau; elles sont blanches & cotonneuses en-dessous, d'un vert jaunâtre en-dessus où leur surface est ridée, & légèrement cotonneuse, & elles ont quelque rapport avec celle de la petite sauge; l'écorce des rameaux est d'un vert brun; les stipules manquent ordinairement; & les chatons sont courts & ovales. Je l'ai trouvé sur le bord des eaux dans les environs de Péronne. ♄

XXIX. *Feuilles étroites, & dont la largeur n'excède pas six lignes.*

Feuilles dont les dentelures inférieures sont glanduleuses; arbre élevé.	Feuilles presque entières; arbrisseau médiocre.
XXX.	XXXI.

XXX. *Feuilles dont les dentelures inférieures sont glanduleuses; arbre élevé.*

Saule blanc. *Salix alba.* Lin. Sp. 1449.

Salix vulgaris alba arborescens. Tournef. 590.

Arbre de vingt à trente pieds, dont l'écorce du tronc est grisâtre & un peu rude, & celle des rameaux lisse & verdâtre;

241. ses feuilles sont alongées, lancéolées, aiguës, vertes en-dessus, blanchâtres & soyeuses en-dessous, & dentées en leur bord : les jeunes feuilles sont blanchâtres & pubescentes des deux côtés : leur duvet est soyeux & argenté ; les jeunes rameaux sont très-flexibles, les chatons sont grêles & cylindriques. Cet arbre croît dans les terreins humides, ♄ ; son écorce est astringente & fébrifuge, & ses feuilles sont rafraîchissantes.

XXXI. *Feuilles presque entières ; arbrisseau médiocre.*

Saule à feuilles longues. *Salix longifolia.*

Salix folio longissimo, angustissimo, utriquè albido. Tournef. 591.

Salix viminalis. Linn. Sp. 1448.

Ses rameaux sont longs, droits, mais un peu cassans ; ils sont recouverts d'une écorce verdâtre ; ses feuilles sont linéaires, pointues, longues de quatre pouces, larges à peine de trois ou quatre lignes, vertes & glabres en-dessus, légèrement cotonneuses, mais fort blanches & argentées en-dessous ; leurs dentelures sont souvent imperceptibles ; les chatons naissent entre les feuilles, & sont grêles, cylindriques, nombreux & jaunâtres : les jeunes feuilles ont leurs bords repliés en-dessous. Cet arbrisseau croît dans les lieux humides. ♄

XXXII. *Arbrisseau de moins de quatre pieds, & un peu couché.*

Feuilles très-étroites & un peu linéaires.	Feuilles ovales, ou un peu lancéolées.
XXXIII.	XXXIV.

XXXIII. *Feuilles très-étroites & un peu linéaires.*

Saule romarinet. *Salix rosmarini folia.* Lin. Sp. 1448.

Salix humilis angustifolia. Tournef. 591.

β. *Salix pumila linifolia incana.* Ibid.

γ. *Salix pumila, brevi angustoque folio, incana.* Ibid.

Ces sous-arbrisseaux sont fort bas & couchés ; leurs rameaux

241. ſont épars, couverts d'une écorce brune & très-garnis de feuilles ; & les jeunes pouſſes ſont pubeſcentes & blanchâtres ; les feuilles n'ont pas plus de trois lignes de largeur ; elles varient plus ou moins dans leur longueur, qui eſt aſſez grande dans la première variété, médiocre dans la ſeconde, & qui égale à peine ſix lignes dans la troiſième : leur ſurface ſupérieure eſt ordinairement glabre, mais elles ſont très-ſoyeuſes & argentées en-deſſous : leurs chatons ſont courts & preſque ſeſſiles. On trouve ces ſous-arbriſſeaux dans les provinces méridionales. ♄

XXXIV. *Feuilles ovales ou un peu lancéolées.*

Des ſtipules à la baſe des feuilles ſupérieures. XXXV.	Toutes les feuilles ſans ſtipules. XXXVI.

XXXV. *Des ſtipules à la baſe des feuilles ſupérieures.*

Saule nicheur. *Salix incubacea.* Lin. Sp. 1447.

Salix pumila anguſtifolia, infernè lanuginoſa. Vaill. Pariſ. 176.

Sous-arbriſſeau très-rameux dont l'écorce eſt brune ou noirâtre, & les jeunes pouſſes pubeſcentes ; ſes feuilles ne ſont pas étroites, mais elliptiques ou ovales ; elles ſont glabres en-deſſus & d'un vert obſcur, mais leur ſurface inférieure eſt très-ſoyeuſe & argentée. Il croît dans les prés humides. ♄

XXXVI. *Toutes les feuilles ſans ſtipules.*

Saule rampant. *Salix repens.*

Salix alpina, pumila, rotundifolia, repens, infernè ſubcinereà. Tournef. 591.

β. *Salix pumila foliis utrinquè candicantibus & lanuginoſis.* Bauh. p. 474.

Sous-arbriſſeau tout-à-fait couché ; ſes rameaux ſont longs d'un pied ou un peu plus, & leur écorce eſt brune ou rouſſâtre ; ſes feuilles ſont ovales, quelquefois un peu lancéolées ; & portées ſur de courts pétioles ; elles ſont vertes

241. & rarement velues dans leur surface supérieure; mais elles sont blanchâtres & un peu soyeuses en-dessous : les chatons sont oblongs & pédunculés, & leurs écailles sont roussâtres. On le trouve dans les lieux montagneux & humides. ♄.

---

242. *Écailles du chaton déchirées ; stigmate quadrifide.*

Peuplier. *Populus.*

Les Peupliers sont des arbres fort hauts, dont les fleurs naissent sur des chatons alongés & cylindriques. Les fleurs mâles ont huit étamines, & les fleurs femelles produisent des capsules biloculaires & bivalves qui renferment des semences à aigrettes.

ANALYSE.

Feuilles très-glabres des deux côtés. I.	Feuilles très-blanches, & cotonneuses en-dessous. I V.

I. *Feuilles très-glabres des deux côtés.*

Feuilles deltoïdes, pointues, vertes des deux côtés, & à nervures jaunâtres. I I.	Feuilles arrondies, d'une couleur cendrée en-dessous, & à nervures noirâtres. I I I.

II. *Feuilles deltoïdes, pointues, vertes des deux côtés, & à nervures jaunâtres.*

Peuplier noir. *Populus nigra.* Lin. Sp. 1464.

Populus nigra. Tournef. 592.

Cet arbre s'élève en peu de temps à une grande hauteur ; ses jeunes feuilles sont recouvertes d'une liqueur limpide, & leurs boutons sont remplis d'un baume visqueux & odorant : les pétioles sont longs & jaunâtres ; les chatons mâles

242. font grêles & garnis d'étamines ; dont les anthères font de couleur pourpre. Il croît dans les lieux humides, ♄ ; les boutons font réfineux, émolliens & calmans.

III. *Feuilles arrondies, d'une couleur cendrée en-dessous, & à nervures noirâtres.*

Peuplier tremble. *Populus tremula.* Lin. Sp. 1464.

Populus tremula. Tournef. 592.

Arbre élevé, dont le bois eft blanc & fort tendre, l'écorce épaiffe & blanchâtre fe détachant aifément ; les feuilles d'un vert-brun en-deffus, grifâtres en-deffous, ou même un peu cotonneufes dans leur jeuneffe, & portées fur des pétioles menus, très-fouples & d'une couleur brune : ces feuilles agitées par le moindre vent, paroiffent continuellement trembler ; elles ont une couple de glandes à leur bafe intérieure. Cet arbre croît dans les bois. ♄.

IV. *Feuilles très-blanches, & cotonneufes en-deffous.*

Peuplier blanc. *Populus alba.* Lin. Sp. 1463.

Populus alba majoribus foliis. Tournef. 592.

β. *Populus alba minoribus foliis.* Ibid.

Cet arbre orne agréablement les chemins, & forme de très-belles allées ; fes feuilles font extrêmement blanches en-deffous ; elles font grandes & très-anguleufes dans la première variété, mais celles de la feconde font plus petites & moins découpées, & elles acquièrent toutes une couleur jaune affez belle à l'entrée de l'automne, quelque temps avant leur chute. Cet arbre croît aifément par-tout.

243.

Semences fans aigrette, & contenues dans une baie . . { Feuilles oppofées . . . . . 244 / Feuilles alternes 245

---

244. *Feuilles opposées.*

Corroyère myrtine. *Coriaria myrtifolia.* Lin. Sp. 1467.

Rhus myrtifolia monspeliaca. Bauh. p. 414.

Arbrisseau peu élevé, dont les rameaux sont flexibles, lâches & épars; ses feuilles sont simples, ovales, pointues, entières, glabres & portées sur de courts pétioles: ses fleurs terminent les rameaux, & forment de petites grappes garnies de bractées. La corolle se change en une espèce de petite baie qui renferme cinq semences. Il croît dans les provinces méridionales. ♄

---

245. *Feuilles alternes* . . . . . . { Fleurs à chaton; corolles univalves . . . . 246. / Fleurs sans chaton; corolles quadrifides . . . . 555.

---

246. *Fleurs à chaton; corolles univalves.*

Piment aquatique. *Myrica palustris.*

Gale florifera & fructifera. Vaill. Paris. 77.

Myrica gale. Linn. Sp. 1453.

Petit arbrisseau branchu & odorant, dont les feuilles sont dures, oblongues, plus larges vers leur extrémité supérieure, dentées & portées sur de très-courts pétioles; les fleurs sont disposées sur des chatons, dont les écailles sont un peu luisantes: les fruits sont un peu charnus & d'une odeur assez forte. Il croît dans les lieux aquatiques & marécageux. ♄

---

247. *Feuilles parfaitement sessiles.* { Feuilles cylindriques & ramiformes . . . . 248. / Feuilles non cylindriques & point ramiformes . . . . 249.

---

248. *Feuilles cylindriques & ramiformes.*

Uvette maritime. *Ephedra distachia.* Linn. Sp. 1472.

Ephedra marina minor. Tournef. 663.

Arbrisseau de deux ou trois pieds, rameux, & dont les feuilles grêles, cylindriques, articulées, opposées ou même verticillées, ressemblent parfaitement aux rameaux; elles ont à chaque articulation une stipule vaginale très-courte & à deux dents: c'est de l'aisselle de ces stipules que naissent les fleurs portées sur des pétioles courts dans l'individu mâle, mais qui sont plus alongés, géminés & souvent verticillés dans l'individu femelle. Cet arbrisseau croît dans les lieux sablonneux & maritimes des provinces méridionales. ♄

---

249. *Feuilles non cylindriques & point ramiformes* . . . . .
- Feuilles opposées ou ternées . . . 250
- Feuilles toutes alternes . . . 253

---

250. *Feuilles opposées ou ternées.*
- Feuilles dont la largeur n'excède pas une ligne 251
- Feuilles dont la largeur excède deux lignes 252

---

251. *Feuilles dont la largeur n'excède pas une ligne.*

Genevrier. *Juniperus.*

Les Genevriers ont les feuilles petites, nombreuses, très-rapprochées & persistantes pendant l'hiver. Les individus mâles portent leurs fleurs disposées sur des chatons ovales & sessiles; les fleurs des pieds femelles sont composées de trois styles entourés d'une corolle & d'un calice de trois pièces, & produisent de petites baies trispermes.

ANALYSE.

Feuilles pointues.	Feuilles obtuses.
I.	VI.

251. I. *Feuilles pointues.*

Feuilles ternées ou quaternées, sessiles & ouvertes. II.	Feuilles toutes opposées, un peu décurrentes, & appliquées contre les rameaux. V.

II. *Feuilles ternées ou quaternées, sessiles & ouvertes.*

Baies, dont le diamètre n'excède pas deux lignes, & d'un bleu-noirâtre dans leur maturité. III.	Baies, dont le diamètre excède deux lignes, & simplement rougeâtres dans leur maturité. IV.

III. *Baies, dont le diamètre n'excède pas deux lignes, & d'un bleu-noirâtre dans leur maturité.*

Genevrier commun. *Juniperus communis.* Linn. Sp. 1470.

Juniperus vulgaris fructicosa. Tournef. 588.

β. Juniperus vulgaris arbor. Ibid.

Cet arbrisseau reste ordinairement en buisson, ou s'élève quelquefois en arbre comme dans la variété β. Sa tige est branchue, tortue ou difforme, son écorce est d'un brun-rougeâtre ; ses feuilles sont étroites, aiguës, roides, piquantes, concaves d'un côté, & souvent un peu glauques à leur base : les individus femelles produisent de petites baies sphériques, vertes d'abord, mais qui acquièrent une couleur noirâtre en mûrissant. Cet arbrisseau croît sur les collines sèches & arides, ♄. Ses baies sont stomachiques, carminatives, diurétiques, & son bois est sudorifique.

IV. *Baies, dont le diamètre excède deux lignes, & simplement rougeâtres dans leur maturité.*

Genevrier oxicèdre. *Juniperus oxycedrus.* Linn. Sp. 1470.

Juniperus major baccâ rufescente. Tournef. 589.

Cet arbrisseau ressemble beaucoup au précédent, mais ses

251. feuilles ſont un peu moins ſerrées & aſſez grandes; ſes rameaux ſont triangulaires : ſes baies ſont de la groſſeur d'une noiſette & d'une couleur rougeâtre ou rouſſâtre dans leur maturité. Il croît en Provence & en Languedoc. ♄

V. *Feuilles toutes oppoſées ; un peu décurrentes , & la plupart appliquées contre les rameaux.*

Genevrier ſavinier. *Juniperus ſabina.* Linn. Sp. 1472.

Sabina folio cupreſſi. Bauh. p. 487.

β. *Sabina folio tamariſci Dioſcoridis.* Ibid.

Arbriſſeau de deux ou trois pieds, très-branchu, & dont l'écorce eſt un peu rougeâtre; ſes feuilles ſont beaucoup plus petites que celles des deux précédens ; elles ſont tout-à-fait appliquées ſur les rameaux, ce qui les fait paroître embriquées, mais celles de l'extrémité des rameaux ſupérieurs ſont un peu lâches, ſur-tout dans la variété β qui les a plus longues : les baies ſont petites & bleuâtres. Il croît dans les provinces méridionales, ♄; ſon odeur eſt forte & pénétrante. Ses feuilles ſont un puiſſant & un dangereux emménagogue ; elles ſont auſſi diurétiques, vermifuges, anti-ſeptiques & déterſives.

VI. *Feuilles obtuſes.*

Genevrier phénicien. *Juniperus phœnicea.* Linn. Sp. 1471.

Cedrus folio cupreſſi major, fructu flaveſcente. Tournef. 588.

β. *Cedrus folio cupreſſi media majoribus, baccis.* Ibid.

Arbriſſeau dont la tige eſt branchue & tortueuſe, l'écorce rude & rouſſâtre, & les feuilles extrêmement petites, ovales, convexes, obtuſes & appliquées ſur les rameaux, preſque embriquées; les baies ſont ſphériques & d'un jaune-rougeâtre. Celles de la variété β ſont un peu plus groſſes. Il croît dans les provinces méridionales. ♄

---

252. *Feuilles dont la largeur excède deux lignes.*

Gui vulgaire. *Viſcum album.* Linn. Sp. 1451.

Viſcum baccis albis. Tournef. 609.

Plante paraſite dont la tige ligneuſe, longue d'un à deux

252. pieds ; est articulée & divisée en rameaux extrêmement nombreux & diffus ; ses feuilles sont opposées, lancéolées, obtuses, dures & épaisses ; ses fleurs sont axillaires, sessiles & disposées deux ou trois ensemble ; les fruits sont de petites baies blanches, gluantes & monospermes. On trouve cette plante sur les branches des arbres, ♄ ; elle est astringente, & passe pour anti-épileptique.

253.		
	Feuilles toutes alternes. . . .	Feuilles ovales & piquantes ; fruit à trois loges 254
		Feuilles étroites & lancéolées ; fruit à une loge ou monosperme. 255

---

254. *Feuilles ovales & piquantes ; fruit à trois loges.*

Houx piquant. *Ruscus aculeatus.* Linn. Sp. 1474.

Ruscus myrtifolius aculeatus. Tournef. 79.

Ses tiges sont hautes de deux à trois pieds, cylindriques, verdâtres, & produisent des rameaux nombreux ; elles sont très-flexibles, & se rompent difficilement : ses feuilles sont sessiles, ovales, pointues, lisses, dures & piquantes ; ses fleurs sont solitaires, portées chacune sur un court péduncule qui naît du milieu des feuilles ; les fruits sont des baies sphériques qui contiennent deux à trois semences, & qui deviennent rouges en mûrissant. On le trouve dans les bois, ♄. Sa racine est très-apéritive, diurétique & emménagogue.

255.		
	Feuilles étroites & lancéolées ; fruit à une loge ou monosperme	Corolle à deux ou quatre divisions 256
		Corolle à trois divisions . . 257

---

526. *Corolle à deux ou quatre divisions.*

Grifet rhamnoïde. *Hippophæ rhamnoides.* Linn. Sp. 1452.

Rhamnoides florifera, & fructifera, salicis folio. Tournef. cor. 53.

Arbre médiocre dont les feuilles sont longues, étroites, blanchâtres

256. blanchâtres & parsemées d'écailles grisâtres & luisantes : les fleurs sont solitaires, sessiles & axillaires ; leur corolle est fort petite, nue, verdâtre & bifide selon M. Linné, ou quadrifide selon M. Scopoli. Les pieds femelles produisent des petites baies jaunâtres & monospermes. Il croît en Provence. ♄

---

257. *Corrolle à trois divisions.*

Rouvet blanc. *Osyris alba.* Linn. Sp. 1450.

Casia poëtica Monspeliensium. Tournef. 664.

Arbrisseau de deux pieds dont la tige est striée & très-branchue ; ses feuilles sont sessiles, oblongues, étroites, pointues & entières ; ses fleurs sont pédunculées & ramassées aux extrémités des rameaux ; les corolles sont nues, trifides & jaunâtres ; & les fruits sont des baies sèches & ombiliquées. Il croît en Languedoc. ♄.

258.

Feuilles ailées . . . . . . { Un seul style dans les fleurs femelles 259
Deux ou trois styles dans les fleurs femelles . . . . 260 }

---

259. * *Un seul style dans les fleurs femelles.*

Caroubier siliqueux. *Ceratonia siliqua.* Linn. Sp. 1513.

Siliqua edulis. Tournef. 578.

Arbre médiocre, rameux & étalé, ses feuilles sont ailées sans impaire ; les folioles sont obrondes, fermes, lisses, nerveuses & presque sessiles ; les fruits sont des siliques longues, aplaties & arquées. Ces siliques renferment des semences comprimées & logées dans une pulpe succulente. Cet arbre croît dans les provinces méridionales, ♄. Le mucilage de ses fruits est doux, pectoral & laxatif.

Nota. On trouve communément des pieds dont toutes les fleurs sont hermaphrodites.

---

260. *Deux ou trois ſtyles dans les fleurs femelles.*

Piſtachier. *Piſtachia.*

Les fleurs des piſtachiers ſont diſpoſées en pannicule ou ſur des eſpèces de chatons lâches & rameux. Les individus femelles portent des fruits à noyau & monoſpermes.

A N A L Y S E.

Feuilles ternées ou ailées, avec impaire. I.	Feuilles ailées, mais ſans impaire. IV.

I. *Feuilles ternées ou ailées, avec impaire.*

Cinq folioles ou moins, ovales-obrondes. II.	Plus de cinq folioles ovales-lancéolées. III.

II. *Cinq folioles ou moins, ovales-obrondes.*

Piſtachier de Narbonne. *Piſtachia Narbonenſis.* Linn. Sp. 1454.

Terebinthus peregrina fructu majore, piſtaciis ſimili eduli. Tournef. 579.

Arbre moyen, dont les rameaux ſont longs & recouverts d'une écorce unie & cendrée; ſes feuilles ſont compoſées de trois ou cinq folioles preſque ſeſſiles, aſſez larges, ovales ou quelquefois un peu lancéolées : ſes fruits ſont preſque ovales, rougeâtres, un peu ridés ou réticulés, & renflés d'un côté vers leur baſe. On le trouve dans les bois en Languedoc. ♄

III. *Plus de cinq folioles ovales-lancéolées.*

Piſtachier térébinthe. *Piſtachia terebinthus.* Linn. Sp. 1455.

Terebinthus vulgaris. Tournef. 579.

Arbre médiocrement élevé & aſſez ſemblable au précédent

260. par son port ; ses feuilles sont composées de folioles ovales, oblongues & ordinairement au nombre de sept, portées sur un pétiole commun légèrement ailé. Ses fleurs sont petites, panniculées & axillaires, & ses baies sont d'un vert bleuâtre, renflées d'un côté vers leur sommet, moins ridées & de moitié plus petites que celles du précédent. Il croît dans les provinces méridionales, ♄. Sa résine est vulnéraire, détersive & diurétique, & ses fruits sont un peu astringens.

IV. *Feuilles ailées, mais sans impaire.*

Pistachier lentisque. *Pistachia lentiscus.* Linn. Sp. 1455.

Lentiscus vulgaris. Tournef. 580.

Arbre beaucoup moins élevé que les précédens ; son écorce est brune ou rougeâtre ; ses rameaux sont nombreux & étendus, & ses feuilles sont composées de huit folioles lancéolées, un peu étroites, très-entières & portées sur un pétiole commun très-ailé & presque articulé. Les fleurs sont petites, panniculées & rougeâtres ; leurs chatons ou leurs panniculès naissent deux à deux dans les aisselles, & sont presque sessiles : les fruits sont de petites baies qui acquièrent une couleur purpurine ou noirâtre en mûrissant. Il croît dans les provinces méridionales, ♄. Son odeur est forte, mais agréable ; ses sommités, ses baies & sa résine sont dessiccatives, astringentes & stomachiques ; la résine, qui nous vient de l'île de Chio, sous le nom de *mastic*, se retire du lentisque.

---

261. *Fleurs bissexuelles.*

Fleurs pétalées.	*Fleurs non pétalées.*
Fleurs ayant une corolle, c'est-à-dire, une enveloppe circulaire qui n'est point composée de paillettes insérées par opposition ou par embrication.	Fleurs n'ayant point de corolle, mais tout-à-fait nues ou enfermées dans des paillettes ou des écailles insérées par opposition ou par embrication.
262.	1146.

262. *Fleurs pétalées* . . . .
- Ovaire dans la corolle; ovaire ne portant point la corolle, au fond de laquelle il paroît en entier 263
- Ovaire ſous la corolle; ovaire placé ſous la corolle, au fond de laquelle il ne paroît que peu ou point du tout. 916

---

263. *Ovaire dans la corolle* . . .
- Fleurs complettes; fleurs environnées d'une corolle & d'un calice 264
- Fleurs incomplettes; fleurs environnées d'une corolle, mais ſans calice 793

---

264. *Fleurs complettes* . . . .
- Dix étamines ou moins . . 265
- Onze étamines ou plus . . 726

---

265. *Dix étamines ou moins* . . .
- Corolle monopétale 266
- Corolle polypétale 483

---

266. *Corolle monopétale* . . . . .
- Corolle uniforme ou régulière. 267
- Corolle difforme ou irrégulière. 370

---

267. *Corolle uniforme ou régulière.*
- Une à cinq étamines . . . 268
- Plus de cinq étamines . . 356

268.	*Une à cinq étamines . . .*	Cinq étamines 269
		Moins de cinq étamines . . 339

269.	*Cinq étamines . . . .*	Feuilles caulinaires ou nulles ou alternes, ou quelquefois géminées d'un même côté sans opposition réelle 270
		Feuilles caulinaires parfaitement opposées, ou verticillées . . 327

270.	*Feuilles caulinaires ou nulles ou alternes, ou quelquefois géminées d'un même côté sans opposition réelle . . .*	Un seul ovaire simple & sans divisions 271
		Quatre ovaires, ou un seul à quatre divisions 303

271.	*Un seul ovaire simple & sans division . . . .*	Un seul style chargé d'un stigmate entier 272
		Style ou stigmate avec des divisions 293

272.	*Un seul style chargé d'un stigmate entier . . . . . .*	Tige nue, ou dont les feuilles sont embriquées 273
		Tige garnie dans toute sa longueur, de feuilles non embriquées. 282

273.	*Tige nue, ou dont les feuilles sont embriquées . . . . .*	Corolle dont le limbe n'a que cinq ou dix divisions 274
		Corolle campanulée, dont le limbe est à plus de dix divisions ou déchirures 281

274. *Corolle dont le limbe n'a que cinq ou dix divisions. . .* { Divisions de la corolle, échancrées à leur sommet. 275
Divisions de la corolle, très-entières. 278

---

275. *Divisions de la corolle, échancrée à leur sommet.* { Fleurs verticillées à plusieurs étages. 276
Fleurs solitaires, ou en ombelle terminale. 277

---

276. *Fleurs verticillées à plusieurs étages.*

Plumeau aquatique. *Hottonia palustris.* Linn. Sp. 208.

Stratiotes fluviatilis. Vaill. Parif. 190.

Cette plante rampe dans l'eau, où elle s'étend par des sarmens garnis de feuilles verticillées, ailées & à pinnules linéaires; sa tige est nue, fistuleuse, simple, & s'élève au-dessus de l'eau à la hauteur de six à huit pouces; elle porte à son sommet trois ou quatre verticilles de fleurs blanches ou quelquefois rougeâtres : chaque fleur est portée sur un pédun-cule long de quatre à six lignes; les divisions du calice sont courtes & linéaires; celles de la corolle sont profondes, & un peu jaunâtres à leur base intérieure; & les verticilles sont garnies de bractées linéaires moins longues que les fleurs. On trouve cette plante dans les étangs & les fossés aquatiques. ♃

---

277. *Fleurs solitaires, ou en ombelle terminale.*

Primevere. *Primula.*

La corolle des primeveres est ordinairement terminée à sa base par un tube cylindrique plus ou moins long, & son limbe est partagé en cinq découpures remarquables par une échancrure à leur sommet, ce qui suffit pour distinguer ce genre de l'androsace qui a les divisions de la corolle très-entières. Le fruit est une capsule uniloculaire & polysperme.

277. ## ANALYSE.

Feuilles dentées, crénelées ou ridées. I.	Feuilles très-entières & point ridées. VIII.

I. *Feuilles dentées, crénelées ou ridées.*

Calice presque aussi long que le tube de la corolle. II.	Calice de moitié au moins plus court que le tube de la corolle. VII.

II. *Calice presque aussi long que le tube de la corolle.*

Tige chargée de plusieurs fleurs disposées en manière d'ombelle. III.	Fleurs solitaires sur des péduncules qui naissent immédiatement de la racine. VI.

III. *Tige chargée de plusieurs fleurs disposées en manière d'ombelle.*

Fleurs jaunâtres. IV.	Fleurs rouges ou blanches. V.

IV. *Fleurs jaunâtres.*

Primevere officinale. *Primula officinalis.* Linn. Sp. 204.

Primula veris odorata, flore luteo simplici. Tournef. 124.
β. *Primula veris pallido flore, elatior.* Ibid.

Sa tige est une hampe nue, haute de six à sept pouces; elle porte à son sommet des fleurs jaunes, odorantes, toutes inclinées, & dont les péduncules particuliers naissent d'un point commun en manière d'ombelle. Ces péduncules sont pubescens & garnis à leur base d'une collerette de cinq à six folioles courtes & cétacées. Les feuilles sont radicales, épaisses,

277. ridées & dentées. La variété β s'élève jufqu'à un pied. Ses fleurs font plus grandes, moins pendantes, & d'un jaune très-pâle. La première variété croît ordinairement dans les prés où elle fleurit de bonne heure. ♃ Ses feuilles & fes fleurs font anodines, cordiales & vulnéraires. La feconde a les mêmes vertus, mais plus foibles. On la trouve communément dans les bois. ♃

V. *Fleurs rouges ou blanches.*

Primevere farineufe. *Primula farinofa.* Linn. Sp. 205.

Primula veris rubro flore. Tournef. 124.
β. *Primula veris albo flore.* Ibid.

Sa tige eft grêle, nue & haute de cinq à fix pouces; elle porte à fon fommet fix à huit petites fleurs non pendantes, difpofées en ombelle, & qui ont le limbe de leur corolle à cinq découpures cordiformes. Les feuilles font radicales, oblongues, moins larges que celles de la précédente, obtufes à leur extrémité, rétrécies en pétiole à leur bafe, dentées en leur bord, vertes en-deffus, blanchâtres & farineufes en-deffous. Cette plante croît dans les prés humides des provinces méridionales. ♃

VI. *Fleurs folitaires fur des péduncules qui naiffent immédiatement de la racine.*

Primevere grandiflore. *Primula grandiflora.*

Primula veris floribus ex fingularibus pediculis pallidis majoribus fimplicibus. Tournef. 125.

M. Linné range cette plante avec la primevere officinale, comme n'en étant qu'une variété; mais elle en diffère on ne fauroit davantage. Son port, la grandeur de fes fleurs, leur forme, &c. tout s'oppofe à ce que l'on puiffe réunir ces plantes.

Sa racine produit beaucoup de feuilles ovales-oblongues, un peu obtufes à leur fommet, à peine dentées en leur bord, vertes & ridées en-deffus, & légèrement velues en-deffous. Parmi ces feuilles naiffent directement de la racine plufieurs péduncules-uniflores, dont la longueur n'excède prefque pas celle des feuilles. Le limbe de la corolle eft plane, & fa

277. grandeur est telle que son diamètre surpasse toujours la longueur du calice, caractère que n'a jamais la primevere officinale. Cette plante, dans son lieu natal, produit constamment des fleurs d'un jaune-sulfureux; mais la culture change leur couleur de mille manières différentes, & la font passer souvent au rouge le plus vif. On trouve cette espèce dans les bois. Elle est commune dans les environs de Dreux, où elle a été observée par M. Richard. ♃

VII. *Calice de moitié au moins plus court que le tube de la corolle.*

Primevere oreille-d'ours. *Primula auricula.* Linn. Sp. 205.

Auricula ursi. Tournef. 120.

Cette plante, très-connue par ses nombreuses & charmantes variétés, fait une des principales richesses des Fleuristes; ses feuilles sont radicales, lisses en-dessus, dentées en leur bord, où elles sont souvent farineuses & d'une consistance épaisse & charnue. Ses tiges sont des hampes hautes de quatre à six pouces qui soutiennent chacune une ombelle de fleurs, dont la couleur varie admirablement par la culture. Le fruit est une capsule globuleuse & un peu applatie vers son sommet. On trouve cette plante dans les montagnes en Provence. ♃

VIII. *Feuilles très-entières & point ridées.*

Des glandes jaunâtres à l'entrée de la corolle.	Aucune glande à l'entrée de la corolle.
IX.	XII.

IX. *Des glandes jaunâtres à l'entrée de la corolle.*

Feuilles glabres & linéaires.	Feuilles velues & lancéolées.
X.	XI.

277. X. *Feuilles glabres & linéaires.*

Primevere lactée. *Primula lactea.*

Androsace Alpina perennis, angustifolia, glabra, flore singulari. Tournef. 123.

Androsace lactea. Linn. Sp. 204.

Ses feuilles sont lisses, dures, très-étroites, courtes, aiguës, rudes en leur bord, & sont ramassées à la base de chaque tige sous la forme de rosettes assez denses. Ces tiges sont de petites hampes à peine hautes de trois pouces, très-menues & chargées à leur sommet de quelques fleurs blanches disposées en ombelle peu garnie. Le limbe de la corolle est partagé en cinq découpures cordiformes & d'un blanc laiteux. On trouve cette plante en Bourgogne, en Provence, &c. dans les lieux montueux & couverts. ♃

XI. *Feuilles velues & lancéolées.*

Primevere velue. *Primula villosa.*

Androsace perennis angustifolia, villosa & multiflora. Tournef. 123.

Androsace villosa. Linn. Sp. 203.

Ses feuilles sont velues & sont moins étroites que celles de l'espèce précédente, mais elles forment comme elle des rosettes denses à la base des tiges. Ces tiges sont grêles, velues, rougeâtres, & soutiennent chacune une ombelle de six à huit fleurs blanches; mais dans lesquelles l'entrée du tube de la corolle est jaune ou rougeâtre. Cette plante croît en Dauphiné où elle a été observée par M. de Villars. ♃

XII. *Aucune glande à l'entrée de la corolle.*

Primevere découpée. *Primula incisa.*

Auricula ursi carnei coloris, foliis minimè serratis. Tournef. 121.

Primula integrifolia. Linn. Sp. 205.

Ses feuilles sont charnues, elliptiques, un peu en pointe, lisses & disposées à la base de la tige qui est une hampe haute de deux pouces. Cette tige est chargée de deux ou trois fleurs violettes ou couleur de chair. Le limbe de la

277. corolle eſt fort grand & partagé en cinq découpures ſémi-bifides, & le calice eſt de moitié plus court que le tube de la corolle. Cette plante croît dans les montagnes des provinces méridionales. ♃

278.

Diviſions de la corolle très-entières.	Limbe de la corolle en roſette, & ſimplement ouvert. 279
	Limbe de la corolle tout-à-fait replié vers l'extrémité du pédun-cule. 280

279. *Limbe de la corolle en roſette, & ſimplement ouvert.*

Androſace. *Androſace.*

Les androſaces ont beaucoup de rapport avec les primevères. Pluſieurs eſpèces ont les fleurs diſpoſées en ombelle avec une collerette remarquable ; mais les cinq diviſions de la corolle ſont très-entières. Le fruit eſt une capſule uniloculaire.

ANALYSE.

Fleurs diſpoſées en ombelle. I.	Fleurs non diſpoſées en ombelle. VI.

I. *Fleurs diſpoſées en ombelle.*

Feuilles dentées. II.	Feuilles très-entières. V.

II. *Feuilles dentées.*

Calice plus grand que la corolle. III.	Calice moins grand que la corolle. IV.

279. III. *Calice plus grand que la corolle.*

Androſace majeure. *Androſace maxima.* Linn. Sp. 203.

Androſace vulgaris latifolia, annua. Tournef. 123.

Ses feuilles ſont ovales, pointues, dentées, glabres & couchées ſur la terre où elles forment une aſſez grande roſette à la baſe de la plante. De leur milieu s'élèvent à la hauteur de trois à cinq pouces, trois ou quatre tiges grêles, nues, rougeâtres, chargées chacune d'une ombelle compoſée de cinq à ſix fleurs blanches & fort petites. Ces fleurs ſont enfoncées dans un calice fort grand, dont les découpures profondes ſont ſouvent un peu dentées en leur bord. La collerette de l'ombelle eſt remarquable par ſa grandeur; elle eſt compoſée de quatre ou cinq folioles ovales, garnies de quelques dents écartées. Cette plante croît dans les provinces méridionales, dans les champs cultivés ⊙

IV. *Calice moins grand que la corolle.*

Androſace multiflore. *Androſace multiflora.*

Androſace ſeptentrionalis. Linn. Sp. 203.

Ses feuilles ſont lancéolées, un peu étroites, dentées, couchées ſur la terre, & ramaſſées en grand nombre au bas de la plante où elles forment une roſette bien garnie. De leur milieu s'élève ſouvent une ſeule tige à la hauteur de cinq à ſix pouces; elle eſt grêle, nue & très-droite; elle porte à ſon ſommet une ombelle compoſée d'une trentaine de fleurs, portées chacune ſur des péduncules longs preſque d'un pouce: la collerette eſt extrêmement petite. Cette plante croît en Provence. ⊙

V. *Feuilles très-entières.*

Androſace carnée. *Androſace carnea.* Linn. Sp. 204.

Androſace alpina perennis, anguſtifolia, glabra & multiflora. Tournef. 123.

Ses feuilles ſont étroites, pointues, épaiſſes, un peu ridées, glabres & ramaſſées en petit gazon touffu à la baſe de la plante. Sa tige eſt haute de trois pouces, & porte à ſon ſommet une ombelle ſerrée, compoſée de quatre à cinq fleurs rougeâtres, dont les péduncules propres ſont fort courts. La

279. collerette de l'ombelle eſt formée par quelques folioles étroites, pointues, & preſque auſſi longues que les fleurs. Cette plante croît dans les montagnes du Dauphiné où elle a été obſervée par M. de Villars. ♃

VI. *Fleurs non diſpoſées en ombelle.*

Feuilles linéaires & aiguës.	Feuilles ovales & point aiguës.
VII.	VIII.

VII. *Feuilles linéaires & aiguës.*

Androſace jaune. *Androſace lutea.*

Auricula urſi alpina gramineo folio, jaſmini lutei flore. Tournef. 122.

Primula vitaliana. Linn. Sp. 206.

Ses feuilles ſont fort petites, étroites, pointues, un peu dures, recourbées & ramaſſées en petits gazons au bas de la plante. Ses tiges ſont des hampes uniflores fort courtes ; elles ont rarement un pouce de longueur, & ſont chargées chacune d'une fleur jaune dont la corolle tubulée ſe termine par cinq découpures ovales-oblongues & entières. Le fruit eſt une capſule arrondie qui contient cinq ſemences. Cette plante croît dans les montagnes en Provence & en Dauphiné. ♃

VIII. *Feuilles ovales & point aiguës.*

Androſace embriqué. *Androſace imbricata.*

Diapenſia helvetica. Linn. Sp. 202.

Sa racine produit pluſieurs tiges très-courtes, tout-à-fait couvertes de petites feuilles embriquées & pubeſcentes. Ces tiges ſont ramaſſées, & forment, par leur nombre, des gazons courts, mais fort denſes, comme dans quelques eſpèces de ſaxifrages. Les fleurs ſont blanches, ſolitaires, preſque ſeſſiles & terminales. Cette plante a été obſervée en Dauphiné par M. de Villars. ♃

280. *Limbe de la corolle tout-à-fait replié vers l'extrémité du péduncule.*

Pain de pourceau. *Cyclamen Europæum.* Linn. Sp. 207.

Cyclamen. Lob. Ic. 605. Tournef. 154 & *varietates.*

La racine de cette plante est grosse, arrondie, charnue, noirâtre & garnie de fibres très-menues; elle produit plusieurs hampes grêles, nues, uniflores & hautes de deux ou trois pouces; les fleurs un peu pendantes, ont leur disque tourné vers la terre, mais les cinq divisions du limbe de la corolle sont repliées & regardent le ciel. Les feuilles sont arrondies, cordiformes, dentées ou lobées, tachées de blanc, rougeâtres en-dessous, & portées sur de longs pétioles qui naissent de la racine. Cette plante croît dans les bois des provinces septentrionales. ♃ Sa racine est caustique, résolutive, errhine, vermifuge & fortement purgative.

---

281. *Corolle campanulée, dont le limbe est à plus de dix divisions ou déchirures.*

Soldanelle des Alpes. *Soldanella Alpina.* Linn. Sp. 206.

Soldanella Alpina rotundifolia. Tournef. 82.

Sa tige est une hampe nue, haute de cinq à six pouces, terminée par trois ou quatre fleurs pédunculées & rougeâtres; ses feuilles naissent de la racine, & sont portées sur des pétioles longs & très-grêles; elles sont petites, lisses, dures, orbiculaires & un peu réniformes. Le fruit est une capsule oblongue, uniloculaire & striée. Cette plante croît dans les montagnes en Provence. ♃

---

282. *Tige garnie dans toute sa longueur de feuilles non embriquées.*
- Corolle campanulée ou infundibuliforme. 283
- Corolle en roue & peu tubulée. 288

---

283. *Corolle campanulée ou infundibuliforme.*	Feuilles très-entières. . . .	284
	Feuilles anguleuſes en leur bord.	287

224. *Feuilles très-entières.* . . .	Fleurs jaunes.	285
	Fleurs rougeâtres.	286

285. *Fleurs jaunes.*

Tabac ruſtique. *Nicotiana ruſtica.* Linn. Sp. 258.

Nicotiana minor. Tournef. 117.

Sa tige eſt droite, cylindrique, velue & haute de deux pieds; ſes feuilles ſont épaiſſes, ovales, obtuſes, un peu glutineuſes, couvertes d'un duvet fin, & portées par de courts pétioles. La corolle des fleurs eſt d'un jaune-pâle, & ſes diviſions ſont obtuſes. Cette plante, quoiqu'étrangère, ſe resème ſi facilement d'elle même dans les lieux où on l'a une fois apportée, qu'elle eſt maintenant commune & preſque naturaliſée dans nos climats. ⊙ Elle eſt déterſive, anodine, purgative & émétique.

286. *Fleurs rougeâtres.*

Belladone baccifère. *Belladona baccifera.*

Belladona majoribus foliis & floribus. Tournef. 77.
Atropa belladona. Linn. Sp. 260.

Sa tige eſt haute de deux ou trois pieds, velue & très-rameuſe; ſes feuilles ſont ovales, très-entières, ſouvent géminées & d'inégale grandeur. Les fleurs ſont axillaires, portées ſur de courts péduncules; leur corolle eſt d'un rouge ſale ou ferrugineux, & les fruits ſont des baies preſque rondes qui acquièrent une couleur noirâtre en mûriſſant. On trouve cette plante dans les grands foſſés & ſur le bord des bois. ♃ Ses baies ſont un violent narcotique très-dangereux.

287. *Feuilles anguleuses en leur bord.*

Pommette épineuse. *Stramonium spinosum.*

Stramonium fructu rotundo spinoso, flore albo simplici. Tournef. 118.

Datura stramonium. Linn. Sp. 255.

Sa tige est haute de trois à quatre pieds, ronde, creuse, & très-branchue; ses feuilles sont pétiolées, glabres, larges, anguleuses & pointues; la corolle des fleurs est fort grande, infundibuliforme, plissée & d'une couleur blanche ou violette. Le fruit est une capsule quadrivalve, arrondie & hérissée de pointes courbes, droites & épaisses. On trouve cette plante sur le bord des chemins. Elle s'est naturalisée en France. ⊙ Ses feuilles sont narcotiques, anodines & résolutives.

---

288. *Corolle en roue & peu tubulée.*
- Divisions de la corolle, terminées en pointe. 289
- Divisions de la corolle arrondies. 292

Divisions de la corolle, terminées en pointe.
- Calice très-renflé & vésiculaire renfermant le fruit. 290
- Anthères percées à leur sommet; fruit nu. 291

---

290. *Calice très-renflé & vésiculaire renfermant le fruit.*

Coqueret alkekenge. *Physalis alkekengi.* Linn. Sp. 262.

Alkekengi officinarum. Tournef. 131.

Cette plante s'étend beaucoup, mais s'élève à peine au-delà d'un pied; ses feuilles sont entières, ovales, pointues, géminées & portées sur d'assez longs pétioles : ses fleurs sont solitaires, axillaires & soutenues par des péduncules plus courts que les pétioles. Les calices ne se renflent que

pendant

290. pendant la maturité du fruit, & acquièrent une couleur rouge. On trouve cette plante dans les lieux ombragés & humides ♃ ; son fruit est un puissant diurétique rafraîchissant & légèrement anodin.

---

291. *Anthères percées à leur sommet ; fruit nu.*

Morelle. *Solanum.*

Les fleurs des morelles ont des étamines réunies autour du style, de manière qu'elles forment une pyramide au centre de la corolle qui est ouverte en étoile. Les fruits sont des baies rondes & biloculaires.

ANALYSE.

Feuilles simples. I.	Feuilles ailées. IV.

I. *Feuilles simples.*

Tige ligneuse & grimpante. II.	Tige herbacée & point grimpante. III.

II. *Tige ligneuse & grimpante.*

Morelle grimpante. *Solanum scandens.*

Solanum scandens S. Dulcamara. Tournef. 149.
Solanum dulcamara. Linn. Sp. 264.

Sa tige est grêle, longue de cinq à six pieds ; elle grimpe sur les arbrisseaux qui sont dans son voisinage ; ses feuilles sont ovales, pointues, glabres, entières ou ayant quelquefois une ou deux découpures en manière de lobe vers leur base : les fleurs sont disposées en grappes vers le sommet des tiges, & les baies sont rouges dans leur maturité. Cette plante est commune dans les haies ♄ ; les tiges & les feuilles sont douces, amères, apéritives, détersives, sudorifiques, résolutives & expectorantes.

291. III. *Tige herbacée & point grimpante.*

Morelle noire. *Solanum nigrum.* Linn. Sp. 266.

Solanum officinarum acinis nigricantibus. Tournef. 148.

β. *Solanum officinarum acinis luteis.* Vaill. Parif. 188.

γ. *Solanum officinarum acinis puniceis.* Ibid.

Sa tige eft branchue, diffufe & haute d'un à deux pieds; fes feuilles font pétiolées, molles, ovales, anguleufes, dentées & pointues, & fes fleurs forment par leur difpofition des efpèces d'ombelles pendantes. Il leur fuccède des baies d'abord vertes, mais qui noirciffent ordinairement dans leur maturité. Cette plante croît dans les lieux cultivés ☉; elle eft extrêmement anodine, calmante, répercuffive & intérieurement très-affoupiffante.

IV. *Feuilles ailées.*

Morelle tubéreufe. *Solanum tuberofum.* Linn. Sp. 265.

Solanum tuberofum efculentum. Tournef. 149.

Sa tige eft haute d'un pied & demi, creufe, cannelée, tachée, velue & rameufe; fes feuilles font ailées avec une impaire, & leurs folioles font ovales, un peu pétiolées & tres-entières : fes fleurs font rougeâtres & difpofées en bouquets ombelliformes. Cette plante eft très-cultivée ☉; fes racines font tubéreufes & fe mangent.

---

292. *Divifions de la corolle, arrondies.*

Bouillon. *Verbafcum.*

Les fleurs de bouillon font difpofées en un long épi terminal & plus ou moins ferré; leur corolle eft en roue & prefque plane. Les étamines un peu inégales font fouvent chargés de poils colorés, & le fruit eft une capfule à deux loges polyfpermes.

ANALYSE.

Feuilles radicales très-entières.	Feuilles radicales finuées ou pinnatifides.
I.	VIII.

292. I. *Feuilles radicales très-entières.*

Feuilles décurrentes. II.	Feuilles non décurrentes. III.

II. *Feuilles décurrentes.*

Bouillon ailé. *Verbascum alatum.*

Verbascum mas latifolium luteum. Tournef. 146.
Verbascum thapsus. Linn. Sp. 252.

Sa tige est haute de trois ou quatre pieds, très-droite; cylindrique, ferme & un peu velue; ses feuilles sont fort grandes, molles, ovales, pointues & cotonneuses des deux côtés; elles forment par les prolongemens de leur base, des ailes courantes sur la tige : les fleurs sont jaunes, presque sessiles, ramassées trois ou quatre ensemble par petits paquets, & disposées en un épi cylindrique & fort long. On trouve cette plante sur le bord des chemins. ℞ Ses fleurs sont émollientes, calmantes & béchiques.

III. *Feuilles non décurrentes.*

Filamens des étamines chargés de poils blancs ou jaunâtres. IV.	Filamens des étamines chargés de poils rouges. VII.

IV. *Filamens des étamines chargés de poils blancs ou jaunâtres.*

Péduncules des fleurs longs de deux à quatre lignes; Feuilles presque glabres. V.	Fleurs presque sessiles; feuilles épaisses & cotonneuses des deux côtés. VI.

292. V. *Péduncules des fleurs longs de deux à quatre lignes; feuilles presque glabres.*

Bouillon lychnite. *Verbascum lichnitis.* Linn. Sp. 253.

Verbascum pulverulentum flore luteo parvo. Tournef. 147.

β. Verbascum lychnitis flore albo parvo. Ibid.

Sa tige est haute de deux à trois pieds, droite & un peu branchue; ses feuilles inférieures sont pétiolées & légèrement cotonneuses en-dessous, mais les supérieures sont assez glabres, & ont quelque rapport avec les feuilles de la cynoglosse : les fleurs sont petites, péduncules, d'un jaune-pâle ou de couleur blanche; elles sont peu serrées entre elles, & la partie de la tige qui les soutient est chargée d'une poussière farineuse. Cette plante croît dans les terreins pierreux & montueux. ♃

VI. *Fleurs presque sessiles; feuilles épaisses & cotonneuses des deux côtés.*

Bouillon cotonneux. *Verbascum tomentosum.*

Verbascum femina flore luteo magno. Tournef. 147.

Verbascum phlomoides. Linn. Sp. 253.

Cette plante est beaucoup plus cotonneuse que les autres espèces; ses feuilles radicales sont ovales, fort grandes, épaisses & comme drapées, & recouvertes d'un coton très-blanc; sa tige est cylindrique, haute de deux à trois pieds, quelquefois simple, souvent très-branchue, & garnie çà & là d'un coton blanc disposé comme par flocons. Les fleurs sont grandes, ramassées trois ou quatre par petits paquets sessiles, & ces paquets écartés les uns des autres forment des épis très-lâches. Cette plante est fort commune à Saint-Remi dans le voisinage de Saint-Just, route d'Amiens. ♂

VII. *Filamens des étamines chargés de poils rouges.*

Bouillon noir. *Verbascum nigrum.* Linn. Sp. 253.

Verbascum nigrum flore ex luteo purpurascente. Tournef. 147.

Sa tige est haute de deux pieds, droite, cylindrique, & terminée par un long épi de fleurs jaunes dont les étamines sont garnies de poils rouges ou de couleur purpurine. Les

292. feuilles inférieures ſont pétiolées, crénelées & un peu cotonneuſes particuliérement en-deſſous; les ſupérieures ſont ſeſſiles, & preſque glabres en-deſſus; elles ſont d'un vert-obſcur, & leurs nervures ſont un peu noirâtres. On trouve cette plante ſur le bord des chemins. ♃

VIII. *Feuilles radicales ſinuées ou pinnatifides.*

Feuilles glabres.	Feuilles cotonneuſes.
IX.	X.

IX. *Feuilles glabres.*

Bouillon mitiers. *Verbaſcum blattaria.* Linn. Sp. 254.

Blattaria lutea folio longo laciniato. Tournef. 147.

β. Blattaria alba. Ibid.

Sa tige eſt droite & haute de deux pieds; ſes feuilles inférieures ſont pétiolées; ridées, ſinuées ou ſémi-pinnées; les ſupérieures ſont amplexicaules, liſſes & dentées : les fleurs ſont pédunculées, ſolitaires, un peu écartées les unes des autres, & ne forment qu'un épi très-lâche. On trouve cette plante dans les terres glaiſeuſes. ⊙

X. *Feuilles cotonneuſes.*

Bouillon ſinué. *Verbaſcum ſinuatum.* Linn. Sp. 254.

Verbaſcum nigrum foliis papaveris corniculati. Tournef. 147.

Sa tige eſt droite, velue & rameuſe; ſes feuilles radicales ſont oblongues, ſinuées, pinnatifides & garnies de poils blanchâtres; celles de la tige ſont ondulées & un peu décurrentes, & celles des rameaux ſont petites & cordiformes. Les fleurs forment des épis lâches & très-grêles. Cette plante croît ſur le bord des chemins en Provence. ♃

293. *Style ou ſtigmate avec des diviſions.*

- Style nul ou ſolitaire, mais le ſtigmate diviſé. 294
- Ovaire chargé de pluſieurs ſtyles. 301

294. *Style nul ou solitaire, mais le stigmate divisé.* { Limbe de la corolle velu ou cilié. 295
Limbe de la corolle point velu ni cilié. 296

---

295. *Limbe de la corolle velu ou cilié.*

Menianthe. *Menyanthes.*

Les menianthes sont des plantes aquatiques, dont les fleurs sont assez grandes; leur calice est court, la corolle est à demi-divisée en cinq parties ouvertes en étoile & barbues ou ciliées. Le fruit est une capsule uniloculaire.

ANALYSE.

Feuilles simples & arrondies. I.	Feuilles composées. de trois folioles ovales. II.

I. *Feuilles simples & arrondies.*

Menianthe flottant. *Menyanthes natans.*

Nymphoides aquis innatans. Tournef. 153.
Menyanthes nymphoides, Linn. Sp.

Les feuilles de cette plante sont arrondies, cordiformes, très-entières; & flottent sur l'eau comme celles du *nymphæa*. Ses fleurs nagent également sur la superficie de l'eau : elles sont attachées chacune à de courts péduncules qui, par leur réunion en un point commun, forment une espèce d'ombelle: la corolle est jaune & ciliée en ses bords. Cette plante croît dans les étangs & les fossés aquatiques. ♃

II. *Feuilles composées de trois folioles ovales.*

Menianthe tréflé. *Menianthes trifoliata.* Linn. Sp. 208.

Menianthes palustre latifolium & triphillum. Tournef. 117.

Sa tige est simple, haute d'un pied, & se termine par un épi de fleurs peu serrées, pédunculées, qui naissent chacune de l'aisselle d'une bractée très-courte & pointue.

295. Les corolles sont blanches, un peu rougeâtres, trois fois plus grandes que leur calice; & leur limbe est barbu intérieurement; les feuilles sont radicales, droites, portées sur de longs pétioles & composées de trois folioles très-glabres. On trouve cette plante dans les lieux aquatiques ♃; elle est anti-scorbutique & détersive.

---

296. *Limbe de la corolle point velu ni cilié.*
- Stigmate à deux divisions. 297
- Stigmate à plus de deux divisions. 300

---

297. *Stigmate à deux divisions.*
- Tige épineuse. 298
- Tige non épineuse. 299

---

298. *Tige épineuse.*

Lice Européen. *Lycium Europæum.* Linn. Mant. 47.

Rhamnus spinis oblongis, flore candicante. Bauh. p. 477.

Arbrisseau dont la tige est droite, branchue, garnie de fortes épines, & produit beaucoup de rameaux déliés & flexibles; ses feuilles sont oblongues, un peu étroites, spatulées, entières, molles & légèrement velues: elles naissent par paquets de trois ou quatre, excepté vers le sommet des rameaux où elles sont solitaires & alternes. Les fleurs sont blanches ou un peu rougeâtres; leur corolle est tubulée & découpée en ses bords en cinq parties ovales & peu considérables: le calice très-court est presque labié. Les filamens des étamines sont velus à leur base, & les fruits sont de petites baies sphériques & biloculaires. Il croît dans les provinces méridionales. ♄

299. *Tige non épineuse.*

Liſeron. *Convolvulus.*

La corolle des liſerons eſt campanulée, pliſſée & peu diviſée en ſes bords. Le fruit eſt une capſule ſphérique à deux loges diſpermes.

A N A L Y S E.

Feuilles glabres. I.	Feuilles velues. V I.

I. *Feuilles glabres.*

Feuilles ſagittées. I I.	Feuilles réniformes. V.

II. *Feuilles ſagittées.*

Lobes de la baſe des feuilles, tronqués. I I I.	Lobes de la baſe des feuilles, pointus. I V.

III. *Lobes de la baſe des feuilles, tronqués.*

Liſeron des haies. *Convolvulus ſepium.* Linn. Sp. 218.

Convolvulus major albus. Tournef. 82.

Ses tiges ſont longues, grêles, cannelées, ſarmenteuſes & grimpantes; elles s'entortillent aux plantes voiſines; les fleurs ſont grandes, de couleur blanche, pédunculées, ſolitaires & garnies à peu de diſtance de leur calice, de deux braɛtées oppoſées & ovales ou cordiformes. Cette plante eſt commune dans les haies. ♃ Elle eſt purgative, vulnéraire, anodine & très-déterſive.

299. IV. *Lobes de la base des feuilles, pointus.*

Liseron des champs. *Convolvulus arvensis.* Linn. Sp. 218.

Convolvulus minor arvensis. Tournef. 83.

Cette plante est beaucoup plus petite que la précédente; ses tiges foibles & menues grimpent & s'entortillent comme elle autour des plantes de son voisinage. Ses feuilles sont portées sur de courts pétioles; les fleurs soutenues par des péduncules plus longs que les feuilles, sont solitaires, de couleur rose ou blanche, ou quelquefois panachées. A quelque distance de leur calice, on trouve sur le péduncule deux bractées opposées, très-courtes & linéaires. Cette espèce croît dans les champs & les lieux cultivés. ♃ Elle est très-vulnéraire.

V. *Feuilles réniformes.*

Liseron maritime. *Convolvulus maritimus.*

Convolvulus maritimus nostras rotundifolius. Tournef. 83.
Convolvulus soldanella. Linn. Sp. 226.

Sa tige est rameuse & rampante; ses feuilles sont arrondies, réniformes, quelquefois légèrement échancrées à leur sommet, un peu épaisses & portées sur de longs pétioles; ses fleurs sont grandes & solitaires. On trouve cette plante dans les lieux maritimes des provinces méridionales. ♃

VI. *Feuilles velues.*

Feuilles cordiformes ou découpées. VII.	Feuilles étroites & très-entières. VIII.

VII. *Feuilles cordiformes ou découpées.*

Liseron althæiforme. *Convolvulus althæoides.* Linn. 222.

Convolvulus peregrinus pulcher betonicæ folio. Tournef. 85.

Sa tige grimpe & s'entortille autour des plantes qui sont près d'elle; ses feuilles inférieures sont cordiformes, un peu triangulaires, dentées en leur bord, & portées par d'assez

299. longs pétioles : les ſupérieures ſont plus découpées & preſque digitées ou palmées, mais le lobe du milieu eſt plus alongé que les autres. Les péduncules portent une ou deux fleurs rougeâtres. Cette plante croît dans les provinces méridionales. ♃

VIII. *Feuilles étroites & très-entières.*

Feuilles ſoyeuſes & un peu obtuſes. I X.	Feuilles aiguës & point ſoyeuſes. X I I.

IX. *Feuilles ſoyeuſes & un peu obtuſes.*

Tige ayant moins de ſix pouces. X.	Tige haute de plus d'un pied. X I.

X. *Tige ayant moins de ſix pouces.*

Liſeron nerveux. *Convolvulus lineatus.* Linn. Sp. 224.

Convolvulus minor argenteus repens, acaulis fermè. Tournef. 84.

Sa racine eſt rampante & produit deux ou trois tiges droites, à peine hautes de trois à quatre pouces; ſes feuilles ſont longues, preſque ſpatulées, rétrécies en pétiole à leur baſe, élargies vers leur ſommet, ſoyeuſes, blanchâtres & chargées de beaucoup de nervures latérales, parallèles, qui naiſſent de la nervure du milieu. Les nervures ſont purpurines & ramaſſées au ſommet des tiges. Cette plante croît ſur les côtes ſtériles en provence. ♃

XI. *Tige haute de plus d'un pied.*

Liſeron argenté. *Convolvulus argenteus.*

Convolvulus argenteus, umbellatus, erectus. Tournef. 84.

Convolvulus cneorum. Linn. Sp. 224.

Sa tige eſt ligneuſe, droite, branchue & haute de deux ou trois pieds; ſes feuilles ſont longues d'un pouce & demi, larges de deux lignes, argentées, ſatinées & aſſez rapprochées

299. les unes des autres. Les fleurs au sommet sont disposées presque en ombelle, portées chacune sur des péduncules qui ont à peine six lignes de longueur. Leur calice est quatre fois plus court que la corolle. Cette plante croît dans les provinces méridionales. ♄

XII. *Feuilles aiguës & point soyeuses.*

Liseron linéaire. *Convolvulus linearis.*

Convolvulus linariæ folio assurgens. Tournef. 83.
β. Convolvulus linariæ folio humilior. Tournef. 84.

Sa tige est rameuse, un peu redressée & longue à peine de huit à dix pouces; ses feuilles sont étroites, pointues & écartées les unes des autres : les fleurs, souvent au nombre de deux sur chaque péduncule, sont couleur de rose ou blanches, & sont disposées aux extrémités de la tige & des rameaux. Toute la plante est velue & d'un vert-blanchâtre. On la trouve dans les provinces méridionales. ♃

300. *Stigmate à plus de deux divisions.*

Dentelaire Européenne. *Plumbago Europæa.* Linn. Sp. 215.

Plumbago quorumdam. Tournef. 140.

Sa tige est haute de deux pieds, cylindrique, cannelée & branchue; ses feuilles sont simples, entières, ovales, oblongues, amplexicaules & légèrement bordées de poils : les fleurs sont purpurines ou bleuâtres, & sont ramassées en bouquet au sommet de la tige & des rameaux. Le calice est chargé de tubercules glanduleux & visqueux, & les étamines sont insérées sur des écailles qui remplissent le fond de la corolle. Cette plante croît dans les provinces méridionales ♃; elle est âcre, corrosive, vulnéraire & détersive.

301. *Ovaires chargés de plusieurs styles.* { Deux styles. . . . . . . 301 *.
Cinq styles. 694

301. *		
Deux styles.	Tige garnie de feuilles. . .	302
	Tige capillaire & sans feuilles.	352

302. *Tige garnie de feuilles.*

Cresse couchée. *Cressa humifusa.*

Quamoclit minima humifusa, palustris, herniariæ folio. Tournef. cor. 4.

Cressa erratica. Linn. Sp. 325.

Cette plante est fort petite ; sa tige est herbacée, très-rameuse, couchée & étalée sur la terre. Ses feuilles sont alternes, sessiles, ovales, entières, très-petites & blanchâtres. Ses fleurs sont jaunes & ramassées en bouquets glomérulés aux extrémités des rameaux. Le fruit est une capsule bivalve & monosperme. On trouve cette plante dans les lieux humides des provinces méridionales.

303. *Quatre ovaires ou un seul à quatre divisions.*

Borraginées. (*Borragineæ asperifoliæ*).

On donne ce nom à plusieurs genres de plantes dont les rapports sont très-marqués avec celui de la bourrache ordinaire. Les feuilles de ces plantes sont simples, alternes & couvertes ordinairement de poils durs, qui les rendent rudes au toucher ; & le fruit est composé de quatre semences nues, ou de quatre capsules monospermes attachées au fond du calice.

ANALYSE.

Entrée de la corolle ouverte & sans écailles.	Entrée de la corolle garnie d'écailles, qui souvent la ferment tout-à-fait.
304.	312.

304. *Entrée de la corolle ouverte & sans écailles.* { Calice tubulé, pentagone & à cinq dents. 305
Calice non pentagone, ayant cinq découpures profondes. . 306 }

305. *Calice tubulé, pentagone & à cinq dents.*

Pulmonaire. *Pulmonaria.*

La corolle des fleurs de pulmonaire se termine inférieurement par un tube assez long, un peu prismatique & élargi vers sa base. L'entrée de ce tube est libre, mais garnie de quelques poils courts; & le limbe est découpé en cinq segmens ouverts, arrondis & concaves.

ANALYSE.

Feuilles radicales ovales & un peu en cœur. I.	Feuilles radicales lancéolées & un peu étroites. II.

I. *Feuilles radicales ovales & un peu en cœur.*

Pulmonaire officinale. *Pulmonaria officinalis.* Linn. Sp. 194.

Pulmonaria italorum ad buglossum accedens. Tournef. 136.

β. Pulmonaria folio non maculoso. Ibid.

Ses tiges sont velues, un peu anguleuses & s'élèvent à peu-près à la hauteur d'un pied. Les feuilles radicales sont ovales-oblongues, terminées en pointe, traversées dans leur longueur par une nervure simple, couvertes de poils courts & assez rudes, & remarquables par leur superficie parsemée de taches blanches. Elles sont pétiolées, couchées sur la terre, & les supérieures sont sessiles ou un peu décurrentes. Les fleurs sont disposées en bouquet terminal. On trouve cette plante dans les bois. ♃ Elle est pectorale, vulnéraire & astringente.

II. *Feuilles radicales lancéolées & un peu étroites.*

Pulmonaire élancée. *Pulmonaria angustifolia.* Linn. Sp. 194.

Pulmonaria rubro flore, foliis echii. Tournef. 136.

Cette espèce s'élève un peu plus que la précédente à

305. laquelle elle reſſemble beaucoup; mais ſes feuilles ſont plus alongées, plus étroites & moins rudes; ſes fleurs ſont bleues ou rougeâtres, & forment des bouquets aſſez lâches. On la trouve dans les bois montagneux. ♃

---

306. *Calice non pentagone, ayant cinq découpures profondes.* { Entrée de la corolle reſſerrée, & plus étroite que le tube. 307
Entrée de la corolle très-libre, & plus large que le tube. . . 308

---

307. *Entrée de la corolle reſſerrée, & plus étroite que le tube.*

Gremil. *Lithoſpermum.*

Pluſieurs eſpèces de gremil ont les ſemences dures, liſſes & luiſantes comme des perles. Leurs fleurs en général ſont petites; le ſtygmate eſt communément bifide, & les feuilles ſont étroites.

ANALYSE.

Corolles à peine plus grandes que le calice. I.	Corolles beaucoup plus grandes que le calice. IV.

I. *Corolles à peine plus grandes que le calice.*

Tiges dures; ſemences liſſes & luiſantes. II.	Tiges foibles & molles; ſemences ridées. III.

II. *Tiges dures; ſemences liſſes & luiſantes.*

Gremil officinal. *Lithoſpermum officinale.* Linn. Sp. 189.

Lithoſpermum majus erectum. Tournef. 137.

Ses tiges ſont hautes d'un pied & demi, droites, rudes, cylindriques & branchues; ſes feuilles ſont lancéolées, ſeſſiles & aſſez fermes : les fleurs naiſſent le long & vers l'extrémité des rameaux; elles sont blanches ou d'une couleur pâle, placées dans les aisselles des feuilles & portées sur de très-courts péduncules. On trouve cette plante dans les terreins incultes ♃; la semence est apéritive & diurétique.

III. *Tiges foibles & molles ; semences ridées.*

Gremil des champs. *Lithospermum arvense.* Linn. Sp. 190.

Buglossum arvense annuum lithospermi folio. Tournef. 134.

Sa tige s'élève à peine jusqu'à un pied; ses feuilles sont molles, d'un vert moins foncé & beaucoup plus étroites que celles de la précédente; ses feuilles supérieures sont aussi grandes ou même plus grandes que les autres : les fleurs sont petites, blanches & terminales. On trouve cette plante dans les champs cultivés. ⊙

IV. *Corolles beaucoup plus grandes que le calice.*

Tiges droites, fermes & un peu ligneuses.	Tiges herbacées, & un peu couchées à leur base.
V.	VI.

V. *Tiges droites, fermes & un peu ligneuses.*

Gremil ligneux. *Lithospermum frutticosum.* Linn. Sp. 190.

Buglossum frutticosum roris marini folio. Tournef. 134.

Sa racine est noirâtre, ligneuse, & pousse des tiges un peu branchues, hautes d'un pied; ses feuilles sont étroites, velues & blanchâtres, & ses fleurs sont sessiles, terminales, assez grandes & d'un rouge-violet. On trouve cette plante dans les provinces méridionales. ♄

VI. *Tiges herbacées, & un peu couchées à leur base.*

Gremil violet. *Lithospermum violaceum.*

Lithospermum minus repens latifolium. Tournef. 137.

Lithospermum purpuro-cæruleum. Linn. Sp. 190.

Ses tiges s'élèvent jusqu'à deux pieds; elles sont un peu

307. couchées dans leur partie inférieure, sur-tout celles qui ne fructifient point. Les feuilles sont lancéolées, pointues & d'un vert-noirâtre en-dessus. Les fleurs sont terminales & d'un bleu-violet. Cette plante croît sur le bord des chemins & des bois. ♃

---

308. *Entrée de la corolle très-libre & plus large que le tube.* { Corolle régulière renfermant les étamines. 309
Corolle un peu irrégulière & souvent surpassée par la longueur des étamines. 479

---

309. *Corolle régulière renfermant les étamines.* { Calice velu & régulier. . . 310
Calice glabre & irrégulier. 311

---

310. *Calice velu & régulier.*

Orcanette vipérine. *Onosma echioides.* Linn. Sp. 196.

Symphitum echii folio ampliore, radice rubrâ, flore luteo. Tournef. 138.
— Idem *flore exalbido.* Ibid.

Sa tige est droite, cylindrique, quelquefois branchue, plus ordinairement simple, couverte de poils blancs un peu écartés, & haute d'un pied à peu-près; ses feuilles sont longues, étroites & également hérissées de poils blancs. Les fleurs sont jaunâtres, terminales, & forment deux ou trois épis inclinés ou contournés un peu en queue de Scorpion. Leur corolle est formée d'un tube fort long qui va en s'élargissant sans renflement particulier; le calice est divisé presque jusqu'à sa base. Cette plante croît dans les lieux arides des provinces méridionales. ♃

---

311. *Calice glabre & irrégulier.*

Melinet. *Cerinthe.*

Le fruit des melinets est composé de deux semences dures, luisantes & biloculaires, attachées au fond du calice.

A N A L Y S E.

Divisions de la corolle très-courtes, un peu obtuses & ouvertes.	Divisions de la corolle aiguës, & droites ou un peu conniventes.
I.	II.

I. *Divisions de la corolle très-courtes, un peu obtuses & ouvertes.*

Melinet majeur. *Cerinthe major.* Linn. Sp. 195.

Cerinthe quorumdam major, flore ex rubro-purpurascente. Tournef. 80.

β. Cerinthe quorumdam major spinoso folio, flavo-flore. Ibid.

Ses tiges sont herbacées, succulentes, cylindriques, rameuses, & s'élèvent jusqu'à un pied & demi; ses feuilles sont larges, un peu alongées, obtuses, amplexicaules, d'un vert tirant sur le bleu & quelquefois parsemées de taches blanches; elles ont un aspect glabre, mais elles sont chargées de tubercules ou de points blancs très-rudes au toucher. Les fleurs sont terminales, de couleur jaune ou panachées de pourpre, pendantes & environnées de beaucoup de feuilles florales. Cette plante croît dans les provinces méridionales. ⊙

II. *Divisions de la corolle aiguës, & droites ou un peu conniventes.*

Melinet mineur. *Cerinthe minor.* Linn. Sp. 196.

Cerinthe quorumdam minor flavo flore. Tournef. 80.

Cette plante pourroit être regardée comme une variété de la précédente, cependant elle s'élève un peu davantage; ses feuilles sont plus étroites, & ses fleurs plus petites & plus nombreuses : elles sont rarement tachées de pourpre, & forment des espèces d'épis plus alongés & plus serrés. On la trouve dans les provinces méridionales. ⊙

312.	*Entrée de la corolle garnie d'écailles, qui souvent la ferment tout-à-fait.*	Corolle à cinq divisions entières. 313 Corolle à dix divisions grandes & petites, ou à cinq divisions échancrées. 324
313.	*Corolles à cinq divisions entières.*	Tube de la corolle plus ou moins long, mais point courbé. 314 Tube de la corolle, oblong & courbé. 323
314.	*Tube de la corolle plus ou moins long, mais point courbé.*	Calice régulier. . . . . 315 Calice irrégulier. 322
315.	*Calice régulier.*	Corolle tubulée & à découpures arrondies ou obtuses. . . . . 316 Corolle en roue & à découpures pointues. 321
316.	*Corolle tubulée & à découpures arrondies ou obtuses.*	Limbe de la corolle peu ouvert & presque point découpé. . . 317 Limbe de la corolle à cinq découpures assez profondes & ouvertes 318

317. *Limbe de la corolle peu ouvert & presque point découpé.*

Consoude. *Symphytum.*

L'entrée de la corolle est garnie de cinq écailles aiguës, en alène, conniventes & recouvrant les étamines. Les semences sont luisantes, pointues & noirâtres.

317. ANALYSE.

Feuilles décurrentes; fleurs rougeâtres ou de couleur blanche. I.	Feuilles sémi-décurrentes; Fleurs d'un jaune-pâle. II.

I. *Feuilles décurrentes; fleurs rougeâtres ou de couleur blanche.*

Consoude officinale. *Symphytum officinale.* Linn. Sp. 195.

Symphytum consolida major. Tournef. 138.

Sa tige est haute de deux pieds, très-branchue, velue & succulente; ses feuilles sont grandes, ovales-lancéolées, d'un vert-foncé & un peu rudes au toucher; les fleurs sont au sommet pédunculées, en épi lâche & tournées d'un même côté : l'extrémité de cet épi est un peu courbée en crosse avant le développement des fleurs. On trouve cette plante dans les prés humides. ♃ Elle est vulnéraire, incrassante, astringente & antidysenterique.

II. *Feuilles sémi-décurrentes; fleurs d'un jaune-pâle.*

Consoude tubéreuse. *Symphytum tuberosum.* Linn. Sp. 195.

Symphytum majus & minus, tuberosâ radice. Tournef. 138.

Sa racine est grosse, noueuse, tubéreuse & blanche en-dehors, en quoi elle diffère de celle de la précédente qui est noirâtre extérieurement; sa tige s'élève un peu moins; ses feuilles sont plus petites, & ses fleurs toujours jaunâtres. Elle croît dans les provinces méridionales. ♃

318. *Limbe de la corolle à cinq découpures assez profondes & ouvertes.*
- Quatre capsules monospermes, hérissées & attachées par leur côté intérieur au style persistant. 319
- Quatre semences attachées simplement au fond du calice. 320

319. *Quatre capsules monospermes, hérissées & attachées par leur côté intérieur au style persistant.*

Cynoglosse. *Cynoglossum.*

Les cynoglosses diffèrent essentiellement des buglioses par la forme & la situation de leurs fruits ; elles s'en distinguent aussi par leurs feuilles qui, en général, sont plus molles, & chargées de poils plus souples.

ANALYSE.

Calice presque aussi grand que la corolle qui est fort courte. I.	Calice de moitié plus court que la corolle qui est assez longue. IV.

I. *Calice presque aussi grand que la corolle qui est fort courte.*

Etamines plus courtes que la corolle ; feuilles douces au toucher. II.	Etamines aussi longues que la corolle ; feuilles un peu rudes au toucher. III.

II. *Etamines plus courtes que la corolle ; feuilles douces au toucher.*

Cynoglosse officinale. *Cynoglossum officinale.* Linn. Sp. 192.

Cynoglossum majus vulgare. Tournef. 139.
β. *Cynoglossum flore albo.* Ibid.

Sa tige est haute d'un pied & demi, velue & rameuse ; ses feuilles sont ovales, elliptiques, lancéolées, molles, d'un vert-blanchâtre, & couvertes de poils courts & fort souples : les fleurs sont petites, d'un rouge-sale, blanches dans une variété, portées sur de courts péduncules, & disposées au sommet de la plante sur des espèces d'épis assez lâches. On trouve cette plante dans les bois, dans les lieux incultes & pierreux. ⊙ Elle est pectorale, légèrement narcotique & calmante ; ses feuilles extérieurement sont émollientes.

319. III. *Etamines aussi longues que la corolle; feuilles un peu rudes au toucher.*

Cynogloſſe de montagne. *Cynogloſſum montanum.*

Cynogloſſum montanum, virenti folio, majore & minore flore. Tournef. 139.

Cynogloſſum apenninum. Linn. Sp. 193.

Sa tige eſt haute d'un à deux pieds, velue, un peu rude; & moins garnie de feuilles que celle de l'eſpèce précédente; ſes feuilles ſont longues, aſſez étroites, pointues, verdâtres, légèrement velues & un peu diſtantes : ſes fleurs ſont petites, de couleur rouge ou bleuâtre, & forment de petites grappes ſimples & terminales. Cette plante croît dans les montagnes, dans les lieux couverts. ⊙

IV. *Calice de moitié plus court que la corolle qui eſt aſſez longue.*

Cynogloſſe argentée. *Cynogloſſum argenteum.*

Cynogloſſum creticum argenteo anguſto folio. Tournef. 140.

Cynogloſſum cheirifolium. Linn. Sp. 193.

Cette plante s'élève preſque juſqu'à un pied & demi, ſa tige eſt branchue, un peu anguleuſe & chargée d'un duvet blanc extrêmement court : ſes feuilles ſont alongées, étroites, ſpatulées, blanchâtres, argentées & preſque ſoyeuſes; les corolles ſont blanches & tachées de rouge; leurs péduncules & les bords de leurs calices ſont cotonneux. On trouve cette plante dans les lieux ſtériles en Provence. ⊙

---

320. *Quatre ſemences attachées ſimplement au fond du calice.*

Bugloſe. *Bugloſſum.*

Le tube de la corolle des bugloſes eſt en général un peu long & légèrement priſmatique à ſa baſe. Son limbe eſt

320. un peu plus ouvert que dans les cynogloffes, & eft partagé en cinq découpures arrondies; les feuilles font très-rudes au toucher.

ANALYSE.

Tiges droites, hautes de plus d'un pied, & couvertes de poils rudes & diftans.	Tiges un peu couchées, hautes de moins d'un pied, & chargées de poils fins & ferrés.
I.	II.

I. *Tiges droites, hautes de plus d'un pied, & couvertes de poils rudes & diftans.*

Buglofe officinale. *Buglossum officinale.*

Buglossum angustifolium majus. Tournef. 134.
Anchusa officinalis. Linn. Sp. 191.

Ses tiges font hautes de deux pieds & rameufes, fes feuilles font feffiles, lancéolées, pointues, très-rudes au toucher, & couvertes de poils écartés, qui naiffent chacun du fommet d'un point ou d'un tubercule blanc très-dur; les feuilles fupérieures font un peu amplexicaules: les fleurs font difpofées en épis courts, légèrement glomérulés, géminés & tournés fouvent d'un même côté. Les fleurs font d'un beau bleu, ou quelquefois de couleur blanche. Cette plante croît dans les champs fur le bord des chemins ♃; elle eft béchique, expectorante & diurétique : fa décoction avec du lait, eft utile dans la dyffenterie.

II. *Tiges un peu couchées, hautes de moins d'un pied, & chargées de poils fins & ferrés.*

Buglofe orcanette. *Buglossum tinctorium.*

Buglossum radice rubrâ S. anchusa vulgatior floribus cæruleis. Tournef. 134.
Anchusa tinctoria. Linn. Sp. 192.

Ses tiges font hautes de huit à dix pouces, velues, un peu cotonneufes, prefque fimples & fouvent couchées ou très-inclinées; fes feuilles font affez longues, plus étroites,

320. moins aiguës & moins vertes que celles de l'espèce précédente. Sa racine est rouge extérieurement. On trouve cette plante dans les provinces méridionales ♃ ; on emploie sa racine pour teindre les huiles & les graisses en Pharmacie. Elle est astringente.

---

321. *Corolle en roue & à découpures pointues.*

Bourrache officinale. *Borrago officinalis.* Linn. Sp. 197.

Borrago floribus cæruleis (& albis). Tournef. 133.

Sa tige est haute d'un pied & demi, très-branchue, cylindrique, creuse, succulente & hérissée de poils courts & piquans ; ses feuilles sont larges, obtuses, d'un vert-foncé, rudes & hérissées de poils semblables à ceux de la tige ; les feuilles inférieures sont pétiolées & couchées sur la terre, & les supérieures sont sessiles. Les fleurs naissent au sommet de la tige & des branches, portées sur des péduncules rameux & assez longs ; elles sont d'une belle couleur bleue, & forment une étoile ou imitent une molette d'éperon. Cette plante croît dans les lieux cultivés ⊙ ; elle est diurétique, expectorante & béchique.

---

322. *Calice irrégulier.*

Rapette couchée. *Asperugo procumbens.* Linn. Sp. 198.

Asperugo vulgaris. Tournef. 134.

Ses tiges sont foibles, un peu couchées, branchues, anguleuses & garnies de poils rudes ; les fleurs sont petites, de couleur violette, axillaires & presque solitaires : leurs calices accrûs & plus développés dans la maturité des fruits, sont comprimés & très-rudes. Les feuilles sont un peu étroites, velues & alternes ou quelquefois presque opposées vers le sommet des tiges. Cette plante croît dans les champs sur le bord des chemins ou proche les haies des villages. ⊙ On la dit vulnéraire, détersive & incisive.

---

323. *Tube de la corolle oblong & courbé.*

Grippe. *Lycopsis.*

Les grippes sont remarquables par leur corolle, dont le tube est un peu courbe. Les divisions de leur calice sont légèrement inégales, & les semences sont ridées.

ANALYSE.

Tiges droites. I.	Tiges couchées. II.

I. *Tiges droites.*

Grippe des champs. *Lycopsis arvensis.* Linn. Sp. 199.

Buglossum sylvestre minus. Tournef. 134.

Sa tige est rameuse, & ne s'élève guère au-delà d'un pied & demi; ses feuilles sont très-rudes, alongées, étroites, entières, ondulées ou quelquefois légèrement sinuées. Le limbe de la corolle est bleu, mais le tube & ses écailles sont ordinairement blanchâtres. On trouve cette plante sur le bord des chemins, dans les terreins pierreux. ⊙

II. *Tiges couchées.*

Grippe vésiculaire. *Lycopsis vesicaria.* Linn. Sp. 198.

Pulmonaria orientalis, calice vesicario, foliis echii, flore albo (& purpureo), infundibuliformi. Tournef. cor. 6.

Ses tiges sont nombreuses, longues d'un pied & demi, velues & cylindriques; ses feuilles sont sessiles, lancéolées, pointues & hérissées de poils: les fleurs sont axillaires, solitaires, pédunculées, & dans la maturité des fruits, les calices sont gros, renflés & pendans. On trouve cette plante en Languedoc.

---

324. *Corolle à dix divisions grandes & petites, ou à cinq divisions échancrées.*

- Corolle à dix divisions, dont cinq très-petites. 325
- Corolle à cinq divisions échancrées. 326

325. *Corolle à dix divisions dont cinq très-petites.*

Héliotrope. *Heliotropium.*

Les héliotropes ont les fleurs assez petites, disposées d'un même côté sur des épis roulés en manière de crosse à leur extrémité. Les étamines sont enfermées dans le tube de la corolle.

ANALYSE.

Tige droite. I.	Tiges couchées. II.

I. *Tige droite.*

Héliotrope redressé. *Heliotropium erectum.*

Heliotropium majus Dioscoridis. Tournef. 139.

Sa tige est haute d'un pied, un peu velue & rameuse ; ses feuilles sont pétiolées, ovales, obtuses, un peu ridées, pubescentes & d'un vert-blanchâtre : les fleurs sont blanches, petites, nombreuses & disposées sur des épis géminés, & les fruits imitent de petites verrues à quatre lobes. On trouve cette plante dans les terreins sablonneux. ☉ Les feuilles sont dessicatives, résolutives & détersives.

II. *Tiges couchées.*

Héliotrope couché. *Heliotropium supinum.* Linn. Sp. 187.

Heliotropium minus supinum. Tournef. 139.

Sa racine produit des tiges nombreuses, branchues, chargées de poils & couchées sur la terre ; ses feuilles sont pétiolées, ovales, ridées, cotonneuses & blanchâtres : ses fleurs sont petites, disposées sur des épis non solitaires, mais géminés comme dans l'espèce précédente, & ses fruits imitent de petites verrues qui n'ont souvent qu'un ou deux lobes. Cette plante croît dans les provinces méridionales. ☉

326. *Corolle à cinq divisions échancrées.*

Scorpionne. *Myosotis. L.*

L'échancrure des divisions de la corolle est fort petite & rend ce genre un peu difficile à distinguer. Les corolles ont un tube court, & les épis des fleurs sont courbés ou roulés à leur extrémité en queue de Scorpion.

A N A L Y S E.

Epis de fleurs garnis de feuilles. I.	Epis de fleurs non garnis de feuilles. IV.

I. *Epi de fleurs garnis de feuilles.*

Semences hérissées; fleurs bleues. II.	Semences nues; fleurs jaunes. III.

II. *Semences hérissées; fleurs bleues.*

Scorpionne hérissée. *Myosotis lappula.* Linn. Sp. 189.

Buglossum angustifolium semine echinato. Tournef. 134.

Sa tige est droite, haute presque d'un pied & demi, & un peu branchue vers son sommet; ses feuilles sont éparses le long de la tige, étroites; hérissées de poil & assez semblables à celles de la vipérine, & ses fleurs sont petites, terminales, presque sessiles & disposées sur des épis lâches, panniculés & feuillés. Cette plante croît dans les provinces méridionales. ☉

III. *Semences nues; fleurs jaunes.*

Scorpionne jaunâtre. *Myosotis lutea.*

Buglossum luteum annuum minimum. Tournef. 134.

Myosotis apula. Linn. Sp. 189.

Sa tige est droite, cylindrique, moins élevée que celle de la précédente, & un peu rameuse supérieurement. Ses

326. feuilles ſont velues, étroites, lancéolées; & ſes fleurs à peine plus grandes que leur calice, ſont diſpoſées vers l'extrémité des rameaux en épis lâches & feuillés. On trouve cette plante dans les provinces méridionales. ⊙

IV. *Epi de fleurs non garnis de feuilles.*

Feuilles glabres.	Feuilles velues.
V.	V I.

V. *Feuilles glabres.*

Scorpionne des marais. *Myoſotis paluſtris.*

Lythoſpermum paluſtre minus, flore cæruleo. Tournef. 137.

Cette plante s'élève juſqu'à un pied; ſes feuilles ſont longues, étroites & ont un aſpect glabre ou même très-liſſe, quoiqu'elles ſoient réellement chargées de poils, mais très-courts & peu ſenſibles. Les fleurs ont une couleur bleue fort agréable, plus ou moins mélangée de jaune. Elles ſont rapprochées les unes des autres, & diſpoſées d'un même côté ſur des épis peu étalés. Les ſemences ſont très-liſſes. On trouve cette plante dans les lieux aquatiques. ♃

VI. *Feuilles velues.*

Scorpionne des champs. *Myoſotis arvenſis.*

Lythoſpermum arvenſe minus. Tournef. 137.

Cette eſpèce diffère de la précédente par ſes feuilles plus fortement velues; par ſes fleurs plus petites, beaucoup plus écartées les unes des autres; & par ſes épis ou ſes grappes très-étalées & preſque panniculées. Ses fleurs varient du bleu au jaune, & produiſent des ſemences très-liſſes. On la trouve dans les champs arides, où elle s'élève peu & quelquefois dans les lieux couverts, où elle acquiert une hauteur plus conſidérable. ⊙

327. *Feuilles caulinaires parfaitement opposées ou verticillées.*
- Un seul ovaire simple ; fruit composé d'une capsule ou d'une baie. 328
- Ovaire bifide ; fruit composé de deux follicules allongées & univalves. 334

328. *Un seul ovaire simple ; fruit composé d'une capsule ou d'une baie.*
- Un seul stigmate simple. . 329
- Deux stigmates ou un stigmate bifide. 333

329. *Un seul stigmate simple. .*
- Calice velu & point divisé au-delà de moitié. 290
- Calice glabre & divisé au-delà de moitié. 330

330. *Calice glabre & divisé au-delà de moitié.*
- Etamines velues ; capsule s'ouvrant en travers. 331
- Etamines glabres, capsules à dix valves. 332

331. *Etamines velues ; capsule s'ouvrant en travers.*

Mouron. *Anagallis.*

Les mourons sont des plantes ordinairement couchées ou rampantes, qui ne diffèrent essentiellement des lisimaques que par la manière dont s'ouvre leur fruit. Leurs fleurs sont axillaires, solitaires & pédunculées.

A N A L Y S E.

Feuilles ovales & ponctuées en-dessous.	Feuilles arrondies & sans points.
I.	IV.

33[illegible]. I. *Feuilles ovales & ponctuées en-dessous.*

Fleurs bleues.	Fleurs rouges.
II.	III.

II. *Fleurs bleues.*

Mouron bleu. *Anagallis cærulea.*

Anagallis cæruleo flore. Tournef. 142.

Ses tiges sont foibles, un peu couchées, quadrangulaires & rameuses; ses feuilles sont sessiles, opposées ou ternées, ovales, pointues, lisses & très-glabres : ses fleurs sont d'une belle couleur bleue qui ne se change point en rouge, comme l'ont avancé plusieurs Botanistes, mais seulement quelquefois en blanc. Les divisions de la corolle sont un peu dentées à leur sommet. Cette plante croît dans les champs & les lieux cultivés ⊙; elle est vulnéraire, détersive, céphalique, & passe pour bonne contre la morsure des chiens enragés.

III. *Fleurs rouges.*

Mouron rouge. *Anagallis phænicea.*

Anagallis phæniceo flore. Tournef. 142.

Ses tiges sont foibles, couchées, anguleuses, mais un peu moins rameuses que celles de la précédente; les péduncules des fleurs sont tous plus longs que les feuilles, & la couleur rouge des corolles se change quelquefois en blanc, mais jamais en bleu. Cette plante est commune dans les jardins & dans les lieux cultivés ⊙; elle a les mêmes vertus que la précédente.

IV. *Feuilles arrondies & sans points.*

Mouron délicat. *Anagallis tenella.* Linn. mant. 335.

Lysimachia humifusa rotundiore folio, flore purpurascente. Tournef. 141.

Ses tiges sont filiformes, longues de trois ou quatre pouces & exactement couchées sur la terre; elles sont garnies dans

331. toute leur longueur de feuilles extrêmement petites, opposées, arrondies & portées sur de courts pétioles : les fleurs sont soutenues par des péduncules longs de six lignes à peu-près; elles sont couleur de rose, & les découpures de leur corolle sont un peu alongées. Cette plante croît dans les lieux humides, les marais. ♃

---

332. *Etamines glabres; capsules à dix valves.*

Lisimaque. *Lysimachia.*

Les fleurs de lisimaque ont la corolle en rosette & presque point tubulées, & leurs fruits sont des capsules arrondies qui s'ouvrent par la pointe en dix panneaux.

ANALYSE.

Péduncules uniflores.	Péduncules multiflores.
I.	VI.

I. *Péduncules uniflores.*

Tiges droites.	Tiges couchées.
II.	III.

II. *Tiges droites.*

Lisimaque linière. *Lysimachia linum stellatum.* Linn. Sp. 211.

------ *Lysimachia annua minima, polygoni folio.* Tournef. 142.

Ses tiges sont hautes de deux à trois pouces, très-branchues & garnies dans toute leur longueur de feuilles petites, étroites, pointues & opposées; les fleurs sont portées sur des péduncules plus courts que les feuilles, & leur corolle est composée de pétales étroits, moins grands que le calice. Cette plante croît dans les provinces méridionales. ☉

---

332. III. *Tiges couchées.*

Feuilles ovales-obrondes & obtuses. IV.	Feuilles ovales & pointues. V.

IV. *Feuilles ovales-obrondes & obtuses.*

Lisimaque monnoyere. *Lysimachia nummularia.* Linn. Sp. 211.

Lysimachia humifusa folio rotundiore, flore luteo. Tournef. 141.

Ses tiges sont un peu quadrangulaires, rampantes & tout-à-fait couchées; ses feuilles sont ovales, arrondies, sans pointe, un peu en cœur à leur base & légèrement pétiolées. Les fleurs sont grandes, de couleur jaune, & portées sur des péduncules moins longs que les feuilles. On trouve cette plante dans les lieux humides, les prés ♃; elle est un peu astringente, vulnéraire & détersive.

V. *Feuilles ovales & pointues.*

Lisimaque des bois. *Lysimachia nemorum.* Linn. Sp. 211.

Lisimachia humifusa folio subrotundo acuminato, flore luteo. Tournef. 142.

Ses tiges sont couchées, cylindriques & longues de six à huit pouces tout au plus; ses feuilles sont ovales, pointues, un peu pétiolées & très-glabres; elles forment des entre-nœuds plus grands que ceux de la précédente : les fleurs sont jaunes, fort petites & portées sur des péduncules plus longs que les feuilles. Cette plante croît dans les lieux couverts montagneux. ♃ M. l'abbé Haüy l'a observée sur le bord de la Meuse, auprès de l'abbaye du Val-Dieu dans les Ardennes.

VI. *Péduncules multiflores.*

Lisimaque vulgaire. *Lysimachia vulgaris.* Linn. Sp. 210.

Lysimachia lutea major. Tournef. 141.

Sa tige est haute de deux à trois pieds, droite & pubescente;

ses feuilles sont sessiles, lancéolées, pointues, pubescentes en-
332. dessous, & sont opposées ou ternées, ou quelquefois même quaternées à chaque nœud : les fleurs sont terminales, & forment de belles pannicules de couleur jaune. Les découpures de la corolle sont ovales-oblongues, & les calices fort petits sont rougeâtres en leur bord. Cette plante est commune le long des ruisseaux & sur le bord des étangs. ♃ Elle est un peu astringente & vulnéraire.

---

333. *Deux stigmates ou un stigmate bifide.*

Gentiane. *Gentiana.*

La corolle des gentianes est tubulée ou quelquefois en roue ; le fruit est une capsule oblongue, conique & bivalve ; & les feuilles dans toutes les espèces sont très-simples & opposées.

ANALYSE.

Corolle à quatre divisions. I.	Corolle à plus de quatre divisions. VII.

I. *Corolle à quatre divisions.*

Corolle barbue à son entrée, ou ciliée en ses bords. II.	Corolle sans cils & sans barbe. IV.

II. *Corolle barbue à son entrée, ou ciliée en ses bords.*

Bords de la corolle ciliés. III.	Entrée de la corolle barbue. XVIII.

III. *Bords de la corolle ciliés.*

Gentiane ciliée. *Gentiana ciliata.* Linn. Sp. 334.

Gentiana cærulea oris pilosis. Tournef. 81.

Sa tige s'élève à la hauteur de six à huit pouces, plus ou moins

333. moins droite & un peu branchue, ſes feuilles ſont lancéolées, étroites, aſſez longues & fort redreſſées : ſes fleurs ſont bleues ; leur corolle eſt grande, infundibuliforme, & ſon limbe eſt partagé en quatre ſegmens longs, dentés & ciliés en leur bord : le calice eſt preſque auſſi long que le tube de la corolle. On trouve cette plante en Provence, Alſace, &c. elle fleurit en automne. ♃

IV. *Corolle ſans cils & ſans barbe.*

Fleurs bleues. V.	Fleurs jaunes. VI.

V. *Fleurs bleues.*

Gentiane croiſette. *Gentiana cruciata.* Linn. Sp. 334.

Gentiana cruciata. Tournef. 81.

Sa tige eſt haute de ſix à huit pouces, cylindrique, rougeâtre, très-garnie de feuilles, & ordinairement un peu couchée à ſa baſe : ſes feuilles ſont lancéolées, vertes, glabres, un peu nerveuſes, & chaque paire forme, en ſe réuniſſant, une gaîne lâche qui enveloppe la tige de diſtance en diſtance. Les fleurs ſont tubulées, légèrement campanulées, preſque ſeſſiles & diſpoſées par verticilles au ſommet de la tige. Le verticille terminal eſt le plus conſidérable, & l'inférieur n'eſt ſouvent compoſé que de deux fleurs oppoſées. On trouve cette plante dans les pâturages ſecs & montagneux. ♃

VI. *Fleurs jaunes.*

Gentiane filiforme. *Gentiana filiformis.* Linn. Sp. 335.

Centaurium paluſtre luteum minimum. Tournef. 123.

Sa tige eſt haute de deux ou trois pouces, très-déliée, & ſurpaſſe à peine l'épaiſſeur d'un fil ordinaire ; elle ſe diviſe en rameaux capillaires, & ſouvent fourchus : ſes feuilles ſont très-petites, étroites, pointues, oppoſées & quelquefois quaternées au nœud inférieur. Les fleurs ſont petites, d'un jaune-pâle & ſolitaires au ſommet de chaque rameau. On trouve cette plante dans les lieux humides, ſur le bord des étangs. ☉

333. VII. *Corolle à plus de quatre divisions.*

Corolle en roue, découpée au-delà de moitié, & presque sans tube. VIII.	Corolle en cloche ou en entonnoir, & point découpée au-delà de moitié. XI.

VIII. *Corolle en roue, découpée au-delà de moitié & presque sans tube.*

Fleurs bleuâtres & panniculées. IX.	Fleurs jaunâtres & verticillées. X.

IX. *Fleurs bleuâtres & panniculées.*

Gentiane panniculée. *Gentiana panniculata.*

Gentiana palustris latifolia, punctata. Tournef. 81.
Swertia perennis. Linn. Sp. 328.

Sa tige est très-droite, & s'élève presque jusqu'à un pied & demi; ses feuilles sont lisses, nerveuses & lancéolées; les inférieures sont un peu ovales, & se rétrécissent en pétiole à leur base; toutes les autres sont sessiles, plus étroites & pointues: les fleurs sont petites, péduncuIées & disposées en une espèce d'épi terminal, rameux & panniculé à sa base. Les divisions de la corolle sont lancéolées, chargées chacune vers leur naissance de deux points noirâtres & un peu saillans. Cette plante croît dans les montagnes en Provence. ♃

X. *Fleurs jaunâtres & verticillées.*

Gentiane jaune. *Gentiana lutea.* Linn. Sp. 329.

Gentiana major lutea. Tournef. 80.

Cette espèce est une des plus grandes de son genre; sa tige est droite, cylindrique, simple, & s'élève jusqu'à deux ou trois pieds: ses feuilles sont ovales, larges, très-lisses & nerveuses presque comme celles du *veratrum*; elles sont amplexicaules, mais les inférieures sont un peu rétrécies en pétiole à leur base. Les fleurs sont nombreuses & verticillées autour de la tige dans les aisselles supérieures; leur corolle

333. est jaune, parsemée de points extrêmement petits, & découpée en cinq à huit segmens alongés & pointus. Cette plante croît dans les montagnes en Alsace, en Provence, &c. ♃ Sa racine est tonique, stomachique & fébrifuge.

XI. *Corolle en cloche ou en entonnoir, & point découpée au-delà de moitié.*

Corolle infundibuliforme; son tube est alongé & très-grêle comme celui d'un entonnoir. XII.	Corolle campanulée; elle imite une cloche oblongue sans avoir un tube étroit. XXVII.

XII. *Corolle infundibuliforme.*

Fleurs d'un bleu-foncé ou d'un bleu-verdâtre, ou de couleur violette. XIII.	Fleurs d'un rouge-clair ou de couleur jaune, ou tout-à-fait blanches. XXII.

XIII. *Fleurs d'un bleu-foncé ou d'un bleu-verdâtre, ou de couleur violette.*

Corolle à cinq divisions. XIV.	Corolle à dix divisions. XXI.

XIV. *Corolle à cinq divisions.*

Divisions de la corolle, très-entières. XV.	Divisions de la corolle, dentées. XX.

333. XV. *Divisions de la corolle, très-entières.*

Calice renflé, & ayant cinq angles ou cinq ailes longitudinales très-saillantes.	Calice non renflé, & dont les angles sont peu sensibles.
XVI.	XVII.

XVI. *Calice renflé & ayant cinq angles ou cinq ailes longitudinales très-saillantes.*

Gentiane utriculée. *Gentiana utriculosa.* Linn. Sp. 332.

Gentiana utriculis ventricosis. Tournef. 81.

Sa tige est haute de quatre à cinq pouces, droite & un peu branchue ; ses feuilles sont ovales, lancéolées, assez petites ; les radicales, un peu ramassées, forment une rosette à la base de la tige : les fleurs sont solitaires au sommet de chaque petit rameau. Leur corolle est longue, étroite, verdâtre en-dehors, d'un beau bleu en-dedans, & son tube est enfermé en grande partie dans un calice lâche, enflé, plissé & comme ailé. On trouve cette plante en Alsace. ☉

XVII. *Calice non renflé, & dont les angles sont peu sensibles.*

Des appendices frangés ou barbus à l'entrée du tube de la corolle.	Aucun appendice barbu à l'entrée du tube de la corolle.
XVIII.	XIX.

XVIII. *Des appendices frangés ou barbus à l'entrée du tube de la corolle.*

Gentiane amarelle. *Gentiana amarella.* Linn. Sp. 334.

Gentiana pratensis flore lanuginoso. Tournef. 81.

β. Gentiana campestris. Linn. Sp. 334.

Sa tige est droite, rougeâtre, très-rameuse, & s'élève jusqu'à six ou huit pouces; ses feuilles sont sessiles, très-

333. lisses, ovales, lancéolées & d'un vert-brun un peu livide : les fleurs sont d'un bleu-pâle ou d'un violet-clair ; elles sont assez grandes, quelquefois nombreuses, découpées en cinq ou six segmens pointus, & terminent les rameaux & la tige. Il leur succède une capsule grêle qui a près d'un pouce de longueur. La variété β s'élève beaucoup moins ; elle est moins rameuse, & porte des fleurs moins grandes, dont la corolle est partagée en quatre segmens un peu émoussés à leur sommet. On trouve cette plante sur les collines & dans les prés secs & montueux. ☉

XIX. *Aucun appendice barbu à l'entrée de la corolle.*

Gentiane précoce. *Gentiana nivalis.*

Gentiana alpina pumila centaurii minoris folio. Tournef. 81.

β. *Gentiana omnium minima.* Ibid.

Cette espèce est une des plus petites ; sa tige, souvent uniflore & d'autres fois très-rameuse, ne s'élève guère au-delà de trois ou quatre pouces : ses rameaux, quelquefois opposés, mais plus souvent alternes, sont redressés & presque aussi longs que la tige. Ses feuilles sont petites, ovales, lancéolées, lisses, non nerveuses, disposées par paires, assez rapprochées dans toute la longueur de la tige & des rameaux, & sont sur-tout un peu ramassées à la base de la plante ; les fleurs ont une corolle très-grêle, d'un beau bleu, quelquefois un peu verdâtre en-dehors, & dont le tube est à demi-renfermé dans un calice légèrement pentagone. La variété β est remarquable par sa tige à peine haute d'un pouce, chargée d'une seule fleur, dont la corolle très-étroite est presque aussi longue que la tige : la couleur de cette fleur est d'un bleu-foncé ; les feuilles forment une petite rosette serrée à la base de la plante, & garnissent la tige par deux ou trois paires peu distantes. Cette variété que M. Jacquin distingue sous le nom de *Gentiana pumila*, croît sur le Mont-d'or en Auvergne. On trouve la première sur les montagnes du Dauphiné & de la Provence. ☉

333. XX. *Divisions de la corolle, dentées.*

Gentiane dentée. *Gentiana ferrata.* (*G. verna & bavarica.* Linn.)

Gentiana alpina pumila verna major. Tournef. 80.
β. Gentiana alpina pumila verna minor. Ibid. 81.

La racine de cette plante produit deux ou trois tiges un peu couchées à leur base, hautes à peine de deux pouces, toujours simples & uniflores; ses feuilles sont ovales, lancéolées, petites, assez ramassées à la base de la plante; mais formant deux ou trois paires un peu distantes sur chaque tige. La corolle des fleurs est remarquable par un tube grêle, cylindrique, & dont la longueur surpasse souvent celle de la tige; son limbe est découpé en cinq segmens étroits, pointus, dont les bords sont dentés, crénelés & comme rongés. La variété β s'élève moins; ses feuilles sont presque toutes radicales & très-ramassées; elles sont ovales, obtuses, & les divisions de la corolle des fleurs sont pareillement émoussées, c'est-à-dire sans pointe à leur sommet. Cette plante croît sur les montagnes en Provence. ♃

XXI. *Corolle à dix divisions.*

Gentiane des Pyrénées. *Gentiana Pyrenaica.* Linn. mant. 55.

Gentiana pyrenaica. Gouan. Obs. p. 7, t. II, fig. 2.

Cette espèce a beaucoup de rapport avec la précédente, mais elle s'élève un peu plus, & produit ordinairement quelques rameaux non garnis de fleurs; ses feuilles sont étroites & presque linéaires; ses tiges un peu couchées inférieurement, hautes de trois pouces à peu-près, sont terminées chacune par une fleur bleue ou violette assez grande. Le limbe de la corolle est partagé en dix segmens alternativement grands & petits, dont les cinq plus courts sont très-obtus & crénelés, & les cinq autres un peu moins larges & entiers. Cette plante croît en Languedoc, en Roussillon. ♃

XXII. *Fleurs d'un rouge-clair ou de couleur jaune, ou tout-à-fait blanches.*

Fleurs rouges ou blanches.	Fleurs jaunes.
XXIII.	XXVI.

333. XXIII. *Fleurs rouges ou blanches.*

Fleurs sessiles, disposées alternativement vers le sommet de la tige. XXIV.	Fleurs pédunculées, terminales & disposées en bouquets corymbiformes. XXV.

XXIV. *Fleurs sessiles disposées alternativement vers le sommet de la tige.*

Gentiane à épi. *Gentiana spicata.* Linn. Sp. 333.

Centaurium minus spicatum album. Tournef. 123.

Sa tige est haute de huit à dix pouces, droite & peu branchue; ses feuilles sont sessiles, lisses & lancéolées; ses fleurs, ordinairement de couleur blanche, quelquefois rougeâtres, sont sessiles, alternes & forment une espèce d'épi terminal. Cette plante croît dans les prés humides des provinces méridionales. ⊙

XXV. *Fleurs pédunculées, terminales & disposées en bouquets corymbiformes.*

Gentiane centauriette. *Gentiana centaurium.* Linn. Sp. 332.

Centaurium minus. Tournef. 122.

Centaurium minus flore albo. Ibid.

β. *Centaurium purpureum minimum.* Ibid. 123.

Centaurium minus palustre ramosissimum. Vaill. Parif. 32, t. VI, f. 1.

Centaurium palustre minimum flore inaperto. Vail. id. id. f. 2.

La racine de cette plante pousse une ou plusieurs tiges, hautes d'un pied, droites, anguleuses, lisses, divisées vers leur sommet en plusieurs rameaux redressés & plus ou moins fourchus; ses feuilles sont très-glabres & chargées de trois nervures. Les radicales sont ovales, couchées sur la terre où elles forment une rosette peu garnie; celles de la tige sont lancéolées, opposées & sessiles; les fleurs sont ordinairement de couleur de rose, ou quelquefois blanche, & leur tube très-grêle est environné à sa base par un calice découpé

333. profondément en cinq lanières très-étroites & aiguës. La variété β ne s'élève que jusqu'à deux ou trois pouces, & sa tige est extrêmement rameuse; elle croît dans les marais, au lieu que les variétés précédentes se trouvent plus communément dans les bois & les pâturages secs. ⊙ Cette plante est amère, tonique, stomachique, fébrifuge, vermifuge & détersive.

XXVI. *Fleurs jaunes.*

Gentiane maritime. *Gentiana maritima.* Linn. mant. 55.

Centaurium luteum pusillum. Tournef. 123.

Cette espèce a beaucoup de rapport avec la précédente; mais sa tige ne s'élève que jusqu'à cinq ou six pouces; elle est un peu fourchue & panniculée vers son sommet, & soutient des fleurs jaunes en petite quantité; ses feuilles n'ont qu'une seule nervure; elles sont lisses, lancéolées, & simplement opposées, sans être connées ou perfoliées. On trouve cette plante dans les lieux maritimes des provinces méridionales. ⊙

XXVII. *Corolle campanulée.*

Corolle plus longue ou presque aussi longue que la tige. XXVIII.	Corolle dont la longueur est plus de deux fois moindre que celle de la tige. XXIX.

XXVIII. *Corolle plus longue ou presque aussi longue que la tige.*

Gentiane grandiflore. *Gentiana grandiflora.*

Gentiana alpina magno flore. Tournef. 80.
Gentiana acaulis. Linn. Sp. 330.

La racine de cette plante est ligneuse, & pousse une ou deux tiges qui n'ont souvent pas un pouce de hauteur, mais qui cependant s'élèvent quelquefois jusqu'à deux ou trois pouces. Les feuilles de la base sont larges, ovales, lancéolées, lisses, marquées de trois nervures & couchées sur la terre où elles forment une rosette. Celles qui garnissent la

333. tige font plus étroites & difpofées par paires oppofées en croix. La fleur eft fort grande, campaniforme, d'un très-beau bleu, ponctuée intérieurement, & folitaire fur fa tige. Cette plante croît dans les montagnes en Provence, &c. ♃

XXIX. *Corolle dont la longueur eft plus de deux fois moindre que celle de la tige.*

Feuilles ovales-lancéolées. XXX.	Feuilles étroites & linéaires. XXXIII.

XXX. *Feuilles ovales-lancéolées.*

Fleurs jaunâtres ou purpurines & verticillées ou fafciculées. XXXI.	Fleurs bleues, folitaires ou géminées dans les aiffelles. XXXII.

XXXI. *Fleurs jaunâtres ou purpurines, & verticillées ou fafciculées.*

Gentiane ponctuée. *Gentiana punctata.*

Gentiana major flore punctato. Tournef. 80.

ß. Gentiana major purpurea. Ibid.

Sa tige eft droite, fimple & haute d'un pied ou un peu plus. Ses feuilles font ovales, lancéolées, liffes & nerveufes; & fes fleurs forment deux ou trois verticilles au fommet de la plante. Leur corolle eft jaunâtre & parfemée de points bruns difpofés fans ordre. Les fleurs de la variété ß font rougeâtres ou purpurines, & les points qu'on remarque fur leur corolle paroiffent un peu difpofés par lignes. Cette plante a été obfervée en Dauphiné par M. de Villars. ♃

XXXII. *Fleurs bleues, folitaires ou géminées dans les aiffelles.*

Gentiane afclépiade. *Gentiana afclepiadea.* Linn. Sp. 329.

Gentiana afclepiadis folio. Tournef. 80.

Sa tige eft fimple & s'élève un peu moins que celle de

333. l'espèce précédente ; ses feuilles sont sessiles, légèrement amplexicaules, lisses, nerveuses, assez larges, lancéolées, & ne ressemblent pas mal à celles du dompte-venin, ou de l'asclépiade ; les fleurs sont ordinairement solitaires dans les aisselles supérieures des feuilles, mais quelquefois elles sont portées deux ou trois de chaque côté sur un péduncule commun fort court. Leur calice est pentagone & un peu plus court que le tube de la corolle. Cette plante croît dans les montagnes en Provence. ♃

XXXIII. *Feuilles étroites & linéaires.*

Gentiane linéaire. *Gentiana lineari-folia.*

Gentiana angustifolia autumnalis major. Tournef. 81.
Gentiana pneumonanthe. Linn. Sp. 330.

Sa tige est droite, grêle, rougeâtre, presque toujours simple, & s'élève un peu au-delà d'un pied ; ses feuilles sont opposées, un peu connées, longues de plus d'un pouce, larges à peine d'une ligne & demie, légèrement obtuses à leur extrémité, & bien décidément linéaires. Les fleurs sont en petit nombre au sommet de la tige & dans les aisselles supérieures des feuilles. Elles sont campaniformes, d'une couleur bleue superbe, & elles ont leurs étamines réunies en un faisceau autour de l'ovaire, caractère que l'on observe aussi dans les trois espèces précédentes. On trouve cette plante dans les lieux humides & marécageux. ♃

---

334. *Ovaire bifide ; fruit composé de deux follicules alongés & univalves.*
- Corolle ayant un tube assez long & très-remarquable. 335
- Corolle peu ou point tubulée & presque plane. 336

---

335. *Corolle ayant un tube assez long & très-remarquable.*
- Entrée de la corolle garnie d'une espèce de couronne frangée ou laciniée. . . . . 335 *
- Entrée de la corolle nue & sans couronne frangée. . . . 335 **

335.* *Entrée de la corolle garnie d'une espèce de couronne frangée ou laciniée.*

Nérion lauriforme. *Nerium lauriforme.* (Laurier-rose).

Nerion floribus rubescentibus. Tournef. 605.
Nerion floribus albis. Ibid.
Nerium oleander. Linn. Sp. 305.

Arbrisseau de quatre à cinq pieds, dont la tige est droite; l'écorce grisâtre, & les rameaux longs, grêles & redressés; ses feuilles sont opposées & souvent ternées; elles sont lancéolées, un peu étroites, pointues, entières, glabres, de la consistance de celles du laurier, & chargées d'une forte nervure en-dessous. Les fleurs sont terminales & disposées en bouquets lâches; elles sont fort belles, de couleur de rose ou quelquefois blanches. Il leur succède un fruit composé de deux siliques assez longues, qui renferment des semences couronnées d'une aigrette. Cet arbrisseau croît en Provence entre Hyères & Bormes, où il a été observé par M. de Malsherbes & par Dom Fourmault ♄; on le cultive dans les jardins. Ses feuilles sont sternutatoires, détersives, résolutives, purgatives, drastiques & même dangereuses.

335.** *Entrée de la corolle, nue & sans couronne frangée.*

Pervenche. *Pervinca.*

La corolle des fleurs de pervenche est remarquable par son tube distingué intérieurement par cinq cannelures ou cinq lignes blanchâtres, & par les découpures de son limbe qui sont tronquées obliquement à leur sommet. Sous le stigmate on trouve une espèce d'anneau qui l'environne comme une collerette. Le fruit est composé de deux follicules grêles, cylindriques & écartés.

ANALYSE.

Feuilles un peu lancéolées, & très-glabres. I.	Feuilles ovales, & un peu velues ou ciliées en leur bord. II.

335. I. *Feuilles un peu lancéolées, & très-glabres.*
**

Pervenche mineure. *Pervinca minor.*

Pervinca vulgaris angustifolia, flore cæruleo. Tournef. 120.
Vinca minor. Linn. Sp. 304.

Ses tiges sont grêles, presque ligneuses, couchées, rampantes, mais un peu redressées lorsqu'elles fleurissent; ses feuilles sont ovales, oblongues, vertes, lisses, assez fermes, opposées & portées sur de courts pétioles : ses fleurs sont solitaires, axillaires, soutenues par des péduncules plus longs que les feuilles, & sont d'une couleur bleue fort belle; on en trouve quelquefois de blanches, & très-rarement d'un rouge obscur. Cette plante est commune dans les bois & dans les haies où elle fleurit de très-bonne heure ♄. Elle est vulnéraire, astringente, fébrifuge, avantageuse aux Phthisiques, & sa décoction avec le lait est vantée dans les diminutions ou les pertes de voix.

II. *Feuilles ovales, & un peu velues ou ciliés en leur bord.*

Pervenche majeure. *Pervinca major.*

Pervinca vulgaris latifolia, flore cæruleo. Tournef. 120.
Vinca major. Linn. Sp. 304.

Cette espèce a beaucoup de rapport avec la précédente; mais ses tiges sont moins couchées & ses feuilles sont plus grandes, beaucoup plus larges, presque cordiformes & légèrement velues en leur bord : les fleurs sont grandes, portées sur des péduncules souvent plus courts que les feuilles & redressés; le calice est presque aussi long que le tube de la corolle, & ses découpures sont un peu velues. On trouve cette plante dans les bois ♄; elle a les mêmes vertus que la précédente.

---

336. *Corolle peu ou point tubulée, & presque plane.*
- Ovaire environné par cinq cornets ou cinq tubercules tronqués. . 337
- Ovaire environné par cinq filets longs & recourbés. 338

---

337. *Ovaire environné par cinq cornets ou cinq tubercules tronqués.*

Asclépiade. *Asclepias.*

Les fleurs d'asclépiade ont la corolle petite & découpée en rosette ; leur fruit est composé de deux capsules alongées, pointues, univalves, remplies de semences à aigrette.

ANALYSE.

Fleurs blanches ou jaunâtres. I.	Fleurs presque noirâtres. II.

I. *Fleurs blanches ou jaunâtres.*

Asclépiade blanche. *Asclepias alba.* (Dompte-venin).

Asclepias flore albo. Tournef. 94.
Asclepias vincetoxicum. Linn. Sp. 314.

Sa tige est droite, simple, cylindrique & haute d'un pied & demi ou quelquefois davantage ; ses feuilles sont ovales, oblongues, pointues, un peu en cœur à leur base, portées sur de courts pétioles, & vont en diminuant de grandeur vers le sommet de la plante : les fleurs, disposées par petits bouquets pédunculés, naissent dans les aisselles supérieures des feuilles & au sommet de la tige ; leur corolle est un peu dure & leur calice est extrêmement petit. On trouve cette plante dans les bois & sur les côtes pierreuses ♃ ; sa racine passe pour sudorifique & alexipharmaque : ses feuilles sont détersives.

II. *Fleurs presque noirâtres.*

Asclépiade noire. *Asclepias nigra.* Linn. Sp. 315.

Asclepias nigro flore. Tournef. 94.

Cette espèce ressemble beaucoup à la précédente, mais ses tiges sont un peu grimpantes, ses feuilles plus étroites,

337. moins grandes ; & ses bouquets de fleurs moins garnis, soutenus par de plus courts péduncules ; leur corolle est d'un rouge-obscur & noirâtre. Cette plante croît sur les collines en Provence. ♄

---

338. *Ovaire environné par cinq filets longs & recourbés.*

Scammonée de Montpellier. *Cynanchium Monspeliacum.* Linn. Sp. 311.

Periploca Monspeliaca foliis rotundioribus. Tournef. 93.

Les tiges de cette plante sont sarmenteuses, grimpantes, longues & pleines d'un suc laiteux ; les feuilles sont pétiolées, arrondies, cordiformes, un peu pointues & veinées : les fleurs sont axillaires, portées sur des péduncules rameux & remarquables par les divisions de leur corolle, alongées, étroites & très-ouvertes. On trouve cette plante sur le bord de la mer, près de Montpellier ♄ ; elle est âcre : son suc employé extérieurement est résolutif, & purgatif pris intérieurement.

---

339. *Moins de cinq étamines.*
- Deux étamines. 340
- Quatre étamines. 350

---

340. *Deux étamines.* . . . . . .
- Tige herbacée ou sous-ligneuse, ne s'élevant pas au delà de trois pieds. 470
- Tige ligneuse, s'élevant au-delà de trois pieds. 341

---

341. *Tige ligneuse s'élevant au-delà de trois pieds,*
- Fleurs axillaires ; elles ne terminent point la tige ni ses rameaux. 342
- Fleurs terminales ; elles sont disposées au sommet de la tige & de ses rameaux. 345

---

342. *Fleurs axillaires.* . . . . { Stigmate divisé ; jeunes feuilles couvertes de points blancs. . 343
Stigmate simple ; feuilles souvent dentées & jamais chargées de points blancs. 344

---

343. *Stigmate divisé ; jeunes feuilles couvertes de points blancs.*

Olivier franc. *Olea Europæa.* Linn. Sp. 11.

Olea sativa. Bauh. p. 472.

β. *Olea sylvestris folio duro , subtùs incano.* Tournef. 590.

Arbre moyen dont la tige est branchue, l'écorce lisse, les feuilles opposées & persistantes, & les fleurs disposées en petites grappes, ou solitaires dans les aisselles des feuilles. Ces feuilles sont simples, très-entières, lancéolées, dures, vertes & lisses en-dessus, blanchâtres en-dessous, mais ayant souvent leur superficie parsemée de points blancs. On distingue beaucoup de variétés que l'on cultive presque toutes à raison de la grande utilité de cet arbre. Il croît dans les provinces méridionales. ♄ Son fruit donne une huile suffisamment connue par son usage.

---

344. *Stigmate simple ; feuilles souvent dentées & jamais chargées de points blancs.*

Filaria. Phillyrea.

Les fleurs de filaria sont ramassées dans les aisselles des feuilles; leur corolle est quadrifide, & leurs fruits sont des baies monospermes.

A N A L Y S E.

Feuilles dont la longueur est moindre que trois fois la largeur. I.	Feuilles dont la longueur surpasse trois fois la largeur. II.

344. I. *Feuilles dont la longueur est moindre que trois fois la largeur.*

Filaria à feuilles larges. *Phillyrea latifolia.*

Phillyrea latifolia spinosa. Tournef. 596.
β. *Phillyrea latifolia lævis.* Ibid.
γ. *Phillyrea folio ligustri.* Ibid.

Arbre moyen, très-branchu, dont l'écorce est cendrée, & dont les feuilles se conservent pendant l'hiver; ses fleurs sont petites, de couleur verdâtre, & sont ramassées par petits bouquets dans les aisselles des feuilles. On en distingue plusieurs variétés. La première a les feuilles ovales, presque en cœur & très-dentées en leur bord; elles sont quelquefois agréablement panachées. La seconde variété (β) porte des feuilles ovales, lancéolées & très-entières. Enfin, la troisième (γ) a les feuilles moins larges que les deux autres, & légèrement dentées en leur bord. Dans toutes les variétes, les feuilles sont opposées, dures, assez luisantes & très-glabres. Cet arbre croît dans les provinces méridionales. ♄

II. *Feuilles dont la longueur surpasse trois fois la largeur.*

Filaria à feuilles étroites. *Phillyrea angustifolia.* Linn. Sp. 10.

Phillyrea angustifolia prima (& secunda). Tournef. 596.

Cette espèce s'élève un peu moins que la précédente avec laquelle elle a beaucoup de rapport, mais elle en diffère fortement par la forme de ses feuilles qui sont longues d'un pouce & demi, larges à peine de trois lignes, & dont les bords sont ordinairement sans dentelures. On la trouve dans les provinces méridionales. ♄

345. *Fleurs terminales.* . . . . { Etamines enfermées dans le tube de la corolle. 346
Etamines saillantes hors du tube de la corolle. 349

346. *Etamines enfermées dans le tube de la corolle.* { Toutes les feuilles fimples ou pinnatifides. 347
La plupart des feuilles tout-à-fait ailées ou ternées. 348

---

347. *Toutes les feuilles fimples ou pinnatifides.*

Lilac commun. *Lilac vulgaris.*

Lilac Matthioli. Tournef. 601.
Syringa vulgaris. Linn. Sp. 11.

Arbriffeau de dix pieds, dont les feuilles font oppofées, pétiolées, cordiformes, pointues, liffes & très-glabres, & les fleurs petites, nombreufes & difpofées en grappes; ces fleurs font d'un pourpre-violet, ou quelquefois tout-à-fait blanches; leur corolle eft infundibuliforme & découpée en quatre fegmens un peu concaves. Cet arbriffeau eft étranger, mais il eft très-commun & cultivé prefque par-tout, à caufe de la beauté de fes fleurs, & fur-tout à caufe de leur odeur agréable. ♄

On cultive auffi dans les jardins, une autre efpèce qui s'élève beaucoup moins, dont les grappes de fleurs font plus lâches, & qui eft fur-tout remarquable par fes feuilles lancéolées, comme celles du troëne, ou quelquefois pinnatifides. On lui donne le nom de *lilas de Perfe.*

---

348. *La plupart des feuilles tout-à-fait ailées ou ternées.*

Jafmin. *Jafminum.*

Les fleurs de jafmin ont la corolle infundibuliforme, remarquable par fon tube très-grêle, cylindrique, & par fon limbe découpé en quatre ou cinq fegmens ouverts. Leur fruit eft une baie ovale, biloculaire & difperme.

A N A L Y S E.

Feuilles oppofées.	Feuilles alternes.
I.	II.

348. I. *Feuilles opposées.*

Jasmin commun. *Jasminum vulgatius.*

Jasminum vulgatius flore albo. Tournef. 597.
Jasminum officinale. Linn. Sp. 9.

Arbrisseau sarmenteux s'élevant à la hauteur de six à huit pieds, & produisant beaucoup de rameaux verts, longs, déliés & flexibles ; ses feuilles sont toutes ailées avec une foliole impaire, & ses fleurs sont de couleur blanche, disposées aux extrémités des rameaux, & garnies d'un calice court dont les divisions sont capillaires. Cet arbrisseau est étranger, mais l'odeur suave de ses fleurs le fait cultiver par-tout. ♄

II. *Feuilles alternes.*

Jasmin arbustet. *Jasminum fruticans.* Linn. Sp. 9.

Jasminum luteum vulgò dictum bacciferum. Tournef. 597.

Sa tige s'élève jusqu'à cinq ou six pieds, & fournit beaucoup de rameaux verts, anguleux & flexibles; ses feuilles sont assez petites, nombreuses, très-glabres, la plupart ternées, mais simples aux extrémités des rameaux; ses fleurs sont jaunes & terminales. On trouve cette espèce dans les haies & sur le bord des vignes dans les provinces méridionales. ♄

---

349. *Etamines saillantes hors du tube de la corolle.*

Troène commun. *Ligustrum vulgare.* Linn. Sp. 10.

Ligustrum. Tournef. 596.

Arbrisseau de cinq à six pieds, dont l'écorce est cendrée, les rameaux flexibles & les feuilles simples, ovales-lancéolées, entières, très-glabres, lisses, opposées & portées sur de courts pétioles; elles persistent dans les hivers doux : les fleurs disposées en grappes, sont de couleur blanche; il leur succède des baies rondes, lisses, noires dans leur maturité & tétraspermes. Il est commun dans les haies & dans les bois. ♄ On le cultive en palissade dans les jardins; ses feuilles & ses fleurs sont détersives & astringentes.

350. Quatre étamines.	Etamines égales à la corolle ou plus courtes.	351
	Etamines beaucoup plus longues que la corolle.	355

351. *Étamines égales à la corolle ou plus courtes.*	Plante n'ayant aucunes feuilles.	352
	Feuilles toutes radicales. . .	384
	Tiges garnies de feuilles. .	353

352. *Plante n'ayant aucunes feuilles.*

Cuscute filiforme. *Cuscuta filiformis.*

Cuscuta major (*& minor*). Tournef. 652.
Cuscuta Europæa. Linn. Sp. 180.

Cette plante est parasite ; ses tiges sont des filets nus, rougeâtres, aussi déliés que des cheveux & très-entortillés autour de diverses plantes aux dépens desquelles elles se nourrissent ; ses fleurs sont blanches ou rougeâtres, sessiles, à quatre ou cinq divisions, & ramassées trois ou quatre ensemble par petites têtes attachées sur les filets ; elles produisent des graines qui lèvent dans la terre, mais la radicule qui s'y enfonce d'abord se dessèche bientôt, & la plante périt si elle ne rencontre aucune autre plante dans son voisinage sur laquelle elle puisse grimper & s'attacher pour en tirer sa nourriture. On la trouve souvent sur la bruyère, le serpolet, le lin, la vesce, &c. ⊙

353. *Tige garnie de feuilles.* . . .	Feuilles opposées.	333
	Feuilles alternes.	354

354. *Feuilles alternes.*

Centenille bassette. *Centunculus minimus.* Lin. Sp. 169.

Anagallis paludosa minima foliis rotundis alternatis. Vaill. Paris. 12, t. IV, f. 2.

Cette plante s'élève à peine à la hauteur d'un pouce ; sa

354. tige est droite, cylindrique & branchue ; ses feuilles sont petites, ovales & très-glabres, & ses fleurs sont axillaires & sessiles : leur corolle est petite, quadrifide, d'une couleur blanche ou verdâtre, & le fruit est une capsule qui s'ouvre en travers. On trouve cette plante dans les marais & dans les allées des bois humides. ⊙

---

355. *Etamines beaucoup plus longues que la corolle.*

Plantain. *Plantago.*

Les fleurs de plantain sont petites & disposées en un épi plus ou moins alongé ; leur corolle est brune ou verdâtre & partagée en quatre découpures très-ouvertes. Leur fruit est une capsule ovale qui s'ouvre en travers.

ANALYSE.

Tige simple & nue. I.	Tige rameuse & feuillée. XIV.

I. *Tige simple & nue.*

Epi alongé & cylindrique. II.	Epi arrondi ou ovale. XI.

II. *Epi alongé & cylindrique.*

Feuilles dont la largeur n'est pas contenue plus de quatre fois dans la longueur. III.	Feuilles dont la largeur est contenue plus de quatre fois dans la longueur. VI.

355 III. *Feuilles dont la largeur n'eſt pas contenue plus de quatre fois dans la longueur.*

Feuilles ovales, & dont la ſuperficie eſt très-glabre. IV.	Feuilles ovales-lancéolées & un peu velues de chaque côté. V.

IV. *Feuilles ovales, & dont la ſuperficie eſt très-glabre.*

Plantain majeur. *Plantago major.* Linn. Sp. 163.

Plantago latifolia ſinuata. Tournef. 126.
β. Plantago latifolia, roſea, flore expanſo. Ibid.

Sa tige eſt haute d'un pied, cylindrique, légèrement cotonneuſe vers ſon ſommet, & ſe termine par un épi grêle, long de cinq à ſix pouces; ſes feuilles ſont radicales, larges, ovales, pétiolées, liſſes & à ſept nervures : leur pétiole eſt pubeſcent & quelquefois auſſi long que la feuille. On trouve cette plante ſur le bord des chemins ⊙ ; elle paſſe pour vulnéraire & aſtringente.

V. *Feuilles ovales-lancéolées & un peu velues de chaque côté.*

Plantain moyen. *Plantago media.* Linn. Sp. 163.

Plantago latifolia incana. Tournef. 126.

Sa tige eſt cylindrique & un peu moins élevée que celle de la précédente; ſes feuilles ſont moins grandes, moins pétiolées, très-entières & pubeſcentes des deux côtés : l'épi de fleurs n'a quelquefois pas plus d'un pouce de longueur; les calices ſont glabres, les corolles blanchâtres & les filamens des étamines de couleur rouge. On trouve cette plante dans les terreins ſecs. ♃

355. VI. *Feuilles dont la largeur est contenue plus de quatre fois dans la longueur.*

Feuilles chargées de dents linéaires, longues de plus d'une ligne. VII.	Feuilles presque entières, ou dont les dents n'ont pas une ligne de longueur. VIII.

VII. *Feuilles chargées de dents linéaires, longues de plus d'une ligne.*

Plantain corne-de-cerf. *Plantago coronopus.* Linn. Sp. 166.

Coronopus hortensis. Tournef. 128.
β. *Coronopus massiliensis hirsutior, latifolius.* Ibid.
γ. *Coronopus maritimus minimus, hirsutus.* Ibid.

La racine de cette plante pousse beaucoup de feuilles couchées en rond sur la terre; ces feuilles sont presque pinnatifides, & leurs découpures sont linéaires & distantes : du milieu de ces feuilles, naissent plusieurs tiges longues de quatre à six pouces, cylindriques, nues & quelquefois un peu couchées; elles sont terminées chacune par un épi grêle, long d'un pouce & demi & d'un vert-blanchâtre. On trouve cette plante sur les pelouses & dans les terreins secs. Les variétés β & γ croissent en Provence.

VIII. *Feuilles presque entières, ou dont les dents n'ont pas une ligne de longueur.*

Feuilles blanchâtres & velues dans toute leur longueur. IX.	Feuilles glabres, au moins dans leur moitié supérieure. X.

IX. *Feuilles blanchâtres & velues dans toute leur longueur.*

Plantain blanchâtre. *Plantago albicana.* Linn. Sp. 165.

Plantago angustifolia albica hispanica. Tournef. 127.

Sa tige est haute de cinq à six pouces, droite, velue, cylindrique

355. & un peu plus longue que les feuilles ; elle se termine par un épi blanchâtre, long d'un pouce & scarieux ou un peu luisant ; ses feuilles sont radicales, étroites, pointues, planes & presque droites. Cette plante croît en Languedoc dans les lieux arides. ♃

Plantain graminiforme. *Plantago graminiformis.*

Plantago alpina, folio angusto, longo & nigricante. Tournef. 127.

β. *Plantago maritima major, tenuifolia.* Ibid.

γ. *Plantago gramineo folio, major (& minor).* Ibid.

La racine de cette plante est épaisse, fibreuse, & pousse beaucoup de feuilles longues très-étroites, assez dures, & ramassées en un gazon fort dense ; elles sont quelquefois chargées en leur bord de quelques dents peu sensibles & distantes : du milieu de ces feuilles naissent plusieurs tiges hautes de six à huit pouces à peu-près, velues & cylindriques ; les épis ont à peine un pouce de longueur avant la floraison, mais à mesure que les fleurs se développent, leur longueur augmente & s'accroît jusqu'à trois ou quatre pouces. Les étamines soutiennent des anthères jaunâtres. On trouve cette plante dans les montagnes & dans les lieux maritimes des provinces méridionales. ♃

XI. *Epi arrondi ou ovale.*

Epi glabre ; tige anguleuse.	Epi très-velu. tige cylindrique.
XII.	XIII.

XII. *Epi glabre ; tige anguleuse.*

Plantain lancéolé. *Plantago lanceolata.* Linn. Sp. 164.

Plantago angustifolia major. Tournef. 127.

β. *Plantago angustifolia argentea è rupe victoriæ.* Ibid.

Ses tiges sont très-grêles & s'élèvent jusqu'à huit ou neuf pouces ; elles se terminent chacune par une petite tête de fleurs presque arrondie & de couleur brune ; ses feuilles font lancéolées, pointues, rétrécies en pétiole à leur base ; & un peu ciliées en leur bord. Celles de la variété *β* sont blanchâtres & pubescentes. Cette plante est commune dans les prés secs. Sa variété croît en Provence. ♃

XIII. *Epi très-velu ; tige cylindrique.*

Plantain lagopiste. *Plantago lagopus.* Linn. Sp. 165.

Plantago angustifolia paniculis lagopi. Tournef. 127.

Ses tiges sont hautes de six à sept pouces, & soutiennent chacune un épi ovale, blanchâtre & très-hérissé de poils, comme dans l'espèce de trèfle qu'on nomme vulgairement *pied de lièvre ;* ses feuilles sont étroites, pointues, un peu dentées en leur bord & légèrement velues en-dessous. Cette plante croît dans les provinces méridionales. ♃

XIV. *Tige rameuse & feuillée.*

Tige droite & herbacée ; feuilles chargées de quelques dents.	Tige sous-ligneuse & un peu couchée ; feuilles très-entières.
XV.	XVI.

XV. *Tige droite & herbacée ; feuilles chargées de quelques dents.*

Plantain pucier. *Plantago psyllium.* Linn. Sp. 167.

Psyllium majus erectum. Tournef. 128.

Sa tige est haute de huit à dix pouces, rameuse, diffuse ; souvent rougeâtre & un peu velue ; ses feuilles sont linéaires, très-étalées, d'un vert-blanchâtre, velues à leur base, chargées de quelques dents écartées, opposées & un peu connées ; les fleurs sont disposées par petites têtes portées sur des pédoncules longs de plus d'un pouce. On trouve cette plante dans les champs stériles & sablonneux. ⊙

---

355. XVI. *Tige sous-ligneuse & un peu couchée ; feuilles très-entières.*

Plantain sous-ligneux. *Plantago suffruticosa.*

Psyllium majus supinum. Tournef. 128.
Plantago sinops. Linn. Sp. 167.

Sa tige est dure, persistante, rougeâtre & très-rameuse ; ses feuilles sont opposées, filiformes, un peu connées, canaliculées à leur base, garnies en leur bord de quelques poils écartés, plus vertes & plus redressées que celles de la précédente ; les fleurs sont séparées par des bractées concaves, ovales & terminées par une pointe ; elles forment des têtes courtes, souvent prolifères & difformes. Cette plante croît dans les provinces méridionales. ♄

---

356. *Plus de cinq étamines.* . . { Tige herbacée. 357
Tige ligneuse. 359

---

357. *Tige herbacée.* . . . . { Feuilles simples & opposées. 358
Feuilles ternées, radicales ou alternes. 696

---

358. *Feuilles simples & opposées.*

Chlore perfeuillée. *Chlora perfoliata.* Linn. mant. 10.

Centaurium luteum perfoliatum. Tournef. 123.
β. Centaurium luteum pusillum. Ibid.

Cette plante a beaucoup de rapport avec les gentianes ; sa tige est droite, cylindrique, rameuse vers son sommet, & s'élève un peu au-delà d'un pied : ses feuilles sont ovales, pointues, connées, perfeuillées, distantes, très-lisses, blanchâtres ou d'une couleur glauque ; ses fleurs sont jaunes & terminales ; elles ont huit étamines ; leur corolle est à huit divisions, & leur calice est découpé jusqu'à sa base en huit segmens linéaires presque aussi longs que le tube de la corolle. La

358. variété β s'élève beaucoup moins ; sa tige est moins divisée, & ne porte quelquefois qu'une ou deux fleurs. On trouve cette plante sur les collines sèches & arides. Sa variété croît en Provence. ⊙

359.	*Tige ligneuse.*	Huit étamines.	360
		Dix étamines.	363

360.	*Huit étamines.*	Feuilles dont la largeur n'excède pas une ligne.	361
		Feuilles larges d'un pouce ou davantage.	362

---

361. *Feuilles dont la largeur n'excède pas une ligne.*

Bruyère. *Erica.*

Les bruyères sont des sous arbrisseaux ou des arbrisseaux fort bas, remarquables par la petitesse de leurs feuilles qui sont ordinairement opposées ou verticillées ; la corolle de leurs fleurs est petite, quadrifide & agréablement colorée : les étamines s'insèrent sur le réceptacle ; leurs anthères sont souvent fourchues ou bifides, & leur fruit est une capsule quadriloculaire.

A N A L Y S E.

Feuilles opposées, très-courtes & sagittées à leur base. I.	Feuilles ternées, quaternées ou quinées & simples à leur base. I I.

I. *Feuilles opposées, très-courtes & sagittées à leur base.*

Bruyère commune. *Erica vulgaris.* Linn. Sp. 501.

Erica vulgaris glabra. Tournef. 602.

β. *Eadem flore albo.* Ibid.

γ. *Eadem myricæ folio hirsuta.* Ibid.

Cet arbrisseau s'élève à peine à la hauteur de deux pieds,

361. sa tige est tortue, rameuse & recouverte d'une écorce rude & rougeâtre : ses feuilles sont très-petites, serrées contre les rameaux, opposées & comme embriquées sur quatre rangs; leur base est bifide & tout-à-fait appliquée sur les rameaux. Leurs fleurs sont petites, d'un rouge-vif, quelquefois blanches & disposées en grappes terminales; les calices sont plus grands que la corolle, & sont composés de quatre folioles colorées & inégales. On trouve cet arbrisseau dans les terreins incultes & arides ♄; ses feuilles & ses fleurs sont diurétiques, anti-calculeuses & diaphorétiques.

II. *Feuilles ternées, quaternées ou quinées, & simples à leur base.*

Stigmate renfermé dans la corolle. III.	Stigmate saillant hors de la corolle. VIII.

III. *Stigmate renfermé dans la corolle.*

Feuilles ciliées. IV.	Feuilles glabres. V.

IV. *Feuilles ciliées.*

Bruyère quaternée. *Erica tetralix.* Linn. Sp. 502.

Erica ex rubro nigricans, scoparia. Tournef. 602.

Sa tige ne s'élève guères au-delà d'un pied & demi; elle pousse des rameaux très-grêles, recouverts d'une écorce rougeâtre, tirant sur le noir, & souvent opposés deux ou trois ensemble : ses feuilles sont quaternées, disposées en croix, très-ouvertes & ciliées en leur bord; ses fleurs sont purpurines, quelquefois blanches, campanulées & ramassées cinq ou six ensemble au sommet des rameaux. Cette espèce fleurit au printemps & en automne; on la trouve dans les lieux aquatiques. ♄

---

361. V. *Feuilles glabres.*

Corolle ovale-oblongue ; fleurs ramaſſées en grappes terminales. VI.	Corolle campanulée ; fleurs éparſes le long des rameaux. VII.

VI. *Corolle ovale-oblongue, fleurs ramaſſées en grappes terminales.*

Bruyère cendrée. *Erica cinerea.* Linn. Sp. 501.

Erica humilis corticeo cinere arbutiflore. Tournef. 602.

Ce ſous-arbriſſeau ne s'élève pas tout-à-fait juſqu'à un pied & demi ; ſes rameaux ſont nombreux, grêles & couverts d'une écorce blanchâtre ou cendrée. Ses feuilles ſont longues, étroites, vertes, glabres, diſpoſées comme par paquets ; mais ternées ſur les jeunes pouſſes. Ses fleurs ſont aſſez grandes, d'une couleur pourpre-foncé, tirant ſouvent ſur le bleu, & quelquefois tout-à-fait blanches. Elles forment de belles grappes denſes & terminales. Cette eſpèce croît ſur les côteaux arides & ſablonneux. ♄

XII. *Corolle campanulée ; fleurs éparſes le long des rameaux.*

Bruyère verd-pourpre. *Erica viridi-purpurea.* Linn. Sp. 502.

Erica major floribus ex herbacea purpureis. Tournef. 602.

Sa tige ſe divise en rameaux droits, qui s'élèvent juſqu'à trois pieds ; ſes feuilles ſont ternées ou quaternées, & d'un vert-noirâtre, & ſes fleurs d'abord verdâtres, acquièrent par la ſuite une couleur blanche un peu purpurine. Cet arbriſſeau croît dans les provinces méridionales. ♄

VIII. *Stigmate ſaillant hors de la corolle.*

Feuilles ternées. IX.	Feuilles quaternées ou quinées. XII.

361. IX. *Feuilles ternées.*

Fleurs portées sur des péduncules très-divisés ; rameaux cotonneux.	Fleurs solitaires sur leurs péduncules ; rameaux non cotonneux.
X.	XI.

X. *Fleurs portées sur des péduncules très-divisés ; rameaux cotonneux.*

Bruyère arborée. *Erica arborea.* Linn. Sp. 502.

Erica maxima alba. Tournef. 602.

Sa tige s'élève jusqu'à quatre ou cinq pieds & pousse des rameaux droits, couverts d'un coton blanc très-fin. Ses feuilles sont petites ; très-étroites, nombreuses, un peu redressées, serrées, rapprochées & ternées. Ses fleurs sont blanches, campanulées & disposées par petites grappes latérales & panniculées. On trouve cet arbrisseau en Provence. ♄

XI. *Fleurs solitaires sur leurs péduncules ; rameaux non cotonneux.*

Bruyère à balais. *Erica scoparia.* Linn. Sp. 502.

Erica major scoparia, foliis deciduis. Tournef. 602.

Sa tige est haute de trois pieds, & produit des rameaux assez droits, un peu blanchâtres, mais très-glabres Ses feuilles sont longues, très-étroites, vertes & disposées trois à trois. Ses fleurs sont petites, campanulées, d'un vert-blanchâtre ou jaunâtre, & sont comme éparses ou légérement verticillées. Cet arbrisseau croît dans les lieux stériles & incultes. ♄

XII. *Feuilles quaternées ou quinées.*

Anthères bifides ; rameaux un peu couchés & rougeâtres.	Anthères simples ; rameaux droits & grisâtres.
XIII.	XIV.

361. XIII. *Anthères bifides ; rameaux un peu couchés & rougeâtres.*

Bruyère purpurine. *Erica purpurescens.* Linn. Sp. 503.

Erica procumbens, dilutè purpurea. Tournef. 603.

Ses rameaux font longs d'un pied, cylindriques, nombreux & couchés fur la terre. Ils font recouverts d'une écorce purpurine, & garnis de feuilles affez longues, très-étroites, difpofées quatre à quatre, ou quelquefois cinq à cinq. Les fleurs font purpurines, éparfes & un peu diftantes. Ce fous-arbriffeau croît dans les provinces méridionales. ♄

XIV. *Anthères fimples ; rameaux droits & grisâtres.*

Bruyère multiflore. *Erica multiflora.* Linn. Sp. 503.

Erica coris folio multiflora. Tournef. 602.

Arbriffeau de trois ou quatre pieds, dont les feuilles font ouvertes, quaternées, quinées, prefque pétiolées, planes en-deffus, marquées d'un fillon en-deffous, très-glabres & affez femblables à celles du génévrier, mais point aiguës. Les fleurs ne font point éparfes ; elles forment de très-beaux bouquets aux extrémités des rameaux ; leur corolle eft d'un rouge-clair, & femble être couronnée par les anthères qui font très-brunes & toutes très-faillantes. Ces fleurs font portées chacune fur un péduncule long de cinq à fix lignes & coloré. Cet arbriffeau croît en Provence. ♄

362. *Feuilles larges d'un pouce ou davantage.*

Plaqueminier lotier. *Diafpyros lotus.* Linn. Sp. 1510.

Guaicana. Tournef. 600.

Arbre élevé dont les feuilles font alternes, pétiolées, ovales-oblongues, un peu épaiffes, vertes en-deffus & blanchâtres en deffous ; elles font terminées en pointe, & ont quelque rapport avec celles du poirier, mais elles font deux ou trois fois plus grandes & très-entières : fes fleurs font axillaires, quadrifides & ramaffées trois ou quatre enfemble ; il leur fuccède des baies arrondies, contenant huit femences. Cet arbre croît en Languedoc. ♄

363. *Dix étamines.* . . . . . . { Corolle infundibuliforme. : 364
Corolle ovale ou en grelot. 367

---

364. *Corolle infundibuliforme.* { Feuilles blanches en-dessous. 365
Feuilles rousses en-dessous. 366

---

365. *Feuilles blanches en-dessous.*

Aliboufier officinal. *Styrax officinale.* Linn. Sp. 635.

Styrax folio mali cotonei. Tournef. 598.

Arbre médiocre très-rameux, dont les feuilles sont alternes, pétiolées, ovales, molles, vertes en-dessus, blanches & cotonneuses en-dessous, ses fleurs sont blanches, assez semblables à celles de l'oranger, & disposées quatre ou cinq ensemble par petits bouquets aux extrémités des rameaux. Les découpures de leur corolle sont droites & profondes, & leur calice est fort court & presque entier. Cet arbre croît en Provence. ♄ Il en découle une espèce de résine que l'on nomme *styrax*, & qui est cordiale, vulnéraire & détersive.

---

366. *Feuilles rousses en-dessous.*

Rosage ferrugineux. *Rhododendron ferrugineum.* Linn. Sp. 563.

Chamærhododendros alpina glabra. Tournef. 604.

Arbrisseau de deux à trois pieds, tortu, difforme & rameux ; dont les feuilles sont ovales-oblongues, légèrement pétiolées, un peu dures, lisses, vertes, souvent repliées en leur bord comme celles du romarin, & très-rousses ou de couleur ferrugineuse en-dessous ; ses fleurs sont rougeâtres & ramassées en bouquet aux extrémités des rameaux : leur odeur est désagréable. On le trouve dans les montagnes en Provence & en Dauphiné. ♄

---

367. *Corolle ovale ou en grelot.* { Bord des feuilles replié en-dessous. 368
Bord des feuilles non replié, mais sur le même plan que leur disque. 369

368. *Bord des feuilles replié en-dessous.*

Andromède poliée. *Andromeda polifolia.* Linn. Sp. 564.

Rhododendron polifolium. Scop. fl. carn. 287.

Sa tige est haute d'un pied, droite & un peu branchue; ses feuilles sont alternes, dures, lancéolées, quelquefois linéaires, vertes en-dessus & blanchâtres en-dessous. Les fleurs, au sommet de la tige & des rameaux, sont un peu inclinées, portées chacune sur un péduncule long de trois ou quatre lignes, & ramassées plusieurs ensemble : leur corolle imite un petit grelot; elle est un peu resserrée à son ouverture, légèrement découpée en ses bords, & d'un pourpre vif mêlé de blanc. On trouve ce sous-arbrisseau aux environs de Rouen dans les lieux marécageux. ♄

369. *Bord des feuilles non replié, mais sur le même plan que leur disque.*

Arbousier. *Arbutus.*

Les arbousiers ont la corolle ovale, en grelot, peu découpée en ses bords, & légèrement transparente à sa base. Leur fruit est une espèce de baie qui contient quatre ou cinq semences, ou quelquefois davantage.

ANALYSE.

Feuilles dentées.	Feuilles très-entières.
I.	IV.

I. *Feuilles dentées.*

Tige droite.	Tige couchée.
II.	III.

II.

369. II. *Tige droite.*

Arbousier commun. *Arbutus unedo.* Linn. Sp. 566.

Arbutus folio serrato. Tournef. 598.

Arbrisseau de quatre ou cinq pieds, rameux, dont l'écorce est rude, crevassée, & dont les jeunes pousses sont rougeâtres ; ses feuilles sont alternes, ovales-oblongues, élargies vers leur sommet, dentées en leur bord ; vertes, dures comme celles du laurier & portées sur de courts pétioles : ses fleurs sont disposées sur des péduncules rameux, garnis d'une écaille rougeâtre à la base de chacune de leurs divisions. Leur corolle est blanchâtre, resserrée à son ouverture, & environnée par un calice très-court ; ses baies sont rondes, pendentes, polyspermes, un peu hérissées par la saillie des semences, jaunâtres d'abord, mais d'un beau rouge dans leur maturité. Cet arbrisseau croît dans les provinces méridionales. ♄ Ses feuilles & ses fruits sont regardés comme astringens.

III. *Tige couchée.*

Arbousier des Alpes. *Arbutus Alpina.* Linn. Sp. 566.

Vitis idæa foliis oblongis albicantibus. Tournef. 608.

Sa tige est rameuse, couchée sur la terre, & longue d'un à deux pieds ; ses feuilles sont ovales-oblongues, pétiolées, ridées, veinées, dentées & un peu velues en-dessous : ses fleurs sont petites, blanchâtres, ramassées aux extrémités des rameaux ; ses fruits sont des baies sphériques, ombiliquées & bleuâtres. On trouve ce petit arbrisseau dans les lieux humides des montagnes du Dauphiné. ♄

IV. *Feuilles très-entières.*

Arbousier busserolle. *Arbutus uva ursi.* Linn. Sp. 566.

Uva ursi. Tournef. 599.

Ses tiges sont foibles, couchées, rameuses & longues de deux pieds ; ses feuilles sont assez petites, éparses, fermes, un peu élargies vers leur sommet, & portées sur de courts pétioles : les fleurs forment de petites grappes aux extrémités des rameaux ; elles sont d'une couleur blanche légèrement

369. purpurine ; & produisent des baies d'un beau rouge lorsqu'elles sont mures. Il croît dans les montagnes du Dauphiné & de la Provence ♄ ; ses feuilles sont astringentes & diurétiques. On les recommande contre le calcul, mais cette propriété ne se confirme pas.

---

370. *Corolle difforme ou irrégulière.*
- Quatre étamines fertiles, ou moins. 371
- Cinq étamines fertiles, ou plus. 472

---

371. *Quatre étamines fertiles, ou moins.*
- Quatre étamines fertiles. 372
- Moins de quatre étamines fertiles. 455

---

372. *Quatres-étamines fertiles.*
- Un seul ovaire simple & sans division. 373
- Quatre ovaires ou un seul à quatre divisions. 404

---

373. *Un seul ovaire simple & sans division.*
- Fleurs ramassées dans un calice commun. 374
- Fleurs libres & point ramassées dans un calice commun. . . 375

---

374. *Feuilles ramassées dans un calice commun.*

Globulaire. *Globularia.*

Les fleurs de globulaire sont disposées sur un réceptacle commun chargé de paillettes ; elles forment une tête arrondie & terminale. Outre leur calice commun qui est embriqué, chacune d'elles est garnie d'un calice particulier dont les divisions sont irrégulières.

ANALYSE.

Tiges ou hampes radicales tout-à-fait droites. I.	Souches rameuses, rampantes & tout-à-fait couchées. V I.

I. *Tiges ou hampes radicales tout-à-fait droites.*

Tige très-garnie de feuilles. I I.	Hampes nues ou chargées d'une à deux écailles. V.

II. *Tige très-garnie de feuilles.*

Tige herbacée. I I I.	Tige ligneuse. I V.

III. *Tige herbacée.*

Globulaire commune. *Globularia vulgaris.* Linn. Sp. 139.

Globularia vulgaris. Tournef. 467.

Sa tige est haute de six à sept pouces, droite, simple, feuillée & terminée par une seule tête de fleurs; ses feuilles radicales sont nombreuses, couchées sur la terre, ovales, spatulées, pétiolées & remarquables par deux ou trois petites dents à leur sommet. Celles de la tige sont lancéolées & très-entières : les fleurs forment une petite tête globuleuse, ordinairement de couleur bleue. Cette plante croît dans les lieux arides & dans les prés secs ♃; elle passe pour vulnéraire & détersive.

IV. *Tige ligneuse.*

Globulaire turbith. *Globularia alypum.* Linn. Sp. 139.

Globularia fructicosa, myrtifolio tridentato. Tournef. 467.

Sous-arbrisseau, dont la tige s'élève jusqu'à deux pieds, produit plusieurs rameaux déliés, cassans, & conserve ses

374. feuilles pendant l'hiver ; son écorce est brune ou rougeâtre : ses feuilles sont dures, petites, lancéolées, imitant celles du mirte, entières ou garnies quelquefois vers leur sommet, d'une petite dent de chaque côté. Les fleurs sont bleuâtres, & forment de petites têtes solitaires aux extrémités des rameaux. Il croît dans les lieux pierreux des provinces méridionales ♄ ; c'est un violent purgatif.

V. *Hampes nuès ou chargées d'une ou deux écailles.*

Globulaire nudicaule. *Globularia nudicaulis.* Linn. Sp. 140.

Globularia Pyrænaica folio oblongo, caule nudo. Tournef. 467.

Du collet de la racine de cette plante, naissent immédiatement deux ou trois tiges nues, ou chargées quelquefois d'une ou deux écailles ligulées ; ces tiges ou hampes s'élèvent rarement au-delà de cinq à six pouces : les feuilles sont toutes radicales, nombreuses, couchées sur la terre & disposées en rond au bas de la plante ; elles sont fermes, coriaces, spatulées, rétrécies en pétiole, quelquefois très-entières, mais plus souvent garnies à leur sommet de trois petites dents aiguës. Les têtes de fleurs sont terminales, solitaires & de couleur bleue. On trouve cette plante dans les montagnes de la Provence. ♃

VI. *Souches rameuses, rampantes & tout-à-fait couchées.*

Feuilles obtuses & échancrées en cœur à leur sommet.	Feuilles un peu terminées en pointe, & sans aucune échancrure.
VII.	VIII.

VII. *Feuilles obtuses & échancrées en cœur à leur sommet.*

Globulaire cordiforme. *Globularia cordifolia.* Linn. Sp. 139.

Globularia montana humillima, repens. Tournef. 467.

Sa tige est une souche ligneuse, rameuse, couchée, ram-

374. pante & très-garnie de feuilles, qui forment sur la terre des espèces de rosettes ou des petits gazons peu serrés; ces feuilles sont petites, assez longues, & vont en s'élargissant vers leur sommet qui est très-obtus & échancré en cœur; elles sont d'une consistance coriace & d'un vert-noirâtre : on remarque souvent une très-petite pointe au milieu de leur échancrure. Chaque petit gazon pousse ordinairement une hampe nue, haute de deux ou trois pouces, qui soutient à son extrémité une tête de fleurs un peu plus applatie que dans les autres espèces; ces fleurs sont d'un bleu-rougeâtre. Cette plante croît en Provence parmi les rochers. ♄

VIII. *Feuilles un peu terminées en pointe, & sans aucune échancrure.*

Globulaire rampante. *Globularia repens.*

Globularia Alpina minima origani folio. Tournef. 467.

Sa tige est ligneuse, rameuse, diffuse, étalée & tout-à-fait couchée sur la terre; elle n'a guère plus de quatre ou cinq pouces d'étendue : les feuilles sont extrêmement petites, très-entières, élargies vers leur sommet, rétrécies en pétioles à leur base; elles n'ont que trois lignes de longueur & une demi-ligne de largeur vers leur extrémité; elles sont nombreuses; d'un vert-noirâtre & disposées par petites rosettes très-garnies. Du milieu de chaque rosette, naît une petite hampe ou un péduncule long de trois lignes tout au plus, chargé d'une tête de fleurs beaucoup plus petites que celles de l'espèce précédente. On trouve cette plante en Languedoc, dans les environs de Narbonne, où elle a été observée par M. l'abbé Pouret. ♄

---

375. *Fleurs libres, & point ramassées dans un calice commun.*

Fleurs en masque. *Tournef.*

Les plantes qui forment cette division, ont beaucoup de rapport avec celles qui portent des fleurs labiées (n°. 404.); mais elles en diffèrent essentiellement par l'ovaire de leurs

375. fleurs, qui eſt ſolitaire, entier, & au ſommet duquel s'insère le ſtyle; & par leur fruit qui eſt composé d'une capſule à une ou deux loges, dans laquelle ſont renfermées les ſemences. M. Linné nomme cette diviſion, *Didynamie angioſpermie.*

ANALYSE.

Feuilles caulinaires nulles, ou toutes alternes. 376.	Feuilles caulinaires, la plupart oppoſées ou verticillées. 389.

376. *Feuilles caulinaires; nulles ou toutes alternes.*
- Plantes écailleuſes & ſans feuilles. 377
- Plantes ſenſiblement garnies de feuilles. 380

377. *Plantes écailleuſes & ſans feuilles.*
- Lèvre ſupérieure de la corolle échancrée; ſtigmate bifide. . 378
- Lèvre ſupérieure de la corolle entière; ſtigmate ſimple. . . 379

378. *Lèvre ſupérieure de la corolle échancrée; ſtigmate bifide.*

Orobanche. *Orobanche.*

Les fleurs d'orobanche ont la corolle tubulée & terminée par deux lèvres, dont la ſupérieure eſt convexe, obtuſe, échancrée, & l'inférieure large, rabattue & diviſée en trois parties. A la baſe de l'ovaire, on trouve une glande ovale & jaunâtre; le fruit eſt une capſule uniloculaire & polyſperme.

ANALYSE.

Tige très-ſimple. I.	Tige rameuſe. IV.

378. I. *Tige très-simple.*

Calice quadrifide ; fleurs jaunâtres. II.	Calice quinquefide ; fleurs un peu violettes. III.

II. *Calice quadrifide ; fleurs jaunâtres.*

Orobanche majeure. *Orobanche major.* Linn. Sp. 882.

Orobanche major, caryophyllum olens. Tournef. 176.

Sa tige est haute de six à huit pouces, droite, velue, cylindrique & striée ; elle est garnie d'écailles membraneuses, pointues, éparses & pubescentes : les fleurs sont assez grandes & de même couleur que les autres parties de la plante ; elles sont rassemblées en un épi terminal. La racine est bulbeuse, couverte d'écailles, & s'attache quelquefois sur les racines des autres plantes. On trouve cette espèce dans les prés secs & sur le bord des bois ; elle sent le gérofle : on la dit astringente & utile dans la colique venteuse ; extérieurement elle est vulnéraire.

III. *Calice quinquefide ; fleurs un peu violettes.*

Orobanche lisse. *Orobanche lævis.* Linn. Sp. 881.

Orobanche subcæruleo flore sive ij Clusii. Tournef. 881.

Sa tige est un peu velue, haute environ d'un pied, & garnie d'écailles étroites, longues & assez glabres ; ses fleurs sont plus grèles & plus alongées que celles de la précédente. Les étamines sont un peu saillantes hors de la corolle qui est bleuâtre ou d'un violet-pâle, & les bractées sont disposées trois à trois. Cette plante croît dans les lieux stériles. ⊙

IV. *Tige rameuse.*

Orobanche rameuse. *Orobanche ramosa.* Linn. Sp. 882.

Oroboncke ramosa floribus purpurascentibus, vel subcæruleis. Tournef. 176.

Sa tige est haute de six à sept pouces, pubescente, d'un

X 4

378. blanc-jaunâtre, & se divise en plusieurs rameaux droits ; ses écailles sont petites, pointues & distantes ; ses fleurs sont moins grandes que celles des espèces précédentes ; elles sont légèrement découpées en cinq parties irrégulières & bleuâtres, ou d'un violet-pâle. On trouve cette plante dans les champs.

---

379. *Lèvre supérieure de la corolle entière ; stigmate simple.*

Clandestine. *Clandestina.*

Les clandestines ont beaucoup de rapport avec les orobanches ; leur calice est campanulé & sémi-quadrifide ; leur corolle est tubulée, & son limbe se partage en deux lèvres, dont la supérieure est entière, & leur fruit est une capsule uniloculaire & polysperme.

A N A L Y S E.

Tige rameuse & cachée sous la terre.	Tige simple & point cachée.
I.	II.

I. *Tige rameuse & cachée sous la terre.*

Clandestine à fleurs droites. *Clandestina rectiflora.*

Clandestina flore subcæruleo. Tournef. 652.
Lathræa clandestina. Linn. Sp. 843.

Sa tige, que l'on pourroit regarder comme une espèce de racine, se divise en deux ou trois rameaux courts, épais, noueux & embriqués d'écailles très-courtes, serrées & blanchâtres : les fleurs sont les seules parties qui paroissent à découvert, les autres se trouvant enfoncées dans la terre ou cachées sous la mousse qui est ordinairement abondante dans les lieux où se trouve cette plante. Ces fleurs sont droites & d'une couleur bleuâtre ; leur corolle se termine par deux lèvres, dont la supérieure est entière, pointue & rabattue en casque. On trouve cette plante dans les lieux couverts exposés au froid. ♃

379. II. *Tige simple & point cachée.*

Clandeſtine à fleurs pendantes. *Clandeſtina penduliflora.*

Lathræa ſquammaria. Linn. Sp. 844.

Sa racine eſt rameuſe, & par-tout couverte d'écailles charnues, ſerrées & compactes; elle pouſſe une tige ſimple, garnie de quelques écailles diſtantes, courbée vers ſon ſommet & terminée par un épi de fleurs blanches ou purpurines qui ſont ordinairement pendantes. Cette plante croît dans les lieux froids, humides & couverts. ♃

---

380. *Plantes ſenſiblement garnies de feuilles.*
- Feuilles ailées ou profondément ſinuées & pinnatifides. 381
- Feuilles très-ſimples, entières ou dentées. 383

---

381. *Feuilles ailées ou profondément pinnatifides.*
- Corolle formant une ſeule lèvre; calice polyphile. 382
- Corolle formant deux lèvres; calice monophyle. 401

---

382. *Corolle formant une ſeule lèvre; calice polyphile.*

Acanthe. *Acanthus.*

Les fleurs d'acanthe ſont diſpoſées en un long épi terminal; elles ſont remarquables en ce que leur corolle ne forme qu'une lèvre qui eſt inférieure, grande, plane & diviſée en trois à ſon extrémité. La lèvre qui manque eſt remplacée par les feuilles ſupérieures du calice. Le fruit eſt une capſule ovale à deux loges monoſpermes.

ANALYSE.

Feuilles épineuſes.	Feuilles ſans épines.
I.	II.

382. I. *Feuilles épineuses.*

Acanthe épineuse. *Acanthus spinosus.* Linn. Sp. 891.

Acanthus aculeatus Tournef. 176.

Sa tige est haute d'un pied & demi, simple, droite, ferme & terminée par un épi de fleurs blanches ou un peu rougeâtres; ses feuilles sont presque toutes radicales, ou occupent seulement la partie inférieure de la tige; elles sont larges, profondément pinnatifides, lisses, luisantes, d'un vert un peu noirâtre & épineuses en leur bord. Cette plante croît en Provence. ♃

II. *Feuilles sans épines.*

Acanthe brancursine. *Acanthus mollis.* Linn. Sp. 891.

Acanthus sativus. Tournef. 176.

Sa tige est droite, simple, ferme, épaisse, haute de deux pieds, & garnie, depuis son milieu jusqu'à son sommet, de fleurs blanches un peu jaunâtres; ses feuilles sont amples, molles, sinuées, pinnatifides, lisses, & embrassent la partie inférieure de la tige qui les soutient. Cette plante croît dans les provinces méridionales ♃; elle est remplie d'un suc mucilagineux & gluant : ses feuilles sont résolutives, humectantes & très-émollientes.

---

383. *Feuilles très-simples, entières ou dentées.*
- Feuilles toutes radicales. . . 384
- Tige garnie de feuilles. . . 385

---

384. *Feuilles toutes radicales.*

Limoselle aquatique. *Limosella aquatica.* Linn. Sp. 881.

Plantaginella palustris. Bauh. p. 190. Vaill. Parif. 160.

Plante fort petite, qui produit des rejets déliés & rampans; ses feuilles naissent toutes de la racine; elles sont ovales,

384. elliptiques ; glabres & portées sur de fort longs pétioles. Les tiges font des hampes fort grêles, uniflores & beaucoup plus courtes que les feuilles ; les fleurs font petites, blanchâtres, campaniformes, découpées en cinq segmens pointus, dont un plus petit que les autres : elles ont quatre étamines ; le fruit est une capsule uniloculaire & polysperme. Cette plante croît dans les lieux humides. ♃

385.	*Tige garnie de feuilles.....*	Corolle ayant à sa base une bosse saillante ou un éperon. . . . . 393 Corolle n'ayant à sa base ni bosse ni éperon. 386

386.	*Corolle n'ayant à sa base ni bosse ni éperon,*	Corolle campanulée ayant quatre ou cinq découpures simples. . 387 Corolle infundibuliforme ayant cinq découpures échancrées en cœur. 388

---

387. *Corolle campanulée ayant quatre ou cinq découpures simples.*

Digitale. *Digitalis.*

Les fleurs de digitale sont disposées en un épi fort long ; & sont souvent tournées d'un seul côté ; leur corolle est campanulée & un peu ventrue, & leur fruit est une capsule ovale & biloculaire.

ANALYSE.

Folioles du calice, ovales, corolles quadrifides. I.	Folioles du calice, lancéolées ; corolles un peu quinquefides. II.

I. *Folioles du calice, ovales ; corolles quadrifides.*

Digitale pourprée. *Digitalis purpurea.* Linn. Sp. 866.

Digitalis purpurea. Tournef. 165.

Sa tige est haute de deux à trois pieds, droite, velue &

,87. ordinairement simple ; ses feuilles sont ovales, pointues, blanchâtres & cotonneuses en-dessous, presque ridées, dentées en leur bord & rétrécies en pétiole à leur base : les inférieures sur-tout sont molles & sensiblement pétiolées. Ses fleurs sont grandes, de couleur purpurine, agréablement tachées ou tigrées dans leur intérieur & un peu pendantes, formant un épi fort long & terminal. On trouve cette plante dans les bois montagneux & dans les terreins pierreux ♂ ; elle est émétique, & extérieurement ses feuilles sont anti-ulcéreuses.

II. *Folioles du calice lancéolées ; corolles un peu quinquefides.*

Tiges & feuilles un peu velues ; corolles grandes, veinées ou tachées. III.	Tiges & feuilles très-glabres ; corolles petites & point tachées. IV.

III. *Tiges & feuilles un peu velues ; corolles grandes, veinées ou tachées.*

Digitale grandiflore. *Digitalis grandiflora.*

Digitalis lutea magno flore. Tournef. 165.
Digitalis ambigua. Murray, Syst. véget. 470.

Sa tige est haute de deux pieds, droite simple & un peu velue, sur-tout dans sa partie supérieure ; ses feuilles sont lancéolées, pointues, amplexicaules, glabres en-dessus, mais velues en leur bord & en leurs nervures postérieures : les feuilles du sommet de la plante sont larges & presque ovales. Les fleurs forment un épi ordinairement plus court que dans les autres espèces ; leur corolle est grande, ventrue & évasée à son ouverture, d'une couleur jaunâtre assez sale & veinée ou même tachée de pourpre dans son intérieur. On trouve cette plante dans les lieux montagneux & couverts en Alsace ♃ ; elle est assez distinguée des autres espèces pour n'être point appelée *ambiguë.*

---

387. IV. *Tiges & feuilles très-glabres ; corolles petites & point tachées.*

Digitale parviflore. *Digitalis parviflora.*

Digitalis major lutea S. Pallida parvo flore. Tournef. 165.
Digitalis minor luteo parvo flore. Ibid.
Digitalis angustifolia lutea. Ibid. 166.
Digitalis lutea. Linn. Sp. 867.

Cette espèce diffère, on ne sauroit davantage, de la précédente ; ses feuilles sont étroites, beaucoup plus dures & très-glabres : ses fleurs sont petites, peu ventrues, nullement tachées dans leur intérieur, & partagées en cinq découpures pointues ; elles sont d'une couleur pâle, nombreuses, & forment un épi long très-garni : leurs péduncules ni leurs calices ne sont point velus comme dans les autres espèces. On trouve cette plante dans les terreins pierreux & montagneux. ♃

---

388. *Corolle infundibuliforme ayant cinq découpures échancrées en cœur.*

Erine des Alpes. *Erinus Alpinus.* Linn. Sp. 878.

Ageratum Alpinum glabrum flore purpurascente. Tournef. 651.

Ses tiges sont hautes de cinq à six pouces, très-simples, cylindriques, pubescentes, feuillées dans toute leur longueur & assez droites ou quelquefois un peu penchées ; ses feuilles sont oblongues, spatulées & dentées vers leur sommet : celles de la racine sont nombreuses & ramassées en rond au bas des tiges ; les caulinaires sont alternes & éparses : les fleurs sont ramassées au sommet de la plante ; elles sont purpurines, rarement blanches, d'une forme & d'une odeur agréables. On trouve cette plante sur les rochers en Dauphiné & en Provence. ♃.

---

389. *Feuilles caulinaires, la plupart opposées ou verticillées*
- Corolle très-courte, renflée & globuleuse. 390
- Corolle un peu alongée & point globuleuse. 391

---

390. *Corolle très-courte, renflée & globuleuse.*

Scrophulaire. *Scrophularia.*

Les scrophulaires sont remarquables par la forme de leurs fleurs ; leur calice est quinquefide ; les découpures de leur corolle sont peu profondes, mais très-ouverts : la supérieure, dans quelques espèces, paroît être une écaille particulière, charnue, plane, bifide, & dont la base s'insère & se prolonge dans l'épaisseur de la corolle. Le fruit est une capsule arrondie, biloculaire & polysperme.

ANALYSE.

Feuilles simples & cordiformes. I.	Feuilles ailées & très-laciniées. VIII.

I. *Feuilles simples & cordiformes.*

Fleurs disposées en grappe terminale. II.	Fleurs disposées dans les aisselles des feuilles. V.

II. *Fleurs disposées en grappe terminale.*

Crénelures des feuilles obtuses ; tige ailée. III.	Crénelures des feuilles aiguës ; tige non ailée. IV.

III. *Crénelures des feuilles obtuses ; tige ailée.*

Scrophulaire aquatique. *Scrophularia aquatica.* Linn. Sp. 864.

Scrophularia aquatica major. Tournef. 166.

Sa racine est fibreuse, & pousse une tige droite, carrée, ailée en ses angles, rameuse & haute de deux à trois pieds ou même quelquefois beaucoup davantage ; ses feuilles sont opposées, pétiolées, cordiformes, un peu obtuses à leur extrémité & simplement crénelées : ses fleurs sont rougeâtres

390. & de couleur ferrugineuse ; elles forment une grappe interrompue & terminale. Cette plante est très-glabre dans toutes ses parties, & son odeur est forte & désagréable. On la trouve sur le bord des eaux vives ♂ ; elle passe pour vulnéraire.

IV. *Crénelures des feuilles aiguës ; tige non ailée.*

Scrophulaire noueuse. *Scrophularia nodosa.* Linn. Sp. 863.

Schrophularia nodosa fœtida. Tournef. 166.

Sa racine est noueuse, & pousse une tige carrée, dure, noirâtre & haute de deux à trois pieds ; ses feuilles sont pétiolées, opposées ou quelquefois ternées, un peu cordiformes, lancéolées, pointues, dentées & d'un vert-obscur : les fleurs, au sommet, sont disposées en une espèce de grappe rameuse, & sont d'une couleur purpurine-noirâtre. On trouve cette plante dans les lieux couverts, les bois & les haies ♃ ; elle est résolutive, atténuante & vulnéraire.

V. *Fleurs disposées dans les aisselles des feuilles.*

Feuilles velues.	Feuilles très-glabres.
VI.	VII.

VI. *Feuilles velues.*

Scrophulaire précoce. *Scrophularia vernalis.* Linn. Sp. 864.

Scrophularia flore luteo. Tournef. 166.

Sa tige est haute de deux pieds, assez grosse, carrée, creuse & chargée de poils ; ses feuilles sont grandes, cordiformes, presque aussi larges que longues, doublement dentées, marquées de veines noires, & portées sur des pétioles très-velus ; ses fleurs sont jaunes, globuleuses, très-resserrées à leur ouverture, & disposées par bouquets soutenus par des péduncules axillaires, longs & rameux. On trouve cette plante en Languedoc. ♂

---

390. VII. *Feuilles très-glabres.*

Scrophulaire géminiflore. *Scrophularia geminiflora.*

Scrophularia folio urticæ. Tournef. 166.
Scrophularia peregrina. Linn. Sp. 866.

Ses tiges sont hautes d'un pied & demi, droites, lisses & très-simples; ses feuilles sont pétiolées, cordiformes, pointues & bordées de dents courtes & presque obtuses; elles sont la plupart opposées, mais les supérieures sont alternes. Les péduncules sont axillaires, fourchus & chargés chacun de deux fleurs purpurines. Cette plante croît en Provence. ⊙

VIII. *Feuilles ailées & très-laciniées.*

Scrophulaire multifide. *Scrophularia multifida.*

Scrophularia ruta canina; dicta vulgaris. Tournef. 167.
Scrophularia canina. Linn. Sp. 865.

Ses tiges s'élèvent à peine jusqu'à un pied & demi; ses feuilles inférieures sont alongées, incisées & légèrement pinnatifides; toutes les autres sont ailées, & leurs folioles finement découpées. Les fleurs sont terminales, de couleur purpurine & noirâtre; elles forment une espèce de grappe ou de pannicule étroite; ces fleurs sont petites, portées deux ou trois sur chaque péduncule, & remarquables par leur pistil & deux de leurs étamines qui font une saillie hors de la corolle. On trouve cette plante en Provence, en Dauphiné & en Alsace. ⊙

391. *Corolle un peu alongée & point globuleuse.*

- Feuilles simples; elles sont entières ou dentées, ou légèrement incisées à leur base. 392
- Feuilles découpées; elles sont ailées ou digitées, ou multifides. . 399

392. *Feuilles simples* . . . . . .

- Corolle ayant à sa base une bosse saillante ou un éperon. . . . 393
- Corolle n'ayant à sa base ni bosse ni éperon. 394

393. *Corolle ayant à sa base une bosse saillante ou un éperon.*

Muflier. *Antirrhinum.*

Les mufliers ont la corolle tubulée, difforme, ayant quelque ressemblance avec un mufle de veau ou une gueule de lion. L'entrée de cette corolle est ordinairement fermée par une espèce de palais ou d'éminence convexe placée sur la lèvre inférieure de cette enveloppe. Le fruit est une capsule qui, dans plusieurs espèces, s'ouvre par deux ou trois trous.

A N A L Y S E.

Corolles ayant un éperon à leur base.	Corolles n'ayant à leur base qu'une bosse obtuse.
I.	XXXII.

I. *Corolles ayant un éperon à leur base.*

Feuilles pétiolées ou découpées, ou dentées.	Feuilles sessiles, lancéolées ou linéaires, mais ni découpées ni dentées.
II.	IX.

II. *Feuilles pétiolées, ou découpées, ou dentées.*

Fleurs terminales; corolles sans palais.	Fleurs axillaires; corolles ayant un palais.
III.	IV.

393. III. *Fleurs terminales ; corolles sans palais.*

Muflier bellidiforme. *Antirrhinum bellidifolium.* Linn. 860.

Linaria bellidis folio. Tournef. 169.

Sa tige s'élève un peu au-delà d'un pied ; elle est droite, grêle, cylindrique & rameuse dans sa partie supérieure ; les feuilles radicales sont ovales, spatulées, dentées, glabres & nerveuses : celles de la tige sont divisées, dès leur base, en trois ou quatre découpures linéaires, terminées chacune par une petite pointe aiguë. Les fleurs forment des épis très-grêles, au sommet de la tige & des rameaux ; elles sont fort petites, presque sessiles, blanchâtres inférieurement & d'un bleu-violet à leur extrémité : leur éperon est recourbé & très-petit. Cette plante croît dans les environs de Lyon, de Vienne & en Provence. ♂

IV. *Fleurs axillaires ; corolles ayant un palais.*

Pétioles beaucoup plus longs que les feuilles.	Pétioles plus courts que les feuilles.
V.	VI.

V. *Pétioles beaucoup plus longs que les feuilles.*

Muflier lierré. *Antirrhinum hederaceum.* (Cymbalaire).

Linaria hederaceo foljo glabro, seu cymbalaria vulgaris. Tournef. 169.

Antirrhinum cymbalaria. Linn. Sp. 851.

Ses tiges sont grêles, rampantes, assez longues & très-glabres ; elles sont garnies de feuilles alternes, pétiolées, très-lisses, arrondies, cordiformes à leur base, & découpées en cinq lobes ou cinq grandes crênelures : ses fleurs sont axillaires, solitaires & portées sur de longs péduncules; leur couleur est bleue & leur palais jaunâtre : il leur succède une capsule obronde, remplie de semences ridées. On trouve cette plante dans les fentes des vieux murs ⊙ ; on la dit astringente & vulnéraire.

393. VI. *Pétioles plus courts que les feuilles.*

Feuilles ovales-obrondes, & point anguleuses.	Feuilles en fer-de-lance, & oreillées ou anguleuses à leur base.
VII.	VIII.

VII. *Feuilles ovales-obrondes, & point anguleuses.*

Muflier bâtard. *Antirrhinum spurium.* Linn. Sp. 851.

Linaria segetum nummulariæ folio villoso. Tournef. 169.

Ses tiges sont foibles, un peu couchées, velues & rameuses ; ses feuilles sont pétiolées, ovales, molles, velues, un peu blanchâtres, & ordinairement très-entières : les inférieures sont opposées & les supérieures sont alternes. Les fleurs sont axillaires, solitaires, portées sur des péduncules longs & filiformes ; elles sont jaunes, & leur lèvre supérieure est d'un violet-noirâtre. Cette plante est commune dans les champs ☉ ; elle est émolliente & résolutive.

VIII. *Feuilles en fer-de-lance, & oreillées ou anguleuses à leur base.*

Muflier auriculé. *Antirrhinum auriculatum.*

Linaria segetum nummulariæ folio aurito & villoso, flore luteo (& cæruleo). Tournef. 169.

Antirrhinum elatine. Linn. Sp. 851.

Cette plante a beaucoup de rapport avec la précédente, & lui ressemble au point qu'il est quelquefois assez difficile de l'en distinguer ; cependant ses tiges sont plus foibles, tout-à-fait couchées & rampantes. Ses rameaux sont ouverts à angles droits ; elle n'a ordinairement à sa base qu'une ou deux paires de feuilles opposées & ovales ; toutes les autres sont alternes, auriculées & comme tronquées dans leur partie inférieure ; les fleurs sont solitaires, axillaires & soutenues par des péduncules plus longs que les feuilles. Cette plante croît dans les champs. ☉

393. IX *Feuilles sessiles, lancéolées ou linéaires; mais ni découpées ni dentées.*

Feuilles éparses ou alternes, ou simplement opposées. X.	Feuilles inférieures verticillées, & plus de deux à chaque nœud. XVII.

X. *Feuilles éparses ou alternes, ou simplement opposées.*

Fleurs jaunâtres; feuilles très-glabres. XI.	Fleurs rougeâtres ou bleuâtres; feuilles un peu velues. XIV.

XI. *Fleurs jaunâtres; feuilles très-grabres.*

Fleurs en épi simple, dense & serré. XII.	Fleurs en épi lâche, rameux & panniculé. XIII.

XII. *Fleurs en épi simple; dense & serré.*

Muflier commun. *Antirrhinum commune.* (Linaire).

Linaria vulgaris flore luteo majore. Tournef. 170.
Antirrhinum linaria. Linn. Sp. 859.

Ses tiges sont hautes d'un pied & demi, droites, ordinairement simples, & garnies dans toute leur longueur de feuilles nombreuses, éparses, étroites, linéaires & pointues; ces feuilles sont un peu redressées, & ont une couleur glauque: les fleurs sont grandes, droites, ramassées, & forment un bel épi au sommet de la plante; leur corolle est d'un jaune-pâle, mais le palais qui se trouve à leur entrée est d'un jaune rougeâtre ou de la couleur du safran. On trouve cette plante dans les terreins incultes. ♃ Elle est très-résolutive, émolliente & diurétique.

393. Obs. Les circonstances locales, & vraisemblablement une trop grande abondance de sucs, occasionnent quelquefois dans les fleurs de cette plante une augmentation dans le nombre de leurs parties, qui donne à leur corolle une espèce de régularité. On a décoré du nom de *peloria* les variétés qui avoient éprouvé ce genre de changement, & on les a regardées comme des plantes différentes. Je conserve dans mon herbier un pied de cette plante, chargé d'une seule fleur de *peloria*, toutes les autres fleurs se trouvant dans leur état ordinaire; je ne crois pas néanmoins posséder deux plantes sur un même individu.

XIII. *Fleurs en épi lâche, rameux & panniculé.*

Muflier pallidiflore. *Antirrhinum pallidiflorum.*

Linaria flore pallido, rictu aureo. Tournef. 170.
Antirrhinum genistifolium. Linn. Sp. 858.

Sa tige est haute de deux pieds, droite, lisse, verte, & se divise supérieurement en rameaux courts & nombreux; ses feuilles sont éparses & assez semblables à celles du lin cultivé; ses fleurs terminent la tige & les rameaux; elles sont un peu distantes, d'une couleur pâle, jaunâtres en leur palais, & moins grandes que celles de l'espèce précédente. Cette plante croît en Alsace. ♃

XIV. *Fleurs rougeâtres ou bleuâtres; feuilles un peu velues.*

Fleurs rougeâtres; la plupart des feuilles alternes. XV.	Fleurs bleuâtres; la plupart des feuilles opposées. XVI.

XV. *Fleurs rougeâtres; la plupart des feuilles alternes.*

Muflier mineur. *Antirrhinum minus.* Linn. Sp. 852.

Linaria pumila vulgatior arvensis. Tournef. 169.

Toute la plante est chargée de poils courts, un peu visqueux; sa tige est haute de quatre à six pouces, droite & très-rameuse; ses feuilles sont petites, lancéolées, obtuses, & quelquefois

393. un peu elliptiques ; les inférieures sont opposées, & toutes les autres sont alternes : les fleurs sont petites, d'un rouge un peu violet, blanchâtres en leur lèvre inférieure, solitaires, pédunculées, & disposées dans les aisselles des feuilles ; leur éperon égale en longueur la moitié de la corolle. Cette plante croît dans les lieux secs & sablonneux. ☉

XVI. *Fleurs bleuâtres ; la plupart des feuilles opposées.*

Muflier origanet. *Antirrhinum origanifolium.* Linn. Sp. 852.

Linaria saxatilis serpyllifolio. Tournef. 169.

Sa tige est haute de quatre à cinq pouces, grêle, cylindrique, foible, un peu branchue & chargée dans sa partie supérieure de poils courts & très-fins ; ses feuilles sont lancéolées, élargies & presque ovales vers leur sommet, sur-tout les inférieures qui ont assez de ressemblance avec celles de l'origan ou du serpolet ; elles sont légèrement velues en leur bord : les fleurs sont une fois plus grandes que celles de la précédente ; elles sont bleuâtres, & leur éperon, qui est d'un rouge-violet, n'égale pas en longueur la moitié de la corolle. Cette plante croît en Provence. M. l'abbé Pourret l'a aussi observée dans les environs de Narbonne. ☉

XVII. *Feuilles inférieures verticillées, & plus de deux à chaque nœud.*

Corolle rayée & marquée de lignes violettes très-apparentes.	Corolle point sensiblement rayée.
XVIII.	XXI.

XVIII. *Corolle rayée & marquée de lignes violettes très-apparentes.*

Tige droite, garnie de feuilles alternes & distantes.	Tiges un peu couchées à leur base ; feuilles très-rapprochées.
XIX.	XX.

393. XIX. *Tige droite, garnie de feuilles alternes & distantes.*

Muflier pelisserien. *Antirrhinum pelisserianum.* Linn. Sp. 855.

Linaria annua purpuro-violacea, calcaribus longis, foliis imis rotundioribus. Tournef. 170.

Sa tige est haute de cinq à six pouces, droite, cylindrique, très-glabre, & presque simple ; ses feuilles sont étroites, linéaires, alternes, moins rapprochées que celles de l'espèce suivante, & ternées ou quaternées inférieurement : les fleurs sont petites, de couleur violette, avec un palais blanc rayé ; elles ont un éperon droit & un peu plus long que leur corolle. On trouve cette plante dans les lieux pierreux. ☉

XX. *Tiges un peu couchées à leur base ; feuilles très-rapprochées.*

Muflier strié. *Antirrhinum striatum.*

Linaria erecta flore albo, lineis purpureis striato. Vail. Paris. 118.

β. *Linaria minor repens & inodora.* Tournef. 170.

Antirrhinum repens. Linn. Sp. 854.

γ. *Linaria capillaceo folio, odora.* Tournef. 170.

Antirrhinum Monspessulanum. Linn. Sp. 854.

Les tiges de cette plante sont cylindriques, d'un vert glauque, & s'élèvent un peu au-delà d'un pied ; elles sont très-garnies de feuilles dans leur moitié inférieure, mais après ce point les feuilles sont plus courtes, moins nombreuses, & les tiges en sont tout-à-fait dépourvues à quelque distance au-dessous des fleurs. Ces feuilles sont étroites, linéaires, nombreuses, formant inférieurement des verticilles très-rapprochés, & d'une couleur glauque comme les tiges : les fleurs sont terminales, & disposées en épi un peu conique ; elles sont blanchâtres, rayées de bleu ou de violet, avec un palais jaune, & sont terminées à leur base par un éperon fort court. A peu de distance au-dessous de l'épi terminal, on trouve quelques épis particuliers qui rendent le sommet des tiges un peu panniculé ; mais les fleurs de ces épis secondaires se développent rarement dans les deux premières variétés, ce qui fait que leurs tiges paroissent assez simples.

393. Ces plantes croiſſent dans les lieux pierreux, les terres crétacées. La troiſième variété ſe trouve dans les provinces méridionales. ♃

XXI. *Corolle point ſenſiblement rayée.*

Calices & péduncules très-glabres. XXII.	Calices & péduncules chargés de poils glutineux. XXVII.

XXII. *Calices & péduncules très-glabres.*

Tiges droites. XXIII.	Tiges couchées. XXVI.

XXIII. *Tiges droites.*

Feuilles ovales & la plupart diſpoſées trois à trois. XXIV.	Feuilles linéaires & diſpoſées plus de trois enſemble aux verticilles inférieurs. XXV.

XXIV. *Feuilles ovales & la plupart diſpoſées trois à trois.*

Muflier trifolier. *Antirrhinum triphyllum.* Linn. Sp. 852.

Linaria ſicula latifolia, triphylla. Tournef. 169.

Ses tiges ſont droites, ſimples, glabres & hautes de huit à neuf pouces; ſes feuilles ſont ovales, liſſes, un peu charnues & diſpoſées trois enſemble à chaque nœud, excepté celles qui ſont dans le voiſinage des fleurs. Ces dernières ſont plus petites & pointues. Les fleurs ſont diſpoſées en épi terminal & reſſemblent beaucoup à celles de la linaire ou du muflier commun. Leur corolle eſt blanchâtre, avec un palais jaune, & ſe termine par un éperon aſſez long, droit & pointu. Cette plante a été obſervée par Dom Fourmault, dans les environs d'Arvert, auprès de la Tremblade en Saintonge. ⊙

393. XXV. *Feuilles linéaires, & disposées plus de trois ensemble aux verticilles inférieurs.*

Muflier blanc. *Antirrhinum album.*

Linaria annua angustifolia, flosculis albis, longis, caudatis. Tournef. 171.

Antirrhinum chalepense. Linn. Sp. 859.

Sa tige est haute d'un pied, cylindrique, presque simple ou chargée de quelques rameaux courts dans sa partie supérieure; ses feuilles sont assez longues, étroites, linéaires, pointues & d'un vert un peu glauque; celles des nœuds inférieurs sont verticillées quatre ou cinq ensemble, mais les verticilles ne sont point serrés; les fleurs sont blanches, portées sur des péduncules très-courts, & disposées en épi terminal; leur éperon est fort long & très-grêle; le calice est divisé en folioles linéaires, plus longues que la corolle & irrégulièrement ouvertes. Cette plante croît dans les environs de Montpellier. ⊙

XXVI. *Tiges couchées.*

Muflier des Alpes. *Antirrhinum Alpinum.* Linn. Sp. 856.

Linaria quadrifolia supina. Tournef. 171.

β. Linaria cærulea repens. Ibid. 170.

Ses tiges sont longues de cinq à six pouces, très-glabres & couchées sur la terre. Ses feuilles sont verticillées, un peu charnues & d'un vert-glauque. Les inférieures sont obtuses & presque ovales ou elliptiques, celles du milieu des tiges sont lancéolées, & les supérieures sont linéaires. Elles ont rarement plus de six lignes de longueur. Les fleurs sont terminales, disposées en épi court & serré, & d'une couleur bleuâtre avec un palais jaune. On trouve cette plante dans les montagnes en Provence. ⊙

XXVII. *Calices & péduncules chargés de poils glutineux.*

Tige droite ; fleurs très-petites.	Tiges un peu couchées à leur base ; fleurs assez grandes.
XXVIII.	XXXI.

393. XXVIII. *Tige droite; fleurs très-petites.*

Tige un peu velue & haute de moins de six pouces. XXIX.	Tige très-glabre & haute de plus de six pouces. XXX.

XXIX. *Tige un peu velue & haute de moins de six pouces.*

Muflier bipunctué. *Antirrhinum bipunctatum.* Linn. Sp. 853.

Linaria pumila foliis carnosis, flosculis minimis, flavis. Tournef. 170.

Sa tige est haute de trois à quatre pouces, branchue & panniculée; ses feuilles sont linéaires, obtuses & légèrement velues; & ses fleurs sont peu nombreuses, fort petites, presque sessiles, ramassées aux extrémités de la tige & des branches, elles sont jaunes & leur palais est chargé de deux points roussâtres. On trouve cette plante sur les vieux murs & sur les rochers des provinces méridionales. ☉

XXX. *Tige très-glabre & haute de plus de six pouces.*

Muflier champêtre. *Antirrhinum arvense.* Linn. Sp. 855.

Linaria quadrifolia lutea. Tournef. 170.

Linaria lutea flore minimo. Ibid.

β. *Linaria arvensis cærulea.* Ibid.

La tige de cette plante est droite, cylindrique, lisse & un peu rameuse supérieurement; ses feuilles sont étroites, linéaires, glabres & disposées inférieurement par verticilles de quatre ou cinq : les fleurs, aux extrémités des rameaux, sont ramassées en tête ou en épi court; celles de la première variété sont jaunâtres avec un éperon blanc un peu courbé. Cette plante croît dans les champs des provinces méridionales. ☉

393. XXXI. *Tiges un peu couchées à leur base ; fleurs assez grandes.*

Muflier couché. *Antirrhinum supinum.* Linn. Sp. 856.

Linaria pimula supina, lutea. Tournef. 170.

Les tiges de cette plante sont nombreuses, diffuses, hautes de quatre à cinq pouces ; d'un vert-glauque, & glabres dans leur partie inférieure ; elles sont garnies de feuilles linéaires, presque filiformes & d'une couleur semblable à celle des tiges. Les fleurs sont terminales, disposées en épi lâche, d'un jaune-pâle, & munies chacune d'un éperon presque droit, assez long & pointu. On trouve cette plante sur les collines arides. ⊙

XXXII. *Corolles n'ayant à leur base qu'une bosse obtuse.*

Tiges droites ; feuilles lancéolées. XXXIII.	Tiges couchées ; feuilles arrondies. XXXVI.

XXXIII. *Tiges droites ; feuilles lancéolées.*

Folioles calicinales courtes & obtuses ; fleurs en épi & rapprochées. XXXIV.	Folioles calicinales longues & linéaires ; fleurs axillaires & distantes. XXXV.

XXXIV. *Folioles calicinales courtes & obtuses ; fleurs en épi & raprochées.*

Muflier majeur. *Antirrhinum majus.* Linn. Sp. 859.

Antirrhinum vulgare. Tournef. 168.

Sa tige est haute de deux à trois pieds, lisse & rameuse ; ses feuilles sont lancéolées, un peu obtuses, d'un vert-foncé, très-lisses, alternes sur la tige & opposées sur les rameaux ou sur les jeunes pousses : ses fleurs sont grandes, fort belles,

393. de couleur purpurine avec un palais jaune, & sont disposées au sommet de la plante; elles ont un calice court, dont les folioles sont ovales; leur fruit est une capsule oblongue qui a quelque ressemblance avec la tête d'un veau ou d'un cochon. Cette plante croît sur les vieux murs & dans les lieux pierreux. ♂ On la cultive dans les parterres pour la beauté de ses fleurs : elle est vulnéraire & résolutive.

XXXV. *Folioles calicinales longues & linéaires; fleurs axillaires & distantes.*

Muflier rubicond. *Antirrhinum oruntium.* Linn. Sp. 860.

Antirrhinum arvense majus. Tournef. 168.

Sa tige est lisse, peu rameuse, & s'élève à peine jusqu'à un pied & demi; ses feuilles sont glabres, assez longues, plus étroites que celles de la précédente, un peu distantes & la plupart opposées. Celles qui tiennent lieu de bractées, sont alternes; les fleurs sont presque sessiles, solitaires, d'un rouge assez vif, & sont disposées dans les aisselles supérieures des feuilles. Cette plante croît dans les champs. ⊙

XXXVI. *Tiges couchées; feuilles arrondies.*

Mufler asarin. *Antirrhinum asarinum.*

Asarina lobelii. Tournef. 171.
Antirrhinum asarina. Linn. Sp. 860.

Ses tiges sont très-velues, rameuses & diffuses; ses feuilles sont opposées, pétiolées, arrondies, cordiformes à leur base, & crénelées ou lobées en leur contour. Les fleurs sont axillaires, solitaires, pédunculées, assez grandes, de couleur blanche & un peu rougeâtres. Le pistil est d'une couleur pourpre-foncée. On trouve cette plante dans les rochers des provinces méridionales. ♃

---

394. *Corolle n'ayant à sa base ni bosse ni éperon.* { Anthères bifides & épineuses d'un côté. 395
Anthères non épineuses. 396

395. *Anthères bifides & épineuses d'un côté.*

Eufraise. *Euphrasia.*

Les eufraises sont remarquables par la forme de leurs anthères qui sont divisées postérieurement en deux lobes pointus; ces lobes, sur-tout dans les anthères des deux étamines inférieures, sont terminés chacun par une spinule assez sensible. Le calice est quadrifide; & le fruit est une capsule oblongue, obtuse, biloculaire & polysperme.

ANALYSE.

Corolles tout-à-fait jaunâtres, & point tachées de pourpre. I.	Corolles rougeâtres, ou tachées de jaune & de pourpre. IV.

I. *Corolles tout-à-fait jaunâtres & point tachées de pourpre.*

Feuilles inférieures dentées; étamines très-saillantes hors de la corolle. II.	Feuilles toutes entières; étamines peu saillantes hors de la corolle. III.

II. *Feuilles inférieures dentées; étamines très-saillantes hors de la corolle.*

Eufraise jaune. *Euphrasia lutea.* Linn. Sp. 842.

Euphrasia pratensis lutea. Bauh. p. 432.

Sa tige est velue, haute de six à sept pouces, cylindrique, rougeâtre & branchue; ses feuilles sont velues, étroites, presque linéaires & toutes opposées: les fleurs sont disposées en épi un peu serré au sommet de la tige & des branches; leur corolle est d'un jaune-pâle, & se divise en deux lèvres dont la supérieure est entière & concave; le calice est légèrement quadrifide. On trouve cette plante dans les provinces méridionales. ⊙

395. III. *Feuilles toutes entières ; étamines peu saillantes hors de la corolle.*

Eufraise liniforme. *Euphrasia linifolia.* Linn. Sp. 842.

Pedicularis foliis lini angustioribus. Tournef. 172.

Pedicularis annua lutea tenuifolia viscosa, pomum redolens. Garid. p. 531.

Cette plante ressemble beaucoup à la précédente ; elle est presque glabre ; mais ses feuilles sont un peu visqueuses, très-étroites, linéaires, & point sensiblement dentées ; les fleurs sont d'un jaune-pâle, ont leurs corolles d'un jaune-foncé, & forment des épis assez lâches, & leurs calices sont sémi-quadrifides. Elle croît sur les collines stériles en Provence. ⊙

IV. *Corolles rougeâtres ; ou tachées de blanc, de jaune & de pourpre.*

Corolles rougeâtres ; lèvre supérieure entière. V.	Corolles blanches & tachées ; lèvre supérieure découpée. VIII.

V. *Corolle rougeâtre ; lèvre supérieure entière.*

Feuilles étroites & dont la largeur est comprise trois fois au moins dans la longueur. VI.	Feuilles ovales, & dont la largeur n'est pas contenue trois fois dans la longueur. VII.

VI. *Feuilles étroites & dont la largeur est comprise trois fois au moins dans la longueur.*

Eufraise tardive. *Euphrasia serotina.*

Pedicularis serotina purpurascente flore. Tournef. 172.

Euphrasia odontites. Linn. Sp. 841.

Sa tige est haute d'un pied, droite, très-branchue & obscurément tétragone ; ses feuilles sont sessiles, opposées, lancéolées, toutes dentées & un peu velues ; les fleurs terminent la tige &

395. les branches; elles forment des épis feuillés; & font ordinairement tournées d'un même côté fur chaque épi : les étamines font un peu faillantes hors de la corolle. Cette plante croît dans les lieux ftériles & incultes; elle fleurit en automne. ⊙

VII. *Feuilles ovales, & dont la largeur n'eft pas contenue trois fois dans la longueur.*

Eufraife précoce. *Euphrafia præcox.*

Pedicularis purpurea annua, minima, verna. Tournef. 172.
Euphrafia latifolia. Linn. Sp. 841.

Sa tige eft beaucoup moins élevée que celle de l'efpèce précédente; cependant Garidel affure avoir obfervé des individus dont la tige avoit plus d'un demi-pied de hauteur: fes feuilles font toutes oppofées, feffiles, un peu velues, & garnies de dents profondes : fes fleurs font feffiles, placées dans les aiffelles fupérieures des feuilles, & difpofées en bouquet terminal; elles font ordinairement rouges, ou quelquefois blanches dans une variété. Cette plante croît en Provence; elle fleurit au printemps. ⊙

VIII. *Corolles blanches & tachées; lèvre fupérieure découpée.*

Euphraife officinale. *Euphrafia officinalis.* Linn. Sp. 841.

Euphrafia officinarum. Tournef. 174.

Sa tige eft haute de quatre à cinq pouces, droite, quelquefois fimple, plus ordinairement branchue, prefque cylindrique & noirâtre; fes feuilles font petites, ovales, bordées de dents aiguës, affez liffes; & la plupart oppofées : fes fleurs naiffent dans les aiffelles fupérieures des feuilles; elles font d'une couleur blanche, mêlée fouvent de jaune & de violet ou de pourpre. Les étamines ne font point faillantes hors de la corolle. On trouve cette plante fur le bord des chemins, fur les peloufes & dans les lieux fecs ⊙; elle eft incifive, tonique, céphalique & ophthalmique.

396. *Anthères non épineuses*... Feuilles dentées dans toute leur longueur ; capsule à deux loges polispermes. 397
Feuilles entières dans toute leur moitié supérieure ; capsule à deux loges dispermes. 398

397. *Feuilles dentées dans toute leur longueur ; capsule à deux loges polyspermes.*

Cocriste. *Rhinanthus.*

Les cocristes ont ordinairement le calice ventru, ou coloré & divisé en deux ou quatre dents peu profondes ; leur corolle est tubulée, & forme deux lèvres, dont la supérieure est légèrement bifide & voûtée ou recourbée en avant. Le fruit est une capsule ovale.

ANALYSE.

Fleurs jaunes. I.	Fleurs rouges. VIII.

I. *Fleurs jaunes.*

Toutes les feuilles opposées. II.	Feuilles supérieures alternes. VII.

II. *Toutes les feuilles opposées.*

Calices glabres. III.	Calices velus. IV.

III. *Calices glabres.*

Cocriste glabre. *Rhinanthus glabra.* (Crête de coq).

Pedicularis pratensis lutea, vel crista galli. Tournef. 172.
Rhinanthus crista galli. Linn. Sp. 840.

Sa tige est droite, quadrangulaire, ordinairement simple & haute

397 & haute d'un pied ; ses feuilles sont glabres, sessiles, [illegible] plus larges à leur base, & se rétrécissant vers leur sommet ; elles sont garnies de dents nombreuses & très-rapprochées : les fleurs forment un épi terminal muni de bractées assez larges, lancéolées, dentées ; les corolles ont la lèvre supérieure courte & très-comprimée. Cette plante est commune dans les prés & les pâturages humides. ☉

IV. *Calices velus.*

Tige branchue ; feuilles un peu plus larges à leur base que dans leur milieu.	Tige simple ; feuilles moins larges à leur base que dans leur milieu.
V.	VI.

V. *Tige branchue ; feuilles un peu plus larges à leur base que dans leur milieu.*

Cocriste velue. *Rhinanthus hirsuta.*

Pedicularis pratensis lutea erectior, calyce floris hirsuto. Tournef. 172.

Sa tige est haute d'un pied & demi, & n'est jamais simple comme celle de l'espèce précédente, à laquelle elle ressemble beaucoup ; ses feuilles sont glabres, moins étroites & moins fortement dentées : ses fleurs sont d'un jaune moins foncé ; la lèvre inférieure de leur corolle est souvent tachée, & leurs calices sont constamment velus. On trouve cette plante dans les prés secs. ☉

VI. *Tiges simples ; feuilles moins larges à leur base que dans leur milieu.*

Cocriste maritime. *Rhinanthus maritima.*

Pedicularis maritima, folio oblongo, serrato. Tournef. 172.
Rhinanthus trixago. Linn. Sp. 840.

Cette espèce s'élève moins que la précédente ; sa tige est droite, non divisée & garnie dans toute sa longueur de feuilles lancéolées, un peu étroites, dentées, pointues, fort rapprochées & disposées comme sur quatre rangs, par paires

397. oppoſées en croix : les fleurs ſont de couleur jaune ou blanchâtre ; elles ſont preſque ſeſſiles & placées dans les aiſſelles ſupérieures des feuilles où elles forment un épi terminal. Cette plante croît dans les lieux humides & maritimes en Provence. ⊙

VII. *Feuilles ſupérieures alternes.*

Cocriſte viſqueuſe. *Rhinanthus viſcoſa.*

Pedicularis lutea, viſcoſa, ſerrata, pratenſis. Tournef. 172.
Bartſia viſcoſa. Linn. Sp. 839.

Sa tige eſt haute d'un pied, ſimple, cylindrique & un peu velue ; elle eſt garnie dans toute ſa longueur, de feuilles ſeſſiles, lancéolées, dentées, un peu ridées & terminées en pointe : ſes fleurs ſont diſpoſées dans les aiſſelles des feuilles, & occupent preſque la moitié ſupérieure de la tige ; leur calice eſt oblong, ſtrié & quadrifide. Cette plante croît en Provence. ⊙

VIII. *Fleurs rouges.*

Cocriſte des Alpes. *Rhinanthus Alpina.*

Pedicularis Alpina, teucrii folio, atro-rubente comâ. Tournef. 172.
Bartſia Alpina. Linn. Sp. 839.

Sa tige eſt haute d'un demi-pied, droite, ſimple & un peu velue ; ſes feuilles ſont toutes oppoſées, ſeſſiles, cordiformes ou ovales & dentées en leur bord ; les fleurs, diſpoſées dans les aiſſelles ſupérieures des feuilles, forment un épi feuillé & très-coloré ; elles ſont d'un rouge-violet ainſi que leur calice & leurs bractées. Cette plante croît dans les pâturages des montagnes en Provence. ♃

398. *Feuilles entières dans toute leur moitié ſupérieure ; capſule à deux loges diſpermes.*

Mélampire. *Melampyrum.*

Les fleurs de mélampire ſont diſpoſées en épi garni de bractées ; leur calice eſt découpé en quatre ſegmens longs

398. & aigus ; leur corolle est alongée, & son tube, étroit à sa base, va en s'élargissant vers son sommet. Son limbe se divise en deux lèvres, dont la supérieure est entière, concave, un peu en casque & repliée en ses bords.

ANALYSE.

Fleurs en épi conique ou quadrangulaire. I.	Fleurs disposées par couples, & tournées d'un même côté. IV.

I. *Fleurs en épi conique ou quadrangulaire.*

Fleurs en épi conique ; bractées colorées, garnies de dents cétacées, & très-planes. II.	Fleurs en épi quadrangulaire & compacte ; bractées cordiformes & pliées en gouttière. III.

II. *Fleurs en épi conique ; bractées colorées, garnies de dents cétacées, & très-planes.*

Mélampire des champs. *Melampyrum arvense.* Linn. Sp. 842.

Melampyrum purpurascente comâ. Tournef. 173.

Sa tige est droite, branchue, quarrée, rougeâtre & s'élève jusqu'à un pied ; ses feuilles sont longues, lancéolées, pointues & sessiles ; les inférieures sont très-entières, & les supérieures sont divisées à leur base en lanières cétacées. Les fleurs forment un épi très-coloré ; les bractées sont purpurines ainsi que les corolles, mais la gorge de ces dernières est de couleur jaune. Cette plante croît dans les champs parmi les blés ⊙ ; ses semences, mêlées avec celles du blé, donnent une couleur bleue au pain, & rendent son goût désagréable.

III. *Fleurs en épi quadrangulaire & compacte ; bractées cordiformes & pliées en gouttière.*

Mélampire crêté. *Melampyrum cristatum.* Linn. Sp. 842.

Melampyrum cristatum flore albo & purpureo. Tournef. 173.

Cette espèce s'élève un peu plus que la précédente ; ses

398. branches font plus longues & plus étalées ; fes feuilles font lancéolées, étroites, liffes & très-entières : fes épis de fleurs font ferrés & embriqués de bractées d'un vert-pâle ou jaunâtre ; elles font dentées & comme ciliées, & enveloppent chacune une fleur dans le pli qu'elles forment. Les corolles font rouges, mais leur limbe, & particulièrement leur lèvre inférieure, eft d'une couleur blanche ou jaunâtre. On trouve cette plante dans les prés couverts & dans les bois. ⊙

IV. *Fleurs difpofées par couples, & tournées d'un même côté.*

Calices velus ; bractées de couleur violette.	Calices glabres ; bractées vertes ou noirâtres.
V.	VI.

V. *Calices velus ; bractées de couleur violette.*

Mélampire violet. *Melampyrum violaceum.*

Melampyrum comâ cæruleâ. Bauh. p. 134.
Melampyrum nemorofum. Linn. Sp. 843.

Sa tige eft haute d'un pied & demi, branchue, étalée & chargée de quelques poils ; fes feuilles font larges & dentées à leur bafe ; elles font un peu velues, & vont en diminuant vers leur fommet, en formant une pointe alongée : fes fleurs font de couleur jaune, difpofées par paires & foutenues par des bractées purpurines ou violettes, profondément dentées ou incifées à leur bafe. Cette plante croît dans les prés & les lieux couverts. ⊙

VI. *Calices glabres ; bractées vertes ou noirâtres.*

Corolle tout-à-fait jaune & ouverte.	Corolle blanche, tachée de jaune, & prefque fermée.
VII.	VIII.

---

398. VII. *Corolle tout-à-fait jaune & ouverte.*

Mélampire des bois. *Melampyrum sylvaticum.* Linn. Sp. 843.

Melampyrum corollis hiantibus. Ger. prov. 285.

Sa tige est droite, foible, branchue & peu élevée; ses feuilles sont longues, lancéolées & point dentées à leur base; & ses fleurs sont petites, écartées de deux en deux, & n'ont pas le tube de leur corolle blanc comme celle de la suivante. Cette plante croît dans les montagnes en Provence. ⊙

VIII. *Corolle blanche, tachée de jaune, & presque fermée.*

Mélampire des prés. *Melampyrum pratense.* Linn. Sp. 843.

Melampyrum luteum latifolium. Tournef. 173.

Sa tige est foible, quarrée, rougeâtre vers le haut, & s'élève jusqu'à un pied & demi; ses branches sont grêles, longues & étalées; ses feuilles sont opposées, sessiles, lisses, lancéolées & distantes, elles sont quelquefois très-entières, mais souvent les supérieures sont garnies de quelques dents à leur base. Les fleurs sont grêles, alongées, blanches en leur limbe qui forme deux lèvres à peine ouvertes; assez semblables à la bouche d'un poisson. On trouve cette plante dans les prés couverts & dans les bois. ⊙

399. *Feuilles découpées.* . . . . { Tige herbacée. 400
Tige ligneuse 403

400. *Tige herbacée.* . . . . { Limbe de la corolle formant deux lèvres, dont la supérieure est voûtée & courbée en forme de bec. 401
Limbe de la corolle ouvert en soucoupe & presque point labié. 402

401. *Limbe de la corolle formant deux lèvres, dont la supérieure est voûtée & courbée en forme de bec.*

Pédiculaire. *Pedicularis.*

Le calice des pédiculaires est ordinairement à cinq divisions, qui sont quelquefois très-simples, & d'autres fois remarquables par des crénelures particulières. La lèvre supérieure de la corolle, dans plusieurs espèces, imite un bec de perroquet. Le fruit est une capsule à deux loges, contenant des semences enveloppées chacune par une espèce de petite coiffe ou de tunique membraneuse.

ANALYSE.

Fleurs rouges. I.	Fleurs jaunes. XII.

I. *Fleurs rouges.*

Divisions du calice crénelées ou dentées. II.	Divisions du calice non crénelées ni dentées. VII.

II. *Divisions du calice crénelées ou dentées.*

Calice velu ; tige ordinairement simple & couchée. III.	Calice glabre, ou chargé de points calleux ; tige rameuse. IV.

III. *Calice velu ; tige ordinairement simple & couchée.*

Pédiculaire à bec. *Pedicularis rostrata.* Linn. Sp. 845.

Pedicularis alpina, filicis folio minor. Tournef. 173.

Cette espèce est fort petite ; ses tiges sont foibles & peu garnies de feuilles ; les fleurs sont éparses, ou forment au sommet de la tige un épi fort lâche ; les inférieures sont portées sur de longs péduncules. Ces fleurs sont toutes

401. remarquables par la lèvre ſupérieure de leur corolle qui imite un bec très-pointu ; les feuilles ſont alternes, un peu étroites, ailées, & leurs pinnules ſont crénelées ou même un peu inciſées. Cette plante croît ſur les collines sèches des provinces méridionales.

IV. *Calice glabre ou chargé de points calleux ; tige rameuſe.*

Lèvre inférieure très-oblique par rapport à la fleur ; calice à deux diviſions principales.	Lèvre inférieure peu ou point oblique ; calice à cinq diviſions dentées ou laciniées.
V.	VI.

V. *Lèvre inférieure très-oblique par rapport à la fleur ; calice à deux diviſions principales.*

Pédiculaire des marais. *Pedicularis paluſtris.* Linn. Sp. 845.

Pedicularis paluſtris rubra, elatior. Tournef. 173.

Sa tige eſt droite, glabre, branchue, rameuſe, & s'élève juſqu'à un pied & demi ; ſes feuilles ſont une ou deux fois ailées, imitent celles de quelques eſpèces de fougères, & ont des découpures fines & dentées ; les fleurs ſont axillaires, portées chacune ſur des péduncules aſſez courts : les inférieures ſont diſtantes, ſouvent ſolitaires ; mais les ſupérieures ſont oppoſées, un peu rapprochées & forment un épi terminal. La lèvre ſupérieure de leur corolle eſt comprimée, & l'inférieure forme un plan oblique très-remarquable. Cette plante eſt commune dans les marais & les prés aquatiques. ⊙

VI. *Lèvre inférieure peu ou point oblique ; calice à cinq diviſions dentées ou laciniées.*

Pédiculaire des bois. *Pedicularis ſylvatica.* Linn. Sp. 845.

Pedicularis pratenſis purpurea. Tournef. 173.

Cette eſpèce s'élève moins que la précédente ; ſa tige eſt quelquefois couchée, & fournit dès ſa baſe des rameaux

401. très-ouverts; ses feuilles sont ailées, & leurs pinnules sont presque ovales, bordées de dents aiguës; les fleurs sont sessiles, ramassées la plupart au sommet de la tige & des rameaux, quelques-unes seulement sont isolées & inférieures aux autres; leur corolle est d'un rouge-pâle, tachée en sa gorge, alongée & fort grêle. Cette plante croît dans les lieux couverts & humides ⊙; elle est peu commune.

VII. *Divisions du calice non crénelées ni dentées.*

Feuilles alternes. VIII.	Feuilles quaternées. XI.

VIII. *Feuilles alternes.*

Lèvre supérieure de la corolle pointue. IX.	Lèvre supérieure de la corolle obtuse. X.

IX. *Lèvre supérieure de la corolle pointue.*

Pédiculaire incarnate. *Pedicularis incarnata.* Linn. Sp. 847.

Pedicularis foliis pinnatis, pinnis longis, dentatis, floribus rostratis, spicatis, calycibus tomentosis. Hal. Helv. n°. 319.

Sa tige est droite, lisse, branchue, & s'élève jusqu'à un pied & demi; ses feuilles sont fort grandes, sur-tout les radicales; elles sont ailées, & leurs pinnules sont longues, incisées ou dentées; les fleurs forment un épi un peu lâche, alongé & terminal. La lèvre supérieure de leur corolle est étroite, & se termine par un bec pointu & crochu. Cette plante croît en Dauphiné où elle a été observée par M. de Villars.

X. *Lèvre supérieure de la corolle obtuse à son extrémité.*

Pédiculaire cramoisie. *Pedicularis flammea.* Linn. Sp. 846.

Pedicularis Alpina folio ceterach. Tournef. 173.

Sa tige est droite, simple, un peu épaisse & moins élevée

401. que la précédente ; elle ſe termine par un épi de fleurs qui ſont toutes de couleur jaune, ſelon M. de Haller ; mais M. Linné, dans une obſervation poſtérieure, dit qu'elles ſont d'un pourpre noirâtre (*Mantiſſ.* 415). Ses feuilles ſont ailées, & les pinnules ſont courtes, dentées, ſerrées & très-rapprochées. Cette plante croît dans les montagnes en Dauphiné. ♃

XI. *Feuilles quaternées.*

Pédiculaire verticillée. *Pedicularis verticillata.* Linn. Sp. 846.

Pedicularis Alpina altera, aſphodeli radice. Tournef. 173.

Sa racine pouſſe pluſieurs tiges hautes de quatre à cinq pouces, droites & très-ſimples ; ſes feuilles ſont ailées, leurs pinnules ſont oblongues, dentées & un peu moins ſerrées que dans l'eſpèce précédente : les radicales ſont nombreuſes & couchées ſur la terre ; celles de la tige ſont géminées & quaternées ; les unes & les autres ſont un peu étroites & aſſez molles : les fleurs ſont diſpoſées en épi terminal ; la lèvre ſupérieure de leur corolle eſt obtuſe à ſon extrémité. On trouve cette plante dans les lieux humides des montagnes de la Provence & du Dauphiné. ♃

XII. *Fleurs jaunes.*

Diviſions du calice crénelées. XIII.	Diviſions du calice très-ſimples. XIV.

XIII *Diviſions du calice crénelées.*

Pédiculaire tubéreuſe. *Pedicularis tuberoſa.* Linn. Sp. 847.

Pedicularis Alpina lutea. Tournef. 172.

Filipendula montana flore pedicularia. Bauh. p. 163.

Sa racine eſt noire, groſſe, diviſée en pluſieurs portions cylindriques & épaiſſes, elle pouſſe deux ou trois tiges droites, velues, peu garnies de feuilles & hautes d'un pied à-peu-près. Ses feuilles radicales ſont longues, pétiolées, ailées, à pinnules découpées ; elles ont quelque reſſemblance avec celles de la mille-feuille : ſes fleurs ſont diſpoſées en épi

401. terminal, embriqué de braƈtées fort courtes; la lèvre ſupérieure de leur corolle forme un bec très-pointu. Cette plante croît dans les montagnes en Provence. ♃

XIV. *Diviſions du calice très-ſimples.*

Pédiculaire chevelue. *Pedicularis comoſa.* Linn. Sp. 847.

Pedicularis Alpina filicis folio major. Tournef. 173.

Sa racine eſt alongée, épaiſſe, noirâtre, & pouſſe une ſeule tige droite, très-ſimple, haute d'un pied & demi; ſes feuilles ſont longues, ailées, compoſées de pinnules inciſées & dentées; les feuilles radicales ſont en petit nombre, mais celles de la tige, ſur-tout dans le voiſinage des fleurs, ſont plus nombreuſes. Les fleurs forment un épi terminal, embriqué de braƈtées très-ſaillantes; elles ſont d'un jaune-pâle ou un peu rouſsâtre. On trouve cette plante ſur le Mont-d'or en Auvergne. ♃

402. *Limbe de la corolle ouvert en ſoucoupe, & preſque point labié.*

Verveine. *Verbena.*

Les fleurs de verveine ont la corolle infundibuliforme, un peu courbée en ſon tube. Leur calice eſt à cinq dents, dont une plus courte que les autres & comme tronquée. Les ſemences ſont oblongues & ſtriées.

A N A L Y S E.

Tige droite.	Tige couchée.
I.	II.

I. *Tige droite.*

Verveine officinale. *Verbena officinalis.* Linn. Sp. 29.

Verbena communis flore cæruleo. Tournef. 200.

Sa tige eſt haute de deux pieds, dure, quadrangulaire, quelquefois ſimple, mais plus ſouvent branchue dans ſa partie

402. supérieure; ses feuilles sont opposées, un peu ridées, profondément découpées, sur-tout à leur base, & d'un vert-clair. Les fleurs sont petites, d'un blanc-violet, & disposées sur des épis longs & filiformes. Cette plante est commune sur le bord des chemins & contre les haies des villages ⊙; elle est vulnéraire, détersive & très-résolutive.

II. *Tige couchée.*

Verveine couchée. *Verbena supina.* Linn. Sp. 29.

Verbena tenuifolia. Tournef. 200.

Cette plante est plus petite que la précédente, avec laquelle néanmoins elle a beaucoup de rapport; ses tiges sont grêles, très-branchues, étalées sur la terre & presque diffuses; ses feuilles sont petites, d'un vert-blanchâtre & découpées très-menu; & ses fleurs sont bleuâtres, disposées sur des épis filiformes. On la trouve en Provence. ⊙

403. *Tige ligneuse.*

Vitet verticillé. *Vitex verticillata.*

Vitex foliis angustioribus, cannabis modo dispositis. Tournef. 603.

Vitex agnus castus. Linn. Sp. 890.

Arbrisseau dont le tronc droit, nu, s'élève à la hauteur de quatre à cinq pieds, & produit à son sommet beaucoup de rameaux foibles, plians & blanchâtres; ses feuilles sont opposées, pétiolées, digitées & imitent en quelque façon celles du chanvre; les folioles, ordinairement au nombre de cinq, sont lancéolées, pointues, très-entières ou dentées dans une variété, vertes en-dessus, blanches & cotonneuses en-dessous: les fleurs terminent les rameaux & sont disposées en épis verticillés; elles sont d'une couleur violette ou purpurine, ou quelquefois blanche; leur calice est court & blanchâtre; les étamines sont saillantes hors de la corolle. On trouve cet arbrisseau dans les lieux humides des provinces méridionales ♄; il est odorant dans toutes ses parties; ses semences sont anti-histériques: extérieurement ses feuilles & ses fleurs sont résolutives.

404. *Quatre ovaires ou un seul à quatre divisions.*

Fleurs labiées. Tournef.

Les plantes de cette division sont remarquables par la forme de leur corolle, dont le limbe en général se divise en deux lèvres, l'une supérieure, & l'autre inférieure; par la disposition de leurs ovaires, qui sont au nombre de quatre, du milieu desquels sort un seul style, qui naît du réceptacle même; par leurs étamines, pareillement au nombre de quatre, dont deux sont ordinairement plus longues que les autres, & par leur fruit qui est composé de quatre semences nues attachées au fond du calice. M. Linné nomme cette division *didynamie-gimnospermie.*

Obs. Quoique ces plantes aient beaucoup de convenance dans toutes les parties qui composent leur port, on auroit pu malgré cela, dans la formation des genres, emprunter beaucoup de caractères de la plupart de ces parties, & ne point s'en tenir uniquement à la considération des fleurs qui fournissent trop peu de diversité, & forcent de réunir dans chaque genre, des plantes de toutes sortes de formes : aussi les divisions générales dans cette classe sont-elles très-défectueuses, quoique nécessaires, comme par-tout ailleurs, pour faciliter la connoissance des plantes. Voyez ce que je dis à cette occasion au commencement du genre des épiaires, n° 426.

ANALYSE.

Limbe de la corolle formant deux lèvres bien distinctes, l'une supérieure & l'autre inférieure. 405.	Limbe de la corolle ne formant pas deux lèvres bien distinctes; il n'en a qu'une seule, ou est peu difforme. 448.

405. *Limbe de la corolle formant deux lèvres bien distinctes.*

- Filamens des étamines bifurqués à leur sommet. 406
- Filamens des étamines non bifurqués, mais entiers. 407

406. *Filamens des étamines bifurqués à leur sommet.*

Brunelle. *Brunella.*

Les fleurs de brunelle sont disposées en épi terminal, serré, composé de plusieurs verticilles contigus. Ces verticilles sont séparés chacun par une couple de bractées larges, opposées, ciliées, colorées & amplexicaules.

ANALYSE.

Feuilles toutes très-simples & point laciniées. I.	Feuilles supérieures profondément laciniées. IV.

I. *Feuilles toutes très-simples & point laciniées.*

Feuilles pétiolées, ovales-oblongues & souvent dentées. II.	Feuilles sessiles, étroites, lancéolées & très-entières. III.

II. *Feuilles pétiolées, ovales-oblongues & souvent dentées.*

Brunelle commune. *Brunella vulgaris.*

Brunella major folio non dissecto. Tournef. 182.

β. *Brunella cæruleo magno flore.* Ibid.

Sa tige est velue, quarrée, ordinairement couchée sur la terre dans les terreins secs, & droite dans les lieux couverts où elle s'élève quelquefois au-delà d'un pied; ses feuilles sont opposées & un peu velues : les supérieures sont un peu dentées & portées sur de courts pétioles. Les fleurs sont purpurines ou bleuâtres; elles sont remarquables dans cette variété par la lèvre supérieure de leur calice qui paroît tronqué, laissant à peine l'apparence de trois spinules presque imperceptibles. Les fleurs sont d'un bleu plus décidé dans la variété β, & ont près d'un pouce de longueur; la lèvre supérieure de leur calice est plus sensiblement divisée en trois. Cette plante est commune dans les prés, les bois & sur le

406. bord des chemins. La seconde variété se trouve dans les pâturages & les lieux fertiles des montagnes ♃; elle est vulnéraire & un peu astringente.

III. *Feuilles sessiles, étroites, lancéolées & très-entières.*

Brunelle hisopiforme. *Brunella hyssopifolia.* Tournef. 183.

Brunella hissopifolia. Linn. Sp. 837.

Sa tige est haute d'un pied, un peu velue, branchue & quadrangulaire; ses feuilles sont opposées, ciliées, un peu dures, assez étroites & longues d'un pouce & demi ou quelquefois davantage : ses fleurs sont grandes, d'un pourpre-bleuâtre, & le limbe de leur corolle est chargé de poils blancs ainsi que le dos de la lèvre supérieure. On trouve cette plante dans les provinces méridionales. ♃

IV. *Feuilles supérieures profondément laciniées.*

Stigmate simple ou bifide; tiges couchées.	Stigmate quadrifide; tiges droites.
V.	VI.

V. *Stigmate simple ou bifide; tiges couchées.*

Brunelle découpée. *Brunella laciniata.*

Brunella folio laciniato, flore albo. Tournef. 183.

Ses tiges sont couchées, très-branchues, rougeâtres à leur base & abondamment couvertes de poils blancs, sur-tout dans leur partie supérieure; les feuilles radicales sont pétiolées, ovales, oblongues & entières; celles du bas des tiges sont un peu dentées, & les supérieures sont chargées de chaque côté de quelques découpures étroites, alongées & distantes. La couleur naturelle des fleurs de cette espèce est blanche ou un peu rougeâtre; la variété à fleurs bleues, qu'indique Vaillant, est très-rare ou ne s'obtient que par la culture. On trouve cette plante sur les pelouses & dans les lieux secs. ♃

406. VI. *Stigmate quadrifide ; tiges droites.*

Brunelle odorante. *Brunella odorata.*

Clinopodium Lusitanicum spicatum & verticillatum. Tournef. 195.

Cleonia Lusitanica. Linn. Sp. 837.

Ses tiges sont hautes de six à sept pouces, très-velues & un peu branchues vers leur sommet ; ses feuilles sont alongées, rétrécies en pétiole à leur base, obtuses à leur extrémité & fortement dentées en leur bord ; celles du sommet de la plante sont pinnatifides, & les bractées sur-tout sont remarquables par leurs pinnules étroites, aiguës & très-ciliées. Les fleurs sont grandes, de couleur violette ou bleuâtre, un peu tachées de blanc & disposées en épi terminal. Leur calice est labié & fermé par des poils pendant la maturation des graines ; sa graine supérieure est large & à peine divisée en trois dents courtes qui portent chacune une spinule foible, & l'inférieure est étroite, profondément bifide & pareillement épineuse. La forme des étamines est parfaitement la même que celles des autres espèces de ce genre ; leur filament se bifurque à son extrémité, c'est-à-dire, se partage en deux rameaux, dont un terminal est toujours nu, & l'autre latéral soutient une anthère oblongue & bleuâtre : ce rameau, fort court, s'insère dans la partie moyenne de l'anthère ; de sorte qu'elle paroît comme en équilibre sur ce pivot. Je n'ai point observé de filament épineux dans les étamines de cette plante (*filamenta omnia spinosa.* Linn. Mant. Alt. 414) : elle ne diffère des autres brunelles que par son stigmate quadrifide. Elle croît en Languedoc, entre Carcassonne & Sorèze, où elle a été observée par Dom Fourmeault. ⊙

---

407. *Filamens des étamines non bifurquées, mais entières.*
- Calices chargés d'une bosse comprimée & arrondie. 408
- Calices n'ayant point de bosse remarquable. 409

---

408. *Calices chargés d'une bosse comprimée & arrondie.*

Toque. *Scutellaria.*

Les fleurs de toque sont remarquables par leur calice, dont le bord n'est presque point divisé, & par l'espèce de bosse lenticulaire que porte le calice dans la partie supérieure de son tube. Le style est terminé par un stigmate simple.

ANALYSE.

Fleurs en épi serré. I.	Fleurs axillaires. II.

I. *Fleurs en épi serré.*

Toque des Alpes. *Scutellaria Alpina.* Linn. Sp. 834.

Cassida Alpina supina, magno flore. Tournef. 182.

Ses tiges sont longues de six à huit pouces, un peu couchées dans leur partie inférieure, rameuses & légèrement quarrées vers leur sommet; ses feuilles sont opposées, pétiolées, ovales, crénelées, terminées par une pointe émoussée ou obtuse; & un peu velues. Les fleurs sont disposées en épi terminal, garni de bractées ovales & entières; les corolles sont grandes : leur lèvre supérieure est velue, de couleur bleue, & l'inférieure blanchâtre. Cette plante croît sur les montagnes de la Provence. ♃

II. *Fleurs axillaires.*

Feuilles lancéolées & dentées. III.	Feuilles ovales & presque entières. IV.

III. *Feuilles lancéolées & dentées.*

Toque tertianaire. *Scutellaria galericulata.* Linn. Sp. 835.

Cassida palustris vulgatior, flore cæruleo. Tournef. 182.

Sa racine pousse plusieurs tiges droites, quadrangulaires; rameuses,

408. rameuses, & qui s'élèvent jusqu'à un pied & demi; ses feuilles sont opposées, cordiformes à leur base, étroites, lancéolées, dentées, pointues, glabres, portées sur de courts pétioles, & plus longues que les entre-nœuds. Les fleurs sont bleues ou violettes, trois ou quatre fois plus longues que leur calice, disposées deux à deux & souvent tournées d'un même côté. On trouve cette plante sur le bord des eaux ♃; elle passe pour stomachique & fébrifuge.

IV. *Feuilles ovales & presque entières.*

Toque mineure. *Scutellaria minor.* Linn. Sp. 835.

Cassida palustris minima, flore purpurascente. Tournef. 182.

Sa tige est haute de quatre à cinq pouces, grêle & très-branchue dès sa base; ses feuilles inférieures sont ovales, cordiformes & obtuses, les supérieures sont beaucoup plus étroites : les unes & les autres ne sont pas sensiblement dentées. Les fleurs ressemblent à celles de la précédente par leur forme & leur disposition, mais elles sont plus petites & simplement rougeâtres : la lèvre inférieure de leur corolle est d'une couleur pâle & chargée communément de petits points bruns. Cette petite plante croît sur le bord des étangs. ♃

---

409. *Calices n'ayant point de bosse remarquable.* . . .
- Une ou deux petites dents de chaque côté à la base de la lèvre inférieure de la corolle. . . . 410
- Aucune dent particulière à la base de la lèvre inférieure de la corolle. 413

---

410. *Une ou deux petites dents de chaque côté à la base de la lèvre inférieure de la corolle.* . . . .
- Lèvre supérieure de la corolle entière; base intérieure de la corolle, garnie de poils qui cachent les ovaires. 411
- Lèvre supérieure de la corolle dentée; ovaires nus & point recouverts par des poils. . . . 412

411. *Lèvre supérieure de la corolle entière ; base intérieure de la corolle garnie de poils qui recouvrent les ovaires.*

Lamion. *Lamium.*

Les plantes de ce genre sont remarquables par leurs feuilles supérieures, qui, dans la plupart des espèces, sont distinguées par deux petites dépressions que l'on observe sous leur pétiole dans le voisinage de son insertion.

A N A L Y S E.

La plupart des feuilles obtuses à leur sommet.	Toutes les feuilles pointues à leur sommet.
I.	I V.

I. *La plupart des feuilles obtuses à leur sommet.*

Feuilles caulinaires sessiles.	Feuilles caulinaires pétiolées.
I I.	I I I.

II. *Feuilles caulinaires sessiles.*

Lamion embrassant. *Lamium amplexicaule.* Linn. Sp. 809.

Lamium folio caulem ambiente, minus. Tournef. 184.

Ses tiges sont ordinairement simples, un peu couchées, & longues de six à sept pouces ; les feuilles radicales sont pétiolées & lobées ; celles de la tige sont sessiles, arrondies, profondément crénelées & presque incisées. Chacune d'elles se joint tellement avec celle qui lui est opposée, qu'elles paroissent ensemble embrasser la tige ; les fleurs sont d'un rouge-éclatant ; le tube de leur corolle est alongé & fort grêle. Cette plante est commune dans tous les lieux cultivés. ⊙

411. III. *Feuilles caulinaires pétiolées.*

Lamion pourpré. *Lamium purpureum.* Linn. Sp. 809.

Lamium purpureum fœtidum, folio subrotundo. Tournef. 183.
β. *Lamium annuum vulgare, album.* Vaill. Parif. 112.
γ. *Lamium rubrum minus, foliis profundè incisis.* Ibid.

Ses tiges ont rarement plus de six pouces de hauteur; elles sont peu garnies de feuilles dans leur partie inférieure; mais vers leur sommet les feuilles dont elles sont chargées paroissent comme ramassées en pyramide par le grand rapprochement de chaque paire; dont la grandeur en outre diminue à mesure qu'elles sont plus voisines du sommet. Les fleurs sont de couleur pourpre; elles sont blanches dans la variété β, mais les anthères sont purpurines. La variété γ a les feuilles profondément incisées. On trouve cette plante dans les lieux cultivés ⊙; son odeur est puante.

IV. *Toutes les feuilles pointues à leur sommet.*

Fleurs tout-à-fait blanches.	Fleurs rouges ou purpurines.
V.	VI.

V. *Fleurs tout-à-fait blanches.*

Lamion blanc. *Lamium album.* Linn. Sp. 809.

Lamium vulgare album, sive archangelica flore albo. Tournef. 183.

Ses tiges sont hautes d'un pied, droites, carrées & légèrement velues; ses feuilles sont pétiolées, opposées, cordiformes, pointues, fortement dentées en scie, & ressemblent beaucoup à celles de la grande ortie, mais elles ne sont point piquantes: les fleurs sont presque sessiles, disposées dans les aisselles supérieures des feuilles, par verticilles très-garnis. La lèvre supérieure de la corolle est velue, ainsi que les anthères qui sont blanches & tachées de noir. Cette plante est commune dans les haies & les lieux incultes ♃; elle est vulnéraire, détersive & un peu astringente. On la recommande dans les fleurs blanches, les maladies du poumon & les hémorrhagies de la matrice.

411. VI. *Fleurs rouges ou purpurines.*

Feuilles lisses, presque glabres & point tachées de blanc.	Feuilles chargées d'une raie blanche ; tige & pétioles velues.
VII.	VIII.

VII. *Feuilles lisses, presque glabres & point tachées de blanc.*

Lamion lisse. *Lamium lævigatum.* Linn. Sp. 808.

Lamium folio oblongo, flore rubro. Tournef. 183.

Ses tiges sont hautes d'un pied, lisses & un peu rougeâtres; ses feuilles sont en cœur, dentées en scie, ridées & portées sur des pétioles une fois plus courts que les fleurs. Les verticilles sont composés de six à huit fleurs dont la corolle est grande, velue en sa lèvre supérieure & d'un pourpre-clair. On trouve cette plante sur le bord des haies, & dans les lieux incultes en Alsace. ♃

VIII. *Feuilles chargées d'une raie blanche; tiges & pétioles velues.*

Lamion taché. *Lamium maculatum.* Linn. Sp. 809.

Lamium albâ lineâ notatum. Tournef. 183.

Cette plante s'élève à-peu-près à la même hauteur que la précédente; mais elle est en général moins lisse & plus chargée de poils. Ses feuilles sont en cœur, pointues & portées sur d'assez longs pétioles. Leur tache devient presque insensible dans la vieillesse de la plante, ou lorsque les chaleurs de l'été se font sentir. Les verticilles sont composés de huit à dix fleurs. On trouve cette plante en Alsace & en Provence ♃. On s'en sert pour guérir les obstructions & le schirre de la rate.

412. *Lèvre supérieure de la corolle dentée; ovaires nus & point recouverts par des poils.*

Galéope. *Galeopsis.*

Les galéopes sont remarquables par leur calice dont les divisions sont aiguës & un peu épineuses. Les lobes latéraux de la lèvre inférieure de leur corolle sont presque carrés. On observe une bractée aiguë sous chaque fleur.

ANALYSE.

Feuilles étroites, garnies de quelques dents écartées & peu nombreuses. I.	Feuilles ovales, garnies en leur bord de dents très-nombreuses. II.

I. *Feuilles étroites, garnies de quelques dents écartées & peu nombreuses.*

Galeope ladane. *Galeopsis ladanum.* Linn. Sp. 810.

Galeopsis patulâ segetum, flore purpurascente. Tournef. 185.

Sa tige est grêle, carrée, très-branchue, & s'élève jusqu'à un pied; ses feuilles sont lancéolées, pointues par les deux bouts, légèrement velues & blanchâtres en-dessous. Dans les terreins fertiles, elles ont quelquefois six lignes de largeur, mais on ne doit pas saisir cette variation pour former une espèce, comme l'a fait M. de Haller, n° 267. Ses fleurs sont assez grandes, d'un pourpre-vif, sur-tout à leur sommet, & la lèvre inférieure de leur corolle est tachée de jaune à sa naissance. On trouve quelquefois une variété à fleurs blanches; les divisions du calice sont aiguës & réellement épineuses : les bractées sont linéaires, plus longues que les calices, & terminées également par une petite épine jaunâtre. Cette plante croît abondamment dans les champs & les blés. ⊙

412. II. *Feuilles ovales, garnies en leur bord de dents très-nombreuses.*

Galeope chanvrin. *Galeopsis tetrahit.* Linn. Sp. 810.

Galeopsis procerior, calyculis aculeatis, flore purpurascente. Tournef. 185.

β. Galeopsis altera, calyculis aculeatis, flore flavescente. Ibid.

Sa tige s'élève jusqu'à deux pieds; elle est branchue, carrée, chargée de poils rudes & distans, souvent rougeâtre & un peu renflée au-dessous de ses articulations : ses feuilles sont pétiolées, ovales, oblongues, pointues, velues & un peu dures au toucher. Les calices sont très-épineux; à la base de chaque épine, on observe une espèce de bourrelet intérieur qui représente le vrai bord du calice, comme s'il devoit être naturellement sans division : les bractées sont fort petites, épineuses & plus courtes que les calices; les corolles ont ordinairement leur lèvre inférieure panachée de jaune & de pourpre. On trouve cette plante contre les haies ou sur le bord des bois ⊙; elle est vulnéraire & adoucissante.

---

413. *Aucune dent particulière à la base de la lèvre inférieure de la corolle. . .*

{ Ovaires couronnés par des poils qui naissent de la base inférieure de la corolle; calices jamais labiés. 414

{ Ovaires non cachés par des poils provenus de la corolle; calices souvent labiés. 427

---

414. *Ovaires couronnés par des poils qui naissent de la base intérieure de la corolle; calices jamais labiés. . . . .*

{ Etamines cachées dans le tube de la corolle. 415

{ Etamines saillantes hors du tube de la corolle 416

---

415. *Etamines cachées dans le tube de la corolle.*

Crapaudine. *Sideritis.*

Les crapaudines sont remarquables, selon l'observation de M. Linné, par les deux stigmates de leurs fleurs qui sont engaînés l'un dans l'autre ; c'est-à-dire, que l'inférieur reçoit ou embrasse le supérieur : mais ce caractère est souvent difficile à appercevoir.

ANALYSE.

Verticilles disposés en épi au sommet de la plante. I.	Verticilles axillaires occupant presque toute la longueur de la plante. VI.

I. *Verticilles disposées en épi au sommet de la plante.*

Feuilles toutes sessiles, & dont la largeur n'excède point six lignes. II.	Feuilles radicales pétiolées, & dont la largeur excède un pouce. V.

II. *Feuilles toutes sessiles, & dont la largeur n'excède point six lignes.*

Superficie des feuilles, blanche & très-cotonneuse. III.	Superficie des feuilles, verte & presque glabre. IV.

III. *Superficie des feuilles, blanche & très-cotonneuse.*

Crapaudine blanchâtre. *Sideritis incana.* Linn. Sp. 802.

Sideritis hispanica erecta, folio angustiore. Tournef. 191.

La partie inférieure de cette plante est une souche un peu plus ligneuse, qui pousse plusieurs tiges ou espèces de rameaux droits, très-grêles, cotonneux, feuillés inférieurement, presque nus vers leur sommet, & hauts de huit à dix pouces ; ses feuilles sont longues d'un pouce, & n'ont pas une ligne de

415. largeur. M. Gouan dit que les inférieures ſont dentées, mais les individus que j'ai obſervés les avoient toutes très-entières. Les fleurs ſont jaunes & remarquables par la lèvre ſupérieure de leur corolle, qui eſt longue, étroite & redreſſée. Les bractées ſont plus courtes que les calices, ce qui diſtingue fortement cette eſpèce de la ſuivante; elle croît dans les Pyrénées ♄

IV. *Superficie des feuilles, verte & preſque glabre.*

Crapaudine hyſopiforme. *Sideritis hyſſopifolia.*

Sideritis alpina hyſſopifolia. Tournef. 191.
β. Sideritis foliis hirſutis, profundè crenatis. Ibid.
Sideritis ſcordioides. Linn. Sp. 803.

Ses tiges ſont hautes d'un pied & demi tout au plus, aſſez droites, peu branchues, dures, obtuſément quadrangulaires, & légèrement velues; ſes feuilles ſont étroites, quelquefois toutes très-entières, & d'autres fois chargées de quelques dentelures écartées; elles ſont preſque glabres, & un peu plus longues que les entre-nœuds : les fleurs ſont d'un jaune-pâle, & diſpoſées par verticilles aſſez denſes, garnis chacun de deux bractées ovales ou en cœur, dont les dentelures ſont épineuſes. Ces verticilles ſont peu diſtans, & forment un épi términal, long de ſix à ſept pouces : la variété β eſt remarquable par ſes feuilles plus fortement dentées, & par ſes tiges un peu plus chargées de poils. C'eſt par mépriſe que M. Linné, dans ſon ſecond *Mantiſſa*, *p. 410*, cite au *ſideritis hyſſopifolia*, l'obſervation de M. de Haller, qui, en parlant du *ſideritis ſcordioides*, nº 261, dit que cette plante a la tige plus velue & les feuilles plus crénelées que le *ſideritis hyſſopifolia*, qu'il décrit au nº. 260. J'ai remarqué la même choſe en obſervant ces plantes, mais je ne crois pas que ces différences de plus ou de moins ſuffiſent pour ſéparer deux plantes qui ſe reſſemblent d'ailleurs ſi parfaitement. Elles croiſſent dans les provinces méridionales. ♃

Obs. Ce ſeroit dans cette diviſion qu'il faudroit placer le *ſideritis hirſuta* de M. Linné, en le ſéparant par un caractère quelconque, de l'eſpèce que je viens de décrire, mais je ne connois point la plante dont parle cet illuſtre Botaniſte. Le *ſideritis hirſuta procumbens* de Bauhin & de M. de Tournefort

415. n'a point ses étamines renfermées dans le tube de la corolle, ni ses braƈtées bordées de dents épineuses. (*Voyez* no. 426—III.)

V. *Feuilles radicales pétiolées, & dont la largeur excède un pouce.*

Crapaudine perfeuillée. *Sideritis perfoliata.* Linn. Sp. 802.

Sideritis orientalis phlomidis folio. Tournef. cor. 12.

Sa tige est haute de deux pieds, herbacée, quadrangulaire, branchue, très-velue & un peu blanchâtre; ses feuilles radicales sont ovales-oblongues, crénelées, molles & très-velues, sur-tout sur leur pétiole qui a près de quatre pouces de longueur : les feuilles caulinaires sont sessiles, opposées, presque connées, & sont tellement jointes chacune avec celle qui leur est opposée, que chaque paire paroît enfilée ou percée par la tige. Ces feuilles sont pointues, presque entières, & à peine aussi larges que les braƈtées, quoiqu'elles soient un peu plus longues que celles-ci; les fleurs sont blanches, marquées de quelques veines roussâtres, & disposées cinq ou six par verticilles. Chacun de ces verticilles est accompagné de deux braƈtées, cordiformes, pointues, entières & connées. Cette plante croît en Languedoc où elle a été observée par M. Gouan.

VI. *Verticilles axillaires, occupant presque toute la longueur de la plante.*

Toutes les feuilles dentées à leur sommet.	La plupart des feuilles très-entières.
VII.	VIII.

VII. *Toutes les feuilles dentées à leur sommet.*

Crapaudine spatulée. *Sideritis spathulata.*

Marrubiastrum sideritis folio, calyculis aculeatis, flore candicante. Tournef. 190.

Sideritis romana. Linn. Sp. 802.

Ses tiges sont hautes d'un pied, carrées, velues, ordinairement simples, assez droites, mais un peu couchées dans

415. leur jeuneſſe ; elles ſont garnies de feuilles dans toute leur longueur : les feuilles inférieures ſont alongées, ſpatulées, rétrécies en pétiole à leur baſe, obtuſes & dentées à leur ſommet ; les ſupérieures ſont plus courtes, ovales, pareillement dentées & fort rapprochées les unes des autres. Les fleurs ſont ſeſſiles, diſpoſées par verticilles axillaires, garnies chacune d'un calice ſtrié, dont les dents ſont épineuſes & de couleur blanche. Cette plante croît dans les lieux arides & montueux de la Provence. ⊙

VIII. *La plupart des feuilles très-entières.*

Crapaudine de montagne. *Sideritis montana.* Linn. Sp. 802.

Marrubiaſtrum ſideritis folio, calyculis aculeatis, flore flavo cum limbo atro purpureo. Tournef. 190.

Ses tiges ſont longues preſque d'un pied, velues, ſimples & couchées ſur la terre ; elles ſont garnies de feuilles & de fleurs dans toute leur étendue : les feuilles ſont petites, ovales, terminées par une ſpinule aſſez ſenſible, & marquées de trois ou cinq nervures longitudinales ; ces feuilles excèdent à peine la longueur des calices. Les verticilles ſont compoſés de ſix à ſept fleurs dont les calices ſont nerveux & épineux en leur bord ; les corolles ſont jaunes, tachées de roux ou de violet, & ſont ſi petites, qu'elles ne paroiſſent preſque pas hors de leur calice. Cette plante croît dans les montagnes des provinces méridionales. ⊙

---

416. *Etamines ſaillantes hors du tube de la corolle. . . .*
- Lèvre ſupérieure de la corolle droite, très-étroite & bifide. 417
- Lèvre ſupérieure de la corolle n'étant pas à la fois droite, étroite & bifide. 420

---

417. *Lèvre ſupérieure de la corolle droite, très-étroite & bifide*
- Verticilles formant un épi au ſommet de la plante. 418
- Verticilles axillaires ne formant point d'épi. 419

418. *Verticilles formant un épi au sommet de la plante. . .* { Etamines jamais rejettées sur les côtés de la corolle. . . . 446—II
Etamines défleuries rejettées sur les côtés de la corolle 426

419. *Verticilles axillaires ne formant point d'épi.*

Marrube. *Marrubium.*

Le calice des fleurs de marrube est cylindrique, chargé de dix stries, & divisé en ses bords en cinq ou dix dents un peu rudes, ordinairement ouvertes en étoile. La corolle est remarquable par sa lèvre supérieure qui est étroite & bifide.

ANALYSE.

Calice à cinq dents droites. I.	Calice à dix dents crochues. II.

I. *Calice à cinq dents droites.*

Marrube couché. *Marrubium supinum.* Linn. Sp. 816.

Marrubium hispanicum supinum, foliis sericeis argenteis. Tournef. 192.

Sa tige est ligneuse à sa base; elle se divise en rameaux opposés, nombreux, presque diffus, cotonneux vers leur sommet & la plupart un peu couchés, sur-tout avant la floraison de la plante : ces rameaux sont garnis de feuilles opposées, pétiolées, arrondies, presque en cœur, crénelées, ridées & soyeuses en-dessus, fort blanches & comme réticulées en-dessous; les dents calicinales sont cétacées & velues. Cette plante croît en Languedoc, où elle est indiquée par M. Linné, ♃ ou ♄.

II. *Calice à dix dents crochues.*

Marrube commun. *Marrubium vulgare.* Linn. Sp. 816.

Marrubium album vulgare. Tournef. 192.
β. *Marrubium album villosum.* Ibid.

Ses tiges sont hautes d'un à deux pieds, droites, peu

419. branchues, dures, carrées, velues & cotonneuses vers leur sommet; ses feuilles sont opposées, pétiolées, ovales, arrondies, bordées de dents inégales, blanchâtres & très-ridées. Les fleurs sont petites, sessiles & ramassées en grand nombre à chaque verticille; elles sont de couleur blanche, & leurs calices sont très-velus. Cette plante est commune sur le bord des chemins, dans les lieux incultes, les décombres, &c, ♃; elle est très-incisive, apéritive, emménagogue, anthelmintique & détersive.

---

420. *Lèvre supérieure de la corolle n'étant pas à la fois, droite, étroite & bifide.*
- Une collerette formée par des folioles cétacées, placées sous les verticilles des fleurs. 421
- Point de folioles cétacées sous les verticilles des fleurs . . . 424

---

421. *Une collerette formée par des folioles cétacées, placées sous les verticilles des fleurs.* . . . .
- Lèvre supérieure de la corolle très-recourbée & comprimée de chaque côté. 422
- Lèvre supérieure de la corolle droite, concave, & point comprimée 423

---

422. *Lèvre supérieure de la corolle très-recourbée & comprimée de chaque côté.*

Phlomide. *Phlomis.*

Les fleurs de phlomide sont sessiles & disposées par verticilles assez denses, communément axillaires; ces verticilles sont remarquables par la collerette cétacée qui les accompagne. La lèvre supérieure de la corolle retombe ou se courbe tellement sur la fleur, qu'elle en cache presque tout-à-fait l'ouverture.

ANALYSE.

Fleurs rougeâtres.	Fleurs jaunes.
I.	II.

422. I. *Fleurs rougeâtres.*

Phlomide ventière. *Phlomis herba venti.* Linn. Sp. 819.

Phlomis Narbonensis horminifolio, flore purpurascente. Tournef. 178.

Ses tiges sont nombreuses, hautes d'un pied & demi, droites, carrées, velues & assez simples; ses feuilles sont sessiles, ovales-lancéolées, pointues, dentées, vertes en-dessus & blanchâtres en-dessous : les verticilles sont composés de huit à dix fleurs; les calices & les filets de la collerette sont hérissés de poils. Cette plante croît dans les provinces méridionales. ♄

II. *Fleurs jaunes.*

Phlomide lychnite. *Phlomis lychnitis.* Linn. Sp. 819.

Phlomis lychnitis. Tournef. 178.

Ses tiges sont carrées, velues, blanchâtres, & s'élèvent un peu au-delà d'un pied; ses feuilles sont étroites, lancéolées, pointues, sessiles, blanchâtres & cotonneuses, sur-tout en leur surface postérieure. Les verticilles sont très-velus & garnis d'une espèce de bourre ou de coton un peu pâle; les bractées sont cordiformes & pointues. On trouve cette plante dans les provinces méridionales. ♄

---

423. *Lèvre supérieure de la corolle droite, concave & point comprimée.*

Ballote fétide. *Ballota fœtida.* (Si les verticilles sont denses & sessiles. (Voyez n°. 420.))

Ballote matthioli. Tournef. 184.

Ballota nigra. Linn. Sp. 814.

β. *Ballote flore albo.* Tournef. ibid.

Ses tiges sont hautes de deux pieds, carrées, légèrement velues, souvent branchues & un peu rougeâtres; ses feuilles sont opposées, petiolées, ovales, presque en cœur, mais sans échancrure à leur base; elles sont d'un vert-foncé, crénelées en leur bord & un peu nerveuses en-dessous : les fleurs sont axillaires, portées sur des péduncules rameux, &

423. ne forment que des verticilles imparfaits, tournés souvent d'un même côté; leur couleur est ordinairement rouge, ou quelquefois blanche, comme dans la variété β. Leur calice est un cornet strié, presque plissé, qui va en s'agrandissant vers son extrémité, & dont le bord est remarquable par cinq découpures peu profondes, obtuses, chargées chacune d'une très-petite pointe en leur sommet. Cette plante est commune le long des haies & sur le bord des chemins. ♃ On la dit anti-hystérique, résolutive & détersive.

---

424. *Point de folioles cétacées sous les verticilles des fleurs.*
- Lèvre inférieure de la corolle à trois divisions simples & entières. 425
- Lèvre inférieure de la corolle à trois divisions, dont celle du milieu est un peu échancrée; étamines défleuries rejettées sur les côtés de la corolle. 426

---

425. *Lèvre inférieure de la corolle à trois divisions simples & entières.*

Agripaume. *Cardiaca.*

La lèvre supérieure de la corolle, dans les plantes de ce genre, est parfaitement entière & un peu concave; & l'inférieure est partagée en trois découpures, dont deux au moins sont pointues.

ANALYSE.

Fleurs rougeâtres ou blanchâtres. I.	Fleurs tout-à-fait jaunes. IV.

I. *Fleurs rougeâtres ou blanchâtres.*

Verticilles de six fleurs ou moins. II.	Verticilles de beaucoup plus de six fleurs. III.

425. II. *Verticilles de six fleurs ou moins.*

Agripaume des champs. *Cardiaca arvensis.*

Marrubiastrum vulgare. Tournef. 190.
Stachis arvensis. Linn. Sp. 834.

Sa tige s'élève à peu-près à la hauteur d'un pied ; elle est un peu branchue, foible, velue & obtusément tétragone ; ses feuilles sont opposées, pétiolées, cordiformes, obtuses, crénelées & moins velues que les autres parties de la plante ; elles sont plus courtes que les entre-nœuds : les fleurs sont fort petites, blanchâtres ou de couleur de chair, avec des taches en leur lèvre inférieure. On trouve cette plante dans les champs. ⊙

III. *Verticilles de beaucoup plus de six fleurs.*

Agripaume trilobée. *Cardiaca trilobata.*

Cardiaca. Tournef. 186.
Leonurus cardiaca. Linn. Sp. 817.

Cette plante est haute de deux ou trois pieds, & s'élève même davantage lorsqu'on la cultive. Sa tige est un peu dure, carrée & branchue ; ses feuilles sont opposées, pétiolées, ridées & d'un vert-foncé ou noirâtre en-dessus : les inférieures sont larges, presque arrondies ou palmées, & sont partagées en trois lobes principaux, dentés & même incisés ; les supérieures sont étroites, lancéolées, découpées en trois lobes simples & pointus ; enfin, celles de l'extrémité de la plante sont quelquefois très-entières. Les fleurs sont d'un rouge-clair, mêlé de blanc, & forment des verticilles assez denses dans les aisselles des feuilles ; les anthères sont chargées de points brillans : la lèvre supérieure de la corolle est velue. On trouve cette plante dans les décombres, les lieux incultes, les haies ♃ ; on la croit bonne pour la cardialgie des enfans. Elle est tonique, incisive & anti-hystérique.

425. IV. *Fleurs tout-à-fait jaunes.*

Agripaume des bois. *Cardiaca sylvatica.*

Galeopsis sive urtica iners flore luteo. Tournef. 185.
Galeopsis galeopdolon. Linn. Sp. 810.
β. *Galeopsis lutea foliis amplioribus maculatis.* Tournef. 186.

Ses tiges sont hautes de huit à neuf pouces, simples, grêles, foibles & un peu velues; ses feuilles sont pétiolées, ovales, presque en cœur, pointues, dentées en scie & d'un vert-noirâtre; les supérieures sont plus étroites & un peu lancéolées : les fleurs sont sessiles & disposées par verticilles dans les aisselles supérieures des feuilles; la lèvre supérieure de leur corolle est velue, assez longue, redressée & très-écartée de l'inférieure. La variété β est remarquable par les taches dont ses feuilles sont chargées. On trouve cette plante dans les bois. ♃

426. *Lèvre inférieure de la corolle à trois divisions, dont celle du milieu est un peu échancrée; étamines défleuries rejettées sur les côtés de la corolle.*

Epiaire. *Stachis.*

On remarque, en général, dans les épiaires, que les divisions latérales de la lèvre inférieure de la corolle, sont refléchies en arrière ou sur les côtés.

Obs. Le caractère de ce genre est obscur, incertain & difficile à saisir. Je n'ai pu le simplifier ni le rendre plus saillant, parce que les plantes auxquelles il se rapporte, ne sont pas susceptibles d'être circonscrites par une marque commune bien tranchante. Il auroit fallu les refondre toutes dans les autres genres qui composent la division des fleurs labiées, retravailler ensuite tous ces genres, qui, pour la plupart, sont construits d'après des caractères minutieux & trompeurs, les Botanistes modernes ayant affecté de n'employer que les parties de la fleur qui n'offrent dans cette série que très-peu de diversité, tandis qu'ils eussent trouvé dans le port, la disposition des verticilles, la forme des bractées, la proportion des parties, &c. d'excellens moyens de bien caractériser

426. caractériser ces plantes. Je n'ai pas osé entreprendre ce travail, parce qu'il eût entraîné un changement considérable dans les noms déjà connus.

ANALYSE.

Toutes les feuilles sessiles. I.	Feuilles inférieures fortement pétiolées. IV.

I. *Toutes les feuilles sessiles.*

Tige très-droite ; fleurs purpurines. II.	Tige un peu couchée ; fleurs jaunâtres. III.

II. *Tige très-droite ; fleurs purpurines.*

Epiaire des marais. *Stachis palustris.* Linn. Sp. 811.

Galeopsis palustris betonicæ folio, flore variegato. Tournef. 185.

Sa tige s'élève jusqu'à deux pieds ; elle est ordinairement simple, un peu rougeâtre & légèrement velue ; ses feuilles sont longues, un peu étroites, pointues, dentées en scie, à peine velues & d'un vert-triste ou noirâtre ; ses fleurs sont purpurines, un peu panachées de jaune & disposées par verticilles placés en épi terminal. Cette plante croît dans les lieux humides & aquatiques. J'en ai observé une variété dans les lieux secs & montagneux, dont la tige est très-velue & ne s'élève que jusqu'à un pied ; ses feuilles sont d'un vert-jaunâtre, très-pâle, & son épi fort court, n'est composé que de trois ou quatre verticilles tout au plus. ♃

III. *Tige un peu couchée ; fleurs jaunâtres.*

Epiaire couchée. *Stachis procumbens.*

Sideritis hirsuta procumbens. Tournef. 191.

Ses tiges sont longues d'un pied, couchées seulement dans leur partie inférieure, velues, branchues & obtusément quadrangulaires ; ses feuilles sont ovales-oblongues, velues, un

426. peu ridées, & légèrement dentées en leur bord ; les fleurs ſont d'un jaune-pâle avec des taches ou de petites veines rougeâtres : leurs verticilles forment un épi terminal un peu interrompu à ſa baſe ; la lèvre ſupérieure de la corolle eſt étroite, redreſſée & fort écartée de l'inférieure ; les dents calicinales ſont un peu épineuſes ; les bractées ſont lancéolées, terminées quelquefois par une épine preſque inſenſible, mais leurs bords n'en portent aucune. Cette plante me paroît la même que le *ſideritis hirſuta* de M. Linné, mais en ce cas, la deſcription qu'il en a donnée n'eſt pas exacte. C'eſt le *betonica*, n° 262, de M. de Haller, & la ſeconde eſpèce de *tetrahit* de M. Gerard, p. 272 ; elle croît ſur le bord des chemins dans les terreins ſecs ♃ ; elle eſt vulnéraire, aſtringente & déterſive.

IV. *Feuilles inférieures fortement petiolées.*

Verticilles axillaires & ne formant point d'épi.	Verticilles diſpoſés en épi au ſommet de la plante.
V.	VI.

V. *Verticilles axillaires & ne formant point d'épi.*

Epiaire des Alpes. *Stachis Alpina.* Linn. Sp. 812.

Galeopſis Alpina betonicæ folio, flore variegato. Tournef. 185.

Sa tige eſt haute d'un pied & demi, ſimple, velue, carrée & rougeâtre en ſes angles ; ſes feuilles ſont molles, velues, pétiolées, ovales-oblongues, pointues & dentées en ſcie. Celles de la racine ſont en cœur à leur baſe, preſque obtuſes à leur ſommet, & ſimplement crénelées en leur bord ; les verticilles ſont compoſés de ſix à huit fleurs, dont les calices ſont grands & évaſés : le tube de la corolle eſt tout-à-fait caché dans le calice ; ſon limbe forme deux lèvres, dont la ſupérieure eſt horizontale, velue, d'un pourpre-obſcur, & l'inférieure pendante, un peu panachée à ſa naiſſance, & d'un rouge-ferrugineux à ſon extrémité. Cette plante eſt commune dans les lieux couverts. On la trouve abondamment à Saint-Remi proche Clermont en Beauvoiſis. ♃

---

426. VI. *Verticilles disposés en épi au sommet de la plante.*

Verticilles composés de six à huit fleurs. VII.	Verticilles composés de plus de dix fleurs. XIV.

VII. *Verticilles composés de six à huit fleurs.*

Fleurs purpurines, ou de couleur blanche. VIII.	Fleurs simplement jaunâtres. XI.

VIII. *Fleurs purpurines, ou de couleur blanche.*

Lèvre supérieure de la corolle entière. IX.	Lèvre supérieure de la corolle profondément bifide. X.

IX. *Lèvre supérieure de la corolle entière.*

Epiaire des bois. *Stachis sylvatica.* Linn. Sp. 811.

Galeopsis procerior, fœtida, spicata. Tournef. 185.

Sa tige est haute de deux ou trois pieds, velue, branchue & quadrangulaire; ses feuilles sont opposées, pétiolées, cordiformes, pointues, velues & dentées en scie; les fleurs, au nombre de six ou huit par verticilles, forment un épi alongé & un peu lâche : la lèvre supérieure de leur corolle est d'un pourpre-vif & foncé; l'inférieure est également purpurine, mais tachée de blanc. Cette plante a dans toutes ses parties une odeur forte & très-puante. On la trouve dans les lieux couverts, les bois ♃; elle est vulnéraire & emménagogue.

X. *Lèvre supérieure de la corolle profondément bifide.*

Epiaire hérissée. *Stachis hirta.* Linn. Sp. 813.

Galeopsis annua Hispanica rotundiore folio. Tournef. 186.

La tige de cette plante est couchée sur la terre, selon

M. Linné, mais je ſuis étonné que Cluſius, qui eſt fort exact dans ſes deſcriptions pour tout ce qui concerne le port des plantes, ait négligé ce caractère, & ait donné de cette plante un portrait qui la repréſente tout-à-fait droite. Il la dit haute d'un pied, branchue, velue & quadrangulaire; ſes feuilles ſont pétiolées, veinées, velues des deux côtés & légèrement cordiformes; les inférieures ſont arrondies, un peu obtuſes & crénelées : les ſupérieures ſont plus en pointe & dentées en leur bord. Les diviſions du calice ſont aiguës & piquantes. Cette plante croît en Languedoc, où elle a été obſervée par M. Gouan. ♃

XI. *Fleurs ſimplement jaunâtres.*

Feuilles preſque glabres.	Feuilles cotonneuſes.
XII.	XIII.

XII. *Feuilles preſque glabres.*

Epiaire annuel. *Stachis annua.* Linn. Sp. 813.

Betonica arvenſis annua, flore albo flaveſcente. Tournef. 203.

β. Stachis recta. Linn. Mant. 82.

Sa tige eſt droite, branchue, quadrangulaire, preſque glabre & haute de huit à dix pouces ou quelquefois beaucoup moins; ſes feuilles ſont pétiolées, légèrement ridées & d'une couleur pâle un peu jaunâtre; les inférieures ſont ovales-oblongues, crénelées & un peu obtuſes : les ſupérieures ſont plus étroites, pointues & dentées en ſcie. Les fleurs ſont aſſez grandes, d'un jaune-pâle & chargées de points ou de raies rougeâtres à la naiſſance de la lèvre inférieure de leur corolle. La variété β eſt remarquable par ſa racine vivace, ſelon M. Linné; mais M. Gerard, qui en fait mention, dit l'une & l'autre plante annuelle. Cette eſpèce croît ſur le bord des champs, dans lieux pierreux. ☉

XIII. *Feuilles cotonneuſes.*

Epiaire maritime. *Stachis maritima.* Linn. Mant. 82.

Betonica maritima flore ex luteo palleſcente. Tournef. 203.

Sa tige eſt haute de ſept à huit pouces, dure, ſous-ligneuſe

426. & pubescente ; ses feuilles radicales sont en cœur, oblongues, obtuses, veinées, crénelées & cotonneuses ; les verticilles sont composés de six fleurs, & forment un épi un peu interrompu ; les calices sont cotonneux & à cinq dents ; les bractées sont ovales-oblongues, très-entières & aussi longues que les fleurs. Cette plante croît sur les bords de la mer, dans les environs de Montpellier.

XIV. *Verticilles composés de plus de dix fleurs.*

Epiaire germanique. *Stachis germanica.* Linn. Sp. 812.

Stachis major germanica. Tournef. 186.

La tige de cette plante s'élève jusqu'à deux pieds, elle est droite, quelquefois branchue, carrée & abondamment chargée d'un duvet soyeux & blanchâtre ; ses feuilles sont ovales, pointues, dentées en leur bord, épaisses, cotonneuses, soyeuses, blanchâtres & comme ridées en-dessous : les verticilles sont très-denses, composés de beaucoup de fleurs & disposés en épi au sommet de la plante ; ils sont particulièrement remarquables par le duvet soyeux & luisant dont ils sont abondamment garnis, ainsi que les feuilles florales. Les fleurs sont purpurines, de moyenne grandeur, & ont la lèvre supérieure de leur corolle très-velue. On trouve cette plante dans les lieux secs & sur le bord des chemins. ♃

427. *Ovaires non cachés par des poils produits par la base intérieure de la corolle.....*
- Entrée du calice fermée par des poils pendant la maturation des graines. 428
- Entrée du calice non fermée par des poils pendant la maturation des graines. 433

428. *Entrée du calice fermée par des poils pendant la maturation des graines. . .*
- Epis panniculés & embriqués de feuilles florales. 429
- Verticilles axillaires, ou en tête, ou en épi simple. 430

429. *Epis panniculés & embriqués de feuilles florales.*

Origan. *Origanum.*

Le calice des fleurs d'origan n'est presque point labié, ce qui, conjointement avec la disposition des épis, distingue suffisamment ce genre du suivant, avec lequel il a d'ailleurs beaucoup de rapport.

ANALYSE.

Epis alongés & prismatiques. I.	Epis courts & arrondis. II.

I. *Epis alongés & prismatiques.*

Origan de crête. *Origanum creticum.* Linn. Sp. 823.

Origanum folio subrotundo. Tournef. 199.

Sa tige est haute d'un à deux pieds, droite, un peu branchue & rougeâtre; ses feuilles sont opposées, pétiolées, ovales, arrondies, quelquefois un peu en pointe & très-entières en leur bord. Les épis sont longs, grêles, colorés & ramassés en pannicule très-resserrée au sommet de la plante : les bractées sont deux fois plus longues que les calices. On trouve cette plante dans les provinces méridionales ♄; elle a les mêmes vertus que la suivante.

II. *Epis courts & arrondis.*

Origan commun. *Origanum vulgare.* Linn. Sp. 824.

Origanum sylvestre, sive cunila bubula Plinii. Tournef. 199.
β. *Origanum sylvestre album.* Ibid.

Ses tiges sont hautes de deux pieds, dures, carrées, velues & un peu branchues supérieurement; ses feuilles sont opposées, pétiolées, ovales, terminées par une pointe émoussée, velues particulièrement en leur bord & en leur surface postérieure, vertes en-dessus, & légèrement dentées : les fleurs sont assez petites, d'un rouge-clair ou de couleur blanche; le sommet des calices & les bractées sont d'un rouge-violet,

429. ce qui donne un aspect agréable aux pannicules de cette plante. Les étamines sont plus longues que la corolle ; cette espèce est commune dans les bois, le long des haies & dans les lieux montagneux ♃ ; elle est tonique, stomachique, emménagogue & diurétique.

---

430. *Verticilles axillaires, ou en tête, ou en épi simple.* . .

- Lèvre inférieure de la corolle à trois divisions, dont celle du milieu est très-entière ; feuilles jamais dentées. 431
- Lèvre inférieure de la corolle à trois divisions, dont celle du milieu est échancrée ; feuilles plus ou moins dentées. 432

---

431. *Lèvre inférieure de la corolle à trois divisions, dont celle du milieu est très-entière ; feuilles jamais dentées.*

Thym. *Thymus.*

La plupart des thyms ont les tiges dures, souvent ligneuses & fort basses ; les fleurs ont le calice sensiblement labié, & la lèvre inférieure de leur corolle est à trois divisions simples & presque égales.

ANALYSE.

Tiges tout-à-fait droites. I.	Tiges couchées sur la terre. IV.

I. *Tiges tout-à-fait droites.*

Feuilles linéaires & ciliées à leur base. II.	Feuilles repliées sur les côtés & point ciliées à leur base. III.

431. II. *Feuilles linéaires & ciliées à leur baſe.*

Thym cilié. *Thymus ciliatus.*

Thymbra Hiſpanica coridis folio. Tournef. 197.
Thymus zygis. Linn. Sp. 826.

Ses tiges ſont ligneuſes, grêles, branchues & chargées de diſtance en diſtance, de feuilles fort étroites, diſpoſées comme par paquets oppoſés; les fleurs ſont petites, verticillées dans les nœuds ſupérieurs, & d'une couleur blanche un peu purpurine. On trouve cette plante dans les provinces méridionales ♄; elle a moins d'odeur que la ſuivante.

III. *Feuilles repliées ſur les côtés & point ciliées à leur baſe.*

Thym commun. *Thymus vulgaris.* Linn. Sp. 825.

Thymus vulgaris folio tenuiore (& latiore). Tournef. 196.
β. *Thymus ſupinus candicans, odoratus.* Ibid.
γ. *Thymus capitulis minoribus maſſilienſis.* Ibid.

Ses tiges ſont hautes de cinq à ſix pouces, ligneuſes, preſque cylindriques, d'un brun-rougeâtre, & produiſent beaucoup de rameaux oppoſés, grêles & un peu velus; ſes feuilles ſont petites, aſſez étroites, vertes en-deſſus & blanchâtres ou d'une couleur cendrée en-deſſous : les fleurs ſont verticillées en épi vers le ſommet des branches; elles ſont petites & ſemblables à celles de l'eſpèce précédente. Cette plante eſt commune ſur les collines sèches des provinces méridionales. ♄ On la cultive dans les jardins pour ſon odeur qui eſt forte, aromatique & des plus agréables; elle eſt tonique, cordiale, ſtomachique & inciſive.

IV. *Tiges couchées ſur la terre.*

Thym ſerpolet. *Thymus ſerpillum.* Linn. Sp. 825.

α. *Serpillum latifolium hirſutum.* Tournef. 197.
β. *Serpillum vulgare majus flore purpureo.* Ibid.
γ. *Serpillum foliis citri odore.* Ibid.
δ. *Serpillum vulgare minus.* Ibid.
ε. *Serpillum anguſtifolium hirſutum.* Ibid.
ζ. *Serpillum anguſtifolium glabrum.* Ibid.

Ses tiges ſont nombreuſes, diffuſes, dures, ligneuſes à

431\. leur base, & toujours couchées sur la terre; mais les rameaux grêles, rougeâtres & un peu velus qu'elles produisent, sont souvent redressés, sur-tout dans le temps de la floraison de la plante; ses feuilles sont petites, opposées, un peu dures, planes, souvent traversées par un pli ou une espèce de sillon longitudinal, ordinairement ciliées en leur bord ou au moins à leur base; tantôt ovales & assez larges, comme dans les trois premières variétés; tantôt un peu ovales, mais fort petites, comme dans la quatrième variété; tantôt enfin fort étroites & pointues, comme dans les deux dernières variétés. Ces plantes varient infiniment dans la quantité de poils dont leurs feuilles sont chargées; les fleurs sont disposées en épi court, ou en manière de tête aux extrémités des branches; elles sont d'un pourpre plus ou moins foncé, ou quelquefois tout-à-fait blanches; leur calice est ordinairement coloré d'un pourpre presque violet, ce qui donne un aspect fort agréable aux sommités fleuries de cette plante. La variété γ est particulièrement remarquable par son odeur de citron ou de mélisse des jardins. Quelquefois la piqûre d'un insecte produit de petites têtes blanches très-veloutées ou cotonneuses, situées au sommet des branches; mais on ne doit pas mettre au nombre des variétés de cette espèce, les plantes qui ont éprouvé cette sorte d'accident. On trouve cette plante sur le bord des chemins secs & sur les collines ♃; elle est tonique, céphalique, anti-histérique & diurétique.

432\. *Lèvre inférieure de la corolle à trois divisions, dont celle du milieu est échancrée; feuilles toujours plus ou moins dentées.*

Calament. *Calamintha.*

Les calamens ressemblent beaucoup aux mélisses par leur port, mais ils se rapprochent des thyms par leur calice dont l'entrée est fermée par des poils pendant la maturation des graines. Ils sont la plupart remarquables par le tube de leur corolle qui est plus long que le calice.

A N A L Y S E.

Presque tous les péduncules simples & uniflores.	La plupart des péduncules rameux & pluriflores.
I.	VI.

432. I. *Presque tous les péduncules simples & uniflores.*

Fleurs moins longues que les feuilles, & disposées par verticilles axillaires. II.	Verticilles formant des grappes terminales presque nues. V.

II. *Fleurs moins longues que les feuilles, & disposées par verticilles axillaires.*

Calice cylindrique; feuilles ovales & presque obtuses. III.	Calice renflé à sa base; feuilles oblongues & pointues. IV.

III. *Calice cylindrique; feuilles ovales & presque obtuses.*

Calament des Alpes. *Calamintha Alpina.*

Clinopodium montanum. Tournef. 196.
Thymus Alpinus. Linn. Sp. 826.

Ses tiges sont hautes de six à sept pouces, quelquefois moins, peu branchues & légèrement quadrangulaires. Elles sont garnies de feuilles dans toute leur longueur; ces feuilles sont opposées, un peu pétiolées, ovales, vertes, presque glabres & à peine dentées en leur bord; les inférieures sont un peu arrondies. Les fleurs sont plus grandes que celles de l'espèce suivante; elles sont d'une couleur violette ou bleuâtre, & portées sur des péduncules fort courts. Leur calice est un peu coloré. Cette plante croît sur les montagnes des provinces méridionales. ♃

IV. *Calice renflé à sa base; feuilles oblongues & pointues.*

Calament champêtre. *Calamintha arvensis.*

Clinopodium arvense ocymi facie. Tournef. 195.

Ses tiges sont longues de six à huit pouces, grêles,

432. branchues, un peu dures, légèrement velues, quelquefois droites, mais plus ordinairement un peu couchées sur la terre. Ses feuilles sont opposées, ovales-oblongues, pointues, rétrécies en pétiole à leur base, plus courtes que les entre-nœuds, velues en leur bord, quelques-unes très-entières, mais la plupart chargées d'une ou deux dents de chaque côté, dans leur partie supérieure. Les fleurs sont rougeâtres ou purpurines, tachées de blanc en leur lèvre inférieure & cinq ou six à chaque verticille. Leur calice est remarquable par les stries nombreuses & saillantes dont il est chargé, & par le renflement qu'il acquiert à sa base pendant la maturation des graines. On trouve cette plante dans les lieux secs & pierreux, dans les champs. ⊙

V. *Verticilles formant des grappes terminales presque nues.*

Calament de crête. *Calamintha cretica.*

Calamintha incana ocymi foliis. Tournef. 194.
Melissa cretica. Linn. Sp. 828.

Ses tiges sont droites, un peu rougeâtres, presque simples & s'élèvent à peine jusqu'à un pied, ou même beaucoup moins. Ses feuilles sont petites, opposées, pétiolées, ovales, un peu blanchâtres & légèrement dentées. Les fleurs sont fort petites, d'un blanc-rougeâtre, & leurs verticilles supérieurs presque non feuillés, forment des grappes terminales. On trouve quelquefois des pédoncules pluriflores, ce qui fait que cette plante n'est pas suffisamment distinguée de la suivante, & pourroit y être réunie, comme n'en étant qu'une variété. Elle croît dans les provinces méridionales.

VI. *La plupart des pédoncules rameux & pluriflores.*

Feuilles petites, légèrement dentées, & ayant toutes moins d'un pouce de largeur.	Feuilles fortement dentées, & ayant la plupart un pouce au moins de largeur.
VII.	VIII.

---

432. VIII. *Feuilles petites, légèrement dentées, & ayant toutes moins d'un pouce de largeur.*

Calament parviflore. *Calamintha parviflora.*

Calamintha pulegii odore S. nepeta. Tournef. 194.
Melissa nepeta. Linn. Sp. 828.
β. *Calamintha montana, præalta, pulegii odore, dentatis foliis, floribus dilutè cæruleis, ex longo, ramoso & brachiato pedunculo prodeuntibus.* Tournef. 194.

Ses tiges sont hautes d'un pied & demi, très-branchues, pubescentes, blanchâtres, grêles, foibles, mais jamais couchées ; ses feuilles sont beaucoup plus petites que celles de l'espèce suivante ; elles sont ovales, portées sur de très-courts pétioles, moins longues que les entre-nœuds, garnies en leur bord de quelques dents peu profondes, & chargées d'un duvet blanchâtre extrêmement court. Les fleurs, quoique fort petites, sont plus longues que les feuilles qui accompagnent leurs verticilles ; ce caractère n'a pas lieu pour les péduncules, qui, pour la plupart, sont plus courts que les feuilles : les corolles sont d'un blanc mêlé de pourpre ou de violet. La variété β s'élève jusqu'à trois pieds ; les dentelures de ses feuilles sont un peu plus marquées, mais elles sont écartées & peu nombreuses. Cette plante croît dans les lieux montagneux & pierreux ♃ ; elle a à-peu-près les mêmes vertus que la menthe-pouliot.

VIII. *Feuilles fortement dentées, & ayant la plupart un pouce au moins de largeur.*

Calament de montagne. *Calamintha montana.*

Calamintha vulgaris vel officinarum Germaniæ. Tournef. 194.
Melissa calamintha. Linn. Sp. 827.
β. *Calamintha magno flore.* Tournef. 194.
Melissa grandiflora. Linn. Sp. 827.

Ses tiges s'élèvent jusqu'à deux pieds ; elles sont droites, velues & obtusément quadrangulaires ; ses feuilles sont pétiolées, ovales, dentées en scie, terminées par une pointe émoussée, nerveuses en-dessous & légèrement velues. Les fleurs sont grandes, portées sur des péduncules très-rameux & disposées dans les aisselles supérieures en manière de grappe ou de

432. pannicule alongée & terminale; elles sont purpurines ou blanchâtres, & souvent un peu tachées de violet : le style & les deux étamines longues sont saillans hors de la corolle; les calices sont un peu violets en leur bord. La variété *β* a ses feuilles ovales-oblongues, & la corolle de ses fleurs a quelquefois près d'un pouce de longueur; mais quelques efforts qu'aient fait MM. Linné & Scopoli pour en faire une espèce à part, je me suis assuré par les individus intermédiaires que j'ai observés, qu'il n'étoit pas possible de trouver des proportions, soit dans les fleurs, soit dans leurs péduncules, soit même dans les feuilles, qui pussent établir une différence constante & marquée entre ces deux plantes. Elles croissent dans lieux moutagneux. ♃

---

433. *Entrée du calice non fermée par des poils pendant la maturation des graines.*
- Lobe moyen de la lèvre inférieure de la corolle, crénelé. 434
- Lobe moyen de la lèvre inférieure de la corolle, entier ou simplement échancré. 437

---

434. *Lobe moyen de la lèvre inférieure de la corolle, crénelé.* . . . .
- Etamines droites & distantes; feuilles linéaires non dentées. 435
- Etamines rapprochées; feuilles dentées ou crénelées. 436

---

435. *Etamines droites & distantes; feuilles linéaires non dentées.*

Hysope officinal. *Hyssopus officinalis.* Linn. Sp. 796.

Hyssopus officinarum cærulea, seu spicata. Tournef. 200.

Sa racine pousse plusieurs tiges droites, assez simples, hautes d'un pied environ, & garnies de feuilles dans toute leur longueur; ces feuilles sont étroites, pointues, linéaires & souvent chargées de petits points noirâtres. Les fleurs sont ordinairement bleues ou quelquefois de couleur blanche; elles sont situées dans les aisselles supérieures des feuilles, tournées la plupart d'un même côté & disposées en manière

435. d'épi terminal. Cette plante croît en Provence, où elle est indiquée par Garidel. M. Rivière l'a observée dans les environs de Mantes, où il l'a trouvée très-abondamment ♃; on la cultive dans les jardins : son odeur est aromatique & assez agréable. Toute la plante est cordiale, céphalique, incisive & expectorante.

---

436. *Etamines rapprochées; feuilles dentées ou crénelées.*

Chataire. *Nepeta.*

La corolle des fleurs de chataire est remarquable par son tube un peu courbé & par la lèvre inférieure de son limbe, dont le segment moyen est large, concave & crénelé. Le calice est cylindrique & un peu labié.

ANALYSE.

Feuilles cordiformes.	Feuilles étroites & lancéolées.
I.	II.

I. *Feuilles cordiformes.*

Chataire commune. *Nepeta vulgaris.*

Cataria vulgaris major. Tournef. 202.
Nepeta cataria. Linn. Sp. 796.

Sa tige est haute de deux ou trois pieds, carrée, branchue, pubescente & un peu blanchâtre supérieurement; ses feuilles sont opposées, pétiolées, cordiformes, dentées en scie, vertes en-dessus & blanchâtres en-dessous : les fleurs sont verticillées & disposées en épi au sommet de la tige & des rameaux; elles sont ordinairement de couleur purpurine, ou quelquefois blanche. On trouve cette plante sur le bord des chemins dans les lieux humides ♃. Elle est emménagogue, anti-histérique & carminative.

436. II. *Feuilles étroites & lancéolées.*

Chataire élancée. *Nepeta lanceolata.*

Cataria angustifolia major. Tournef. 202.

Sa tige est haute de deux pieds, droite, carrée & branchue; ses feuilles sont pétiolées, assez longues, un peu étroites, non échancrées en cœur à leur base, dentées en scie, & moins blanchâtres que celles de l'espèce précédente: ses fleurs sont purpurines, presque bleuâtres, & un peu tachées en la lèvre inférieure de leur corolle; leurs verticilles sont disposés en épis assez longs, mais les verticilles inférieurs sont un peu écartés des autres. On trouve cette plante dans les lieux montagneux des provinces méridionales. ♃

---

437. *Lobe moyen de la lèvre inférieure de la corolle, entier ou simplement échancré.*
- Verticilles incomplets; péduncules souvent tournés d'un même côté. 438
- Verticilles complets; péduncules jamais tournés d'un même côté. 441

---

438. *Verticilles incomplets; péduncules souvent tournés d'un même côté.* . . . .
- Péduncules rameux; tiges un peu couchées 439
- Péduncules simples & uniflores; tiges droites. 440

---

439. *Péduncules rameux; tiges un peu couchées.*

Glécome lierré. *Glechoma hederacea.* Linn. Sp. 807. (Lierre terrestre).

Calamintha humilior rotundiore folio. Tournef. 194.

Ses tiges sont longues d'un pied, grêles, carrées, un peu velues, souvent simples, couchées sur la terre, mais un peu redressées dans leur partie supérieure lorsqu'elles fleurissent; ses feuilles sont opposées, pétiolées, réniformes, un peu en cœur & crénelées en leur bord: les fleurs sont axillaires & de couleur violette ou purpurine; elles ont le tube de leur

439 corolle étroit & plus long que le calice. Cette plante eſt commune le long des haies & dans les lieux couverts ♃ ; elle eſt aſtringente, vulnéraire & déterſive. On l'emploie avec ſuccès dans les maladies qui dépendent de quelque ulcère interne, & particulièrement de ceux du poumon.

---

404. *Péduncules ſimples & uniflores ; tiges droites.*

Méliſſe. *Meliſſa.*

Les fleurs de méliſſe ſont axillaires, ſolitaires ſur chaque péduncule, & diſpoſées par verticilles incomplets ; le tube de leur corolle eſt plus long que le calice. Cette première enveloppe ſe diviſe en deux lèvres, dont la ſupérieure eſt courte, arrondie & un peu échancrée. Le lobe moyen de la lèvre inférieure eſt fort large & un peu en cœur. Le calice n'eſt pas fermé par des poils pendant la maturation des graines.

A N A L Y S E.

Tiges très-branchues ; feuilles un peu cordiformes.	Tiges ſimples ; feuilles ovales & point cordiformes.
I.	II.

I. *Tiges très-branchues ; feuilles un peu cordiformes.*

Méliſſe officinale. *Meliſſa officinalis.* Linn. Sp. 827.

Meliſſa hortenſis. Tournef. 193.

Ses tiges ſont hautes de deux pieds, carrées, dures, très-branchues & preſque glabres ; ſes feuilles ſont oppoſées, pétiolées, ovales, un peu en cœur, ſur-tout celles du bas de la plante, dentées en leur bord, d'un vert-luiſant, & couvertes de poils courts : les fleurs ſont petites, de couleur blanche ou incarnate ; aſſez nombreuſes, & ordinairement tournées toutes du même côté. On trouve cette plante dans les environs de Paris ſur le bord des haies, mais elle eſt plus commune dans les provinces méridionales ♃ ; on la cultive dans les jardins ; ſon odeur eſt fort agréable & a quelque rapport avec celle du citron. Toute la plante eſt cordiale, ſtomachique, céphalique, anti-aſthmatique & emménagogue.

II

440. II. *Tiges simples ; feuilles ovales & point cordiformes.*

Mélisse sauvage. *Melissa sylvestris.*

Melissa humilis latifolia, flore maximo purpurascente. Tournef. 193.

Melitis melissophyllum. Linn. Sp. 832.

Quoique cette espèce soit très-distinguée de la précédente, je ne connois aucune raison suffisante pour la séparer de ce genre & l'isoler sous un nom générique particulier ; ses tiges s'élèvent jusqu'à un pied & demi ; elles sont velues, carrées, très-garnies de feuilles dans toute leur longueur & presque toujours simples : ses feuilles sont ovales, portées sur de courts pétioles, velues, crénelées ou dentées en leur bord & plus longues que les entre-nœuds. Les fleurs sont axillaires, pédunculées, fort grandes, quelquefois tout-à-fait rougeâtres, mais plus ordinairement de couleur blanche avec une tache incarnate ou purpurine en leur lèvre inférieure. On trouve cette plante dans les lieux couverts ♃ ; elle est vulnéraire. On la dit un bon remède contre la suppression d'urine & dans les maladies chroniques de la poitrine.

---

441. *Verticilles complets, péduncules jamais tournés d'un même côté.*
- Deux folioles cétacées & nombreuses sous les verticilles des fleurs ; stigmate simple. . . . 442
- Point de folioles cétacées sous les verticilles des fleurs ; stigmate à deux divisions. 443

---

442. *Des folioles cétacées & nombreuses sous les verticilles des fleurs ; stigmate simple.*

Clinopode commun. *Clinopodium vulgare.* Linn. Sp. 821.

Clinopodium origano simile, elatius, majore folio. Tournef. 195.

β. *Clinopodium origano simile, humilius, alterum, minore folio.* Ibid.

Cette plante s'élève jusqu'à deux pieds ; sa tige est droite, carrée, velue & ordinairement simple ; ses feuilles sont

442. oppofées, pétiolées, ovales, légèrement dentées; velues & plus courtes que les entre-nœuds. Ses fleurs font de couleur rouge, quelquefois blanche, & forment une ou deux verticilles affez denfes au fommet de la tige ou dans les aiffelles fupérieures des feuilles. On trouve cette plante fur le bord des bois ♃; elle eft céphalique & tonique. La variété β croît en Provence.

---

443. *Point de folioles cétacées fous les verticilles des fleurs.* . . . . { Etamines renfermées dans le tube de la corolle. 444
Etamines faillantes hors du tube de la corolle. . . . . 445 }

---

444. *Etamines renfermées dans le tube de la corolle.*

Lavande. *Lavandula.*

Les fleurs de lavande font difpofées en épi garni de bractées fouvent fort courtes; le tube de leur corolle eft alongé, & fon limbe forme deux lèvres, l'une fupérieure relevée & partagée en deux, & l'autre inférieure à trois divifions fimples. Le calice eft peu divifé en fes bords.

A N A L Y S E.

Epi furmonté par un toupet de feuilles. I.	Epi nu, & fans toupet de feuilles. II.

I. *Epi furmonté par un toupet de feuilles.*

Lavande ftécade. *Lavandula ftœchas.* Linn. Sp. 800.

Stæchas purpurea. Tournef. 201.

β. *Stæchas cauliculis non foliatis.* Ibid.

Ses tiges font un peu ligneufes, droites, légèrement branchues, carrées vers leur fommet, & ne s'élèvent pas beaucoup au-delà d'un pied; fes feuilles font oppofées, feffiles, étroites, linéaires, très-entières & blanchatres: les tiges font feuillées dans toute leur longueur dans la première variété, & celles de la feconde font nues dans leur moitié fupérieure.

444. Les fleurs sont petites & d'un pourpre-foncé. Cette plante croît dans les provinces méridionales ♄ ; elle est cordiale, céphalique, incisive & emménagogue.

II. *Epi nu, & sans toupet de feuilles.*

Lavande commune. *Lavandula vulgaris.*

Lavandula angustifolia. Tournef. 198.
β. *Lavandula latifolia.* Ibid.
Lavandula spica. Linn. Sp. 800.

Sa tige est une souche ligneuse qui se divise en rameaux nombreux, droits, grêles, feuillés dans leur partie inférieure, nus & carrés supérieurement, & qui s'élèvent presque jusqu'à deux pieds; les feuilles sont étroites, lancéolées, linéaires, très-entières & blanchâtres; celles de la variété β sont un peu larges. Les fleurs sont purpurines, bleuâtres & disposées en épi grêle, alongé & terminal. Cette plante croît dans les lieux secs des provinces méridionales ♄ ; on la cultive dans les jardins : elle est cordiale, céphalique, emménagogue, nervine & anti-hystérique. On la dit un bon remède dans les pertes de voix.

445. *Etamines saillantes hors du tube de la corolle.* . . .
- Feuilles échancrées en cœur à leur base. 446
- Feuilles non échancrées en cœur à leur base. 447

446. *Feuilles échancrées en cœur à leur base.*

Bétoine. *Betonica.*

Les fleurs de bétoine sont remarquables par leur calice, dont les divisions sont très-aiguës. La lèvre supérieure de la corolle est droite & un peu plane.

A N A L Y S E.

Fleurs purpurines ou blanches; lèvre supérieure de la corolle entière. I.	Fleurs jaunes; lèvre supérieure de la corolle bifide. II.

446. I. *Fleurs purpurines ou blanches ; lèvre supérieure de la corolle entière.*

Bétoine officinale. *Betonica officinalis.* Linn. Sp. 810.

Betonica purpurea. Tournef. 203.

β. *Betonica rubicundissimo flore montis aurei.* Tournef. Ibid.

Sa tige s'élève jusqu'à un pied & demi ; elle est droite, simple, carrée & légèrement velue ; ses feuilles sont opposées, pétiolées, ovales-oblongues, en cœur à leur base, ridées & un peu velues : les inférieures sont remarquables par des crénelures arrondies, & les supérieures sont presque sessiles & dentées ; les entre-nœuds sont fort grands ; les fleurs forment au sommet de la tige un épi qui est quelquefois interrompu, mais qui est composé de verticilles serrés & bien garnis ; elles sont rarement de couleur blanche La variété β est moins élevée, ordinairement plus chargée de poils, & ses feuilles radicales sont plus grandes & plus épaisses ; elle est particulièrement remarquable par ses fleurs assez grandes, d'un rouge-vif, & disposées en un épi dense, un peu feuillé ou garni de bractées à sa base. On la trouve dans les montagnes : la première est commune dans les bois par toute la France ♃ ; elle est céphalique, tonique, sternutatoire, vulnéraire & détersive.

II. *Fleurs jaunes ; lèvre supérieure de la corolle bifide.*

Bétoine jaune. *Betonica lutea.*

Betonica alpina latifolia major, villosa flore luteo. Tournef. 203.

β. *Betonica alopecuros.* Linn. Sp. 811.

Sa tige est épaisse, obtusément carrée, simple, très-velue & à peine haute d'un pied ; ses feuilles inférieures sont larges, presque arrondies en cœur à leur base, bordées de grandes crénelures épaisses, velues, d'un vert-pâle ou jaunâtre & portées sur de longs pétioles ; les feuilles du sommet sont presque sessiles & un peu plus en pointe : les fleurs sont d'un jaune-pâle, disposées en un épi ovale, dense & feuillé à sa base. On trouve cette plante sur les montagnes de la Provence. ♃

447. *Fleurs non échancrées en cœur à leur base.* . . .
- Fleurs non verticillées; elles sont axillaires ou ramassées en tête embriquée de bractées. 453
- Fleurs disposées par verticilles denses, non embriqués de bractées. 454

448. *Limbe de la corolle ne formant pas deux lèvres bien distinctes* . . . .
- Corolle à une seule lèvre, l'autre étant nulle ou fort courte. . . 449
- Corolle moins irrégulière & ne formant point de lèvres bien marquées. 452

449. *Corolle à une seule lèvre, l'autre étant nulle ou fort courte.* . . . .
- Calice presque aussi grand que le tube de la corolle, & souvent renflé à sa base; lèvre supérieure de la corolle nulle. 450
- Calice beaucoup plus court que le tube de la corolle & point renflé à sa base; lèvre supérieure de la corolle fort courte. 451

450. *Calice presque aussi grand que le tube de la corolle, & souvent renflé à sa base; lèvre supérieure de la corolle nulle.*

Germandrée. *Teucrium.*

Les fleurs de germandrée sont remarquables par leur corolle qui n'a qu'une seule lèvre, laquelle est inférieure; les étamines très-saillantes, & un peu redressées dès leur sortie du tube de cette enveloppe, occupent la place de la lèvre supérieure qui manque.

450. *ANALYSE.*

Fleurs ramaſſées en tête ordinairement terminale. I.	Fleurs axillaires, ou verticillées, ou en épi. V I.

I. *Fleurs ramaſſées en tête ordinairement terminale.*

Feuilles très-entières. II.	Feuilles dentées ou crénelées. III.

II. *Feuilles très-entières.*

Germandrée de montagne. *Teucrium montanum.* Linn. Sp. 791.

Polium lavandulæ folio. Tournef. 206.

β. *Polium montanum repens.* Ibid.

Teucrium ſupinum. Linn. Sp. 791.

Ses tiges ſont longues de cinq à ſix pouces, ligneuſes, rameuſes, grêles, blanchâtres vers leur ſommet & tout à-fait couchées ſur la terre; ſes feuilles ſont oppoſées, lancéolées, vertes en-deſſus, blanchâtres en-deſſous & contractées en leur bord, comme celles du romarin; elles reſſemblent beaucoup à celles de l'hélianthème commun. Les fleurs ſont blanches & diſpoſées aux extrémités des tiges en tête applatie & corymbiforme. Cette plante croît ſur les collines sèches & pierreuſes; elle a été obſervée par M. l'Abbé l'Homond, dans le creux du Val, forêt de Saint-Germain : dans les lieux extrêmement arides, elle eſt fort petite; & alors ſes feuilles, très-étroites, paroiſſent preſque cylindriques à cauſe de la contraction de leur bord, ce qui forme la variété β; mais on ne doit pas la diſtinguer comme une eſpèce différente.

450. III. *Feuilles dentées ou crénelées.*

Feuilles arrondies, & dont la longueur n'excède presque point la largeur.	Feuilles étroites, & dont la longueur surpasse plus d'une fois la largeur.
IV.	V.

IV. *Feuilles arrondies, & dont la longueur n'excède presque point la largeur.*

Germandrée des Pyrénées. *Teucrium pyrenaicum.* Linn. Sp. 791.

Polium Pyrenaicum supinum, hederæ terrestris folio. Tournef. 206.

Ses tiges sont longues de quatre à cinq pouces, velues & tout-à-fait couchées sur la terre; ses feuilles sont opposées, presque pétiolées, larges, courtes, arrondies, un peu cunéiformes à leur base, crénelées en leur contour, & velues des deux côtés, mais plus fortement dans leur surface postérieure. Les fleurs sont terminales, ramassées en tête applatie & orbiculaire; les deux lobes latéraux de la lèvre inférieure de leur corolle sont violets, & le lobe du milieu est d'un blanc-jaunâtre. Cette plante croît dans les montagnes des Pyrénées. ♃

V. *Feuilles étroites, & dont la longueur surpasse plus d'une fois la largeur.*

Germandrée cotonneuse. *Teucrium tomentosum.*

Polium candidum tenellum tomentosum, flore purpureo. Tournef. 206.

β. *Polium montanum supinum alterum.* Ibid.

γ. *Polium maritimum supinum venetum.* Ibid.

δ. *Polium montanum album.* Ibid.

ε. *Polium montanum luteum.* Ibid.

ζ. *Polium maritimum erectum Monspeliacum.* Ibid.

Cette espèce fournit des variétés nombreuses, que l'on ne peut absolument séparer, & qui sont dues à des circonstances locales; & si de telle variété à telle autre, on observe une

450. différence un peu conſidérable, les individus intermédiaires, que l'on rencontre abondamment, rempliſſent le vide, & s'oppoſent à toute eſpèce de limite, que l'on eſſayeroit de poſer entre elles.

Ses tiges en général ſont ligneuſes, rameuſes, cylindriques, blanchâtres, cotonneuſes vers leur ſommet & ordinairement un peu couchées à leur baſe; ſes feuilles ſont oppoſées, ſeſſiles, oblongues, un peu obtuſes, crénelées en leur bord, blanchâtres & cotonneuſes particulièrement en-deſſous. Dans les variétés à feuilles étroites, les bords de ces feuilles ſont contractés ou repliés en-deſſous, & alors leurs crénelures ſont peu ſenſibles. Les fleurs ſont petites, de couleur purpurine ou blanche, ou un peu jaunâtre; elles ſont diſpoſées en tête ovale ou oblongue, aux extrémités des rameaux. Cette plante croît ſur les montagnes & dans les lieux maritimes des provinces méridionales. ♄

VI. *Fleurs axillaires, ou verticillées, ou en épi.*

Feuilles trifides ou multifides, ou linéaires.	Feuilles très-ſimples, non linéaires, mais ovales ou elliptiques.
VII.	XIV.

VII. *Feuilles trifides, ou multifides, ou linéaires.*

Feuilles trifides ou linéaires.	Feuilles multifides.
VIII.	XIII.

VIII. *Feuilles trifides ou linéaires.*

Fleurs ſeſſiles, axillaires & point terminales.	Fleurs pédunculées & en grappes terminales.
IX.	XII.

450. IX. *Fleurs sessiles, axillaires & point terminales.*

Fleurs jaunes; découpures des feuilles très-profondes. X.	Fleurs rouges; découpures des feuilles peu profondes. XI.

X. *Fleurs jaunes; découpures des feuilles très-profondes.*

Germandrée ivette. *Teucrium chamæpitys.* Linn. Sp. 787.

Chamæpitys lutea vulgaris, folio trifido. Tournef. 208.

Ses tiges sont hautes de quatre ou cinq pouces; branchues à leur base, velues, rougeâtres, & garnies de feuilles dans toute leur longueur; les feuilles inférieures sont longues, pétiolées, spatulées entières ou chargées de quelques dents peu profondes; toutes les autres sont divisées jusqu'à leur moitié en trois lanières linéaires & fort étroites: les fleurs sont petites, solitaires dans chaque aisselle, & ont un calice court, un peu renflé à sa base. On trouve cette plante dans les lieux arides & sablonneux ⊙; elle a une odeur de résine; elle passe pour apéritive, nervine, céphalique, très-emménagogue, anti-rhumatismale & anti-arthritique.

XI. *Fleurs rouges; découpures des feuilles peu profondes.*

Germandrée musquée. *Teucrium moschatum.*

Chamæpitys moschata folio serrato. Tournef. 208.
Teucrium iva. Linn. Sp. 787.

Ses tiges sont longues de trois ou quatre pouces, velues, diffuses, & la plupart couchées sur la terre; ses feuilles sont nombreuses, velues, alongées, étroites & terminées par deux ou trois dents: celles du sommet sont un peu trifides; les fleurs sont assez semblables à celles de l'espèce précédente, par leur forme & leur situation, mais elles sont de couleur pourpre ou rougeâtre. On trouve cette plante dans les provinces méridionales ⊙. Elle a les mêmes vertus que celle qui précède.

450. XII. *Fleurs pédunculées & en grappe terminale.*

Germandrée fauſſe-ivette. *Teucrium pſeudo-chamæpitys.* Linn. Sp. 787.

Teucrium ſupinum perenne, foliis laciniatis. Tournef. 208.
β. Chamæpityos ſpuriæ alterius altera icon. Dod. pempt. 47.

Ses tiges ſont longues de trois ou quatre pouces, velues, & branchues à leur baſe ; ſes feuilles ſont velues, toutes profondément trifides, & leurs découpures ſont linéaires, & remarquables par un ſillon longitudinal, comme dans celles de l'aconit napelle ; les fleurs ſont oppoſées, pédunculées, de couleur blanche & diſpoſées en grappe terminale. La variété *β* que j'ai dans mon herbier, eſt parfaitement figurée dans Dodonée & dans Dalechamp. Sa tige eſt haute de cinq à ſix pouces, un peu velue & branchue à ſa baſe ; ſes feuilles ſont preſque glabres, vertes en-deſſus, blanchâtres en-deſſous, découpées comme la première, & ſillonnées de la même manière : ſes fleurs ſont grandes, de couleur blanche avec des lignes rouges, & éxcèdent la longueur des braƈtées ; les étamines font une ſaillie conſidérable, la lèvre inférieure de la corolle eſt velue en-deſſous, & les diviſions du calice ſont aiguës & preſque épineuſes. Cette eſpèce croît dans les lieux ſtériles & maritimes des provinces méridionales. ♃

XIII. *Feuilles multifides.*

Germandrée botride. *Teucrium botrys.* Linn. Sp. 786.

Chamædrys folio laciniato. Tournef. 205.

Ses tiges ſont hautes de ſix à ſept pouces, très-branchues, & légèrement chargées de poils ; ſes feuilles ſont oppoſées, pétiolées, ailées & à pinnules peu nombreuſes, découpées ou trifides : les fleurs ſont purpurines, portées ſur de courts péduncules, & diſpoſées trois ou quatre enſemble dans chaque aiſſelle. On trouve cette plante dans les lieux arides & pierreux ; elle eſt commune ſur le bord de la garenne de Saint-Remi, route d'Amiens. ☉

---

450. XIV. *Feuilles très-simples, non linéaires, mais ovales ou elliptiques.*

La plupart des feuilles dentées ou crénelées. XV.	Toutes les feuilles très-entières. XXVI.

XV. *La plupart des feuilles dentées ou crénelées.*

Feuilles sessiles. XVI.	Feuilles pétiolées. XVII.

XVI. *Feuilles sessiles.*

Germandrée aquatique. *Teucrium palustre.*

Chamædrys palustris canescens S. Scordium officinarum. Tournef. 205.

Teucrium scordium. Linn. Sp. 790.

Ses tiges sont hautes d'un pied plus ou moins, un peu branchues, velues, foibles & souvent couchées sur la terre; ses feuilles sont molles, ovales-oblongues, dentées, obtuses & pubescentes. Ses fleurs sont axillaires, en petit nombre à chaque nœud, portées sur de courts péduncules, & de couleur rougeâtre ou bleuâtre. Cette plante a une odeur forte qui approche de celle de l'ail, mais qui est plus agréable. On la trouve dans les lieux aquatiques. ℞ Elle est alexitère, diaphorétique, emménagogue & mondificative.

XVII. *Feuilles pétiolées.*

Feuilles ayant une échancrure cordiforme à leur base; bractées plus courtes que les calices. XVIII.	Feuilles sans échancrure cordiforme à leur base; bractées plus longues que les calices. XIX.

450. XVIII. *Feuilles ayant une échancrure cordiforme à leur baſe ; braĉtées plus courtes que les calices.*

Germandrée ſauvage. *Teucrium ſylveſtre.*

Chamædrys fruticoſa ſylveſtris, meliſſæ folio. Tournef. 205.
Teucrium ſcorodonia. Linn. Sp. 789.

Sa tige eſt droite, ferme, dure, velue, ſouvent ſimple; quelquefois rougeâtre, & s'élève juſqu'à deux pieds; ſes feuilles ſont aſſez grandes, oppoſées, pétiolées, en cœur, oblongues, crénelées en leur bord, un peu ridées & légèrement velues. Les fleurs ſont d'un blanc-jaunâtre, & diſpoſées en épi nu & terminal. Elles ſont ſouvent tournées d'un ſeul côté, & leurs étamines ſont purpurines. On trouve cette plante dans les bois, & dans les lieux montagneux & incultes. ♃ Ses feuilles ſont vulnéraires. On les dit ſudorifiques, diurétiques, & bonnes dans l'hydropiſie.

XIX. *Feuilles ſans échancrure cordiforme à leur baſe; braĉtées plus longues que les calices.*

Fleurs jaunâtres. XX.	Fleurs rougeâtres. XXI.

XX. *Fleurs jaunâtres.*

Germandrée jaune. *Teucrium flavum.* Linn. Sp. 791.

Chamædrys frutеſcens, teucrium vulgò. Tournef. 205.

Ses tiges ſont hautes, d'un pied, ligneuſes, grêles, branchues & pubeſcentes dans leur partie ſupérieure; ſes feuilles ſont oppoſées, pétiolées, ovales, arrondies, crénelées en leur bord, un peu épaiſſes, vertes en-deſſus & blanchâtres en-deſſous. Les fleurs ſont un peu pédunculées, d'un blanc-jaunâtre, & diſpoſées deux ou trois enſemble de chaque côté dans les aiſſelles ſupérieures des feuilles, formant preſque un épi; les braĉtées ſont ovales & entières. On trouve cette plante dans les provinces méridionales. ♄

---

450. XXI. *Fleurs rougeâtres.*

Feuilles un peu ridées en-dessus, & blanchâtres des deux côtés. XXII.	Feuilles non ridées, mais lisses & vertes en-dessus. XXIII.

XXII. *Feuilles un peu ridées en-dessus, & blanchâtres des deux côtés.*

Germandrée odorante. *Teucrium odoratum.*

Chamædrys fruticosa insularum stachadum, melissæ folio minori, pomum redolens. Tournef. 205.

Teucrium massiliense. Linn. Sp. 789.

Ses tiges s'élèvent jusqu'à un pied & demi ; elles sont ligneuses inférieurement, blanchâtres, grêles, foibles, souvent ayant besoin d'appui pour se soutenir, & légèrement branchues; ses feuilles sont opposées, pétiolées, ovales-oblongues, dentées en leur bord, pubescentes, blanchâtres, & ressemblent un peu à celles de la chataire, mais elles sont beaucoup plus petites. Ses fleurs forment des espèces de grappes terminales; elles sont rougeâtres, fort petites, portées sur de courts péduncules, & ont leurs étamines moins longues que la corolle. Cette plante a une odeur suave ; on la trouve dans les îles d'Hières. ♄

XXIII. *Feuilles non ridées, mais lisses & vertes en-dessus.*

Feuilles supérieures très-entières ; plante presque tout-à-fait glabre. XXIV.	Feuilles presque toutes dentées ou crénelées ; plante un peu velue. XXV.

XXIV. *Feuilles supérieures très-entières ; plante presque tout-à-fait glabre.*

Germandrée luisante. *Teucrium lucidum.* Linn. Sp. 790.

Chamædrys alpina frutescens, folio splendente. Tournef. 205.

Ses tiges sont nombreuses, assez simples, droites, glabres,

rougeâtres & hautes d'un pied, ou même un peu plus; ses feuilles sont ovales, pétiolées, dentées, d'un vert-noirâtre, mais luisantes en-dessus, & d'une couleur pâle en-dessous: les fleurs sont purpurines, portées sur de courts péduncules, & disposées trois ou quatre dans chaque aisselle; leurs calices sont glabres & d'une couleur brune. Cette plante croît sur les montagnes de la Provence. ♄

XXV. *Feuilles presque toutes dentées ou crénelées; plante un peu velue.*

Germandrée officinale. *Teucrium officinale.*

Chamædrys major repens. Tournef. 204.
Chamædrys minor repens. Ibid. 205.
Teucrium chamædrys. Linn. Sp. 790.

Ses tiges sont hautes de six à huit pouces, nombreuses, un peu couchées, ligneuses à leur base, grêles, velues & presque cylindriques; ses feuilles sont ovales, pétiolées, fortement crénelées, un peu dures, lisses & d'un vert-gai en-dessus, légèrement velues vers leur pétiole, & d'un vert-pâle en-dessous: ses fleurs sont ordinairement purpurines, quelquefois blanches & disposées deux ou trois de chaque côté dans les aisselles supérieures des feuilles; elles sont soutenues chacune par un péduncule plus court que leur calice. L'espèce précédente ne me paroît pas suffisamment distinguée de celle-ci, & ne devroit peut-être pas en être séparée. On trouve cette plante dans les bois montagneux & sur les côteaux secs & arides ♄; elle est tonique, stomachique, fébrifuge, incisive & emménagogue.

XXVI. *Toutes les feuilles très-entières.*

Germandrée maritime. *Teucrium maritimum.*

Chamædrys maritima incana, frutescens, foliis lanceolatis. Tournef. 205.
Teucrium marum. Linn. Sp. 788.

Ses tiges sont hautes d'un pied, nombreuses, branchues, très-grêles, presque cylindriques & fort blanches; ses feuilles sont petites, pétiolées, ovales, pointues, d'un vert-blanchâtre en-dessus, cotonneuses & très-blanches en-dessous: les fleurs sont axillaires, purpurines, portées sur de courts péduncules

450. & tournées ordinairement du même côté; elles sont solitaires dans chaque aisselle, & forment des espèces de grappes alongées & fort grêles; leur calice est très-cotonneux. On trouve cette plante dans les lieux maritimes de la Provence, & particulièrement dans les îles d'Hières ♄; elle est tonique & céphalique; son odeur attire singulièrement les chats.

---

451. *Calice beaucoup plus court que le tube de la corolle & point renflé à sa base; lèvre supérieure de la corolle fort courte.*

Bugle. *Bugula.*

Les fleurs de bugle ressemblent beaucoup à celles de la germandrée, mais leur calice est fort court, & le lobe moyen de la lèvre inférieure de la corolle est toujours échancré en cœur. On ne trouve à la place de la lèvre supérieure de cette enveloppe, que deux dents courtes qui en tiennent lieu.

A N A L Y S E.

Feuilles presque glabres; des rejets rampans à la base de la tige.	Feuilles velues; aucuns rejets rampans à la base de la tige.
I.	II.

I. *Feuilles presque glabres; des rejets rampans à la base de la tige.*

Bugle rampante. *Bugula reptans.*

Bugula. Tournef. 208.
Ajuga reptans. Linn. Sp. 785.

Sa tige est haute de cinq à six pouces, simple, carrée & ordinairement glabre; ses feuilles sont opposées, ovales-oblongues, spatulées, bordées de quelques dents anguleuses, & rétrécies en pétiole à leur base; elles sont rarement velues: les fleurs sont bleues ou rougeâtres, ou quelquefois blanches; elles sont presque sessiles, & leurs verticilles sont disposés en épi terminal, garni de bractées dont les supérieures sont

451. souvent colorées en bleu. On trouve cette plante dans les pâturages humides & dans les bois ♃; elle est très-vulnéraire & un peu astringente.

II. *Feuilles velues; aucun rejet rampant à la base de la tige.*

Bugle pyramidale. *Bugula pyramidalis.*

Bugula sylvestris villosa, flore cæruleo. Tournef. 209.

β. *Bugula sylvestris villosa, flore suave rubente.* Ibid.

Ajuga genevensis. Linn. Sp. 785.

Sa tige est haute de quatre à cinq pouces, droite, simple & couverte de poils blancs, presque cotonneux; ses feuilles sont oblongues, obtuses, un peu élargies en spatule dans leur partie supérieure, & chargées de poils semblables à ceux de la tige, mais moins abondans & plus courts; les feuilles inférieures paroissent simplement dentées en leur bord; mais les supérieures sont sensiblement anguleuses, plus courtes, plus élargies & un peu trilobées. Les fleurs sont bleues ou rougeâtres & disposées comme celles de l'espèce précédente; elles sont remarquables par leur calice velu & par leur style coloré, courbé en crochet & toujours plus long que les étamines. La variété β a les feuilles plus anguleuses, & les supérieures sur-tout sont plus fortement trilobées; mais on ne doit pas la regarder comme une espèce différente. On trouve cette plante dans les bois & les lieux sablonneux. ♂

---

452. *Corolle moins irrégulière & ne formant aucune lèvre bien marquée.* . . . . .
- Fleurs non verticillées; elles sont axillaires ou ramassées en une tête embriquée de bractées 453
- Fleurs disposées par verticilles denses, non embriqués de bractées. 454

---

453 *Fleurs non verticillées.*

Sarriète. *Satureia.*

Les ſarriètes ne diffèrent des menthes que par la diſpoſition de leurs fleurs ; elles ſe rapprochent de l'hyſope par leur port, mais leur corolle eſt moins irrégulière & moins ſenſiblement labiée.

ANALYSE.

Fleurs ramaſſées en tête terminale. I.	Fleurs axillaires, & point diſpoſées en tête. II.

I. *Fleurs ramaſſées en tête terminale.*

Sarriète capitée. *Satureia capitata.* Linn. Sp. 795.

Thymus capitatus qui Dioſcoridis. Tournef. 196.

Sa tige eſt un peu ligneuſe, & s'élève preſque juſqu'à un pied ; elle ſe diviſe en beaucoup de rameaux grêles & blanchâtres ; ſes feuilles ſont petites, étroites, pointues, dures, blanchâtres, ponctuées, ciliées, oppoſées & diſpoſées comme par paquets. Ses fleurs ſont purpurines & ramaſſées en tête au ſommet des rameaux. Cette plante a une odeur ſuave ; on la trouve en Provence. ♄ Elle eſt inciſive, cordiale, céphalique, ſtomachique, carminative, diaphorétique, alexitère & réſolutive.

II. *Fleurs axillaires & point diſpoſées en tête.*

Feuilles ponctuées en-deſſous, plus longues que les entre-nœuds, & terminées par une pointe ſpinuliforme. III.	Feuilles liſſes, & la plupart moins longues que les entre-nœuds. IV.

453. III. *Feuilles ponctuées en-dessous, plus longues que les entre-nœuds; & terminées par une pointe spinuliforme.*

Sarriète de montagne. *Satureia montana.* Linn. Sp. 794.

Calamintha frutescens satureiæ folio, facie & odore. Tournef. 194.

Ses tiges sont dures, ligneuses, branchues, & s'élèvent jusqu'à un pied; ses feuilles sont opposées, sessiles, étroites, très-aiguës, ponctuées & comme chagrinées. Les fleurs sont blanches, plus fortement labiées que celles des autres espèces & disposées dans les aisselles des feuilles deux ou trois ensemble sur le même péduncule. On trouve cette plante dans les lieux montagneux & stériles des provinces méridionales. ♄

IV. *Feuilles lisses, & la plupart moins longues que les entre-nœuds.*

Sarriète des jardins. *Satureia hortensis.* Linn. Sp. 795.

Satureia sativa. Tournef. 197.

Sa tige est haute de huit à dix pouces, un peu rougeâtre & très-branchue; ses feuilles sont lancéolées, linéaires & moins sensiblement ponctées que celles de l'espèce précédente. Les fleurs sont petites, rougeâtres, axillaires & disposées deux ensemble sur chaque péduncule. On trouve cette plante dans les lieux arides des provinces méridionales ⊙; on la cultive dans les jardins: elle est stomachique, atténuante, diurétique, emménagogue & un peu stimulante.

454. *Fleurs disposées par verticilles denses, non embriqués de bractées.*

Menthe. *Mentha.*

Presque toutes les menthes sont remarquables par leur odeur aromatique, qui, dans plusieurs espèces, est assez suave. Leurs fleurs sont petites, nombreuses & toujours disposées par verticilles. Leur corolle est quadrifide, & sa découpure supérieure est un peu échancrée. Les étamines sont droites & distantes.

454. ANALYSE.

Verticilles disposés en tête ou en épi ; ils n'occupent pas un quart de la longueur de la plante. I.	Verticilles axillaires ; ils occupent plus d'un quart de la longueur de la plante. IX.

I. *Verticilles disposés en tête ou en épi.*

Feuilles pétiolées. II.	Feuilles sessiles. IV.

II. *Feuilles pétiolées.*

Feuilles ovales, & dont la longueur ne surpasse pas deux fois la largeur ; épi court & en tête. III.	Feuilles lancéolées, & dont la longueur surpasse deux fois la largeur ; épi grêle & alongé. V. *

III. *Feuilles ovales, & dont la longueur ne surpasse pas deux fois la largeur ; épi court & en tête.*

Menthe aquatique. *Mentha aquatica.* Linn. Sp. 805.

Mentha rotundifolia palustris, seu aquatica major. Tournef. 189.

Ses tiges s'élèvent jusqu'à un pied & demi ; elles sont droites, carrées, velues & rougeâtres ; ses feuilles sont opposées, pétiolées, ovales, dentées en scie, & souvent un peu velues postérieurement : les fleurs sont purpurines ou violettes, & ramassées en grand nombre dans le verticille terminal, qui forme une tête un peu sphérique. Ce verticille est quelquefois seul, mais plus souvent on en trouve un ou deux autres placés plus bas. Les étamines sont plus longues

154. que la corolle, leurs anthères sont brunes & chargées d'une poussière très-blanche. On trouve cette plante dans les lieux aquatiques ♃ ; elle est stomachique, anti-émétique & anti-spasmodique.

IV. *Feuilles sessiles.*

Feuilles vertes & glabres des deux côtés. V. *	Feuilles blanchâtres & cotonneuses. VI.

V. * *Feuilles vertes & glabres des deux côtés.*

Menthe verte. *Mentha viridis.* Linn. Sp. 804.

Mentha angustifolia spicata. Tournef. 189.

Sa tige est haute d'un à deux pieds, droite, carrée, glabre & branchue ; ses feuilles sont lancéolées, un peu étroites, pointues, & garnies de dentelures un peu distantes : les fleurs sont petites, rougeâtres, & forment des épis fort grêles & pointus. On trouve des variétés dont les feuilles sont un peu pétiolées. Cette plante croît dans les environs de Paris. ♃

VI. *Feuilles blanchâtres & cotonneuses.*

Feuilles ridées, ovales & obtuses. VII.	Feuilles non ridées, lancéolées & pointues. VIII.

VII. *Feuilles ridées, ovales & obtuses.*

Menthe ridée. *Mentha rugosa.*

Mentha sylvestris rotundiore folio. Tournef. 189.
Mentha rotundifolia. Linn. Sp. 805.

Sa tige est haute de deux pieds, droite, branchue & cotonneuse ; ses feuilles sont ovales, courtes, presque arrondies, un peu dentées, épaisses, ridées & cotonneuses ; ses fleurs sont couleur de chair, & forment des épis grêles & pointus au sommet de la plante. Les étamines sont un peu

454. plus longues que la corolle. On trouve cette plante bord des chemins & dans les lieux humides. ♃

VIII. *Feuilles non ridées, lancéolées & pointues.*

Menthe sauvage. *Mentha sylvestris.* Linn. Sp. 804.

Mentha sylvestris folio longiore. Tournef. 189.

Sa tige est haute de deux pieds, droite, carrée, branchue & blanchâtre; ses feuilles sont opposées, sessiles, lancéolées, dentées en scie, pointues, d'un vert-blanchâtre en-dessus, fort blanches & cotonneuses en-dessous : les fleurs sont rougeâtres & forment des épis grêles, alongés & cylindriques. Les étamines sont une fois plus longues que la corolle. On trouve cette plante sur le bord des chemins & dans les lieux incultes ♃; elle est diurétique.

IX. *Verticilles axillaires.*

Feuilles sessiles & linéaires.	Feuilles pétiolées, lancéolées ou ovales.
X.	XI.

X. *Feuilles sessiles & linéaires.*

Menthe cervine. *Mentha cervina.* Linn. Sp. 807.

Mentha aquatica satureiæ folio. Tournef. 190.

Ses tiges sont hautes d'un pied, menues, lisses, un peu branchues & d'un blanc-rougeâtre; ses feuilles sont glabres, ponctuées, étroites, linéaires & pointues : celles qui sont placées sous les verticilles, sont comme palmées à leur base. Les fleurs sont d'un blanc couleur de chair, & forment des verticilles très-garnis & écartés. Cette plante croît dans les lieux aquatiques des provinces méridionales. ♃

XI. *Feuilles pétiolées, lancéolées ou ovales.*

Feuilles petites & obtuses.	Feuilles pointues à leur sommet.
XII.	XIII.

454. XII. *Feuilles petites & obtuses.*

Menthe pouliot. *Mentha pulegium.* Linn. Sp. 807.

Mentha aquatica S. pulegium vulgare. Tournef. 189.

Ses tiges sont longues de six à huit pouces, grêles, rougeâtres, lisses, quelquefois un peu velues, légèrement tétragones, & ordinairement couchées sur la terre, mais un peu redressées lorsqu'elles fleurissent : ses feuilles sont ovales, arrondies, nerveuses, portées sur de courts pétioles, & garnies de dentelures peu profondes : les fleurs sont couleur de rose & disposées par verticilles très-garnis. Ces verticilles vont en diminuant de grandeur, & paroissent former un peu l'épi, mais ils sont tous écartés les uns des autres, & occupent une grande partie de la longueur de la tige. Cette plante est commune dans les terreins humides ♃ ; elle est hystérique, sudorifique, & utile dans la toux convulsive qui dépend de l'asthme.

XIII. *Feuilles pointues à leur sommet.*

Tiges & feuilles velues & blanchâtres. XIV.	Tige & feuilles presque tout-à-fait glabres. XV.

XIV. *Tiges & feuilles velues & blanchâtres.*

Menthe des champs. *Mentha arvensis.* Linn. Sp. 806.

Mentha arvensis verticillata, hirsuta. Tournef. 189.

Sa tige est haute d'un pied ou un peu plus, grêle, velue, branchue, quelquefois droite, mais plus souvent un peu couchée dans sa partie inférieure ; ses feuilles sont ovales, dentées en scie, velues, d'un vert-blanchâtre, & portées sur de courts pétioles : ses fleurs sont petites & disposées par verticilles axillaires médiocrement garnis ; elles sont rougeâtres ou violettes, & leur calice est très-velu. La longueur de leurs étamines varie ; quelquefois elles sont renfermées dans la corolle, mais on les observe aussi quelquefois très-saillantes hors de cette enveloppe. On trouve cette plante dans les champs & les lieux humides. ♃

454. XV. *Tige & feuilles presque tout-à-fait glabres.*

Menthe chétive. *Mentha exigua.* Linn. Sp. 806.

Mentha arvensis verticillata, glabra. Mapp. fl. Alsat. 193.

Ses tiges sont foibles, grêles & branchues; ses feuilles sont pétiolées, ovales-lancéolées, glabres, & à peine dentées en leur bord : ses fleurs sont assez grandes, d'un rouge-pâle, & forment des verticilles lâches, axillaires & fort écartés les uns des autres. Les étamines sont très-saillantes hors de la corolle. Cette plante est commune en Alsace. ♃

OBS. La menthe des jardins a beaucoup de rapport avec cette espèce & avec la précédente, mais elle diffère de ces deux plantes par sa grandeur, qui est plus considérable, & par les étamines de ses fleurs, qui sont toujours plus courtes que la corolle.

---

455. *Moins de quatre étamines fertiles* . . . .
- Quatre ovaires, ou un seul à quatre divisions. 456
- Un seul ovaire non quadrifide. 463

---

456. *Quatre ovaires, ou un seul à quatre divisions.* . .
- Feuilles linéaires, dont les bords sont roulés en-dessous; fleurs axillaires. 457
- Feuilles dont les bords ne sont point roulés en-dessous; fleurs verticillées 458

---

457. *Feuilles linéaires, dont les bords sont roulés en-dessous; fleurs axillaires.*

Romarin officinal. *Rosmarinus officinalis.* Linn. Sp. 33.

Rosmarinus spontaneus latiore folio. Tournef. 195.

β. *Rosmarinus hortensis angustiore folio.* Ibid.

Arbrisseau de trois ou quatre pieds, dont les rameaux sont longs, grêles & d'une couleur cendrée; ses feuilles sont opposées, étroites, linéaires, un peu dures, vertes en-dessus,

457. blanchâtres en-dessous & repliées en leur bord. Ses fleurs sont axillaires, disposées plusieurs ensemble sur le même péduncule, & d'un bleu-pâle, ou blanches avec des points bleuâtres; leur calice est trifide, labié; la lèvre supérieure de leur corolle est fendue en deux, & leurs étamines, plus longues que la corolle, ont une légère bifurcation dans leur partie inférieure. Il croît dans les provinces méridionales. ♄ On le cultive dans les jardins pour son odeur qui est aromatique & assez agréable; il est tonique, cordial, céphalique, nervin, anti-asthmatique & utile dans les fièvres tierces.

458.	*Feuilles dont les bords ne sont point roulés en-dessous; fleurs verticillées.*	Etamines bifurquées à leur base. . . . 459
		Etamines non bifurquées, mais très-simples. 460

---

459. *Etamines bifurquées à leur base.*

Sauge. *Salvia.*

Les fleurs de sauge sont labiées & remarquables par la forme de leurs étamines, dont les filamens sont fourchus à leur base en manière d'*Y*, ou sont comme attachés transversalement sur un pédicule particulier; la lèvre supérieure de la corolle est en faucille dans beaucoup d'espèces.

A N A L Y S E.

Feuilles ayant à leur base une échancrure, ou un enfoncement cordiforme. I.	Feuilles n'ayant à leur base ni échancrure, ni enfoncement cordiforme. X.

I. *Feuilles ayant à leur base une échancrure ou un enfoncement cordiforme.*

Fleurs bleues, ou violettes, ou de couleur blanche. II.	Fleurs constamment jaunâtres. IX.

459. II. *Fleurs bleues, ou violettes, ou de couleur blanche.*

Bractées larges, colorées, & plus longues que les calices.	Bractées non colorées, & plus courtes que les calices.
III.	IV.

III. *Bractées larges, colorées, & plus longues que les calices.*

Sauge sclarée. *Salvia sclarea.* Linn. Sp. 38.

Sclarea tabernæ. Tournef. 179.

Sa tige est haute de deux à trois pieds, droite, épaisse, carrée, velue & rameuse; ses feuilles sont grandes, pétiolées, cordiformes, très-ridées & légèrement crénelées en leur bord. Les fleurs sont bleuâtres, disposées en épi garni de bractées concaves, dont les supérieures ont une couleur violette; les divisions du calice sont terminées chacune par une pointe spinuliforme. Cette plante croît dans les provinces méridionales ♂; son odeur est forte & presque désagréable: son suc produit une espèce d'ivresse qui tient un peu du spasme. Elle est stimulante, résolutive, sternutatoire, stomachique, anti-hystérique, & sur-tout anti-ulcéreuse.

IV. *Bractées non colorées, & plus courtes que les calices.*

Verticille inférieur composé de plus de dix fleurs.	Tous les verticilles composés de moins de dix fleurs.
V.	VI.

V. *Verticille inférieur composé de plus de dix fleurs.*

Sauge verticillée. *Salvia verticillata.* Linn. Sp. 37.

Horminum sylvestre latifolium, verticillatum. Tournef. 178.

Ses tiges sont hautes d'un pied & demi, quadrangulaires, velues & branchues; ses feuilles sont pétiolées, cordiformes, pointues, un peu sagittées, dentées, molles & chargées de poils blancs; les inférieures ont leur pétiole garni d'une couple

459. d'oreillettes très-voisines de la feuille. Les fleurs sont petites; de couleur bleue, pédunculées & très-nombreuses à chaque verticille; elles ont leur style alongé, bifide & un peu incliné vers la lèvre inférieure de la corolle. Cette plante croît en Alsace, où elle a été observée par Mappus. ⊙

VI. *Tous les verticilles composés de moins de dix fleurs.*

Lèvre supérieure de la corolle fort grande, & plus longue que le tube.	Lèvre supérieure de la corolle moins longue que le tube.
VII.	VIII.

VII. *Lèvre supérieure de la corolle fort grande, & plus longue que le tube.*

Sauge des prés. *Salvia pratensis.* Linn. Sp. 35.

Sclarea pratensis foliis serratis, flore cæruleo. Tournef. 179.

β. Sclarea foliis profundè incisis. Vaill. Paris. 180.

Sa tige est haute d'un à deux pieds, velue, carrée, peu garnie de feuilles & souvent simple; ses feuilles radicales sont nombreuses, couchées sur la terre, pétiolées, ovales-oblongues, cordiformes à leur base, très-ridées & crénelées en leur bord; celles de la variété β sont sinuées & presque pinnatifides. Les feuilles de la tige sont sessiles ou amplexicaules & pointues; les fleurs sont fort grandes, ordinairement de couleur bleue, au nombre de cinq à six par verticille, & disposées en un bel épi alongé & terminal. La lèvre supérieure de la corolle est en faucille & laisse paroître le style qui forme à son extrémité une grande saillie. On trouve cette plante dans les prés & dans les lieux secs ♃; elle passe pour anti-ulcéreuse.

VIII. *Lèvre supérieure de la corolle moins longue que le tube.*

Sauge sauvage. *Salvia sylvestris.* Linn. Sp. 34.

Sclarea salviæ folio major vel maculata. Tournef. 179.

Cette espèce s'élève un peu plus que la précédente; sa tige est branchue, pubescente & quadrangulaire; ses feuilles inférieures sont grandes, pétiolées, un peu en cœur à leur base,

459. lancéolées, pointues, crénelées, vertes, tachées de blanc en-dessus & pubescentes en-dessous. Les fleurs forment des épis grêles & assez longs ; elles sont au nombre de six par verticille ; leurs péduncules propres sont courts & chargés d'un coton très-blanc. La lèvre supérieure de la corolle est velue. Cette plante croît dans les provinces méridionales sur le bord des champs, dans les vignes. ♃

IX. *Fleurs constamment jaunâtres.*

Sauge glutineuse. *Salvia glutinosa.* Linn. Sp. 37.

Salvia montana maxima, foliis hormini, flore flavescente. Tournef. 180.

Ses tiges sont droites, obtusément quadrangulaires, un peu velues & hautes d'un à deux pieds ; ses feuilles sont grandes, toutes pétiolées, cordiformes, sagittées, dentées, pointues, presque glabres & glutineuses. Les fleurs sont grandes, d'un jaune-sale & au nombre de six ou sept par verticille ; elles sont couvertes d'une humeur visqueuse & collante : la lèvre supérieure de leur corolle est en faucille fort écartée de l'inférieure ; les étamines sont très-longues & saillantes. Cette plante est commune dans les pâturages montagneux de l'Alsace & de la Provence. ♃

X. *Feuilles n'ayant à leur base ni échancrure, ni enfoncement cordiforme.*

Bractées concaves, terminées par une spinule recourbée. XI.	Bractées planes, & point terminées par une épine. XII.

XI. *Bractées concaves, terminées par une spinule recourbée.*

Sauge éthiopienne. *Salvia æthiopis.* Linn. Sp. 39.

Sclarea vulgaris lanuginosa, amplissimo folio. Tournef. 179.
β. *Sclarea laciniatis foliis.* Ibid.

Sa tige est haute d'un pied & demi, cotonneuse, très-branchue & presque panniculée dans sa partie supérieure ; ses feuilles sont très-grandes, pétiolées, ovales, oblongues,

459. ſinuées, dentées & cotonneuſes, ſur-tout dans leur jeuneſſe. Celles de la variété ß ont des ſinuoſités très-profondes; les fleurs ſont ordinairement de couleur blanche; leurs verticilles ſont un peu diſtans & garnis chacun de deux bractées qui forment une eſpèce de collerette concave; les calices ſont enveloppés d'un coton très-blanc, & leurs diviſions ſont épineuſes. Cette plante croît en Provence. ♂

XII. *Bractées planes, & point terminées par une épine.*

Feuilles finement crénelées; corolle une fois plus grande que le calice.	Feuilles groſſièrement crénelées; corolle à peine plus grande que le calice.
XIII.	XIV.

XIII. *Feuilles finement crénelées; corolle une fois plus grande que le calice.*

Sauge officinale. *Salvia officinalis.* Linn. Sp. 34.

Salvia major, an ſphacelus Theophraſti. Tournef. 180.

ß. *Salvia minor aurita & non aurita.* Ibid. 181.

La tige de cette plante eſt une ſouche ligneuſe, qui pouſſe beaucoup de rameaux droits, velus, blanchâtres, un peu carrés & hauts de deux pieds à-peu-près; ces rameaux ſont garnis de feuilles oppoſées, elliptiques, lancéolées, finement ridées ou chagrinées, portées ſur d'aſſez longs pétioles, & sèches ou peu ſucculentes; elles ſont quelquefois panachées de différentes couleurs, ce qui forme des variétés très-agréables. La variété ß diffère par ſa grandeur, qui eſt ordinairement moins conſidérable, & par ſes feuilles qui ſont un peu plus étroites, & qui ont quelquefois une ou deux oreillettes à leur baſe: les fleurs ſont diſpoſées en épi lâche & terminal; elles ſont d'un bleu-rougeâtre; leur calice eſt ſouvent coloré, & découpé en cinq dents aiguës. On trouve cette plante dans les provinces méridionales; on la cultive dans les jardins pour ſes bonnes qualités ♄; elle eſt tonique, céphalique, cordiale, ſtomachique, nervine & aſtringente.

459. XIV. *Feuilles grossièrement crénelées ; corolle à peine plus grande que le calice.*

Sauge verbenacée. *Salvia verbenaca.* Linn. Sp. 35.

Horminum sylvestre lavandulæ flore. Tournef. 178.

β. *Horminum minus folio sinuato, flore minore, dilutè cæruleo.* Tournef. 178.

Sa racine est longue, fibreuse, & pousse une ou deux tiges grêles, un peu velues, presque simples, & hautes d'un pied & demi ; les feuilles sont pétiolées, oblongues, assez glabres, veinées en-dessous, obtuses à leur sommet, fortement crénelées en leur bord, & même un peu sinuées à leur base ; elles sont presque pinnatifides dans la variété β : les fleurs sont fort petites, à peine pédunculées, & forment un épi très-menu ; elles sont d'une couleur bleue, & leurs verticilles sont un peu écartés. Cette plante croît dans les prés secs & montagneux. ♃

---

460. *Etamines non bifurquées, mais très-simples.* . . . . { Corolle sensiblement labiée. 461 | Corolle quadrifide & point labiée. 462 }

---

461. *Corolle sensiblement labiée.*

Cunile thymière. *Cunila thymoïdes.* Linn. Sp. 31.

Calamintha minima annua, thymi folio. Tournef. 194.

Sa tige est haute de quatre à cinq pouces, droite, carrée & un peu branchue ; ses feuilles sont opposées, ovales, obtuses, glabres & striées en-dessous ; & ses fleurs sont petites, d'un blanc-rougeâtre, portées sur de courts péduncules & disposées par verticilles axillaires, qui occupent presque toute la longueur de la tige. Cette plante a beaucoup de rapport avec les mélisses, dont elle ne diffère que par ses étamines qui sont au nombre de deux ; les deux autres se trouvant avortées ou imparfaites ; elle croît dans les provinces méridionales. ☉

---

462. *Corolle quadrifide & point labiée.*

Licope des marais. *Lycopus palustris.*

Lycopus palustris glaber. Tournef. 191.
Lycopus palustris villosus. Ibid.
Lycopus Europæus. Linn. Sp. 30.

Sa tige est haute d'un à deux pieds, droite, carrée & un peu velue ; ses feuilles sont opposées, ovales-oblongues, profondément dentées, sur-tout vers leur base où elles sont presque pinnatifides ; elles sont ordinairement glabres & d'un vert-noirâtre, mais on trouve quelquefois une variété dont les feuilles sont velues & d'un vert moins foncé : les fleurs sont axillaires, verticillées & fort petites ; leur corolle est peu difforme, & son limbe se partage en quatre divisions, dont une supérieure un peu plus grande est légèrement échancrée. Ces fleurs sont blanches, marquées souvent de points rougeâtres. On trouve cette plante dans les marais, sur le bord des eaux ♃ : on la dit anti-dyssentérique.

463.	*Un seul ovaire non quadrifide.*	Base de la corolle terminée par un éperon. 464
		Base de la corolle non terminée par un éperon. 467

464.	*Base de la corolle terminée par un éperon.*	Feuilles capillaires & multifides. 465
		Feuilles ovales & très-simples. 466

---

465. *Feuilles capillaires & multifides.*

Utriculaire. *Utricularia.*

Les fleurs d'utriculaire ont le calice diphylle, & la corolle labiée remarquable par une espèce de palais placé entre ses deux lèvres. Le fruit est une capsule uniloculaire, & les feuilles, toutes plongées dans l'eau, sont chargées de petites vésicules lenticulaires & rougeâtres.

465. ANALYSE.

Eperon conique ; entrée de la corolle fermée par le palais.	Eperon très-court & courbé en-dehors ; corolle un peu ouverte.
I.	II.

I. *Eperon conique ; entrée de la corolle fermée par le palais.*

Utriculaire commune. *Utricularia vulgaris.* Linn. Sp. 26.

Lentibularia vulgaris. Tournef. Parif. t. II, p. 414.

La partie de cette plante, qui eft enfoncée dans l'eau, eft divifée en rameaux longs, flottans & garnis de beaucoup de feuilles découpées très-menu ; elle pouffe plufieurs tiges grêles, nues, & chargées de cinq à huit fleurs écartées, difpofées en un épi fort lâche : ces tiges s'élèvent hors de l'eau à la hauteur d'un demi-pied à-peu-près. Les fleurs font jaunes & portées chacune fur un péduncule qui fort de l'aiffelle d'une écaille oblongue. On trouve cette plante dans les foffés aquatiques, les étangs. ♃

II. *Eperon très-court & courbé en-dehors ; corolle un peu ouverte.*

Utriculaire mineur. *Utricularia minor.* Linn. Sp. 26.

Lentibularia minor. Vaill. Parif. 114.

Cette efpèce eft plus petite que la précédente dans toutes fes parties ; fes fleurs font d'un jaune-pâle : leur palais eft prefque plane, & leur éperon, extrêmement court, forme un peu la nacelle. On la trouve dans les étangs.

466. *Feuilles ovales & très-fimples.*

Graffette. *Pinguicula.*

Les fleurs de graffette ont le calice quinquefide, & la corolle labiée terminée par un éperon. Le fruit eft une capfule uniloculaire qui contient des femences très-menues.

466. ANALYSE.

Fleurs bleues ou violettes.	Fleurs blanches & jaunâtres.
I.	II.

I. *Fleurs bleues ou violettes.*

Grassette vulgaire. *Pinguicula vulgaris.* Linn. Sp. 25.

Pinguicula Gesneri. Tournef. 167.

Cette plante est fort petite; ses feuilles sont au nombre de cinq ou six, radicales, couchées sur la terre, ovales-oblongues, épaisses, luisantes comme si elles étoient frottées d'huile, & d'un vert-pâle ou jaunâtre. De leur milieu, s'élève une ou plusieurs hampes grêles, hautes de cinq à six pouces & terminées chacune par une fleur ordinairement un peu inclinée & d'une couleur bleuâtre ou d'un violet-pâle. On trouve cette plante dans les prés humides ♃; elle passe pour vulnéraire & très-consolidante. On la dit aussi purgative.

II. *Fleurs blanches & jaunâtres.*

Grassette des Alpes. *Puinguicula. Alpina.* Linn. Sp. 25.

Pinguicula flore albo minore, calcari brevissimo. Tournef. 167.

Cette plante ressemble beaucoup à la précédente, & on pourroit, à l'exemple de M. Gerard, la regarder comme n'en étant qu'une variété. Cependant sa fleur a constamment une couleur blanche, un peu tachée de jaune, & son éperon est plus court que le reste de la corolle, ce qui n'a pas lieu dans la première espèce, & peut suffire pour l'en distinguer. On trouve cette plante dans les montagnes de la Provence; elle croît aussi en Bretagne, où elle a été observée par Madame Dugage. ♃

467.	*Base de la corolle non terminée par un éperon...*	Un seul style.......	468
		Trois styles.........	471

Un

468. *Un seul style* . . . . { Deux étamines fertiles & deux filamens sans anthères. 469
Deux étamines fertiles, & point de filamens sans anthères. . . 470

---

469. *Deux étamines fertiles & deux filamens sans anthères.*

Gratiole officinale. *Gratiola officinalis.* Linn. Sp. 24.

Digitalis minima gratiola dicta. Tournef. 165.

Sa tige est haute d'un pied, droite, cylindrique, garnie de feuilles dans toute sa longueur & ordinairement simple; ses feuilles sont opposées, sessiles, ovales-lancéolées, dentées vers leur sommet, lisses, glabres & marquées de trois nervures longitudinales : ses fleurs sont axillaires, solitaires, pédunculées & d'un blanc-jaunâtre. On trouve cette plante dans les lieux aquatiques, sur le bord des étangs ♃; elle est émétique, fortement purgative & hydragogue.

---

470. *Deux étamines fertiles & point de filamens sans anthères.*

Véronique. *Veronica.*

Les fleurs de véronique ont une corolle quadrifide, un peu irrégulière; leur calice est profondément divisé en quatre ou cinq pièces souvent inégales; & leur fruit est une capsule à deux loges, qui a ordinairement la forme d'un cœur.

ANALYSE.

Fleurs disposées en épi ou en grappe. I.	Fleurs axillaires, solitaires & point en épi ni en grappe. XXXVIII.

470. I. *Fleurs disposées en épi ou en grappes.*

Fleurs en épi ou en bouquet tout-à-fait terminal. II.	Fleurs en grappes ou en bouquets latéraux & axillaires. XXIII.

II. *Fleurs en épi ou en bouquet tout-à-fait terminal.*

Tiges ou hampes tout-à-fait droites. III.	Tiges entièrement couchées, ou seulement à leur base. XV.

III. *Tiges ou hampes tout-à-fait droites.*

Feuilles terminées en pointe. IV.	Feuilles obtuses à leur sommet. XIII.

IV. *Feuilles terminées en pointe.*

Tige terminée par un ou plusieurs épis grêles, serrés & alongés. V.	Tige terminée par un bouquet lâche & peu alongé. VIII.

V. *Tige terminée par un ou plusieurs épis grêles, serrés & alongés.*

Feuilles simplement opposées. VI.	Feuilles la plupart ternées. VII.

VI. *Feuilles simplement opposées.*

Véronique à épi. *Veronica spicata.* Linn. Sp. 14.

Veronica spicata minor. Tournef. 144.

β. *Veronica spicata angustifolia.* Ibid. 143.

Sa tige s'élève jusqu'à un pied & demi ; elle est droite ;

470. très-simple, terminée par un seul épi de fleurs, & légèrement velue; ses feuilles radicales sont ovales-oblongues, un peu coriaces, d'un vert-blanchâtre & couchées sur la terre; celles de la tige sont étroites, & d'autant moins grandes qu'elles sont plus voisines du sommet de la plante. Les unes & les autres sont dentées en leur bord; les fleurs sont bleues, & les découpures de leur corolle sont pointues : la variété β a les tiges ordinairement terminées par plusieurs épis. On trouve cette plante dans les lieux secs, les bois montueux. ♃

VII. *Feuilles la plupart ternées.*

Véronique maritime. *Veronica maritima.* Linn. Sp. 13.

Veronica spicata longifolia. Tournef. 143.

β. *Veronica spuria.* Linn. Sp. 13.

Sa tige s'élève jusqu'à deux pieds; elle est droite, simple, cylindrique, un peu blanchâtre, feuillée dans toute sa longueur, & porte à son sommet cinq ou sept épis de fleurs d'un bleu-céleste fort agréable. Ces épis sont droits, grêles, pointus, & celui du milieu a près de quatre pouces de longueur. Les feuilles sont disposées trois à trois, un peu pétiolées, d'un vert-tendre, blanchâtres en-dessous, longues de deux à trois pouces, élargies vers leur base, se terminant insensiblement en une pointe aiguë, & dentées en scie en leur bord. La variété β a un aspect moins blanchâtre, & les dentelures de ses feuilles sont plus inégales selon M. Linné. Cette plante croît en Alsace où elle est indiquée par Mappus. ♃

VIII. *Tige terminée par un bouquet lâche & peu alongé.*

Fleurs bleues.	Fleurs d'un rouge-clair.
IX.	XII.

IX. *Fleurs bleues.*

Feuilles très-dentées en leur bord.	Feuilles entières, ou dont les dentelures sont peu sensibles.
X.	XI.

470. X. *Feuilles très-dentées en leur bord.*

Véronique persistante. *Veronica sempervirens.*

Veronica petræa sempervirens ponæ. Tournef. 144.
Veronica ponæ. Gouan. Obs. p. 1, tab. I, fig. 1.

Sa racine pousse une ou plusieurs tiges très-simples & hautes de quatre à cinq pouces à-peu-près; ses feuilles sont opposées, sessiles, ovales, un peu cordiformes, velues, vertes en-dessus, & blanchâtres en-dessous: les inférieures sont obtuses, les autres sont terminées en pointe, & celles qui sont dans le voisinage des fleurs, sont étroites & alternes. Cette plante croît en Roussillon. ♃

XI. *Feuilles entières, ou dont les dentelures sont peu sensibles.*

Véronique des Alpes. *Veronica Alpina.* Linn. Sp. 15.

Veronica caule simplici, foliis ovatis, glabris, subserratis; spicâ pauciflorâ. Hall. Hist. n°. 544, t. XV, f. 2.

Sa tige est haute de trois ou quatre pouces, très-simple, un peu dure & légèrement velue; ses feuilles sont opposées, ovales, obtuses, d'un vert-noirâtre & presque glabres. Les fleurs sont petites, portées sur de courts péduncules & disposées en un bouquet terminal peu garni & peu étalé. Cette plante croît dans les montagnes du Dauphiné où elle a été observée par M. de Villars. ♃

XII. *Fleurs d'un rouge-clair.*

Véronique frutescente. *Veronica frutescens.* Scop. carn. 1, p. 19.

Veronica foliis ovatis crenatis, fructu ovali, floribus in summo caule purpurascentibus. Hall. Hist. p. 235, t. XVI.

Cette plante est glabre dans toutes ses parties; ses tiges sont droites, simples, grêles, un peu ligneuses & hautes de trois ou quatre pouces: ses feuilles sont ovales, lancéolées, légèrement dentées & pointues; ses fleurs sont couleur de chair & disposées en bouquet lâche au sommet des tiges. Cette espèce est confondue mal-à-propos par M. Linné, avec le *Veronica Alpina frutescens* de Bauhin, sous le nom de

470. *Veronica fruticulosa*; mais la plante de Bauhin, que je nomme *Veronica saxatilis*, n°. XX, que j'ai dans mon Herbier, & qui ressemble au *Veronica tertia fruticans* de Clusius, en diffère trop pour n'en être pas séparée. Celle-ci a été observée par Dom Fourmault dans les montagnes des environs de Die en Dauphiné. ♄

XIII. *Feuilles obtuses à leur sommet.*

Tige ou hampe très-nue. XIV.	Tige garnie de feuilles. XL. *

XIV. *Tige ou hampe très-nue.*

Véronique nudicaule. *Veronica nudicaulis.*

Veronica parva saxatilis cauliculis nudis. Tournef. 144.
Veronica aphylla. Linn. Sp. 14.

Cette plante est fort petite; sa racine pousse des espèces de souches rampantes, rameuses, articulées, qui produisent par intervalles plusieurs rosettes de feuilles tout-à-fait couchées sur la terre. Du milieu de chaque rosette, s'élève une petite tige nue, grêle, cylindrique, haute de deux pouces & chargée à son sommet de six à sept fleurs bleues, disposées en un corymbe serré; les feuilles sont ovales-obtuses, d'un vert-noirâtre; glabres en leur superficie, mais un peu ciliées à leur base. On trouve cette plante en Provence dans les lieux arides, parmi les rochers. ♄

XV. *Tiges entièrement couchées, ou seulement à leur base.*

Feuilles glabres. XVI.	Feuilles velues. XXI.

XVI. *Feuilles glabres.*

Péduncules plus courts que les feuilles. XVII.	Péduncules un peu plus longs que les feuilles. XX.

470. XVII. *Péduncules plus courts que les feuilles.*

Entre-nœuds plus grands que les feuilles; fleurs blanches rayées de bleu. XVIII.	Entre-nœuds moins grands que les feuilles; fleurs tout-à-fait bleues. XIX.

XVIII. *Entre-nœuds plus grands que les feuilles; fleurs blanches rayées de bleu.*

Véronique ſerpoline. *Veronica ſerpyllifolia.* Linn. Sp. 15.

Veronica pratenſis ſerpyllifolia. Tournef. 144.

Sa tige eſt couchée dans ſa partie inférieure qui rampe en manière de ſouche; elle s'élève enſuite ſans ſe ramifier juſqu'à la hauteur de ſix pouces : ſes feuilles ſont ovales, obtuſes, glabres, non ridées & à peine ſenſiblement crénelées; celles d'en-bas ſont oppoſées, & les ſupérieures ſont alternes & plus étroites. On trouve cette plante ſur le bord des champs. ♃

XIX. *Entre-nœuds moins grands que les feuilles; fleurs tout-à-fait bleues.*

Véronique nummulaire. *Veronica nummularia.* Gouan. Obſ. p. 1, t. I, f. 2.

Veronica nummulariæ folio Pyrenaica. Tournef. 145.

Cette plante a beaucoup de rapport avec la précédente; mais elle eſt plus petite, plus couchée & plus rameuſe; ſes feuilles ſont arrondies, glabres, entières, très-rapprochées & comme embriquées. Les rameaux ſont nus à leur baſe, & les fleurs preſque ſeſſiles dans les aiſſelles des feuilles ſupérieures forment de petits bouquets aux extrémités des rameaux. On la trouve en Languedoc. ♃

XX. *Péduncules un peu plus longs que les feuilles.*

Véronique de roche. *Veronica ſaxatilis.* Scop. carn. I, p. 11.

Veronica Alpina fruteſcens. Tournef. 144.

Ses tiges ſont longues de ſix pouces, couchées ſur la

470. terre, grêles, un peu ligneuſes à leur baſe, qui paroît articulée par les cicatrices nombreuſes des premières feuilles qui ſont tombées; les feuilles ſont oppoſées, ovales, glabres, obtuſes, entières, ou n'ayant que des crénelures peu ſenſibles : les inférieures ſont les plus petites & fort rapprochées les unes des autres; les ſupérieures ſont oblongues & plus diſtantes : les fleurs terminent les tiges, & ſont diſpoſées en bouquet un peu lâche; elles ſont aſſez grandes & d'une belle couleur bleue. On trouve cette plante dans les lieux pierreux & montueux en Languedoc. ♄

XXI. *Feuilles velues.*

Fleurs en bouquet court. XXII.	Fleurs en épis grêles & alongés. XXXVII. *

XXII. *Fleurs en bouquet court.*

Véronique bellidiforme. *Veronica bellidioides.* Linn. Sp. 15.

Veronica Alpina bellidis folio hirſuta. Tournef. 144.

Sa tige eſt couchée dans ſa partie inférieure, ſimple, dure, velue & haute de ſept à huit pouces; la plupart des feuilles ſont ramaſſées, diſpoſées à la baſe de la plante & étendues ſur la terre; elles ſont ovales, ſpatulées, un peu dentées vers leur ſommet, dures & velues; la tige n'en pouſſe que deux ou trois paires qui ſont fort diſtantes; celles-ci ſont beaucoup plus petites que les autres : les fleurs ſont petites, de couleur bleue, & ont leur calice velu. Cette plante croît en Provence & en Languedoc. ♃

XXIII. *Fleurs en grappes ou en bouquets latéraux & axillaires.*

Tiges & feuilles très-glabres, très-liſſes & point ridées. XXIV.	Tiges ou feuilles velues, ridées ou chagrinées. XXIX.

470. XXIV. *Tiges & feuilles très-glabres, très-liſſes & point ridées.*

Feuilles ovales & obtuſes. XXV.	Feuilles alongées & pointues. XXVI.

XXV. *Feuilles ovales & obtuſes.*

Véronique creſſonnée. *Veronica beccabunga.* Linn. Sp. 16.

Veronica aquatica major (& minor), folio ſubrotundo. Tournef. 145.

Ses tiges ſont couchées dans leur partie inférieure; elles ſont cylindriques, rougeâtres, tendres & branchues; les feuilles ſont oppoſées, ovales, arrondies, un peu épaiſſes, d'un vert-foncé & très-liſſes : les fleurs ſont bleues & diſpoſées en grappes latérales & axillaires. On trouve cette plante ſur le bord des ruiſſeaux & des fontaines ♃; elle eſt déterſive, diurétique & très-anti-ſcorbutique.

XXVI. *Feuilles alongées & pointues.*

Tige droite. XXVII.	Tige couchée. XXVIII.

XXVII. *Tige droite.*

Véronique mouronnée. *Veronica anagallis.* Linn. Sp. 16.

Veronica aquatica major (& minor), folio oblongo. Tournef. 145.

Cette eſpèce ne diffère de la précédente que par ſes tiges qui ſont plus droites; ſes feuilles plus étroites & pointues; & ſes fleurs plus petites, formant des grappes plus lâches; elle croît dans les mêmes lieux & a les mêmes propriétés. ♃

XXVIII. *Tige couchée.*

Véronique à écuſſons. *Veronica ſcutellata.* Linn. Sp. 16.

Veronica aquatica anguſtiore folio. Tournef. 145.

Sa tige eſt branchue, foible, extrêmement grêle & preſque

470. rampante ; ses feuilles sont opposées, étroites, linéaires, pointues, & garnies en leur bord de quelques dents écartées à peine sensibles : ses fleurs forment des grappes très-lâches ; elles sont presque pendantes, n'étant soutenues que par des péduncules capillaires ; & ses fruits sont des capsules planes, obrondes, avec une échancrure considérable à leur sommet. Cette plante est commune dans les marais, sur le bord des étangs. ♃

XXIX. *Tiges ou feuilles velues, ridées ou chagrinées.*

Feuilles sessiles.	Feuilles pétiolées.
XXX.	XXXV.

XXX. *Feuilles sessiles.*

Fleurs rouges veinées de bleu ; diamètre de la corolle moins grand que le péduncule.	Fleurs d'un beau bleu ; diamètre de la corolle plus grand que le péduncule.
XXXI.	XXXII.

XXXI. *Fleurs rouges veinées de bleu ; diamètre de la corolle moins grand que le péduncule.*

Véronique à feuilles larges. *Veronica latifolia.* Linn. Sp. 18.

Veronica maxima. Lugd. Tournef. 144.

Ses tiges sont droites, un peu velues, & s'élèvent ordinairement au-delà d'un pied ; ses feuilles sont opposées, fort grandes, en cœur, pointues, fortement dentées en scie, plus longues que les entre-nœuds & chargées de nervures d'un rouge-noirâtre. Ces feuilles ont quelque ressemblance avec celles de l'ortie ; les fleurs sont petites, rougeâtres, & forment des grappes lâches & assez longues. Cette plante est indiquée en Bourgogne par Dalechamp. ♃

470. XXXII. *Fleurs d'un beau bleu ; diamètre de la corolle plus grand que le péduncule.*

Poils de la tige rangés seulement sur deux côtés opposés. XXXIII.	Poils de la tige plus ou moins apparens, mais toujours épars. XXXIV.

XXXIII. *Poils de la tige rangés seulement sur deux côtés opposés.*

Véronique chenette. *Veronica chamædrys.* Linn. Sp. 17.

Veronica minor foliis imis rotundioribus. Tournef. 144.

Sa tige est droite, cylindrique, quelquefois branchue & haute de six à huit pouces, ses feuilles sont opposées, ovales, cordiformes, dentées, ridées, velues & plus courtes que les entre-nœuds ; ses fleurs sont assez grandes, disposées en grappes axillaires, & les folioles de leur calice sont inégales & lancéolées. Cette plante est commune dans les prés & autour des haies des villages. ♃

XXXIV. *Poils de la tige plus ou moins apparens, mais toujours épars.*

Véronique teucriette. *Veronica teucrium.* Linn. Sp. 16.

Veronica major frutescens altera. Tournef. 144.
β. *Veronica supina facie teucrii pratensis.* Ibid.

Ses tiges sont dures, un peu couchées, souvent rameuses, légèrement velues, & ne s'élèvent pas tout-à-fait jusqu'à un pied ; ses feuilles sont opposées, ovales, pointues, très-dentées, quelquefois incisées, un peu dures, d'un vert-foncé en-dessus, & légèrement blanchâtres en-dessous : les fleurs forment des espèces d'épi ou de grappes plus longues & moins lâches que celles de l'espèce précédente ; elles sont assez grandes, d'une belle couleur bleue, mais un peu rayées ou marquées de lignes rouges : les feuilles sont plus étroites, avec des dentelures moins profondes dans la variété β ; la première variété croît en Alsace, ou elle est indiquée par Mappus ; la seconde est commune dans les lieux secs & arides. ♃

470. OBS. Cette plante, selon les lieux, varie dans la largeur de ses feuilles & dans la profondeur de leurs découpures ; ce qui a donné lieu à la distinction des espèces suivantes dans M. Linné. *V. austriaca*, *V. multifida*, *V. teucrium*, *V. prostrata* ; mais le port de ces plantes, la forme & la disposition de leurs fleurs, la dureté de leurs tiges & de leurs feuilles, &c. ; tout tend à les faire regarder uniquement comme des variétés de la première. Dans toutes ces plantes, le calice est quelquefois à quatre, mais plus souvent à cinq découpures, dont une toujours plus petite que les autres.

XXXV. *Feuilles pétiolées.*

Grappes lâches, composées de moins de dix fleurs. XXXVI.	Grappes alongées, grêles & composées de plus de dix fleurs. XXXVII. *

XXXVI. *Grappes lâches, composées de moins de dix fleurs.*

Vénonique de montagne. *Veronica montana.* Linn. Sp. 17.

Veronica supina teucrii folio. Tournef. 145.

Ses tiges sont longues d'un pied, velues & tout-à-fait couchées; ses feuilles sont opposées, pétiolées, ovales, un peu obtuses, dentées en leur bord, velues & rougeâtres en-dessous : les fleurs forment des grappes lâches, peu garnies, & sont portées chacune sur des péduncules propres, plus grands que le diamètre de leur corolle. Cette plante a été observée dans les montagnes du Dauphiné par M. de Villars. ♃

XXXVII. * *Grappes alongées, grêles & composées de plus de dix fleurs.*

Véronique officinale. *Veronica officinalis.* Linn. Sp. 14.

Veronica mas supina & vulgatissima. Tournef. 143.

Ses tiges sont longues de cinq à six pouces, couchées, dures & velues ; ses feuilles sont opposées, ovales, un peu obtuses, dentées, velues, rudes & comme chagrinées. Les

470. fleurs font petites, d'un bleu-pâle, quelquefois blanchâtres avec des veines rouges, & ne forment ordinairement qu'une couple d'épis, qui paroiffent fouvent terminer les tiges lorfque les feuilles du fommet de ces tiges ne font pas tout-à-fait développées, mais qui font réellement latéraux & axillaires. On trouve cette plante dans les bois montueux & fur les côteaux fecs & arides ♃; elle eft un peu amère, ftomachique, tonique, aftringente, vulnéraire, diurétique & particulièrement déterfive.

XXXVIII. *Fleurs axillaires, folitaires & ne formant ni grappe ni épi.*

Tiges droites. XXXIX.	Tiges couchées. XLIII.

XXXIX. *Tiges droites.*

Feuilles dentées ou crénelées. XL. *	Feuilles profondément divifées en trois ou cinq lobes. XLIV. *

XL. * *Feuilles dentées ou crénelées.*

Feuilles liffes & très-glabres. XLI.	Feuilles un peu velues & point liffes. XLII.

XLI. *Feuilles liffes & très-glabres.*

Véronique liffe. *Veronica lævis.*

Veronica minima clinopodii folio, glabra, romana. Tournef. 144.
β. *Veronica fylveftris annua, folio polygoni, flore albo.* Ibid. 145.

Sa tige eft haute de fix à fept pouces, droite, un peu branchue & ordinairement glabre; les feuilles inférieures font ovales, pétiolées, & les autres font alongées & feffiles : toutes

470. ces feuilles font opposées & garnies en leur bord de quelques dents peu profondes ; mais celles qui tiennent lieu de bractées, font alternes & entières. Les fleurs font petites, axillaires, solitaires & portées sur de courts péduncules ; elles font tellement rapprochées les unes des autres, qu'elles paroissent presque former un épi terminal. On doit rapporter à cette plante le *V. romana*, le *V. acinifolia* & le *V. peregrina* de M. Linné, qui n'en font que des variétés à peine distinctes. La figure de Morison est outrée, les feuilles n'étant jamais toutes sans crénelures ; & celle de Vaillant représente la plupart des feuilles un peu trop arrondies. On trouve cette plante sur le bord des champs ⊙

XLII. *Feuilles un peu velues & point lisses.*

Véronique des champs. *Veronica arvensis.* Linn. Sp. 18.

Veronica flosculis cauliculis adhærentibus. Tournef. 145.

Ses tiges font hautes de six à huit pouces, droites, velues & un peu rougeâtres à leur base ; ses feuilles font petites, ovales, cordiformes, obtuses & crénelées ; elles font opposées par paires un peu distantes, & celles qui tiennent lieu de bractées, font étroites, entières & alternes. Les fleurs font solitaires dans les aisselles supérieures, & forment par leur rapprochement une espèce d'épi terminal ; elles font petites, d'un bleu-pâle, & presque sessiles. Cette plante est commune dans les champs & les lieux cultivés. ⊙

XLIII. *Tiges couchées.*

Feuilles sessiles & digitées.	Feuilles pétiolées & crénelées.
XLIV.*	XLV.

XLIV.* *Feuilles sessiles & digitées.*

Véronique digitée. *Veronica digitata.*

Veronica verna trifido vel quinquefido folio. Tournef. 145.
Veronica triphylloe. Linn. Sp. 19.

Ses tiges font longues de trois ou quatre pouces, quelquefois tout-à-fait couchées & d'autres fois simplement couchées à leur base ; elles font garnies de feuilles un peu distantes,

470. presque toutes alternes, sessiles & la plupart découpées en trois ou cinq digitations profondes, étroites & obtuses. Les fleurs sont solitaires, axillaires, portées chacune par un péduncule un peu plus long que les feuilles; elles sont petites, de couleur bleue, mais leur calice est fort grand, sur-tout dans la maturité du fruit avec lequel il se développe. J'ai trouvé cette plante aux environs de Péronne, dans les champs incultes. ⊙

OBS. J'ignore si le *Veronica verna* de M. Linné se trouve en France; on distinguera facilement cette plante de celle que je viens de décrire, par ses tiges qui sont droites, rameuses & hautes de deux pouces; par les péduncules de ses fleurs qui sont moins longs que les feuilles; & par ses feuilles qui ne sont point découpées jusqu'à leur base en manière de digitations comme celles de la précédente, mais dont les découpures sont un peu latérales & pinnuliformes.

XLV. *Feuilles pétiolées & crénelées.*

Feuilles à trois ou cinq grandes crénelures lobiformes. XLVI.	Feuilles à plus de cinq crénelures assez petites. XLVII.

XLVI. *Feuilles à trois ou cinq crénelures lobiformes.*

Véronique lierrée. *Veronica hederifolia.* Linn. Sp. 19.

Veronica cymbalariæ folio, verna. Tournef. 145.

Ses tiges sont foibles, tout-à-fait couchées sur la terre, velues & rameuses; ses feuilles sont en cœur, pétiolées, la plupart alternes & un peu velues seulement en leur bord, qui se divise en trois ou cinq crénelures, dont celle du sommet est fort grande & obtuse. Les fleurs sont solitaires, axillaires & portées chacune sur un péduncule presque aussi long que la feuille qui l'accompagne. Cette plante est commune dans les lieux cultivés. ⊙

---

470. XLVII. *Feuilles à plus de cinq crénelures assez petites.*

Véronique rustique. *Veronica agrestis.* Linn. Sp. 18.

Veronica flosculis pediculis oblongis insidentibus, chamædryos folio. Tournef. 145.

Ses tiges sont longues de six à huit pouces, grêles, un peu velues, rameuses, couchées & étalées sur la terre. Ses feuilles sont ovales, légèrement cordiformes, la plupart alternes, & portées par de courts pétioles. Elles sont presque glabres, & leurs crénelures sont bien marquées. Ses fleurs sont axillaires, solitaires, & soutenues par des péduncules plus longs que les feuilles. Les folioles de leur calice sont ovales. Cette plante est commune dans les champs, les jardins. ⊙

---

471. *Trois styles.*

Monti des fontaines. *Montia fontana.* Linn. Sp. 129.

Alsineformis paludosa tricarpos, flosculis albis inapertis. Vaill. Paris. 10, t. II, f. 4.

Ses tiges sont longues de deux pouces, très-rameuses, un peu couchées, cylindriques, glabres & rougeâtres ; ses feuilles sont opposées, connées, sessiles, lancéolées, très-entières, lisses & d'un vert-jaunâtre. Ses fleurs sont petites, composées d'un calice de deux feuilles & d'une corolle à cinq divisions, dont trois plus petites & staminifères. L'ovaire est chargé de trois styles velus : & le fruit est une capsule à trois semences. On trouve cette plante dans les lieux aquatiques ⊙

472.	*Cinq étamines fertiles ou plus*	Cinq étamines libres. . . . 473
		Plus de cinq étamines souvent réunies 481

473.	*Cinq étamines libres.*	Tige herbacée. 474
		Tige ligneuse. 480

---

474. *Tige herbacée.* . . . . . . Un seul ovaire très-entier. . 475
Quatre ovaires, ou un seul fendu en quatre parties. 479

475. *Un seul ovaire très-entier.* Calice épineux; feuilles linéaires. 476
Calice non épineux, ni les feuilles linéaires. 477

476. *Calice épineux; feuilles linéaires.*

Coris de Montpellier. *Coris Monspeliensis.* Linn. Sp. 252.

Coris cærulea maritima. Tournef. 652.

Ses tiges sont hautes de six à sept pouces, droites, rameuses, cylindriques, cendrées ou un peu rougeâtres. Elles sont garnies dans toute leur longueur, de feuilles nombreuses, éparses, petites, étroites & linéaires. Les fleurs sont rouges ou d'un pourpre-bleuâtre, presque sessiles, & forment des bouquets serrés au sommet des tiges. Le fruit est une capsule uniloculaire, à cinq valves & polysperme. Cette plante croît dans les lieux maritimes des provinces méridionales. ⊙

477. *Calice non épineux, ni les feuilles linéaires.* . . . . Corolle en entonnoir & point plane. 478
Corolle en roue, plane & presque sans tube. 292

478. *Corolle en entonnoir & point plane.*

Jusquiame. *Hyoscyamus.*

Les fleurs de jusquiame ont une corolle infundibuliforme, presque campanulée & partagée en son limbe en cinq découpures, dont une plus petite & plus profonde que les autres. Les étamines sont inclinées, & le fruit est une capsule qui s'ouvre supérieurement en travers.

ANALYSE.

478. ANALYSE.

Feuilles ſeſſiles & amplexicaules. I.	Feuilles pétiolées. II.

I. *Feuilles ſeſſiles & amplexicaules.*

Juſquiame noire. *Hyoſcyamus niger.* Linn. Sp. 257.

Hyoſcyamus vulgaris & niger. Tournef. 118.

Sa tige eſt haute d'un pied & demi, épaiſſe, cylindrique, rameuſe & couverte d'un duvet denſe; ſes feuilles ſont alternes, molles, cotonneuſes, fort amples, ſinuées & découpées profondément en leur bord. Les fleurs ſont preſque ſeſſiles, diſpoſées ſur les rameaux en longs épis; elles ſont d'un jaune-pâle en leur bord, & d'un pourpre-noirâtre dans leur milieu: il leur ſuccède des capſules qui ſont toutes tournées du même côté ſur chaque épi. Cette plante croît ſur le bord des chemins & dans les cours ⊙; ſon odeur eſt déſagréable: elle eſt aſſoupiſſante, narcotique, anodine & réſolutive.

II. *Feuilles pétiolées.*

Limbe de la corolle d'un blanc-ſale; feuilles avec quelques angles obtus. III.	Limbe de la corolle d'un jaune-doré; angles des feuilles aigus. IV.

III. *Limbe de la corolle d'un blanc-ſale; feuilles avec quelques angles obtus.*

Juſquiame blanche. *Hyoſcyamus albus.* Linn. Sp. 257.

Hyoſcyamus albus major. Tournef. 118.

Cette eſpèce ne s'élève pas tout-à-fait autant que la précédente; ſa tige eſt un peu moins rameuſe: ſes feuilles ſont ovales-oblongues, molles, légèrement anguleuſes; les inférieures ſont obtuſes, un peu ſinuées & portées ſur d'aſſez longs pétioles. Les fleurs ſont axillaires, ſolitaires & preſque ſeſſiles. On trouve cette plante dans les provinces méridionales. ⊙

478. IV. *Limbe de la corolle d'un jaune-doré; angles des feuilles aigus.*

Jusquiame dorée. *Hyoscyamus aureus.* Linn. Sp. 257.

Hyoscyamus creticus luteus, major. Tournef. 118.

Sa tige est haute d'un pied, grêle, cylindrique & velue; ses feuilles sont arrondies, un peu en cœur, très-anguleuses en leur bord & portées sur des pétioles assez longs. Les fleurs sont terminales, un peu pédunculées; elles ont la corolle d'un beau jaune en son limbe, mais sa gorge est d'un noir-pourpre ainsi que les étamines. On trouve cette plante dans les environs de Montpellier. ♂

---

479. *Quatre ovaires, ou un seul fendu en quatre parties.*

Vipérine. *Echium.*

Les vipérines ont un très-grand rapport avec les plantes borraginées (n° 303), & n'en diffèrent que par l'irrégularité de leurs fleurs; les corolles sont infundibuliformes, ou campanulées & obliques en leur limbe. Les étamines sont inégales, & le fruit est composé de quatre semences nues, attachées au fond du calice.

ANALYSE.

Tiges droites. I.	Tiges couchées. IV.

I. *Tiges droites.*

Corolles fort irrégulières, & d'un beau bleu dans leur parfait développement. II.	Corolles peu irrégulières, & jamais parfaitement bleues. III.

479. II. *Corolles fort irrégulières, & d'un beau bleu dans leur parfait développement.*

Vipérine commune. *Echium vulgare.* Linn. Sp. 200.

Echium vulgare. Tournef. 135.

Sa tige est haute presque de deux pieds, dure, cylindrique, velue & chargée de points ou de tubercules rudes, d'un rouge-noirâtre; elle est d'abord simple, mais elle se ramifie souvent à mesure que la fructification se développe : ses feuilles sont longues, un peu étroites, velues & fort rudes au toucher; les inférieures sont couchées sur la terre, & les caulinaires sont nombreuses & éparses. Les fleurs sont disposées en épi latéraux, peu distans, qui forment tous ensemble un long épi terminal. Cette plante croît sur le bord des chemins, dans les champs ♂; elle est adoucissante, pectorale & diurétique.

III. *Corolles peu irrégulières, & jamais parfaitement bleues.*

Vipérine italique. *Echium italicum.* Linn. Sp. 200.

Echium maius & asperius flore albo. Tournef. 135.
β. *Echium majus & asperius flore dilutè purpureo.* Ibid.

Sa tige est haute de deux pieds, velue, rude & très-rameuse; ses feuilles sont fort étroites, & ses fleurs sont petites, de couleur blanche ou rougeâtre, avec des étamines fort longues. La variété β a les tiges un peu moins rudes & les fleurs d'un rouge plus vif. On trouve cette espèce dans les lieux incultes des provinces méridionales. ⊙

IV. *Tiges couchées.*

Vipérine de Crète. *Echium Creticum.* Linn. Sp. 200.

Echium Creticum latifolium (& angustifolium) rubrum. Tournef. 135.

Ses tiges sont velues, rudes & rameuses; les feuilles radicales sont longues de quatre à cinq pouces, larges d'un pouce au moins & couchées sur la terre. Les fleurs sont d'un rouge-

479. vif ; le tube de leur corolle est moins long que leur calice ; & les étamines sont un peu velues à leur extrémité. Cette plante croît dans les lieux maritimes & sablonneux des provinces méridionales. ⊙

---

480. *Tige ligneuse.*

Azalier rampant. *Azalea procumbens.* Linn. Sp. 215.

Chamærhododendros Alpina serpyllifolia. Tournef. 604.

Sous-arbrisseau fort petit, dont les tiges longues de six à huit pouces, sont rameuses, noirâtres & couchées sur la terre. Ses feuilles sont petites, dures, nombreuses, opposées, ovales-lancéolées, contractées en leur bord, vertes en-dessus & blanchâtres en-dessous. Les fleurs sont petites, de couleur de rose, & ramassées quatre ou cinq ensemble aux extrémités des rameaux. Il croît dans les montagnes, en Provence. ♄

---

481. *Plus de cinq étamines souvent réunies.* . . . .

- Feuilles simples. 482
- Feuilles ternées. 596

---

482. *Feuilles simples.*

Laitier. *Polygala.*

Les fleurs de laitier ont une corolle monopétale, qui a quelque rapport par sa forme, avec celles des fleurs légumineuses. Leur calice est composé de trois folioles, ou de cinq, mais dont deux sont colorées & pétaliformes. Les étamines sont au nombre de huit, réunies en un faisceau ; & le fruit est une capsule comprimée, cordiforme, ayant deux loges monospermes.

ANALYSE.

Tige herbacée ; division inférieure de la corolle frangée. I.	Tige ligneuse ; aucune division frangée dans la corolle. II.

482. I. *Tige herbacée, division inférieure de la corolle frangée.*

Laitier commun. *Polygala vulgaris.* Linn. Sp. 986.

> *Polygala major.* Tournef. 174.
> *Polygala vulgaris.* Ibid.
> β. *Polygala buxi minoris folio.* Vaill. Paris. 161, t. 32, f. 2.
> *Polygala amara.* Linn. Sp. 987.
> γ. *Polygala annua erecta angustifolia, floribus coloris obsoleti, carneis lineis virgatis.* Tournef. 175.
> *Polygala monspeliaca.* Linn. Sp. 987.

Cette jolie plante varie beaucoup selon les différens lieux où on l'observe. Elle est glabre dans toutes ses parties; ses tiges sont grêles, un peu dures, longues quelquefois d'un pied & plus, d'autres fois n'ayant pas trois pouces de longueur, ordinairement un peu couchées; mais quelquefois tout-à-fait droites, selon l'aridité & la sécheresse des lieux où elle se trouve. Ses feuilles sont alternes, sessiles, très-entières, & varient dans leur longueur & leur largeur par les mêmes causes qui font varier les tiges. Dans les lieux couverts & les terreins fertiles, elles ont un pouce & demi de longueur, & deux lignes à peine de largeur; la plante alors est assez grande: dans les lieux sablonneux, elles sont courtes, un peu ovales & les inférieures presque arrondies; sur les collines pierreuses & bien exposées à l'ardeur du soleil, elles sont fort étroites, souvent contractées en leur bord comme celles du romarin, & ont à peine quatre lignes de longueur. Les fleurs sont disposées en un épi terminal. Elles sont attachées par de courts péduncules, & les inférieures sont un peu pendantes. Leur couleur varie du rouge-clair au pourpre, au violet & au bleu. On trouve cette plante dans les bois, dans les prés & sur les collines. ♃ Elle est expectorante & très-incisive. M. de Haller la dit un peu purgative.

II. *Tige ligneuse; aucune division frangée dans la corolle.*

Laitier buxiforme. *Polygala chamæbuxus.* Linn. Sp. 989.

> *Polygala fruticosa, buxi folio, flore flavescente & purpurascente.* Tournef. 175.

Sa tige s'élève jusqu'à un pied & demi, & quelquefois

482. beaucoup moins. Elle est rameuse, un peu couchée à sa base, & recouverte d'une écorce brune, tirant sur le jaune. Ses feuilles sont ovales, oblongues, un peu obtuses, sèches, d'un vert-jaunâtre, portées sur de courts pétioles, & disposées sur les rameaux où elles sont éparses & assez nombreuses. Les fleurs sont jaunâtres, tachées de pourpre à leur extrémité & ramassées deux ou trois ensemble au sommet des rameaux où elles paroissent entre les feuilles. Ce sous-arbrisseau est commun en Alsace. ♄

483.	*Corolle polypétale.*	Ovaire, style & stigmate jamais au-delà de deux. 484
		Ovaire, ou style, ou stigmate, toujours au-delà de deux. . . 651

484.	*Ovaire, style ou stigmate jamais au-delà de deux.*	Corolle régulière. 485
		Corolle irrégulière. 575

485.	*Corolle régulière.*	Quatre pétales, ou moins. 486
		Cinq pétales, ou plus. . . 546

486.	*Quatre pétales, ou moins.*	Six étamines, ou moins. . . 487
		Sept étamines, ou plus. . . 544

487.	*Six étamines, ou moins.*	Six étamines. 488
		Moins de six étamines. . . 536

488. *Six étamines.*

Fleurs cruciformes. *Tournef.*

Les fleurs des plantes qui composent cette division, ont presque toujours six étamines, dont deux sont ordinairement plus courtes que les autres; leur corolle est formée par quatre pétales égaux, disposés en croix, soutenus chacun par un onglet très-menu & souvent un peu long : leur calice est constamment composé de quatre folioles oblongues, dont deux opposées font communément une saillie de chaque côté au-dessous de la fleur. Le fruit est une silique bivalve, qui, dans le plus grand nombre, est partagée en deux par une cloison longitudinale.

Ces plantes forment une classe nommée *tetradynamie* dans M. Linné; elles sont la plupart fort âcres au goût, contiennent de l'alkali volatil, & sont, en général, regardées comme diurétiques & anti-scorbutiques.

ANALYSE.

Silique dont la longueur n'est jamais quatre fois plus grande que la largeur. 489.	Silique dont la longueur surpasse quatre fois au moins la largeur. 510.

489. *Silique dont la longueur n'est jamais quatre fois plus grande que la largeur.*
- Fleurs blanches ou rougeâtres, mais jamais jaunes. 490
- Fleurs d'un jaune plus ou moins foncé, mais très-sensible. . . 504

490. *Fleurs blanches ou rougeâtres, mais jamais jaunes.*
- Cloison de la silique, ou nulle, ou parallèle aux valves, & aussi large qu'elles. 491
- Cloison de la silique contraire aux valves, & moins large qu'elles. 497

491.	*Cloison de la silique, ou nulle, ou parallèle aux valves, & aussi large qu'elles.*	Silique très-comprimée, & dont l'épaisseur est surpassée plus d'une fois par la largeur. 492
		Silique peu comprimée, & dont l'épaisseur n'est pas surpassée plus d'une fois par la largeur. . . 501*
492.	*Silique très-comprimée, & dont l'épaisseur est surpassée plus d'une fois par la largeur.*	Silique ovale, ou elliptique & partagée en deux loges par une cloison. 493
		Silique orbiculaire, échancrée, & à une seule loge. 496
493.	*Silique ovale ou elliptique & partagée en deux loges par une cloison.*	Silique large & fort grande; feuilles pétiolées. 494
		Silique ovale ou oblongue & assez petite; feuilles sessiles. 495

494. *Silique large & fort grande; feuilles pétiolées.*

Lunaire. *Lunaria.*

Les fleurs de lunaire sont purpurines ou d'un violet-bleuâtre; leurs folioles calicinales sont droites, serrées, & deux d'entre elles forment une saillie remarquable de chaque côté sous la fleur. Le fruit est une silique pédiculée, plane, longue presque d'un pouce sur six à huit lignes de largeur, qui renferme quelques semences comprimées & réniformes.

A N A L Y S E.

Fleurs odorantes; siliques un peu lancéolées.	Fleurs inodores; siliques très-elliptiques.
I.	II.

494. I. *Fleurs odorantes ; siliques un peu lancéolées.*

Lunaire odorante. *Lunaria odorata.*

Lunaria major, siliqua longiore. Tournef. 218.
Lunaria rediviva. Linn. Sp. 911.

Sa tige est haute de deux à trois pieds, droite, branchue, velue & cylindrique; ses feuilles sont grandes, cordiformes, pointues, dentées en scie & pétiolées : les inférieures sont opposées, & les supérieures alternes. Les fleurs sont de couleur violette & disposées en bouquet au sommet de la plante; les siliques sont ovales-oblongues, un peu en pointe & terminées par un long style. Cette plante croît en Alsace où elle est indiquée par Mappus. ♃

II. *Fleurs inodores ; siliques très-elliptiques.*

Lunaire inodore. *Lunaria inodora.*

Lunaria major, siliquâ rotundiore. Tournef. 218.
Lunaria annua. Linn. Sp. 911.

Sa racine est un peu bulbeuse, & pousse une tige rameuse, un peu velue & haute de deux à trois pieds; ses feuilles sont pétiolées, cordiformes, pointues, dentées en scie & la plûpart opposées : les supérieures sont alternes. Les fleurs sont bleuâtres & disposées en bouquet au sommet de la tige & des rameaux; les siliques sont larges, elliptiques, obtuses ou arrondies vers leurs extrémités, chargées du style qui est persistant, & remarquables par la couleur argentée de leurs valves & même de leur cloison, qui deviennent en séchant tout-à-fait transparentes. On trouve cette plante en Alsace & en Provence, dans les lieux montagneux & couverts. ♂

---

495. *Silique ovale ou oblongue & assez petite; feuilles sessiles.*

Drave. *Draba.*

Les draves diffèrent des cransons par leur silique plane; des passerages & des tabourets, par la cloison de cette silique parallèle aux valves; & des alissons, par la couleur blanche ou rougeâtre de leurs fleurs.

495. ANALYSE.

Siliques obliques & un peu contournées. I.	Siliques planes & point contournées. IV.

I. *Siliques obliques & un peu contournées.*

Tige chargée d'une ou deux feuilles; ſiliques pédunculées. II.	Tige chargée de beaucoup de feuilles; ſiliques preſque ſeſſiles. III.

II. *Tige chargée d'une ou deux feuilles; ſiliques pédunculées.*

Drave hériſſée. *Draba hirta.* Linn. Sp. 897.

Alyſſon alpinum polygoni folio incano. Tournef. 217.

Sa tige eſt haute de quatre ou cinq pouces, grêle, cylindrique & garnie de quelques poils fins & écartés. A ſa baſe, on trouve pluſieurs roſettes formées par des feuilles fort petites, ovales, blanchâtres & un peu cotonneuſes; les fleurs ſont blanches, pédunculées & diſpoſées preſque en corymbe. Cette plante croît dans les montagnes de la Provence. ♃

III. *Tige chargée de beaucoup de feuilles; ſiliques preſque ſeſſiles.*

Drave blanchâtre. *Draba incana.* Linn. Sp. 897.

Lunaria ſiliquâ oblongâ intortâ. Tournef. 219.

Sa tige eſt haute de ſix à huit pouces, rameuſe, feuillée, cylindrique & velue ou cotonneuſe inférieurement; ſes feuilles ſont ovales, dentées, blanchâtres & couvertes d'un duvet fort court; celles de la racine ſont alongées, pointues, élargies dans leur partie ſupérieure, garnies en leur bord de quelques dents écartées, & forment une roſette au bas de la plante.

495. Les fleurs sont portées sur de courts péduncules & disposées en épi ou en manière de grappe au sommet de la tige & des rameaux; les siliques sont oblongues, un peu étroites & contournées. Cette plante croît dans les montagnes des provinces méridionales. ♂

IV. *Siliques planes & point contournées.*

Tige nue, ou feuillée seulement dans sa partie inférieure. V.	Tige garnie de feuilles dans toute sa longueur. VIII.

V. *Tige nue, ou feuillée seulement dans sa partie inférieure.*

Fleurs blanches; feuilles dentées ou un peu incisées. VI.	Fleurs purpurines; feuilles trifides ou quinquefides. VII.

VI. *Fleurs blanches; feuilles dentées ou un peu incisées.*

Draye printannière. *Draba verna.* Linn. Sp. 896.

Alysson vulgare polygoni folio, caule nudo. Tournef. 217.
β, *Alysson vulgare foliis incisis.* Vaill. Parif. p. 11.

Ses feuilles sont petites, cunéiformes, pointues, garnies de quelques dents plus ou moins profondes, couchées sur la terre & disposées en rosette au bas de la plante. De leur milieu s'élèvent, jusqu'à la hauteur de trois ou quatre pouces, deux ou trois tiges nues & fort grêles; ces tiges soutiennent de petites fleurs blanches, pédunculées & disposées presque en corymbe. Cette plante croît sur les murs & dans les lieux sablonneux ⊙; elle fleurit de très-bonne heure.

495. VII. *Fleurs purpurines ; feuilles trifides ou quinquefides.*

Drave des Pyrénées. *Draba pyrenaica.* Linn. Sp. 896.

Alyſſon pyrenaicum perenne minimum, foliis trifidis. Tournef. 217.

Cette plante eſt fort petite ; ſa tige eſt un peu couchée dans ſa partie inférieure qui eſt comme embriquée de feuilles ſeſſiles, amplexicaules, un peu rudes, découpées & preſque palmées. La partie ſupérieure de cette tige eſt nue, & porte quatre ou cinq petites fleurs pédunculées & rougeâtres. On trouve cette plante au ſommet des montagnes de la Provence. ♃

VIII. *Tige garnie de feuilles dans toute ſa longueur.*

Feuilles dentées.	Feuilles très-entières.
IX.	X.

IX. *Feuilles dentées.*

Drave des murs. *Draba muralis.* Linn. Sp. 897.

Alyſſon veronicæ folio. Tournef. 217.

Sa tige eſt haute de ſix à ſept pouces, droite, menue, légèrement velue, quelquefois ſimple & garnie de quelques feuilles un peu diſtantes. Ses feuilles radicales ſont ovales, chargées de quelques dents vers leur ſommet, & rétrécies en pétiole à leur baſe. Elles forment une petite roſette ſur la terre. Celles de la tige ſont courtes, preſque en cœur, dentées, velues & amplexicaules. Les unes & les autres ſont un peu rudes au toucher. Les fleurs ſont blanches, fort petites, pédunculées & diſpoſées en un corymbe terminal, qui par la ſuite s'alonge & ſe change en une grappe droite. On trouve cette plante ſur les murs & dans les lieux un peu couverts. ⊙

X. *Feuilles très-entières.*

Pétales entiers.	Pétales bifides.
XI.	XIV.

495. XI. *Pétales entiers.*

Tiges herbacées ; feuilles verdâtres & un peu pointues. XII.	Tiges ligneuſes ; feuilles blanchâtres & obtuſes. XIII.

XII. *Tiges herbacées ; feuilles verdâtres & un peu pointues.*

Drave maritime. *Draba maritima.*

Alyſſon maritimum. Tournef. 217.
Clypeola maritima. Linn. Sp. 910.

Ses tiges ſont hautes de huit à dix pouces, grêles, foibles, rameuſes & preſque glabres ; ſes feuilles ſont lancéolées, étroites, verdâtres & chargées de quelques poils peu ſenſibles. Les inférieures ſont un peu obtuſes. Ses fleurs ſont blanches, pédunculées & diſpoſées en grappes terminales. Les pétales ſont rougeâtres à leur baſe. Le fruit eſt une ſilique non orbiculaire, ni échancrée, mais ovale & partagée en deux loges monoſpermes, par une cloiſon parallèle aux valves. Cette plante croît dans les lieux maritimes des provinces méridionales. ♃

XIII. *Tiges ligneuſes ; feuilles blanchâtres & obtuſes.*

Drave épineuſe. *Draba ſpinoſa.*

Alyſſon fruticoſum aculeatum. Tournef. 217.
Alyſſum ſpinoſum. Linn. Sp. 907.

Ses tiges ſont hautes de ſix à ſept pouces, un peu ligneuſes, très-rameuſes, diffuſes, grêles & blanchâtres ; ſes feuilles ſont alongées, obtuſes à leur ſommet, rétrécies vers leur baſe & blanchâtres des deux côtés : les fleurs ſont pédunculées & ramaſſées en bouquet ou en manière de grappe courte & terminale. Cette plante eſt remarquable par ſes vieux rameaux qui ſont preſque nus, durs, pointus & piquans comme des épines ; elle croît dans les provinces méridionales parmi les rochers. ♄

495. XIV. *Pétales bifides.*

Drave giroflière. *Draba cheiriformis.*

Alysson fruticosum incanum. Tournef. 217.
Alysson incanum. Linn. Sp. 908.

Ses tiges sont hautes d'un pied & demi, grêles, dures, presque simples, mais un peu branchues vers leur sommet; ses feuilles sont lancéolées, éparses, plus longues que les entre-nœuds & d'un vert-blanchâtre; elles sont quelquefois un peu obtuses à leur extrémité & légèrement ciliées en leur bord. Les fleurs sont portées par des péduncules velus; elles sont disposées en bouquets courts & corymbiformes au sommet de la plante. Cette plante a tout-à-fait le port des giroflées ou violiers. On la trouve en Provence. ♃

---

496. *Silique orbiculaire, échancrée & à une seule loge.*

Clypéole monosperme. *Clypeola monosperma.*

Jonthlaspi minimum spicatum, lunatum. Tournef. 210.
Clypeola jonthlaspi. Linn. 910.

Ses tiges sont hautes de sept à huit pouces, grêles, foibles, presques simples & blanchâtres; ses feuilles sont petites, oblongues, un peu spatulées, d'un gris-blanchâtre & couvertes d'un duvet ou d'une espèce de coton extrêmement court. Les fleurs sont jaunes, fort petites, presque sessiles & disposées en épi terminal; les siliques sont planes tout-à-fait orbiculaires, monospermes & couvertes d'un duvet semblable à celui des feuilles ou de la tige. On trouve cette plante sur les murs & dans les lieux sablonneux des provinces méridionales. ⊙

Nota. Cette plante est placée ici par erreur. *Voyez* le n°. 513. **

---

497. *Cloison de la silique contraire aux valves & moins large qu'elles.* . . . . . .
- Silique comprimée & dont les bords sont minces ou tranchans. 498
- Silique renflée, & dont les bords sont très-obtus. 501

---

498. *Silique comprimée & dont les bords sont minces ou tranchans.* . . . . { Silique échancrée à son sommet 499
Silique n'ayant aucune échancrure bien sensible. 500

499. *Silique échancrée à son sommet.*

Tabouret. *Thlaspi.*

La silique des tabourets est remarquable dans la plupart des espèces par un rebord mince qui l'environne, & qui est échancré à son sommet.

ANALYSE.

Silique garnie d'un rebord ou feuillet particulier très-apparent. I.	Silique n'ayant aucun rebord particulier bien sensible. VIII.

I. *Silique garnie d'un rebord ou feuillet particulier très-apparent.*

Tige & feuilles glabres. II.	Tige & feuilles velues. VII.

II. *Tige & feuilles glabres.*

Fleurs blanches. III.	Fleurs rougeâtres. VI.

III. *Fleurs blanches.*

Silique tout-à-fait entourée par un rebord large & orbiculaire IV.	Silique garnie seulement, dans sa partie supérieure, d'un rebord médiocre. V.

499. IV. *Silique tout-à-fait entourée par un rebord large & orbiculaire.*

Tabouret des champs. *Thlaſpi arvenſe.* Linn. Sp. 901.

Thlaſpi arvenſe ſiliquis latis. Tournef. 212.
β. *Thlaſpi allium redolens.* Ibid.

Sa tige eſt haute d'un pied, glabre & rameuſe; ſes feuilles ſont amplexicaules, oblongues, dentées, quelquefois un peu ſinuées, rétrécies vers leur baſe & fort liſſes en leur ſuperficie. Les fleurs ſont blanches, aſſez petites, pédunculées & diſpoſées en grappes droites & terminales. Cette plante croît dans les champs & les lieux cultivés ☉; elle a une odeur d'ail aſſez forte : elle eſt inciſive & anti-ſcorbutique. On trouve la variété β dans les provinces méridionales; ſes ſiliques ſont moins larges & plus ventrues.

V. *Silique garnie ſeulement, dans ſa partie ſupérieure, d'un rebord médiocre.*

Tabouret de montagne. *Thlaſpi montanum.* Linn. Sp. 902.

Burſa paſtoris montana globulariæ folio. Tournef. 216.
β. *Thlaſpi arvenſe perfoliatum majus.* Ibid. 212.
Thlaſpi perfoliatum. Linn. Sp. 902.
γ. *Thlaſpi perfoliatum minus.* Tournef. 212.
Thlaſpi alpeſtre. Linn. Sp. 903.

Sa racine pouſſe pluſieurs tiges hautes de neuf à dix pouces, cylindriques & ordinairement ſimples; ſes feuilles radicales ſont ovales, rétrécies en pétiole à leur baſe, preſque entières ou garnies d'une ou deux dents peu profondes, un peu épaiſſes, très-liſſes & couchées ſur la terre : celles de la tige ſont petites, amplexicaules, cordiformes, très-glabres & un peu diſtantes. Les fleurs ſont pédunculées & diſpoſées en grappes droites & terminales; leur corolle eſt blanche & plus grande que le calice qui eſt ſouvent un peu rougeâtre. Les variétés β & γ ne me paroiſſent diſtinguées de la première, ni entre elles, par aucun caractère ſpécifique ſuffiſamment établi; leurs fleurs ſont petites, mais les pétales ſont toujours plus longs que le calice. Cette plante croît dans les lieux montagneux & incultes. ☉

OBS.

499. Obs. Le *Thlaspi montanum* de M. Linné est une plante vivace selon M. Gerard. En ce cas, on pourra la séparer des plantes β & γ, & la regarder comme une espèce particulière; mais ces dernières doivent être nécessairement réunies.

VI. *Fleurs rougeâtres.*

Tabouret de roche. *Thlaspi saxatile.* Linn. Sp. 901.

Thlaspi parvum saxatile, flore rubente. Tournef. 212.

Ses tiges sont hautes de huit à neuf pouces, glabres, cylindriques & rameuses vers leur sommet; ses feuilles sont éparses, lancéolées, un peu charnues, d'un vert-glauque & très-entières : les inférieures sont obtuses & presque elliptiques; les fleurs sont petites, de couleur rose, pédunculées & disposées comme celles des espèces précédentes. Les siliques sont assez grandes, un peu orbiculaires, comprimées & entourées d'un large rebord. Cette plante croît en Provence parmi les rochers. ♃

VII. *Tiges & feuilles velues.*

Tabouret velu. *Thlaspi hirsutum.*

Thlaspi vulgatius. Tournef. 212.
Thlaspi vaccariæ folio, minus. Ibid.
Thlaspi campestre. Linn. Sp. 902.
β. *Thlaspi capsulis hirsutis.* Tournef. 212.
Thlaspi hirtum. Linn. Sp. 901.

Sa tige est haute d'un pied, droite, cylindrique, chargée d'un duvet fin & blanchâtre, simple dans la plus grande partie de sa longueur, mais un peu rameuse vers son sommet; ses feuilles radicales sont oblongues, spatulées, rétrécies en pétiole à leur base, dentées, sinuées, & souvent pinnatifides dans le voisinage de leur pétiole. Celles de la tige sont lancéolées, amplexicaules, sagittées, dentées dans leur partie inférieure, éparses, nombreuses & plus longues que les entre-nœuds. Les unes & les autres ont un aspect blanchâtre & sont chargées d'un duvet fort court. Les fleurs sont petites, de couleur blanche, portées sur des péduncules velus, & disposées en grappes terminales : les calices sont un peu rougeâtres à

499. leur sommet, & les siliques sont pubescentes ; elles sont plus fortement velues dans la variété β, & les feuilles radicales de cette dernière sont souvent pinnatifides & en lyre, selon l'observation de M. Gouan. (*Obs. Bot. p.* 20). On trouve cette plante dans les terreins incultes & sablonneux ; sa variété croît dans les provinces méridionales. ♂

VIII. *Silique n'ayant aucun rebord particulier bien sensible.*

Silique triangulaire & comme tronquée supérieurement.	Silique fort petite, ovale, & ne paroissant point tronquée.
I X.	X.

IX. *Silique triangulaire & comme tronquée supérieurement.*

Tabouret, bourse à pasteur. *Thlaspi bursa pastoris.* Linn. Sp. 903.

Bursa pastoris major, folio sinuato. Tournef. 116.
β. *Bursa pastoris major, folio non sinuato.* Ibid.
γ. *Bursa pastoris eleganti folio, instar coronopi repentis.* Ibid.

Sa tige est droite, rameuse, & s'élève jusqu'à un pied & demi ; ses feuilles radicales sont longues, rétrécies à leur base, plus ou moins sinuées ou découpées en lyre, pubescentes en leur surface postérieure, & couchées sur la terre ; les feuilles de la tige sont plus petites, alongées, pointues, presque entières, amplexicaules & sagittées ou oreillées à leur base : les fleurs sont blanches & fort petites ; elles sont toujours disposées en corymbe ; mais comme leur péduncule commun s'alonge à mesure que la fructification se développe, les siliques qui leur succèdent sont au contraire toujours disposées en grappe. La variété β ne diffère que par ses feuilles qui sont toutes très-entières ; & la variété γ est remarquable par ses feuilles radicales, toutes un peu étroites & finement découpées en lyre ; elles forment sur la terre une rosette fort agréable. Cette plante croît par-tout, même pendant l'hiver ⊙ ; elle est vulnéraire & astringente. On l'emploie avec succès dans les hémorrhagies.

---

499. X. *Silique fort petite, ovale & ne paroissant point tronquée.*

Tabouret menu. *Thlaspi tenuifolium.*

Nasturtium sylvestre, tenuiter incisum, minori fructu. Tournef. 214.

Lepidium rudetale. Linn. Sp. 900.

Sa tige est rameuse, glabre, & s'élève jusqu'à un pied ; ses feuilles radicales sont nombreuses, ailées dans leur moitié supérieure, & composées de pinnules alternes, découpées très-menu. Celles de la tige sont petites, simples, linéaires, entières & pointues : ses fleurs sont extrêmement petites & disposées en grappes terminales ; leur corolle manque quelquefois ou tombe de très-bonne heure, & les étamines ne sont souvent qu'au nombre de deux, les autres se trouvant avortées, mais ce ne sont point des caractères naturels à cette plante. M. Scopoli a observé la corolle & les six étamines de ses fleurs. (*Scop. carn. t. II, p. 13.*) Cette plante croît en Provence dans les lieux stériles & sur le bord des chemins. ⊙

---

500. *Silique n'ayant aucune échancrure bien sensible.*

Passerage. *Lepidium.*

Les passerages ont un grand rapport avec les tabourets ; & n'en diffèrent que par leurs siliques qui sont très-entières & point bordées d'un feuillet particulier.

A N A L Y S E.

Feuilles ailées ; tige de moins de six pouces.	Feuilles très-simples ; tige de plus de six pouces.
I.	IV.

500. I. *Feuilles ailées ; tiges de moins de ſix pouces.*

Pétales preſque une fois plus grands que le calice.	Pétales dont la grandeur ne ſurpaſſe pas celle du calice.
II.	III.

II. *Pétales preſque une fois plus grands que le calice.*

Paſſerage des Alpes. *Lepidium Alpinum.* Linn. Sp. 898.

Naſturtium Alpinum tenuiſſimè diviſum. Tournef. 214.

Cette plante ne s'élève que juſqu'à deux ou trois pouces ; ſa tige eſt droite, nue dans ſa partie ſupérieure & garnie inférieurement de feuilles aſſez nombreuſes, ouvertes, glabres & ailées vers leur ſommet ; leurs folioles ſont petites & ovales ; les fleurs ſont blanches & diſpoſées en bouquets ou corymbe terminal ; les ſiliques ſont lancéolées. On trouve cette plante dans les montagnes de Provence & Dauphiné. ♃

III. *Pétales dont la grandeur ne ſurpaſſe pas celle du calice.*

Paſſerage puſille. *Lepidium puſillum.*

Naſturtium pumilum ſupinum, vernum. Tournef. 214.
Lepidium procumbens. Linn. Sp. 898.
β. *Naſturtium pumilum vernum.* Tournef. 214.
Lepidium petræum. Linn. Sp. 899.

Sa tige eſt grêle, rameuſe, feuillée & haute de deux ou trois pouces ; ſes rameaux inférieurs ſont aſſez longs, très-ouverts, & paroiſſent couchés ; mais la tige ne l'eſt point : les feuilles ſont ailées, & leurs folioles ſont petites, nombreuſes, lancéolées & très-entières. Les fleurs ſont pédunculées & diſpoſées en corymbe au ſommet de la tige & des rameaux ; elles ſont extrêmement petites & de couleur blanche : les ſiliques ſont ovales, très-entières, & ne paroiſſent un peu échancrées que lorſqu'elles commencent à s'ouvrir. Cette plante fleurit de bonne heure, & croît dans les lieux pierreux des provinces méridionales. ⊙

500. IV. *Feuilles très-ſimples ; tige de plus de ſix pouces.*

Feuilles de la tige linéaires & point dentées V.	Feuilles de la tige ovales-lancéolées & dentées. VI.

V. *Feuilles de la tige linéaires & point dentées.*

Paſſerage graminiforme. *Lepidium gramineum.*

Lepidium gramineo folio ſeu iberis. Tournef. 216.
Lepidium iberis. Linn. Sp. 900.

Sa tige eſt haute d'un à deux pieds, droite, grêle, un peu dure & très-rameuſe ; ſes feuilles radicales ſont lancéolées, un peu élargies vers leur ſommet, dentées & quelquefois légèrement pinnatifides. Celles de la tige ſont entières, fort étroites, linéaires & pointues. Les fleurs ſont blanches, très-petites & diſpoſées en corymbes peu garnis & peu étalés. Pluſieurs de leurs étamines avortent aſſez ſouvent ; car quelquefois on n'en trouve que deux, d'autres fois quatre, mais quelquefois auſſi, on les trouve toutes les ſix. Cette plante croît dans les lieux pierreux & ſur le bord des chemins. ☉ Elle eſt apéritive & diurétique.

VI. *Feuilles de la tige ovales-lancéolées & dentées.*

Paſſerage à larges feuilles. *Lepidium latifolium.* Linn. Sp. 899.

Lepidium latifolium. Tournef. 216.

Sa tige eſt droite, légèrement rameuſe vers ſon ſommet, & s'élève juſqu'à deux ou trois pieds. Ses feuilles inférieures ſont pétiolées, larges, ovales, preſque obtuſes, dentées ſeulement dans leur partie moyenne ; les fleurs ſont blanches, fort petites & forment des grappes preſque panniculées au ſommet de la plante. Cette eſpèce croît dans les lieux un peu couverts. ♃ Elle eſt apéritive, diurétique, inciſive, ſtomachique, emménagogue & anti-ſcorbutique.

501. *Silique renflée, & dont les bords sont très-obtus.* . .
- Silique simple, partagée par une cloison en deux loges latérales. 502
- Silique articulée, ayant une loge supérieure & une inférieure. 503

---

502. *Silique simple, partagée par une cloison en deux loges latérales.*

Cranson. *Cochlearia.*

Les cransons ne diffèrent des passerages que par leur silique peu comprimée, obtuse en ses bords, & quelquefois rude & hérissée.

A N A L Y S E.

Tiges droites; la plupart des feuilles simples. I.	Tiges couchées sur la terre; toutes les feuilles ailées & découpées. VIII.

I. *Tiges droites, la plupart des feuilles simples.*

Toutes les feuilles alongées & lancéolées. II.	Feuilles radicales arrondies & cordiformes. VII.

II. *Toutes les feuilles alongées & lancéolées.*

Feuilles caulinaires, étroites, & simplement sessiles ou pétiolées. III.	Feuilles caulinaires, lancéolées, amplexicaules & oreillées. VI.

502. III. *Feuilles caulinaires, étroites, & simplement sessiles ou pétiolées.*

Feuilles radicales couchées, & n'ayant pas six lignes de largeur. IV.	Feuilles radicales droites, & ayant plus de trois pouces de largeur. V.

IV. *Feuilles radicales couchées, & n'ayant pas six lignes de largeur.*

Cranson de roche. *Cochlearia saxatilis.*

Thlaspi Alpinum majus & minus, capitulo rotundo. Bauh. p. 107.

Myagrum saxatile. Linn. Sp. 894.

Sa tige est haute de six pouces, très-grêle, foible, glabre, rougeâtre à sa base &, rameuse à son sommet ; ses feuilles radicales sont alongées, rétrécies en pétiole à leur base, élargies vers leur sommet, un peu dures, garnies de quelques dents peu profondes & couchées en rond sur la terre ; les feuilles de la tige sont également rétrécies en longs pétioles à leur base ; elles sont oblongues & entières : les fleurs sont petites, de couleur blanche, & forment au sommet de la plante, une pannicule peu garnie. Les siliques sont presque globuleuses. Cette plante croît sur les côtes pierreuses, parmi les rochers. ♃

V. *Feuilles radicales droites, & ayant plus de trois pouces de largeur.*

Cranson rustique. *Cochlearia rusticana.*

Cochlearia folio cubitali. Tournef. 215.

Cochlearia armoracia. Linn. Sp. 904.

Sa tige est haute de deux pieds, droite, cannelée & rameuse seulement vers son sommet ; ses feuilles radicales sont droites, très-grandes, pétiolées, ovales-oblongues, crénelées, glabres & nerveuses ; les feuilles inférieures de la tige sont quelquefois découpées & semi-pinnées : les supérieures sont longues, fort étroites & chargées de quelques dentelures ;

les fleurs ſont blanches, aſſez petites, & diſpoſées par bouquets ou eſpèces de grappes lâches & terminales. Cette plante croît dans les lieux humides, ſur le bord des ruiſſeaux ♃; elle eſt anti-ſcorbutique, diurétique, déterſive & emménagogue. On rape ſa racine, qui eſt fort groſſe, & on la mange en place de moutarde pour aſſaiſonner les viandes & réveiller l'appétit.

VI. *Feuilles caulinaires, lancéolées, amplexicaules & oreillées.*

Cranſon dravier. *Cochlearia draba.* Linn. Sp. 904.

Lepidium humile incanum, arvenſe. Tournef. 216.

Sa tige eſt haute d'un pied, droite, ſtriée & preſque ſimple; ſes feuilles ſont ovales-lancéolées, chargées en leur bord de quelques dents un peu diſtantes, légèrement pubeſcentes des deux côtés, & d'un vert-pâle ou blanchâtre : les fleurs ſont petites, blanches, pédunculées & diſpoſées en corymbe panniculé & terminal. On trouve cette plante dans les provinces méridionales ſur le bord des champs. ♃

VII. *Feuilles radicales, cordiformes & arrondies.*

Cranſon officinal. *Cochlearia officinalis.* Linn. Sp. 903.

Cochlearia folio ſubrotundo. Tournef. 215.

Ses tiges ſont hautes de huit à dix pouces, glabres, tendres, foibles, & quelquefois un peu inclinées : les feuilles radicales ſont nombreuſes, arrondies, en cœur à leur baſe, liſſes, vertes, épaiſſes, ſucculentes, un peu concaves ou creuſées en cuiller, & portées ſur de longs pétioles. Celles de la tige ſont preſque ſeſſiles, oblongues, ſinuées & anguleuſes, les ſupérieures ſont amplexicaules : les fleurs ſont blanches & diſpoſées en bouquet peu étalé & terminal. Cette plante croît dans les environs de Barége & ſur les côtes de la Flandre ♂; elle eſt déterſive, inciſive, très-diurétique & un excellent anti-ſcorbutique.

---

502. VIII. *Tiges couchées sur la terre, toutes les feuilles ailées & découpées.*

Cranson rampant. *Cochlearia repens.*

Nasturtium sylvestre, capsulis cristatis. Tournef. 214.
Cochlearia coronopus. Linn. Sp. 904.

Ses tiges sont longues de six à huit pouces, glabres, rameuses & étalées sur la terre, où elles forment souvent des gazons fort arrondis; ses feuilles sont longues, ailées & composées de pinnules découpées. Ces pinnules vont en augmentant de grandeur vers le sommet de chaque feuille, & leur bord supérieur est particulièrement découpé & semi-pinné. Les fleurs sont blanches, fort petites & disposées en bouquets ou en grappes courtes & latérales. Les capsules sont réniformes, presque bilobées, rudes & bosselées ou hérissées de petites aspérités. Elles sont partagées en deux loges monospermes par une cloison perpendiculaire ou contraire aux valves. Cette plante est commune sur les bords des chemins un peu humides. ⊙

---

503. *Silique articulée, ayant une loge supérieure & une inférieure.*

Caquiller maritime. *Cakile maritima.* Scop. carn. II, p. 35.

Cakile maritima, ampliore folio. Tournef. cor. 49.
Cakile maritima, angustiore folio. Ibid.
Bunias cakile. Linn. Sp. 936.

Ses tiges sont hautes de huit à dix pouces, lisses, très-rameuses & diffuses. Ses feuilles sont ailées, pinnatifides, glabres & un peu charnues. Elles ont leurs pinnules distantes & plus ou moins découpées & dentées. Les fleurs sont rougeâtres ou d'un blanc-violet, & naissent disposées par bouquets au sommet des tiges & des rameaux. L'articulation supérieure de la silique, qui est lisse & ovale, se détache & tombe la première; l'autre ensuite se partage en deux. On trouve cette plante dans les provinces méridionales sur les bords de la mer. ⊙

---

504. *Fleurs d'un jaune plus ou moins foncé, mais très-sensible.* . . . .

- Silique comprimée, & dont la largeur surpasse de beaucoup l'épaisseur. 505
- Silique non comprimée, & dont la largeur ne surpasse presque point l'epaisseur. 509

---

505. *Silique comprimée, & dont la largeur surpasse de beaucoup l'épaisseur.* . . .

- Silique à deux lobes, ou dont la largeur surpasse la longueur. . 506
- Silique simple, & dont la largeur ne surpasse jamais la longueur. 507

---

506. *Silique à deux lobes, & dont la largeur surpasse la longueur.*

Lunetière. *Biscutella.*

Les lunetières sont remarquables par leur silique plane, arrondie, plus large que longue, formant deux lobes presque orbiculaires, séparés par une cloison étroite, qui se prolonge hors de la silique en un style persistant.

A N A L Y S E.

Lobes de la silique connivens sur le style, & point séparés supérieurement. I.	Lobes de la silique divergens sur le style, & séparés supérieurement. II.

I. *Lobes de la silique connivens sur le style, & point séparés supérieurement.*

Lunetière auriculée. *Biscutella auriculata.* Linn. Sp. 911.

Thlaspidium hirsutum, calyce floris auriculato. Tournef. 214.

Sa tige est haute d'un pied & demi, droite, verte, chargée de quelques poils écartés, & rameuse seulement vers son sommet; ses feuilles radicales sont longues, un peu sinuées

506. ou garnies de quelques dents anguleuſes & diſtantes; elles ont au moins un pouce de largeur ſur ſix à ſept pouces de longueur : celles de la tige ſont ſeſſiles, preſque entières, étroites & pointues ; les unes & les autres ſont chargées, principalement en leur bord, de poils blancs, un peu roides & écartés. Les fleurs ſont terminales, aſſez grandes, d'un jaune-pâle, & remarquables par deux oreillettes formées par la baſe de leur calice. Cette plante croît en Provence. ⊙

II. *Lobes de la ſilique divergens ſur le ſtyle, & ſéparés ſupérieurement.*

Lunetière jumelle. *Biſcutella didyma.* Linn. Sp. 911.

Thlaſpidium Monſpelienſe, hieracii folio hirſuto. Tournef. 214.

Cette eſpèce eſt très-diſtinguée de la précédente; ſa tige s'élève moins & eſt plus fortement velue : ſes feuilles ſont alongées, rétrécies vers leur baſe, un peu élargies vers leur ſommet, dentées en leur bord, preſque anguleuſes à leur extrémité & abondamment chargées de poils. Ses fleurs ſont beaucoup plus petites que celles de l'eſpèce précédente, & leur calice ne forme à ſa baſe aucune oreillette bien ſenſible, les ſiliques paroiſſent compoſées chacune de deux ſiliques orbiculaires, attachées l'une & l'autre ſur le même ſtyle, où elles n'adhèrent chacune que par une petite portion de leur circonférence. La forme de ce fruit, ainſi que celle des fleurs, fait le caractère eſſentiel de cette eſpèce, & ne varie point; mais, ſelon les circonſtances locales, les feuilles de cette plante ſont plus ou moins étroites, plus ou moins entières, &, en un mot, varient dans la quantité de poils dont elles ſont naturellement chargées. C'eſt mal-à-propos que M. Linné a changé la diſtinction des eſpèces de ce genre, qu'il avoit établi dans ſon *Spec. Plant. p. 911*, pour créer, aux dépens des variétés dont je viens de parler, des eſpèces très-confuſes & abſolument indiſtinctes, ſi ce n'eſt dans les figures gravées qui n'offrent que les extrêmes, ſans fournir en même temps les nuances intermédiaires qui comblent le vide. (*Voyez* le ſecond *Mantiſſa* de M. Linné, p. 254). On trouve cette plante dans les lieux ſtériles des provinces méridionales. ⊙

---

507. *Silique simple, & dont la largeur ne surpasse jamais la longueur.* . . . . . .
- Silique uniloculaire & monosperme. 513
- Silique partagée en deux loges par une cloison. 508

508. *Silique partagée en deux loges par une cloison.*

Alisson. *Alyssum.*

La silique des alissons est comprimée, ovale ou arrondie, & divisée intérieurement par une cloison parallèle aux valves. Les fleurs, dans leur état de perfection, ont la corolle jaune, mais cette enveloppe, dans quelques espèces, blanchit de bonne heure en se flétrissant.

ANALYSE.

Siliques presque orbiculaires, & un peu échancrées à leur sommet. I.	Siliques ovales, un peu oblongues, & très-entières. IV.

I. *Siliques presque orbiculaires & un peu échancrées à leur sommet.*

Fleurs toutes-à-la-fois d'un beau jaune. II.	Fleurs supérieures jaunâtres, & les inférieures presque blanches. III.

II. *Fleurs toutes-à-la-fois d'un beau jaune.*

Alisson de montagne. *Alyssum montanum.* Linn. Sp. 907.

Alisson perenne montanum, incanum. Tournef. 217.

Ses tiges sont longues de six à sept pouces, nombreuses, couchées, un peu redressées lorsqu'elles fleurissent, ordinairement simples, grêles & légèrement velues; les feuilles inférieures sont courtes, ovales, spatulées, rudes, blanchâtres, chagrinées & parsemées de points blancs, formés

508. par des poils diſpoſés en étoile. Les ſupérieures ſont lancéolées, pointues & blanchâtres : les fleurs ſont pétiolées & diſpoſées en bouquet terminal ; les étamines ont ordinairement chacune, ou au moins les quatre plus grandes, une petite dent ou un petit rameau placé au-deſſous de leur anthère. On trouve cette plante dans les lieux arides des montagnes. ♃

III. *Fleurs ſupérieures jaunâtres, & les inférieures preſque blanches.*

Aliſſon champêtre. *Alyſſum campeſtre.* Linn. Sp. 909.

Alyſſon incanum ſerpylli folio fructu nudo. Tournef. 909.
β. *Alyſſon incanum luteum ſerpylli folio, majus.* Ibid.
Alyſſon incanum luteum ſerpylli folio, minus. Ibid.
Aliſſon calicinum. Linn. Sp. 908.

Ses tiges ſont longues de cinq à ſix pouces, rameuſes, preſque ligneuſes à leur baſe, blanchâtres vers leur ſommet, couchées dans leur jeuneſſe, & droites lorſqu'elles fructifient ; les feuilles ſont alongées, un peu étroites, obtuſes & blanchâtres : les fleurs ſont petites, pédunculées, un peu ramaſſées, & forment un épi qui s'alonge à meſure qu'elles ſe développent ; elles ſont d'un jaune-pâle dans leur état de perfection ; mais elles deviennent blanches en ſe flétriſſant. Les individus que j'ai obſervés à la campagne avoient des feuilles étroites, & leur calice perſiſtoit aſſez long-temps après la chûte de leur corolle. Ceux au contraire que j'ai vus dans les jardins, avoient des feuilles plus larges, ſpatulées, verdâtres, & leur calice tomboit de bonne heure, c'eſt-à-dire, peu de temps après la corolle. On trouve cette plante dans les lieux ſecs & pierreux. ☉

IV. *Siliques ovales, un peu oblongues & très-entières.*

Tiges feuillées dans toute leur longueur ; feuilles non ciliées.	Tiges nues dans leur partie ſupérieure ; feuilles ciliées.
V.	VIII.

508. V. *Tiges feuillées dans toute leur longueur ; feuilles non ciliées.*

Tiges n'ayant pas six pouces de hauteur.	Tiges ayant plus d'un pied de hauteur.
VI.	VII.

VI. *Tiges n'ayant pas six pouces de hauteur.*

Alisson alpestre. *Alyssum alpestre.* Linn. Mant. 92.

Alysson caulibus fruticulosis diffusis, foliis subrotundis, incanis. Gerard. prov. 352, t. XIII, f. 2.

Cette plante est fort petite, ses tiges sont nombreuses, rameuses, diffuses, couchées dans leur jeunesse, & redressées lorsqu'elles fructifient ; ses feuilles sont très-petites, spatulées, obtuses, presque arrondies, ponctuées & blanchâtres. Celles du sommet sont un peu alongées, sur-tout dans le voisinage des fleurs ; mais celles qui terminent les jeunes rameaux, sont courtes, très-rapprochées les unes des autres, & forment au sommet de ces rameaux, de petites rosettes assez serrées : les fleurs sont jaunes, pédunculées & disposées en bouquet ou grappe terminale ; la silique est ovale & blanchâtre. Cette plante croît en Provence parmi les rochers. ♃

VII. *Tiges ayant plus d'un pied de hauteur.*

Alisson lunaire. *Alyssum clypeatum.* Linn. Sp. 909.

Lunaria leucoii folio, siliquâ oblongâ majori. Tournef. 218.

Sa tige est droite, cylindrique, souvent simple, chargée d'un duvet blanchâtre, & s'élève jusqu'à deux pieds ; ses feuilles sont ovales-oblongues, sessiles, d'un vert-blanchâtre, & couvertes de poils courts disposés par étoiles : les fleurs sont jaunâtres & remarquables par leurs pétales étroits & pointus ; les siliques sont ovales-oblongues, axillaires, blanchâtres & couvertes de poils étoilés. On trouve cette plante en Languedoc dans le voisinage de la mer. ⊙

508. VIII. *Tiges nues dans leur partie supérieure ; feuilles ciliées.*

Alisson cilié. *Alyssum ciliatum.*

Alysson Alpinum hirsutum, luteum. Tournef. 217.

Draba aizoides. Linn. Mant. 91.

β. *Draba caule diffuso, ramoso, folioso, foliis linearibus ciliatis.* Ger. prov. 344, t. XIII, fig. 1.

Cette plante s'élève jusqu'à quatre ou cinq pouces ; sa tige est foible, lisse & nue dans sa partie supérieure ; inférieurement elle est garnie de beaucoup de feuilles linéaires, vertes, glabres en leur superficie, ciliées en leur bord, ramassées & disposées en gazon au bas de la plante. Les fleurs sont pédunculées, de couleur jaune, même dans la variété β, & disposées en un bouquet terminal ; leur calice est glabre, plus court que la corolle, & les pétales ont souvent une petite échancrure à leur sommet. Dans une variété, les fleurs commencent à s'épanouir avant que la tige ait acquis deux lignes de grandeur ; mais aussi, avant que la fructification soit achevée, cette tige se developpe & s'élève jusqu'à deux pouces ou même un peu plus. Cette plante croît dans les lieux secs & pierreux des montagnes de la Provence. ♃

Obs. J'ignore si le *Draba Alpina* de M. Linné croît en France ; je ne connois point cette plante. Je l'aurois soupçonnée une variété de l'espèce que je viens de décrire, surtout d'après la description de MM. Scopoli & Haller ; mais l'observation de M. Gouan ne s'accorde pas avec cette opinion. (*Gouan. Obs. p. 89*).

---

509. *Silique non comprimée, & dont la largeur ne surpasse presque point l'épaisseur.*

Cameline. *Myagrum.*

Les fleurs des camelines sont jaunes & disposées en grappes ou en pannicule. Leur fruit est une silique courte, non comprimée, souvent paucisperme & quelquefois irrégulière.

509. ## ANALYSE.

Feuilles de la tige amplexicaules & un peu auriculées. I.	Feuilles de la tige sessiles & point auriculées. VI.

I. *Feuilles de la tige amplexicaules & un peu auriculées.*

Siliques presque sessiles ; feuilles inférieures un peu sinuées. II.	Siliques pédunculées ; toutes les feuilles très-simples. III.

II. *Siliques presque sessiles ; feuilles inférieures un peu sinuées.*

Cameline perfoliée. *Myagrum perfoliatum.* Linn. Sp. 893.

Myagrum monospermum latifolium. Tournef. 211.
β. *Myagrum monospermum minus.* Ibid.
Rapistrum folio glauco sinuato, flore albo. Vaill. Parif. 171.

Sa tige est cylindrique, glabre, rameuse vers son sommet, & s'élève jusqu'à un pied & demi ; ses feuilles radicales sont alongées, dentées, en lyre & couchées sur la terre ; celle de la tige sont moins grandes, plus entières, amplexicaules & légèrement auriculées. Les unes & les autres sont lisses & d'un vert-glauque. Les fleurs sont petites & d'un jaune-pâle ; & les siliques sont pyriformes, monospermes ; mais divisées en trois loges, dont deux sont stériles. On trouve cette plante dans les provinces méridionales. La variété β croît dans les environs de Paris. ☉

III. *Siliques pédunculées, toutes les feuilles très-simples.*

Siliques monospermes, fort petites & globuleuses. IV.	Siliques polyspermes, en cœur, ou pyriformes. V.

IV.

509. IV. *Siliques monoſpermes, fort petites & globuleuſes.*

Cameline panniculée. *Myagrum panniculatum.* Linn. Sp. 895.

Rapiſtrum arvenſe, folio auriculato acuto. Tournef. 211.

Sa tige eſt haute d'un pied ou un peu plus ; elle eſt un peu anguleuſe, légèrement velue, & ſe diviſe en quelques rameaux grêles, aſſez longs & fort étalés. Ses feuilles ſont amplexicaules, ſagittées, un peu velues, rudes au toucher, & en général aſſez petites. On obſerve quelquefois en leur bord des dentelures diſtantes & peu marquées. Les fleurs ſont petites, jaunâtres & diſpoſées en longs épis fort grêles. Les ſiliques ſont extrêmement petites, globuleuſes & chargées du ſtyle de la fleur. Cette plante croît ſur le bord des champs. ☉

V. *Siliques polyſpermes, en cœur ou pyriformes.*

Cameline cultivée. *Myagrum ſativum.* Linn. Sp. 894.

Alyſſon ſegetum, foliis auriculatis acutis. Tournef. 217.

β. Aliſſon fœtidum. Mapp. alſat. 21.

Sa tige eſt haute de deux pieds, cylindrique & rameuſe vers ſon ſommet ; ſes feuilles ſont amplexicaules, auriculées, pointues & garnies de dentelures diſtantes & peu ſenſibles ; elles ſont quelquefois un peu velues : les fleurs ſont jaunâtres & diſpoſées en grappes ou preſque en pannicule au ſommet de la plante. Les ſiliques ſont en forme de poire, plus larges dans leur partie ſupérieure, & contiennent de petites ſemences ovales, marquées par un ſillon : celles de la variété *β* ſont plus arrondies & ont une odeur très-mauvaiſe. On trouve cette plante dans les champs ☉ ; on la cultive pour retirer l'huile de ſes ſemences.

VI. *Feuilles de la tige ſeſſiles, & point auriculées.*

Silique articulée, ou hériſſée d'angles rudes.	Silique liſſe, ſans angles & ſans articulation remarquable.
VII.	X.

VII. *Silique articulée ou hérissée d'angles rudes.*

Silique articulée ; péduncules fort courts. VIII.	Silique hérissée d'angles rudes ; péduncules assez longs. IX.

VIII. *Silique articulée ; péduncules fort courts.*

Cameline vivace. *Myagrum perenne.* Linn. Sp. 893.

Rapistrum monospermum. Tournef. 211.
β. Myagrum rugosum. Linn. Sp. 893.

Sa tige est haute d'un pied & demi, glabre & très-rameuse ; ses feuilles inférieures sont pétiolées, sinuées & pinnatifides à leur base ; elles se terminent par un lobe large, alongé, un peu denté & obtus : celles de la tige sont plus petites, rétrécies en pétiole dans leur partie inférieure, elliptiques, oblongues & simplement dentées. Les fleurs sont jaunes, portées sur de courts péduncules ; les siliques ont deux ou trois articulations, dont celle qui termine est renflée, striée, & monosperme : les autres sont stériles & fort petites. On trouve cette plante en Alsace & dans les provinces méridionales. ♃

IX. *Silique hérissée d'angles rudes ; peduncules assez longs.*

Cameline massière. *Myagrum clavatum.*

Erucago segetum. Tournef. 232.
Bunias erucago. Linn. Sp. 935.

Sa tige est haute de deux pieds, grêle & rameuse dès sa base ; ses feuilles radicales sont longues, en lyre & découpées jusqu'à la côte : leurs lobes sont opposés, triangulaires & dentés en leur bord supérieur ; les feuilles de la tige sont étroites, un peu dentées & distantes. Les fleurs sont jaunes, pédunculées & disposées en grappes lâches & terminales ; les siliques sont courtes, tétragones, chargées du style de la fleur, hérissées d'angles & de dents pointues, & contiennent quatre petites semences arrondies. Cette plante croît dans les champs des provinces méridionales. ☉

509. X. *Silique lisse, sans angles, & sans articulation remarquable.*

Cameline aquatique. *Myagrum aquaticum.*

α. *Sisymbrium aquaticum, foliis in profundas lacinias divisis, siliquâ breviori.* Tournef. 226.

β. *Sisymbrium aquaticum, raphani folio, siliquâ breviori.* Ibid.

γ. *Sisymbrium aquaticum, foliis variis.* Vaill. Paris. 185.

Sisymbrium amphibium. Linn. Sp. 917. (α, β, γ).

Sa tige est glabre, striée, rameuse, & s'élève jusquà trois pieds, ses feuilles sont lisses, vertes, ovales-oblongues, lancéolées, dentées & quelquefois profondément pinnatifides; elles varient beaucoup dans la grandeur ou la profondeur de leurs découpures. Les fleurs sont jaunes, pédunculées & disposées en bouquets ou grappes terminales; les siliques sont courtes, chargées du style de la fleur; & portées par des péduncules ouverts & presque pendans : elles contiennent plusieurs semences. On trouve cette plante dans les lieux aquatiques, sur le bord des eaux.

---

510. *Silique dont la longueur surpasse quatre fois au moins la largeur.* . . .
- Feuilles de la tige amplexicaules. . . . 511
- Feuilles de la tige non amplexicaules. 517

---

511. *Feuilles de la tige amplexicaules.* . . . .
- Feuilles de la tige entières ou simplement dentées. 512
- Feuilles de la tige ailées & en lyre. . . . . 523—III

---

512. *Feuilles de la tige entières ou simplement dentées.*
- Siliques monospermes. . . . 513
- Siliques polyspermes. . . . 514

513.	*Siliques monospermes.* . .	Silique lancéolée.	513*
		Silique orbiculaire. . . .	513**

513.* *Silique lancéolée.*

Pastel des Teinturiers. *Isatis tinctoria.* Linn. Sp. 936.

Isatis sylvestris vel angustifolia. Tournef. 211.
β. *Isatis sativa vel latifolia.* Ibid.

Sa tige est droite, très-lisse, rameuse, & s'élève jusqu'à deux ou trois pieds; ses feuilles sont lancéolées pointues, entières, amplexicaules, auriculées à leur base, lisses & d'un vert un peu glauque. Ses fleurs sont petites, de couleur jaune, & disposées en pannicule au sommet de la plante; les siliques sont nombreuses, pendantes, uniloculaires & monospermes. On trouve cette plante sur les côtes sèches & pierreuses. ♂ Elle fournit une teinture bleue.

513.** *Silique orbiculaire.*

Clypéole monosperme. *Clypeola monosperma.*

Jonthlaspi minimum spicatum lunatum. Tournef. 210.
Clypeola jonthlaspi. Linn. Sp. 910.

Ses tiges sont hautes de sept à huit pouces, grêles, foibles, presque simples & blanchâtres; ses feuilles sont petites, oblongues, un peu spatulées, d'un gris-blanchâtre & couvertes d'un duvet ou d'une espèce de coton extrêmement court. Les fleurs sont jaunes, fort petites, presque sessiles & disposées en épi terminal, les siliques sont planes, tout-à-fait orbiculaires, monospermes & couvertes d'un duvet semblable à celui des feuilles ou de la tige. On trouve cette plante sur les murs & dans les lieux sablonneux des provinces méridionales. ⊙

Obs. Cette plante devroit être placée immédiatement après les alissons, avec lesquels elle a le plus grand rapport; mais je me suis apperçu trop tard de ma méprise.

514. *Siliques polyspermes.* . . . { Réceptacle de la fleur chargé de quatre glandes remarquables, dont une de chaque côté entre l'étamine courte & le pistil, & une autre de chaque côté entre les deux étamines longues ; semences globuleuses. . . . . 515.
Réceptacle de la fleur n'ayant aucunes glandes bien sensibles placées entre les étamines & le pistil ; semences comprimées. . . . . . 516.

---

515. *Réceptacle de la fleur chargé de quatre glandes remarquables, dont une de chaque côté entre l'étamine courte & le pistil, & une autre de chaque côté entre les deux étamines longues ; semences globuleuses.*

Chou. *Brassica.*

Les fleurs de chou sont assez grandes & disposées en grappes presque panniculées : leur calice est resserré contre les onglets de la corolle, & plusieurs espèces sont remarquables par une corne au sommet de leur silique, formée par la cloison qui est plus longue que les valves.

A N A L Y S E.

Siliques cylindriques ; feuilles inférieures en lyre ou pinnatifides.	Siliques tétragones ; toutes les feuilles très-simples.
I.	VI.

I. *Siliques cylindriques ; feuilles inférieures en lyre ou pinnatifides.*

Toutes les feuilles douces au toucher.	Feuilles inférieures très-rudes au toucher.
II.	III.

515. II. *Toutes les feuilles douces au toucher.*

Chou potager. *Brassica oleracea.* Linn. Sp. 932.

α. *Brassica capitata alba.* Tournef. 219.
Chou pommé, blanc.

β. *Brassica alba vel viridis.* Ibid.
Chou blond.

γ. *Brassica alba crispa.* Ibid.
Chou frisé, blanc.

δ. *Brassica capitata rubra.* Ibid.
Chou pommé, rouge.

ε. *Brassica gongylodes.* Ibid.
Chou-rave.

ζ. *Brassica cauliflora.* Ibid.
Chou-fleur.

η. *Brassica radice napiformi.* Ibid.
Chou-navet.

θ. *Brassica arvensis.* Ibid.
Le colsa.

ι. *Brassica maritima arborea, seu procerior ramosa.* Ibid.
Chou arborescent.

Le chou est une plante suffisamment connue de tout le monde par le grand usage qu'on en fait dans les cuisines ; on en cultive beaucoup de variétés, dont je viens de citer les plus remarquables. Ces plantes, dans l'état où nous les voyons actuellement, n'existent vraisemblablement nulle part ailleurs dans la Nature, que dans les jardins où elles se sont formées & où l'on continue de les multiplier. J'en excepte cependant les deux dernières variétés θ, ι, qui sont peut-être le type de toutes les autres. ♂

Le chou est regardé comme pectoral, mais venteux & un peu difficile à digérer. Ses semences sont diurétiques.

515. III. *Feuilles inférieures très-rudes au toucher.*

Racine d'une ſaveur douceâtre.	Racine d'une ſaveur piquante.
IV.	V.

IV. *Racine d'une ſaveur douceâtre.*

Chou-navet. *Braſſica napus.* Linn. Sp. 931.

Napus ſylveſtris. Tournef. 229.

ß. Napus ſativa. Ibid.

La tige du navet eſt liſſe, rameuſe, & s'élève juſqu'à deux ou trois pieds ; ſes feuilles radicales ſont alongées, en lyre, plus larges vers leur ſommet, rudes & d'un gros vert ; celles de la tige ſont liſſes, cordiformes & amplexicaules : les fleurs ſont jaunes & diſpoſées en grappes lâches & panniculées. On cultive cette plante dans les champs, les jardins ♂ ; ſa racine eſt un légume ſain, quoiqu'un peu venteux, & dont on fait beaucoup uſage dans les alimens ; elle eſt pectorale, inciſive & diurétique.

V. *Racine d'une ſaveur piquante.*

Chou-rave. *Braſſica rapa.* Linn. Sp. 931.

Rapa ſativa rutunda. Tournef. 228.

ß. Rapa ſativa oblongua. Ibid.

Cette plante reſſemble beaucoup au navet par ſon port ; & quelquefois il n'eſt pas aiſé de l'en diſtinguer ; mais elle en diffère par le goût de ſa racine, qui eſt agréable quoique piquant. On cultive la rave dans les jardins potagers ♂ ; elle eſt pectorale, diurétique, inciſive & un peu ſtimulante. On la dit utile dans la phthiſie.

VI. *Silique tétragone ; toutes les feuilles très-ſimples.*

Chou perfolié. *Braſſica perfoliata.*

α. Braſſica campeſtris perfoliata, flore albo. Tournef. 220.

ß. Braſſica campeſtris perfoliata, flore purpureo. Ibid.

γ. Braſſica alpina, perennis. Ibid.

Cette plante diffère eſſentiellement des autres eſpèces de

515. chou, par ses siliques grêles, longues, exactement tétragones & point terminées par une corne; ses feuilles sont amplexicaules, oblongues, spatulées, quelquefois un peu rétrécies en pétiole vers leur base, mais toujours toutes très-simples, lisses, & membraneuses ou un peu charnues. La plante varie dans la durée de sa racine, la hauteur de sa tige & la couleur de ses fleurs. La première variété (α) est remarquable par sa racine annuelle & par ses fleurs d'un blanc un peu jaunâtre; la variété β a les fleurs de couleur violette, & la variété γ les a blanches ou quelquefois jaunâtres & veinées. On peut rapporter à cette plante le *Brassica orientalis*, le *B. campestris*, le *B. arvensis* & le *B. alpina* de M. Linné. Elle croît en Alsace, en Dauphiné & en Provence, ⊙ ou ♃.

---

516. *Réceptacle de la fleur n'ayant aucune glande bien sensible placée entre les étamines & le pistil; semences comprimées.*

Tourelle. *Turritis.*

Les fleurs de tourelle sont ordinairement blanches ou un peu rougeâtres; les siliques sont grêles, longues, sans corne terminale, redressées & quelquefois un peu comprimées, & les feuilles de la tige sont simples & amplexicaules.

A N A L Y S E.

Fleurs blanches ou jaunâtres.	Fleurs purpurines.
I.	VIII.

I. *Fleurs blanches ou jaunâtres.*

Feuilles de la tige velues.	Feuilles de la tige glabres.
II.	VII.

516. II. *Feuilles de la tige velues.*

Fleurs très-petites ; les feuilles de la tige, les siliques & les pétales presque droits.	Fleurs assez grandes ; les feuilles de la tige, les siliques & les pétales fort ouverts.
III.	IV.

III. *Fleurs très-petites ; les feuilles de la tige, les siliques & les pétales presque droits.*

Tourelle velue. *Turritis hirsuta.* Linn. Sp. 930.

Turritis lob. Tournef. 223.
β. *Turritis minor.* Ibid.

Sa tige est droite, velue, ordinairement simple, & s'élève jusqu'à deux pieds ; elle est garnie dans toute sa longueur de feuilles éparses, amplexicaules, alongées, un peu étroites, dentées en leur bord & presque toujours redressées : les feuilles radicales sont ovales-oblongues, obtuses à leur sommet, spatulées, dentées ou sinuées à leur base, & couchées en rond sur la terre au bas de la plante ; les siliques sont longues, très-grêles & presque parallèles à la tige. On trouve cette plante dans les vignes & les lieux un peu couverts. ♂

IV. *Fleurs assez grandes, les feuilles de la tige, les siliques & les pétales fort ouverts.*

Fleurs d'un blanc-jaunâtre ; feuilles de la tige deux fois au moins plus longues que larges.	Fleurs d'un blanc-de-lait ; feuilles de la tige n'étant pas deux fois plus longues que larges.
V.	VI.

516. V. *Fleurs d'un blanc-jaunâtre ; feuilles de la tige deux fois au moins plus longues que larges.*

Tourelle ochreuse. *Turritis ochroleuca.*

Leucoium hesperidis folio. Tournef. 221.
Arabis turrita. Linn. Sp. 930.
β. *Arabis pendula.* Ibid.

Sa tige est haute d'un pied, un peu velue & ordinairement simple, ses feuilles radicales sont longues, elliptiques, dentées, d'un vert-blanchâtre, quelquefois un peu rougeâtres en leur bord & couchées sur la terre : celles de la tige sont amplexicaules, lancéolées & un peu dentées, les siliques sont fort longues, arquées, divergentes & presque pendantes. Cette plante croît dans les lieux couverts des provinces méridionales. ☉

VI. *Fleurs d'un blanc-de-lait ; feuilles de la tige n'étant pas deux fois plus longues que larges.*

Tourelle précoce. *Turritis verna.*

Leucoium vernum perenne, album, majus. Tournef. 221.
Arabis alpina. Linn. Sp. 928.

Ses tiges sont cylindriques, légèrement velues, rameuses à leur base, & s'élèvent jusqu'à un pied & demi ; elles sont quelquefois foibles & un peu inclinées ; ses feuilles radicales sont ovales-oblongues, épaisses, un peu velues, dentées & couchées sur la terre : celles de la tige sont ovales ; amplexicaules, dentées & chargées de poils très-courts : les unes & les autres ont un aspect blanchâtre ; les fleurs forment un bouquet corymbiforme au sommet de chaque tige. Cette plante fleurit de très-bonne heure. On la trouve en Alsace & en Provence. ♃

VII. *Feuilles de la tige glabres.*

Tourelle glabre. *Turritis glabra.* Linn. Sp. 930.

Turritis foliis inferioribus cichoraceis, cæteris perfoliata. Tournef. 224.

Sa tige est haute d'un pied & demi, simple & chargée dans toute sa longueur de feuilles amplexicaules, sagittées,

516. pointues & d'un vert-glauque ; les feuilles radicales sont nombreuses, velues, rudes au toucher, dentées, quelquefois entières, quelquefois semi-pinnées, & couchées sur la terre ; elles deviennent glabres, comme celles de la tige, en vieillissant : les fleurs sont blanches & disposées comme celles des espèces précédentes. On trouve cette plante sur les côteaux incultes & arides. ♂

VIII. *Fleurs purpurines.*

Tourelle purpurine. *Turritis purpurea.*

Turritis annua verna, flore purpurascente. Tournef. 224.
Hesperis verna. Linn. Sp. 928.

Sa tige est droite, un peu velue, quelquefois rameuse inférieurement, peu garnie de feuilles dans sa partie supérieure, & haute de quatre à cinq pouces, ses feuilles radicales sont ovales, spatulées, dentées & couchées sur la terre : celles de la tige sont amplexicaules & cordiformes ; elles sont les unes & les autres rudes au toucher, velues & comme chagrinées : les fleurs sont petites, de couleur purpurine ou violette. Cette plante croît en Provence. ⊙

---

517. *Feuilles de la tige non amplexicaules.* . . . . . .

- Silique terminée par une corne ou une languette particulière, longue de deux lignes ou davantage. 518
- Silique dont la languette terminale est presque nulle ou n'a pas une ligne de longueur. 525

---

518. *Silique terminée par une corne ou une languette particulière, longue de deux lignes ou davantage.*

- Calice lâche, & dont les folioles sont écartées ou peu serrées contre la fleur. 519
- Calice serré, & dont les folioles sont rapprochées & appliquées contre la fleur. 520

---

519. *Calice lâche, & dont les folioles sont écartées ou peu serrées contre la fleur.*

Moutarde. *Sinapis.*

Les fleurs de moutarde ont les pétales évasés & soutenus par des onglets droits & menus ; elles ont quatre glandes situées sur le réceptacle, à la base des étamines, & semblables à celles qu'on observe dans les fleurs du chou. Les siliques ont une corne conique & assez longue.

ANALYSE.

Siliques glabres, au moins dans leur parfait développement. I.	Siliques velues, même dans leur parfait développement. VI.

I. *Siliques glabres, au moins dans leur parfait développement.*

Siliques toutes rapprochées & serrées contre l'axe de leur grappe. II.	Siliques libres, & point toutes rapprochées contre l'axe de leur grappe. V.

II. *Siliques toutes rapprochées & serrées contre l'axe de leur grappe.*

Feuilles de la tige glabres & verdâtres. III.	Toutes les feuilles blanchâtres & velues des deux côtés. IV.

III. *Feuilles de la tige glabres & verdâtres.*

Moutarde noire. *Sinapis nigra.* Linn. Sp. 933.

Sinapi rapi folio. Tournef. 227.

Sa tige est haute de trois pieds, légèrement velue & très-rameuse; ses feuilles sont un peu charnues, & ressemblent

519. à celles de la rave, mais elles sont moins grandes : les inférieures sont chargées de quelques poils écartés, & toutes les autres sont ordinairement glabres; les fleurs sont petites, de couleur jaune, & disposées en grappes terminales; les semences sont globuleuses & de couleur brune. Cette plante croît dans les champs arides & pierreux ⊙; les semences ont un goût âcre & piquant; elles sont diurétiques, anti-hydropiques, stymulantes, anti-paralytiques, sternutatoires, sialogogues, vésicatoires & détersives. On en forme une espèce de pâte liquide dont on se sert pour relever le goût des viandes.

IV. *Toutes les feuilles blanchâtres & velues des deux côtés.*

Moutarde canescente. *Sinapis incana.* Linn. Sp. 934.

Erysimum foliis subincanis, siliquis brevissimis. Vaill. Paris. 51.

Sa tige est haute de deux pieds, ferme, dure, rameuse, rude au toucher, & chargée de poils courts & blanchâtres; ses feuilles inférieures sont en lyre, pinnatifides, très-velues, & d'un vert-jaunâtre ou blanchâtre; celles de la tige sont lancéolées, ordinairement entieres, peu nombreuses & distantes : les fleurs sont petites, d'un jaune-pâle; & les siliques, très-serrées contre l'axe de leur grappe, n'ont que quatre ou cinq lignes de longueur. On trouve cette plante dans les lieux arides & pierreux. ⊙

V. *Siliques libres & point toutes rapprochées contre l'axe de leur grappe.*

Moutarde des champs. *Sinapis arvensis.* Linn. Sp. 933.

Sinapi arvense præcox, semine nigro. Tournef. 227.
β. Idem, foliis integris. Ibid.

Sa tige est haute d'un pied & demi, dure, rameuse, & chargée de quelques poils dans sa partie inférieure; ses feuilles sont larges, presque glabres, n'ayant qu'une couple de pinnules à leur base, & quelquefois toutes simplement dentées : les fleurs sont jaunes, plus grandes que celles des espèces précédentes, & les pétales sont arrondis à leur sommet. Les

519. ſiliques ont preſque deux pouces de longueur, en y comprenant leur corne, & contiennent des ſemences d'un rouge-brun. Cette plante eſt commune ſur le bord des champs. ⊙

VI. *Siliques velues, même dans leur parfait développement.*

Moutarde blanche. *Sinapis alba.* Linn. Sp. 933.

Sinapi album, ſiliquâ hirſutâ, ſemine albo & rufo. Tournef. 227.

Sa tige eſt haute d'un pied & demi, légèrement velue, cylindrique, ſtriée & un peu rameuſe, mais moins que celle de l'eſpèce précédente; ſes feuilles ſont pétiolées, ailées à leur baſe, avec un lobe terminal aſſez grand, pointu, denté, & ſouvent lui-même trilobé. Elles ne ſont velues que ſur leur pétiole & ſur leurs nervures poſtérieures : les fleurs ſont d'un jaune-pâle : les ſiliques ſont beaucoup plus petites que leur corne, & ſont ſoutenues par des péduncules très-ouverts & écartés de l'axe de leur grappe. Les ſemences ſont d'un blanc-jaunâtre. On trouve cette plante dans les champs pierreux ⊙; on retire de ſes ſemences une huile par expreſſion, & on peut la ſubſtituer, pour l'uſage, à la moutarde noire.

520.		
Calice ſerré, & dont les folioles ſont rapprochées & appliquées contre la fleur.	Silique articulée, renflée à ſa baſe, & terminée par une corne non applatie.	521
	Silique non articulée, & terminée par un ſtyle ou une languette applatie.	522

---

521. *Silique articulée, renflée à ſa baſe, & terminée par une corne non applatie.*

Radis. *Raphanus.*

Les radis ont beaucoup de rapport avec les choux, & particulièrement avec les eſpèces de choux qu'on nomme communément *rave* & *navet*, mais ils en diffèrent par la forme de leurs ſiliques & par leurs feuilles qui ne ſont point amplexicaules & qui ſont toutes fort rudes au toucher.

521. ANALYSE.

Silique renflée, conique & biloculaire.	Silique articulée, noueuse & uniloculaire.
I.	II.

I. *Silique renflée, conique & biloculaire.*

Radis cultivé. *Raphanus sativus.* Linn. Sp. 935.

Raphanus major orbicularis vel rotundus. Tournef. 229.
β. *Raphanus niger.* Ibid.
γ. *Raphanus minor oblongus.* Ibid.

Ses tiges sont très-rameuses, & s'élèvent jusqu'à deux ou trois pieds; ses feuilles sont pétiolées, ailées ou en lyre, & ressemblent à celles de la rave ou du navet, & ses fleurs sont d'une couleur blanche un peu violette ou rougeâtre. Cette plante est cultivée dans les jardins potagers ♂; sa racine a un goût piquant mais agréable : elle est détersive, diurétique & expectorante.

II. *Silique articulée, noueuse & uniloculaire.*

Radis sauvage. *Raphanus sylvestris.*

Raphanistrum siliquâ articulatâ glabrâ, majore & minore. Tournef. 230.
Raphanus raphanistrum. Linn. Sp. 935.

Sa tige est haute d'un pied, rameuse & chargée de poils durs & piquans; ses feuilles sont ailées ou pinnatifides à leur base, & se terminent par un lobe fort grand, ovale & denté : ses fleurs sont assez grandes, mais elles varient dans leur couleur. On les trouve quelquefois d'un rouge-violet bien marqué; d'autres fois elles sont blanches avec des veinules bleuâtres; enfin, souvent on les observe d'un jaune-pâle. Cette plante est commune sur le bord des champs. ☉

522. *Silique non articulée & terminée par un style ou une languette applatie. . . .*

Fleurs d'un janne-pâle ou foncé; silique s'ouvrant sans élasticité remarquable. 523

Fleurs blanches ou rougeâtres; siliques dont les valves s'ouvrent avec élasticité en se roulant sur elles-mêmes de bas en haut. . 524

---

523. *Fleurs d'un jaune-pâle ou foncé; silique s'ouvrant sans élasticité remarquable.*

Roquette. *Eruca.*

Les fleurs de roquette ont leur calice serré, & leur réceptacle est chargé de quatre glandes semblables à celle qu'on observe dans les fleurs de la moutarde & du chou. Les siliques sont terminées par un style ou par une corne comprimée & ensiforme. Toutes les feuilles sont découpées & remarquables par une saveur très-âcre & presque brûlante.

ANALYSE.

Fleurs d'un jaune très-pâle, & chargées de veines noirâtres. I.	Fleurs d'un jaune-décidé, n'ayant aucunes veines remarquables. II.

I. *Fleurs d'un jaune très-pâle & chargées de veines noirâtres.*

Roquette cultivée. *Eruca sativa.* Dod. pempt. 708.

Eruca latifolia alba, sativa Dioscoridis. Tournef. 227.
Brassica eruca. Linn. Sp. 932.

Sa tige est haute d'un pied & demi, velue & rameuse; ses feuilles sont longues, pétiolées, ailées ou en lyre, avec un lobe terminal assez grand; elles sont tendres, vertes, lisses & presque glabres; les fleurs sont d'un jaune-citrin fort pâle & sont marquées de veines violettes ou noirâtres. Cette plante

523. plante croît dans les provinces méridionales ; on la cultive dans les jardins. ⊙ Elle est stomachique, diurétique, anti-scorbutique & très-stimulante.

II. *Fleurs d'un jaune-décidé, n'ayant aucune veine remarquable.*

Feuilles amplexicaules ; tige très-glabre. III.	Feuilles non amplexicaules ; tige rude & velue. IV.

III. *Feuilles amplexicaules ; tige très-glabre.*

Roquette barbarée. *Eruca barbarea.*

Sisymbrium erucæ folio glabro, flore luteo. Tournef. 226.
Erysimum barbarea. Linn. Sp. 922.

Sa tige est haute d'un pied & demi, droite, striée, feuillée dans toute sa longueur, & peu rameuse. Ses feuilles sont lisses, très-glabres, amplexicaules, ailées ou en lyre, & ont un lobe terminal fort grand, ovale ou arrondi ; les fleurs sont assez petites, d'un beau jaune, & disposées en épis serrés au sommet de la plante. Les siliques sont grêles & terminées par une corne ou un style long de près de deux lignes. On trouve cette plante sur le bord des ruisseaux & des chemins humides. ♃ Elle est détersive, anti-scorbutique & diurétique.

IV. *Feuilles non amplexicaules ; tige rude & velue.*

Roquette sauvage. *Eruca sylvestris.* Dod. pempt. 708.

Eruca sylvestris major lutea, caule aspero. Tournef. 227.
Brassica erucastrum. Linn. Sp. 932.

Ses tiges sont hautes d'un pied & demi, nombreuses, rameuses, grêles & un peu rudes ; ses feuilles sont alongées, pinnatifides ou en lyre, mais avec des découpures étroites & dentées ; leur lobe terminal n'est point élargi & obtus, comme on l'observe dans les feuilles inférieures des deux espèces précédentes : les siliques sont lisses, redressées & parallèles à l'axe de leur grappe. Cette plante croît dans les lieux incultes, sur les vieilles murailles ⊙ ; son goût est extrêmement âcre & un peu amer.

524. *Fleurs blanches ou rougeâtres ; ſiliques dont les valves s'ouvrent avec élaſticité en ſe roulant ſur elles-mêmes de bas en haut.*

Dentaire quintefeuille. *Dentaria pentaphyllos.* Linn. Sp. 912.

Dentaria pentaphyllos, foliis mollioribus. Tournef. 225.
ß. Dentaria heptaphyllos. Ibid.

Sa racine eſt blanche, charnue, dentée ou écailleuſe, & pouſſe une tige haute d'un pied & ordinairement ſimple ; ſes feuilles ſont pétiolées & compoſées de cinq ou ſept folioles lancéolées, dentées & diſpoſées en forme de digitations ou quelquefois un peu en manière d'aile. Les fleurs ſont terminales, pédunculées, de couleur blanche & légèrement rougeâtres en-dehors; elles ſont quelquefois tout-à-fait purpurines ou violettes : les ſiliques ſont longues, médiocrement comprimées & un peu enſiformes. Cette plante croît en Alſace & en Provence ♃ ; ſon goût eſt âcre & piquant.

---

525. *Silique dont la languette terminale eſt preſque nulle, ou n'a pas une ligne de longueur.* . . . .
- Fleurs blanches ou rougeâtres ; ou d'une couleur ſale & ferrugineuſe. 526
- Fleurs jaunes & jamais d'une couleur ſale & ferrugineuſe. 533

---

526. *Fleurs blanches ou rougeâtres, ou d'une couleur ſale & ferrugineuſe.* . . . . .
- Feuilles parfaitement ailées ou ternées ; leurs folioles ne ſont point cohérentes à leur baſe. 527
- Feuilles ſimples ou pinnatifides ; leurs découpures, lorſqu'elles exiſtent, ſont cohérentes à leur baſe. 528

---

527. *Feuilles parfaitement ailées ou ternées.*

Creſſon. *Cardamine.*

Les fleurs de creſſon ſont blanches, ou quelquefois un peu rougeâtres ; les ſiliques, dans pluſieurs eſpèces, s'ouvrent avec élaſticité, & leurs valves ſe roulent ſouvent ſur elles-mêmes de bas en haut. Ces plantes ont un aſpect liſſe, & ſont rarement chargées de poils.

ANALYSE.

Toutes les feuilles ailées. I.	La plupart des feuilles ternées. VI.

I. *Toutes les feuilles ailées.*

Fleurs fort petites ; les pétales n'ont pas plus de deux lignes de longueur. II.	Fleurs aſſez grandes ; les pétales ont toujours trois lignes au moins de longueur. V.

II. *Fleurs fort petites ; les pétales n'ont pas plus de deux lignes de longueur.*

Siliques horizontales, preſque pendantes, & à peine auſſi longues que leur péduncule. III.	Siliques redreſſées, jamais pendantes, & toutes plus longues que leur péduncule. IV.

III. *Siliques horizontales, preſque pendantes, & à peine auſſi longues que leur péduncule.*

Creſſon de fontaine. *Cardamine fontana.*

Siſymbrium aquaticum. Tournef. 226.
Siſymbrium naſturtium. Linn. Sp. 916.

Ses tiges ſont hautes d'un pied, rameuſes, creuſes, cannelées;

527. vertes, ou quelquefois un peu rougeâtres; ses feuilles sont ailées avec une impaire, & sont composées de folioles obrondes ou ovales, ou elliptiques, mais toutes d'un vert-foncé, lisses & un peu succulentes : la foliole terminale est plus grande que les autres. Les fleurs sont petites, de couleur blanche, & disposées en une espèce de grappe courte ou de corymbe qui ne s'élève presque pas au-dessus des feuilles; les siliques sont courtes & un peu courbées. Cette plante croît dans les fontaines, les ruisseaux ♃; son goût est piquant, mais agréable; elle est diurétique, apéritive & un excellent anti-scorbutique.

IV. *Siliques redressées, jamais pendantes, & toutes plus longues que leur péduncule.*

Cresson parviflore. *Cardamine parviflora.*

Cardamine pratensis parvo flore. Tournef. 224.

β. *Cardamine annua exiguo flore.* Ibid.

Cardamine impatiens. Linn. Sp. 914.

γ. *Cardamine quarta Dalechampii.* Tournef. 224.

Cardamine hirsuta Linn. Sp. 915.

Sa tige est haute de six à huit pouces, presque nue, & légèrement rameuse vers son sommet; elle est garnie dans sa partie inférieure de beaucoup de feuilles, longues de quatre à cinq pouces, ailées & couchées sur la terre : leurs folioles sont un peu anguleuses, sur-tout celles de l'extrémité qui sont les plus grandes, obrondes & quelquefois trilobées. Dans la partie supérieure de la tige, à la base de chaque rameau, on trouve une feuille dont les folioles sont linéaires & obtuses; les fleurs sont blanches & fort petites, mais leurs pétales sont toujours un peu plus grands que le calice. Ces pétales manquent quelquefois ou tombent de bonne heure dans la variété β : la variété γ est souvent remarquable par quelques poils épars sur sa tige, & particulièrement sur ses feuilles. Cette plante croît dans les prés humides & dans les lieux couverts. ⊙

---

527. V. *Fleurs assez grandes ; les pétales ont toujours trois lignes au moins de longueur.*

Cresson des prés. *Cardamine pratensis.* Linn. Sp. 915.

Cardamine pratensis magno flore. Tournef. 224.
β. *Cardamine flore majore, elatior.* Ibid.
Cardamine amara. Linn. Sp. 915.

Sa tige est droite, ordinairement simple, & s'élève jusqu'à un pied & demi ; ses feuilles inférieures sont composées de folioles obrondes, un peu anguleuses, & d'autant plus petites, qu'elles sont moins terminales ; les feuilles de la tige ont presque toutes des folioles étroites & linéaires : les fleurs sont grandes, presque toujours un peu purpurines, & disposées en un bouquet lâche, peu garni & terminal. La variété β est remarquable par ses fleurs moins purpurines, & sur-tout par les folioles de ses feuilles caulinaires, élargies, non linéaires & anguleuses. Cette plante croît dans les prés humides ♃ ; elle est détersive, diurétique & anti-scorbutique.

VI. *La plupart des feuilles ternées.*

Cresson trifolié. *Cardamine trifolia.* Linn. Sp. 913.

Cardamine alpina prima trifolia Clusii. Tournef. 225.
β. *Cardamine montana asari folio.* Ibid.
Cardamine aquatica cotyledonoides, flore albo. Barr. Icon. 1163.

Ses feuilles radicales sont nombreuses, redressées, portées sur de longs petioles, & composées de trois folioles ovoïdes, un peu anguleuses, obtuses, glabres & fort lisses. Du milieu de ces feuilles s'élèvent, à la hauteur de six à sept pouces, plusieurs tiges simples, rougeâtres, presque nues, ou chargées d'une ou deux feuilles ternées, mais dont les folioles sont étroites : les fleurs sont terminales, blanches, ou quelquefois un peu rougeâtres. La variété β est remarquable par ses feuilles radicales, presque simples & orbiculaires ; elles sont aussi quelquefois ternées, sur-tout celles de la tige, ce qui n'est pas assez exprimé dans la figure de Boccon. Cette plante croît dans les bois de Saint-Bâle en Champagne, où elle a été observée par Dom Fourmeault. ♃

528. *Feuilles simples & pinnatifides ; leurs découpures, lorsqu'elles existent, sont cohérentes à leur base.*

- La plupart des feuilles de la tige sensiblement pétiolées. 529
- Toutes les feuilles de la tige plus ou moins rétrécies vers leur base, mais point distinctement pétiolées. 530

529. *La plupart des feuilles de la tige sensiblement pétiolées.*

Julienne. *Hesperis.*

Les fleurs de julienne sont blanches ou purpurines ; les pétales, dans quelques espèces, paroissent un peu fléchis obliquement, & se tournent vers le Soleil. Les siliques sont longues, striées, un peu comprimées ou quelquefois cylindriques.

ANALYSE.

Tige très-droite, non diffuse, & dont la hauteur excède toujours un pied.	Tige rameuse, ou diffuse, & dont la hauteur n'excède point un pied.
I.	IV.

I. *Tige très-droite, non diffuse, & dont la hauteur excède toujours un pied.*

Pétales ayant plus de quatre lignes de longueur ; feuilles ovales-lancéolées.	Pétales ayant à peine deux lignes de longueur ; feuilles cordiformes.
II.	III.

529. II. *Pétales ayant plus de quatre lignes de longueur; feuilles ovales-lancéolées.*

Julienne beurrée. *Hesperis matronalis.*

α. *Hesperis sylvestris inodora.* Tournef. 222.

β. *Hesperis hortensis.* Ibid.

La tige s'élève jusqu'à deux pieds; elle est cylindrique, velue & peu rameuse : ses feuilles sont ovales-lancéolées, longues de trois ou quatre pouces, légèrement velues, pointues & dentées en leur bord; elles sont portées par de courts pétioles. Les fleurs sont terminales, pédunculées, de couleur blanche ou purpurine; les onglets des pétales sont plus longs que le calice. Au sommet de ces pétales, on observe une échancrure presque imperceptible, au milieu de laquelle se trouve un très-petit angle presque aussi difficile à découvrir. Ces caractères, communs aux deux variétés, ne peuvent être employés pour les séparer & en former deux espèces à part; les fleurs de la première ne sont pas tout-à-fait inodores, & sont d'un pourpre très-pâle : celles de la seconde ont une odeur suave, & sont quelquefois d'un pourpre-violet. On en cultive une variété à fleurs doubles tout-à-fait blanches. Cette plante croît dans les lieux cultivés & couverts ♂; elle est diurétique & incisive.

III. *Pétales ayant à peine deux lignes de longueur; feuilles cordiformes.*

Julienne alliaire. *Hesperis alliaria.*

Hesperis allium redolens. Tournef. 222.

Erysimum alliaria. Linn. Sp. 922.

Sa tige est haute de deux à trois pieds, cylindrique, un peu velue & légèrement rameuse, elle est garnie dans toute sa longueur, de feuilles pétiolées, cordiformes, pointues, dentées, & dont la longueur surpasse à peine la largeur : les inférieures sont obtuses, crénelées & presque réniformes. Les fleurs sont blanches, assez petites & terminales; les siliques sont grêles & longues de deux à trois pouces. On trouve cette plante dans les haies & les lieux couverts ♃; ses feuilles froissées entre les doigts, rendent une odeur d'ail : elle est diurétique, incisive, anti-asthmatique & anti-ulcéreuse.

---

529. IV. *Tige rameuse ou diffuse, & dont la hauteur n'excède point un pied.*

Pétales étroits & entiers ; feuilles pointues. V.	Pétales échancrés en cœur ; feuilles obtuses. VI.

V. *Pétales étroits & entiers ; feuilles pointues.*

Julienne diffuse. *Hesperis diffusa.*

Hesperis sylvestris parvo flore. Tournef. 223.
Hesperis Africana. Linn. Sp. 928.

Sa tige est extrêmement rameuse & diffuse ; ses feuilles sont pétiolées, lancéolées, rhomboïdales, garnies en leur bord de quelques dents écartées & chargées, de même que la tige, de poils courts fort rudes au toucher. Les fleurs sont petites, presques sessiles, terminales & de couleur blanche ou un peu purpurine ; leurs pétales sont obtus : les calices & même les siliques sont chargés de poils blanchâtres, semblables à ceux des autres parties de la plante. Elle croît en Provence. ⊙

VI. *Pétales échancrés en cœur ; feuilles obtuses.*

Julienne maritime. *Hesperis maritima.*

Herperis maritima supina, exigua. Tournef. 223.
Cheiranthus maritimus. Linn. Sp. 924.

Ses tiges sont un peu rameuses, souvent inclinées, dures à leur base, légèrement velues dans leur partie supérieure, & s'élèvent rarement jusqu'à un pied ; ses feuilles sont pétiolées, spatulées, obtuses & un peu velues : elles sont chargées en leur bord de quelques dents peu sensibles. Les fleurs sont pédunculées, terminales, assez grandes, d'abord de couleur rouge, mais elles deviennent ensuite un peu violettes. Cette plante croît sur les bords de la mer en Languedoc. ⊙

530. *Toutes les feuilles de la tige plus ou moins rétrécies vers leur base, mais point distinctement pétiolées.*

Fleurs assez grandes, & dont le calice a toujours deux lignes au moins de longueur; feuilles blanchâtres. 531

Fleurs fort petites, & dont le calice n'a jamais deux lignes de longueur; feuilles verdâtres. 532

---

531. *Fleurs assez grandes, & dont le calice a toujours deux lignes au moins de longueur; feuilles blanchâtres.*

Giroflier. *Cheiranthus.*

Les giroflier ont beaucoup de rapport avec les juliennes; les fleurs sont assez belles, d'une odeur agréable, & deviennent facilement doubles par la culture; elles ont un calice serré, cylindrique, formant presque toujours deux petites bosses opposées à sa base : les siliques sont longues, un peu comprimées, & souvent terminées par une échancrure ou par deux ou trois dents. Les semences sont planes & entourées d'un rebord.

ANALYSE.

Fleurs blanches, ou purpurines, ou de couleur violette.	Fleurs roussâtres, ou d'une couleur sale & ferrugineuse.
I.	XII.

I. *Fleurs blanches, ou purpurines, ou de couleur violette.*

Feuilles très-entières & point dentées.	Feuilles sinuées ou chargées de quelques dentelures très-sensibles.
I.I.	V.

531. II. *Feuilles très-entières & point dentées.*

Pétales entiers ; siliques comme tronquées à leur sommet.	Pétales échancrés ; siliques pointues à leur sommet.
III.	IV.

III. *Pétales entiers ; siliques comme tronquées à leur sommet.*

Giroflier des jardins. *Cheiranthus hortensis.*

Leucoium incanum hortense. Tournef. 220.

Cheiranthus incanus. Linn. Sp. 924.

β. Leucoium album odoratissimum, folio viridi. Tournef. 221.

Sa tige s'élève jusqu'à deux pieds ; elle est presque ligneuse inférieurement, & se divise, dans sa partie moyenne, en plusieurs rameaux cylindriques, droits & blanchâtres ; ses feuilles sont alongées, entières, obtuses à leur sommet, molles, blanchâtres & chargées d'un duvet court. Cette plante est connue de tout le monde par la beauté de ses fleurs & par leur odeur agréable ; elle croît sur les bords de la mer dans les provinces méridionales ♄ : on la cultive dans les parterres.

IV. *Pétales échancrés ; siliques pointues à leur sommet.*

Giroflier quarantain. *Cheiranthus annuus.* Linn. Sp. 925.

Leucoium incanum minus. Tournef. 221.

Cette espèce ressemble beaucoup à la précédente, mais elle s'élève moins & ne se conserve point pendant l'hiver ; ses fleurs sont blanches ou de couleur rouge : ses siliques sont cylindriques & ne paroissent point tronquées à leur sommet ; elle croît dans le voisinage de la mer en Languedoc. ☉ On la cultive dans les parterres.

531. V. *Feuilles ſinuées ou chargées de quelques dentelures très-ſenſibles.*

Siliques âpres & hériſſées dans toute leur longueur.	Siliques nullement hériſſées, mais liſſes ou ſimplement cotonneuſes.
VI.	VII.

VI. *Siliques âpres & hériſſées dans toute leur longueur.*

Giroflier hériſſé. *Cheiranthus muricatus.*

Leucoium maritimum ſinuato folio. Tournef. 221.
Cheiranthus ſinuatus. Linn. Sp. 926.

Sa tige eſt haute d'un pied, droite, rameuſe, cotonneuſe & blanchâtre ; ſes feuilles ſont molles, pareillement cotonneuſes, alongées, légèrement ſinuées & un peu obtuſes à leur ſommet ; ſes fleurs ſont purpurines, & leurs pétales ſont obtus : les ſiliques ſont fort longues, hériſſées & cotonneuſes. Cette plante croît dans les lieux maritimes des provinces méridionales. ♂

VII. *Siliques nullement hériſſées, mais liſſes ou ſimplement cotonneuſes.*

Siliques terminées par trois dents ; feuilles ſinuées.	Siliques terminées par une ſeule pointe ; feuilles dentées.
VIII.	IX.

VIII. *Siliques terminées par trois dents ; feuilles ſinuées.*

Giroflier tridentier. *Cheiranthus tricuſpidatus.* Linn. Sp. 926.

Heſperis maritima latifolia, ſiliquâ tricuſpidi. Tournef. 223.

Sa tige eſt haute de huit à dix pouces, cylindrique, un peu rameuſe, cotonneuſe & blanchâtre ; ſes feuilles ſont alongées, ſinuées, preſque pinnatifides, étroites à leur baſe

531. & un peu obtuses à leur sommet ; elles sont molles, cotonneuses & blanchâtres, de même que les calices, les péduncules & les siliques. Les fleurs sont purpurines ou d'une couleur un peu violette ; les pétales sont légèrement échancrés en leur limbe, & les siliques sont remarquables par trois pointes courtes & divergentes qui les terminent. Cette plante croît dans les lieux maritimes de la Provence. ⊙

IX. *Siliques terminées par une seule pointe ; feuilles dentées.*

Siliques noueuses ; pétales entiers. X.	Siliques non noueuses ; pétales un peu échancrés. XI.

X. *Siliques noueuses ; pétales entiers.*

Giroflier noueux. *Cheiranthus nodosus.*

Leucoium maritimum, minimum, hispanicum, foliis erucæ. Tournef. 221.

Cheiranthus trilobus. Linn. Sp. 925.

β. *Cheiranthus lacerus.* Gouan. Obs. p. 44.

Ses tiges sont hautes de cinq à six pouces, très-rameuses & blanchâtres ; ses feuilles sont lancéolées, un peu obtuses à leur sommet & garnies dans leur partie moyenne de deux ou trois dents de chaque côté plus ou moins profondes. Les fleurs sont petites, purpurines & disposées en grappes menues, droites & terminales ; les siliques sont longues & fort grêles. On trouve cette plante dans les lieux maritimes de la Provence & du Languedoc. ⊙

XI. *Siliques non noueuses ; pétales un peu échancrés.*

Giroflier rivagier. *Cheiranthus littoreus.* Linn. Sp. 925.

Leucoium sylvestre angustifolium. Dod. pempt. 160.

Hesperis maritima angustifolia, incana. Tournef. 223.

Sa tige est haute de huit à neuf pouces, grêle, rameuse, cylindrique, cotonneuse & blanchâtre ; ses feuilles sont étroites,

531. longues presque de deux pouces, larges d'une ligne à-peu-près, légèrement obtuses à leur extrémité & garnies en leur bord de quelques dents peu considérables; elles sont molles, cotonneuses & blanchâtres, de même que les calices des fleurs. Les pétales sont de couleur pourpre, & les siliques sont grêles, linéaires, cotonneuses & pointues. Cette plante croît sur les côtes maritimes des provinces méridionales. ⊙

XII. *Fleurs roussâtres ou d'une couleur sale & ferrugineuse.*

Giroflier triste. *Cheiranthus tristis.* Linn. Sp. 925.

Hesperis siliquâ corniculatâ, flore obsoleto. Tournef. 223.

Sa tige est droite, grêle, blanchâtre, légèrement cotonneuse, & s'élève un peu au-delà d'un pied; ses feuilles sont longues, étroites, linéaires, pointues, molles, blanchâtres & chargées en leur bord, de chaque côté, d'une ou deux dents peu sensibles. Les fleurs sont presque sessiles & disposées en une espèce de grappe droite, lâche & peu garnie; elles ont leur calice blanchâtre & leurs pétales un peu étroits & ondulés. Cette plante croît dans les lieux maritimes de la Provence. ♃

---

532. *Fleurs fort petites, & dont le calice n'a jamais deux lignes de longueur; feuilles verdâtres.*

Arabette. *Arabis.*

La plupart des arabettes ont les fleurs fort petites, de couleur blanche ou quelquefois violette. Leurs siliques sont longues, grêles & un peu comprimées.

ANALYSE.

Fleurs blanches.	Fleurs purpurines ou violettes.
I.	X.

532. I. *Fleurs blanches.*

Siliques pédunculées ; les pédoncules ont plus de deux lignes de longueur. II.	Siliques presque sessiles ; les pédoncules n'ont pas une ligne de longueur. VII.

II. *Siliques pédunculées.*

Feuilles de la tige très-entières. III.	Feuilles de la tige trifides ou pinnatifides. VI.

III. *Feuilles de la tige très-entières.*

Feuilles velues. IV.	Feuilles glabres. V.

IV. *Feuilles velues.*

Arabette rameuse. *Arabis ramosa.*

Turritis vulgaris ramosa. Tournef. 224.
Arabis thaliana. Linn. Sp. 929.

Sa tige est haute de huit à neuf pouces, grêle, rameuse & chargée de poils courts & écartés ; les feuilles radicales sont ovales, spatulées, légèrement dentées, rétrécies en pétiole à leur base, couchées sur la terre & disposées en rosette au bas de la plante ; celles de la tige sont petites, lancéolées, distantes & peu nombreuses. Les unes & les autres sont velues & ciliées en leur bord ; les fleurs sont terminales, & il leur succède des siliques très-grêles & un peu courbées. Cette plante croît dans les prés secs. ⊙

532. V. *Feuilles glabres.*

Arabette bellidiforme. *Arabis bellidifolia.* Scop. carn. II, p. 31.

Cardamine bellidifolia. Linn. Sp. 913.

Plante dont la tige eſt ſimple, grêle, médiocrement garnie de feuilles, & ne s'élève que juſqu'à ſix pouces; ſes feuilles radicales ſont ovales-oblongues, ſpatulées, liſſes & couchées ſur la terre. Celles de la tige ſont petites, ovales-lancéolées, écartées & peu nombreuſes. Les ſiliques ſont grêles, longues preſque d'un pouce, tournées ſouvent d'un même côté, & s'ouvrent ſans élaſticité remarquable. On trouve cette plante ſur les montagnes du Dauphiné & de la Provence. ♃

VI. *Feuilles de la tige trifides ou pinnatifides.*

Arabette réſédiforme. *Arabis reſedifolia.*

Cardamine alpina minor, reſedæ foliis. Tournef. 225.

Cardamine reſedifolia. Linn. Sp. 913.

Cette plante a beaucoup de rapport avec la précédente; & l'on pourroit, à l'exemple de M. de Haller, la regarder comme n'en étant qu'une variété; ſa tige s'élève à peine à la hauteur de deux ou trois pouces; elle eſt garnie de quelques feuilles trilobées ou preſque ailées, & dont les découpures ſont obtuſes; celles de la racine ſont ovales, ſpatulées & entières, mais elles varient de même que celles de la tige qui ſont quelquefois peu découpées. On trouve cette plante dans les lieux humides & montagneux des provinces méridionales. ♃

VII. *Siliques preſque ſeſſiles.*

Tige droite.	Tige couchée.
VIII.	IX.

VIII. *Tige droite.*

Arabette burſiforme. *Arabis burſifolia.*

Siſymbrium burſifolium. Linn. Sp. 918.

Cette plante eſt glabre dans toutes ſes parties; ſa tige eſt haute d'un pied, liſſe & peu rameuſe, ſes feuilles ſont

532. longues, profondément pinnatifides dans leur moitié ſupérieure, & rétrécies en pétiole vers leur baſe ; elles ont quelque rapport avec celles du tabouret bourſe-à-paſteur. Les feuilles ſupérieures ont des découpures preſque linéaires : les fleurs ſont blanches, fort petites, & les ſiliques ſont grêles, redreſſées & longues de deux pouces au moins. Cette plante croît dans les Pyrénées. ⊙

IX. *Tige couchée.*

Arabette couchée. *Arabis ſupina.*

Siſymbrium paluſtre album erucæ folio, ſiliquis in foliorum alis. Vaill. Pariſ. 186.

Eruca, n°. 5. Vaill. Pariſ. 50.

Siſymbrium ſupinum. Linn. Sp. 917.

Ses tiges ſont longues d'un pied, légèrement velues, grêles & un peu rameuſes ; elles ſont étendues ſur la terre où elles forment quelquefois des gazons aſſez garnis ; ſes feuilles ſont en lyre, pinnatifides dans toute leur longueur, & d'un vert un peu blanchâtre. Leur pinnule terminale eſt plus grande que les autres. Les ſiliques ſont axillaires, ſolitaires ou géminées, un peu courbées, & à peine longues d'un pouce. On trouve cette plante ſur le bord des champs. ⊙

X. *Fleurs purpurines ou violettes.*

Arabette des ſables. *Arabis arenoſa.*

Eruca cærulea in arenoſis proveniens. Bauh. p. 99.

Siſymbrium arenoſum. Linn. Sp. 919.

Sa tige eſt haute de ſix à huit pouces, grêle, velue & preſque nue dans ſa partie ſupérieure ; ſes feuilles ſont alongées, étroites, & vont en s'élargiſſant vers leur ſommet qui ſe termine en pointe ; elles ſont velues & découpées en lyre, ou garnies de chaque côté de dents cunéiformes. Cette plante croît dans les lieux ſablonneux des provinces méridionales. ⊙

Fleurs

533. *Fleurs jaunes & jamais d'une couleur sale & ferrugineuse.* . . . .
- Calice serré & dont les folioles sont rapprochées & appliquées contre la fleur. 534
- Calice lâche & dont les folioles sont écartées ou peu serrées contre la fleur. 535

---

534. *Calice serré & dont les folioles sont rapprochées & appliquées contre la fleur.*

Velar. *Erysimum.*

Les fleurs de velar sont jaunes & diffèrent de celles des sisimbres par leur calice toujours serré. Les siliques sont longues, grêles, cylindriques ou quadrangulaires & peu comprimées.

ANALYSE.

Feuilles simples, entières ou dentées. I.	Feuilles profondément découpées en lyre. VI.

I. *Feuilles simples, entières ou dentées.*

Feuilles très-entières, ou dont les dentelures sont presque imperceptibles. II.	Feuilles chargées en leur bord de dents très-remarquables. V.

II. *Feuilles très-entières, ou dont les dentelures sont presque imperceptibles.*

Tige rameuse dès sa moitié inférieure; pétales longs de six lignes ou plus. III.	Tige simple dans toute sa moitié inférieure; pétales n'ayant pas quatre lignes de longueur. IV.

534. III. *Tige rameuſe dès ſa moitié inférieure ; pétales longs de ſix lignes ou plus.*

Velar muraillier. *Eryſimum murale.*

Leucoium luteum vulgare. Tournef. 221.
Cheiranthus cheiri. Linn. Sp. 924.
β. *Leucoium anguſtifolium alpinum, flore ſulphureo.* Tournef. 222.
Cheiranthus alpinus. Linn. mant. 93.

Sa tige eſt dure, preſque ligneuſe, blanchâtre, & pouſſe beaucoup de rameaux qui s'élèvent juſqu'à un pied & demi environ; les feuilles ſont éparſes, lancéolées, un peu étroites, pointues, verdâtres & ordinairement glabres : les fleurs ſont jaunes & ont une odeur très-agréable; leur calice eſt ſouvent coloré d'un rouge-noirâtre ou un peu violet. La variété β eſt remarquable par ſes fleurs d'un jaune moins foncé & par ſes feuilles légèrement blanchâtres. On trouve cette plante partout ſur les vieux murs ; ſa variété croît en Provence ♃ : ſes fleurs ſont nervines, céphaliques, anti-ſpaſmodiques, anodines & inciſives.

IV. *Tige ſimple dans toute ſa moitié inférieure ; pétales n'ayant pas quatre lignes de longueur.*

Velar tourellier. *Eryſimum turritum.*

Heſperis leucoii folio non ſerrato, ſiliquâ quadrangulâ. Tournef. 223.
Cheiranthus eryſimoides. Linn. Sp. 923.
β. *Turritis leucoii folio.* Tournef. 224.
Eryſimum cheiranthoides. Linn. Sp. 923.

Sa tige eſt haute d'un pied & demi, droite, cylindrique, légèrement velue, ordinairement ſimple & garnie de feuilles dans toute ſa longueur; ſes feuilles ſont lancéolées, étroites, pointues, nombreuſes, éparſes & un peu rudes au toucher; elles ont leur nervure un peu courante ſur la tige : les ſiliques ſont longues, menues & quadrangulaires. La variété β eſt remarquable par ſes fleurs fort petites & par ſes ſiliques plus étalées, c'eſt-à-dire moins redreſſées que celles de la première, qui les a ordinairement parallèles à la tige. On trouve cette plante dans les champs & ſur le bord des chemins ſablonneux. ⊙

534. V. *Feuilles chargées en leur bord de dents très-remarquables.*

Velar épervier. *Eryſimum hyeracifolium.* Linn. Sp. 923.

Heſperis leucoii folio ſerrato, ſiliquâ quadrangulâ. Tournef. 223.

Cette eſpèce a beaucoup de rapport avec la précédente; ſa tige eſt haute d'un pied & demi, ſimple, dure, rude au toucher, & feuillée dans toute ſa longueur; ſes feuilles ſont longues, étroites, pointues, fortement dentées, éparſes & fort âpres au toucher; elles deviennent rouges en ſe ſéchant, & leurs nervures très-courantes ſur la tige font paroître cette partie anguleuſe ou chargée de lignes très-ſaillantes : les fleurs ſont jaunes & les ſiliques ſont longues, très-grêles, quadrangulaires & redreſſées. Cette plante croît dans les lieux ſablonneux & incultes. ♂

VI. *Feuilles profondément découpées en lyre.*

Velar officinal. *Eryſimum officinale.* Linn. Sp. 922.

Eryſimum vulgare. Tournef. 228.

Ses tiges ſont hautes de deux à trois pieds, cylindriques, dures & rameuſes; elles ont ordinairement leurs rameaux étalés & très-ouverts; les feuilles ſont en lyre, runcinées, preſque ailées, avec un lobe terminal aſſez grand, un peu triangulaire, pointu & quelquefois haſté : les fleurs ſont jaunes, extrêmement petites, & les ſiliques ſont grêles, cylindriques & toutes appliquées contre l'axe de leur épi, qui eſt fort long & menu. Cette plante eſt commune dans les lieux incultes, le long des haies & ſur les murs ⊙; elle eſt expectorante, inciſive, anti-ſcorbutique & diurétique.

535. *Calice lâche, & dont les folioles ſont écartées ou peu ſerrées contre la fleur.*

Siſimbre. *Syſimbrium.*

Les ſiſimbres ont beaucoup de rapport avec les roquettes; mais leur calice lâche, & la corne fort courte qui termine

535. leur silique, les en distingue suffisamment. La plupart ont les feuilles composées, aîlées ou pinnatifides.

ANALYSE.

Tige presque entièrement nue, & dont la hauteur ne surpasse point un pied. I.	Tige ou tout-à-fait feuillée, ou dont la hauteur surpasse un pied. VIII.

I. *Tige presque entièrement nue, & dont la hauteur ne surpasse point un pied.*

Feuilles sinuées ou en lyre, & dont les découpures sont obtusés, sur-tout la terminale. II.	Feuilles simples ou pinnatifides, mais point obtuses en leurs découpures ni à leur sommet. V.

II. *Feuilles sinuées ou en lyre, & dont les découpures sont obtuses, sur-tout la terminale.*

Tiges à peine hautes de trois pouces & un peu inclinées. III.	Tiges hautes de plus de trois pouces, & tout-à-fait droites. IV.

III. *Tiges à peine hautes de trois pouces & un peu inclinées.*

Sisimbre nain. *Sysimbrium pumilum.*

Sysimbrium viminеum. Linn. Sp. 919.

Cette plante est fort petite ; sa racine, qui est fibreuse & presque aussi longue que toute la plante, pousse plusieurs tiges nues, très-grêles, la plupart inclinées, & qui s'élèvent rarement jusqu'à trois pouces ; les feuilles sont lisses, radicales, étendues en rond sur la terre, étroites, longues d'un

535. pouce, en lyre & obtuſes à leur ſommet : les fleurs ſont jaunes & extrêmement petites, les ſiliques ont quatre ou cinq lignes de longueur. On trouve cette plante ſur les murailles & dans les lieux arides & ſablonneux. ☉

IV. *Tiges hautes de plus de trois pouces, & tout-à-fait droites.*

Siſimbre de roche. *Syſimbrium ſaxatile.*

Eruca perennis & ſaxatilis, radice craſsâ è rupe victoriæ. Tournef. Schol. Bot. Garid. 162.

Siſymbrium monenſe. Linn. Sp. 918.

Ses tiges s'élèvent juſqu'à ſept ou huit pouces; elles ſont ordinairement ſimples, quelquefois rameuſes inférieurement & nues, au moins dans leur moitié ſupérieure; ſes feuilles ſont longues, un peu charnues, profondément pinnatifides ou en lyre, & à découpures anguleuſes & obtuſes. Celles du bas de la plante ont quelquefois ſix pouces de longueur. Les fleurs ſont jaunes, pédunculées & terminales; les ſiliques ont ſouvent plus d'un pouce de longueur dans leur parfait développement. Cette plante croît en Provence. ♃

V. *Feuilles ſimples ou pinnatifides, mais point obtuſes en leurs découpures ni à leur ſommet.*

Tige rameuſe; feuilles de la racine toutes profondément pinnatifides.	Tige non rameuſe; feuilles preſque ſimples, mais plus ou moins dentées.
VI.	VII.

VI. *Tige rameuſe; feuilles de la racine, toutes profondément pinnatifides.*

Siſimbre mineur. *Syſimbrium minus.* Id. ac. n°. III.

Eruca ſylveſtris minor lutea, burſæ paſtoris folio. Tournef. 227. Barr. ic. 1016.

Syſimbrium vimineum. Linn. Sp. 919.

Sa tige eſt haute de cinq à ſix pouces, rameuſe, verte;

535. lisse, mais chargée de quelques poils courts ; ses feuilles radicales sont courtes, un peu hérissées de poils, découpées comme celles du pissenlit & du tabouret bourse-à-pasteur, couchées sur la terre & disposées en rond au bas de la tige : à la base de chaque rameau, c'est-à-dire, au-dessous du point de leur insertion, on trouve une petite feuille étroite & pointue ; les calices sont quelquefois un peu velus dans leur jeunesse, mais ils deviennent lisses & tout-à-fait glabres par la suite. Cette plante croît dans les provinces méridionales. ⊙

VII. *Tige non rameuse ; feuilles presque simples, mais plus ou moins dentées.*

Sisimbre des murs. *Sisymbrium murale.* Linn. Sp. 918.

Eruca viminea iberidis folio, flore luteo. Barr. ic. 131.

β. *Sisymbrium erucastrum.* Gouan. Obs. p. 42, tab. 20.

Eruca bellidis folio. Tournef. 227.

Ses tiges sont hautes d'un demi-pied & feuillées seulement dans leur partie inférieure ; les feuilles radicales sont nombreuses, fortement dentées, rétrécies en pétiole à leur base, élargies vers leur sommet, presque spatulées, un peu âpres au toucher & chargées de quelques poils en-dessous : les fleurs sont jaunes, pédunculées & terminales ; les siliques ont près d'un pouce de longueur. Cette plante croît sur les murs & dans les lieux pierreux des provinces méridionales. ⊙ ou ♃

VIII. *Tige ou tout-à-fait feuillée, ou dont la hauteur surpasse un pied.*

Tiges couchées ; siliques ayant à peine six lignes de longueur.	Tiges droites ; siliques ayant plus de six lignes de longueur.
IX.	X.

535. IX. *Tiges couchées ; ſiliques ayant à peine ſix lignes de longueur.*

Siſimbre ſauvage. *Siſymbrium ſylveſtre.* Linn. Sp. 916.

Siſymbrium paluſtre repens, naſturii folio. Tournef. 226.

Ses tiges ſont longues d'un pied, rampantes, liſſes, cannelées & rameuſes ; ſes feuilles ſont ailées, pinnatifides, & leurs folioles ſont laciniées ou dentées. Les fleurs ſont petites, pédunculées & terminales ; les ſiliques ſont inclinées, légèrement courbées & un peu applaties. On trouve cette plante dans les lieux humides, ſur le bord des chemins. ♃

X. *Tiges droites ; ſiliques ayant plus de ſix lignes de longueur.*

Feuilles ailées, ſurcompoſées, & très-finement découpées.	Feuilles ſimplement pinnatifides, ou en lyre ; ou runcinées.
XI.	XII.

XI. *Feuilles ailées, ſurcompoſées & très-finement découpées.*

Siſimbre parviflore. *Siſymbrium parviflorum.*

Siſymbrium annuum abſinthii minoris folio. Tournef. 226.

Siſymbrium ſophia. Linn. Sp. 922.

Sa tige eſt haute d'un pied & demi, dure, cylindrique, rameuſe & un peu velue ; ſes feuilles ſont blanchâtres, très-finement découpées, légèrement velues, & reſſemblent un peu à celles de la petite abſinthe : ſes fleurs ſont extrêmement petites, pédunculées & jaunâtres ; les pétales ſont moins longs que le calice, & les ſiliques ſont grêles, cylindriques & ſoutenues par des pédoncules filiformes. On trouve cette plante ſur les murs & dans les lieux incultes, les décombres ☉ ; elle eſt vulnéraire, déterſive, aſtringente, vermifuge & fébrifuge.

---

135. XII. *Feuilles simplement pinnatifides, ou en lyre, ou runcinées.*

Siliques axillaires & presque sessiles. XIII.	Siliques terminales & pédunculées. XIV.

XIII. *Siliques axillaires & presque sessiles.*

Sisimbre corniculée. *Sisymbrium corniculatum.*

Erysimum polyceration vel corniculatum. Tournef. 228.
Sisymbrium polyceratium. Linn. Sp. 918.

Ses tiges sont hautes d'un pied, cylindriques, glabres, ordinairement simples & feuillées dans toute leur longueur; ses feuilles sont alongées, dentées, sinuées, médiocrement en lyre, terminées par un lobe triangulaire, & ont quelque ressemblance avec celles de plusieurs arroches. Les fleurs sont petites, axillaires & d'un jaune-pâle; les siliques sont un peu renflées dans leur partie inférieure, & imitent de petites cornes redressées & disposées dans les aisselles des feuilles; elles occupent presque toute la longueur de la plante. On trouve cette espèce dans les lieux incultes & sur les vieux murs ☉; elle est diurétique & anti-calculeuse.

XIV. *Siliques terminales & pédunculées.*

Péduncules presque aussi longs que les siliques; ils ont plus de six lignes de longueur. XV.	Péduncules beaucoup plus courts que les siliques; ils n'ont pas six lignes de longueur. XVI.

XV. *Péduncules presque aussi longs que les siliques.*

Sisimbre brûlant. *Sisymbrium acre.*

Eruca tenuifolia, perennis. Tournef. 227.
Sisymbrium tenuifolium. Linn. Sp. 917.

Sa tige est haute d'un à deux pieds, rameuse, diffuse,

535. feuillée & très-liſſe; ſes feuilles ſont alongées, rétrécies en pétiole à leur baſe, irrégulièrement pinnatifides & compoſées d'un petit nombre de pinnules un peu étroites, ſouvent écartées, & qui regardent ordinairement vers le ſommet de la feuille : ces feuilles ſont toutes très-liſſes & d'un vert un peu glauque. Les fleurs ſont jaunes, aſſez grandes, pédunculées & terminales; les ſiliques ſont portées ſur de longs péduncules, & n'ont pas beaucoup plus d'un pouce de longueur. Cette plante croît ſur les murailles & dans les lieux incultes & ſablonneux ♃; ſa ſaveur eſt extrêmement âcre & brûlante, & ſon odeur eſt déſagréable.

XVI. *Péduncules beaucoup plus courts que les ſiliques.*

Siliques longues de plus d'un pouce.	Siliques ayant à peine un pouce de longueur.
XVII.	XVIII.

XVII. *Siliques longues de plus d'un pouce.*

Siſimbre velaret. *Siſymbrium eryſimaſtrum.*

Eryſimum latifolium majus, glabrum. Tournef. 228.
Siſymbrium irio. Linn. Sp. 921.
β. *Eryſimum anguſtifolium majus.* Tournef. 228.
Siſymbrium loeſelii. Ibid. 921.
γ. *Siſymbrium altiſſimum.* Ibid. 920.

Sa tige eſt droite, peu rameuſe, ordinairement glabre, quelquefois légèrement velue & haute d'un pied & demi ou davantage, ſelon les variétés; les feuilles ſont pétiolées, runcinées, rarement velues, à pinnules horizontales, parallèles, dentées & communément un peu étroites : le lobe terminal de chaque feuille eſt triangulaire ou élancé en fer de hallebarde. Les fleurs ſont petites, pédunculées & terminales, les ſiliques ſont très-grêles, longues de deux ou trois pouces, & forment toujours un angle aigu avec la tige, même dans la variété γ. Cette plante croît dans les lieux incultes, les cours, & ſur le bord des haies. ☉

---

535. XVIII. *Siliques ayant à peine un pouce de longueur.*

Sisimbre duret. *Sisymbrium asperum.* Linn. Sp. 920.

Sisymbrium palustre minus, siliquâ asperâ. Tournef. 226.

Sa tige est haute de quatre ou cinq pouces, verte, d'un aspect glabre, & rameuse vers son sommet; ses feuilles sont toutes profondément pinnatifides ou en lyre; leurs pinnules sont nombreuses, parallèles, peu distantes & obtuses à leur sommet. Les feuilles radicales sont couchées sur la terre où elles forment une rosette, comme celles du tabouret bourse-à-pasteur. Les fleurs sont jaunes, terminales & portées sur de courts péduncules. Les siliques sont chargées d'aspérités particulières, qui ne sont pas des poils, mais de petits points blanchâtres, rudes & presque imperceptibles. On en trouve quelques-uns sur la tige; mais ils sont écartés & peu sensibles. Cette plante croît dans les lieux humides des provinces méridionales. ♃

---

536. *Moins de six étamines.* . . {
- Tige herbacée. 537
- Tige ligneuse 542

---

537. *Tige herbacée.* . . . . {
- Feuilles simples, entières ou dentées. 538
- Feuilles composées, ou ailées ou très-pinnatifides. 540

---

538. *Feuilles simples, entières ou dentées* . . . . {
- Calice d'une seule pièce. 731
- Calice de quatre pièces. . 539

---

539. *Calice de quatre pièces.* . . {
- Feuilles opposées. . . . . 539 *
- Feuilles alternes. . . . 500—V

---

539. * *Feuilles opposées.*

Bufon à feuilles menues. *Bufonia tenuifolia.* Linn. Sp. 179.

Polygonum angustissimo gramineo folio, erectum. Mag. bot. Monsp. 211.

Ses tiges sont hautes de six à huit pouces, grêles, rameuses & noueuses inférieurement. Ses feuilles sont petites, très-étroites, pointues, connées & engaînées à leur base. Les supérieures sont les plus courtes, & la plupart se dessèchent pendant la floraison de la plante. Les fleurs sont axillaires & terminales; elles sont composées d'un calice de quatre feuilles pointues & diaphanes; de quatre pétales blancs, plus courts que le calice; de deux ou quatre étamines; & d'un ovaire chargé de deux styles courts. Le fruit est une capsule uniloculaire & disperme. Cette plante croît dans les lieux arides des provinces méridionales. ⊙

---

540. *Feuilles composées ou ailées, ou très-pinnatifides. . .*
- Feuilles simplement ailées ou pinnatifides; fleurs blanches. 541
- Feuilles une ou plusieurs fois ternées; fleurs rougeâtres & jaunâtres. 541 *

---

541. *Feuilles simplement ailées ou pinnatifides. . . . . . .*
- Siliques n'ayant pas trois lignes de longueur. . . . . . . 500—III.
- Siliques longues de six lignes ou davantage. . . . . 527—IV.

---

541. * *Feuilles une ou plusieurs fois ternées; fleurs rougeâtres & jaunâtres.*

Epimède des Alpes. *Epimedium Alpinum.* Linn. Sp. 171.

Epimedium. Tournef. 232.

Sa tige est grêle, cylindrique, & haute d'un pied plus ou moins; ses feuilles sont composées de plusieurs folioles, pétiolées, cordiformes, pointues & ciliées en leur bord; ces folioles, au nombre de cinq ou de neuf, ou de onze, &c.,

541. * font foutenues par un pétiole commun affez long ; les fleurs font difpofées en pannicule lâche ; elles font compofées d'un calice de quatre feuilles ; de quatre pétales rougeâtres en leur bord ; de quatre folicules jaunâtres ; de quatre étamines courtes & d'un ovaire oblong, qui fe change en une capfule grêle & polyfperme. Cette plante croît dans les terreins montagneux & couverts. Elle a été obfervée au mont Afrique, proche Dijon en Bourgogne, par Dom Fourmeault. ♃

---

542. *Tige ligneufe.* .... { Feuilles fimples. ...... 543 / Feuilles ailées. .... 543 *.

---

543. *Feuilles fimples.*

Fufain vulgaire. *Evonymus vulgaris.*

Evonymus vulgaris, granis rubentibus. Tournef. 617.
β. *Evonymus latifolius.* Ibid.

Arbriffeau dont l'écorce eft liffe & verdâtre, le bois fragile & d'un jaune-pâle, & les jeunes branches légèrement quadrangulaires. Il s'élève rarement au-delà de dix pieds, fes feuilles font ovales-lancéolées, pointues, vertes, finement dentées en leur bord, la plupart oppofées & foutenues par de courts pétioles ; les fleurs font petites, verdâtres & portées fur des péduncules longs, filiformes & divifés à leur extrémité en plufieurs péduncules particuliers peu alongés. Le fruit eft une capfule colorée, à quatre ou cinq angles remarquables, contenant quatre ou cinq femences entourées d'une pulpe également colorée. La variété β fe diftingue par fes feuilles fort larges, par fes pétales un peu rougeâtres & prefque arrondis, & par fes capfules moins émouffées en leurs angles. Cet arbriffeau eft commun dans les haies & les bois. ♄ Le fruit eft purgatif & émétique.

---

543. * *Feuilles ailées.*

Frêne. *Fraxinus.*

Les fleurs de frêne ont ordinairement deux étamines, & un piftil comprimé, terminé par un ftigmate bifide ; dans

543. * quelques espèces, les fleurs sont environnées d'une corolle & d'un calice, & dans d'autres, au contraire, elles sont tout-à-fait nues. Le fruit est une semence lancéolée, un peu applatie & uniloculaire.

ANALYSE.

Fleurs environnées par une corolle & un calice.	Fleurs tout-à-fait nues.
I.	II.

I. *Fleurs environnées par une corolle & un calice.*

Frêne ornier. *Fraxinus ornus.* Linn. Sp. 1510.

Fraxinus humilior, sive altera theophrasti, minore & tenuiore folio. Tournef. 577.

Fraxinus florifera botryoides. Ibid.

β. *Fraxinus rotundiore folio.* Ibid.

Arbre médiocrement élevé, dont les fleurs sont quelquefois unisexuelles, & garnies chacune d'une corolle & d'un calice qui est extrêmement court; les feuilles sont composées de folioles assez petites, lancéolées, dentées & presque égales; elles sont plus grandes & plus arrondies dans la variété β. Cet arbre croît dans les bois en Alsace & en Provence ♄. C'est particulièrement de cette espèce que découle la manne, qui est un suc mielleux, concret & suffisamment connu par l'usage fréquent qu'on en fait pour se purger.

II. *Fleurs tout-à-fait nues.*

Frêne nudiflore. *Fraxinus apetala.*

Fraxinus excelsior. Tournef. 577. Linn. Sp. 1509.

Arbre fort élevé, dont l'écorce est unie & grisâtre, le bois blanc & les branches opposées; ses feuilles sont ailées & terminées par une foliole impaire plus grande que les autres; elles sont opposées & d'un vert un peu noirâtre en-dessus; les fleurs sont hermaphrodites, & souvent mélangées de fleurs unisexuelles. Cet arbre croît dans les terreins un peu humides ♄; son écorce & ses feuilles sont astringentes, vulnéraires & fébrifuges.

544. *Sept étamines ou plus* . . . { Feuilles simples & entières. 545
Feuilles composées & découpées. 551

---

545. *Feuilles simples & entières.*

Méringine moussière. *Mæhringia muscosa*. Linn. Sp. 515.

Alsine tenuifolia, muscosa. Tournef. 243.

Ses tiges sont très-menues, presque filiformes, glabres, cylindriques & hautes de trois ou quatre pouces; ses feuilles sont opposées, connées & capillaires; les fleurs sont pédunculées, solitaires, axillaires & de couleur blanche; elles sont composées d'un calice de quatre feuilles, de quatre pétales, de huit étamines, & d'un ovaire chargé de deux styles. Cette plante croît dans les lieux montagneux & humides des provinces méridionales. ♃

---

546. *Cinq pétales ou plus*. . . { Tige herbacée 547
Tige ligneuse. 562

---

547. *Tige herbacée*. . . . . . . { Un seul style ou un seul stigmate. 548
Deux styles. 556

---

548. *Un seul style ou un seul stygmate* . . . . { Feuilles ailées ou très-découpées. 549
Feuilles simples & point découpées. 552

---

549. *Feuilles ailées très-découpées.* { Feuilles ailées; tiges couchées. 550
Feuilles très-découpées; tiges droites. 551

---

550. *Feuilles ailées ; tiges couchées.*

Tribule croisetier. *Tribulus terrestris.* Linn. Sp. 554.

Tribulus terrestris ciceris folio, seminum integumento aculeato. Tournef. 266.

Ses tiges sont couchées sur la terre, velues, rameuses & longues d'un pied ou quelquefois davantage ; ses feuilles sont ailées, sans impaire, & composées de douze ou quatorze folioles, assez petites, presque égales, oblongues & opposées : les fleurs sont jaunes, solitaires, axillaires, & portées sur des péduncules plus courts que les feuilles ; elles ont dix étamines. Le fruit est composé de cinq capsules bosselées, armées de piquans, & réunies en forme de croix de Chevalier. Cette plante croît dans les provinces méridionales. ⊙

---

551. *Feuilles très-découpées ; tiges droites.*

Rue. *Ruta.*

Les fleurs de rue sont composées de quatre ou cinq pétales, ordinairement concaves à leur extrémité, & attachés au réceptacle par des onglets étroits ; elles ont huit ou dix étamines, & leur ovaire est chargé de deux sillons disposés en croix. Le fruit est une capsule à plusieurs lobes.

ANALYSE.

Découpures des feuilles obtuses & un peu cunéiformes.	Découpures des feuilles pointues & linéaires.
I.	II.

I. *Découpures des feuilles obtuses & un peu cunéiformes.*

Rue des jardins. *Ruta hortensis.*

Ruta sylvestris major. Tournef. 257.
Ruta hortensis latifolia. Ibid.
Ruta graveolens. Linn. Sp. 548.

Sa tige est haute de deux ou trois pieds, dure, ferme, rameuse & cendrée ou verdâtre ; ses feuilles sont pétiolées,

551. surcomposées & d'un vert-glauque : leurs folioles sont un peu charnues, d'une forme ovale dans la plante non cultivée, mais tout-à-fait cunéiformes dans la variété qu'a formée la culture. Les fleurs sont terminales, pédunculées & de couleur jaune. On trouve cette plante dans les lieux stériles des provinces méridionales; on la cultive dans les jardins où sa tige persiste comme celle d'un sous-arbrisseau. ♄ Son odeur est forte & désagréable; elle est emménagogue, alexitère, carminative, anthelmintique, sudorifique, anti-hystérique & résolutive.

II. *Découpures des feuilles pointues & linéaires.*

Rue de montagne. *Ruta montana.* Clus. Hist. II, p. 136.

Ruta sylvestris minor. Tournef. 257.

Cette espèce est très-différente de celle qui précède; sa tige est plus rameuse, verte, ponctuée, & ne s'élève que jusqu'à un pied & demi : ses feuilles sont découpées très-menu & d'un vert-blanchâtre; celles du sommet sont simplement composées, & leurs pinnules sont linéaires & longues de près d'un pouce. Les fleurs sont petites & d'un jaune-verdâtre. Elle croît dans les montagnes des provinces méridionales ♄; son odeur est forte & très-pénétrante.

---

552. *Feuilles simples & point découpées* . . . .
- Dix étamines. 553
- Moins de dix étamines. . . 554

---

553. *Dix étamines.*

Pyrole. *Pyrola.*

Les fleurs de pyrole sont remarquables par leurs anthères qui sont chargées de deux cornes. Les pétales sont arrondis, l'ovaire est anguleux, & soutient un style incliné, & le fruit est une capsule à cinq angles & à cinq loges.

ANALYSE

ANALYSE.

Tige uniflore. I.	Tige pluriflore. II.

I. *Tige uniflore.*

Pyrole uniflore. *Pyrola uniflora.* Linn. Sp. 568.

Pyrola rotundifolia minor. Tournef. 256.

Sa tige eſt haute de trois ou quatre pouces, feuillée ſeulement à ſa baſe, & terminée à ſon ſommet par une ſeule fleur; ſes feuilles ſont arrondies, pétiolées, légèrement crénelées & diſpoſées à la partie inférieure de la plante. La fleur eſt blanche, aſſez grande & un peu penchée. Cette plante croît dans les lieux montagneux & couverts ♃; elle a été obſervée en Flandre par M. Leſtiboudois.

II. *Tige pluriflore.*

Fleurs tournées toutes du même côté. III.	Fleurs non tournées du même côté. IV.

III. *Fleurs tournées toutes du même côté.*

Pyrole unilatérale. *Pyrola ſecunda.* Linn. Sp. 567.

Pyrola folio mucronato ſerrató. Tournef. 256.

Sa racine eſt traçante, ligneuſe, noirâtre, & pouſſe quatre ou cinq petites tiges fort grêles, droites, ſimples & feuillées ſeulement à leur baſe; les feuilles ſont ovales, pointues, dentées, veinées, un peu luiſantes & pétiolées. Les fleurs ſont petites, de couleur blanche, & leur ſtyle eſt terminé par un ſtigmate étoilé. Cette plante croît dans les montagnes de l'Alſace & du Dauphiné. ♃

IV. *Fleurs non tournées du même côté.*

Style droit. V.	Style très-incliné. VI.

553. V. *Style droit.*

Pyrole mineure. *Pyrola minor.* Linn. Sp. 567.

Pyrola minor. Riv. peut. 149.

Sa tige eſt haute de quatre ou cinq pouces, ſimple & preſque nue ; ſes feuilles ſont pétiolées, arrondies, obtuſes, un peu dures & à peine ſenſiblement dentées : ſes fleurs ſont blanches & diſpoſées en grappe terminale ; leur ſtyle eſt terminé par un ſtigmate étoilé. Cette plante croît dans les lieux humides & couverts ♃

VI. *Style très-incliné.*

Pyrole majeure. *Pyrola major.*

Pyrola rotundifolia major. Tournef. 256.
Pyrola rotundifolia. Linn. Sp. 567.

Sa tige eſt ſimple, droite, preſque nue, & s'élève juſqu'à un pied ; ſes feuilles ſont radicales, pétiolées, arrondies ou ovoïdes, liſſes, un peu épaiſſes & d'un vert-clair : les fleurs ſont blanches & diſpoſées en grappe lâche & terminale. A la naiſſance de chaque péduncule, on trouve une bractée étroite & fort courte. Cette plante croît dans les lieux couverts ♃ ; elle eſt vulnéraire & aſtringente.

---

554. *Moins de dix étamines.* . . { Feuilles arrondies & oppoſées. 554*
Feuilles étroites & alternes. 731

554.* *Feuilles arrondies & oppoſées.*

Péplide pourpière. *Peplis portula.* Linn. Sp. 474.

Glaux paluſtris, flore ſtriato clauſo, foliis portulacæ. Tournef. 88.

Ses tiges ſont longues de cinq à ſix pouces, glabres, ſouvent rougeâtres & couchées ſur la terre ; ſes feuilles ſont petites, liſſes, un peu charnues, entières, arrondies & preſque ſpatulées : les fleurs ſont axillaires & ſeſſiles ; leur calice eſt à

554.* douze divisions pointues, alternativement grandes & petites : il est blanchâtre & un peu couleur de chair. La corolle est composée de six pétales qui tombent de bonne heure ou qui manquent très-souvent. Cette plante croît dans les marais sur le bord des étangs. ⊙

---

555. *Feuilles non échancrées à leur base ; fleurs sans chaton, mais par petits bouquets.* { Feuilles simples. 566
Feuilles lobées ou palmées. 574

---

556. *Deux styles.* . . . . { Feuilles de la tige opposées. 557
Feuilles alternes, ou toutes radicales. 1113

---

557. *Feuilles de la tige opposées.* { Cinq ou six étamines. . . . 558
Dix étamines. 559

---

558. *Cinq ou six étamines.*

Velèze rigide. *Velezia rigida.* Linn. Sp. 474.

Lichnis corniculata minor, sive angustifolia saxatilis. Tournef. 338.

Sa tige est haute de cinq à six pouces, striée & très-rameuse ; ses feuilles sont subulées & connées, & ses fleurs sont axillaires & sessiles ; elles sont remarquables par leur calice long, cylindrique & très-grêle ; & les pétales sont chargées à la base de leur limbe, d'une petite écaille, comme dans la plupart des fleurs caryophyllées. Cette plante croît dans les lieux arides des provinces méridionales. ⊙

---

559. *Dix étamines.* . . . . { Des écailles à la base du calice. 560
Aucune écaille particulière à la base du calice. 561

Des écailles à la base du calice.

Œillet. *Dianthus.*

Les fleurs des œillets sont composées de cinq pétales, dont les onglets fort longs sont enfermés dans un calice monophylle & cylindrique. Le limbe de ces pétales est plane, ouvert & ordinairement denté ou lacinié. Le fruit est une capsule cylindrique, uniloculaire & polysperme.

ANALYSE.

Fleurs ramassées plusieurs ensemble.	Fleurs solitaires ou séparées.
I.	VIII.

I. *Fleurs ramassées plusieurs ensemble.*

Ecailles calicinales aiguës, & point plus longues que le calice.	Ecailles calicinales émoussées ou obtuses, & souvent plus longues que le calice.
II.	VII.

II. *Ecailles calicinales aiguës, & point plus longues que le calice.*

Ecailles calicinales glabres.	Ecailles calicinales velues.
III.	VI.

III. *Ecailles calicinales glabres.*

Feuilles lancéolées, & dont la largeur égale ou surpasse deux lignes; faisceau multiflore.	Feuilles linéaires, & dont la largeur ne surpasse pas une ligne; faisceau pauciflore.
IV.	V.

560. IV. *Feuilles lancéolées, & dont la largeur égale ou surpasse deux lignes; faisceau multiflore.*

Œillet barbu. *Dianthus barbatus.* Linn. Sp. 586.

Caryophyllus hortensis barbatus, latifolius (& angustifolius). Tournef. 332.

Ses tiges sont nombreuses, lisses, droites, très-feuillées & hautes d'un pied ou quelquefois davantage; ses feuilles sont lancéolées, pointues, d'un vert-foncé, très-lisses & chargées de trois nervures: ces feuilles, dans la plante cultivée, ont quelquefois trois ou quatre lignes de largeur. Les fleurs forment un faisceau terminal bien garni; le limbe des pétales est élargi, court, cunéiforme, piqueté, panaché de blanc & de rouge, & denté en son bord supérieur. Cette plante croît dans les lieux stériles en Languedoc. ♃

V. *Feuilles linéaires & dont la largeur ne surpasse pas une ligne; faisceau pauciflore.*

Œillet chartreux. *Dianthus carthusianorum.* Linn. Sp. 586.

Caryophyllus sylvestris vulgaris latifolius. Tournef. 333.

Sa tige s'élève un peu au-delà d'un pied; elle est droite, simple & extrêmement grêle; ses feuilles sont en alène, & forment à leur base une gaîne qui se prolonge jusqu'à trois ou quatre lignes au-dessus de chaque nœud avant de s'ouvrir. Le faisceau de fleurs en contient rarement plus de cinq; le calice est coloré & ferrugineux, & ses écailles sont chargées d'une pointe particulière, qui n'est pas formée par la diminution insensible de leur largeur. On trouve cette plante dans les lieux incultes & stériles. ♃

VI. *Ecailles calicinales velues.*

Œillet velu. *Dianthus hirsutus.*

Caryophyllus barbatus sylvestris. Tournef. 333.

Dianthus armeria. Linn. Sp. 586.

Ses tiges sont hautes d'un pied, articulées & un peu rameuses; ses feuilles sont molles, verdâtres, plus larges que celles de l'espèce précédente, terminées par une pointe émoussée & un peu ciliées à leur base. Les fleurs sont rouges & disposées

560. par faisceaux peu garnis; le limbe des pétales est étroit, court & chargé de quelques dents aiguës : le calice, ainsi que ses écailles, sont très-velus dans toute leur longueur. Cette plante croît dans les lieux stériles. ⊙

VII. *Ecailles calicinales émoussées ou obtuses, & souvent plus longues que le calice.*

Œillet prolifère. *Dianthus prolifer.* Linn. Sp. 587.

Caryophyllus sylvestris prolifer. Tournef. 332.

Sa tige est haute d'un pied, un peu couchée dans sa partie inférieure & légèrement rameuse; ses feuilles sont vertes, très-étroites & aiguës, & ses fleurs forment des têtes un peu compactes & terminales ; les écailles calicinales ne sont point chargées d'une pointe particulière, comme celles des deux espèces précédentes. Cette plante croît sur le bord des bois & des champs. ⊙

VIII. *Fleurs solitaires ou séparées.*

Pétales simplement crénelés, ou dentés, ou échancrés.	Pétales très-laciniés & multifides.
I X.	X I X.

IX. *Pétales simplement crénelés, ou dentés, ou échancrés.*

Ecailles calicinales au nombre de deux.	Quatre écailles calicinales, ou davantage.
X.	X I.

X. *Ecailles calicinales au nombre de deux.*

Œillet couché. *Dianthus supinus.*

Cariophyllus simplex supinus, latifolius. Tournef. 332.
Dianthus deltoides. Linn. Sp. 588.

Ses tiges sont longues de six à sept pouces, grêles, tout-à-fait couchées dans leur jeunesse, redressées lorsqu'elles fleuriſſent, & ordinairement rameuſes; ſes feuilles ſont étroites & pointues, & ſes fleurs ſont rouges & quelquefois un peu panachées de blanc à l'entrée de leur corolle : les pétales ſont dentées à leur ſommet. On trouve cette plante dans les allées des bois & dans les lieux incultes. ♃

XI. *Quatre écailles calicinales ou davantage.*

Calice glabre.	Calice velu.
XII.	n°. VI.

XII. *Calice glabre.*

Tige uniflore.	Tige pluriflore.
XIII.	XVI.

XIII. *Tige uniflore.*

Ecailles calicinales preſque auſſi longues que le calice.	Ecailles calicinales beaucoup plus courtes que le calice.
XIV.	XV.

XIV. *Ecailles calicinales preſque auſſi longues que le calice.*

Œillet des Alpes. *Dianthus Alpinus.*

Caryophyllus ſylveſtris, flore magno inodoro, hirſuto. Tournef. 333.

Ses tiges ſont hautes de trois ou quatre pouces, articulées & uniflores; ſes feuilles ſont lancéolées-linéaires, un peu obtuſes à leur ſommet, liſſes, d'un vert-foncé, & diſpoſées en gazon au bas de la plante; les tiges n'en ſont chargées que de deux ou trois paires qui ſont plus étroites que les autres. Les fleurs ſont grandes, d'un pourpre-foncé, quelquefois mêlé de blanc; elles ſont velues à l'entrée de leur corolle, & n'ont aucune odeur bien ſenſible. Cette plante croît dans les pâturages des montagnes en Provence. ♃

560. XV. *Ecailles calicinales beaucoup plus courtes que le calice.*

Œillet de roche. *Dianthus rupestris.*

Dianthus virgineus. Linn. Sp. 590.

Ses tiges sont hautes de cinq à six pouces, très-grêles, simples & chargées de deux ou trois paires de feuilles aiguës & fort courtes à la base de la plante, les feuilles sont nombreuses & ramassées en gazon comme celles du *statice;* elles sont étroites, linéaires, aiguës, longues de six à sept lignes, d'un vert-glauque, un peu fermes & presque piquantes : les fleurs sont solitaires au sommet des tiges; les pétales sont échancrés & un peu crénelés : les écailles calicinales sont élargies, courtes & terminées en pointe. Cette plante croît dans les provinces méridionales, dans les lieux arides, parmi les rochers. M. l'Abbé Pouret l'a observée dans les environs de Narbonne. ♃

XVI. *Tige pluriflore.*

Pétales longs de plus de six lignes, & dentés ou crénelés.	Pétales n'ayant pas trois lignes de longueur, & simplement échancrés.
XVII.	XVIII.

XVII. *Pétales longs de plus de six lignes, & dentés ou crénelés.*

Œillet des Fleuristes. *Dianthus coronarius.*

Caryophyllus hortensis simplex, flore majore. Tournef. 331.
Caryophyllus altilis major. Ibid. 330.
Dianthus caryophyllus. Linn. Sp. 587.

Cette plante est connue de tout le monde par la beauté de ses fleurs & leur odeur douce & agréable. Les variétés nombreuses & charmantes qu'a formées la culture, la rendent précieuse à tous les Fleuristes; elle croît naturellement dans les lieux stériles des provinces méridionales. ♃ Sa fleur est regardée comme cordiale, cephalique & diaphorétique.

560. XVIII. *Pétales n'ayant pas trois lignes de longueur, & simplement échancrés.*

Œillet filiforme. *Dianthus filiformis.*

Caryophyllus minimus muralis. Tournef. 333.
Gypsophylla saxifraga. Linn. Sp. 584.

Ses tiges sont nombreuses, filiformes, rameuses, foibles, & hautes de cinq à six pouces; elles sont un peu coudées à leurs articulations : les feuilles sont linéaires, presque capillaires & aiguës; les fleurs sont petites & d'un rouge-pâle; leurs pétales sont chargés de trois raies purpurines, & sont échancrées à leur sommet. Les calices sont garnis de quatre écailles ovales, pointues & scarieuses en leur bord. On trouve cette plante en Provence & en Languedoc parmi les rochers. ♃

XIX. *Pétales très-laciniés & multifides.*

Ecailles calicinales obtuses ; tige uniflore. XX.	Ecailles calicinales pointues ; tige pluriflore. XXI.

XX. *Ecailles calicinales obtuses ; tige uniflore.*

Œillet des sables. *Dianthus arenarius.* Linn. Sp. 589.

Caryophyllus syvestris humilis, flore unico. Tournef. 333.

Ses tiges sont hautes de six à huit pouces, cylindriques, articulées & très-garnies de feuilles dans leur partie inférieure; ses feuilles sont étroites, aiguës, un peu dures & d'un vert-glauque. La fleur est terminale & de couleur purpurine; elle est un peu velue à l'entrée de la corolle, qui est en cet endroit, d'un pourpre-noirâtre presque livide. Cette plante croît dans les lieux sablonneux des provinces méridionales. ♃

560. XXI. *Ecailles calicinales pointues ; tige pluriflore.*

Œillet frangé. *Dianthus fimbriatus.*

α. *Caryophyllus sylvestris alter flore laciniato odoratissimo.* Tournef. 331.

Dianthus superbus. Linn. Sp. 589.

β. *Caryophyllus sylvestris floribus lanuginosis, hirsutis.* Tournef. 333.

Dianthus plumarius. Linn. Sp. 589.

γ. *Dianthus Monspeliacus.* Ibid. 588.

δ. *Caryophyllus flore tenuissimè dissecto.* Tournef. 331.

Mignardise des jardins.

Cette plante fournit beaucoup de variétés, entre lesquelles il ne me paroît pas possible d'établir les limites décidées & constantes qui distinguent les espèces. Ses tiges sont plus ou moins rameuses, souvent un peu couchées à leur base, & s'élèvent jusqu'à un pied ; les feuilles radicales sont nombreuses, & forment un gazon au bas de la plante. Les fleurs sont remarquables par leurs pétales agréablement frangés & laciniés ; elles sont purpurines ou de couleur blanche & ordinairement velues ou pubescentes à l'entrée de leur corolle : leur calice est cylindrique, conique & a près d'un pouce de longueur. La première variété a les feuilles inférieures assez larges, la tige presque panniculée, & l'entrée de la corolle légèrement velue. La seconde β a l'entrée de la corolle fortement velue, & ne porte que peu de fleurs. La troisième γ a, selon M. Linné, les écailles calicinales presque aussi longues que le calice. Enfin la quatrième δ a ses écailles calicinales fort courtes, ses fleurs blanches, purpurines à l'entrée de leur corolle & d'une odeur très-agréable. On trouve cette plante sur le bord des bois & dans les pâturages montagneux des provinces méridionales. ♃

---

561. *Aucune écaille particulière à la base du calice.*

Savonaire. *Saponaria.*

Les savonaires ne diffèrent des œillets que par leur calice qui n'a aucune écaille particulière à sa base ; des lampètes n°. 688, & des carnillets n°. 675, que par leur pistil qui n'a jamais plus de deux styles. Dans quelques espèces, les fleurs sont

561. fort petites ; & les onglets des pétales sont presque nuls ; tandis que d'autres en ont de fort grandes avec des onglets très-longs : mais les espèces moyennes, entre ces deux caractères, s'opposent à ce qu'on établisse une limite suffisante pour former deux genres. Le fruit est une capsule uniloculaire, polysperme, oblongue ou sphérique.

A N A L Y S E.

Fleurs terminales ; feuilles sessiles & connées. I.	Fleurs axillaires ; feuilles rétrécies en pétiole à leur base. X.

I. *Fleurs terminales ; feuilles sessiles & connées.*

Fleurs très-petites ; leur calice n'a pas deux lignes de longueur. II.	Fleurs assez grandes ; leur calice a plus de trois lignes de longueur. VII.

II. *Fleurs très-petites ; leur calice n'a pas deux lignes de longueur.*

Pétales échancrés ou crénelés. III.	Pétales très-entiers. VI.

III. *Pétales échancrés ou crénelés.*

Calice semi-quinquefide & à découpures aiguës. IV.	Calice campanulé & à cinq dents peu profondes, émoussées ou obtuses. V.

561. IV. *Calice semi-quinquefide & à découpures aiguës.*

Savonaire diffuse. *Saponaria diffusa.*

Gypsophylla foliis linearibus carnosis triquetris, staminibus petalis emarginatis brevioribus. Ger. Prov. 409.

Gypsophylla repens. Linn. Sp. 581.

Sa racine est fort grande & pousse des tiges nombreuses, très-rameuses, étalées, diffuses, articulées, coudées à leurs articulations, un peu couchées à leur base, & hautes de six à huit pouces; ses feuilles sont étroites, linéaires, charnues & d'un vert-glauque: ses fleurs sont blanches ou d'un rouge-pâle, & disposées en pannicule lâche au sommet de la plante; elles sont un peu écartées les unes des autres. La corolle est une fois plus grande que le calice, & les étamines sont souvent aussi longues que la corolle. Cette plante croît en Provence. ♃

V. *Calice campanulé & à cinq dents peu profondes, émoussées ou obtuses.*

Savonaire des murs. *Saponaria muralis.*

Lychnis annua minima, flore carneo, lineis purpureis distincto. Tournef. 338.

Gypsophylla muralis. Linn. Sp. 583.

Tunica minima. Dalech. Hist. 1191.

Gypsophylla rigida. Linn. Sp. 583.

Ses tiges sont hautes de trois ou quatre pouces, très-grêles, filiformes, rameuses & étalées; ses feuilles sont planes, linéaires, étroites & pointues. Celles du sommet sont courtes & presque cétacées: les fleurs sont petites & portées sur des péduncules capillaires; les pétales sont échancrés, crénelés, rougeâtres & rayés de pourpre. La plante de Dalechamp ne diffère nullement de celle que je viens de décrire. On la trouve sur les murs & dans les champs; elle fleurit en automne. ⊙

---

561. VI. *Pétales très-entiers.*

Savonaire nivelée. *Saponaria fastigiata.*

Saponaria foliis glaucis, pulposis, linearibus, caule umbellato erecto, petalis ovatis. Hall. Hist. n°. 906.

Gypsophylla fastigiata. Linn. Sp. 582.

Ses tiges sont hautes d'un pied ou un peu plus, droites, articulées, branchues, ombelliformes, & comme taillées en niveau à leur sommet; ses feuilles sont linéaires, charnues, tournées souvent d'un seul côté & d'un vert-glauque : les inférieures sur-tout sont nombreuses & ramassées comme par paquets. Les fleurs sont blanches, portées sur de courts péduncules, & disposées en une espèce de corymbe un peu serré. Les calices paroissent rayés de vert & de blanc. Cette plante croît en Languedoc dans les lieux pierreux. ♃

VII. *Fleurs assez grandes; leur calice a plus de trois lignes de longueur.*

Calice à cinq angles. VIII.	Calice cylindrique. IX.

VIII. *Calice à cinq angles.*

Savonaire rouge. *Saponaria rubra.*

Lychnis segetum rubra, foliis perfoliatis. Tournef. 335.

Saponaria vaccaria. Linn. Sp. 585.

Sa tige est haute d'un pied & demi, cylindrique, glabre, articulée & branchue dans sa partie supérieure; ses feuilles sont ovales, pointues, larges à leur base, paroissant perfoliées, lisses & d'un vert-glauque : les fleurs sont rouges, pédunculées & disposées en niveau ou en espèce de corymbe; elles sont remarquables par leur calice pyramidal, & à cinq angles très-saillans & verdâtres. On trouve cette plante dans les champs parmi les blés. ☉

561. IX. *Calice cylindrique.*

Saponaire officinal. *Saponaria officinalis.* Linn. Sp. 584.

Lychnis sylvestris quæ saponaria vulgò. Tournef. 336.

Sa tige s'élève jusqu'à deux pieds; elle est cylindrique, glabre, articulée & peu branchue; ses feuilles sont ovales-lancéolées, très-lisses, à trois nervures, & d'un vert-foncé ou noirâtre : les fleurs sont terminales, d'une odeur assez agréable, & disposées en bouquet ombelliforme; elles sont blanches, ou quelquefois un peu rougeâtres vers leur sommet. Cette plante croît sur le bord des champs & des vignes ♃; elle est amère & passe pour détersive, sudorifique & diurétique.

X. *Fleurs axillaires; feuilles rétrécies en pétiole à leur base.*

Savonaire rampante. *Saponaria repens.*

Lychnis vel ocimoides repens montanum. Tournef. 337.
Saponaria ocymoides. Linn. Sp. 585.

Sa tige est longue de six à huit pouces, un peu velue, très-rameuse, couchée & étalée sur la terre; ses feuilles sont ovales, pointues & comme pétiolées : les fleurs sont assez petites, purpurines, pédunculées, & naissent dans les aisselles ou dans les bifurcations des tiges; leur calice est un peu velu, oblong & tubulé. Cette plante croît dans les lieux pierreux & couverts des provinces méridionales. ♃

---

562. *Tige ligneuse* . . . . { Cinq étamines ou moins. . 563
Six étamines ou plus. . . . 568 }

---

563. *Cinq étamines ou moins.* { Tige sarmenteuse, grimpante & garnie de vrilles. 564
Tige droite, non sarmenteuse, & point garnie de vrilles. . . 565 }

564. *Tige farmenteuse, grimpante & garnie de vrilles.*

Vigne vinifère. *Vitis vinifera.* Linn. Sp. 293.

Vitis sylvestris labrusca. Tournef. 613.

Vigne sauvage.

β. *Vitis sativa.*

Vigne cultivée.

La vigne sauvage est un arbrisseau foible, sarmenteux, difforme, qui s'entortille autour des corps de son voisinage, & s'y attache par le moyen de vrilles dont il est garni; ses feuilles sont pétiolées, alternes, un peu velues & profondément divisées en trois ou cinq lobes incisés ou dentés. Ses fleurs sont petites, de couleur verdâtre ou jaunâtre & disposées en grappes opposées aux feuilles. Son fruit est une petite baie qui contient quelques semences assez dures, & devient noire en mûrissant. Cet arbrisseau croît dans les lieux couverts & le long des haies en Provence ♄; la vigne cultivée en tire vraisemblablement son origine.

Elle fournit le vin, l'eau-de-vie, l'esprit-de-vin, le vinaigre, le tartre, &c. L'eau qui distille du cep au printemps, est apéritive, diurétique & ophtalmique. Les propriétés du vin, de l'eau-de-vie, du vinaigre & du tartre sont assez connues.

565.		
Tige droite non sarmenteuse & point garnie de vrilles.	Feuilles simples, non repliées en leur bord	566
	Feuilles simples & repliées en leur bord.	571 *
	Feuilles ailées.	567

---

566. *Feuilles simples, non repliées en leur bord.*

Nerprun. *Rhamus.*

Les fleurs de Nerprun son petites, verdâtres ou jaunâtres, & disposées dans les aisselles des feuilles où elles sont ordinairement ramassées par petits bouquets; leur calice est campanulé, divisé en quatre ou cinq découpures ouvertes, & soutient un pareil nombre de pétales très-petits, ligulés, & qui recouvrent les étamines. Le fruit est une baie divisée

566. en autant de loges qu'il y a de divisions au style ou au stigmate. Dans quelques espèces, les fleurs sont souvent unisexuelles.

A N A L Y S E.

Arbrisseaux épineux, ou garnis d'aiguillons. I.	Arbrisseaux sans épines & sans aiguillons. X.

I. *Arbrisseaux épineux, ou garnis d'aiguillons.*

Des épines solitaires & terminales. II.	Des aiguillons géminés & axillaires. VII.

II. *Des épines solitaires & terminales.*

Feuilles ovales & dentées. III.	Feuilles alongées & entières. VI.

III. *Feuilles ovales & dentées.*

Découpures du calice aussi longues ou plus longues que le tube ; style semi-trifide ou quadrifide. IV.	Découpures du calice très-courtes & moins longues que le tube ; style entier ou légèrement bifide. V.

IV. *Découpures du calice aussi longues ou plus longues que le tube ; style semi-trifide ou quadrifide.*

Nerprun cathartique. *Rhamnus cathárticus.* Linn. Sp. 279.

Rhamnus catharticus. Tournef. 593.

Arbrisseau de huit à dix pieds, droit, rameux, dont le bois

bois est jaunâtre, l'écorce lisse, & les vieux rameaux piquans à leur extrémité qui se change en une épine très-dure; ses feuilles sont pétiolées, simples, arrondies ou ovales, finement dentées en leur bord, lisses & chargées de nervures parallèles & convergentes. Ses fleurs sont petites & ramassées par bouquets axillaires; elles ont un calice à quatre divisions, quatre pétales & autant d'étamines : ses fruits sont des baies assez petites, qui deviennent noires en mûrissant. Il croît dans les bois, les haies & les lieux incultes ♄; ses baies sont purgatives & hydragogues. Elles fournissent une couleur connue sous le nom de *vert-de-vessie*.

V. *Découpures du calice très-courtes & moins longues que le tube; style entier ou légèrement bifide.*

Nerprun teignant. *Rhamnus infectorius*. Linn. mant. 49.

Rhamnus catharticus minor. Tournef. 593.

(Graine d'Avignon.)

Cet arbrisseau ressemble beaucoup au précédent, mais il s'élève moins, & sa tige est moins droite & très-rameuse dès sa base. Son écorce est noirâtre; ses feuilles sont ovales, elliptiques & un peu velues en-dessous, particulièrement sur leurs nervures; ses fleurs sont fort petites, nombreuses, jaunâtres & ramassées par bouquets axillaires. On trouve cette espèce dans les lieux stériles & arides des provinces méridionales. ♄ Ses baies fournissent une teinture jaune.

VI. *Feuilles alongées & entières.*

Nerprun olivet. *Rhamnus oleoides*. Linn. Sp. 279.

Rhamnus hispanicus oleæ folio. Tournef. 593.

Sa tige est haute de quatre à cinq pieds, très-rameuse & recouverte d'une écorce noirâtre. Ses feuilles sont oblongues, obtuses à leur sommet, entières en leur bord, rétrécies vers leur pétiole qui est assez court, glabres, un peu veinées & d'un vert-clair. Ses fleurs sont très-petites, jaunâtres, axillaires, solitaires, & portées sur des péduncules longs d'une ligne & demie; leur calice est profondément quadrifide, & leur style n'a que deux divisions. Je n'ai point vu d'étamines, ni de pétales dans les fleurs de l'individu que j'ai observé. Cet arbrisseau croît entre Caunes & Carcassonne, où il a été trouvé par Dom Fourmeault. ♄

VII. *Des aiguillons géminés & axillaires.*

Ovaire chargé de deux styles ; baie oblongue & sans rebord.	Ovaire chargé de trois styles ; fruit entouré d'un large rebord.
VIII.	IX.

VIII. *Ovaire chargé de deux styles ; baie oblongue & sans rebord.*

Nerprun jujubier. *Rhamnus zizyphus.* Linn. Sp. 282.

Zizyphus. Tournef. 627.

Grand arbrisseau dont l'écorce est brune, un peu gercée ; & la tige rameuse & tortueuse ; ses jeunes rameaux sont flexibles & garnis à leur insertion de deux aiguillons courts & presque égaux ; ses feuilles sont ovales-oblongues, un peu dures, lisses, marquées de trois nervures, légèrement dentées en leur bord & portées par de courts pétioles. Les fleurs sont petites, axillaires, jaunâtres, ramassées & attachées à des pédun-cules fort courts. Les baies sont d'un beau rouge dans leur maturité. Cet arbrisseau est commun en Languedoc. ♄ Son fruit est expectorant, adoucissant & légèrement diurétique.

IX. *Ovaire chargé de trois styles ; fruit entouré d'un large rebord.*

Nerprun porte-chapeau. *Rhamnus paliurus.* Linn. Sp. 281.

Paliurus. Tournef. 616.

Arbrisseau assez grand, dont l'écorce est unie, & les rameaux étalés, plians & garnis à leur insertion de deux aiguillons fort durs. Ses feuilles sont alternes, pétiolées, ovales, à peine dentées, marquées de trois nervures, glabres, d'un vert-clair en-dessous & garnies à leur base de deux aiguillons, dont un droit & l'autre crochu. Ses fleurs sont jaunes, axillaires & disposées par petites grappes ou bouquets lâches. Ses fruits

566. font remarquables par le rebord qui les entoure & leur donne la forme d'un chapeau dégancé. On trouve cet arbrisseau fur le bord des vignes & dans les haies des provinces méridionales. ♄ Ses fruits font diurétiques & expectorans.

X. *Arbrisseau sans épines & sans aiguillons.*

Feuilles dentées en leur bord.	Feuilles très-entières.
XI.	XVI.

XI. *Feuilles dentées en leur bord.*

Feuilles ridées, garnies en-dessous de beaucoup de nervures parallèles, & d'un vert-jaunâtre.	Feuilles lisses, non ridées, sans nervures parallèles & point d'un vert-jaunâtre.
XII.	XV.

XII *Feuilles ridées, garnies en-dessous de beaucoup de nervures parallèles & d'un vert-jaunâtre.*

Fleurs quadrifides & ordinairement unisexuelles.	Fleurs quinquefides & toujours hermaphrodites.
XIII.	XIV.

XIII. *Fleurs quadrifides & ordinairement unisexuelles.*

Nerprun des Alpes. *Rhamnus Alpinus.* Linn. Sp. 280.

Frangula rugosiore & ampliore folio. Tournef. 612.

Arbrisseau de six à huit pieds, rameux, dont le bois est jaunâtre, & l'écorce de couleur brune; ses feuilles font pétiolées, ovales, glabres; très-ridées, finement denticulées en leur bord, & d'un vert-clair tirant sur le jaune : ses fleurs font unisexuelles, axillaires, ramassées & portées par de courts

566. pédoncules; ses baies sont tétraspermes & noires dans leur maturité. On trouve cet arbrisseau dans les lieux montagneux du Dauphiné & de la Provence. ♄

XIV. *Fleurs quinquefides & toujours hermaphrodites.*

Neprun nain. *Rhamnus pumilus.* Linn. mant. 49.

Frangula montana, pumila saxatilis, folio subrotundo. Tournef. 612.

Arbrisseau de trois pieds, très-rameux dès sa base, & garni de beaucoup de feuilles ovales, glabres en-dessus, mais chargées souvent sur leurs nervures postérieures d'un duvet jaunâtre très-fin : ses fleurs sont verdâtres, pédunculées, axillaires & un peu ramassées dans la partie inférieure des jeunes pousses ; elles sont composées de cinq étamines très-courtes & d'un pistil à trois divisions. On trouve cet arbrisseau en Bourgogne & en Alsace. ♄

XV. *Feuilles lisses, non ridées, sans nervures parallèles & point d'un vert-jaunâtre.*

Nerprun alaterne. *Rhamnus alaternus.* Linn. Sp. 281.

Alaternus. Tournef. 595.
β. *Alaternus minore folio.* Ibid.

Arbrisseau de huit à dix pieds, toujours vert, très-rameux & formant d'assez jolis buissons; ses rameaux sont revêtus d'une écorce unie & verdâtre ; ses feuilles sont pour la plupart alternes, pétiolées, ovales, quelquefois oblongues, dures, lisses & dentées en leur bord : les fleurs sont axillaires, d'un vert-jaunâtre, presque sessiles & ramassées par petits bouquets ; elles sont souvent unisexuelles, & ont cinq étamines. Leur stigmate est à trois divisions ; la variété β a les feuilles moins pointues & plus également dentées. Cet arbrisseau croît dans les provinces méridionales. ♄

XVI. *Feuilles très-entières.*

Nerprun bourdainier. *Rhamnus frangula.* Linn. Sp. 280.

Frangula. Tournef. 612.

Arbrisseau de huit à neuf pieds, dont le bois est tendre,

566. l'écorce extérieure brune, & l'intérieure jaunâtre; ses feuilles font pétiolées, ovales, un peu en pointe, & chargées de beaucoup de nervures parallèles: ses fleurs sont verdâtres, axillaires pédunculées, peu ramassées & ordinairement toutes hermaphrodites; il leur succède des baies d'abord rougeâtres, mais qui deviennent noires en mûrissant. On trouve cet arbrisseau dans les bois taillis & dans les lieux un peu humides ♄; son écorce intérieure purge fortement par le haut & par le bas.

---

567. *Feuilles ailées.*

Staphilier ailé. *Staphylea pinnata.* Linn. Sp. 386.

Staphylodendron. Tournef. 616.

(Nez coupé, pistachier sauvage.)

Arbrisseau fort grand, dont les feuilles sont ailées avec une impaire; leurs folioles, au nombre de cinq ou de sept, sont ovales-oblongues, pointues & dentées finement en leur bord. Les fleurs sont blanches & disposées en grappes longues & pendantes. Le fruit est composé d'une couple de capsules vésiculaires, très-renflées, qui contiennent deux semences arrondies & osseuses. Cet arbrisseau croît en Alsace. ♄

568.	*Six étamines ou plus. . .*	Feuilles très-simples, entières ou dentées 569
		Feuilles lobées, ou palmées, ou digitées, ou surcomposées. . . 572

569.	*Feuilles très-simples, entières ou dentées. . . . .*	Tige épineuse. 570
		Tige non épineuse. 571

---

570. *Tige épineuse.*

Vinetier commun. *Berberis vulgaris.* Linn. Sp. 471.

Berberis dumetorum. Tournef. 614.

Arbrisseau médiocre, dont les tiges sont droites, le bois

570. fragile & jaunâtre, l'écorce mince & cendrée, & qui eſt garni d'épines ternées à la baſe de ſes rameaux ; ſes feuilles ſont ovales, rétrécies en pétiole, dentées en leur bord, preſque ciliées, d'un vert-gai, alternes & diſpoſées comme par paquet. Ses fleurs ſont jaunes & diſpoſées en grappes axillaires & pendantes, leurs étamines ſont au nombre de ſix & remarquables par l'eſpèce de ſenſibilité dont elles ſont pourvues, qui les force de ſe replier preſque toutes à la fois ſur le piſtil, lorſqu'on en touche une avec la pointe d'une épingle. Les fruits ſont des baies ovales, aſſez petites & d'une couleur rouge. Cet arbriſſeau croît dans les haies & ſur le bord des bois ♄ ; ſa racine eſt amère & ſtyptique, & ſes fruits ſont très-rafraîchiſſans.

571.

Tige non épineuſe	Feuilles vertes & glabres des deux côtés. 553
	Feuilles chargées en-deſſous d'un duvet roux & ferrugineux. . 571 *

---

571. * *Feuilles chargées en-deſſous d'un duvet roux & ferrugineux.*

Ledier des marais. *Ledum paluſtre.* Linn. Sp. 561.

Ciſtus ledon foliis roſmarini ferrugineis. Bauh. pin. 467.

Sa tige eſt haute d'un pied ou quelquefois un peu plus ; elle eſt rameuſe & recouverte d'une écorce brune & un peu cendrée : les jeunes rameaux ſont velus, rouſsâtres & garnis de feuilles alternes, preſque ſeſſiles, oblongues, repliées ſur les côtés comme celles du romarin, vertes en-deſſus & chargées, dans toute leur ſurface inférieure, d'une eſpèce de coton roux & ferrugineux. Les fleurs ſont pédunculées, d'une couleur blanchâtre & diſpoſées en ombelles ſeſſiles ; elles ont cinq pétales & cinq ou ſix étamines ſeulement : leur calice eſt fort court & à peine ſenſible ; mais chaque fleur, avant ſon épanouiſſement, eſt enfermée dans une écaille jaunâtre ou rougeâtre qui en tient lieu. Le fruit eſt une capſule pentagone & à cinq loges. Ce ſous-arbriſſeau croît en Alſace, où il eſt indiqué par Mappus. ♄

---

572. *Feuilles lobées, ou palmées, ou digitées, ou surcomposées.* . . . . { Tige haute de plus de six pieds ; feuilles lobées, palmées ou digitées. 573
Tige de quatre pieds ou moins ; feuilles surcomposées. . . . . 551 }

---

573. *Tige haute de plus de six pieds ; feuilles lobées, palmées ou digitées.* . . { Fleurs en grappe droite & pyramidale ; feuilles digitées. . . . 573
Fleurs en grappes pendantes ou presque en corymbe ; feuilles lobées ou palmées. . . . . 574 }

---

573. * *Fleurs en grappe droite & pyramidale ; feuilles digitées.*

Maronnier d'Inde. *Æsculus hippocastanum.* Linn. Sp. 488.

Hippocastanum vulgare. Tournef. 612.

Arbre fort grand, dont la tige est droite, le bois tendre & la tête large & fort belle ; ses feuilles sont pétiolées & composées de cinq ou sept folioles lancéolées, pointues, dentées & disposées en manière de digitations. Les fleurs sont blanches & un peu rougeâtres ; elles sont composées de sept étamines inclinées, de cinq pétales ouverts, & d'un calice court à cinq dents. Le fruit est une capsule hérissée de pointes molles, qui renferme une ou deux semences lisses, assez semblables à celles du châtaignier, mais sans pointe. Cet arbre est originaire des Indes, & se trouve presque naturalisé en France ♄ ; ses semences sont amères, un peu âcres, sternutatoires, errhines & astringentes.

574. *Fleurs en grappes pendantes ou presque en corymbe; feuilles lobées ou palmées.*

Érable. *Acer.*

Les fleurs d'érable sont composées de huit étamines, d'un pistil à deux divisions, de cinq pétales & d'un calice quinquefide. Le fruit est formé par deux capsules réunies, monospermes & terminées chacune par une aile ou une languette remarquable.

ANALYSE.

Feuilles palmées ou à lobes incisés. I.	Feuilles à trois lobes très-simples. VI.

I. *Feuilles palmées ou à lobes incisés.*

Feuilles à cinq lobes pointus & dentés. II.	Feuilles dont les lobes & les divisions sont obtuses. V.

II. *Feuilles à cinq lobes pointus & dentés.*

Fleurs presque en corymbe; pétioles des feuilles cylindriques. III.	Fleurs en grappes tout-à-fait pendantes; pétioles canaliculés. IV.

III. *Fleurs presque en corymbe; pétioles des feuilles cylindriques.*

Erable platanier. *Acer platanoides.* Linn. Sp. 1496.

Acer platanoides. Tournef. 615.

Grand arbre, fort droit & d'un beau port; ses feuilles

574. ſont pétiolées, oppoſées, palmées, glabres & à cinq lobes pointus & anguleux : ſes fleurs ſont jaunâtres & diſpoſées en grappe courte, à demi-redreſſée & un peu corymbiforme ; ſes fruits forment deux ailes grandes & écartées. Cet arbre croît dans les provinces méridionales. ♄

IV. *Fleurs en grappes tout-à-fait pendantes ; pétioles canaliculés.*

Erable de montagne. *Acer montanum.* (*Sycomore.*)

Acer montanum candidum. Tournef. 615.
Acer pſeudo-platanus. Linn. Sp. 1495.

Arbre élevé, dont le bois eſt blanc, l'écorce un peu rouſſâtre & la tête garnie d'un feuillage épais, étalée & fort belle ; ſes feuilles ſont pétiolées, oppoſées, larges & à cinq lobes pointus & dentés ; elles ſe diſtinguent fortement de celles de l'eſpèce précédente par leurs angles rentrans, tous aigus, & par leur ſurface ſupérieure d'un vert très-foncé, & l'inférieure blanchâtre, d'une couleur glauque & très-nerveuſe. Les fleurs ſont petites, de couleur herbacée, & diſpoſées en grappes longues, très garnies & pendantes : cet arbre croît dans les bois des montagnes. ♄ On en cultive une variété dont les feuilles ſont panachées de jaune & de vert : on en retire, en formant une inciſion à ſon écorce, une ſéve douce dont on fait une eſpèce de ſucre qui a les mêmes qualités que le ſucre ordinaire.

V. *Feuilles dont les lobes & les diviſions ſont obtuſes.*

Erable commun. *Acer campeſtre.* Linn. Sp. 1497.

Acer campeſtre & minus. Tournef. 615.

Arbre peu élevé, très-rameux, & dont l'écorce eſt rude, crevaſſée ou gercée ; ſes feuilles ſont oppoſées, pétiolées, à trois ou cinq lobes obtus à leur ſommet & en leurs angles : ſes fleurs ſont petites, verdâtres & diſpoſées en grappes paniculées, quelquefois aſſez droites ; elles ſont hermaphrodites, excepté dans une variété obſervée par M. Vaillant, qui n'en porte que de mâles. Cet arbre eſt commun dans les bois & les haies. ♄

---

574. VI. *Feuilles à trois lobes très-simples.*

Erable de Montpellier. *Acer Monpessulanum.* Linn. Sp. 1497.

Acer trifolium. Tournef. 615.

Arbre moyen, très-rameux, dont l'écorce est rougeâtre, les feuilles petites, opposées, pétiolées & découpées en trois lobes pointus, entiers ou quelquefois dentés; elles sont d'un vert-foncé en-dessus, nerveuses en-dessous & de la consistance de celles du lière : ses fleurs sont petites, péduncùlées, & forment des bouquets peu garnis; les ailes des fruits sont rougeâtres. On trouve cet arbre dans les bois en Languedoc & en Provence. ♄

575.	*Corolle irrégulière.*	Calice d'une seule pièce. . 576
		Calice de plusieurs pièces. 637

---

576. *Calice d'une seule pièce.*

Fleurs papillonacées.

Les fleurs des plantes de cette division sont composées de quatre ou cinq pétales inégaux, qui imitent en quelque sorte la forme d'un papillon. Ces pétales sont disposés de manière qu'on en distingue toujours un supérieur qu'on nomme *pavillon*; deux latéraux qui portent le nom d'*ailes*, & un inférieur auquel on donne le nom de *carène*, & qui est quelquefois composé de deux pièces. Les étamines sont au nombre de dix, & presque toujours réunies en un seul faisceau par leurs filets qui se confondent & s'épanouissent en une membrane qui forme une gaîne autour du pistil. Souvent, dans le côté supérieur de cette gaîne, on distingue une fissure qui vient de ce qu'un des filets des étamines est imparfaitement uni à la membrane commune; mais il est, malgré cela, très-rare que ce filet soit assez libre pour qu'on puisse l'écarter des autres sans rien déchirer. Le fruit est un légume ordinairement uniloculaire, alongé, souvent comprimé & composé de deux panneaux qui forment, par leur réunion, deux futures, dont une ordinairement courbée vers les deux extrémités du légume, se nomme *future supérieure*, & s'ouvre lorsque le fruit est mûr;

576. & l'autre, communément plus droite, fournit l'attache des semences & s'ouvre plus difficilement : on la nomme *suture inférieure.* Les semences sont en général arrondies ou réniformes, & leurs lobes sont composés d'une substance farineuse très-nourrissante.

ANALYSE.

Plantes garnies de vrilles, ou dont les pétioles des feuilles sont terminés par un ou plusieurs filets. 577.	Plantes n'ayant point de vrilles, & dont les pétioles des feuilles ne sont pas terminés par des filets. 582.

577. *Plantes garnies de vrilles, ou dont les pétioles des feuilles sont terminés par un ou plusieurs filets.*

- Style linéaire & point élargi vers son sommet, ni canaliculé ; les feuilles ont souvent plus de six folioles. 578
- Style plane, élargi vers son sommet, ou canaliculé ; les feuilles n'ont jamais plus de six folioles. 581

578. *Style linéaire & point élargi vers son sommet, ni canaliculé.* . . . .

- Stigmate glabre ; fleurs très-petites, & dont la corolle n'est pas une fois plus grande que le calice. 579
- Stigmate velu à sa base ; fleurs assez grandes, & dont la corolle surpasse une fois au moins la longueur du calice. . . . . . 579 *.

579. *Stigmate glabre ; fleurs très-petites, & dont la corolle n'est pas une fois plus grande que le calice.*

Ers. *Ervum.*

Les ers ont un grand rapport avec les vesces ; leurs fleurs sont fort petites ; leurs légumes ne contiennent que deux

579. ou quatre femences, & leurs tiges font prefque filiformes & très-foibles.

ANALYSE.

Feuilles dont le pétiole commun fe termine par une vrille affez longue & roulée à fon extrémité. I.	Feuilles dont le pétiole commun fe termine par un filet court & point roulé. VI.

I. *Feuilles dont le pétiole commun fe termine par une vrille affez longue & roulée à fon extrémité.*

Légume contenant une à trois femences. II.	Légume contenant quatre femences. V.

II. *Légume contenant une à trois femences.*

Légume glabre ; femences comprimées & orbiculaires. III.	Légume velu ; femences globuleufes. IV.

III. *Légume glabre ; femences comprimées & orbiculaires.*

Ers lentillier. *Ervum lens.* Linn. Sp. 1039.

Lens vulgaris femine fubrufo. Tournef. 390.
β. Lens major. Ibid.

Sa tige eft anguleufe, un peu velue & haute de neuf à dix pouces ; fes feuilles font compofées de dix à douze folioles oblongues, entières & un peu obtufes à leur extrémité. Les péduncules font grêles, axillaires, & portent deux ou trois fleurs blanchâtres, dont le pavillon eft un peu rayé de bleu. Le fruit eft un légume court, affez large & rempli de deux ou trois femences roufsâtres ou noirâtres, connues fous le

579. nom de *lentilles*. Cette plante croît dans les champs parmi les blés ⊙ ; les lentilles sont employées comme nourriture, & rarement comme remède. Leur farine est résolutive.

IV. *Légume velu ; semences globuleuses.*

Ers velu. *Ervum hirsutum*. Linn. Sp. 1039.

Vicia segetum cum siliquis plurimis hirsutis. Tournef. 216.

Sa tige est haute d'un pied, grêle, rameuse & très-foible ; ses feuilles sont composées de douze ou quatorze folioles presque linéaires, & leur pétiole commun se termine par une vrille rameuse : les péduncules sont axillaires, & portent deux ou trois ou même quatre fleurs fort petites, blanchâtres ou d'un bleu-pâle ; le fruit est un légume velu & disperme. On trouve cette plante dans les champs & quelquefois dans les bois. ⊙

V. *Légume contenant quatre semences.*

Ers tétrasperme. *Ervum tetraspermum*. Linn. Sp. 1039.

Vicia minima, cum siliquis glabris. Tournef. 397.

Ses tiges sont foibles, très-grêles, un peu anguleuses & s'élèvent jusqu'à un pied & demi ; ses feuilles sont composées de huit ou dix folioles assez longues, étroites & linéaires. Les péduncules sont axillaires, filiformes & soutiennent une couple de fleurs d'un bleu-pâle, dont une ordinairement avorte, ce qui fait que très-souvent les légumes sont solitaires sur chaque péduncule. Cette plante est commune dans les champs, parmi les blés. ⊙

VI. *Feuilles dont le pétiole commun se termine par un filet court & point roulé.*

Feuilles composées de quatre à huit folioles obtuses ; péduncule terminé par un filet particulier.	Feuilles composées de douze à seize folioles ; péduncule sans filet remarquable.
VII.	VIII.

579. VII. *Feuilles composées de quatre à huit folioles obtuses; péduncule terminé par un filet particulier.*

Ers de Sologne. *Ervum Soloniense.* Linn. Sp. 1040.

Vicia minima præcox Parisiensium. Tournef. 397.

Ses tiges sont hautes de sept à huit pouces & légèrement velues; les feuilles sont composées d'un petit nombre de folioles obtuses, & leur pétiole commun ne se termine que par un filet simple, non roulé comme les vrilles; les péduncules sont axillaires, plus longs que les feuilles, soutiennent une couple de fleurs rouges, & sont remarquables par leur filet particulier : les légumes contiennent trois ou quatre semences carrées. On trouve cette plante dans les environs de Paris; elle fleurit de bonne heure.

VIII. *Feuilles composées de douze à seize folioles; péduncule sans filet remarquable.*

Ers ervilier. *Ervum ervilia.* Linn. Sp. 1040.

Ervum verum. Tournef. 398.

Ses tiges sont foibles, très-rameuses, & s'élèvent un peu au-delà d'un pied; ses feuilles sont composées de folioles nombreuses & étroites; les péduncules sont axillaires, plus courts que les feuilles, & chargés d'une couple de fleurs pendantes & blanchâtres, ou légèrement rayées de violet : les légumes sont articulés, & contiennent trois ou quatre semences arrondies & anguleuses. Cette plante croît dans les champs. ⊙ La farine des semences est résolutive & maturative.

579. * *Stigmate velu à sa base; fleurs assez grandes & dont la corolle surpasse une fois au moins la longueur du calice* . . . . .

Feuilles dont le pétiole se termine par une vrille; c'est-à-dire, par un ou plusieurs filets longs & contournés ou roulés. 580

Feuilles dont le pétiole est terminé par un filet court, droit & point roulé. . . . . 580*.

580. *Feuilles dont le pétiole se termine par une vrille ; c'est-à-dire, par un ou plusieurs filets longs & contournés ou roulés.*

Vesce. *Vicia.*

Presque toutes les vesces ont les tiges foibles, grimpantes, & qui s'accrochent à tout ce qui les environne par le moyen des vrilles qui terminent leurs feuilles ; leurs fleurs sont longues & ont un calice court & irrégulier. La carène de leur corolle est ordinairement plus courte que les ailes.

ANALYSE.

Fleurs disposées en grappe, portée sur un péduncule assez long. I.	Fleurs en petit nombre & presque sessiles. XIV.

I. *Fleurs disposées en grappe, portée sur un péduncule assez long.*

Stipules entières. II.	Stipules dentées. VII.

II. *Stipules entières.*

Feuilles glabres. III.	Feuilles velues ou pubescentes. IV.

III. *Feuilles glabres.*

Vesce bisannuelle. *Vicia biennis.* Linn. Sp. 1036.

Vicia perennis multiflora, majori flore cæruleo, ex albo mixto. Tournef. 397. (Voyez la vesce des bois, n°. X.)

Cette plante, au rapport des Auteurs, s'élève quelquefois au-delà de douze pieds, & ses feuilles sont composées de dix ou douze folioles glabres & lancéolées. La plante de

580. Magnol indiquée par le synonyme de M. de Tournefort, s'élève seulement jusqu'à deux pieds, & porte des feuilles velues selon cet Auteur; ce qui laisse de l'incertitude sur la justesse du synonyme adopté par MM. Sauvages, Gouan & Linné. On trouve cette plante dans les environs de Montpellier. ♂

IV. *Feuilles velues ou pubescentes.*

Grappe composée de dix fleurs ou davantage.	Grappe composée de moins de dix fleurs.
V.	VI.

V. *Grappe composée de dix fleurs ou davantage.*

Vesce multiflore. *Vicia multiflora.* Tournef. 397.

Vicia cracca. Linn. Sp. 1035.

β. Vicia perennis incana, multiflora. Tournef. 397.

Sa tige est haute d'un à deux pieds, striée, un peu velue, foible & très-rameuse; ses feuilles sont composées de seize à vingt folioles linéaires, peu distantes, velues & presque blanchâtres ou soyeuses. Les fleurs sont assez petites, d'un pourpre-violet ou bleuâtre, & disposées souvent au-delà de vingt sur chaque grappe; il leur succède des légumes courts qui contiennent six à huit semences. Cette plante croît dans les lieux incultes, les champs ♃; on trouve la variété β en Provence.

VI. *Grappe composée de moins de dix fleurs.*

Vesce blanchâtre. *Vicia incana.*

Vicia perennis multiflora, incana, insularum Stœcadum. Tournef. 397.

Vicia Benghalensis. Linn. Sp. 1036.

Cette plante est velue & blanchâtre; ses fleurs sont d'un rouge-foncé avec une tache noire à l'extrémité de leur carène; elles sont portées par des pédunçules axillaires plus longs que les feuilles, & il leur succède des légumes un peu redressés. Elle croît dans les îles d'Hières. ♃

580. VII. *Stipules dentées.*

Fleurs jaunâtres & point tachées de bleu ni de pourpre. VIII.	Fleurs bleuâtres ou purpurines. IX.

VIII. *Fleurs jaunâtres & point tachées de bleu ni de pourpre.*

Vesce pisiforme. *Vicia pisiformis.* Linn. Sp. 1034.

Pisum sylvestre perenne. Bauh. pin. 343.

Sa tige est haute de deux pieds, glabre, striée & rameuse; ses feuilles sont composées de huit folioles ovales, un peu en cœur, fort grandes, tout-à-fait glabres & nerveuses: les deux folioles inférieures sont très-voisines de la tige & quelquefois serrées contre elle; les fleurs sont assez petites, nombreuses & d'un blanc-jaunâtre. Cette plante croît en Provence, dans les bois. ♃

IX. *Fleurs bleuâtres ou purpurines.*

Fleurs blanches & tachées ou rayées de bleu. X.	Fleurs purpurines ou d'un bleu-violet. XI.

X. *Fleurs blanches & tachées ou rayées de bleu.*

Vesce des bois. *Vicia sylvatica.* Linn. Sp. 1035.

Vicia foliis ovatis, stipulis argutè dentatis, siliquis racemosis pendulis. Hall. Hist. n°. 426.

Ses tiges sont striées, glabres, rameuses & hautes de deux pieds; ses feuilles sont composées de huit folioles alternes, lancéolées, terminées par une petite pointe, ordinairement glabres, mais aussi quelquefois un peu velues, ce qui me porte à croire que le synonyme de M. de Tournefort, rapporté à la vesce bisannuelle n°. III, convient plutôt à cette espèce. Les fleurs, au nombre de huit à dix sur chaque pédun-

580. cule, sont blanches, & leur pavillon est rayé de bleu; elles sont un peu pendantes, & tournées toutes d'un même côté. Cette plante croît dans les bois des montagnes & sur le bord des vignes en Provence. ♃

XI. *Fleurs purpurines ou d'un bleu-violet & foncé.*

Feuilles à folioles étroites; légume contenant plus de huit semences. XII.	Feuilles à folioles ovales; légume contenant moins de huit semences. XIII.

XII. *Feuilles à folioles étroites; légume contenant plus de huit semences.*

Vesce sainfoin. *Vicia onobrychioides.* Linn. Sp. 1036.

Vicia onobrychidis flore. Bauh. pin. 345.

Cette plante a beaucoup de rapport avec la vesce multiflore; mais sa tige est plus dure, moins foible & à peine velue; ses feuilles sont composées de dix ou douze folioles presque glabres : les stipules sont dentées en scie, & ses fleurs sont grandes & peu serrées entre elles. On la trouve dans les provinces méridionales.

XIII. *Feuilles à folioles ovales; légume contenant moins de huit semences.*

Vesce des buissons. *Vicia dumetorum.* Linn. Sp. 1035.

Vicia sylvatica maxima, pyso sylvestri similis. Tournef. 398.

Sa tige est rameuse, un peu ailée, & s'élève quelquefois beaucoup au-delà de trois pieds; ses feuilles sont composées de folioles ovales, glabres & peu nombreuses. Ses fleurs sont d'un pourpre-violet, & disposées six ou huit par grappes sur des pédoncules à-peu-près de la longueur des feuilles. Cette plante croît dans les bois, les haies & les lieux couverts. ♃.

580. XIV. *Fleurs en petit nombre & presque sessiles.*

Fleurs jaunes, & point purpurines ni de couleur blanche. XV.	Fleurs purpurines, ou violettes, ou de couleur blanche. XVI.

XV. *Fleurs jaunes, & point purpurines ni de couleur blanche.*

Vesce jaune. *Vicia lutea.* Linn. Sp. 1037.

Vicia sylvestris lutea, siliquâ hirsutâ. Tournef. 398.

β. *Vicia hybrida.* Linn. Sp. 1037.

Ses tiges sont striées, rameuses, légèrement velues, un peu foibles, & s'élèvent à peine jusqu'à un pied & demi ; ses feuilles sont composées de huit ou dix folioles oblongues, larges de deux lignes, un peu velues, obtuses & comme tronquées à leur sommet qui est chargé d'une petite pointe. Les fleurs sont axillaires, solitaires, presque sessiles & longues de neuf à dix lignes. La variété β a la corolle velue & un peu roussâtre sur le dos de son pavillon. On trouve cette plante sur le bord des champs. ⊙

XVI. *Fleurs purpurines, ou violettes, ou de couleur blanche.*

Légumes redressés. XVII.	Légumes pendans. XXIV.

XVII. *Légumes redressés.*

Feuilles composées de huit folioles ou davantage. XVIII.	Feuilles composées de six folioles ou moins. XXI.

580. XVIII. *Feuilles composées de huit folioles ou davantage.*

Péduncules chargés de trois ou quatre fleurs ; stipules jamais tachées.	Péduncules chargés de deux fleurs ; stipules tachées en-dessous.
XIX.	XX.

XIX. *Péduncules chargés de trois ou quatre fleurs ; stipules jamais tachées.*

Vesce des haies. *Vicia sepium.* Linn. Sp. 1038.

Vicia sepium folio rotundiore, acuto. Tournef. 397.
Vicia maxima dumetorum. Ibid.

Sa tige est haute de deux ou trois pieds, rameuse, anguleuse, presque ailée & un peu velue ; ses feuilles sont composées de dix à douze folioles ovales, larges de plus de deux lignes, & légèrement velues, sur-tout en leurs nervures & en leur bord ; elles vont un peu en diminuant vers leur sommet qui est obtus, mais chargé d'une petite pointe ; les péduncules sont axillaires, extrêmement courts, & portent trois ou quatre fleurs d'un pourpre-obscur & bleuâtre ; les légumes sont courts, noirâtres, & contiennent cinq ou six semences globuleuses, ordinairement tachées. On trouve cette plante dans les haies, les bois & les lieux couverts. ♃

XX. *Péduncules chargés de deux fleurs ; stipules tachées en-dessous.*

Vesce cultivée. *Vicia sativa.* Linn. Sp. 1037.

Vicia sativa vulgaris, semine nigro. Tournef. 396.
β. *Vicia vulgaris acutiore folio, semine parvo nigro.* Ibid. 397.

Ses tiges sont anguleuses, rameuses & hautes d'un à deux pieds ; ses feuilles sont composées de dix ou douze folioles oblongues, un peu étroites, & obtuses à leur extrémité, qui est chargée d'une petite pointe. Les stipules sont presque toujours remarquables par une tache d'un pourpre-noirâtre, placée dans leur surface inférieure. Les fleurs sont purpurines, un peu violettes ou d'une couleur livide en leur carène, axillaires & disposées deux ensemble sur un péduncule commun très-

580. court. Le fruit eſt un légume noirâtre, un peu velu & redreſſé. On trouve cette plante dans les champs. ⊙ On la cultive pour la nourriture des beſtiaux.

XXI. *Feuilles compoſées de ſix folioles ou moins.*

Légumes glabres ; feuilles dont la largeur n'excède point trois lignes. XXII.	Légumes velus ; feuilles dont la largeur excède ſix lignes. XXIII.

XXII. *Légumes glabres ; feuilles dont la largeur n'excède point trois lignes.*

Veſce geſſière. *Vicia lathyroides.* Linn. Sp. 1037.

Vicia minima, cum ſiliquis glabris. Tournef. 397.

Ses tiges ſont menues, filiformes, très-foibles, rarement droites & longues de ſix à huit pouces ; les pétioles des feuilles inférieures ne ſoutiennent très-ſouvent que deux folioles ovales, & légèrement velues : les autres feuilles ſont compoſées de quatre ou ſix folioles un peu étroites & pointues. Le pétiole commun ſe termine par une vrille non rameuſe : les fleurs ſont petites & de couleur purpurine ou violette. Cette plante croît dans les lieux couverts. ⊙

XXIII. *Légumes velus ; feuilles dont la largeur excède ſix lignes.*

Veſce de Narbonne. *Vicia Narbonenſis.* Linn. Sp. 1038.

Vicia ſupina latiſſimo folio non ſerrato. Tournef. 397.

Sa tige eſt droite, anguleuſe, ſtriée, velue & haute d'un pied ou quelquefois un peu plus ; ſes feuilles ſont compoſées de quatre ou ſix folioles ovales, obtuſes, fort grandes & finement denticulées en leur bord ; ſes fleurs ſont axillaires, ſouvent ſolitaires, preſque ſeſſiles & d'un pourpre-noirâtre. Cette plante croît en Languedoc. ⊙

580. XXIV. *Légumes pendans.*

Vesce étrangère. *Vicia peregrina.* Linn. Sp. 1038.

Vicia angustifolia purpureo-cærulea, siliquâ latâ glabrâ. Tournef. 397.

Sa tige est anguleuse, glabre & haute d'un pied & demi ; ses feuilles sont composées de dix ou douze folioles étroites, linéaires, obtuses, glabres & longues de près d'un pouce. Les fleurs sont axillaires, solitaires, presque sessiles & de couleur violette ou bleuâtre ; les fruits sont glabres, assez larges, & ceux des aisselles inférieures sont quelquefois portés sur des péduncules longs de plus d'un pouce. Cette plante croît dans les provinces meridionales. ⊙

---

580. * *Feuilles dont le pétiole est terminé par un filet court, droit & point roulé.*

Orobe. *Orobus.*

Les fleurs d'orobe sont remarquables par leur calicè obtus à sa base, & divisé en cinq dents, dont les deux supérieures sont profondes & fort courtes. Le fruit est un légume alongé, cylindrique & polysperme.

ANALYSE.

Fleurs purpurines ou bleuâtres. I.	Fleurs d'un blanc tirant sur le jaune. XII.

I. *Fleurs purpurines ou bleuâtres.*

Tiges simples. II.	Tiges rameuses. V.

580. * II. *Tiges simples.*

Folioles ovales & pointues; tiges anguleuses.	Folioles oblongues, elliptiques ou lancéolées; tiges un peu ailées.
III.	IV.

III. *Folioles ovales & pointues; tiges anguleuses.*

Orobe printannier. *Orobus vernus.* Linn. Sp. 1028.

Orobus sylvaticus purpureus, vernus. Tournef. 393.

Ses tiges sont hautes d'un pied, foibles, lisses & anguleuses; ses feuilles sont composées de quatre ou six folioles fort grandes, ovales, pointues & très-glabres. Les stipules sont semi-sagittées & entières : les fleurs sont assez belles, & disposées quatre à huit ensemble sur des péduncules presque aussi longs que les feuilles. Cette plante croît dans les bois des provinces méridionales ♃; elle fleurit de bonne heure.

IV. *Folioles oblongues, elliptiques ou lancéolées; tiges un peu ailées.*

Orobe tubéreux. *Orobus tuberosus.* Linn. Sp. 1028.

Orobus sylvestris angustifolius, asphodeli radice. Tournef. 393.

β. Orobus sylvaticus, foliis oblongis glabris. Ibid.

Sa racine est tubéreuse, garnie de beaucoup de filamens fibreux, & pousse quelques tiges grêles, médiocrement feuillées, bordées d'aîles courantes fort étroites, & qui s'élèvent quelquefois un peu au-delà d'un pied; les folioles de ses feuilles sont alongées, pointues, moins larges que celles de l'espèce précédente, vertes en-dessus, & d'une couleur glauque ou blanchâtre en-dessous; elles sont rarement au nombre de six sur chaque feuille : les fleurs sont d'un rose-pourpre & disposées deux à quatre ensemble sur chaque péduncule; il leur succède des légumes longs presque d'un pouce & demi, & d'un rouge-noirâtre. Cette plante est commune dans les bois & les lieux couverts. ♃ La variété β est remarquable par ses folioles presque toutes elliptiques & obtuses.

580. * V. *Tiges rameuses.*

Tiges droites. VI.	Tiges couchées. XI.

VI. *Tiges droites.*

Feuilles composées de quatre ou six folioles. VII.	Feuilles composées de dix ou douze folioles. X.

VII. *Feuilles composées de quatre ou six folioles.*

Folioles très-étroites, linéaires, & glabres des deux côtés. VIII.	Folioles ovales-oblongues & un peu velues en-dessous. IX.

VIII. *Folioles très-étroites, linéaires & glabres des deux côtés.*

Orobe filiforme. *Orobus filiformis.*

Orobus caule ramoso, foliis quaterno-pinnatis, linearibus; stipulis, semi-sagittatis, subulatis. Ger. Prov. 493.

Sa tige est haute de quatre à cinq pouces, filiforme, anguleuse & un peu rameuse; ses feuilles sont composées de quatre folioles très-étroites, pointues & nerveuses en-dessous. Les stipules sont en alènes; les fleurs, au nombre de quatre ou cinq, sont disposées sur un seul péduncule redressé & dont la hauteur excède le sommet de la tige; la corolle est d'un blanc mêlé de bleu, & le fruit est un légume un peu comprimé. Cette plante croît en Provence. ♃

IX. *Folioles ovales-oblongues & un peu velues en-dessous.*

Orobe des Pyrénées. *Orobus Pyrenaicus.* Linn. Sp. 1029.

Orobus Pyrenaicus, foliis nervosis. Tournef. 393.

Sa tige est rameuse, anguleuse, presque ailée & légèrement velue; les folioles de ses feuilles sont ovales-oblongues,

580. * nerveuses en-dessous, & chargées de quelques poils sur leurs nervures. Les stipules sont grandes, semi-sagittées; les fleurs sont de couleur rouge, un peu rayées en leur pavillon, & les légumes sont pubescens. Cette plante croît en Roussillon, en Languedoc. ♃

X. *Feuilles composées de dix ou douze folioles.*

Orobe noirâtre. *Orobus niger.* Linn. Sp. 1028.

Orobus sylvaticus, foliis viciæ. Tournef. 393.

Ses tiges sont hautes d'un pied & demi, assez fermes, anguleuses & rameuses; les folioles de ses feuilles sont petites, ovales, pointues & d'un vert un peu glauque. Les péduncules sont axillaires, longs de trois pouces, & soutiennent quatre à huit fleurs purpurines ou bleuâtres. Toute la plante noircit en se séchant. On la trouve dans les bois & sur le bord des vignes; elle a été observée en Flandre par M. Lestiboudois. ♃

XI. *Tiges couchées.*

Orobe des bois. *Orobus sylvaticus.* Linn. Sp. 1029.

Orobus sylvaticus nostras. Tournef. 393.

Ses tiges sont longues de huit à neuf pouces, couchées, rameuses, très-velues à leur base & presque glabres vers le sommet. Ses feuilles sont composées de quatorze à vingt folioles ovales-oblongues, assez petites, un peu velues & toutes serrées les unes contre les autres. Ces folioles vont en diminuant de grandeur vers le sommet des feuilles. Les péduncules sont axillaires, presque aussi longs que les feuilles, & soutiennent chacun six à douze fleurs purpurines ou bleuâtres. Cette plante croît en France selon M. Linné. ♃

XII. *Fleurs d'un blanc tirant sur le jaune.*

Orobe jaunâtre. *Orobus luteus.* Linn. Sp. 1028.

Orobus sylvaticus, pallido flore. Tournef. 393.

Sa tige est haute de deux pieds, droite, anguleuse, striée,

580.* glabre, quelquefois simple, mais plus souvent rameuse. Ses feuilles sont composées de six à dix folioles lancéolées, glabres, vertes en-dessus & d'une couleur glauque en-dessous. Les péduncules sont longs, nus, striés & soutiennent cinq à dix fleurs jaunâtres. Cette plante croît dans les pâturages des montagnes de l'Alsace & de la Provence. ♃

---

581. *Style plane, élargi vers son sommet, ou canaliculé.*

Gesse. *Lathyrus.*

Les fleurs de gesse sont remarquables par leur calice, dont les deux divisions supérieures sont plus courtes & plus rapprochées que les trois autres, & par le pavillon de leur corolle, qui est grand, arrondi, un peu échancré & relevé.

Obs. Je ne connois point de caractère suffisant pour établir une distinction générique entre les gesses & les pois.

A N A L Y S E.

Stipules nulles ou sagittées, & point plus grandes que les folioles.	Stipules arrondies à leur base, & toutes plus grandes que les folioles.
I.	XXXII.

I. *Sipules nulles ou sagittées, & point plus grandes que les folioles.*

Toutes les feuilles, ou plusieurs, simples & point composées.	Toutes les feuilles composées de deux à six folioles.
II.	VII.

581. II. *Toutes les feuilles, ou plusieurs, simples & point composées.*

Feuilles terminées par des vrilles. III.	Vrilles nulles ou axillaires, & point portées par les feuilles. IV.

III. *Feuilles terminées par des vrilles.*

Gesse décurrente. *Lathyrus currentifolius.*

Ochrus folio integro, capreolos emittente. Tournef. 396.
Pisum ochrus. Linn. Sp. 1027.

Ses tiges sont longues d'un pied & demi, foibles, un peu couchées, rameuses & feuillées dans toute leur longueur; ses feuilles inférieures sont simples, ovales, courantes sur les tiges & terminées par un filet : les feuilles supérieures se divisent ordinairement à leur extrémité en deux ou quatre folioles fort petites, & sont toutes terminées par une vrille rameuse. Les fleurs sont petites, blanchâtres, solitaires & portées sur de courts péduncules. Cette plante croît en Languedoc, dans les champs. ⊙

IV. *Vrilles nulles & axillaires, & point portées par les feuilles.*

Fleurs jaunes; vrilles axillaires. V.	Fleurs rougeâtres; aucunes vrilles remarquables. VI.

V. *Fleurs jaunes; vrilles axillaires.*

Gesse des blés. *Lathyrus segetum.*

Aphaca Lobelii. Tournef. 399.
Lathryrus aphaca. Linn. Sp. 1029.

Sa tige est foible, anguleuse, un peu rameuse, & s'élève jusqu'à un pied & demi; elle ne se soutient qu'en s'attachant aux plantes voisines par le moyen des vrilles dont elle est

581. garnie : ses feuilles sont larges, sagittées, opposées, très-glabres & souvent appliquées l'une contre l'autre de chaque côté, dans presque toutes les articulations de la tige. On ne les regarde que comme des stipules, les véritables feuilles de la plante qui doivent naître sur les vrilles manquant ordinairement. Les fleurs sont axillaires, solitaires & portées sur des péduncules plus longs que les feuilles. Cette plante croît dans les champs, parmi les blés. ⊙

VI. *Fleurs rougeâtres ; aucunes vrilles remarquables.*

Gesse nissole. *Lathyrus nissolia.* Linn. Sp. 1029.

Nissolia vulgaris. Tournef. 656.

Sa tige est haute d'un pied & demi, droite & presque point anguleuse ; ses feuilles sont longues de cinq à six pouces, très-étroites, pointues, striées, & ressemblent à celles de la plupart des graminées : les fleurs sont assez petites, rougeâtres, axillaires, solitaires & portées sur de longs péduncules ; les légumes sont grêles, comprimés & longs de deux pouces. Cette plante croît dans les champs. ⊙

VII. *Toutes les feuilles composées de deux à six folioles.*

Toutes les feuilles composées de deux folioles.	Toutes les feuilles, ou seulement plusieurs, composées de plus de deux folioles.
VIII.	XXVII.

VIII. *Toutes les feuilles composées de deux folioles.*

Péduncule chargé d'une seule fleur.	Péduncule chargé de plus d'une fleur.
IX.	XVI.

IX. *Péduncule chargé d'une seule fleur.*

Vrilles très-simples.	Vrilles rameuses ou trifides.
X.	XIII.

581. X. *Vrilles très-simples.*

Folioles dont la largeur n'excède point une ligne ; péduncules chargés d'un filet particulier. XI.	Folioles dont la largeur égale ou surpasse deux lignes ; point de filet remarquable sur les péduncules. XII.

XI. *Folioles dont la largeur n'excède point une ligne ; péduncules chargés d'un filet particulier.*

Gesse anguleuse. *Lathyrus angulatus.* Linn. Sp. 1031.

Lathyrus angustissimo folio, semine anguloso. Tournef. 395.

Sa tige est haute d'un pied, rameuse, anguleuse, & légèrement velue ; ses feuilles sont composées de deux folioles fort longues, étroites & linéaires : les stipules sont lancéolées & sagittées à leur base. Les fleurs sont rouges, assez petites ; & leurs péduncules sont chargés d'un filet particulier long de six à sept lignes. Cette plante croît dans les lieux incultes, les champs. ⊙

XII. *Folioles dont la largeur égale ou surpasse deux lignes ; point de filet remarquable sur les péduncules.*

Gesse taupière. *Lathyrus amphicarpos.* Linn. Sp. 1029.

Vicia siliquas infra supraque terram edens. Tournef. 397.

Ses tiges sont couchées, nombreuses, anguleuses & divisées en beaucoup de rameaux ; ses feuilles sont composées de deux folioles ovales-oblongues & pointues : ses légumes sont courts, souvent cachés sous la terre, & ne contiennent que deux ou trois semences. Cette plante croît dans les environs de Montpellier. ⊙

581. XIII. *Vrilles rameuses ou trifides.*

Folioles larges de plus d'une ligne, & ayant trois ou cinq nervures sensibles; légumes comprimés. XIV.	Folioles cétacées, n'ayant pas une ligne de largeur & presque point nerveuses; légumes un peu renflés. XV.

XIV. *Folioles larges de plus d'une ligne, & ayant trois ou cinq nervures sensibles; légumes comprimés.*

Gesse cultivée. *Lathyrus sativus.* Linn. Sp. 1030.

Lathyrus sativus flore fructuque albo. Tournef. 395.
β. Lathyrus sativus flore purpureo. Ibid.
Lathyrus cicera. Linn. Sp. 1030.

Ses tiges sont hautes d'un à deux pieds, foibles, glabres & ailées; ses feuilles sont composées de deux folioles longues de trois pouces au moins, larges de deux ou trois lignes, pointues & nerveuses. Les fleurs sont solitaires, axillaires, pédunculées & de couleur de rose, ou violette, ou quelquefois tout-à-fait blanche, les légumes sont chargés sur leur dos de deux rebords ou espèces d'ailes longitudinales. La variété *β* est un peu moins grande dans toutes ses parties, & ses légumes n'ont qu'une simple gouttière sur leur dos. Cette plante croît dans les champs & les lieux fertiles ☉; on la cultive dans les jardins, & l'on mange ses semences comme les pois, &c.

XV. *Folioles cétacées, n'ayant pas une ligne de largeur & presque point nerveuses; légumes un peu renflés.*

Gesse cétacée. *Lathyrus cetifolius.* Linn. Sp. 1031.

Lathyrus folio tenuiore, floribus rubris. Tournef. 396.

Sa tige est longue d'un pied, grêle, foible & peu rameuse; les folioles des feuilles sont longues & linéaires : les fleurs sont rouges, & les légumes glabres, courts & un peu ventrus,

581. ne contiennent que trois ou quatre ſemences preſque ſphériques. Cette plante croît dans les lieux ſtériles des provinces méridionales. ⊙

XVI. *Péduncule chargé de plus d'une fleur.*

Fleurs blanches, ou rouges, ou de couleur violette. XVII.	Fleurs de couleur jaune. XXIV.

XVII. *Fleurs blanches, ou rouges, ou de couleur violette.*

Légumes velus ; jamais plus de trois fleurs. XVIII.	Légumes glabres ; ſouvent plus de trois fleurs. XIX.

XVIII. *Légumes velus ; jamais plus de trois fleurs.*

Geſſe velue. *Lathyrus hirſutus.* Linn. Sp. 1032.

Lathyrus anguſtifolius, ſiliquâ hirſutâ. Tournef. 396.

Sa tige eſt haute de deux pieds, ailée & rameuſe; ſes feuilles ſont compoſées de deux folioles un peu étroites & chargées d'une petite pointe à leur extrémité : les fleurs ſont petites & portées deux ou trois enſemble ſur de longs péduncules. Il leur ſuccède des légumes comprimés, velus, longs d'un pouce ou davantage, & qui contiennent huit à dix ſemences. Cette plante croît dans les lieux incultes, les champs. ⊙

XIX. *Légume glabre ; ſouvent plus de trois fleurs.*

Feuilles lancéolées & très-pointues. XX.	Feuilles ovales & un peu obtuſes. XXI.

---

581. XX. *Feuilles lancéolées & très-pointues.*

Gesse sauvage. *Lathyrus sylvestris.* Linn. Sp. 1033.

Lathyrus sylvestris major. Tournef. 395.

Sa tige est longue de deux ou trois pieds, ailée, rameuse & un peu grimpante; les folioles des feuilles sont longues, ensiformes & nerveuses. Les vrilles qui terminent leur pétiole commun sont rameuses ou trifides. Les fleurs sont assez grandes, fort belles, de couleur de rose ou purpurine, & disposées quatre ou cinq ensemble sur de longs péduncules axillaires. On trouve cette plante dans les bois & les prés montagneux. ♃

XXI. *Feuilles ovales & un peu obtuses.*

Feuilles très-nerveuses & larges d'un pouce au moins; tige & pétioles ailées. XXII.	Feuilles peu nerveuses & larges de moins d'un pouce; tige & pétioles non ailées. XXIII.

XXII. *Feuilles très-nerveuses & larges d'un pouce au moins; tige & pétioles ailées.*

Gesse à feuilles larges. *Lathyrus latifolius.* Linn. Sp. 1033.

Lathyrus latifolius. Tournef. 395.

Ses tiges sont longues de trois pieds, ailées, glabres & rameuses; ses feuilles sont composées de deux folioles ovales, larges, nerveuses en-dessous, & chargées d'une petite pointe à leur sommet qui est obtus & quelquefois échancré. Les stipules ont leur partie supérieure ovale-lancéolée & un peu nerveuse. Les fleurs sont grandes, fort belles, & forment des grappes très-garnies, soutenues par de longs péduncules. Cette plante croît sur le bord des vignes & dans les prés couverts des provinces méridionales. ♃

XXIII.

XXIII. *Feuilles peu nerveuses & larges de moins d'un pouce ; tiges & pétioles non ailés.*

Gesse tubéreuse. *Lathyrus tuberosus.* Linn. Sp. 1033.

Lathyrus arvensis repens, tuberosus. Tournef. 395.

Sa racine est composée de plusieurs tubérosités, attachées à des filets rampans ; elle pousse des tiges foibles, anguleuses, rameuses & hautes d'un pied ; les folioles des feuilles sont obtuses, presque point nerveuses, & chargées d'une très-petite pointe à leur sommet : les fleurs sont de couleur de rose, & portées cinq ou six ensemble sur des péduncules assez longs & axillaires. Cette plante croît sur le bord des champs ♃ : on mange les tubérosités de sa racine.

XXIV. *Fleurs de couleur jaune.*

Folioles longues de plus de deux pouces ; toutes le vrilles rameuses.	Folioles longues à peine d'un pouce ; la plupart des vrilles simples.
XXV.	XXVI.

XXV. *Folioles longues de plus de deux pouces ; toutes les vrilles rameuses.*

Gesse annuelle. *Lathyrus annuus.* Linn. Sp. 1032.

Lathyrus hispanicus flore luteo. Tournef. 395.

Sa tige est longue d'un pied & demi ou davantage, rameuse, glabre & un peu ailée ; ses feuilles sont composées de deux folioles fort longues, pointues, un peu étroites, ensiformes & légèrement nerveuses ; les stipules sont linéaires, & les fleurs sont assez petites & disposées deux ensemble sur des péduncules axillaires ; il leur succède des légumes comprimés & longs presque de deux pouces. Cette plante croît dans les champs des provinces méridionales. ⊙

581. XXVI. *Folioles longues à peine d'un pouce ; la plupart des vrilles ſimples.*

Geſſe des prés. *Lathyrus pratenſis.* Linn. Sp. 1033.

Lathyrus ſylveſtris luteus, foliis viciæ. Tournef. 395.

Ses tiges ſont droites, très-grêles, anguleuſes, un peu rameuſes, & s'élèvent juſqu'à un pied & demi ; ſes feuilles ſont compoſées de deux folioles lancéolées, velues & chargées de trois nervures en-deſſous : les ſtipules ſont ſagittées & preſque auſſi grandes que les folioles ; les fleurs ſont diſpoſées depuis deux juſqu'à huit ſur des péduncules droits qui les font paroître terminales. Le fruit eſt un légume comprimé, long de huit à dix lignes, & chargé du ſtyle de la fleur qui eſt perſiſtant. Cette plante croît dans les prés humides & les lieux couverts. ♃

XXVII. *Toutes les feuilles ou ſeulement pluſieurs, compoſées de plus de deux folioles.*

Péduncules chargés d'une ou deux fleurs.	Péduncules chargés de plus de deux fleurs.
XXVIII.	XXIX.

XXVIII. *Péduncules chargés d'une ou deux fleurs.*

Geſſe articulée. *Lathyrus articulatus.* Linn. Sp. 1031.

Clymenum Hiſpanicum flore vario, ſiliquâ articulatâ. Tournef. 396.

Sa tige eſt longue d'un pied & demi, ailée, glabre & un peu rameuſe ; ſes feuilles ſont compoſées de quatre ou ſix folioles lancéolées, un peu étroites, pointues & alternes : leur pétiole commun ſe termine en une vrille très-rameuſe ; les fleurs ſont violettes ou purpurines. Cette plante croît en Languedoc où elle a été obſervée par Dom Fourmeault. ☉

---

581. XXIX. *Péduncules chargés de plus de deux fleurs.*

Aucune feuille à deux folioles, mais presque toutes à six.	Plusieurs feuilles à deux folioles, & aucune à six.
XXX.	XXXI.

XXX. *Aucune feuille à deux folioles, mais presque toutes à six.*

Gesse des marais. *Lathyrus palustris.* Linn. Sp. 1034.

Clymenum Parisiense, flore cæruleo. Tournef. 396.

Sa tige est ailée, un peu foible, & s'élève jusqu'à un pied & demi; ses feuilles sont composées de six folioles alongées, lancéolées, portées sur un pétiole commun qui se termine en une vrille rameuse. Les péduncules sont axillaires, longs de trois ou quatre pouces tout au plus, & chargés de trois à six fleurs bleuâtres. Cette plante croît dans les prés humides & marécageux. ♃

XXXI. *Plusieurs feuilles à deux folioles, & aucune à six.*

Gesse hétérophile. *Lathyrus heterophyllus.* Linn. Sp. 1034.

Lathyrus major Narbonensis, angustifolius. Tournef. 395.

Sa tige est longue, anguleuse & très-ailée; ses feuilles sont composées de deux & de quatre folioles lancéolées, chargées de trois nervures, & un peu courantes sur leur pétiole. Les fleurs, au nombre de quatre à six sur chaque péduncule, sont assez grandes & de couleur rouge. Cette plante croît sur le bord des vignes dans les provinces méridionales. ♃

581. XXXII. *Stipules arrondies à leur base, & toutes plus grandes que les folioles.*

Gesse potagère. *Lathyrus oleraceus.*

Pisum hortense majus. Tournef. 394, *& varietates.*

Pois des jardins.

Pisum sativum. Linn. Sp. 1026.

β. *Pisum arvense, fructu albo.* Tournef. 394.

Pois des champs.

Je ne décrirai point le pois des jardins, parce que cette plante est universellement connue & que ce seroit grossir mal-à-propos cet ouvrage. La variété β est plus petite dans toutes ses parties; ses tiges sont longues d'un à deux pieds & couchées sur la terre; ses feuilles sont composées de quatre ou six folioles ovales, portées sur un pétiole commun qui se termine par une vrille rameuse: les fleurs sont au nombre de deux sur chaque péduncule; elles varient beaucoup dans leur couleur, mais plus ordinairement on les trouve blanches ou d'un rouge-obscur. Les légumes sont pendans, charnus & presque cylindriques; ils renferment des semences assez petites, jaunâtres & ensuite verdâtres. Cette plante est indiquée en Alsace par Mappus, où elle paroît s'être naturalisée. ⊙

---

582. *Plantes n'ayant point de vrilles, & dont les pétioles des feuilles ne sont pas terminées par des filets.*
- Feuilles simples ou ternées. 583
- Feuilles quaternées, ou quinées, ou digitées, ou ailées. 607

---

583. *Feuilles simples ou ternées.*
- Tige herbacée. 584
- Tige ligneuse. 598

584.	*Tige herbacée.*	Feuilles très-simples & point dentées en leur bord. 585
		Feuilles ternées, ou simples avec des dentelures en leur bord. . 587

585.	*Feuilles très-simples & point dentées en leur bord.* . .	Fleurs jaunes. 586
		Fleurs rouges ou purpurines. 581—VI

586.	*Fleurs jaunes.*	Tige ailée; légume droit & point articulé. . . . . 603—VIII
		Tige non ailée; légume articulé & roulé en spirale. 586*

586.* *Tige non ailée; légume articulé & roulé en spirale.*

Chenille. *Scorpiurus.*

Les fleurs de chenille sont petites & portées sur des péduncules fort longs & axillaires : leur fruit est un légume roulé, contourné, strié & hérissé de verrues ou de petites pointes.

ANALYSE.

Péduncules uniflores; légume épais & chargé d'aspérités verruqueuses & blanchâtres.	Péduncules biflores ou triflores; légume grêle & chargé de petites pointes.
I.	II.

I. *Péduncules uniflores; légume épais & chargé d'aspérités verruqueuses & blanchâtres.*

Chenille vermiculée. *Scorpiurus vermiculata.* Linn. Sp. 1050.

Scorpioïdes siliquâ crassâ Boëlii. Tournef. 402.

Ses tiges sont longues de six à huit pouces, couchées

586. * sur la terre, nombreuses & légèrement velues; ses feuilles sont alternes, alongées, pointues, très-entières, élargies dans leur partie supérieure, & rétrécies en pétiole vers leur base. Les fleurs sont petites, de couleur jaune, solitaires sur chaque péduncule, & remarquables par leur calice profondément quinquefide; les légumes sont épais & chargés d'aspérités verruqueuses ou obtuses : ils ont la forme d'une chenille roulée sur elle-même. Cette plante croît dans les champs des provinces méridionales. ⊙

II. *Péduncules biflores ou triflores; légumes grêles & chargés de petites pointes.*

Chenille hérissée. *Scorpiurus muricata.* Linn. Sp. 1050.

Scorpioides buplevri folio. Tournef. 402.

β. *Scorpiurus sulcata.* Linn. Sp. 1050.

γ. *Scorpiurus subvillosa.* Ibid.

Cette espèce ressemble, on ne sauroit davantage, à la précédente, par son port, mais ses fleurs ont leur calice seulement semi-quinquefide, & sont ordinairement disposées deux ou trois ensemble au sommet de fort longs péduncules. Les légumes sont toujours fort grêles, sillonnés & bordés supérieurement de beaucoup de petites pointes un peu écartées, quelquefois très-saillantes, mais quelquefois aussi fort courtes & peu sensibles. On trouve cette plante dans les champs des provinces méridionales. ⊙

---

587. *Feuilles ternées, ou simples avec des dentelures en leur bord.* . . . .
- Tige grimpante; carène des fleurs roulée en spirale. 588
- Tige non grimpante; carène des fleurs droite & point en spirale. 589

---

588. *Tige grimpante ; carène des fleurs roulée en ſpirale.*

Haricot commun. *Phaſeolus vulgaris.* Linn. Sp. 1016.

Phaſeolus vulgaris. Tournef. 412.

β. *Phaſeolus puniceo flore.* Ibid. 414.

Le haricot eſt une plante univerſellement connue, il ne croît pas naturellement en France, mais le grand uſage que l'on en fait par-tout, le fait cultiver dans tous les jardins potagers. La variété β eſt remarquable par la couleur de ſes fleurs qui eſt d'un beau rouge ⊙ ; les ſemences du haricot ſont très-nourriſſantes, mais un peu venteuſes. Leur farine eſt réſolutive.

---

589. *Tige non grimpante ; carène des fleurs droite & point en ſpirale.* . . . .

- Légume contourné, faiſant une ou pluſieurs circonvolutions ſur lui-même. 590
- Légume non contourné ; il eſt court & très-droit, ou long & un peu courbé. . . . . 591.

---

590. *Légume contourné, faiſant une ou pluſieurs circonvolutions ſur lui-même.*

Luſerne. *Medica.*

Les luſernes diffèrent de toutes les autres plantes à fleurs légumineuſes, par la manière dont leurs fruits ſont contournés ; leurs feuilles ſont compoſées de trois folioles, dont l'impaire eſt comme pétiolée, c'eſt-à-dire, plus écartée du point commun d'inſertion que les deux autres, ce qui ſuffit pour diſtinguer ces plantes des trèfles, lorſque la fructification n'eſt point developpée.

590. *ANALYSE.*

Stipules entières ; fruit contourné faiſant à peine une ciconvolution complète. I.	Stipules dentées ; fruit très-contourné faiſant pluſieurs circonvolutions ſur lui-même. VIII.

I. *Stipules entières ; fruit contourné faiſant à peine une circonvolution complète.*

Tige & feuilles très-cotonneuſes & blanchâtres. II.	Tige & feuilles vertes & point cotonneuſes. III.

II. *Tige & feuilles très-cotonneuſes & blanchâtres.*

Luſerne marine. *Medica marina.* Tournef. 410.

Medicago marina. Linn. Sp. 1097.

Ses tiges ſont longues de huit à dix pouces ; couchées & rameuſes ; ſes feuilles ſont petites, pétiolées & composées de trois folioles cunéiformes, obtuſes à leur ſommet & preſque en cœur. Les fleurs ſont de couleur jaune & ramaſſées en têtes portées ſur des péduncules axillaires plus longs que les feuilles : toute la plante eſt chargée d'un coton fin, ſoyeux & blanchâtre. Elle croît dans les lieux maritimes des provinces méridionales. ♃

III. *Tige & feuilles vertes & point cotonneuſes.*

Fleurs en tête ovale & ſerrée ; légumes monoſpermes. IV.	Fleurs en grappe ou en épi lâche ; légumes polyſpermes. V.

590. IV. *Fleurs en tête ovale & ſerrée ; légumes monoſpermes.*

Luſerne lupuline. *Medica lupulina.*

Melilotus capſulis reni ſimilibus, in capitulum congeſtis. Tournef. 407.

Medicago lupulina. Linn. Sp. 1097.

Ses tiges ſont nombreuſes, menues, couchées, & longues de ſix à dix pouces; ſes feuilles ſont pétiolées & compoſées de trois folioles ovales, un peu élargies vers leur ſommet qui eſt légèrement denté : les fleurs ſont fort petites, de couleur jaune, & portées ſur des péduncules axillaires, beaucoup plus longs que les feuilles. Les légumes ſont petits, réniformes, ſtriés, noirâtres dans leur maturité & ramaſſés en tête. Cette plante eſt commune dans les champs, ſur les pelouſes & ſur les vieux murs. ♂

V. *Fleurs en grappe ou en épi lâche ; légumes polyſpermes.*

Tiges droites ; légumes contournés. VI.	Tiges couchées; légumes en croiſſant. VII.

VI. *Tiges droites ; légumes contournés.*

Luſerne cultivée. *Medica ſativa.*

Medica major erectior, floribus purpureis. Tournef. 410.

Medicago ſativa. Linn. Sp. 1096.

Sa tige eſt haute d'un pied & demi, ferme, glabre & rameuſe ; les folioles de ſes feuilles ſont ovales-lancéolées, dentées vers leur ſommet, & quelquefois un peu velues : les fleurs ſont diſpoſées en grappes axillaires, & ſont ordinairement de couleur violette ou purpurine. On trouve des variétés dont les fleurs ſont tout-à-fait jaunâtres ; d'autres les ont d'un jaune mêlé de violet ; d'autres enfin en portent de blanches mélangées de bleu. Cette plante croît dans les prés & ſur les vieux murs ♃ ; on la cultive pour la nourriture des beſtiaux.

590. VII. *Tiges couchées ; légumes en croiſſant.*

Luſerne à faucilles. *Medica falcata.*

Medica ſylveſtris, floribus croceis. Tournef. 410.
Medicago falcata. Linn. Sp. 1096.

Ses tiges ſont longues d'un pied & demi, ou quelquefois davantage, dures, rameuſes, couchées inférieurement, mais un peu redreſſées dans leur partie ſupérieure ; les folioles de ſes feuilles ſont lancéolées, un peu étroites, tronquées & dentées à leur ſommet : les fleurs ſont diſpoſées en grappes lâches, nues & preſque terminales ; elles ſont ordinairement d'un jaune-rougeâtre, ou quelquefois d'un jaune-pâle mêlé de bleu ou de violet. Cette plante croît dans les prés ſecs & montueux. ♃

VIII. *Stipules dentées ; fruit très-contourné faiſant pluſieurs circonvolutions ſur lui-même.*

Fruits nus & point hériſſés d'épines ni de pointes remarquables.	Fruits hériſſés d'épines ou de pointes remarquables.
IX.	X.

IX. *Fruits nus & point hériſſés d'épines ni de pointes remarquables.*

Luſerne à fruits nus. *Medica inermis.*

α. *Medica orbiculata.* Tournef. 410.
Medicago polymorpha orbicularis. Linn. Sp. 1097.
β. *Medica ſcutellata.* Tournef. 410.
Medicago polymorpha ſcutellata. Linn. Sp. 1097.
γ. *Medica tornata.*
Medicago leguminibus cochleatis, nudis, cylindricis, apice baſique planiuſculis. Ger. Prov. 517.
δ. *Medica turbinata.*
Medica magna turbinata. Tournef. 410.

Ses tiges ſont droites, rameuſes, diffuſes, & s'élèvent depuis un juſqu'à deux pieds ; les feuilles ſont compoſées de trois folioles ovales & dentées vers leur ſommet. La variété α eſt remarquable par ſes péduncules preſque uniflores, terminés

590. par un filet, & par ses légumes orbiculaires comprimés & ridés; elle est glabre dans toutes ses parties. La variété β est légèrement velue dans toutes ses parties, & a aussi ses légumes orbiculaires & comprimés. La variété γ diffère des deux premières par ses légumes alongés en tire-bourre & cylindriques. Enfin, la variété δ ne diffère presque pas de celle qui la précède; ses légumes sont alongés de même : mais au lieu d'être cylindriques, il sont élargis vers leur base, de sorte qu'ils imitent une poire renversée ou un escargot. Cette plante croît dans les prés & sur le bord des champs dans les provinces méridionales. ⊙

X. *Fruits hérissés d'épines ou de pointes remarquables.*

Luserne hérissée. *Medica echinata.*

α. *Medica intertexta.*

Medica polycarpon, folio obtuso crenato (& non crenato). Tournef. 411.

β. *Medica muricata.*

Medicago pedunculis multifloris, leguminibus cochleatis subrotundis, incanis, spinosis, foliis villosis. Ger. Prov. 516.

γ. *Medica maculata.*

Medica echinata glabra, cum maculis nigricantibus. Tournef. 410.

Medicago Arabica. Linn. Sp. 1098.

δ. *Medica coronata.*

Medica coronata cherleri parva. Tournef. 411.

ε. *Medica rigidula.*

Medica hirsuta, echinis rigidioribus. Tournef. 410.

ζ. *Medica ciliaris.*

Medica annua, fructu ciliari. Tournef. 411.

η. *Medica hirsuta.*

Medica echinata hirsuta. Tournef. 410.

θ. *Medica minima.*

Medica echinata minima. ibid.

ι. *Medica laciniata.*

Medica cochleata dicarpon, capsulâ rotundâ spinosâ, foliis eleganter dissectis. Tournef. 411.

Quelques efforts que l'on fasse pour former des espèces

590. aux dépens de toutes ces variétés, je ne crois pas que l'on parvienne à les déterminer par des marques solides & toujours saillantes. En général, les tiges de ces plantes sont nombreuses, rameuses & diffuses, & leurs légumes très-contournés & hérissés, sont ovales, arrondis ou globuleux, mais rarement comprimés. La variété α s'élève jusqu'à deux pieds, porte des fleurs jaunes, & est remarquable par les pointes de ses légumes qui sont assez longues, serrées & très-entrelacées. La variété β, a les feuilles velues, & ses légumes petits, globuleux & rassemblés quatre ou cinq sur chaque péduncule. La variété γ se distingue par ses feuilles portées sur de longs pétioles, & dont les folioles sont très-obtuses, cordiformes, un peu crénelés à leur sommet & tachées de noir ou de brun dans leur milieu; les fleurs sont jaunes, & les légumes sont petits, arrondis & deux à deux. La variété δ a ses légumes légèrement comprimés & comme couronnés en-dessus & en-dessous par de petites épines redressées. La variété ϵ est un peu velue, & porte des fruits noirâtres & armés de piquans assez fermes. La variétés ζ a ses stipules & ses fruits velus & ciliés. La variété η a les tiges rampantes & les pointes de ses fruits un peu crochues. La variété ϑ est un peu velue, tout-à-fait rampante, & porte des légumes petits & globuleux. Enfin, la variété ι est remarquable par les folioles de ses feuilles étroites, profondément dentées & presque laciniées: ces folioles sont tronquées à leur sommet qui est chargé d'une petite dent terminale, & leurs découpures latérales sont un peu distantes. Ces plantes croissent dans les lieux stériles & incultes. ⊙

---

591. *Légumes non contournés.*

- Ailes de la corolle écartées & ouvertes; légume alongé & polisperme 592
- Ailes de la corolle serrées & peu distantes; légume court & paucisperme. 593

---

592. *Ailes de la corolle écartées & ouvertes; légume alongé & polysperme.*

Trigonelle. *Trigonella.*

Les fleurs de trigonelle ont la carène fort petite; & les

592. deux ailes de leur corolle par leur écartement, imitent souvent, avec le pavillon, une corolle à trois pétales. Les légumes sont alongés, légèrement courbés, mais ne sont point contournés.

Nota. Si les légumes sont articulés, voyez n°. 634.

A N A L Y S E.

Tige droite. I.	Tige couchée. I V.

I. *Tige droite.*

Légumes presque sessiles & solitaires, ou géminés dans les aisselles des feuilles. I I.	Légumes disposés par bouquets, & plus de six ensemble sur chaque péduncule. I I I.

II. *Légumes presque sessiles & solitaires, ou géminés dans les aisselles des feuilles.*

Trigonelle fenu-grec. *Trigonella-fænum græcum.* Linn. Sp. 1095.

Fænum-græcum sativum. Tournef. 409.
β. *Fænum-græcum sylvestre.* Ibid.

Sa tige est haute de huit à neuf pouces, presque simple, cannelée, verte, fistuleuse & légèrement velue; ses feuilles sont portées sur des pétioles courts & un peu dilatés vers leur sommet. Les folioles sont ovales, obtuses, cunéiformes crénelées dans leur partie supérieure, vertes en-dessus & d'une couleur un peu cendrée en-dessous. Ses fleurs sont jaunâtres, & sont succédées par des légumes fort longs, un peu courbés, applatis, étroits & pointus. Cette plante croît dans les provinces méridionales. ⊙ Elle est émolliente, maturative & laxative. Ses semences fournissent un mucilage très-anodin.

592. III. *Légumes disposés par bouquets & plus de six ensemble sur chaque péduncule.*

Trigonelle corniculée. *Trigonella corniculata.* Linn. Sp. 1094.

Melilotus corniculis reflexis, major. Tournef. 407.

Sa tige est grêle, droite & rameuse ; ses feuilles sont pétiolées & composées de trois folioles oblongues & dentées à leur sommet. Les fleurs sont petites, d'un jaune-pâle, odorantes & disposées par bouquets péduncules. Les légumes sont pendans, mais se recourbent un peu en faucille, de manière que leur pointe regarde presque toujours le ciel. Cette plante croît dans les provinces méridionales où elle a été observée par Dom Fourmeault. ⊙

IV. *Tige couchée.*

Fleurs rougeâtres & péduncules.	Fleurs jaunes & presque sessiles.
V.	VI.

V. *Fleurs rougeâtres & péduncules.*

Trigonelle purpurine. *Trigonella purpurascens.*

Trifolium melilotus ornithopodioides. Linn. Sp. 1078.

Sa racine pousse plusieurs tiges longues de trois ou quatre pouces, couchées & rameuses. Ses feuilles sont petites, composées de trois folioles ovales, denticulées & portées sur d'assez longs pétioles, garnis à leur base d'une membrane vaginale ; les fleurs sont axillaires, d'un rouge-pâle & disposées deux ou trois ensemble sur des péduncules longs de quatre à six lignes ; il leur succède des légumes un peu épais, médiocrement applatis, longs de quatre à cinq lignes, légèrement courbés, & qui renferment huit à dix semences. Cette plante n'a ni le port ni le fruit des mélilots, & encore moins des trèfles. Elle est indiquée en France par M. Linné. ⊙

VI. *Fleurs jaunes & presque sessiles.*

Légumes droits, linéaires & plus longs que les feuilles. VII.	Légumes arqués, divergens & plus courts que les feuilles. VIII.

VII. *Légumes droits, linéaires & plus longs que les feuilles.*

Trigonelle pluricorne. *Trigonella polycerata.* Linn. Sp. 1093.

Fœnum-græcum sylvestre, siliquis plurimis longioribus. Tournef. 409.

Ses tiges sont longues de sept à huit pouces, menues, rameuses à leur base & couchées sur la terre; ses feuilles sont petites, pétiolées, & composées de trois folioles cunéiformes, presque en cœur, & dentées à leur sommet : les fleurs sont axillaires, presque sessiles, disposées trois ou quatre ensemble, & d'un jaune-pâle; il leur succède des légumes très-grêles, linéaires, longs d'un pouce & demi, assez droits & parallèles. Cette plante croît dans les lieux incultes de la Provence & du Languedoc. ⊙

Nota. Le synonyme de M. de Tournefort, pour cette plante & pour la suivante, se trouve transposé mal-à-propos dans les Auteurs.

VIII. *Légumes arqués, divergens, & plus courts que les feuilles.*

Trigonelle de Montpellier. *Trigonella Monspeliaca.* Linn. Sp. 1095.

Fœnum-græcum sylvestre alterum polyceration. Tournef. 409.

Ses tiges sont longues de six à sept pouces, nombreuses, menues, pubescentes & couchées sur la terre; les folioles de ses feuilles sont ovales, un peu cunéiformes, arrondies en leur bord supérieur qui est denticulé, blanchâtres & légèrement velues en-dessous : les fleurs sont petites, de couleur jaune, & disposées huit à douze ensemble sur des péduncules communs, axillaires, & dont la longueur égale à peine une ligne,

592. ce qui fait que les petits bouquets de fleurs paroiffent feffiles. Les légumes n'ont jamais un pouce de longueur, & font toujours plus de fix enfemble ; au lieu que dans l'efpèce précédente, les légumes ne font jamais plus de quatre dans chaque aiffelle, & font deux ou trois fois plus longs que ceux-ci. Cette plante croît fur le bord des champs en Languedoc. ⊙

---

593. *Ailes de la corolle ferrées & peu diftantes; legume court & paucifperme.*

- Carène toujours plus courte que les ailes; une des étamines moins réunie que les autres. 594
- Carène auffi longue ou plus longue que les ailes; toutes les étamines également réunies. 597

---

594. *Carène toujours plus courte que les ailes; une des étamines moins réunie que les autres. . . . .*

- Foliole impaire écartée des deux autres, & dont le pétiole particulier eft plus long que les leurs de plus d'une fois. 595
- Folioles inférées toutes trois au même point, ou dont les pétioles particuliers font égaux en longueur. 596

---

595. *Foliole impaire écartée des deux autres, & dont le pétiole particulier eft plus long que les leurs de plus d'une fois.*

Mélilot. *Melilotus.*

Les mélilots ne doivent point être réunis aux trèfles, parce qu'ils en troubleroient entièrement le caractère générique; ils en diffèrent fuffifamment par leurs fleurs, difpofées prefque toujours en grappe lâche, par leur corolle moins alongée, par leurs fruits très-faillans hors du calice, & par leurs feuilles, qui, dans toutes les efpèces connues, ont leur foliole impaire pétiolée & écartée des deux autres.

ANALYSE.

595

ANALYSE.

Feuilles dont les folioles sont dentées à leur sommet. I.	Feuilles dont les folioles sont toutes très-entières. IV.

I. *Feuilles dont les folioles sont dentées à leur sommet.*

Epi de fleurs ovale, dense, & n'ayant pas six lignes de longueur. II.	Epi de fleurs pointu, lâche, & ayant un pouce ou plus de longueur. III.

II. *Epi de fleurs ovale, dense, & n'ayant pas six lignes de longueur.*

Melilot houblonnet. *Melilotus lupulina.*

Trifolium pratense luteum, capitulo lupuli vel agrarium. Tournef. 404.

Trifolium agrarium. Linn. Sp. 1087.

β. *Trifolium montanum lupulinum.* Tournef. 404.

Trifolium spadiceum. Linn. Sp. 1087.

Sa tige est haute de huit à neuf pouces, grêle, dure, rameuse & légèrement velue; ses feuilles sont composées de trois folioles ovales, quelquefois un peu en cœur, finement denticulées vers leur sommet & garnies en-dessous de beaucoup de nervures toutes parallèles entre elles, mais obliques par rapport à la nervure du milieu; la foliole terminale est écartée des deux autres, & le pétiole commun est fort court dans toutes les feuilles de la plante. Les fleurs sont jaunes, courtes comme celles des autres espèces de melilot, mais disposées en épi ovale, dense & un peu serré; les corolles persistent, se flétrissent sans tomber, & acquièrent alors une couleur roussâtre ou ferrugineuse, qui donne à chaque épi,

595. l'aspect d'une petite tête de houblon. Cette plante est commune dans les prés secs, les lieux montagneux & sur les murs. ⊙

III. *Epi de fleurs pointu, lâche, & ayant un pouce ou plus de longueur.*

Melilot officinal. *Melilotus officinalis.*

Melilotus officinarum Germaniæ. Tournef. 407.

β. *Melilotus vulgaris altissima frutescens, flore albo.* Ibid.

Sa tige est haute de deux pieds, dure & rameuse; ses feuilles sont pétiolées, composées de trois folioles glabres, ovales-oblongues, quelquefois un peu étroites & dentées dans leur partie supérieure. Les fleurs sont petites, de couleur jaune ou blanche, pendantes & disposées sur des épis grêles, lâches & assez longs. Il leur succède des légumes courts, pendans, un peu ridés, & qui renferment une ou deux semences. La variété β s'élève jusqu'à six pieds, & porte des épis grêles & fort longs. Cette plante croît dans les champs & sur le bord des haies, ⊙ ou ♂; ses feuilles & ses fleurs sont résolutives, émollientes & anodines.

IV. *Feuilles dont les folioles sont toutes très-entières.*

Melilot d'Italie. *Melilotus Italica.* Cam. hort. 99, t. 29.

Melilotus Italica foliculis rotundis. Tournef. 407.

Trifolium melilotus Italica. Linn. Sp. 1078.

Sa tige est glabre, rameuse, & s'élève un peu au-delà d'un pied; ses feuilles sont composées de trois folioles ovales, glabres, très-entières & portées sur des pétioles courts & rougeâtres: la foliole terminale est pétiolée, & les deux autres sont sessiles. Les fleurs sont jaunes, disposées par petites grappes médiocrement garnies, & sont remplacées par des légumes obtus & presque sphériques. Cette plante croît dans les environs de Montpellier. ⊙

---

596. *Folioles insérées toutes trois au même point, ou dont les pétioles particuliers sont égaux en longueur.*

Trèfle. *Trifolium.*

Les fleurs de trèfle sont disposées en tête ou en épi serré, & sont remarquables par le pavillon de leur corolle alongé, droit & presque point relevé; leur calice est divisé en cinq dents aiguës, dont une inférieure est plus longue que les autres. Le fruit est un légume très-court & rarement saillant hors du calice.

ANALYSE.

Corolle monopétale. I.	Corolle polypétale. VI.

I. *Corolle monopétale.*

Corolle rouge ou purpurine. II.	Corolle d'un blanc-jaunâtre. V.

II. *Corolle rouge ou purpurine.*

Stipules aussi longues ou plus longues que les folioles; dents calicinales plumeuses. III.	Stipules plus courtes que les folioles; dents calicinales légèrement velues. IV.

III. *Stipules aussi longues ou plus longues que les folioles; dents calicinales plumeuses.*

Trèfle rougeâtre. *Trifolium rubens.* Linn. Sp. 1081.

Trifolium montanum, spicâ longissimâ, rubente. Tournef. 405.

Sa tige est droite, & s'élève jusqu'à un pied & demi;

les folioles des feuilles inférieures ſont ovales-oblongues ; & celles des feuilles de la tige ſont étroites, glabres & finement ſtriées ou nerveuſes. La baſe des pétioles eſt enveloppée par de longues ſtipules membraneuſes, aiguës & bifides à leur extrémité : les fleurs forment de beaux épis, longs de deux pouces, rougeâtres & diſpoſés au ſommet de la tige. Cette plante croît dans les prés montagneux. ⊙

IV. *Stipules plus courtes que les folioles ; dents calicinales légèrement velues.*

Trèfle des prés. *Trifolium pratenſe.* Linn. Sp. 1082.

Trifolium pratenſe, flore monopetalo. Tournef. 404.

β. *Trifolium purpureum majus, foliis longioribus & anguſtioribus, floribus ſaturatioribus.* Ibid.

Trifolium alpeſtre. Murray, Syſt. vég. p. 573.

Ses tiges ſont hautes d'un pied à-peu-près, un peu rameuſes, légèrement velues, ſouvent un peu couchées, mais quelquefois aſſez droites ; ſes feuilles ſont compoſées de trois folioles ovales, velues en-deſſous & en leur bord, & portées ſur de courts pétioles, enveloppés chacun à leur baſe par une ſtipule membraneuſe, nerveuſe & bifide : les diviſions de ces ſtipules ſont terminées par un filet aigu. Les folioles ſont ſouvent chargées d'une tache blanche en forme de croiſſant. Les fleurs ſont purpurines, diſpoſées en tête ou en épi obtus, accompagné preſque toujours de deux feuilles oppoſées, dont les ſtipules forment une collerette ſous chaque épi. La variété β eſt remarquable par les folioles de ſes feuilles plus étroites & lancéolées, par ſes ſtipules plus longues & plus vertes, & par ſes fleurs d'un beau pourpre. Cette plante eſt commune dans les prés, & ſa variété croît dans les pâturages des montagnes ♃ : on la cultive pour la nourriture des beſtiaux.

V. *Corolle d'un blanc-jaunâtre.*

Trèfle ocreux. *Trifolium ochroleucum.* Linn. Syſt. Nat. 3, p. 233.

Trifolium caule recto, foliis hirſutis, ſupremis conjugatis ; ſpicis oblongis. Hall. Hiſt. n°. 378.

Sa tige eſt haute d'un pied, peu rameuſe & velue ; les folioles de ſes feuilles inférieures ſont un peu en cœur, & celles des autres feuilles font fimplement ovales : les ftipules font moins grandes que celles de l'efpèce précédente, avec laquelle celle-ci a beaucoup de rapport. Les fleurs font difpofées en épi ovale & légèrement velu ; elles ont le pavillon de leur corolle droit & fort alongé. M. Gouan a obfervé cette plante dans les environs de Montpellier. ♃

VI. *Corolle polypétale.*

Corolle purpurine. VII.	Corolle blanche ou jaunâtre. XXVI.

VII. *Corolle purpurine.*

Fleurs en bouquets courts ou en tête arrondie. VIII.	Fleurs en épi alongé, pyramidal ou conique. XIX.

VIII. *Fleurs en bouquets courts ou en tête arrondie.*

Calices renflés & ventrus, fur-tout pendant la maturation des fruits. IX.	Calices jamais fenfiblement renflés ni ventrus. XVI.

IX. *Calices renflés & ventrus, fur-tout pendant la maturation des fruits.*

Calices velus ou pubefcens. X.	Calices très-glabres. XIII.

X. *Calices velus ou pubefcens.*

Têtes de fleurs prefque feffiles. XI.	Têtes de fleurs portées fur de longs péduncules. XII.

596. XI. *Têtes de fleurs preſque ſeſſiles.*

Trèfle cotonneux. *Trifolium tomentoſum.* Linn. Sp. 1086.

Trifolium fragiferum tomentoſum. Mag. Bot. Monſ. p. 265.

Ses tiges ſont longues de quatre ou cinq pouces, menues, glabres, foibles & penchées; ſes feuilles ſont portées ſur de longs pétioles, & ſont compoſées de trois folioles ovales, obtuſes preſque en cœur & denticulées vers leur ſommet : les globules de fleurs ſont garnis d'un coton blanc fort épais, & ſont portés ſur des péduncules extrêmement courts. Cette plante croît dans les provinces méridionales. ♃

XII. *Têtes de fleurs portées ſur de longs péduncules.*

Trèfle fraiſier. *Trifolium fragiferum.* Linn. Sp. 1086.

Trifolium fragiferum friſicum, folio cordato, flore rubro. Tournef. 406.

β. *Trifolium fragiferum, folio oblongo.* Vail. Pariſ. tab. 22, f. 2.

Sa tige eſt longue de ſix à ſept pouces, couchée & preſque entièrement glabre, ſes feuilles ſont portées ſur de longs pétioles chargés de quelques poils épars, & ſoutiennent trois folioles ovales un peu échancrées en cœur à leur ſommet, finement ſtriées & très-glabres. Les têtes de fleurs ſont d'un rouge-tendre, globuleuſes & portées ſur des péduncules longs de plus de ſix pouces; lorſque les corolles ſont flétries, les calices ſe renflent, & donnent à ces têtes l'aſpect d'une fraiſe ou brune ou griſâtre. La variété β a les tiges moins glabres, & les folioles des feuilles ſans échancrure ſenſible. On trouve cette plante ſur le bord des chemins verts & humides. ♃

XIII. *Calices très-glabres.*

Calices oblongs, divergens de tous côtés, & formant des têtes hériſſées par les fleurs. XIV.	Calices très-courts, véſiculeux, & ne formant que des têtes globuleuſes peu hériſſées. XV.

XIV. *Calices oblongs, divergens de tous côtés & formant des têtes hérissées par les fleurs.*

Trêfle folliculeux. *Trifolium folliculatum.*

Trifolium pratense folliculatum. Tournef. 404.
Trifolium resupinatum. Linn. Sp. 1086.

Ses tiges sont longues de six à huit pouces, menues, glabres & couchées; ses feuilles sont portées sur d'assez longs pétioles, & composées de trois folioles cunéiformes, obtuses, presque en cœur, glabres & denticulées: les fleurs sont purpurines, & ont un calice renflé, particulièrement sur le dos, se rétrécissant en pointe vers son extrémité, & se terminant en cinq découpures aiguës, cétacées & recourbées. Cette plante croît dans les provinces méridionales. ♃

XV. *Calices très-courts, vésiculeux, & ne formant que des têtes globuleuses peu hérissées.*

Trêfle écumeux. *Trifolium spumosum.* Linn. Sp. 1085.

Trifolium capitulo spumoso lævi. Tournef. 405.

Cette espèce a beaucoup de rapport avec la précédente; elle est glabre dans toutes ses parties: ses tiges sont nombreuses, diffuses & longues de six à huit pouces; ses feuilles sont composées de trois folioles assez petites, ovales, obtuses & denticulées. Les fleurs sont moins longues que celles du trêfle folliculeux, & leurs calices moins en pointe forment des têtes vésiculeuses beaucoup moins hérissées. Cette plante croît au pied des montagnes en Provence. ♃

XVI. *Calices jamais sensiblement renflés ni ventrus.*

Hampe nue; calice glabre.	Tige feuillée; calice velu.
XVII.	XVIII.

XVII. *Hampe nue; calice glabre.*

Trêfle des Alpes. *Trifolium Alpinum.* Linn. Sp. 1080.

Anonis Alpina humilior, radice amplâ & dulci. Tournef. 408.

Sa racine est longue, garnie vers son collet de beaucoup

396. de paillettes ou espèces de poils grisâtres, & pousse une ou plusieurs hampes nues, grêles, foibles & longues de quatre à cinq pouces, ses feuilles sont radicales, pétiolées & remarquables par leurs folioles étroites, glabres & finement nerveuses. Les fleurs sont purpurines, fort longues & disposées en bouquet lâche mais très-court. On trouve cette plante dans les montagnes du Dauphiné, de la Provence & de l'Auvergne ♃; on la nomme vulgairement *réglisse sauvage.*

XVIII. *Tige feuillée; calice velu.*

Trèfle strié. *Trifolium striatum.* Linn. Sp. 1085.

> *Trifolium hirsutum, flore parvo, dilutè purpureo, in glomerulis oblongis, semine magno.* Vaill. Parif. 196, tab. 33, f. 2.

Ses tiges sont longues de six à sept pouces, peu rameuses & légèrement velues, ses feuilles sont composées de trois folioles ovales, arrondies à leur sommet & quelquefois finement denticulées. Les têtes des fleurs sont ovales, presque sessiles & la plupart axillaires; les calices sont striés & velus en-dehors. On trouve cette plante dans les environs de Paris. ⊙

Nota. Si les têtes de fleurs sont sphériques. *Voyez* n°. XXXVIII.

XIX. *Fleurs en épi alongé, pyramidal ou conique.*

Folioles lancéolées, étroites, & souvent pointues. XX.	Folioles ovales, arrondies, ou en cœur. XXIII.

XX. *Folioles lancéolées, étroites & souvent pointues.*

Tige simple; épi rude, les dents calicinales étant roides & presque piquantes. XXI.	Tige rameuse, épi mollet, les dents calicinales étant foibles & très-plumeuses. XXII.

XXI. *Tige simple ; épi rude, les dents calicinales étant roides & presque piquantes.*

Trèfle à feuilles étroites. *Trifolium angustifolium.* Linn. Sp. 1083.

Trifolium montanum angustifolium. Tournef. 405.
β. *Trifolium angustifolium Hispanicum, spicâ dilutè rubente.* Ibid.
Trifolium squarrosum, Linn. Sp. 1082.

Sa tige est droite, légèrement velue, & s'élève jusqu'à un pied ; ses feuilles sont composées de trois folioles longues, étroites, la plupart pointues, velues & très-entières ; elles sont garnies à la base de leur pétiole d'une stipule vaginale & nerveuse. Les fleurs forment un épi velu, rude & long de deux à trois pouces. La variété β a les folioles de ses feuilles moins longues & plus souvent obtuses ; ses épis sont très-rudes, & ont un pouce & demi tout au plus de longueur : elle n'a aucune ressemblance avec le trèfle des prés. Cette plante croît dans les provinces méridionales. ⊙

XXII. *Tige rameuse ; épi mollet, les dents calicinales étant foibles & très-plumeuses.*

Trèfle des champs. *Trifolium arvense.* Linn. Sp. 1083. (Pied de lièvre).

Trifolium arvense humile spicatum, sive lagopus. Tournef. 405.

Sa tige est droite, velue, très-rameuse, grêle, & ne s'élève pas tout-à-fait jusqu'à un pied ; ses feuilles sont composées de trois folioles fort étroites & portées sur de courts pétioles : les folioles des feuilles supérieures sont ordinairement pointues, mais celles des inférieures sont comme tronquées à leur extrémité, qui est chargée d'une petite pointe. Les fleurs sont petites, rougeâtres, & forment des épis très-velus, grisâtres, presque cotonneux, d'abord ovales, mais qui s'alongent & deviennent cylindriques. Cette plante est commune dans les champs. ⊙

---

596. XXIII. *Folioles ovales, arrondies ou en cœur.*

Calices fort grands, & dont les divisions sont ouvertes en étoile. XXIV.	Calices dont les divisions ne sont pas ouvertes en étoile. XXV.

XXIV. *Calices fort grands, & dont les divisions sont ouvertes en étoile.*

Trèfle étoilé. *Trifolium stellatum.* Linn. Sp. 1083.

Trifolium stellatum. Tournef. 405.

Ses tiges sont nombreuses, diffuses, velues & hautes de huit à neuf pouces ; ses feuilles sont pétiolées & composées de trois folioles velues & en cœur : les fleurs forment des épis denses, oblongs, un peu coniques, velus & point rudes au toucher. Cette plante croît dans les lieux incultes des provinces méridionales ⊙ ; elle ne diffère pas beaucoup de la suivante.

XXV. *Calices dont les divisions ne sont pas ouvertes en étoile.*

Trèfle incarnat. *Trifolium incarnatum.* Linn. Sp. 1083.

Trifolium spicâ subrotundâ rubrâ. Tournef. 405.

Sa tige est velue, & s'élève souvent au-delà d'un pied ; ses feuilles sont pétiolées & composées de trois folioles larges, arrondies, un peu en cœur, velues, presque entières ou à peine denticulées à leur sommet. Les épis de fleurs sont rouges, mollets, cylindriques & longs d'un pouce & demi. Cette plante croît dans les pâturages un peu humides. ⊙

XXVI. *Corolle blanche ou jaunâtre.*

Folioles obtuses, ovales ou en cœur. XXVII.	Feuilles lancéolées & toutes pointues. XL.

596. XXVII. *Folioles obtuses, ovales ou en cœur.*

Calices glabres. XXVIII.	Calices velus. XXXI.

XXVIII. *Calices glabres.*

Fleurs blanches. XXIX.	Fleurs jaunes. XXX.

XXIX. *Fleurs blanches.*

Trèfle blanc. *Trifolium album.*

α. *Trifolium pratense album.* Tournef. 406.
Trifolium repens. Linn. Sp. 1080.

β. *Trifolium phæum fuscum luxurians, quaternis, quinis & senis foliis.* Tournef. 406.

γ. *Trifolium orientale altissimum, caule fistuloso, flore albo.* Tournef. cor. 27. Vaill. Paris. 195, t. XXII, f. 5.
Trifolium hybridum. Linn. Sp. 1080.

Ses tiges sont plus ou moins longues, presque glabres, & ordinairement couchées sur la terre; ses feuilles sont pétiolées & composées de folioles ovales, souvent en cœur & denticulées; les fleurs sont d'un blanc-décidé, & ne deviennent brunes, ou un peu rougeâtres, que lorsqu'elles se sèchent ou se flétrissent; elles ont chacune un péduncule particulier, long d'une demi-ligne; ce qui, dans leur developpement parfait, les rend un peu pendantes, & fait paroître leurs têtes ombelliformes. La première variété a presque toujours les folioles de ses feuilles tachées de blanc dans leur milieu. La seconde β est remarquable par ses folioles d'un vert-noirâtre ou tachées de brun, & disposées souvent au nombre de quatre ou de cinq, ou même de six sur chaque pétiole. La variété γ s'élève beaucoup plus que les deux premières; elle est presque droite, & n'a point les folioles de ses feuilles tachées. Cette espèce croît sur le bord des chemins, sur les pelouses & dans les prés. ♃

596. XXX. *Fleurs jaunes.*

Trèfle jaune. *Trifolium luteum.*

Trifolium pratense luteo-croceum. Vaill. Parif. 196.
Trifolium procumbens. Linn. Sp. 1088.
β. *Trifolium luteum lupulinum, minimum.* Tournef. 404.
Trifolium filiforme. Linn. Sp. 1088.

Ses tiges font baffes, quelquefois droites, d'autres fois inclinées & ordinairement fimples; fes feuilles font petites, portées fur de courts pétioles, & compofées de trois folioles un peu échancrées en cœur. Les péduncules font plus longs que les feuilles, & foutiennent des épis un peu lâches & médiocrement garnis de fleurs. Cette plante croît dans les environs de Paris. ⊙

XXXI. *Calices velus.*

Des bractées larges & cordiformes fous les têtes de fleurs.	Point de bractées cordiformes fous les têtes de fleurs.
XXXII.	XXXIII.

XXXII. *Des bractées larges & cordiformes fous les têtes de fleurs.*

Trèfle colleté. *Trifolium involucratum.*

Trifolium cherleri. Linn. Sp. 1081.

Ses tiges font longues de cinq à fix pouces, velues, prefque fimples & un peu couchées; fes feuilles font portées fur d'affez longs pétioles, & compofées de trois folioles ovales, un peu en cœur & velues des deux côtés. Les têtes de fleurs font terminales & remarquables par les bractées qui les accompagnent; elles font fphériques, les calices font très-velus, & les fleurs d'un blanc-jaunâtre. Cette plante croît dans les provinces méridionales. ⊙

596. XXXIII. *Point de bractées cordiformes sous les têtes de fleurs.*

Têtes de fleurs portées par des péduncules longs de plus de six lignes. XXXIV.	Têtes de fleurs sessiles, ou portées par de très-courts péduncules. XXXV.

XXXIV. *Têtes de fleurs portées par des péduncules longs de plus de six lignes.*

Trèfle semeur. *Trifolium subterraneum.* Linn. Sp. 1080.

Trifolium semen sub terram condens. Tournef. 406.

Ses tiges sont velues, rampantes, rameuses & longues de six pouces à-peu-près; les feuilles sont pétiolées & composées de trois folioles cordiformes, velues & assez petites : les fleurs sont blanchâtres, & forment de petites têtes d'abord redressées, mais qui se cachent sous la terre lorsque les fruits se développent. Dans ce dernier état, ces têtes sont enveloppées dans des filets jaunâtres & rameux qui forment une espèce de grillage autour d'elles. Cette plante croît sur les pelouses humides & sur le bord des bois. ⊙

XXXV. *Têtes de fleurs sessiles, ou portées par de très-courts péduncules.*

Têtes de fleurs ovales. XXXVI.	Têtes de fleurs sphériques. XXXVII.

XXXVI. *Têtes de fleurs ovales.*

Trèfle rigide. *Trifolium scabrum.* Linn. Sp. 1084.

Trifolium capitulo oblongo aspero. Tournef. 406.

Ses tiges sont longues de cinq à six pouces, velues & presque simples; ses feuilles sont pétiolées & composées de trois folioles ovales, velues & point sensiblement dentées. Les folioles des feuilles inférieures sont courtes & un peu échancrées en cœur; celles au contraire des feuilles du sommet

596. des tiges, sont oblongues & entières. Les calices des fleurs grandissent un peu pendant le développement des fruits, acquièrent une couleur blanchâtre en leur tube qui est glabre & strié, & sont alors garnis de cinq dents vertes, roides, aiguës & piquantes. On trouve cette plante dans les environs de Paris.

XXXVII. *Têtes de fleurs sphériques.*

Pétioles longs de plus d'un pouce.	Pétioles à peine longs de deux ou trois lignes.
XXXVIII.	XXXIX.

XXXVIII. *Pétioles longs de plus d'un pouce.*

Trèfle glomerulé. *Trifolium glomeratum.* Linn. Sp. 1084.

Trifolium capitulis subglobosis, sessilibus, lateralibus. Sauv. 183.

Cette plante ne me paroît pas fort différente du trèfle strié, nº. XVIII; cependant ses tiges sont plus glabres, les folioles de ses feuilles sont plus sensiblement dentées, & ses têtes de fleurs sont parfaitement sphériques; elles sont sessiles & placées dans les aisselles des feuilles supérieures. Les calices sont striés; elle croît dans les provinces méridionales. ⊙

XXXIX. *Pétioles à peine longs de trois ou quatre lignes.*

Trèfle lappacé. *Trifolium lappaceum.* Linn. Sp. 1082.

Trifolium globosum seu capitulo lagopi rotundiore. Tournef. 405.

Ses tiges sont longues de quatre à six pouces, menues, rameuses, diffuses & légèrement velues; ses feuilles sont petites, composées de trois folioles cunéiformes, arrondies à leur sommet, & plus fortement velues que celles de l'espèce précédente : les têtes de fleurs sont globuleuses, fort petites & terminales; les dents des calices sont aiguës & ciliées. Cette plante croît sur le bord des champs dans les provinces méridionales. ⊙

596. XL. *Folioles lancéolées & toutes pointues.*

Trèfle des montagnes. *Trifolium montanum.* Linn. Sp. 1087.

Trifolium montanum album. Tournef. 405.

Sa tige est haute d'un pied, droite presque simple, fistuleuse & légèrement velue; ses feuilles sont un peu distantes, & leurs folioles sont lancéolées, denticulées, nerveuses & un peu velues en-dessous : les fleurs sont blanches, garnies chacune d'un calice velu dont les divisions sont capillaires, & sont disposées en tête ovale & terminale. Cette plante croît dans les pâturages des montagnes. ♃

---

597. *Carène aussi longue ou plus longue que les ailes ; toutes les étamines également réunies.*

Bugrane. *Anonis.*

Les fleurs de bugrane sont remarquables par le pavillon de leur corolle large, un peu relevé, & ordinairement marqué de lignes colorées & parallèles. Le fruit est un légume court, renflé & velu.

ANALYSE.

Fleurs jaunes, & plus ou moins rayées de pourpre. I.	Fleurs purpurines ou blanches, & point panachées de jaune. VIII.

I. *Fleurs jaunes & plus ou moins rayées de pourpre.*

Fleurs presque sessiles, ou dont les péduncules n'ont pas plus de deux lignes de longueur. II.	Fleurs portées sur des péduncules longs de six lignes ou davantage. V.

597. II. *Fleurs presque sessiles, ou dont les péduncules n'ont pas plus de deux lignes de longueur.*

Feuilles simples.	Feuilles ternées.
III.	IV.

III. *Feuilles simples.*

Bugrane panachée. *Anonis variegata.*

Anonis non spinosa, flore luteo variegato, angustifolia, maritima. Tournef. 409.

Sa tige est haute de quatre à cinq pouces, rameuse, diffuse & chargée d'un duvet visqueux ; ses feuilles sont simples, ovales-cunéiformes, pliées en deux & denticulées : les stipules sont plus larges que les feuilles, cordiformes, incisées & dentées. Les fleurs sont jaunes, panachées de pourpre, axillaires, solitaires & à peine péduncuées ; leur corolle est plus grande que le calice. Cette plante croît dans les îles d'Hières. ⊙

IV. *Feuilles ternées.*

Bugrane fluète. *Anonis minutissima.*

Anonis pusilla glabra, angustifolia, lutea. Tournef. 409.

β. *Ononis striata.* Gouan. Obs. p. 47.

Ses tiges sont menues, dures, un peu ligneuses, rameuses, rougeâtres & hautes de quatre à six pouces ou quelquefois davantage ; ses feuilles sont pétiolées & composées de trois folioles ovales, nerveuses, striées, denticulées, pubescentes dans leur jeunesse, mais presque glabres dans leur développement parfait. Les fleurs sont jaunes, marquées de lignes purpurines, portées sur de très-courts péduncules & disposées vers le sommet des rameaux dans les aisselles des feuilles : les divisions du calice sont linéaires & plus longues que la corolle. Cette plante croît dans les provinces méridionales. ♄

597. V. *Fleurs portées ſur des péduncules longs de ſix lignes ou davantage.*

La plupart des feuilles ſimples.	Preſque toutes les feuilles ternées.
V I.	V I I.

VI. *La plupart des feuilles ſimples.*

Bugrane viſqueuſe. *Anonis viſcoſa.*

Anonis viſcoſa, ſpinis carens, lutea, latifolia, annua. Tournef. 409.

β. Anonis annua, erectior, latifolia, glutinoſa, Luſitanica. Ibid.

Ses tiges ſont hautes de huit à neuf pouces, droites, chargées de poils glutineux & un peu rameuſes; ſes feuilles ſont ovales, elliptiques, ſtriées, denticulées, aſſez grandes & d'un vert-pâle : leur pétiole eſt preſque entièrement couvert par une ſtipule large qui ſe partage ſupérieurement en deux oreillettes pointues. Les fleurs ſont ſolitaires, axillaires & portées ſur des péduncules longs d'un pouce au moins, chargés d'un filet particulier aſſez long; la corolle n'eſt pas plus grande que le calice : ſon pavillon eſt rougeâtre, & ſes autres parties ſont d'un jaune-pâle. Cette plante croît dans les pâturages humides des provinces méridionales. ⊙

VII. *Preſque toutes les feuilles ternées.*

Bugrane gluante. *Anonis pinguis.*

Anonis viſcoſa ſpinis carens, lutea, major. Tournef. 409.
Ononis natrix. Linn. Sp. 1008.

β. Anonis non ſpinoſa, flore luteo variegato. Tournef. 409.
Ononis pinguis. Linn. Sp. 1009.

Ses tiges ſont dures, ligneuſes, rameuſes, chargées, ainſi que toutes les autres parties de la plante, d'un duvet gluant & viſqueux, & s'élèvent juſqu'à un pied & demi; ſes feuilles ſont pétiolées & compoſées de trois folioles ovales, aſſez petites, ſouvent un peu étroites & dentées ſeulement à leur ſommet : les feuilles florales ſont ſimples; les péduncules portent chacun une fleur jaune aſſez grande, ſtriée en ſon

597 pavillon, & font chargés d'un filet particulier comme ceux de l'efpèce précédente. On trouve cette plante fur le bord des champs. ♄

VIII. *Fleurs purpurines ou blanches, & point panachées de jaune.*

Péduncules uniflores. IX.	Péduncules pluriflores. XIV.

IX. *Péduncules uniflores.*

Toutes les feuilles ternées; péduncules affez longs. X.	Feuilles fupérieures fimples; péduncules fort courts. XIII.

X. *Toutes les feuilles ternées; péduncules affez longs.*

Péduncules chargés d'un filet particulier fort court. XI.	Péduncules nus & fans aucun filet. XII.

XI. *Péduncules chargés d'un filet particulier fort court.*

Bugranne pufille. *Anonis pufilla.*

Anonis pufilla, villofa & vifcofa, purpurafcente flore. Tournef. 408.

Ononis cherleri. Linn. Sp. 1007.

Sa tige eft haute de quatre ou cinq pouces, rameufe, diffufe & un peu couchée; fes feuilles font prefque feffiles: leurs folioles font dentées à leur fommet & chargées en-deffous de poils vifqueux. Les ftipules font un peu dentées, & les fleurs font portées fur des péduncules longs & velus. Cette plante croît dans les lieux montagneux des provinces méridionales. ♃

597. XII. *Péduncules nus & sans aucun filet.*

Bugrane réfléchie. *Anonis reclinata.*

Anonis annua pumila, flore purpurascente. Tournef. 408.

Sa tige est haute de cinq à six pouces, pubescente, rameuse & diffuse ; ses rameaux sont étalés ; ses feuilles sont pétiolées & composées de folioles un peu épaisses, arrondies, denticulées & chargées d'un duvet légèrement visqueux. Les fleurs sont axillaires, péduncules, blanchâtres & un peu purpurines ; & les légumes sont rabattus ou réfléchis contre leur péduncule. Cette plante a été observée en Dauphiné par Dom Fourmeault.

XIII. *Feuilles supérieures simples ; péduncules fort courts.*

Bugrane des champs. *Anonis arvensis.* (Arrête-bœuf).

Anonis spinosa, flore purpureo. Tournef. 408.
β. Anonis spinis carens, purpurea. Ibid.

Ses tiges sont dures, très-rameuses, velues ou pubescentes, quelquefois rougeâtres, & ordinairement un peu couchées sur la terre. Elles n'ont point d'épines dans leur jeunesse, mais elles en acquièrent presque toujours en vieillissant. Les feuilles inférieures sont ternées & leurs folioles sont ovales, pubescentes, un peu visqueuses & dentées. Presque toutes les autres sont simples ; les stipules font paroître les pétioles ailés. Les fleurs sont axillaires, solitaires ou géminées, & varient du pourpre au blanc. Le pavillon de leur corolle est fort ample & agréablement rayé. Cette plante croît dans les champs incultes & arides ♃ ; sa racine est apéritive & diurétique.

XIV. *Péduncules pluriflores.*

Folioles arrondies.	Folioles lancéolées.
XV.	XVI.

597. XV. *Folioles arrondies.*

Bugrane à feuilles rondes. *Anonis rotundifolia.*

Anonis purpurea, perennis, foliis latioribus, rotundioribus, profundè serratis. Tournef. 408.

Ses tiges sont hautes d'un pied, velues, peu rameuses, & à peine ligneuses à leur base ; ses feuilles sont pétiolées, composées de trois folioles fort grandes, arrondies, dentées & d'un vert-jaunâtre : la foliole impaire est très-écartée des deux autres. Les péduncules naissent des aisselles supérieures, & portent chacun deux ou trois fleurs dont la corolle plus grande que le calice, est purpurine ou de couleur de rose. Cette plante croît dans le Dauphiné. ♃

XVI. *Folioles lancéolées.*

Bugrane ligneuse. *Anonis fruticosa.*

Anonis montana, præcox, purpurea, frutescens. Tournef. 408.

Ses tiges sont hautes d'un pied & demi, nombreuses, ligneuses, glabres, cendrées ou blanchâtres, & feuillées dans toute leur longeur ; ses feuilles sont composées de trois folioles lancéolées, un peu étroites, vertes, dentées en scie & presque sessiles. Les pétioles longs à peine d'une ou deux lignes, sont enfermés chacun dans une stipule vaginale, sèche & aride : les fleurs sont purpurines, assez grandes, presque terminales, & disposées deux ou trois ensemble sur chaque péduncule. Les calices sont plus courts que la corolle. On trouve cette plante dans les montagnes du Dauphiné. ♄

---

598. *Tige ligneuse.*
- Toutes les étamines libres & point adhérentes les unes avec les autres. 599
- Etamines réunies toutes ou plusieurs ensemble. 601

---

599. *Toutes les étamines libres & point adhérentes les unes avec les autres.*
- Feuilles simples. 600
- Feuilles ternées. 600*

---

600. *Feuilles simples.*

Gaînier siliqueux. *Cercis siliquastrum.* Linn. Sp. 534.

Siliquastrum. Tournef. 646.

Arbre très-étalé, rameux, & dont l'écorce est un peu gercée, brune ou rougeâtre; ses feuilles sont glabres, pétiolées, arrondies, échancrées en cœur à leur base, & presque réniformes : ses fleurs sont de couleur rouge, portées sur de courts péduncules, & ramassées par bouquets le long des rameaux, & quelquefois sur le tronc même ; elles paroissent avant les feuilles : il leur succède des légumes alongés, larges, très-applatis, qui ressemblent à des gaînes de couteau, & qui renferment des semences fort petites. Il croît en Languedoc. ♄

---

600. * *Feuilles ternées.*

Anagire fétide. *Anagyris fœtida.* Linn. Sp. 534.

Anagyris fœtida. Tournef. 647.

Arbrisseau de quatre à cinq pieds, dont la tige est droite, rameuse & recouverte d'une écorce grisâtre; ses feuilles sont pétiolées, ternées, blanchâtres & pubescentes en-dessous : les stipules sont opposées aux feuilles, & bifides à leur sommet. Les fleurs sont jaunes, péduncule es & disposées en manière de grappe; leur corolle est remarquable par sa carène très-alongée & son pavillon fort court. Le fruit est un légume assez grand, oblong, presque cylindrique, qui contient des semences réniformes & bleuâtres. Cet arbrisseau croît sur les montagnes des provinces méridionales ♄, son écorce & ses feuilles, froissées entre les doigts, rendent une odeur forte & fétide.

601.	*Etamines réunies toutes ou plusieurs ensemble.* . . .	Feuilles ou folioles des feuilles entières & point dentées. . . 602
		Feuilles ou folioles des feuilles dentées en leur bord 597

602.	*Feuilles ou folioles des feuilles entières & point dentées..*	Toutes les feuilles simples, ou seulement les supérieures. . . 603
		Toutes les feuilles ternées ou ailées. 604

---

603. *Toutes les feuilles ſimples, ou ſeulement les ſupérieures.*

Genêt. *Geniſta.*

Les fleurs de genêt ont un calice labié ou à cinq dents, dont les deux ſupérieures ſont courtes & éloignées des trois autres. Le pavillon de leur corolle eſt aſſez grand & quelquefois très-écarté de la carène, qui, dans quelques eſpèces, ſe trouve preſque pendante; les feuilles ne ſont jamais toutes compoſées.

ANALYSE.

Rameaux épineux. I.	Rameaux non épineux. VI.

I. *Rameaux épineux.*

Epines ſimples, ou portant les fleurs. II.	Epines compoſées, & ne portant jamais les fleurs. V.

II. *Epines ſimples, ou portant les fleurs.*

Feuilles ovales; fleurs diſpoſées ſur les épines. III.	Feuilles lancéolées; fleurs non diſpoſées ſur les épines. IV.

III. *Feuilles ovales; fleurs diſpoſées ſur les épines.*

Genet ſpiniflore. *Geniſta ſpiniflora.*

Geniſta ſpartium majus, ſpinoſum, flore luteo. Tournef. 645.
Spartium ſcorpius. Linn. Sp. 995.

Arbriſſeau dont les tiges ſont rameuſes, étalées, diffuſes, très-hériſſées d'épines & hautes à peine d'un pied & demi; les feuilles ſont petites, molles, blanchâtres, & ne ſe trouvent que ſur les jeunes pouſſes. Les fleurs ſont d'un jaune plus

603. ou moins foncé, & naiſſent ramaſſées trois ou quatre enſemble ſur les plus fortes épines vers le ſommet des rameaux. On trouve cet arbriſſeau dans les lieux ſtériles & montagneux du Dauphiné & de la Provence. ♄

IV. *Feuilles lancéolées ; fleurs non diſpoſées ſur les épines.*

Genêt mineur. *Geniſta minor.*

Geniſta ſpartium minus, Anglicum. Tournef. 645.
Geniſta Anglica. Linn. Sp. 999.

Ses tiges ſont grêles, longues à peine d'un pied, rameuſes, glabres & ſouvent un peu couchées ; elles ſont garnies d'épines nombreuſes, feuillées & jaunâtres à leur ſommet : ſes feuilles ſont petites, lancéolées, un peu étroites & preſque glabres. Les fleurs ſont axillaires, ſolitaires, portées ſur de courts péduncules & diſpoſées vers le ſommet des tiges. Ce ſous-arbriſſeau croît ſur les côteaux arides & ſablonneux. ♄

V. *Epines compoſées & ne portant jamais les fleurs.*

Genêt velu. *Geniſta villoſa.*

Geniſta ſpartium minus, Germanicum. Tournef. 645.
Geniſta Germanica. Linn. Sp. 999.
β. *Geniſta ſpartium montis venti.* Tournef. 645.
Geniſta Hiſpanica. Linn. Sp. 999.

Ses tiges ſont rameuſes, ſtriées, velues, très-garnies de feuilles dans leur jeuneſſe, & s'élèvent juſqu'à un pied & demi ; les épines ſont feuillées, & ſoutiennent d'autres épines qui les font paroître rameuſes : les feuilles ſont ovales-lancéolées, quelquefois un peu étroites, vertes & très-velues. Les fleurs ſont jaunes, portées ſur de courts péduncules, diſpoſées au ſommet des tiges en épis longs de deux ou trois pouces, remarquables par leur calice très-velu. On trouve cette eſpèce ſur les collines en Alſace & en Provence. ♄

VI. *Rameaux non épineux.*

Toutes les feuilles ſimples.	Feuilles inférieures ternées.
VII.	XVIII.

603. VII. *Toutes les feuilles simples.*

Tige articulée & ailée.	Tige non ailée.
VIII.	IX.

VIII. *Tige articulée & ailée.*

Genêt herbacé. *Genista herbacea.*

Genistella herbacea. Tournef. 646.
Genista sagittalis. Linn. Sp. 998.

Ses tiges sont longues de sept à huit pouces, légèrement velues & bordées dans toute leur longueur d'une membrane verte qui forme deux ou trois saillies courantes, & qui est rétrécie en manière d'articulation à la base de chaque feuille: ses feuilles sont ovales, sessiles & distantes. Les fleurs sont jaunes, garnies d'un calice velu, & terminent les tiges en formant des épis. On trouve cette plante sur le bord des bois. ♃

IX. *Tige non ailée.*

Feuilles presque glabres, vertes des deux côtés, & longues de six lignes ou davantage.	Feuilles velues, souvent blanchâtres, & n'ayant pas six lignes de longueur.
X.	XIII.

X. *Feuilles presque glabres, vertes des deux côtés, & longues de six lignes ou davantage.*

Rameaux très-garnis de feuilles; légumes glabres.	Rameaux peu garnis de feuilles; légumes velus.
XI.	XII.

603. XI. *Rameaux très-garnis de feuilles ; légumes glabres.*

Genêt des Teinturiers. *Genista tinctoria.* Linn. Sp. 998.

Genista tinctoria Germanica. Tournef. 643.

Ses tiges sont basses, un peu couchées, ligneuses, & poussent beaucoup de rameaux droits, grêles, striés, très-feuillés & verdâtres ; les feuilles sont lancéolées, éparses & ordinairement glabres. Les fleurs sont jaunes, terminales & disposées en épi. Ce sous-arbrisseau croît sur les collines & sur le bord des bois ♄ ; ses fleurs donnent une teinture jaune : elles sont, ainsi que les feuilles, diurétiques, apéritives & hydragogues ; les semences sont purgatives.

XII. *Rameaux peu garnis de feuilles ; légumes velus.*

Genêt joncier. *Genista juncea.* Tournef. 643.

Spartium junceum. Linn. Sp. 995.

Cet arbrisseau s'élève jusqu'à six ou huit pieds ; ses rameaux sont nombreux, droits, verdâtres, striés, pleins de moële, & ressemblent aux tiges de plusieurs espèces de jonc ; les feuilles sont lancéolées, peu nombreuses, quelquefois presque opposées, mais plus souvent alternes ; les fleurs sont jaunes, fort grandes, & ont une odeur suave : on cultive cet arbrisseau dans les jardins, sous le nom de *genêt d'Espagne.* Il croît en Languedoc & en Provence sur le bord des chemins & des haies ♄ ; ses fleurs sont purgatives, apéritives & diurétiques.

XIII. *Feuilles velues, souvent blanchâtres, & n'ayant pas six lignes de longueur.*

Tiges couchées, rameaux très-garnis de feuilles vers leur sommet, même dans leur parfait développement.	Tiges droites ; rameaux presque tout-à-fait nus, excepté dans leur jeunesse.
XIV.	XV.

603. XIV. *Tiges couchées ; rameaux très-garnis de feuilles vers leur sommet, même dans leur parfait développement.*

Genêt rampant. *Genista repens.*

Genista ramosa, foliis hyperici. Tournef. 643.
Genista pilosa. Linn. Sp. 999.

Ses tiges sont grêles, rameuses, vertes, striées, longues d'un pied & demi, couchées & étalées sur la terre ; ses feuilles sont extrêmement petites, ovales, dures, d'un vert-triste, pliées en gouttière, légèrement velues en-dessous & disposées seulement vers le sommet des rameaux. Ses fleurs sont jaunes, presque sessiles & ramassées deux ou trois ensemble dans les aisselles des feuilles. Cette espèce croît dans les lieux pierreux & stériles des provinces méridionales. ♄

XV. *Tiges droites ; rameaux presque tout-à-fait nus, excepté dans leur jeunesse.*

Fleurs solitaires ; légumes comprimés & velus.	Fleurs disposées par petits bouquets ; légumes globuleux & point comprimés.
XVI.	XVII.

XVI. *Fleurs solitaires ; légumes comprimés & velus.*

Genêt griot. *Genista purgans.*

Genista sive spartium purgans. Tournef. 643.
Spartium purgans. Linn. Syst. nat. p. 474.

Ses tiges sont droites, très-rameuses, cannelées & hautes d'un pied ou un peu plus ; les rameaux inférieures sont nus, durs & presque piquans, quoique tronqués à leur extrémité : les supérieurs, sur-tout dans leur jeunesse, sont pubescens, soyeux, argentés vers leur sommet, & garnis de petites feuilles ovales-lancéolées, vertes en-dessus, blanchâtres ; & pareillement soyeuses en-dessous : les fleurs sont jaunes, presque

603. sessiles, & disposées vers le sommet des rameaux; elles ont leur calice abondamment garni d'un duvet argenté. Ce sous-arbrisseau croît en Provence. ♄

XVII. *Fleurs disposées par petits bouquets; légumes globuleux & point comprimés.*

Genêt effeuillé. *Genista defoliata.*

Spartium alterum monospermon, semine reni simili. Tournef. 645.

Spartium sphærocarpon. Linn. mant. 571.

β. *Spartium 3, flore albo.* Tournef. 645.

Spartium monospermum. Linn. Sp. 995.

Sa tige s'élève jusqu'à trois ou quatre pieds, & pousse latéralement beaucoup de rameaux grêles, striés, droits, d'un vert-blanchâtre, & pubescens vers leur sommet; ces rameaux, dans leur jeunesse, sont garnis de quelques feuilles oblongues, velues & presque soyeuses; mais elles tombent de bonne heure, ce qui fait que cet arbrisseau paroît souvent dépouillé de ses feuilles. Les fleurs sont petites, de couleur jaune, disposées par petites grappes au sommet des rameaux, & ont un calice glabre. La variété β est remarquable par ses fleurs blanches, assez grandes & disposées par bouquets moins garnis. On trouve cet arbrisseau en Languedoc. ♄

XVIII. *Feuilles inférieures ternées.*

Genêt à balais. *Genista scoparia.*

Cytiso-genista scoparia, vulgaris, flore luteo. Tournef. 649.

Spartium scoparium. Linn. Sp. 996.

Cet arbrisseau s'élève jusqu'à quatre ou cinq pieds; ses rameaux sont nombreux, droits, verdâtres, anguleux & flexibles; ses feuilles sont petites & légèrement velues; les inférieures sont pétiolées & ternées, & toutes les autres sont simples, ovales-lancéolées & presque sessiles: ses fleurs sont jaunes, fort grandes, portées sur de courts péduncules, & disposées presque en épi dans la partie supérieure des rameaux. On trouve cet arbrisseau dans les bois & les lieux incultes & sablonneux ♄; ses fleurs, ses feuilles, les sommités de ses rameaux, & ses cendres sont diurétiques, hydragogues, anti-hydropiques & apéritives.

604.	*Toutes les feuilles ternées ou ailées.*	Légume plus long que le calice; & contenant plusieurs semences; fleurs jaunes. . . . . 605 Légume de la longueur du calice, & ne contenant qu'une semence; fleurs bleues ou violettes. . . . 606

605. *Légume plus long que le calice, & contenant plusieurs semences; fleurs jaunes.*

Cytise. *Cytisus.*

Les cytises ont beaucoup de rapport avec les genêts, mais leurs feuilles ne sont jamais simples; les fleurs ont un calice labié, & les légumes sont un peu rétrécis vers leur base.

ANALYSE.

Tige & rameaux n'ayant aucune épine. I.	Tige ou rameaux garnis d'épines. XVI.

I. *Tige & rameaux n'ayant aucune épine.*

Tige droite. II.	Tige couchée. XIII.

II. *Tige droite.*

Tige haute de plus de cinq pieds; fleurs disposées en grappes longues & pendantes. III.	Tige de moins de cinq pieds; fleurs non disposées en grappes pendantes. IV.

605. III. *Tige haute de plus de cinq pieds ; fleurs disposées en grappes longues & pendantes.*

Cytise des Alpes. *Cytisus Alpinus.* (Faux ébénier).

Cytisus Alpinus latifolius, flore racemoso pendulo. Tournef. 648.

Cytisus laburnum. Linn. Sp. 1041.

Arbrisseau de dix à douze pieds, dont l'écorce est unie & un peu verdâtre ; ses feuilles sont composées de trois folioles ovales-oblongues, velues en-dessous, & portées sur des pétioles fort longs. Les fleurs sont jaunes & forment de belles grappes tout-à-fait pendantes aux extrémités des rameaux. Ses légumes sont légèrement velus, & contiennent cinq à six semences réniformes. Il croît dans les montagnes du Dauphiné & de la Provence. ♄

IV. *Tige de moins de cinq pieds ; fleurs non disposées en grappes pendantes.*

Calices glabres.	Calices velus.
V.	VI.

V. *Calices glabres.*

Cytise glabre. *Citysus glaber.*

Cytisus glaber nigricans. Tournef. 648.

Cytisus nigricans. Linn. Sp. 1041.

β. *Cytisus glabris foliis subrotundis, pediculis brevissimis.* Tournef. 648.

Cytisus sessilifolius. Linn. Sp. 1041.

Cet arbrisseau s'élève à la hauteur de trois ou quatre pieds & se distingue aisément de toutes les autres espèces de cytise, par son aspect glabre dans toutes ses parties. Il est vrai qu'avec une bonne loupe on observe sous ses feuilles, & quelquefois sur les calices de ses fleurs, des poils extrêmement courts ; mais à la vue simple, il paroît toujours très-glabre. Ses feuilles sont petites, nombreuses, composées de trois folioles ovales, vertes, & portées sur des pétioles longs d'un demi-pouce. Les fleurs sont jaunes & disposées en grappes droites aux

605 extrémités des rameaux. Leur calice est un peu coloré & garni à sa base de deux ou trois petites écailles brunes qui manquent quelquefois. La variété β est remarquable par ses folioles petites, presque rondes, mais terminées par une pointe. On trouve cet arbrisseau dans les provinces méridionales. ♄

VI. *Calices velus.*

Feuilles pétiolées. VII.	Feuilles sessiles. XII.

VII. *Feuilles pétiolées.*

Fleurs ramassées en tête terminale. VIII.	Fleurs disposées latéralement ou terminales, mais en grappes droites. IX.

VIII. *Fleurs ramassées en tête terminale.*

Cytise capité. *Cytisus capitatus.* Scop. carn. II, p. 70.

Cytisus Monspessulanus medicæ folio, siliquis densè congestis & villosis. Linn. Sp. 648.
Cytisus quinti species altera. Clus. Hist. I, p. 96.

Ses tiges sont hautes d'un pied & demi, cylindriques, très-velues, noirâtres, souvent simples & feuillées dans toute leur longueur; ses feuilles sont composées de trois folioles ovales, un peu obtuses, d'un vert-obscur ou noirâtre, velues en leur bord & dans toute leur surface inférieure: leurs pétioles sont aussi très-velus, & n'ont pas un pouce de longueur. Les fleurs sont grandes, disposées cinq à huit ensemble en manière de tête au sommet des tiges; elles sont jaunes, mêlées quelquefois d'un rouge-obscur, & sont remplacées par des légumes très-velus. Ce sous-arbrisseau croît en Languedoc ♄; il ne faut pas y rapporter le *cytisus hirsutus* de M. Linné.

---

605. IX. *Fleurs disposées latéralement ou terminales ; mais en grappes droites.*

Fleurs latérales ; les péduncules communs feuillés. X.	Fleurs terminales ; les péduncules communs non feuillés. XI.

X. *Fleurs latérales ; les péduncules communs feuillés.*

Cytise blanchâtre. *Cytisus candicans.*

Cytisus incanus, siliquâ longiore. Tournef. 647.

Ses tiges sont hautes de trois ou quatre pieds, droites, rameuses, profondément cannelées, & chargées, ainsi que les feuilles, les calices & les légumes, de poils d'abord blanchâtres, mais qui deviennent roussâtres par la suite ; les feuilles sont assez distantes, portées sur de courts pétioles, & leurs folioles sont ovales, d'un blanc-sale tirant sur le roux, & garnies en-dessous d'une nervure très-saillante. Les fleurs sont petites, de couleur jaune & disposées quatre ou cinq ensemble sur des péduncules latéraux, feuillés & alternes. On pourroit rapporter à cette plante le *genista candicans* de M. Linné ; mais il y a confusion & erreur dans les synonymes qu'il indique. L'exemplaire dont je me suis servi pour cette description, a été envoyé par M. l'Abbé Pouret, qui a observé cette plante dans les environs de Narbonne. ♄

XI. *Fleurs terminales ; les péduncules communs non feuillés.*

Cytise à petites feuilles. *Cytisus parvifolius.*

Cytisus foliis incanis, angustis, quasi complicatis. Tournef. 648.

Spartium complicatum. Linn. Sp. 996.

Sa tige est droite, glabre, blanchâtre, & s'élève jusqu'à trois ou quatre pieds ; elle pousse beaucoup de rameaux diffus, très-ouverts, & dont les inférieurs sont un peu couchés sur la terre & presque rampans : les jeunes pousses sont pubescentes. Les feuilles sont petites, & leurs folioles sont souvent pliées en deux longitudinalement : leur surface supérieure est glabre & quelquefois tachée de blanc, & l'inférieure est comme ridée & légèrement velue. Les fleurs sont jaunes & disposées

605. en grappes droites, lâches & terminales. Les calices & les légumes sont très-glanduleux. Cette plante croît abondamment dans les paroisses de Saint-Pierre-du-Chemin & la Tardière, aux environs de la Chataigneraie en bas Poitou, où elle a été observée par M. Galou, Docteur en Médecine. ♄

XII. *Feuilles sessiles.*

Cytise à feuilles de lin. *Cytisus linifolius.*

> *Cytisus argenteus linifolius, insularum Stæchadum.* Tournef. 648.
>
> *Genista linifolia.* Linn. Sp. 997.

Arbrisseau fort bas, dont les rameaux sont droits, noueux ou chargés inférieurement des cicatrices des anciennes feuilles, anguleux & très-feuillés dans leur partie supérieure; ses feuilles sont sessiles, alternes, assez rapprochées & composées de trois folioles linéaires, pointues, repliées en leur bord, soyeuses & argentées en-dessous : les fleurs sont jaunes, disposées en grappes droites & terminales, & sont remplacées par des légumes velus. On trouve cet arbrisseau dans les îles d'Hyères. ♄

XIII. *Tige couchée.*

Fleurs en tête terminale; feuilles velues & d'un vert-obscur.	Fleurs non ramassées en tête; feuilles soyeuses & argentées.
XIV.	XV.

XIV. *Fleurs en tête terminale; feuilles velues & d'un vert obscur.*

Cytise couché. *Cytisus supinus.* Linn. Sp. 1042.

> *Cytisus supinus, foliis infernè & siliquis molli hirsutie pubescentibus.* Bauh. pin. 390.

Ses tiges sont longues d'un pied; grêles, rameuses, velues & noirâtres à leur base, qui est peu garnie de feuilles; elles sont couchées & étalées sur la terre; ses feuilles sont petites, pétiolées

605. pétiolées & composées de folioles oblongues, verdâtres en-dessus; & velues ou pubescentes en-dessous. Les fleurs sont grandes & ramassées quatre ou cinq ensemble au sommet des rameaux. On trouve ce sous-arbrisseau dans les provinces méridionales, sur le bord des bois. ♄

XV. *Fleurs non ramassées en tête; feuilles soyeuses & argentées.*

Cytise argenté. *Cytisus argenteus.* Linn. Sp. 1043.

Cytisus humilis angustifolius, argenteus. Tournef. 648.

Ses tiges sont longues de huit à dix pouces, ligneuses inférieurement, rameuses & un peu couchées; ses feuilles sont pétiolées, composées de trois folioles lancéolées, garnies, en leur bord & en-dessous, de poils blancs & soyeux: les fleurs sont jaunes, presque sessiles, & disposées dans les aisselles supérieures des rameaux; leur calice est partagé en cinq découpures longues & aiguës. On trouve cette espèce dans les lieux stériles & montagneux de la Provence. ♄

XVI. *Tige ou rameaux garnis d'épines.*

Cytise épineux. *Cytisus spinosus.* Tournef. 648.

Spartium spinosum. Linn. Sp. 997.

Sa tige est haute de deux ou trois pieds, droite, ligneuse, rameuse, ferme & garnie de fortes épines; ses feuilles sont pétiolées & composées de trois folioles assez petites, ovales & un peu obtuses à leur sommet: les fleurs sont jaunes, pédunculées & ramassées trois ou quatre ensemble par petits bouquets placés sur les épines. Les légumes ont un applatissement ou une espèce de gouttière sur leur dos, & renferment trois ou quatres semences fort dures. Cet arbrisseau croît dans les lieux montueux & arides de la Provence. Il a aussi été observé dans les environs de Narbonne par M. l'Abbé Pourret. ♄

606. *Légume de la longueur du calice, & ne contenant qu'une semence ; fleurs bleues ou violettes.*

Psoralier bitumineux. *Psoralea bituminosa.* Linn. Sp. 1075.

Trifolium bitumen redolens. Tournef. 405.

Sa tige est haute de trois pieds, droite, cylindrique, striée & pubescente vers son sommet; ses feuilles sont portées sur d'assez longs pétioles, & composées de trois folioles lancéolées & velues en-dessous : les fleurs sont disposées en tête, soutenues par de longs péduncules qui naissent des aisselles supérieures de la tige : ces têtes sont velues, & garnies chacune à leur base de petites bractées ou espèces d'écailles noirâtres & fort courtes. Les divisions des calices sont longues, aiguës, & ont aussi une couleur noirâtre. Cette plante croît dans les provinces méridionales ♄; elle a une odeur de bitume.

---

607. *Feuilles quaternées, ou quinées, ou digitées, ou ailées.*
- Feuilles quaternées, ou quinées, ou digitées. 608
- Feuilles ailées & ayant plus de cinq folioles non digitées. . . 614

---

608. *Feuilles quaternées, ou quinées, ou digitées. . . . .*
- Feuilles digitées, leurs folioles s'insèrent toutes en un point commun. 609
- Feuilles quaternées ou quinées ; leurs folioles ne s'insèrent pas toutes en un point commun. 612

---

609. *Feuilles digitées. . . . . .*
- Tige herbacée ; feuilles portées sur d'assez longs pétioles. . . 610
- Tige ligneuse ; feuilles presque toutes sessiles. . . . . . . 613—XI

610. *Tige herbacée; feuilles portées sur d'assez longs pétioles.* { Tige droite. 611
Tige rampante . . 596—XXIX

611. *Tige droite.*

Lupin. *Lupinus.*

Les fleurs de lupin ont leur calice labié, & sont remarquables par leurs anthères, dont cinq sont oblongues, & les cinq autres arrondies. Le fruit est un légume assez gros, coriace, & qui contient peu de semences.

ANALYSE.

Fleurs bleues ou rougeâtres.	Fleurs jaunes.
I.	II.

I. *Fleurs bleues ou rougeâtres.*

Lupin sauvage. *Lupinus sylvestris.* Dod. pempt. 530.

Lupinus sylvestris, purpureo flore, semine rotundo vario, majore (& minore). Tournef. 392.

Lupinus varius. Linn. Sp. 1015.

β. Lupinus flore purpurascente, latifolius, hirsutus seu sylvestris Dioscoridis. Tournef. 392.

Sa tige est cylindrique, velue, quelquefois rameuse, & s'élève jusqu'à un pied; ses feuilles sont composées de cinq à huit digitations lancéolées, un peu étroites, vertes en-dessus, velues & blanchâtres en-dessous: les fleurs sont disposées en épi, & varient du rouge au bleu. La variété β est remarquable par les folioles de ses feuilles, moins étroites & un peu obtuses. Cette plante croît dans les provinces méridionales ⊙; elle est résolutive & détersive.

II. *Fleurs jaunes.*

Lupin jaune. *Lupinus luteus.* Linn. Sp. 1015.

Lupinus sylvestris, flore luteo. Tournef. 393.

Sa tige est haute de six à sept pouces, ordinairement

611. simple & légèrement velue vers son sommet; ses feuilles sont composées de sept à neuf digitations un peu étroites, presque linéaires & pointues. Les fleurs sont assez petites & ramassées en une espèce de tête ou en épi fort court; elles sont un peu odorantes. Cette plante croît dans les lieux sablonneux des provinces méridionales. ⊙

---

612. *Feuilles quaternées ou quinées.*

- Feuilles quaternées; légumes entièrement cachés dans le calice. 622—VII
- Feuilles quinées; légume saillant hors du calice. 613

---

613. *Feuilles quinées; légume saillant hors du calice.*

Lotier. *Lotus.*

Les fleurs de lotier ont le calice tubulé & à cinq découpures inégales; le fruit est un légume ordinairement cylindrique & souvent contracté entre les semences en manière d'articulation : la plupart des espèces sont remarquables par la forme de leurs feuilles qui sont composées de cinq folioles, dont trois sont placées au sommet du pétiole & les deux autres à sa base.

Nota. Si les folioles inférieures ne sont point à la base de leur pétiole commun, voyez n°. 635—III.

ANALYSE.

Péduncules chargés de trois fleurs ou moins. I.	Péduncules chargés de plus de trois fleurs. VIII.

I. *Péduncules chargés de trois fleurs ou moins.*

Péduncules chargés d'une seule fleur. II.	Péduncules chargés de deux ou trois fleurs. III.

613. II. *Péduncules chargés d'une seule fleur.*

Lotier siliqueux. *Lotus siliquosus.* Linn. Sp. 1089.

Lotus pratensis siliquosus, luteus, minor & mollior. Tournef. 403.

β. *Lotus maritima, lutea, siliquosa, folio pingui glabro.* Ibid.

Lotus maritimus. Linn. Sp. 1089.

Ses tiges sont longues d'un pied, velues & un peu couchées; ses feuilles sont composées de cinq folioles, dont deux à la base du pétiole sont ovales & un peu lancéolées, & trois à son sommet sont plus grandes & presque cunéiformes : les deux latérales supérieures ont leur bord intérieur très-diminué; elles sont toutes les cinq molles, légèrement velues & d'un vert un peu glauque. Les fleurs sont grandes, d'un jaune-pâle, solitaires, axillaires & portées sur de longs péduncules, elles ont chacune à leur base une bractée composée de trois folioles moins longues que le calice : les légumes ont quatre angles feuillés & membraneux. On trouve cette plante dans les prés humides. ♃ La variété β croît dans les lieux maritimes des provinces méridionales, & n'en est presque pas distinguée.

III. *Péduncules chargés de deux ou trois fleurs.*

Légumes très-comprimés & courbés en faucille.	Légumes ou linéaires, ou à quatre angles, mais point courbés.
IV.	V.

IV. *Légumes très-comprimés & courbés en faucille.*

Lotier pied-d'oiseau. *Lotus ornithopodioïdes.* Linn. Sp. 1091.

Lotus siliquis ornithopodii. Tournef. 403.

Ses tiges sont assez droites, menues, diffuses, glabres dans leur partie inférieure, pubescentes vers leur sommet & hautes de neuf à dix pouces; ses feuilles sont composées de folioles ovales, un peu cunéiformes, quelquefois légèrement velues & disposées comme celles de l'espèce précédente. Les fleurs

613. ſont petites, de couleur jaune, ſouvent au nombre de trois ſur chaque péduncule & garnies de trois bractées qui les ſurpaſſent en grandeur. Cette plante croît dans les lieux ſablonneux & maritimes des provinces méridionales. ⊙

V. *Légumes ou linéaires, ou à quatre angles, mais point courbés.*

Légumes ayant quatre angles membraneux.	Légumes linéaires, & n'ayant point quatre angles membraneux.
VI.	VII.

VI. *Légumes ayant quatre angles membraneux.*

Lotier conjugué. *Lotus conjugatus.* Linn. Sp. 1089.

Lotus luteus, ſiliquâ anguloſâ. Bærh. Lugdb. II, p. 37.

Ses tiges ſont hautes de ſix à huit pouces, velues & un peu rameuſes à leur baſe; ſes feuilles ſont compoſées de cinq folioles, dont les trois qui terminent le pétiole, ſont grandes, cunéiformes ou preſque en loſange, & les deux autres ſont fort petites, ovales & pointues. Les fleurs ſont jaunes, diſpoſées ordinairement deux enſemble ſur chaque péduncule, & accompagnées de trois folioles ſemblables à celles des feuilles. Cette plante croît dans les environs de Montpellier. ⊙

VII. *Légumes linéaires, & n'ayant point quatre angles membraneux.*

Lotier à fruits menus. *Lotus anguſtiſſimus.* Linn. Sp. 1090.

Lotus pentaphyllos minor, hirſutus, ſiliquâ anguſtiſſimâ. Tournef. 403.

Ses tiges ſont droites, légèrement velues & hautes de ſix pouces, les folioles de ſes feuilles ſont cunéiformes, la plupart obtuſes à leur ſommet, pubeſcentes & d'un vert glauque en-deſſous. Les fleurs ſont jaunes, fort petites

613. quelques-unes solitaires, les autres géminées; & sont remplacées par des légumes longs presque d'un pouce & demi, très-grêles & point courbés. On trouve cette plante sur les collines des provinces méridionales. ⊙

VIII. *Péduncules chargés de plus de trois fleurs.*

Fleurs jaunes.	Fleurs blanches ou rougeâtres.
IX.	X.

IX. *Fleurs jaunes.*

Lotier corniculé. *Lotus corniculatus.* Linn. Sp. 1092.

Lotus sive melilotus pentaphyllos minor, glabra. Tournef. 402.

β. *Lotus pentaphyllos minor, glabra, foliis longioribus & angustioribus.* Ibid. 403.

γ. *Lotus pentaphyllos, flore majore luteo splendente.* Ibid.

δ. *Lotus pentaphyllos major, hirsutie candicans.* Ibid.

Cette plante varie beaucoup selon les lieux où elle croît; dans les terreins secs & découverts, elle est fort petite, glabre dans toutes ses parties & couchée sur la terre, où ses tiges assez nombreuses forment des gazons très-agréables; dans les prés & les lieux fertiles, ses tiges sont moins couchées, s'élèvent davantage & soutiennent des fleurs beaucoup plus grandes : enfin, dans les lieux couverts & les bois, elle s'élève jusqu'à deux ou trois pieds, & est alors abondamment garnie de poils, qui lui donnent un aspect presque blanchâtre. Dans toutes les variétés, cette espèce est remarquable par ses fleurs disposées en têtes ombelliformes aux extrémités de longs péduncules & par ses légumes cylindriques, grêles & assez longs. Cette plante est commune par toute la France. ♃

---

613. X. *Fleurs blanches ou rougeâtres.*

Folioles des feuilles, très-étroites, sessiles, & toutes insérées en un point commun. XI.	Folioles des feuilles, ovales ou lancéolées, & non insérées toutes au même point. XII.

XI. *Folioles des feuilles, très-étroites, sessiles, & toutes insérées en un point commun.*

Lotier digité. *Lotus digitatus.*

Dorycnium Monspeliensium. Tournef. 391.

Lotus dorycnium. Linn. Sp. 1093.

Sa tige est grêle, ligneuse, rameuse, & s'élève à peine au-delà d'un pied; ses feuilles sont petites, blanchâtres & composées de cinq folioles étroites, disposées en manière de digitations, & placées sur les jeunes rameaux. Ses fleurs sont blanchâtres, très-petites & ramassées en têtes menues au sommet de longs péduncules qui naissent des aisselles des feuilles: leur carène est un peu noirâtre; les calices sont velus & soyeux, & les bractées sont un peu écartées des ombellules; les légumes sont courts, & ne contiennent qu'une ou deux semences. Ce sous-arbrisseau croît dans les lieux stériles des provinces méridionales. ♄

XII. *Folioles des feuilles, ovales ou lancéolées, & non insérées toutes au même point.*

Fleurs très-petites, ramassées plus de vingt ensemble en têtes globuleuses. XIII.	Fleurs assez grandes, & point disposées plus de dix ensemble à chaque tête. XIV.

613. XIII. *Fleurs très-petites, ramassées plus de vingt ensemble en têtes globuleuses.*

Lotier glomérulé. *Lotus glomeratus.*

Lotus villosus altissimus, flore glomerato. Tournef. 403.

Lotus rectus. Linn. Sp. 1092.

Sa tige est haute de trois pieds, droite, velue & rameuse; les folioles de ses feuilles sont ovales, cunéiformes, un peu obtuses à leur sommet, molles, velues & d'un vert-blanchâtre en-dessous. Les fleurs sont d'un blanc-rougeâtre, & les globules qu'elles forment sont quelquefois nus & sans bractées; il leur succède des légumes grêles, droits & fort courts. Cette plante croît sur le bord des ruisseaux dans les provinces méridionales. ♃

XIV. *Fleurs assez grandes, & point disposées plus de dix ensemble à chaque tête.*

Lotier hémorroïdal. *Lotus hemorroidalis.*

Lotus pentaphyllos, siliquosus, villosus. Tournef. 403.

Lotus hirsutus. Linn. Sp. 1091.

β. Lotus hemorroidalis, humilior & candidior. Tournef. 403.

Sa tige est droite, cylindrique, dure, un peu ligneuse, rameuse, velue & haute d'un pied & demi; les folioles de ses feuilles sont ovales-lancéolées, velues & d'un vert-blanchâtre. Les fleurs sont d'un blanc mêlé de couleur de rose, & forment des têtes assez grandes, non globuleuses & d'un aspect très-agréable; leur calice est velu & légèrement rougeâtre. Le fruit est un légume court & ovale. On trouve cette espèce dans les lieux humides & maritimes des provinces méridionales. ♄

614. *Feuilles ailées & ayant plus de cinq folioles non digitées.*
- Légume ayant une cloison longitudinale complète ou incomplète. 615
- Légume n'ayant point de cloison longitudinale ; il est uniloculaire, ou n'a que des cloisons transversales. 618

---

615. *Légume ayant une cloison longitudinale complète ou incomplète.*
- Légume plane, denté en ses bords, & dont la cloison est opposée aux valves. 616
- Légume non comprimé ni denté en ses bords, & dont la cloison plus ou moins complète est parallèle aux valves. 617

---

616. *Légume plane, denté en ses bords, & dont la cloison est opposée aux valves.*

Double-scie pelecine. *Biserrula pelecina.*

Pelecinus vulgaris. Tournef. 417.

Sa tige est menue, foible, cylindrique, striée & rameuse ; ses feuilles sont composées de folioles nombreuses, obtuses & presque en cœur à leur sommet. Les péduncules sont axillaires, & portent à leur extrémité quatre ou cinq fleurs sessiles, garnies chacune d'une très-petite bractée à leur base. On trouve cette plante en Provence & en Languedoc. ⊙

---

617. *Légume non comprimé ni denté en ses bords, & dont la cloison plus ou moins complète est parallèle aux valves.*

Astragale. *Astragalus.*

Les astragales ont les fleurs disposées en épi plus ou moins serré ; leur fruit est un légume ordinairement court & renflé,

617. ou quelquefois assez long, un peu grêle, courbé, crochu ou difforme. Les feuilles sont ailées, composées en général de beaucoup de folioles, & toujours terminées par une impaire.

ANALYSE.

Tige très-sensible, portant les fleurs & les feuilles, & plus longue que les péduncules. I.	Tige nulle; les péduncules & les feuilles naissent de la racine ou d'une souche écailleuse fort courte. XXVII.

I. *Tige très-sensible, portant les fleurs & les feuilles, & plus longue que les péduncules.*

Tige herbacée. II.	Tige ligneuse. XXVI.

II. *Tige herbacée.*

Fleurs jaunâtres ou d'un blanc-pâle. III.	Fleurs bleues ou purpurines. XVI.

III. *Fleurs jaunâtres ou d'un blanc-pâle.*

Tiges droites. IV.	Tiges couchées. VII.

IV. *Tiges droites.*

Epis de fleurs très-denses & sessiles. V.	Epis de fleurs portés sur des péduncules longs d'un pouce ou davantage. VI.

617. V. *Epis de fleurs très-denſes & ſeſſiles.*

Aſtragale alopécurier. *Aſtragalus alopecuroideus.*

Aſtragalus Alpinus procerior, alopecuroides. Tournef. 416.
Aſtragalus Narbonenſis. Gouan. Obſ. p. 49.

Ses tiges ſont hautes d'un à deux pieds, fermes, épaiſſes, ſtriées & velues; ſes feuilles ſont fort longues, compoſées d'un grand nombre de folioles oblongues, rétrécies un peu en pointe à leur ſommet, & velues ſeulement en leur bord. leur pétiole commun eſt preſque cotonneux ou laineux; les fleurs forment des épis extrêmement denſes, ovales, un peu cylindriques, très-velus & ſeſſiles, les péduncules communs étant garnis de fleurs juſqu'à leur baſe. Cette plante croît dans les environs de Narbonne. ♃

VI. *Epis de fleurs portés ſur des péduncules longs d'un pouce ou davantage.*

Aſtragale à fleurs pendantes. *Aſtragalus penduliflorus.*

Phaca Alpina. Linn. Sp. 1064.

Ses tiges ſont glabres, ſtriées, feuillées, & s'élèvent juſqu'à un pied; ſes feuilles ſont compoſées de neuf à quinze folioles ovales-oblongues & un peu pubeſcentes : leur pétiole commun eſt garni à ſa baſe de deux ſtipules aſſez grandes, ovales & pointues; les fleurs ſont d'un blanc mêlé de jaune, & diſpoſées en grappes qui naiſſent des aiſſelles ſupérieures des feuilles; elles ſont un peu pendantes ſur leur péduncule commun. Ce dernier caractère eſt ſur-tout remarquable dans les fruits, qui ont chacun un pédicule particulier qui les laiſſe pendre hors de leur calice. Cette plante croît dans les montagnes du Dauphiné. ♃

VII. *Tiges couchées.*

Légumes courts, globuleux, ou ovales, ou en cœur.	Légumes alongés, crochus, ou courbés en faucille.
VIII.	XIII.

617. VIII. *Légumes courts, globuleux, ou ovales, ou en cœur.*

Ailes de la corolle semi-bifides ; légumes glabres. I X.	Ailes de la corolle très-simples ; légumes velus. X.

IX. *Ailes de la corolle semi-bifides ; légumes glabres.*

Astragal austral. *Astragalus australis.*

Phaca australis. Linn. mant. 103.

Sa racine est longue, presque ligneuse, & pousse beaucoup de tiges rameuses, étalées & diffuses ; ses feuilles sont composées de onze à quinze folioles lancéolées, un peu distantes & blanchâtres en-dessous. Les péduncules sont striés, penchés, plus longs que les feuilles, & portent à leur sommet un épi de fleurs un peu serré. Cette plante est velue dans sa jeunesse, & devient presque entièrement glabre en vieillissant ; elle croît sur les montagnes de la Provence. ♃

X. *Ailes de la corolle très-simples ; légumes velus.*

Epis de fleurs portés sur des péduncules longs d'un pouce ou davantage. XI.	Epis de fleurs presque sessiles ; leurs péduncules n'ont pas deux lignes de longueur. XII.

XI. *Epis de fleurs portés sur des péduncules longs d'un pouce ou davantage.*

Astragale à vessies. *Astragalus vesicarius.*

Astragalus luteus, perennis, siliquâ gemellâ, rotunda, vesicam referente. Tournef. 416.

Astragalus cicer. Linn. Sp. 1067.

Ses tiges sont longues d'un pied, rameuses, couchées & presque glabres ; ses feuilles sont composées de douze à quinze paires de folioles oblongues, obtuses & un peu velues ;

les stipules sont semi-vaginales & bifides. Les légumes sont enflés, globuleux, scrotiformes & chargés d'une petite pointe terminale. Cette plante croît en Provence & en Alsace. ♃

XII. *Epis de fleurs presque sessiles.*

Astragale épiglottier. *Astragalus epiglottis.* Linn. mant. 274.

Astragalus pumilus, siliquâ epiglottidi formâ. Tournef. 416.

Cette plante est fort petite ; ses tiges sont menues, pubescentes, blanchâtres ; & ont à peine trois pouces de longueur, ses feuilles sont composées de quatre ou cinq paires de folioles un peu étroites, chargées de poils blancs & soyeux : les fleurs sont très-petites, d'un blanc-pâle & ramassées en épis courts presque sessiles. Leurs calices sont bordés de poils noirâtres ; les légumes sont ramassés par paquets, & ont quelque rapport, par leur forme, avec le cartilage qu'on nomme *épiglotte.* On trouve cette plante en Provence. ⊙

XIII. *Légumes alongés, crochus, ou courbés en faucille.*

Calices glabres ; légumes un peu courbés en faucille. XIV.	Calices velus ; légumes très-crochus en manière d'hameçon. XV.

XIV. *Calices glabres ; légumes un peu courbés en faucille.*

Astragale reglissier. *Astragalus glyciphyllos.* Linn. Sp. 1067.

Astragalus luteus, perennis, procumbens, vulgaris, sive sylvestris. Tournef. 416.

Sa tige est glabre, rameuse & longue d'un pied & demi ; ses feuilles sont composées de quatre ou cinq paires de folioles ovales, assez grandes & d'un vert-clair : les fleurs sont d'un jaune-pâle un peu verdâtre, & disposées en épis courts, soutenus par des péduncules moins longs que les feuilles. On trouve cette plante dans les bois & les pâturages couverts. ♃

617. XV. *Calices velus ; légumes très-crochus en manière d'hameçon.*

Aſtragale à hameçon. *Aſtragalus hamoſus.* Linn. Sp. 1067.

Aſtragalus luteus , annuus , Monſpeliacus , procumbens. Tournef. 416.

Ses tiges ſont longues de ſix à ſept pouces, couchées ſur la terre & légèrement velués ; ſes feuilles ſont fort longues, compoſées de dix à douze paires de folioles aſſez petites, glabres en-deſſus, velues en-deſſous, obtuſes, & quelquefois échancrées à leur ſommet. Les péduncules ſont axillaires, & portent à leur extrémité quatre ou cinq fleurs jaunâtres. Les légumes ſont preſque entièrement repliés ſur eux-mêmes. Cette plante croît dans les environs de Montpellier. ⊙

XVI. *Fleurs bleues ou purpurines.*

Tige & feuilles glabres. XVII.	Tige ou feuilles velues. XVIII.

XVII. *Tige & feuilles glabres.*

Aſtragale ſillonné. *Aſtragalus ſulcatus.*

Aſtragalus floribus viciæ dilutè purpureis aut cæruleis. Tournef 415.

Aſtragalus Auſtriacus. Linn. Sp. 1070.

Ses tiges ſont longues d'un pied & demi, ordinairement couchées, droites dans une variété, aſſez ſimples, glabres, ſtriées & ſillonnées ; ſes feuilles ſont compoſées de huit à dix paires de folioles étroites & preſque linéaires. Les fleurs ſont d'un rouge-bleuâtre, diſpoſées en épis grêles un peu lâches, & ſoutenus par des péduncules axillaires plus longs que les feuilles. Les légumes ſont longs de quatre lignes, redreſſés & terminés par un filet. Cette plante croît en Alſace. ♃

617. XVIII. *Tige ou feuilles velues.*

Epis de fleurs portés sur des péduncules longs de plus d'un pouce. XIX.	Epis de fleurs presque sessiles, & dont les péduncules sont très-courts. XXV.

XIX. *Epis de fleurs portés sur des péduncules longs de plus d'un pouce.*

Légumes tous redressés, & point pendans ni divergens. XX.	Légumes ou tous pendans, ou divergens en manière d'étoile. XXIII.

XX. *Légumes tous redressés, & point pendans ni divergens.*

Tiges diffuses & un peu couchées; calices chargés de poils noirâtres. XXI.	Tige presque entièrement droite; calices chargés de poils blancs. XXII.

XXI. *Tiges diffuses & un peu couchées; calices chargés de poils noirâtres.*

Astragale capité. *Astragalus capitatus.*

Astragalus glaux. Linn. Sp. 1069.

Ses tiges sont longues de sept à huit pouces, grêles, légérement velues, nombreuses & disposées en gazon sur la terre; ses feuilles sont composées de dix à douze paires de folioles fort petites, ovales-oblongues & chargées de quelques poils en leur surface inférieure. Ses fleurs sont ramassées en tête courte, portée sur un péduncule toujours plus long que les feuilles, qui naît d'une de leurs aisselles supérieures; elles

617. elles ſont d'un violet ou d'un bleu-foncé, & ſont remarquables par les poils noirâtres qui couvrent les calices & même le ſommet des péduncules. Cette plante croît en Languedoc où elle a été obſervée par Dom Fourmeault.

XXII. *Tige preſque entièrement droite ; calices chargés de poils blancs.*

Aſtragale eſparcette. *Aſtragalus onobrichis.* Linn. Sp. 1070.

Aſtragalus purpureus perennis, ſpicatus, pannonicus. Tournef. 415.

Sa tige eſt dure, rameuſe, chargée de poils ſoyeux, & s'élève juſqu'à un pied & demi; les folioles de ſes feuilles ſont nombreuſes, lancéolées, preſque linéaires & un peu ſoyeuſes. Les fleurs ſont longues, d'un pourpre-bleuâtre & diſpoſées en épis un peu denſes. Cette plante croît en Provence. ♃

XXIII. *Légumes ou tous pendans, ou divergens en manière d'étoile.*

Folioles obtuſes; légumes diſpoſés en manière d'étoile.	Folioles pointues; légumes tout-à-fait pendans.
XXIV.	XXXII.

XXIV. *Folioles obtuſes ; légumes diſpoſés en manière d'étoile.*

Aſtragale étoilé. *Aſtragalus ſtellatus.*

Aſtragalus annuus maritimus, procumbens, latifolius, floribus pediculo inſidentibus. Tournef. 416.

Sa racine pouſſe pluſieurs tiges longues d'un pied, rameuſes, diffuſes & chargées de poils blancs; ſes feuilles ſont compoſées de neuf à dix paires de folioles ovales, obtuſes, quelquefois échancrées & velues : les péduncules ſont axillaires, preſque auſſi longs que les feuilles, & ſoutiennent chacun une tête compoſée de dix à quinze fleurs

617. d'un pourpre-bleuâtre ; les légumes ſont pointus & diſpoſés en faiſceau étoilé. Cette plante croît aux environs de Montpellier. ⊙

XXV. *Epis de fleurs preſque ſeſſiles, ou dont les péduncules ſont très-courts.*

Aſtragale ſeſamier. *Aſtragalus ſeſameus.* Linn. Sp. 1068.

Aſtragalus annuus anguſtifolius, floſculis ſubcæruleis caulibus adherentibus. Tournef. 416.

Ses tiges ſont longues de ſix à ſept pouces, velues & un peu ſtriées ; ſes feuilles ſont compoſées de huit à neuf paires de folioles ovales, obtuſes & un peu échancrées à leur ſommet. Les fleurs ſont axillaires, ramaſſées quatre ou cinq enſemble ſur des péduncules longs d'une ligne ; elles ſont aſſez petites & bien certainement de couleur bleue. M. Gouan, à cet égard, contredit mal-à-propos l'obſervation de M. Linné. On trouve cette plante dans les provinces méridionales. ⊙

XXVI. *Tige ligneuſe.*

Aſtagale adragant. *Aſtragalus tragacanthus.*

Tragacantha Maſſilienſis. Tournef. 417.

Sous-arbriſſeau rameux, diffus, dont la tige velue & preſque cotonneuſe, s'élève rarement au-delà d'un pied ; ſes feuilles ſont compoſées de dix à douze paires de folioles très-petites, ovales, blanchâtres & un peu ſoyeuſes : les feuilles ne ſont pas ſans foliole impaire ou terminale, comme l'a dit M. de Haller, *Hiſt.* n°. 405 ; mais ce qui a pu induire en erreur ce Savant illuſtre, c'eſt le peu de durée des folioles, ſur-tout de celles de l'extrémité qui tombent de bonne heure, & laiſſent les pétioles à demi-nus. Ces pétioles deviennent très-roides, perſiſtent avec la tige, & rendent la plante comme hériſſée de piquans. Les fleurs ſont purpurines ou quelquefois blanchâtres ; elles ſont diſpoſées cinq ou ſix enſemble ſur des péduncules plus courts que les feuilles, placés vers le ſommet des tiges. On trouve cette plante en Provence. ♄

---

617. XXVII. *Tige nulle ; les péduncules & les feuilles naissent de la racine ou d'une souche écailleuse fort courte.*

Fleurs presque entièrement blanches ou jaunâtres.	Fleurs tout-à-fait purpurines ou bleuâtres.
XXVIII.	XXXI.

XXVIII. *Fleurs presque entièrement blanches ou jaunâtres.*

Péduncules aussi longs ou plus longs que les feuilles.	Péduncules beaucoup plus courts que les feuilles.
XXIX.	XXX.

XXIX. *Péduncules aussi longs ou plus longs que les feuilles.*

Astragale champêtre. *Astragalus campestris.* Linn. Sp. 1072.

Astragalus Pyrenaicus barbæ Jovis folio, non ramosus, flore ochroleuco glomerato. Tournef. 417.

Sa racine est fort longue, & son collet est embriqué de beaucoup d'écailles pointues & blanchâtres, que l'on peut regarder comme des stipules ; du milieu de ces écailles, naissent deux ou trois hampes longues d'un demi-pied, velues & terminées chacune par un épi un peu gloméruté, composé de cinq ou six fleurs d'un blanc-jaunâtre : les feuilles partent aussi du collet de la racine ; leurs folioles sont petites, pointues, velues & blanchâtres : les légumes sont chargés de poils noirâtres, & sont terminés par un filet. Cette plante croît dans les montagnes de la Provence. ♃

Nota. Si les feuilles ou les légumes sont glabres. *Voyez* n°. XXXVIII.

617. XXX. *Péduncules beaucoup plus courts que les feuilles.*

Aſtragale nain. *Aſtragalus depreſſus.* Linn. Sp. 1073.

Aſtragalus ſupinus minor, floſculis albis. Boërh. Lugdb. II, p. 54.

Sa tige eſt une eſpèce de ſouche écailleuſe, haute d'un pouce, de laquelle partent latéralement les feuilles & les péduncules des fleurs; les feuilles ſont longues de cinq à ſix pouces, couchées ſur la terre & compoſées d'une vingtaine de folioles blanchâtres, ovales, obtuſes, & quelquefois échancrées à leur ſommet : les péduncules naiſſent à la baſe de la ſouche, ſont longs d'un à deux pouces, & ſoutiennent quatre à ſix fleurs aſſez petites & blanchâtres; les légumes ſont longs de trois lignes, un peu renflés, griſâtres & preſque glabres. Cette plante a été obſervée en Dauphiné par M. de Villars.

XXXI. *Fleurs tout-à-fait purpurines ou bleuâtres.*

Légumes tout-à-fait pendans ſur leur péduncule commun.	Légumes redreſſés ou ſimplement ouverts.
XXXII.	XXXIII.

XXXII. *Légumes tout-à-fait pendans ſur leur péduncule commun.*

Aſtragale des Alpes. *Aſtragalus Alpinus.* Linn. Sp. 1070.

Aſtragalus Alpinus, foliis viciæ, ramoſus & procumbens; flore glomerato oblongo, cæruleo. Tournef. 417.

La tige de cette plante eſt une eſpèce de ſouche qui ſe ramifie & s'alonge juſqu'à trois ou quatre pouces; les péduncules & les feuilles naiſſent de cette tige, & ſont garnis à leur baſe de ſtipules embriquées & écailleuſes : les feuilles ſont compoſées de dix à douze paires de folioles aſſez petites, ovales, pointues, velues & blanchâtres; elles ſont ſoyeuſes dans leur jeuneſſe. Les péduncules ſont longs de ſix à ſept pouces, & ſoutiennent une tête compoſée de dix à douze fleurs bleuâtres & pendantes;

617 les légumes sont longs de quatre ou cinq lignes, un peu enflés & légèrement velus. Cette plante croît sur les montagnes de la Provence. ♃

XXXIII. *Légumes redressés ou simplement ouverts.*

Folioles toutes lancéolées & pointues. XXXIV.	Folioles ovales-elliptiques, & non pointues. XXXVII.

XXXIV. *Folioles toutes lancéolées & pointues.*

Légumes courts & enflés; calices très-soyeux. XXXV.	Légumes cylindriques; calices pubescens & rougeâtres. XXXVI.

XXXV. *Légumes courts & enflés; calices très-soyeux.*

Astragale soyeux. *Astragalus sericeus.*

Astragalus uralensis. Linn. Sp. 1071.
β. *Astragalus Alpinus, tragacanthæ folio, vesicarius.* Tournef. 417.
Astragalus vesicarius. Linn. Sp. 1071.

Du collet de sa racine, qui est écailleux, s'élèvent, à la hauteur de trois ou quatre pouces, plusieurs hampes nues, couvertes d'un duvet blanchâtre très-abondant, sur-tout dans leur partie supérieure; les feuilles naissent aussi du collet de la racine, & sont composées de dix à douze paires de folioles lancéolées, pointues & très-soyeuses: les hampes sont terminées par des épis un peu denses composés de huit à dix fleurs purpurines ou violettes, remarquables par leur calice chargé de poils blancs & soyeux; les légumes sont velus, épais & renflés. Cette plante croît en Dauphiné & en Languedoc. ♃

617. XXXVI. *Légumes cylindriques ; calices pubefcens & rougeâtres.*

Aftragale de montagne. *Aftragalus montanus.* Linn. Sp. 1070.

Aftragalus quibufdam montanus, vel onobrichis aliis. Tournef. 416.

Le collet de fa racine fe divife en plufieurs fouches rampantes, longues d'un à deux pouces, & couvertes de ftipules écailleufes, qui paroiffent comme embriquées ; les feuilles & les péduncules, ou les hampes qui portent les fleurs, naiffent entre ces écailles ; les feuilles font compofées de fept à huit paires de folioles blanchâtres, affez petites & pointues ; les épis font lâches, formés par fix ou huit fleurs purpurines, peu ferrées & prefque perpendiculaires à l'axe qui les foutient. Les légumes font peu renflés, à peine velus & terminés par un filet crochu. Cette plante croît dans les montagnes du Dauphiné & de la Provence. ♃.

XXXVII. *Folioles ovales-elliptiques & non pointues.*

Feuilles vertes, un peu épaiffes & prefque glabres des deux côtés.	Feuilles blanchâtres, & chargées particulièrement en-deffous d'un duvet très-fin.
XXXVIII.	XXXIX.

XXXVIII. *Feuilles vertes, un peu épaiffes & prefque glabres des deux côtés.*

Aftragale de Montpellier. *Aftragalus Monfpeffulanus.* Linn. Sp. 1072.

Aftragalus Monfpeffulanus. Tournef. 416.

Les hampes de cette plante font ordinairement glabres ; couchées, très-nombreufes, & forment avec les feuilles un gazon étalé & bien garni ; les feuilles font compofées de douze à quinze paires de folioles ovales & verdâtres : les fleurs font purpurines, ou d'un blanc-jaunâtre dans une variété, & difpofées en épi un peu lâche ; elles font remarquables par le pavillon de leur corolle qui eft fort alongé,

617. & ont rarement moins d'un pouce de longueur : leur calice eſt glabre & un peu rougeâtre. Les légumes ſont cylindriques, aſſez grêles & légèrement courbés. On trouve cette plante dans les provinces méridionales. ♄

XXXIX. *Feuilles blanchâtres, & chargées particulièrement en-deſſous d'un duvet très-fin.*

Aſtragale blanchâtre. *Aſtragalus incanus.* Linn. Sp. 1072.

Aſtragalus incanus, ſiliquâ incurvâ. Tournef. 416.

Le collet de ſa racine ſe diviſe en pluſieurs ſouches écailleuſes & un peu rougeâtres, ſur leſquelles s'insèrent les feuilles & les hampes qui portent les fleurs ; les feuilles ſont compoſées de quinze à dix-huit paires de folioles fort petites, ovales, blanchâtres & très-ſerrées les unes contre les autres : les fleurs ſont nombreuſes, & forment des épis courts & un peu denſes. Les légumes ſont blanchâtres, plus courts, plus droits & plus renflés que ceux de l'eſpèce précédente. On trouve cette plante dans les lieux ſtériles & arides des provinces méridionales. ♄

618.	*Légume n'ayant point de cloiſon longitudinale...*	Légume ſimple, uniloculaire, ſans articulation ni cloiſon tranſverſale. 619
		Légume articulé ou partagé par des cloiſons tranſverſales, ou rempli de grandes échancrures. . . . 630

619.	*Légume ſimple, uniloculaire, ſans articulation ni cloiſon tranſverſale. . . . . . .*	Légume ne contenant qu'une ou deux ſemences. 620
		Légume contenant plus de deux ſemences. 624

620.	*Légume ne contenant qu'une ou deux ſemences . . . .*	Feuilles dont les folioles ſont dentées. . . . . 620 *
		Feuilles dont les folioles ſont très-entières 621

620. * *Feuilles dont les folioles sont dentées.*

Pois chiche. *Cicer arietinum.* Linn. Sp. 1040.

Cicer sativum. Tournef. 389.

Sa tige est haute d'un pied, droite, rameuse, anguleuse & un peu velue, ses feuilles sont ailées avec une impaire, & sont composées de quinze ou dix-sept folioles ovales, velues & dentées en leur bord : les pédoncules sont axillaires, solitaires, uniflores, pliés & chargés d'un filet court, placé dans le voisinage de leur angle. Les fleurs sont d'un pourpre-violet, ou blanches dans une variété : il leur succède un légume court, enflé, contenant deux semences qui ressemblent un peu à la tête d'un bélier. Cette plante croît dans les provinces méridionales ☉; ses semences sont nourrissantes. Leur farine est résolutive.

---

621. *Feuilles dont les folioles sont très-entières.* { Légume renfermé dans le calice. 622 / Légume saillant hors du calice. 623 }

---

622. *Légume renfermé dans le calice.*

Vulnéraire. *Vulneraria.*

Les fleurs de vulnéraire ont ordinairement leur calice ventru, & sont disposées en tête quelquefois jumelle; les légumes ne contiennent qu'une ou deux semences, & sont tout-à-fait cachés dans le calice.

A N A L Y S E.

Tige herbacée. I.	Tige ligneuse. VIII.

I. *Tige herbacée.*

Tête de fleurs ayant à leur base des bractées palmées & sessiles. II.	Têtes ou bouquets de fleurs n'étant point garnies de bractées palmées. V.

622. II. *Têtes de fleurs ayant à leur base des bractées palmées & sessiles.*

Têtes de fleurs géminées ; folioles des feuilles très-inégales.	Têtes de fleurs solitaires ; folioles des feuilles presque toutes égales.
III.	IV.

III. *Têtes de fleurs géminées ; folioles des feuilles très-inégales.*

Vulnéraire rustique. *Vulneraria rustica.* Tournef. 391.

β. *Vulneraria rustica, flore albo.* Ibid.
γ. *Vulneraria flore purpurascente.* Ibid.
Anthyllis vulneraria. Linn. Sp. 1012. (α, β, γ.)

Ses tiges sont longues de huit à dix pouces, velues, assez simples, peu garnies de feuilles & ordinairement couchées ; ses feuilles sont ailées ; les inférieures n'ont qu'un petit nombre de folioles, dont la terminale est beaucoup plus grande que les autres. Les feuilles de la tige ont des folioles plus nombreuses, plus étroites & moins inégales : les fleurs sont terminales ou quelquefois portées sur des péduncules axillaires. Les têtes qu'elles forment sont partagées en deux bouquets adossés l'un contre l'autre, & garnis, chacun à leur base, d'une bractée digitée assez remarquable ; les calices sont très-velus & blanchâtres ; les corolles sont jaunes ou blanches, ou purpurines, selon les variétés. On trouve cette plante dans les pâturages montagneux ♃ ; elle passe pour vulnéraire.

IV. *Têtes de fleurs solitaires ; folioles des feuilles presque toutes égales.*

Vulnéraire de montagne. *Vulneraria montana.* Scop. carn. II, p. 56.

Barba Iovis pumila, villosa, flore globoso purpureo. Tournef. 651.
Anthyllis montana. Linn. Sp. 1012.

Sa racine est un peu ligneuse, & pousse plusieurs tiges herbacées, velues, couchées & longues de trois à cinq pouces ;

622. ſes feuilles ſont compoſées de huit à dix paires de folioles blanchâtres, velues, ovales & fort petites. Les fleurs ſont purpurines, terminales & diſpoſées en têtes globuleuſes : les corolles ont une tache violette ſur le dos de leur pavillon. Cette plante croît ſur les montagnes des provinces méridionales. ♃

V. *Têtes ou bouquets de fleurs n'étant point garnies de braſtées palmées.*

Têtes de fleurs pédunculées & tout-à-fait nues. VI.	Bouquets de fleurs ſeſſiles & axillaires. VII.

VI. *Têtes de fleurs pédunculées & tout-à-fait nues.*

Vulnéraire nudiflore. *Vulneraria nudiflora.*

Anthyllis Gerardi. Linn. mant. 100.

Ses tiges ſont longues d'un pied, glabres, rameuſes, & couchées ſur la terre; ſes feuilles ſont compoſées de ſept à neuf folioles linéaires, un peu élargies vers leur ſommet : les fleurs forment des têtes nues portées ſur des péduncules beaucoup plus longs que les feuilles. Cette plante croît en Provence. ⊙

VII. *Bouquets de fleurs ſeſſiles & axillaires.*

Vulnéraire à veſſies. *Vulneraria veſicaria.*

Vulneraria pentaphyllos. Tournef. 391.
Anthyllis tetraphylla. Linn. Sp. 1011.

Ses tiges ſont longues de ſept à huit pouces, couchées, velues & rameuſes; ſes feuilles ſont compoſées d'une foliole impaire, ovoïde, fort grande, & de trois ou quatre autres folioles latérales très-petites, les calices ſont très-renflés, véſiculaires & pubeſcens : ils renferment preſque entièrement la corolle qui eſt d'un jaune très-pâle. On trouve cette plante dans les provinces méridionales. ⊙

---

622. VIII. *Tige ligneuse.*

Vulnéraire argentée. *Vulneraria argentea.*

Barba Jovis pulchrè lucens. Tournef. 651.
Anthyllis barba Jovis. Linn. Sp. 1013.

Arbrisseau de quatre ou cinq pieds, dont la tige est droite & rameuse ; les jeunes rameaux & les feuilles sont couverts d'un duvet court, très-soyeux & argenté. Les feuilles sont ailées & composées de quinze à dix-sept folioles ovales-oblongues & assez petites : les fleurs sont jaunes & ramassées en tête garnies de quelques bractées. On trouve cet arbrisseau sur les côtes maritimes de la Provence. ♄

---

623. *Légume saillant hors du calice.*

Esparcette. *Onobrychis.*

Les fleurs d'esparcette sont disposées en épis portés sur de longs péduncules axillaires : les ailes de leur corolle sont extrêmement courtes. Les fruits sont des légumes arrondis, un peu comprimés, réticulés & hérissés d'aspérités très-dures. Ils contiennent une semence réniforme.

ANALYSE.

Epi composé de trois à six fleurs. I.	Epi composé de plus de six fleurs. IV.

I. *Epi composé de trois à six fleurs.*

Légumes chargés d'épines en alène & très-simples. II.	Légumes chargés d'épines planes & dentées. III.

II. *Légumes chargés d'épines en alène & très-simples.*

Esparcette tête-de-coq. *Onobrychis caput galli.*

Onobrychis fructu echinato minor. Tournef. 390.

Ses tiges sont grêles, rameuses, striées, diffuses, un peu

couchées & longues d'un pied ou un peu plus; ses feuilles sont composées de six à sept paires de folioles lancéolées & étroites. Les fleurs sont petites, au nombre de quatre ou cinq & garnies d'un calice dont les divisions sont presque aussi longues que la corolle. Les légumes sont arrondis & très-hérissés de piquans simples. Cette plante croît dans les provinces méridionales. ⊙

III. *Légumes chargés d'épines planes & dentées.*

Esparcette crête-de-coq. *Onobrychis crista galli.*

Onobrychis S. caput galli minus, fructu maximo insignites echinato. Tournef. 390.

Cette espèce a beaucoup de rapport avec la précédente; mais les folioles de ses feuilles sont plus courtes, obtuses & quelquefois échancrées; les épis ne sont composés que de trois ou quatre fleurs, & les légumes beaucoup plus grands sont chargés d'une espèce de crête formée par des lames dentées & épineuses. On trouve cette plante dans les lieux stériles de la Provence. ⊙

IV. *Epi composé de plus de six fleurs.*

Légume réticulé & chargé de petites pointes épineuses; tige d'un pied au moins.	Légume non épineux, & simplement sillonné; tige de six pouces à peine.
V.	VI.

V. *Légume réticulé & chargé de petites pointes épineuses; tige d'un pied au moins.*

Esparcette cultivée. *Onobrychis sativa.*

Onobrychis foliis viciæ, fructu echinato, major, floribus dilutè rubentibus. Tournef. 390.

Hedysarum onobrychis. Linn. Sp. 1059.

Ses tiges sont anguleuses, rameuses, fermes, assez droites ou quelquefois un peu couchées dans leur partie inférieure; ses feuilles sont composées de huit à neuf paires de folioles lancéolées, étroites & terminées par une petite pointe par-

623. ticulière. Ses fleurs forment des épis soutenus par de longs péduncules axillaires ; elles sont purpurines ou blanchâtres, & leur pavillon sur-tout est agréablement rayé de pourpre. Cette plante croît sur les collines & dans les pâturages secs ♄ ; on la cultive & on en fait des prairies artificielles d'un grand rapport : elle fournit un très-bon fourrage aux bestiaux.

VI. *Légume non épineux & simplement sillonné ; tige de six pouces à peine.*

Esparcette de roche. *Onobrychis saxatilis.*

Onobrichis saxatilis foliis viciæ angustioribus & longioribus aquisextiensis. Tournef. 390.

Hedysarum saxatile. Linn. Sp. 1059.

Sa tige est fort courte, striée, glabre & rameuse inférieurement ; ses feuilles sont composées de douze à quinze paires de folioles linéaires, pointues & un peu blanchâtres. Ses fleurs sont disposées en épis portés par des peduncules plus longs que les feuilles. On trouve cette plante sur les collines sèches de la Provence. ♄

---

624. *Légume contenant plus de deux semences. . . . . .*
- Tige herbacée. 625
- Tige ligneuse. 627

---

625. *Tige herbacée. . . . . . .*
- Calice labié ; légume un peu comprimé, oblong & sans stries remarquables. 626
- Calice non labié ; légume grêle, fort long & marqué de stries obliques, placées entre les semences. . . . . 626 *.

---

625. *Calice labié; légume un peu comprimé, oblong & sans stries remarquables.*

Réglisse glabre. *Glycirrhiza glabra.* Linn. Sp. 1046.

Glycirrhiza glabra & Germanica, radice repente. Tournef. 389.

Ses tiges sont hautes de trois ou quatre pieds, fermes & rameuses; ses feuilles sont ailées avec une impaire, & composées de treize à quinze folioles ovales, glabres & un peu visqueuses: les fleurs sont petites, rougeâtres & disposées en épis grêles, un peu lâches, pédunculés & axillaires. Les légumes sont glabres, oblongs, & contiennent trois ou quatre semences. Cette plante croît dans les provinces méridionales ♃; sa racine est très-adoucissante, anti-néphrétique, anti-dysurique & laxative.

---

626. * *Calice non labié; légume grêle, fort long & marqué de stries obliques, placées entre les semences.*

Lavanèse commune. *Galega vulgaris.* Tournef. 398. (rue de chèvre.)

Galega officinalis. Linn. Sp. 1062.

Ses tiges sont hautes de trois pieds, droites, fermes, creuses, glabres, striées & rameuses; ses feuilles sont ailées, terminées par une impaire, & composées de quinze à dix-sept folioles oblongues, glabres, obtuses ou un peu échancrées à leur sommet: les fleurs sont disposées en longs épis pédunculés & axillaires; elles sont bleuâtres, ou quelquefois tout-à-fait blanches, & pendent la plupart sur leur pédoncule commun. On trouve cette plante dans quelques endroits des environs de Paris, où elle croît maintenant sans culture; mais elle paroît étrangère, ne venant nulle part en France sans y avoir été auparavant cultivée ♃; on la regarde comme sudorifique & alexitère.

---

627. Tige ligneuse. . . . . { Arbre épineux ; fleurs blanches. 628
Arbrisseau non épineux ; fleurs jaunes. . . . . 629 }

---

628. *Arbre épineux ; fleurs blanches.*

Robinier, faux acacia. *Robinia pseudo-acacia.* Linn. Sp. 1043.

Pseudo-acacia vulgaris. Tournef. 649.

Arbre élevé dont le tronc est droit, le bois très-cassant ; & les rameaux garnis d'épines, souvent doubles à la naissance de leurs divisions ; ses feuilles sont ailées avec une impaire : les fleurs forment de belles grappes pendantes, & ont une odeur douce très-agréable. Cet arbre est originaire de Virginie, & est presque naturalisé en France ♄ ; ses fleurs sont anti-spasmodiques.

---

629. *Arbrisseaux non épineux ; fleurs jaunes.*

Baguenaudier arborescent. *Colutea arborescens.* Linn. Sp. 1045.

Colutea vesicaria. Tournef. 649.

Arbrisseau de cinq à huit pieds, très-rameux, & dont l'écorce est assez unie ; ses feuilles sont ailées avec une impaire, & composées de neuf à onze folioles ovales, un peu échancrées à leur sommet & d'un vert glauque. Les fleurs sont disposées en grappes peu garnies, pédunculées & axillaires. Le fruit est un légume très-renflé & vésiculaire, contenant des semences fort petites. On trouve cet arbrisseau en Languedoc & en Provence ♄ ; ses feuilles & ses semences sont purgatives.

---

630. *Légume articulé, ou partagé par des cloisons transversales, ou rempli de grandes échancrures.* . . . . . . { Fleurs solitaires ou disposées en manière d'ombelle. 631
Fleurs non solitaires ni en ombelle, mais disposées en épi. 636 }

---

631. *Fleurs solitaires ou disposées en manière d'ombelle.* . .
- Légume courbé & articulé, ou en zig-zag, ou rempli de grandes échancrures. 632
- Légume presque droit & partagé par des cloisons transversales. 635

632. *Légume courbé & articulé, ou en zig-zag, ou rempli de grandes échancrures.*
- Légume comprimé & en zig-zag, ou rempli de grandes échancrures. 633
- Légume simplement articulé, mais sans échancrure, ni fléchi en zig-zag. 634

633. *Légume comprimé & en zig-zag, ou rempli de grandes échancrures.*

Fer-à-cheval. *Hippocrepis.*

Les fleurs de fer-à-cheval ont le pavillon de leur corolle pétiolé, c'est-à-dire soutenu par un onglet très-saillant hors du calice. Le fruit est un légume courbé & remarquable par la manière dont il est fléchi alternativement, ou par les échancrures de l'un de ses bords.

ANALYSE.

Fleurs presque sessiles & solitaires.	Fleurs disposées plusieurs ensemble sur un péduncule commun.
I.	II.

I. *Fleurs presque sessiles & solitaires.*

Fer-à-cheval unisiliqueux. *Hippocrepis unisiliquosa.* Linn. Sp. 1049.

Ferrum equinum siliquâ singulari. Tournef. 400.

Ses tiges sont menues, rameuses; anguleuses, un peu couchées dans leur partie inférieure, & s'élèvent rarement au-delà de sept à huit pouces; ses feuilles sont ailées avec une impaire, & leurs folioles, au nombre de quatre, ou cinq

633. cinq de chaque côté, font échancrées à leur fommet. Les fleurs font fort petites & de couleur jaune, folitaires & à peine pédunculées ; il leur fuccède des légumes quelquefois légèrement courbés, quelquefois demi-circulaires, mais jamais entièrement droits : leur bord intérieur eft rempli d'échancrures très-refferrées à leur entrée & qui s'élargiffent enfuite en formant des trous ou des ouvertures très-arrondies. Cette plante croît dans les lieux ftériles de la Provence. ⊙

II. *Fleurs difpofées plufieurs enfemble fur un péduncule commun.*

Légume prefque circulaire, & dont le bord extérieur eft rempli d'échancrures qui forment des trous. III.	Légume fimplement arqué, un peu fléchi en ziz-zag, & dont les échancrures font évafées. IV.

III. *Légume prefque circulaire, & dont le bord extérieur eft rempli d'échancrures qui forment des trous.*

Fer-à-cheval multifiliqueux. *Hippocrepis multifiliquofa.* Linn. Sp. 1050.

Ferrum equinum filiquâ multiplici. Tournef. 400.

Ses tiges font rameufes, ftriées, & hautes de fix à fept pouces ; fes feuilles font compofées de quatre ou cinq paires de folioles obtufes ou un peu échancrées à leur fommet : les fleurs font petites, de couleur jaune & difpofées trois ou quatre enfemble fur des péduncules plus courts que les feuilles. On trouve cette plante dans les provinces méridionales. ⊙

IV. *Légume fimplement arqué, un peu fléchi en zig-zag, & dont les échancrures font évafées.*

Fer-à-cheval vivace. *Hippocrepis perennis.*

Ferrum equinum Germanicum, filiquis in fummitate. Tournef. 400.

Hippocrepis comofa. Linn. Sp. 1050.

Ses tiges font longues de fept à huit pouces, liffes, dures ;

633. diffuses & un peu couchées; ses feuilles sont composées de six à sept paires de folioles un peu échancrées ou simplement obtuses; les folioles des feuilles supérieures sont assez étroites. Les fleurs sont jaunes, disposées cinq à huit ensemble en ombelles simples, portées sur des péduncules plus longs que les feuilles. Les fruits sont des légumes étroits, garnis d'échancrures en leur bord concave. Cette plante croît dans les terreins secs & sablonneux. ♃

---

634. *Légume simplement articulé, mais sans échancrures, ni fléchi en zig-zag.*

Pied-d'oiseau. *Ornithopus.*

Les fleurs de pied-d'oiseau sont fort petites, ramassées trois ou quatre ensemble en ombellules portées sur des péduncules axillaires. Le fruit est un légume grêle, courbé, articulé & un peu sillonné.

ANALYSE.

Feuilles ailées. I.	Feuilles simples ou ternées. IV.

I. *Feuilles ailées.*

Corolle tout-à-fait jaune. II.	Pavillon de la corolle rougeâtre. III.

II. *Corolle tout-à-fait jaune.*

Pied-d'oiseau comprimé. *Ornithopus compressus.* Lin. Sp. 1049.

Ornithopodium scorpioides, siliquâ compressâ. Tournef. 400.

Ses tiges sont longues de sept à huit pouces, légèrement cotonneuses & couchées sur la terre; ses feuilles sont composées de quatorze à quinze paires de folioles ovales, très-rapprochées, velues & presque cotonneuses: les péduncules sont plus courts que les feuilles, & soutiennent trois ou

634. quatre fleurs jaunes, auxquelles succèdent des légumes longs d'un pouce & demi, comprimés, ridés & terminés par une pointe en crochet. Cette plante croît dans les provinces méridionales. ⊙

III. *Pavillon de la corolle rougeâtre.*

Pied-d'oiseau délicat. *Ornithopus perpusillus*. Linn. Sp. 1049.

Ornithopodium radice tuberculis nodosâ. Tournef. 400.
β. *Ornithopodium majus*. Ibid.

Ses tiges sont très-menues, presque glabres dans leur partie supérieure, velues vers leur base, couchées sur la terre & longues de cinq à six pouces; ses feuilles sont composées de huit à neuf paires de folioles ovales-obrondes, très-petites & un peu velues: les péduncules sont presque aussi longs que les feuilles, & portent trois ou quatre petites fleurs d'un jaune très-pâle, mais dont le pavillon est chargé de stries rougeâtres ou purpurines; les légumes sont plus grêles & moins comprimés que ceux de l'espèce précédente; ils n'ont que six ou sept articulations, & n'excèdent jamais la longueur d'un pouce. La variété β a les tiges longues de huit à dix pouces, & les stries du pavillon de ses fleurs d'un rouge moins vif, quoique toujours très-apparentes. On trouve cette plante dans les lieux sablonneux & un peu couverts. ⊙

IV. *Feuilles simples ou ternées.*

Pied-d'oiseau trifolié. *Ornithopus trifoliatus.*

Ornithopodium portulacæ folio. Tournef. 400.
Ornithopus scorpioides. Linn. Sp. 1049.

Ses tiges sont hautes de six à huit pouces, lisses, glabres, assez droites, mais un peu foibles; les feuilles de la base sont simples & toutes les autres sont ternées; elles sont composées d'une foliole terminale fort grande, ovoïde, un peu charnue, & de deux folioles latérales extrêmement petites; les fleurs sont aussi fort petites, de couleur jaune, & sont remplacées par deux ou trois légumes longs, grêles, glabres, articulés & courbés. Cette plante croît dans les provinces méridionales, sur le bord des champs. ⊙ On pourroit la rapprocher des trigonelles.

635. *Légume presque droit & partagé par des cloisons transversales.*

Coronille. *Coronilla.*

Les fleurs de coronille sont disposées en ombelle simple ou en manière de couronne : leur calice est labié & fort court ; le pavillon de leur corolle est porté sur un onglet assez long & souvent saillant hors du calice.

ANALYSE.

Fleurs rougeâtres ou d'un violet mêlé de blanc.	Fleurs de couleur jaune.
I.	II.

I. *Fleurs rougeâtres ou d'un violet mêlé de blanc.*

Coronille bigarrée. *Coronilla varia.* Linn. Sp. 1048.

Coronilla herbacea, flore vario. Tournef. 650.

Ses tiges sont couchées, rameuses, cannelées & longues d'un pied & demi ; ses feuilles sont composées d'une vingtaine de folioles glabres, ovales, obtuses & chargées d'une petite pointe à leur sommet. Les fleurs sont rassemblées dix à douze ensemble en couronnes agréablement mélangées de rose, de blanc & de violet ; ces couronnes sont portées par des péduncules axillaires, nus & de la longueur des feuilles. On trouve cette plante sur le bord des champs. ⊙

II. *Fleurs de couleur jaune.*

Feuilles n'ayant pas plus de cinq folioles.	Feuilles composées de sept folioles ou davantage.
III.	IV.

III. *Feuilles n'ayant pas plus de cinq folioles.*

Coronille joncière. *Coronilla juncea.* Linn. Sp. 1047.

Coronilla caule genistæ fungoso. Tournef. 650.

Sa tige est droite, haute de deux pieds, ligneuse, & se

635. divise en beaucoup de rameaux très-droits, menus verts, striés & presque point garnis de feuilles; les folioles des feuilles sont petites, étroites & un peu charnues. Les fleurs sont disposées en petites couronnes terminales; elles ont un calice extrêmement court & à peine divisé. Cette plante croît dans les provinces méridionales. ♄

IV. *Feuilles composées de sept folioles ou davantage.*

Péduncules chargés de deux à quatre fleurs. V.	Péduncules chargés de plus de quatre fleurs. VI.

V. *Péduncules chargés de deux à quatre fleurs.*

Coronille pauciflore. *Coronilla pauciflora.*

Emerus Cæsalpini, major & minor. Tournef. 650.
Coronilla emerus. Linn. Sp. 1046.

Ses tiges sont hautes de quatre ou cinq pieds, & se divisent en rameaux très-nombreux; ses feuilles sont composées de sept folioles un peu en cœur, glabres & d'un beau vert. Les fleurs sont jaunes, rougeâtres sur le dos de leur pavillon & disposées deux ou trois ensemble sur chaque péduncule; l'onglet qui soutient leur pavillon est une fois au moins plus grand que le calice. Cet arbrisseau croît dans les provinces méridionales ♄; on le cultive dans les jardins pour l'ornement. On trouve une variété qui ne s'élève que jusqu'à deux ou trois pieds tout au plus.

VI. *Péduncules chargés de plus de quatre fleurs.*

Tige droite; folioles assez grandes, tronquées à leur sommet ou un peu en cœur. VII.	Tige couchée ou inclinée; folioles petites, non en cœur, ni tronquées à leur sommet. X.

635. VII. *Tige droite; folioles assez grandes, tronquées à leur sommet ou un peu en cœur.*

Feuilles composées de sept folioles; stipules très-petites. VIII.	Feuilles composées de neuf ou onze folioles; stipules fort grandes. IX.

VIII. *Feuilles composées de sept folioles; stipules très-petites.*

Coronille glauque. *Coronilla glauca.* Linn. Sp. 1047.

Coronilla maritima, glauco folio. Tournef. 650.

Sa tige est haute de trois pieds, & se divise en beaucoup de rameaux souvent un peu rougeâtres; les folioles de ses feuilles sont cunéiformes, tronquées à leur sommet ou un peu en cœur, d'un vert-glauque, partagées en-dessous par une nervure remarquable, & insérées sur un pétiole commun légérement élargi ou presque ailé. Les folioles inférieures sont un peu distantes de la tige. Les fleurs sont jaunes & disposées en couronne, soutenues par des péduncules plus longs que les feuilles. Ce petit arbrisseau croît dans les lieux maritimes des provinces méridionales. ♄

IV. *Feuilles composées de neuf ou onze folioles; stipules fort grandes.*

Coronille couronnée. *Coronilla coronata.* Linn. Sp. 1047.

Coronilla montana. Rivin. t. 207.

Sa tige s'élève jusqu'à un pied & demi; elle est droite, très-rameuse, verte, glabre & ligneuse dans sa partie inférieure. Les folioles de ses feuilles sont assez semblables à celles de l'espèce précédente, mais elles sont toujours plus nombreuses & d'une couleur presque bleuâtre; les folioles inférieures de chaque feuille ne sont point disposées contre la tige à la base de leur pétiole commun; mais on trouve à la naissance de chaque pétiole, sur-tout dans la jeunesse de la plante, deux stipules opposées, arrondies, terminées en pointe, & tout-à-fait différentes des folioles des feuilles. Les fleurs ſont d'un beau jaune, odorantes & diſpoſées en couronne au nombre de huit ou dix ſur chaque péduncule. Ce ſous-arbriſſeau croît en Provence dans les environs d'Arles, où il a été obſervé par Dom Fourmeault. ♄

X. *Tige couchée ou inclinée ; folioles petites, non en cœur, ni tronquées à leur ſommet.*

Onglets des pétales cachés dans le calice ; fleurs petites & d'un jaune-pâle ou verdâtre.	Onglets des pétales ſaillans hors du calice ; fleurs d'un beau jaune.
XI.	XII.

XI. *Onglets des pétales cachés dans le calice ; fleurs petites & d'un jaune-pâle ou verdâtre.*

Coronille de Valence. *Coronilla Valentina.*

Coronilla ſive colutea minima. Tournef. 650.

Ses tiges ſont hautes d'un pied, nombreuſes, ligneuſes dans leur moitié inférieure, menues, foibles & inclinées dans leur autre moitié ; ſes feuilles ſont compoſées de ſept folioles fort petites, ovoïdes, d'un vert-pâle ou d'une couleur ſemblable à celle des feuilles de rue : les folioles inférieures ſont très-rapprochées de la tige ; les ſtipules ſont très-petites, bifides & oppoſées aux feuilles. Les péduncules ne portent que cinq ou ſix fleurs petites, un peu pendantes, d'un jaune-pâle, mais ſouvent chargées d'une tache rouſsâtre ſur le dos de leur pavillon. Cette plante croît dans les provinces méridionales. ♄

XII. *Onglets des pétales ſaillans hors du calice ; fleurs d'un beau jaune.*

Coronille mineure. *Coronilla minima.* Linn. Sp. 1048.

Coronilla minima. Tournef. 650.

Ses tiges ſont longues de ſix à huit pouces, nombreuſes,

635. diffuses, ligneuses à leur base, & un peu couchées sur la terre où elles forment de jolis gazons; ses feuilles sont composées de sept folioles ovales oblongues; obtuses, assez petites & d'un vert un peu glauque : ses fleurs sont disposées en couronne au nombre de six ou huit sur chaque péduncule. Cette plante croît sur les collines sèches stériles. ♄

---

636. *Fleurs non solitaires, ni en ombelles, mais disposées en épi.*

Sainfoin. *Hedysarum.*

Les sainfoins ont beaucoup de rapport avec les esparcettes, n°. 623, mais ils en diffèrent essentiellement par leurs légumes, composés de plusieurs articulations arrondies, comprimées & monospermes.

ANALYSE.

Fleurs pendantes sur l'axe de leur épi; légumes très-glabres. I.	Fleurs non pendantes; légumes hérissés d'aspérités remarquables. II.

I. *Fleurs pendantes sur l'axe de leur épi; légumes très-glabres.*

Sainfoin des Alpes. *Hedysarum Alpinum.* Linn. Sp. 1057.

Hedysarum Alpinum, siliquâ lævi, flore purpureo-cæruleo. Tournef. 401.

Hedysarum Alpinum, siliquâ lævi, flore albido. Ibid.

Sa tige est épaisse, droite, rameuse, glabre, & s'élève à peine jusqu'à un pied & demi; ses feuilles sont composées de neuf ou onze folioles ovales, obtuses, ou quelquefois un peu échancrées à leur sommet : les fleurs naissent sur des péduncules axillaires disposés en longs épis redressés; elles sont d'un bleu-pourpre ou d'un blanc-jaunâtre. Cette plante croît dans les montagnes du Dauphiné. ♃

636. II. *Fleurs non pendantes ; légumes hérissés d'aspérités remarquables.*

Sainfoin à bouquets. *Hedysarum coronarium.* Linn. Sp. 1058.

Hedysarum clypeatum, flore suaviter rubente. Tournef. 401.
β. *Hedysarum clipeatum minus, flore purpureo.* Ibid.
Hedysarum humile. Linn. Sp. 1058.

Ses tiges sont un peu rameuses, & s'élèvent jusqu'à un pied & demi ; ses feuilles sont composées de sept ou neuf folioles ovales, un peu velues en leur bord, & dont la terminale est plus grande que les autres : les fleurs sont d'un beau rouge, assez grandes & disposées en épis courts, portés sur des péduncules plus longs que les feuilles. La variété β s'élève beaucoup moins ; ses fleurs sont plus petites, moins colorées, & ses épis sont plus pointus. Cette plante croît dans les provinces méridionales. On la cultive dans les jardins sous le nom de sainfoin d'Espagne. ♃

---

637. *Calice de plusieurs pièces.* { Calice de deux ou trois pièces. 638
Calices de plus de trois pièces. 646

---

638. *Calice de deux ou trois pièces.* { Sous-arbrisseau très-épineux. 639
Plante herbacée non épineuse. 640

---

639. *Sous-arbrisseau très-épineux.*

Landier d'Europe. *Ulex Europæus.* Linn. Sp. 1045.

Genista spartium majus, longioribus aculeis. Tournef. 645.
β. *Genista spartium majus, brevioribus aculeis.* Ibid.

Ses tiges sont rameuses, diffuses, un peu velues, & ne s'élèvent que jusqu'à deux ou trois pieds ; elles sont très-garnies d'épines & de feuilles étroites, velues, d'abord molles & fort petites, mais qui deviennent par la suite des épines semblables aux autres. Les fleurs sont de couleur jaune, portées sur de courts péduncules, & naissent deux ou trois ensemble aux

639. extrémités des rameaux ; leur calice est composé de deux folioles colorées, concaves & pubescentes. Le fruit est un légume court, renflé, qui contient peu de semences. On trouve cette plante dans les lieux stériles & incultes, les landes ♄ ; elle passe pour apéritive.

---

640. *Plante herbacée non épineuse.* { Feuilles simples, entières ou dentées. . . . . 641 | Feuilles laciniées & très-découpées. . . . . 643 }

---

641. *Feuilles simples, entières ou dentées.* . . . . { Feuilles dentées. . . . . . 642 | Feuilles très-entières. . . . 482 }

---

642. *Feuilles dentées.*

Impatiente jaune. *Impatiens lutea.*

Balsamina lutea sive noli me tangere. Tournef. 419.
Impatiens noli me tangere. Linn. Sp. 1329.

Sa tige est haute d'un pied, rameuse, cylindrique, glabre & souvent un peu enflée sous l'insertion de ses rameaux ; ses feuilles sont ovales, dentées, pétiolées & alternes : les pédoncules sont axillaires, moins longs que les feuilles, & portent deux ou trois fleurs jaunes assez grandes & garnies d'un éperon. Le fruit est une capsule cylindrique, pointue, qui, au moindre contact, lorsqu'elle est parvenue dans sa maturité, s'ouvre avec une élasticité remarquable, & lance au loin ses semences. On trouve cette plante dans les bois & les lieux couverts. ♃

---

643. *Feuilles laciniées & très-découpées.* . . . . { Corolle à éperon ; deux filamens élargis & tri-anthères. . . . . 644 | Corolle sans éperon ; quatre filamens simples & monanthères. 645 }

---

644. *Corolle à éperon ; deux filamens élargis & tri-anthères.*

Fumeterre. *Fumaria.*

Les fleurs de fumeterre sont disposées en grappes ou en épis plus ou moins lâches ; leur corolle est composée de quatre pétales rapprochés, formant antérieurement un mufle à deux lèvres, & terminés postérieurement par un éperon remarquable : elle est ordinairement garnie à sa base d'un calice formé par deux folioles très-petites. Le fruit est une espèce de silique qui varie dans sa forme & dans le nombre de ses semences.

A N A L Y S E.

Bractées fort grandes & presque aussi longues que les fleurs.	Bractées nulles ou petites & peu apparentes.
I.	II.

I. *Bractées fort grandes & presque aussi longues que les fleurs.*

Fumeterre bulbeuse. *Fumaria bulbosa.* Linn. Sp. 983.

Fumaria bulbosa, radice cavâ (& non cavâ) major. Tournef. 422.

β. *Fumaria bulbosa, radice non cavâ, minor.* Ibid.

γ. *Fumaria bulbosa, viridi flore.* Ibid.

Sa tige est haute de six à sept pouces, droite, simple, tendre & très-glabre ; ses feuilles sont lisses, d'une couleur glauque, & composées de lobes un peu obtus, plus ou moins incisés, soutenus par les ramifications d'un pétiole très-divisé. Les fleurs sont assez grandes, de couleur blanche ou purpurine, & disposées en épi lâche, garni de bractées remarquables ; elles n'ont point de calice. Leur fruit est une silique un peu renflée, qui contient deux à quatre semences noires, luisantes, arrondies & contournées ou en forme de rein. Cette plante croît dans les lieux couverts ♃ ; elle fleurit de bonne heure.

644. II. *Bractées nulles ou petites, & peu apparentes.*

Feuilles garnies de vrilles particulières, très-différentes de leurs découpures ou de leurs folioles. III.	Feuilles n'ayant aucune vrille remarquable ; quoique leurs découpures en fassent quelquefois les fonctions. IV.

III. *Feuilles garnies de vrilles particulières, très-différentes de leurs découpures ou de leurs folioles.*

Fumeterre à vrille. *Fumaria claviculata.* Linn. Sp. 985.

Fumaria claviculis donata, foliis latioribus. Tournef. 422.

Sa tige est haute de sept à huit pouces, lisse, foible & très-rameuse ; les pétioles de ses feuilles sont très-divisés, & leurs ramifications soutiennent des espèces de folioles ou des lobes assez simples : les fleurs sont disposées en grappes courtes, peu garnies & opposées aux feuilles. On trouve cette plante sur le bord des vignes & le long des haies en Languedoc. ⊙

IV. *Feuilles n'ayant aucune vrille remarquable, quoique leurs découpures en fassent quelquefois les fonctions.*

Fleurs purpurines ; siliques monospermes. V.	Fleurs jaunes ; siliques polyspermes. VIII.

V. *Fleurs purpurines ; siliques monospermes.*

Fleurs en épi court & serré ; découpures des feuilles capillaires. VI.	Fleurs en épi lâche ou en grappe ; découpures des feuilles non capillaires. VII.

644. VI. *Fleurs en épi court & serré ; découpures des feuilles capillaires.*

Fumeterre à épi. *Fumaria spicata.* Linn. Sp. 985.

Fumaria minor, tenuifolia, caulibus surrectis, flore hilari purpurâ-rubente. Tournef. 422.

β. Fumaria foliis tenuissimis, floribus albis, circa Monspelium nascens. Tournef. 422.

Sa tige est haute de six à huit pouces, assez droite, lisse, tendre & un peu rameuse dans sa partie inférieure ; ses feuilles sont multifides & composées de découpures déliées & capillaires : ses fleurs forment des épis courts & fort denses; elles sont rouges & tachées d'un pourpre-noirâtre. Celles de la variété β sont presque blanches, mais légèrement tachées de rouge ou de bleu. Cette plante croît dans les provinces méridionales. ⊙

VII. *Fleurs en épi lâche ou en grappes ; découpures des feuilles non capillaires.*

Fumeterre officinale. *Fumaria officinalis.* Linn. Sp. 984.

Fumaria officinarum & Dioscoridis. Tournef. 421.

β. Fumaria viticulis & capreolis plantis vicinis adhærens. Tournef. 422.

β. Fumaria capreolata. Linn. Sp. 985.

Ses tiges sont menues, rameuses, diffuses, lisses, tendres, & hautes de huit à dix pouces ; ses feuilles sont très-divisées, & leurs découpures sont un peu élargies, planes, légèrement obtuses & jamais capillaires : les fleurs forment des épis assez lâches, & varient du rouge-pâle au pourpre, sur-tout le sommet de leur corolle qui est toujours taché d'un rouge-foncé. Cette plante croît dans les jardins, les lieux cultivés, les champs. ⊙ La variété β est remarquable par la manière dont elle s'accroche aux plantes de son voisinage, & porte des fleurs blanchâtres tachées de bleu. On regarde cette plante comme incisive, apéritive, diurétique & utile dans les maladies de la peau.

644. VIII. *Fleurs jaunes ; ſiliques polyſpermes.*

Fumeterre jaune. *Fumaria lutea.* Linn. mant. 258.

Fumaria lutea montana. Dalech. Hiſt. 1294.

Ses tiges ſont hautes de huit à neuf pouces, menues, liſſes & fort tendres ; ſes feuilles ſont très-découpées, & leurs ramifications ſont terminées par des eſpèces de folioles, ou des lobes élargis, inciſés, obtus & d'un vert-glauque un peu cendré : les fleurs ſont jaunes, diſpoſées en grappes courtes, lâches, & garnies de bractées fort petites. Cette plante croît en Languedoc. ♃

645. *Corolle ſans éperon ; quatre filamens ſimples & monanthères.*

Siliquier. *Hypecoum.*

Les fleurs de ſiliquier ſont compoſées d'un calice de deux feuilles, & de quatre pétales, dont deux extérieurs ſont plus larges, preſque trifides ou chargés d'une languette à leur ſommet. Le fruit eſt une ſilique alongée, plus ou moins articulée & polyſperme.

ANALYSE.

Siliques articulées, comprimées, courbées & peu pendantes. I.	Siliques cylindriques, non articulées & tout-à-fait pendantes. II.

I. *Siliques articulées, comprimées, courbées & peu pendantes.*

Siliquier noueux. *Hypecoum nodoſum.*

Hypecoon latiore folio. Tournef. 230.
Hypecoum procumbens. Linn. Sp. 181.

Ses tiges ſont longues de ſix à ſept pouces, un peu inclinées, nues & ſimples dans toute leur moitié inférieure, & diviſées en deux ou trois rameaux courts vers leur ſommet. A l'origine

645. de ces rameaux on trouve quelques feuilles découpées très-menu. Les feuilles de la racine sont grandes, moins longues malgré cela que les tiges, alternativement ailées & les pinnules multifides ou surcomposées. Elles sont molles & d'un vert glauque. Les fleurs sont jaunes & disposées au sommet des rameaux. Cette plante croît dans les provinces méridionales. ⊙

II *Siliques cylindriques non articulées, & tout-à-fait pendantes.*

Siliquier pendillant. *Hypecoum pendulum.* Linn. Sp. 181.

Hypecoon tenuiore folio. Tournef. 230.

Cette espèce est un peu plus petite que la précédente; ses tiges n'ont que trois ou quatre pouces de longueur, & surpassent à peine la grandeur des feuilles radicales. Elles sont presque simples & portent à leur sommet une ou deux petites fleurs jaunes & pédunculées. Les feuilles radicales sont un peu redressées, molles, assez étroites & découpées très-menu. On trouve cette plante dans les environs d'Aix. ⊙

---

646. *Calice de plus de trois pièces.*

- Calice de quatre pièces. . . 647
- Calice de cinq pièces. . . . 648

---

647. *Calice de quatre pièces.*

Iberide. *Iberis.*

Les Ibérides portent des fleurs cruciformes, composées de six étamines inégales & de quatre pétales, dont deux extérieurs sont plus grands que les autres. Le fruit est une silique courte, comprimée & un peu échancrée à son sommet. Ces plantes ont beaucoup de rapport avec les Tabourets, n°. 499.

A N A L Y S E.

Tige droite, plus ou moins étalée ou rameuse.	Tige couchée & rampante.
I.	X.

647. I. *Tige droite, plus ou moins étalée ou rameuse.*

Tige herbacée ; toutes les feuilles, ou seulement les inférieures découpées ou dentées. II.	Tige ligneuse ; toutes les feuilles très-entières. IX.

II. *Tige herbacée ; toutes les feuilles, ou seulement les inférieures ; découpées ou dentées.*

Tige très-garnie de feuilles. III.	Tige presque entièrement nue. VIII.

III. *Tige très-garnie de feuilles.*

Feuilles de la tige découpées ou dentées. IV.	Feuilles de la tige très-entières. VII.

IV. *Feuilles de la tige découpées ou dentées.*

Feuilles de la tige simplement dentées. V.	Feuilles de la tige profondément pinnatifides. VI.

V. *Feuilles de la tige simplement dentées.*

Ibéride amère. *Iberis amara.* Linn. Sp. 906.

Thalaspi umbellatum, arvense, amarum. Tournef. 213.

Sa tige est haute de cinq à sept pouces, droite, dure & rameuse vers son sommet. Ses feuilles sont alternes, alongées, rétrécies en pétiole vers leur base, élargies & dentées dans leur partie supérieure. Leurs dents sont en petit nombre & un peu distantes. Les fleurs sont grandes, de couleur blanche tirant quelquefois un peu sur le violet, & disposées en

corymbe

647. corymbe ou en manière d'ombelle. Les ſiliques ſont comprimées, arrondies, entourées d'un rebord & chargées du ſtyle de la fleur. On trouve cette plante dans les champs, dans les lieux pierreux. ☉

VI. *Feuilles de la tige profondément pinnatifides.*

Ibéride pinnée. *Iberis pinnata.* Linn. Sp. 907.

Naſturtium ſylveſtre Dalechampii. Tournef. 213.

Cette plante a beaucoup de rapport avec la précédente; ſa tige s'élève juſqu'à huit ou neuf pouces, & ſoutient à ſon extrémité, des corymbes médiocres & peu étalés. Ses feuilles ſont longues, étroites dans leur partie inférieure, élargies & pinnatifides vers leur ſommet. Les fleurs ſont blanches & ont leurs calices un peu rougeâtres. On trouve cette plante dans les provinces méridionales. ☉

VII. *Feuilles de la tige très-entières.*

Ibéride linière. *Iberis linifolia.* Linn. Sp. 905.

Thlaſpi umbellatum, Luſitanicum, gramineo folio, flore purpuraſcente (& albo). Tournef. 213.

Sa tige eſt droite, herbacée, menue & rameuſe dans ſa partie ſupérieure; ſes feuilles radicales ſont lancéolées-linéaires & dentées vers leur ſommet; elles ſe sèchent & tombent de bonne heure; celles de la tige ſont linéaires, pointues, très-entières, aſſez courtes & peu nombreuſes. Les fleurs ſont petites, de couleur blanche ou rougeâtre, & diſpoſées en corymbe. On trouve cette plante dans les environs d'Aix en Provence. ☉

VIII. *Tige preſque entièrement nue.*

Ibéride nudicaule. *Iberis nudicaulis.* Linn. Sp. 907.

Naſturtium petræum, foliis burſæ paſtoris. Tournef. 214.

Ses tiges ſont hautes de quatre à cinq pouces, aſſez ſimples & chargées ſeulement de quelques folioles ligulées un peu diſtantes; les feuilles radicales ſont alongées, pinnatifides, preſque ailées, nombreuſes & couchées ſur la terre où elles

647. forment une rosette bien garnie : leurs pinnules vont en augmentant, de sorte que la terminale est plus grande que les autres. Les fleurs sont petites & de couleur blanche. Cette plante croît en Languedoc dans les lieux stériles. ⊙

IX. *Tige ligneuse; toutes les feuilles très-entières.*

Ibéride de roche. *Iberis saxatilis.* Linn. Sp. 905.

Thlaspi saxatile, vermiculato folio. Tournef. 213.
β. *Thlaspi montanum semper virens.* Ibid.
Iberis semper virens. Linn. Sp. 905.

Sa tige est tortueuse, rude, couverte d'une écorce brune ou noirâtre, haute de cinq à huit pouces, & divisée en beaucoup de rameaux étalés & diffus; ses feuilles sont linéaires, pointues, un peu charnues, lisses, ramassées & éparses : elles sont ciliées au rapport des Auteurs, mais ce caractère est presque insensible. Les fleurs sont assez grandes, blanches, quelquefois rougeâtres, & disposées en corymbe ou un peu en grappe lorsque la fructification est avancée. La variété β s'élève davantage, & ses fleurs forment des corymbes moins garnis. Ce sous-arbrisseau croît sur les hautes montagnes des provinces méridionales, parmi les rochers. ♄

X. *Tige couchée & rampante.*

Ibéride rampante. *Iberis repens.*

Thlaspi Alpinum, folio rotundiore carnoso, flore purpurascente. Tournef. 212.
Iberis rotundifolia. Linn. Sp. 905.

Ses tiges sont longues de quatre à cinq pouces, grêles, peu garnies de feuilles dans leur partie supérieure, & ordinairement simples; ses feuilles radicales sont ovales, pétiolées, & garnies à leur sommet de quelques dents peu profondes : celles des tiges sont oblongues, très-entières & amplexicaules; les unes & les autres sont lisses, & un peu succulentes. Les fleurs sont rougeâtres & médiocrement irrégulières. Cette plante croît dans les lieux pierreux de la Provence. ♃

648. *Calice de cinq pièces.* . . . { Fleurs à cinq étamines. . . 649 / Fleurs à dix étamines. . . 650

649. *Fleurs à cinq étamines.*

Violette. *Viola.*

Les fleurs de violette sont composées de cinq pétales inégaux; dont deux supérieurs sont droits, assez grands & presque arrondis, deux latéraux opposés & un inférieur terminé postérieurement par un éperon. Les étamines sont courtes & réunies autour du pistil : le fruit est une capsule uniloculaire & trivalve.

A N A L Y S E.

Tige nulle ; les feuilles & les péduncules des fleurs naissent du collet de la racine. I.	Tige longue de plus d'un pouce, & produisant des fleurs & des feuilles. IV.

I. *Tige nulle ; les feuilles & les péduncules des fleurs naissent du collet de la racine.*

Feuilles cordiformes ; fleurs d'une odeur agréable. II.	Feuilles réniformes ; fleurs sans odeur remarquable. III.

II. *Feuilles cordiformes ; fleurs d'une odeur agréable.*

Violette odorante. *Viola odarata.* Linn. Sp. 1324.

Viola martia purpurea, flore simplici odoro. Tournef. 419.
β. *Viola martia alba.* Ibid.

Le collet de sa racine pousse les fleurs, les feuilles & plusieurs rejets traçans qui multiplient la plante ; les feuilles

649. font cordiformes, dentées en leur bord, & portées fur de longs pétioles : les fleurs naiffent entre les feuilles, foutenues chacune par un péduncule foible & très-grêle ; leur couleur & l'odeur agréable qu'elles exhalent, font affez connus. Cette plante fleurit de bonne heure, & croît le long des haies & dans les lieux un peu couverts ♃ ; fes fleurs font anodines, rafraîchiffantes & béchiques ; les feuilles font émollientes, & les femences, ainfi que les racines, font diurétiques & purgatives.

III. *Feuilles réniformes ; fleurs fans odeur remarquable.*

Violette de marais. *Viola paluftris.* Linn. Sp. 1324.

Viola paluftris rotundifolia, glabra. Tournef. 420.

Ses feuilles font pétiolées, réniformes, obtufes, crénelées en leur bord, glabres des deux côtés, & nerveufes en-deffous, les fleurs font très-petites & d'un bleu-clair ou aqueux. Les pétales inférieurs font chargés de quelques lignes rougeâtres. Cette plante croît dans les lieux humides & couverts. ♃

IV. *Tige longue de plus d'un pouce, & produifant des feuilles & des fleurs.*

Pétioles des feuilles n'étant pas une fois plus grands que les ftipules.	Pétioles des feuilles quatre fois au moins plus grands que les ftipules.
V.	XVI.

V. *Pétioles des feuilles n'étant pas une fois plus grands que les ftipules.*

Tige haute d'un pied ou davantage.	Tige n'ayant pas plus de fix pouces de hauteur.
VI.	IX.

649. VI. *Tige haute d'un pied ou davantage.*

Eperon de la corolle court & obtus. VII.	Eperon de la corolle alongé & très-pointu. VIII.

VII. *Eperon de la corolle court & obtus.*

Violette de montagne. *Viola montana.* Linn. Sp. 1325.

Viola martia arborescens, purpurea. Tournef. 420.
β. *Viola martia arborescens, flore ex cyaneo albescente.* Ibid.

Ses tiges sont herbacées, droites, un peu foibles, très-glabres, & s'élèvent quelquefois au-delà d'un pied ; ses feuilles sont ovales-lancéolées, pointues, dentées, & deux fois plus longues que leur pétiole : les fleurs sont axillaires, solitaires, & portées sur de longs péduncules. Cette plante croît sur les montagnes des provinces méridionales. ♃

VIII. *Eperon de la corolle alongé & très-pointu.*

Violette cornue. *Viola cornuta.* Linn. Sp. 1325.

Viola Pyrenaica, longius caudata, teucrii folio. Tournef. 421.

Sa tige est haute d'un pied, droite & rameuse ; ses feuilles sont ovales-oblongues, pointues & dentées en scie ; ses fleurs sont portées sur des péduncules assez longs & redressés : leur corolle est composée de pétales oblongs, & est remarquable par son éperon qui est en alène. Cette plante croît dans les montagnes des provinces méridionales. ♃

IX. *Tige n'ayant pas plus de six pouces de hauteur.*

Pétioles des feuilles presque entièrement glabres. X.	Pétioles des feuilles très-hérissés de poils blancs. XV.

649. X. *Pétioles des feuilles presque entièrement glabres.*

Largeur de la corolle surpassant de beaucoup celle des feuilles. XI.	Largeur de la corolle ne surpassant point celle des feuilles. XIV.

XI. *Largeur de la corolle surpassant de beaucoup celle des feuilles.*

Fleur tout-à-fait bleuâtre ; éperon grêle & fort long. XII.	Fleur jaune & violette ; éperon très-obtus & fort court. XIII.

XII. *Fleur tout-à-fait bleuâtre ; éperon grêle & fort long.*

Violette éperonnée. *Viola calcarata.* Linn. Sp. 1325.

Viola montana, cærulea, grandiflora. Tournef. 420.

Sa tige est peu rameuse, assez épaisse, & s'élève depuis un pouce & demi jusqu'à trois ou quatre pouces ; ses feuilles sont pétiolées, ovales, un peu en cœur & crénelées en leur bord : les inférieures sont très-arrondies. La fleur est fort grande, soutenue par un péduncule plus long que la tige, & remarquable par son éperon & par sa couleur uniforme. La tige ne porte ordinairement qu'une ou deux fleurs. On trouve cette plante sur les montagnes des provinces méridionales. ♃

XIII. *Fleur jaune & violette ; éperon très-obtus & fort court.*

Violette grandiflore. *Viola grandiflora.*

Viola montana, lutea, grandiflora. Tournef. 420.

Cette espèce est très-différente de celle qui précède, & ne doit point lui être réunie, comme l'ont fait MM. Linné & Haller.

Sa tige est haute de trois pouces, simple, très-feuillée &

649. légèrement anguleuſe ; ſes feuilles ſont pétiolées ; ovales-oblongues, terminées en pointe, garnies de crénelures diſtantes, & jamais en cœur à leur baſe ni d'une forme arrondie. La fleur eſt grande & fort belle ; les deux pétales ſupérieurs ſont d'un violet foncé, & les trois autres ſont jaunes avec une petite tache violette à leur extrémité : ces pétales ſont larges & preſque arrondis ; l'éperon eſt toujours fort court & obtus. Cette plante croît ſur les montagnes du Dauphiné & de la Provence.

XIV. *Largeur de la corolle ne ſurpaſſant point celle des feuilles.*

Violette penſée. *Viola tricolor.* Linn. Sp. 1326.

Viola bicolor, arvenſis. Tournef. 421.
β. *Viola tricolor, hortenſis, repens.* Ibid. 420.

Sa tige eſt anguleuſe, rameuſe, diffuſe, glabre, longue de quatre à ſix pouces & plus ou moins droite ; ſes feuilles ſont ovales, pétiolées, crénelées & les ſtipules ſont pinnatifides à leur baſe. Les fleurs ſont axillaires, portées ſur des pédun-cules plus longs que les feuilles, & agréablement mélangés de deux ou trois couleurs. On trouve cette plante dans les champs, & la variété β eſt cultivée dans les jardins pour la beauté de ſes fleurs. ⊙

XV. *Pétioles des feuilles très-hériſſés de poils blancs.*

Violette hériſſée. *Viola hiſpida.*

Viola Rothomagenſis. Hort. Reg. Pariſ.

Ses tiges ſont rameuſes, diffuſes, très-hériſſées de poils blancs, & longues de trois ou quatre pouces ; ſes feuilles ſont ovales, crénelées, pétiolées & aſſez petites ; elles ſont, ainſi que les ſtipules, chargées de poils ſemblables à ceux de la tige : ces ſtipules ſont grandes & profondément pin-natifides. Les fleurs ſont axillaires, bleuâtres, plus grandes que celles de l'eſpèce précédente, & portées ſur de longs péduncules preſque glabres. J'ai trouvé cette plante ſur les côtes pierreuſes qui bordent la grande route dans le voiſinage de Belbœuf, à deux lieues de Rouen.

649. XVI. *Pétioles des feuilles quatre fois au moins plus grands que les stipules.*

Feuilles cordiformes ; fleurs violettes, ou bleuâtres, ou de couleur blanche. XVII.	Feuilles réniformes ; fleurs de couleur jaune. XVIII.

XVII. *Feuilles cordiformes ; fleurs violettes, ou bleuâtres, ou de couleur blanche.*

Violette sauvage. *Viola sylvestris.*

Viola martia inodora, sylvestris. Tournef. 419.
Viola canina. Linn. Sp. 1324

Ses tiges sont longues de trois ou quatre pouces, glabres & un peu couchées à leur base ; ses feuilles sont en cœur, crénelées, portées sur de longs pétioles, & glabres des deux côtés : les stipules sont petites, ciliées & aiguës. Les fleurs n'ont point d'odeur remarquable, & sont soutenues par des péduncules plus longs que les feuilles. On trouve cette plante dans les lieux couverts, les bois. ♃

XVIII. *Feuilles réniformes ; fleurs de couleur jaune.*

Violette jaune. *Viola lutea.*

Viola Alpina rotundifolia, lutea. Tournef. 420.
Viola biflora. Linn. Sp. 1326.

Ses tiges sont longues de trois ou quatre pouces, très-grêles, foibles, un peu couchées & souvent uniflores ; ses feuilles, ordinairement au nombre de deux sur chaque tige, sont arrondies, réniformes, légèrement crénelées, d'un vert-pâle & portées par de longs pétioles ; les stipules sont ovales ; la fleur est très-petite, soutenue par un péduncule plus long que la feuille supérieure, & paroît terminale. Le pétale inférieur de sa corolle est plus alongé que les autres, d'un jaune plus foncé & marqué de cinq lignes noirâtres. On trouve cette plante en Alsace & en Provence. ♃

650.

Fleurs à dix étamines.

Dictame blanc. *Dictamnus albus.* Linn. Sp. 548.

Fraxinella Clusii. Tournef. 430.

Ses tiges sont hautes d'un pied & demi, droites, cylindriques, velues & un peu rougeâtres. Ses feuilles sont alternes, ailées, avec une impaire, & ressemblent un peu à celles du frêne: leurs folioles sont ovales, luisantes & denticulées. Les fleurs sont disposées en grappe droite & terminale. Leur calice & leurs péduncules sont visqueux & d'un rouge-noirâtre; leurs pétales sont irrégulièrement ouverts; & leurs étamines sont chargées de points glanduleux. On trouve cette plante dans les bois des provinces méridionales. ♃ Dans les temps chauds elle exhale une vapeur inflammable.

---

651. *Ovaire, ou style, ou stigmate, toujours au-delà de deux.*

Un seul ovaire simple & sans division.	Plusieurs ovaires, ou un seul profondément divisé.
652.	712.

---

652. *Un seul ovaire simple & sans division.* . . . .

- Pétales insérés sur le calice. 653
- Pétales non insérés sur le calice. 654

---

653. *Pétales insérés sur le calice.*

- Ovaire pédiculé; tige très-lactescente. 729
- Ovaire sessile; tige ligneuse non lactescente. 566

---

654. *Pétales non insérés sur le calice.* . . . . { Quatre pétales ou moins. . 655
Cinq pétales ou plus. . . . 668 }

---

655. *Quatre pétales ou moins.* . { Feuilles alternes, ou toutes radicales. 657
Feuilles opposées, ou verticillées. 662 }

---

656. *Six étamines ; trois styles plumeux* . . . . { Feuilles toutes radicales. . 660
Tige garnie de feuilles. . . 661 }

---

657. *Feuilles alternes, ou toutes radicales* . . . . { Trois ou quatre étamines. 658
Six étamines. . . . . 659 }

---

658. *Trois ou quatre étamines.*

Camelée à trois coques. *Chamælea tricoccos.* Tournef. 651.

Cneorum tricoccum. Linn. Sp. 49.

Arbrisseau de deux à trois pieds, dont la tige est rameuse ; & les feuilles alternes, sessiles, glabres, alongées, rétrécies vers leur base, & légèrement élargies vers leur sommet. Les fleurs sont petites, de couleur jaune, portées sur de courts péduncules, & composées ordinairement de trois étamines, d'un pistil, de trois pétales oblongs. Le fruit est formé par trois coques sèches, réunies & monospermes. On trouve cet arbrisseau dans les lieux pierreux des provinces méridionales. ♄ Il est âcre, caustique, déterſif & un violent purgatif.

659. *Six étamines.* . . . . { Feuilles toutes radicales. . 660
Tige garnie de feuilles. . 661

660. *Feuilles toutes radicales.*

Trofcart. *Triglochin.*

Les fleurs de trofcart font petites, difpofées en épi terminal & compofées d'un calice de trois pièces, de trois pétales rougeâtres, de fix étamines courtes, & d'un ovaire chargé de trois ftyles plumeux. Le fruit eft une capfule qui s'ouvre vers fa bafe.

ANALYSE.

Capfule linéaire & à trois loges. I.	Capfule ovale & à fix loges. II.

I. *Capfule linéaire & à trois loges.*

Trofcart des marais. *Triglochin paluftre.* Linn. Sp. 482.

Juncago paluftris & vulgaris. Tournef. 266.

Sa tige eft une hampe grêle, cylindrique, droite & qui s'élève jufqu'à un pied & demi; fes feuilles font longues, linéaires, un peu charnues & naiffent toutes de la racine. Les fleurs font prefque feffiles, un peu rougeâtres, & forment un épi grêle, fort long & peu garni. Les capfules font droites, fillonnées & plus longues que leur péduncule propre. On trouve cette plante dans les marais & les prés humides. ♂

660. II. *Capsule ovale & à six loges.*

Troscart maritime. *Triglochin maritimum.* Linn. Sp. 483.

Gramen marinum spicatum. Lob. ic. 16.

Cette espèce diffère de la précédente par ses feuilles plus longues en raison de la tige, par son épi de fleurs, beaucoup plus court, & sur-tout par ses capsules presque rondes, divisées en un plus grand nombre de loges. On la trouve dans les lieux maritimes des provinces méridionales. ♃

FIN du second Volume.

www.ingramcontent.com/pod-product-compliance
Ingram Content Group UK Ltd.
Pitfield, Milton Keynes, MK11 3LW, UK
UKHW011959240726
13965UKWH00001B/43